책 구입 시 드리는 혜택

❶ 필기 핵심 이론 동영상 강의 평생 무료 제공
❷ 최근 CBT 시험 복원 문제 수록
❸ 우수회원 인증 후 2014년 ~ 2016년
   3개년 기출문제(해설 포함) 추가 제공

2024 개정 3판

단기완성
가스기능사 필기
＋ 평생 무료 동영상 강의

가스연구회 저

평생 무료

전 과목 핵심 이론 동영상 강의 평생 제공 / 최근 기출문제 수록 및 완벽 해설
문제 해설을 이해하기 쉽도록 자세히 설명 / 질의응답 카페 운영

무료 동영상 강의

Daum 인터넷 가스 무료 교육방송 🔍 http://cafe.daum.net/gaslicense

www.sejinbooks.kr

머리말

우리나라의 가스사용은 너무 빠르게 진행되었다. 가정용 가스 사용가구수가 2000만 가구 이상, LPG차량 200만대 이상으로 세계 1위이며 천연가스차량[N.G.V] 사용과 사용기술의 발전, 가스보일러 사용 등 최근 20년 사이에 급격히 늘어난 것이 오늘의 현실이다.

이와 같이 가스사용은 취사용, 난방용, 연료용뿐만이 아니라 의료용, 공업용, 반도체 분야 등에서도 용도가 날로 증가되고 있으나 가스를 이용하는 것에 비해 안전한 관리부분에서의 교육은 너무 미비한 현실이다.

특히 가스3법[고압가스안전관리법, 액화석유가스의 안전관리 및 사용법, 도시가스 사업법]에서 규정한 국가기술자격증 교육 및 취득은 공교육에서는 외면하고, 사설학원 등에서 이루어져 온 것이 사실이고 현실이다.

필자가 어느덧 이 분야에 들어 선지도 30년이 되었다. 나름대로의 가스분야 국가기술자격증 취득에 있어서 일조를 했음을 자부하여 본다. 필자는 여기에서 만족하지 않고 자격증취득의 길잡이 역할은 물론이고 현장 실무자들과 연계하여 이론과 실무와 상호 보완할 수 있는 통로역할을 계속 할 것임을 다짐한다.

본서가 가스분야 국가기술자격증 취득의 역할을 할 것임을 확신하며 기존 출판사의 관행을 벗어나 뉴미디어 시대에 맞는 경영방식과 현실에 맞는 출판경영법으로 2009년 창설한 세진북스에 가스시리즈 책자를 집필하게 된 것을 기쁘게 생각하며 감사를 드린다.

저자 드림

1. 필 기

| 직무분야 | 안전관리 | 중직무분야 | 안전관리 | 자격종목 | 가스기능사 | 적용기간 | 2021.1.1.~2024.12.31. |

- **직무내용**: 가스 제조·저장·충전·공급 및 사용 시설과 용기, 기구 등의 제조 및 수리시설을 시공, 조작, 검사하기 위한 기술적 사항의 관리, 생산 공정에서 가스 생산기계 및 장비를 운전하고 충전하기 위해 예방조치 등의 업무를 수행하는 직무이다.

| 필기검정방법 | 객관식 | 문제수 | 60 | 시험시간 | 1시간 |

필기과목명	문제수	주요항목	세부항목	세세항목	
가스안전관리, 가스장치 및 기기, 가스일반	60	1. 가스 안전관리	1. 가스의 성질	1. 가연성 가스 3. 기타 가스	2. 독성 가스
			2. 가스제조 공급 및 충전	1. 고압가스 일반제조시설 3. 고압가스 충전시설 5. 도시가스 제조 및 공급시설 6. 도시가스 충전시설 7. 수소 제조 및 충전시설	2. 고압가스 특정제조시설 4. 액화석유가스 충전시설
			3. 가스저장 및 사용시설	1. 고압가스 저장시설 3. 액화석유가스 저장시설 5. 도시가스 사용시설	2. 고압가스 사용시설 4. 액화석유가스 사용시설 6. 수소 사용시설
			4. 고압가스 특정설비, 가스용품, 냉동기, 히트펌프, 용기 등의 제조 및 검사	1. 특정설비 제조 및 검사 3. 냉동기 제조 및 검사 5. 용기 제조 및 검사	2. 가스용품 제조 및 검사 4. 히트펌프 제조 및 검사
			5. 가스판매, 운반, 취급	1. 고압가스, 액화석유가스 판매시설 2. 고압가스, 액화석유가스 운반 3. 고압가스, 액화석유가스 취급	
			6. 가스화재 및 폭발예방	1. 폭발범위 3. 폭발의 피해 영향 5. 위험성 평가 7. 위험장소	2. 폭발의 종류 4. 폭발 방지대책 6. 방폭구조 8. 부식의 종류 및 방지대책
		2. 가스장치 및 가스설비	1. 가스장치	1. 기화장치 및 정압기 3. 가스용기 및 탱크 5. 가스 장치 재료	2. 가스장치 요소 4. 압축기 및 펌프
			2. 저온장치	1. 공기액화분리장치	2. 저온장치 및 재료
			3. 가스설비	1. 고압가스설비 3. 도시가스설비	2. 액화석유가스설비
			4. 가스계측기	1. 온도계 및 압력계측기 3. 가스분석기 5. 제어기기	2. 액면 및 유량계측기 4. 가스누출검지기
		3. 가스일반	1. 가스의 기초	1. 압력 3. 열량 5. 가스의 기초 이론	2. 온도 4. 밀도, 비중 6. 이상기체의 성질
			2. 가스의 연소	1. 연소현상 3. 가스의 종류 및 특성 5. 연소계산	2. 연소의 종류와 특성 4. 가스의 시험 및 분석
			3. 가스의 성질, 제조방법 및 용도	1. 고압가스 3. 도시가스	2. 액화석유가스

2. 실 기

| 직무분야 | 안전관리 | 직무분야 | 안전관리 | 자격종목 | 가스기능사 | 적용기간 | 2021.1.1.~2024.12.31. |

- **직무내용** : 가스 제조·저장·충전·공급 및 사용 시설과 용기, 기구 등의 제조 및 수리시설을 시공, 조작, 검사하기 위한 기술적 사항의 관리, 생산 공정에서 가스 생산기계 및 장비를 운전하고 충전하기 위해 예방조치 등의 업무를 수행하는 직무이다.
- **수행준거** : 1. 가스제조에 대한 기초적인 지식 및 기능을 가지고 각종 가스 장치를 운용할 수 있다.
  2. 가스설비, 운전, 저장 및 공급에 대한 취급과 가스장치의 유지관리를 할 수 있다.
  3. 가스기기 및 설비에 대한 검사업무 및 가스안전관리 업무를 수행할 수 있다.

| 실기검정방법 | 작업형 | 시험시간 | 2시간 30분 정도
(필답형: 1시간, 작업형: 1시간 30분 정도) |

실기과목명	주요항목	세부항목	세세항목
가스 실무	1. 가스설비	1. 가스장치 운용하기	1. 제조, 저장, 충전장치를 운용할 수 있다. 2. 기화장치를 운용할 수 있다. 3. 저온장치를 운용할 수 있다. 4. 가스용기, 저장탱크를 관리 및 운용할 수 있다. 5. 펌프 및 압축기를 운용할 수 있다.
		2. 가스 설비작업하기	1. 가스배관 설비작업을 할 수 있다. 2. 가스저장 및 공급설비작업을 할 수 있다. 3. 가스 사용설비 관리 및 운용을 할 수 있다.
		3. 가스 제어 및 계측기기 운용하기	1. 온도계를 유지 보수할 수 있다. 2. 압력계를 유지 보수할 수 있다. 3. 액면계를 유지 보수할 수 있다. 4. 유량계를 유지 보수할 수 있다. 5. 가스검지기기를 운용할 수 있다. 6. 각종 제어기기를 운용할 수 있다.
	2. 가스시설 안전관리	1. 가스안전 관리하기	1. 가스의 특성을 알 수 있다. 2. 가스 위해예방 작업을 할 수 있다. 3. 가스장치의 유지관리를 할 수 있다. 4. 가스 연소기기에 대하여 알 수 있다. 5. 가스화재·폭발의 위험 인지와 응급대응을 할 수 있다.
		2. 가스시설 안전검사 수행하기	1. 가스관련 안전인증대상 기계·기구와 자율안전 확인 대상 기계·기구 등을 구분할 수 있다. 2. 가스관련 의무안전인증 대상 기계·기구와 자율안전 확인대상 기계·기구 등에 따른 위험성의 세부적인 종류, 규격, 형식의 위험성을 적용할 수 있다. 3. 가스관련 안전인증 대상 기계·기구와 자율안전 대상 기계·기구 등에 따른 기계·기구에 대하여 측정장비를 이용하여 정기적인 시험을 실시할 수 있도록 관리계획을 작성할 수 있다. 4. 가스관련 안전인증 대상 기계·기구와 자율안전 대상 기계·기구 등에 따른 기계·기구 설치방법 및 종류에 의한 장단점을 조사할 수 있다. 5. 공정진행에 의한 가스관련 안전인증 대상 기계·기구와 자율안전 확인 대상 기계·기구 등에 따른 기계기구의 설치, 해체, 변경 계획을 작성할 수 있다.

단기완성 가스기능사 필기

차 례

핵심 요점정리 및 예상문제

제 1 편 가스의 기초

제 1 장 용어와 단위 ·· 11
제 2 장 주요 가스의 특성 ·· 19
- ✪ 기출문제와 예상문제 / 32

제 2 편 가스 안전 관리

제 1 장 고압가스 ·· 65
제 2 장 액화석유가스 ·· 76
제 3 장 도시가스 ·· 82
- ✪ 기출문제와 예상문제 / 86

CONTENTS

최근 기출문제

2017년도
- 2017년 2월 CBT 시행 ········· 177
- 2017년 4월 CBT 시행 ········· 192
- 2017년 7월 CBT 시행 ········· 206
- 2017년 10월 CBT 시행 ········· 221

2018년도
- 2018년 2월 CBT 시행 ········· 237
- 2018년 3월 CBT 시행 ········· 250
- 2018년 7월 CBT 시행 ········· 263
- 2018년 10월 CBT 시행 ········· 276

2019년도
- 2019년 2월 CBT 시행 ········· 293
- 2019년 4월 CBT 시행 ········· 309
- 2019년 7월 CBT 시행 ········· 325
- 2019년 10월 CBT 시행 ········· 341

2020년도
- 2020년 1월 CBT 시행 ········· 359
- 2020년 3월 CBT 시행 ········· 371
- 2020년 7월 CBT 시행 ········· 384
- 2020년 9월 CBT 시행 ········· 397

단기완성 가스기능사 필기

2021년도
- 2021년 2월 CBT 시행 ········· 413
- 2021년 4월 CBT 시행 ········· 427
- 2021년 6월 CBT 시행 ········· 440
- 2021년 10월 CBT 시행 ········ 455

2022년도
- 2022년 1월 CBT 시행 ········· 473
- 2022년 3월 CBT 시행 ········· 486
- 2022년 7월 CBT 시행 ········· 498
- 2022년 10월 CBT 시행 ········ 511

2023년도
- 2023년 1월 CBT 시행 ········· 527
- 2023년 4월 CBT 시행 ········· 543
- 2023년 6월 CBT 시행 ········· 560
- 2023년 9월 CBT 시행 ········· 576

단기완성
가스기능사
필기

핵심 요점정리
및 예상문제

01 가스의 기초

1 용어와 단위

1.1 고압가스의 적용범위

① 상용의 온도, 35℃에서 1 MPa (10 kg/cm^2) 이상인 압축가스
② 상용의 온도, 35℃ 이하에서 0.2 MPa (2 kg/cm^2) 이상인 액화가스
③ 35℃에서 0 Pa (0 kg/cm^2)을 초과하는 액화 시안화수소, 액화브롬화메탄 및 액화산화에틸렌가스
④ 15℃에서 0 Pa을 초과하는 아세틸렌가스

1.2 성질에 의한 분류

① 가연성 가스 : 폭발범위 하한이 10 % 이하이거나 상한과 하한의 차가 20 % 이상인 가스
② 독성 가스 : 허용 농도가 200 ppm 이하인 가스 (1 ppm = $\frac{1}{10^6}$)
③ 불연성 가스 : 산화작용을 일으키지 않는 것 (CO_2, N_2, Ar 등)
④ 불활성 가스 : 반응을 하지 않는 가스 (Ar, He, Ne, Xe, Kr 등)
⑤ 지연성 가스 : 연소를 도와주는 가스 (O_2, O_3, air 등)

1.3 용어의 정의

① 액화석유가스 (LPG) : 주성분은 C_3H_8 (프로판)과 C_4H_{10} (부탄)이며, 탄소수가 3~4개인 탄화수소를 말한다.
② 액화천연가스 (LNG) : 주성분은 CH_4 (메탄)이며, 도시가스에 주로 쓰인다.

③ 저장탱크 : 가스를 충전·저장하는 것으로 지상이나 지하에 고정 설치된 것
④ 용기 : 가스를 충전·저장하는 것으로 이동 운반 가능한 것
⑤ 가스용품 : 가스를 사용하기 위한 것으로 밸브, 압력 조정기, 호스, 호스 밴드, 콕, 연소기, 다기능 계량기, 연료전지 등
⑥ 특정 설비 : 저장 탱크 및 자동차용 주입기, 안전밸브, 역류 방지 밸브, 긴급 차단장치, 역화 방지 밸브, 기화 장치 등을 말한다.
⑦ 폭발범위 : 가연성 가스가 공기 또는 산소와 혼합되었을 때 폭발할 수 있는 가연성 가스의 부피
⑧ 허용 농도 : 건강한 성인남자가 1일 8시간 근무해도 인체에 해를 끼치지 않는 농도
⑨ 임계압력 : 가스를 압력에 의해 액화시킬 때 가해야 할 최소의 압력
⑩ 임계온도 : 가스를 압력에 의해 액화시킬 수 있는 최고의 온도

1.4 기본 단위

(1) 온도 (차고 따뜻한 정도)

① 섭씨온도(℃) : 표준 대기압하에서 물의 빙점 0℃, 비점을 100℃로 하여 그 사이를 100등분한 것
② 화씨온도(°F) : 표준 대기압하에서 물의 빙점 32°F, 비점을 212°F로 하여 그 사이를 180등분한 것
③ 절대온도 : 이상기체의 분자 운동이 완전 정지된 온도를 0으로 정하고 그 이상을 나타낸 온도 (0 K = -273℃, 0°R = -460°F)

요점정리 ✿ 관계식

$$°F = \frac{9}{5}℃ + 32 \quad ℃ = \frac{5}{9}(°F - 32)$$
$$K = ℃ + 273$$
$$°R = K \times 1.8 \quad °R = °F + 460$$

(2) 압력 (단위면적당 작용하는 힘)

① 게이지 압력 : 압력계가 지시하는 압력. 표준 대기압을 0으로 정하고 그 이상을 나타낸다.

  단위 : $kg/cm^2 \cdot g$, $lb/in^2 \cdot g$ (psig), 0 Pa

② 절대압력 : 완전 진공일 때를 0으로 정한 압력

  단위 : $kg/cm^2 a$, $lb/in^2 a$ (psia)

③ 표준 대기압 : 대기권에서 지구의 평균 표면까지 공기가 누르는 힘

  수은주 760 mmHg이며, $1.033\ kg/cm^2 \cdot a$가 된다.

  단위 : $14.7\ lb/in^2 \cdot a$, 1 atm, 30 inHg, 101325 Pa

④ 진공압력 : 대기압보다 낮은 압력. 수은주로 표기한다.

✿ 관계식
절대압력 = 게이지 압력 + 대기압
게이지 압력 = 절대압력 − 대기압
$1 kg/cm^2 = 14.2\ lb/in^2$

(3) 열 량

① 1 kcal : 표준 대기압하에서 물 1 kg을 1℃ 변화시키는 열량
② 1 BTU : 표준 대기압하에서 물 1 lb를 1℉ 변화시키는 열량
③ 1 CHU : 표준 대기압하에서 물 1 lb를 1℃ 변화시키는 열량
④ 비열 : 어떤 물질 1kg을 1℃ 변화시킬 수 있는 열량

  단위 : $kcal/kg \cdot$ ℃, 1 cal = 4.2 J, 1 J = 1 N $\cdot$ m

  ㉮ 정압비열 : 기체의 압력을 일정하게 하고 측정한 비열 (C_p)
  ㉯ 정적비열 : 기체의 체적을 일정하게 하고 측정한 비열 (C_v)

✿ 비열비
$K = C_p / C_v$ (C_p는 C_v보다 크다.)

⑤ 열량식

감열 : $Q = W \cdot C \cdot \Delta T$

여기서, Q : 열량 [kcal], W : 질량 [kg], C : 비열상수 [kcal/kg·℃]
ΔT : 온도차 (7℃), γ : 잠열 [kcal/kg]

잠열 : $Q = W \cdot \gamma$

㉮ 감열 : 상태는 변하지 않고 온도 변화에 필요한 열
㉯ 잠열 : 온도는 변하지 않고 상태 변화에 필요한 열

> **✿ 열역학**
> • 제1법칙 : 에너지 불변의 법칙이며, 열과 일 사이에는 일정한 관계가 있다.
>   즉, 1 kcal = 427 kg·m
> • 제2법칙 : 열은 고온에서 저온으로 흐른다.
>   일은 열로 바꾸기 쉬우나 열을 일로 바꾸기 위해서는 장치가 필요하다.
>
> **✿ 관계식**
> $Q = A \cdot W$ Q : 열량 [kcal]
> $W = J \cdot Q$ W : 일량 [kg·m]
> A : 일의 열당량 1/427 [kcal/kg·m]
> J : 열의 일당량 427 [kg·m/kcal]

⑥ 엔탈피 : 단위중량당 열에너지

$I = U + APV$

여기서, I : 엔탈피 [kcal/kg], U : 내부 에너지 [kcal/kg]
A : 일의 열당량 [kcal/kg·m], P : 압력 [kg/m^2], V : 비체적 [m^3/kg]

⑦ 엔트로피 : 일정 온도하에 얻은 열량을 절대온도로 나눈 값. 단위는 kcal/kg·K이다.

(4) 가스 밀도 (단위체적당 질량)

STP에서 가스 밀도 = $\dfrac{\text{분자량}}{22.4}$

(표준상태)

단위는 g/L, kg/m^3

* 액밀도는 물이 기준이다.

(5) 가스 비중

STP에서 공기의 질량을 1로 하고 동일 체적의 가스 질량과의 비

가스 비중 = $\dfrac{\text{가스 분자량}}{29}$ (단위는 없다)

(6) 가스 비체적 (단위질량당 체적)

표준상태에서 비체적 = $\dfrac{22.4}{\text{분자량}}$

단위는 L/g, m^3/kg

* 밀도와의 역수이다.

1.5 기초 공식 및 법칙

(1) 아보가드로의 법칙

STP 하에서 모든 기체 1몰 (mol)의 부피는 22.4L이다.

$$PV = nRT \text{(이상기체 상태 방정식)}$$

- 기체상수 $R = \dfrac{PV}{nT} = \dfrac{1\,\text{atm} \times 22.4\,\text{L}}{1\,\text{mol} \times 273\text{K}} = 0.082\,\text{L} \cdot \text{atm/mol} \cdot \text{K}$

여기서 n은 몰 수이므로 $n = \dfrac{W}{M}$ (W: 질량)

* $PV = \dfrac{WRT}{M} \rightarrow PVM = WRT$ (M: 분자량)

그러므로, $M = WRT/PV = dRT/P$

밀도 $d = MP/RT = g/L$

그러므로 $d = MP/RT$

(2) 보일의 법칙

일정 온도하에서 기체의 체적은 절대압력에 반비례한다.

T 일정시 $P'V' = PV$

여기서, P, V : 최초의 압력, 체적
P', V' : 변화 후의 압력, 체적

* 이때 P는 반드시 절대압력이어야 한다.

$$V' = \frac{PV}{P'}$$

(3) 샤를의 법칙

정압하에서 기체의 부피는 절대온도에 비례한다.

P 일정시 $V/T = V'/T'$

여기서, T, V : 최초의 온도, 체적
T', V' : 변화 후의 온도, 체적

* 이때 T는 절대온도 K이다.

$$V' = \frac{T'V}{T}$$

(4) 보일 · 샤를의 법칙

기체의 체적은 압력에 반비례하고 온도에 비례한다.

$$PV/T = P'V'/T'$$

여기서, P, V, T : 최초의 압력, 체적, 온도
P', V', T' : 변화 후의 압력, 체적, 온도

* $V' = \dfrac{PVT'}{TP'}$

(5) 실제기체 상태식 (반데르발스 식)

$$(P + a/V^2)(V - b) = RT$$

여기서, a : 기체 분자간 인력. 반데르발스 정수 [$L^2 \cdot atm/mol^2$]
b : 기체 자신이 차지하는 부피 [L/mol]

$$P = \frac{nRT}{V - nb} - \frac{n^2 a}{V^2}$$

* a와 b값은 실전 문제에서 주어짐.

(6) 기체의 압축계수

등온 등압하에서 이상기체 체적과 실제기체 체적과의 비
(실제기체는 저온에서 압력이 증가하면 작아진다.)

- 실제기체 = 이상기체 × 압축계수

$$PV = ZnRT$$
$$Z = \frac{PV}{nRT}$$

여기서, Z : 압축계수

(7) 가스정수

$$PV = GRT$$

여기서, R : 가스정수. 848/분자량, G : 가스질량 [kg]

$$R = \frac{1033 \text{ kg/cm}^2 \cdot \text{a} \times 10^4 \times 22.4 \text{ m}^3}{1 \text{ kmol} \times 273 \text{K}} = 848 \text{ kg} \cdot \text{m/kmol} \cdot \text{K}$$

(8) 팽창계수

정압하에서 물체 팽창의 비율은 온도에 비례한다.

- 팽창계수 $a = \dfrac{\Delta V}{Vt}$

여기서, ΔV : 늘어난 부피, V : 최초 부피, t : 상승된 온도 [℃], a : 팽창계수 1/℃

(9) 압축률

압력이 증가하면 액체의 체적은 감소된다.

- $V/V = BP$
$$B = \frac{\Delta V}{VP}$$

여기서, V : 최초 부피, ΔV : 압축시 줄어든 부피, P : 증가된 압력 [atm], B : 압축률 1/atm

따라서 일정 공간 하에서

$a/B = \text{atm}/℃$ 즉, 1℃ 상승시 상승된 압력이 계산된다.

(10) 기체의 용해도 (헨리의 법칙)

정온하에서 액체에 용해되는 기체의 무게는 압력에 비례한다.

$$P = HX$$

여기서, P : 기체의 분압 [atm], H : 전압, X : 액체 중에 용해된 몰분율

(11) 돌턴의 분압 법칙

혼합기체가 나타내는 전압은 각 기체의 분압의 합과 같다.

$$P = P_1 + P_2 + P_3$$

여기서, P : 혼합기체의 전압, $P_1 + P_2 + P_3$: 각 단독 성분의 분압

$$몰분율 = \frac{N_1}{N_1 + N_2 + N_3} \qquad 몰\% = V\% = P\%$$

(12) 증기압

용기에 액체 충전시 액의 증발이 정지되었을 때의 증기의 압력
(C_3H_8 20℃ 8.6 kg/cm·a)

(13) 그레이엄의 확산 속도

기체의 확산 속도는 분자량의 제곱근에 반비례한다.

$$\frac{V_B}{V_A} = \sqrt{\frac{M_A}{M_B}}$$

여기서, V_A : A 기체의 확산 속도, V_B : B 기체의 확산 속도
M_A : A 기체의 분자량, M_B : B 기체의 분자량

2 주요 가스의 특성

2.1 아세틸렌 (C_2H_2)

(1) 성 질

① 무색 기체로서 순수한 것은 에테르와 같은 향기가 있으나 불순물 (H_2S, PH_3, NH_3, SiH_4 등)로 인하여 악취가 난다.

② 융점과 비점이 비슷하여 고체 아세틸렌은 융해하지 않고 승화한다.

③ 액체 아세틸렌보다 고체 아세틸렌이 안전하다.

④ 물에는 15℃에서 1.5배, 아세톤에서는 25℃에서 25배 용해한다.

⑤ 산소와 연소시키면 3000℃ 이상의 고열을 얻을 수 있다.

$$C_2H_2 + 2\frac{1}{2} O_2 \rightarrow 2\,CO_2 + H_2O \text{ (폭발범위 } 2.5 \sim 81\,\%)$$

⑥ 흡열 화합물이므로 압축하면 폭발을 일으킬 우려가 있다 (분해 폭발).

$$C_2H_2 \rightarrow 2\,C + H_2 + 24.1\,\text{kcal}$$

⑦ 아세틸렌을 500℃ 정도로 가열된 철관을 통과시키면 3분자가 중합하여 벤젠으로 된다.

$$3\,C_2H_2 \xrightarrow{\text{니켈}} C_6H_6$$
(아세틸렌)   (벤젠)

⑧ 염화제1구리의 암모니아 용액에 아세틸렌을 통하면 황색의 구리아세틸라이드 (Cu_2C_2)가 침전한다 (동 또는 62 % 이상 동합금은 사용 금지).

⑨ 암모니아성 질산은용액에 아세틸렌을 통하면 백색 침전하며 은아세틸라이드 (Ag_2C_2)를 얻는다.

⑩ 황산수은을 촉매로 하여 수화하면 아세트알데히드가 된다.

$$C_2H_2 + H_2O \xrightarrow{\text{황산수은}} CH_3CHO$$
(아세틸렌) (물)   (아세트알데히드)

⑪ 염화철 등의 촉매를 사용하여 액상으로 반응을 억제하면서 아세틸렌과 염소를 반응시키면 사염화에탄을 얻는다.

$$C_2H_2 + 2\,Cl_2 \xrightarrow{\text{염화철}} CHCl_2CHCl_2$$
(아세틸렌)(염소)   (사염화에탄)

(2) 제조법

① 칼슘카바이드에 물을 작용시켜 제조한다.

$$CaC_2 + 2\,H_2O \longrightarrow Ca(OH)_2 + C_2H_2$$

② 탄화수소에서의 제조 메탄 또는 나프타를 열분해함으로써 얻어진다.

(3) 용 도

① 산소 아세틸렌 불꽃으로 금속의 절단, 용접에 사용된다.

② 화학 공업용 원료로 이용된다.

1. 충전 중의 압력은 $25\,kg/cm^2$ 이하로 할 것[2.5MPa]
2. 충전 후의 압력은 15℃에서 $15.5\,kg/cm^2$ 이하로 할 것[1.5MPa]
3. 충전 후 24시간 정치할 것
4. 분해 폭발을 방지하기 위해 CH_4, CO, C_2H_4, N_2, H_2, C_3H_8 등의 안정제를 첨가할 것

2.2 수소 (H_2)

(1) 성 질

① 상온에서 무색, 무미, 무취의 기체이며, 모든 가스 중에서 가장 가볍다.
② 폭발범위 : 4~75 %
③ 수소폭명기 : 산소와 혼합하여 점화하면 격렬히 폭발하며 물을 생성한다.
   수소와 산소가 2 : 1로 혼합된 가스를 수소 폭명기라 한다.
   $$2\,H_2 + O_2 \rightarrow 2\,H_2O + 136.6\,kcal$$
④ 염소폭명기 : 상온에서 염소와 촉매에 의해 격렬히 반응한다.
   $$H_2 + Cl_2 \rightarrow 2\,HCl + 44\,kcal$$
   $$H_2 + F_2 \rightarrow 2\,HF$$
   [참고] 이 식은 실험에 의해 만들어진 것이면 kg 또는 g의 의미가 없다.
⑤ 수소는 고온 고압에서 탈탄 작용을 일으켜 수소취성을 일으킨다.
   $$Fe_3C + 2\,H_2 \rightarrow CH_4 + 3\,Fe$$

(2) 제조법

① 물의 전기분해법 : 농도 20 % 정도의 수산화나트륨 (NaOH) 용액을 전해액으로 하여 물을 전기분해시키면 음극에서 수소가 생성된다.

$2\,NaOH + 2\,H_2O \rightarrow 2\,NaOH + Cl_2 + H_2$

② 수성가스법 : 1400℃ 정도로 적열된 코크스에 수증기를 통과시킨다.

$C + H_2O \rightarrow CO + H_2 - 31.4\,kcal$

③ 천연가스 분해법

④ 석유 분해법

⑤ 일산화탄소 전화법 : $CO + H_2O \rightarrow H_2 + CO_2$

(3) 용 도

① 암모니아 제조, 메탄올 제조, 경화유 제조

② 나프타, 등유, 중유의 수소화 탈황, 윤활유의 정제

③ 환원성을 이용한 금속 제련 (텅스텐, 몰리브덴)

④ 산소, 수소 불꽃을 이용한 인조 보석 및 석영유리 제조 · 가공

2.3 산소 (O_2)

(1) 성 질

① 상온에서 무색, 무미, 무취의 기체이며, 공기 속에 21 % 함유되어 생물의 생존과 연료의 연소에 필요하다.

② 스스로 연소하지 않으나 가연물질의 연소를 돕는 지연성 (조연성) 가스이다.

㉮ 산소 농도가 높아짐에 따라 연소속도의 증가, 발화 온도의 저하, 화염 온도의 상승, 화염 길이의 증가를 가져온다.

㉯ 폭발 한계 및 폭굉 한계도 공기에 비해 산소 중에서 현저하게 넓고, 물질의 점화 에너지도 저하하여 폭발 위험성이 증대된다.

㉰ 산소 용기나 그 기구류에는 기름, 그리스가 묻지 않도록 해야 하며, 묻어 있을 때는 사염화탄소로 세척한다.

▶ 유지류, 용제 등이 혼입하면 폭발 위험이 있다.

③ 산소 부족 현상은 18 % 이하에서 일어나므로 그 이상 유지해야 한다.
④ 금속은 산소와 작용하여 산화물을 만든다. 내산화성이 강한 재료에는 30 % 크롬강이 적당하다.

(2) 제조법

① 물의 전기분해법 : 양극에서 산소가 생성된다 (수소 제조법 참조).
② 공기의 액화 분리
　㉮ 액체 공기의 비점은 -194 ℃, 질소는 -195.8 ℃, 산소는 -183 ℃이므로, 비점이 낮은 질소를 먼저 쫓아낸 후 산소를 얻는 것이 공기의 액화 분리 방법이다.
　㉯ 제조 공정은 일반적으로 다음과 같다.
　　먼지 여과 → CO_2 흡수 → 공기 압축 → 건조 → 냉각 액화 → 정류

(3) 용 도

산소 용접 및 절단, 제철, 산소 호흡용기 등에 사용된다.

2.4 질소 (N_2)

(1) 성 질

① 공기의 주성분으로서 78.1 %를 차지하며, 상온에서 무색, 무미, 무취의 기체이다.
② 상온에서 대단히 안정된 불연성 가스이다.
③ 고온 고압 (550 ℃, 250 atm) 하에서 수소와 작용하여 암모니아를 생성한다.
　$N_2 + 3H_2 \rightarrow 2NH_3$
④ 전기 불꽃 등으로 극히 높은 온도에서는 산소와 화합하여 산화질소를 만든다.
　$N_2 + O_2 \rightarrow 2NO$

(2) 제조법

액체 공기 분리법 (산소 제조법 참고)

(3) 용 도

① 암모니아 합성에 대부분 사용된다.
② 가연성 가스 장치의 치환용 가스로 쓰인다.

③ 극저온 냉동기의 냉매로 쓰인다.

공기의 조성

성 분	부피 (%)	무게 (%)	성 분	부피 (%)	무게 (%)
질 소	78.03	75.47	이산화탄소	0.03	0.046
산 소	20.99	23.20	수소	0.01	0.001
아르곤	0.933	1.28			

2.5 희가스

(1) 성 질

① 주기율표의 0족에 속하며, 다른 원소와는 거의 화합하지 않는 불활성 기체이다.
② 상온에서 무색, 무미, 무취이다.
③ 희가스를 방전관 속에서 방전시키면 특유의 빛을 발한다.
  (He : 황백색, Ne : 주황색, Ar : 적색, Kr : 녹자색, Xe : 청자색, Rn : 청록색)

희가스의 종류 및 성질

원소명	기호	분자량	공기중 존재 비율 (부피 %)	융점(℃)	비점 (℃)	임계온도 (℃)	임계압력 (atm)
아르곤	Ar	39.94	0.93	-189.2	-185.87	-122.0	40
네 온	Ne	20.18	0.0015	-248.67	-245.9	-228.3	26.9
헬 륨	He	4.033	0.0005	-272.2	-268.9	-267.9	2.26
크립톤	Kr	83.7	0.00011	-157.2	-152.9	-63	54.3
크세논	Xe	131.3	0.000009	-111.8	-108.1	16.6	58.2
라 돈	Rn	222	-	-71	-62	104.0	66

(2) 제조법

① 아르곤 : 공기 액화 분리
② 네온 : 액체 공기에서 얻은 불순한 아르곤을 다시 정류하여 얻는다.

(3) 용도

① 네온 가스로 사용된다.
② 전구용 봉입 가스 (아르곤), 형광등의 방전관용 가스로 사용된다.
③ 열처리 용접에서 공기와의 접촉을 방지하는 보호 가스로 쓰인다.
④ 헬륨은 가스 크로마토그래피 분석용 캐리어 가스로 쓰인다.

2.6 염소 (Cl_2)

(1) 성 질

① 상온에서 강한 자극성 냄새가 나는 황록색의 기체로, $-34℃$ 이하로 냉각시키거나 6~8 기압의 압력을 가하면 액화하여 갈색의 액체가 된다.
② 극히 유독하다 (허용 농도 1 ppm).
③ 수분이 포함된 염소가스는 철 등의 금속을 부식시킨다.
④ 수소와 염소가 1 : 1로 혼합된 기체를 염소 폭명기라고 하며, 직사광선, 점화 등의 변화를 주면 격렬히 폭발한다.
$$H_2 + Cl_2 \rightarrow 2\,HCl$$

(2) 제조법

① 수은법에 의한 소금의 전기분해
② 격막법에 의한 소금의 전기분해
③ 염산의 전기분해

(3) 용도

① 상수도의 살균, 염화비닐의 원료, 표백분 제조, 펄프 제조 등에 사용된다.
② 금속 티탄, 알루미늄 공업에 이용된다.

2.7 암모니아 (NH₃)

(1) 성 질

① 상온 상압에서 강한 자극성이 있고 무색의 기체로서 물에 잘 녹는다 (상온 상압에서 물의 약 800배, 0℃ 1기압에서 물의 약 1146배 정도 녹는다).
② 공기와 혼합하면 폭발하는 경우가 있다 (폭발범위 15~28 %).
③ 유독하다 (허용 농도 25 ppm).
④ 증발 잠열이 크므로 냉매로 이용된다 (기화열 : 301.8 cal/g).
⑤ 동이나 동합금을 부식시킨다 (철 및 철 합금 사용).
⑥ 금속 이온 (Zn, Cu, Ag 등)과 반응하면 착이온을 생성한다.

(2) 제조법

① 합성법 (하버법) : 반응 압력에 따라 세 가지로 나눈다.

$$3H_2 + N_2 \rightleftarrows 2NH_3 + 23 \text{ kcal}$$

㉮ 고압법 : 600~1000 kg/cm²이며 클로드법, 카자레법이 있다.
㉯ 중압법 : 300 kg/cm² 전후이며, IG법, 뉴 파우더법, 뉴우데법, 케미크법, JCI법이 있다.
㉰ 저압법 : 150 kg/cm² 전후이며 구데법, 켈로그법이 있다.

② 석화질소법이 있으나 거의 사용되지 않는다.

(3) 용 도

① 질소 비료 제조, 요소 제조에 쓰인다.
② 냉동용 냉매로 이용된다.
③ 나일론 및 각종 아민류의 원료로 쓰인다.

2.8 이산화탄소 (CO_2)

(1) 성 질

① 무색, 무미, 무취의 기체로 공기 중에 약 0.03 % 함유되어 있으며 불연성 가스이다.
② 액화시켜 저장·운반할 수 있으며, 더 냉각시켜 드라이아이스를 얻을 수도 있다.
③ 석회수 $Ca(OH)_2$ 중에 불어 넣으면 흰 침전이 생기므로 이산화탄소 검출에 쓰인다.
④ 물에 녹으면 약산성을 나타낸다.

(2) 제조법

① 수소 가스 제조시 부산물로 얻어진다. $CO + H_2O \rightarrow CO_2 + H_2$
② 알코올 발효시 부산물로 얻어진다.
③ 석회석을 가열하여 얻을 수 있다. $CaCO_3 \rightarrow CaO + CO_2 \uparrow$
④ 코크스를 연소시켜 연소가스로 얻어진다.
⑤ 드라이아이스는 이산화탄소를 100기압까지 압축한 뒤에 $-25\,℃$까지 냉각시키고 단열 팽창시키면 얻어진다 (이론수율 47 %, 실제수율 36 %).

(3) 용 도

① 청량음료에 사용된다.
② 액체 탄산으로 하여 소화기에 쓰인다.
③ 냉매 또는 한제로 쓰인다.

2.9 일산화탄소 (CO)

(1) 성 질

① 무색, 무취의 독성가스이며, 공기 중에서 잘 연소한다 (허용 농도 50 ppm, 폭발범위 12.5~74.2 %).
② 철족의 금속과 반응하여 금속 카르보닐을 생성한다.
  $Ni + 4\,CO \rightarrow Ni(CO)_4$
  $Fe + 5\,CO \rightarrow Fe(CO)_5$

③ 염소와 반응하여 독가스인 포스겐을 만든다.

$CO + Cl_2 \rightarrow COCl_2$

(2) 제조법

① 천연가스에서 채취한다.
② 석탄의 고압 건류에 의해 제조된다.
③ 석유 정제의 분해가스에서 얻어진다.

(3) 용 도

메탄올 합성 원료, 아크릴산 · 부탄올 합성, 포스겐 합성

2.10 메탄 (CH_4)

(1) 성 질

① 무색, 무취의 기체로서 잘 연소하며 액화천연가스 (LNG)의 주성분이다 (폭발범위 5~15 %).

$CH_4 + 2 O_2 \rightarrow CO_2 + 2 H_2O\ (L) + 212.8\ kcal$ (발열량 : 12402 kcal/kg)

② 고온에서 수증기와 작용하여 일산화탄소와 수소를 발생시킨다.
③ 염소와 반응시키면 염소화합물을 만든다 (CH_3Cl, CH_2Cl_2, $CHCl_3$, CCl_4 등).

(2) 제조법

① 천연가스에서 직접 얻는다.
② 석유 정제의 분해가스에서 얻는다.
③ 석탄의 고압 건류에서 얻는다.
④ 유기물의 발효에 의하여 얻는다.

(3) 용 도

연료로 대부분 사용하며, 아세틸렌 및 카본 블랙 제조 등에 사용된다.

2.11 액화석유가스 (LPG, Liquified Petroleum Gas)

액화석유가스란 프로판, 부탄, 프로필렌, 부틸렌 등을 주성분으로 하는 석유계 저급 탄화수소의 혼합물을 말하며, 통상 LPG는 프로판과 부탄을 지칭한다.

프로판 · 부탄 · 프로필렌 · 부틸렌의 특성

가스명	구 분	프로판	부 탄	프로필렌	부틸렌
분자식		C_3H_8	C_4H_{10}	C_3H_6	C_4H_8
분자량		44	58	42	56
가스 비중		1.5	2	1.4	1.9
비점 (0℃)		-42.1	-0.5	-47.7	-6.26
임계온도 (0℃)		96.8	152	91.9	146.4
임계압력 (atm)		42	37	45.4	39.7
임계밀도 (kg/L)		0.220	0.228	0.233	0.238
증발잠열 (kcal/kg)		101.8	92	104.6	93.3
폭발범위 (%)	상한	9.5	8.4	10.3	9.3
	하한	2.1	1.8	2.4	1.6

(1) 성 질

① 일반적 성질

㉮ 공기보다 무거우므로 누설시 대기중으로 확산되지 않고 낮은 곳으로 모여 인화하기 쉽다.
㉯ 액체 상태의 LPG는 물보다 가볍다.
㉰ 기화, 액화가 용이하다.
㉱ 기화하면 체적이 커진다 (프로판은 약 250배, 부탄은 약 230배).
㉲ 증발 잠열 (기화열)이 크다.
㉳ 온도가 상승하면 용기 내의 증기압은 상승한다.

㈘ 온도 상승에 따라 액체 체적이 커지므로 용기는 40℃를 넘지 않게 한다.
㈙ LPG는 무색, 무취, 무독하나 많은 양을 흡입하면 중추신경 마비를 일으킨다.
㈚ 천연고무를 용해시키므로 합성고무 (Si 고무)를 사용해야 한다.

② 연소성
㉮ 발화점이 다른 연료보다 높으므로 안전성이 있다.
㉯ 발열량이 크다 (12000 kcal/kg).
㉰ 연소시 많은 공기가 필요하다.

$C_3H_8 + 5\,O_2 \rightarrow 3\,CO_2 + 4\,H_2O + 530\ kcal$

$C_4H_{10} + 6.5\,O_2 \rightarrow 4\,CO_2 + 5\,H_2O + 700\ kcal$

프로판은 약 24배, 부탄은 약 31배의 공기가 필요하다.
㉱ 폭발범위가 좁다.
㉲ 연소속도가 늦다.

(2) 제조법

① 습성 천연가스 및 원유에서의 제조 : 유전 지대에 채취되는 습성 천연가스 및 원유에서 액화가스를 회수하는 방법이다.
㉮ 압축 냉각법 (진한 가스에 응용된다.)
㉯ 흡수유 (경유)에 의한 흡수법
㉰ 활성탄에 의한 흡착법 (희박 가스에 응용된다.)
② 정유소 제조 : 석유 정제 공정에서 상압 증류 장치, 접촉 분해 장치, 수소화 탈황 장치, 코킹 장치, 비스브레이킹 장치에서 발생하는 수소 및 저급 탄화수소를 분리하여 얻는다.
③ 나프타 분해 생성물에서 얻는다.
④ 나프타의 수소화 분해 생성물에서 얻는다.

(3) 용 도

가정용 연료, 자동차용 연료, 용접용, 연료 가스, 공업용 연료 등으로 사용된다.

2.12 시안화수소 (HCN)

(1) 성 질

① 독성이 강하고 쉽게 액화되며 무색투명하다 (허용 농도 : 10 ppm, 복숭아 냄새).
② 오래된 시안화수소는 급격한 중합에 의해 폭발의 위험이 있으므로 충전 후 60일을 넘지 않게 한다 (폭발범위 6~41 %, 순도 98 % 이상, 즉 수분이 2 % 이상 있어서는 안 된다).
③ 중합을 방지하는 안정제로 황산, 염화칼슘, 인산, 오산화인, 동망 등이 있다.

(2) 제조법

① 앤드루소법 : 메탄과 암모니아 및 공기의 혼합가스를 약 1100℃의 온도에서 백금, 로듐 촉매에 통과시켜 제조한다.
② 포름아미드법 : 일산화탄소와 암모니아에서 포름아미드를 거쳐 제조하는 것이며 포름아미드의 생성과 탈수 공정으로 되어 있다.

(3) 용 도

살충용, 메타크릴 수지 합성용 (MMA) 원료, 아크릴계 합성섬유의 원료

2.13 산화에틸렌 (C_2H_4O)

(1) 성 질

① 상온에서 무색, 유독한 기체이며, 10℃ 이하에서는 액체이다 (허용 농도 : 50 ppm).
② 폭발범위가 3~100 %이므로 공기가 혼입되지 않아도 열이나 충격에 의해 폭발을 하며, 액체일 때는 분해 폭발하지 않는다.
③ 용기 내에 질소, 이산화탄소, 수증기를 희석제로 하여 미리 충전해 두면 폭발범위가 좁아져 폭발을 피할 수 있다 (45℃에서 4 kg/cm^2 이상의 압력).

(2) 용 도

폴리에스테르 섬유 공업에 이용되고, 메탄올아민의 원료로 쓰인다.

2.14 프레온

(1) 성 질
① 불소 (F) 또는 불소와 수소를 함유한 탄화수소이며, 무색, 무취, 무독, 불연성이다.
② 액화하기 쉽고 증발 잠열이 크고 화학적으로 안정하여 200℃ 이하에서는 대부분의 금속과 반응하지 않는다.
③ 800℃ 불꽃에 접촉하면 포스겐 ($COCl_2$)이라는 맹독 가스를 발생시킨다.
④ 천연고무, 수지를 용해시키므로 인조고무를 사용한다. 수분이 있으면 불산 (HF)이 되어 유리를 녹임.

(2) 용 도
① 냉동 장치의 냉매로 쓰인다.
② 테플론 제조에 이용된다.

2.15 아황산가스 (SO_2 : 이산화황)

① 강한 자극성 냄새를 가진 독성 가스이다 (허용 농도 5 ppm).
② 물에 용해되어 산성을 나타 낸다. $SO_2 + H_2O \rightarrow H_2SO_2$
③ 황을 연소시키면 발생한다. $S + O_2 \rightarrow SO_2$
④ 대부분 황산 제조에 쓰인다.
⑤ 장치 부식과 공해의 원인

2.16 황화수소 (H_2S)

① 무색이며 계란 썩은 냄새가 나는 독성 가스이다 (허용 농도 10 ppm).
② 공기 중에서 잘 연소된다 (폭발범위 4.3~45.5 %).
③ 습기를 함유한 공기 중에서 금, 백금 이외의 모든 금속과 반응한다.
④ 탈황 장치에서 얻어진다.

제1편 기출문제와 예상문제

01 LPG의 장점이 아닌 것은?

㉮ 점화, 소화가 용이하며 온도의 조절이 간단하다.
㉯ 발열량이 높다.
㉰ 직화식으로 사용할 수 있다.
㉱ 열효율이 낮다.

> ① C_3H_8의 발열량 12000 kcal/kg
>   24000 kcal/m^3
> ② 열효율=연소효율×전열효율
>   LPG의 열효율은 높다.

02 가연성 가스의 연소에 대하여 옳은 것은?

㉮ 공기는 없어도 가스만으로 잘 연소된다.
㉯ 폭발하한계 이하에서 공기가 존재하면 연소된다.
㉰ 산소가 없는 상태에서 온도가 높으면 연소된다.
㉱ 폭발한계 내에서만 연소된다.

> ① 연소 : 가연성 가스+지연성 가스+점화원
> ② 빛과 열을 동시에 수반
> ③ 화염의 전파 속도에 따라
>   연소 → 폭발 → 폭굉

03 LPG 충전용기 안전밸브는 주로 무슨 형식인가?

㉮ 중추식   ㉯ 스프링식
㉰ 수동식   ㉱ 가용전식

> ① 스프링식 안전밸브
>   안전밸브 작동압력 : $TP \times 0.8$ 이하
>   안전밸브 정지압력 : 작동압력×0.8 이상
> ② 중추식 : 대형 보일러
> ③ 가용전식 : C_2H_2 용기의 안전밸브
>   가용전의 주성분은 Pb, Sn 등으로 녹아서 가스가 빠져 나가는 것이다.
> C_2H_2에서는 105±5℃에서 가용전이 녹는다.

정답 1. ㉱ 2. ㉱ 3. ㉯

04 어느 액체에 가해지고 있는 압력이 감소할 때 증발온도는?

㉮ 상승한다. ㉯ 저하한다.
㉰ 변하지 않는다. ㉱ 상승했다 저하한다.

> 반대로 압력이 상승하면 액체의 증발온도는 상승된다.

05 용기에 안전밸브를 붙이는 이유 중 옳은 것은?

㉮ 가스 충전구가 막혔을 때 대신 사용한다.
㉯ 용기 내의 가스압력의 이상상승시 용기의 파열을 방지한다.
㉰ 용기 내의 가스압력을 일정하게 유지한다.
㉱ 용기가 충격을 받을 때 가스가 안 나오도록 안전하게 조정한다.

> 안전장치

06 다음 열거한 가스 중 공기 속에서 폭발한계가 가장 넓은 것은?

㉮ 프로판 ㉯ 수소
㉰ 아세틸렌 ㉱ 부탄

> C_3H_8 (2.1~9.5 %), H_2 (4~75 %), C_2H_2 (2.5~81 %), C_4H_{10} (1.8~8.4 %)
> 폭발한계가 가장 넓은 순서대로는 C_2H_2 > C_2H_4O > H_2 > CO 등이다.

07 독성 가스와 그 허용 농도를 표시한 것으로 틀린 것은?

㉮ HCN (시안화수소) 1 ppm ㉯ Cl_2 (염소) 1 ppm
㉰ C_2H_4O (산화에틸렌) 50 ppm ㉱ NH_3 (암모니아) 25 ppm

> HCN : 10 ppm

08 아세틸렌가스의 폭발범위는 2.5~81 %이다. 위험도는?

㉮ 39.25 ㉯ 31.4
㉰ 26 ㉱ 19

> $H = \dfrac{U-L}{L}$ 여기서, H : 위험도, U : 폭발범위 상한, L : 폭발범위 하한
> C_2H_2 (2.5~8.1 %)
> $H = \dfrac{81 - 2.5}{2.5} = 31.4$

정답 4. ㉯ 5. ㉯ 6. ㉰ 7. ㉮ 8. ㉯

제1편 가스의 기초

09 액체 LPG가 손 같은 피부에 닿으면 어떻게 될까?
㉮ 동상을 입는다.   ㉯ 화상을 입는다.
㉰ 아무렇지 않다.   ㉱ 뜨겁다.

　LPG는 기화열이 크다.

10 가연성 가스가 공기 또는 산소에 혼합되었을 때 폭발위험은?
㉮ 공기보다 산소에 혼합했을 때 폭발범위가 넓어진다.
㉯ 공기보다 산소에 혼합했을 때 폭발범위가 좁아진다.
㉰ 공기와 산소가 동일하다.
㉱ 가스의 종류에 따라 그 범위가 좁아지는 경우도 있고 넓어지는 경우도 있다.

　하한보다는 상한이 커진다.

11 가스시설 중에서 가스가 누설되고 있을 때의 조치 순서는?

　1. 용기밸브를 잠근다.　　2. 중간밸브를 잠근다.
　3. 창문을 열어 통풍시킨다.　　4. 판매점에 연락한다.

㉮ 1 – 2 – 3 – 4　　　㉯ 3 – 4 – 2 – 1
㉰ 2 – 3 – 4 – 1　　　㉱ 1 – 3 – 2 – 4

　제일 먼저 주밸브를 잠근다.

12 고압가스의 적용 범위 규정에서 제외되는 고압가스는?
㉮ 상용의 온도에서 압력이 10 kg/cm^2 이상 되는 압축가스
㉯ 35℃의 온도에서 압력이 0 kg/cm^2 넘는 아세틸렌가스
㉰ 상용의 온도에서 압력이 2 kg/cm^2 이상 되는 액화가스
㉱ 상용의 온도에서 압력이 0 kg/cm^2 넘는 액화가스 중 액화 브롬화메탄

　상용의 온도에서 압력이 0 kg/cm^{2}를 넘는 아세틸렌가스 → 고압가스

정답　9. ㉮　10. ㉮　11. ㉮　12. ㉯

13 고압가스 종류의 제조자가 아닌 자는?

㉮ 일반고압가스 제조자   ㉯ 특정가스 제조자
㉰ 냉동 제조자   ㉱ 일반도매가스 제조자

14 특정고압가스 중에서 흡수장치 및 재해장치를 해야 할 가스만으로 된 것은?

㉮ H₂, Cl₂   ㉯ 액화 암모니아, 염소
㉰ LPG, 염소   ㉱ 산소, 액화 암모니아

> 📌 특정고압가스
> H₂ (4~75 %) ┐ 압축가스
> O₂   ┘
> Cl₂ 독성 (1 ppm)   ┐ 액화가스
> NH₃ (15~28 %), 독성 (25 ppm) ┘
> C₂H₂ (2.5~81 %) - 용해가스

15 처리설비 또는 감압설비의 처리용적에서 처리능력의 기준은?

㉮ 0℃, 1 kg/cm² · g   ㉯ 20℃, 0 kg/cm²
㉰ 0℃, 0 kg/cm²   ㉱ 20℃, 0 kg/cm² · a

16 LPG 저장탱크에 가스를 충전할 때 공간용적은?

㉮ 90 %   ㉯ 60 %
㉰ 30 %   ㉱ 10 %

> 📌 LPG는 액체의 온도에 의한 부피 변화가 크므로 액의 팽창률을 고려하여 용기에 충전할 때 안전공간을 둔다.
> ┌ 대형 : 10 % 이상
> └ 소형 : (3 TON 미만) : 15 % 이상

정답 13. ㉱   14. ㉯   15. ㉰   16. ㉱

제1편 가스의 기초

17 가연성 및 독성 가스에 각각 색깔을 표시하는데 수소용기의 표시는?

㉮ 적색 ㉯ 녹색
㉰ 황색 ㉱ 흰색

> 보통 가연성 가스의 '연'자는 적색으로 표시하지만 LPG는 쓰지 않고 수소용기의 경우는 흰색으로 '연'자를 표시한다. 수소용기의 도색은 주황색이다.

18 가연성 물질을 공기로 연소시키는 경우 공기 중의 산소 농도를 높게 하면 연소속도와 발화온도는 어떻게 되는가?

㉮ 연소속도는 증가하고 발화온도도 상승한다.
㉯ 연소속도는 증가하고 발화온도는 낮아진다.
㉰ 연소속도는 감소하고 발화온도는 상승한다.
㉱ 연소속도는 감소하고 발화온도도 낮아진다.

> 공기 중의 산소 농도를 높게 하면 연소할 때 연소속도 증가, 발화온도 저하, 화염온도 상승, 화염길이의 증가 등을 일으킨다.

19 LPG는 무엇으로 생기는가?

㉮ 석유의 열분해 ㉯ 석유의 화학분해
㉰ 석유의 응축 ㉱ 석유의 약품처리

> 원유 정제시 나프타, 가솔린, 등유, 경유, 중유 등으로 분리된다. 이때 발생되는 가스가 석유가스, 즉 LPG이다.

20 LPG 사용자는 LPG의 성질을 잘 알고 있어야 한다. 다음 중 맞는 것은?

㉮ 공기보다 가벼워 위로 올라간다.
㉯ 공기보다 무거워 바닥면에 고인다.
㉰ 누설되면 즉시 날아간다.
㉱ 바람이 없는 한 공중에 구름같이 떠 있다.

> LPG는 공기보다 무거워 누설할 경우 낮은 곳에 체류하여 화재의 위험이 있다. 따라서, 가스 누설 검지장치는 지면에서 30 cm 이내에 설치한다.

정답 17. ㉱ 18. ㉯ 19. ㉮ 20. ㉯

21 다음 가스용기 밸브 중 충전구 나사를 '왼나사'로 정한 것은?

① C₂H₂   ② H₂   ③ N₂   ④ O₂
⑤ C₃H₈   ⑥ Cl₂   ⑦ N₂O

㉮ ①, ②, ③   ㉯ ④, ⑤
㉰ ①, ②, ⑤   ㉱ ③, ④, ⑦

📌 가연성 가스 → 왼나사
　예외) NH₃, CH₃Br

22 다음 가스 중 폭발범위가 가장 넓은 것은?

㉮ 프로판   ㉯ C₂H₂
㉰ 메탄   ㉱ NH₃

📌 C₃H₈ (2.1~9.5 %)　　C₂H₂ (2.5~81 %)
　CH₄ (5~15 %)　　　　NH₃ (15~28 %)

23 용기에서 탄소, 인 및 황의 함유량은 각각 얼마인가?

㉮ 0.33 % (이음새 없는 용기는 0.55 %), 0.04 %, 0.05 %
㉯ 0.55 % (이음새 없는 용기는 0.33 %), 0.04 %, 0.05 %
㉰ 0.1 %, 0.04 %, 0.05 %
㉱ 0.1 %, 0.33 %, 0.05 %

📌 탄소는 저온취성, 인은 상온취성, 황은 적열취성이 있으므로 용기에 있어서 함유량을 제한한다.

구 분	탄 소	인	황
계 목	0.33 %	0.04 %	0.05 %
무계목	0.55 %	0.04 %	0.05 %

24 독성 가스임이면서 동시에 가연성 가스인 것은?

㉮ 벤젠, 시안화수소, 일산화탄소, 석탄가스
㉯ 메탄, 시안화수소, 일산화탄소, 석탄가스
㉰ 메탄, 시안화수소, 아세틸렌, 에틸렌
㉱ 벤젠, 시안화수소, 아세틸렌, 에틸렌

정답　21. ㉰　22. ㉯　23. ㉮　24. ㉮

25 내용적 117.5 L의 LPG 용기에 상온에서 액화 프로판 50 kg을 충전하였다. 이 용기 내의 안전공간은 대개 몇 % 정도인가? (단, 액화 LPG 비중은 20℃에서 약 0.5 %이다.)

㉮ 10 %   ㉯ 15 %
㉰ 20 %   ㉱ 24 %

> $\dfrac{50 \text{ kg}}{0.5 \text{ kg/L}} = 100 \text{ L}$
> ∴ 117.5 − 100 L = 약 15 %
> 용기 내의 안전공간은
> ┌ 대형 : 10 % 이상
> └ 소형 (3 t 미만) : 15 % 이상

26 냉매 (R − 22) 500 kg을 내용적 50 L 용기에 충전하려면 최저 몇 개의 용기가 필요한가? (단, 가스정수 0.98)

㉮ 8개   ㉯ 9개
㉰ 10개   ㉱ 11개

> $w = \dfrac{V}{c}$, $V = wc$ $\dfrac{500 \times 0.98}{50} = 9.8$
> ∴ 10개

27 고온, 고압의 수소설비에 탄소강을 쓸 수 없는 이유는?

㉮ 분해폭발   ㉯ 중합폭발
㉰ 탈탄작용   ㉱ 연소반응

> $Fe_3C + 2 H_2 \rightarrow CH_4 + 3 Fe$
> 고온, 고압에서 탈탄작용으로 취성이 생긴다.
> 방지 : W, V, Cr, Ti, Mo

28 수소와 산소의 비가 얼마일 때 폭명기라고 부르는가?

㉮ 2 : 1   ㉯ 1 : 1
㉰ 1 : 2   ㉱ 3 : 2

> $2 H_2 + O_2 \rightarrow 2 H_2O$
> 550℃에서 폭발
> • 염소 폭명기 (1 : 1)
> $H_2 + Cl_2 \rightarrow 2 HCl$
>   ↑ 직사광선

정답 25. ㉯ 26. ㉰ 27. ㉰ 28. ㉮

29 위험도를 내는 공식 중 맞는 것은? (H : 위험도, U : 상한, L : 하한)

㉮ $H = \dfrac{U-L}{U}$　　　　　㉯ $H = \dfrac{U-L}{L}$

㉰ $H = \dfrac{U+L}{U}$　　　　　㉱ $H = \dfrac{U+L}{L}$

> $H = \dfrac{U-L}{L}$ (H : 위험도, U : 상한, L : 하한)
> 보기) C_2H_2 (2.5~81 %)
> $H = \dfrac{81-2.5}{2.5} = 31.4$

30 고압가스 관계법으로 규정하는 고압가스는 35℃ 이하의 온도에서 압력이 (　) 이상이 되는 액화가스를 말한다. (　) 안에 맞는 것은?

㉮ 0 Pa　　　　　㉯ 0.2 Pa
㉰ 5 Pa　　　　　㉱ 10 Pa

> 고압가스
> ① 상용의 온도나 35℃에서 1 MPa 이상이 되는 압축가스
> ② 상용의 온도나 35℃ 이하에서 0.2 MPa 이상이 되는 액화가스
> ③ 15℃에서 0 Pa을 초과하는 아세틸렌가스
> ④ 35℃에서 0 Pa을 초과하는 액화가스 중 액화 시안화수소, 액화 브롬화메탄, 액화 산화에 틸렌가스
> ※ 0.2 MPa 이상 [액화가스], 1 MPa [압축가스] 이상시 고압

31 다음 중 올바르게 연결되어 있는 것은?

㉮ 아세틸렌 – C_2H_4 – 가연성　　　㉯ 암모니아 – NH_3 – 불연성, 독성
㉰ 일산화탄소 – CO_2 – 독성　　　㉱ 메탄 – CH_4 – 가연성

> 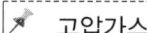　C_2H_2 – 아세틸렌, 가연성
> NH_3 – 암모니아, 가연성
> CO – 일산화탄소, 독성

32 고압가스는 가연성 가스, 조연성 가스, 독성 가스로 분류할 수 있다. 다음 중 가연성 가스가 아닌 것은?

㉮ 부탄   ㉯ 포스겐
㉰ 메탄   ㉱ 프로판

> 📌 포스겐은 독성 가스로 허용 농도는 0.1 ppm이다.

33 다음 열거한 가스 중 폭발한계가 가장 넓은 것은?

㉮ 프로판   ㉯ 수소
㉰ 아세틸렌   ㉱ 부탄

> 📌 C_2H_2 (2.5~81 %)

34 다음 가스 중 불연성 가스가 아닌 것은?

㉮ 아르곤   ㉯ 이산화탄소
㉰ 질소   ㉱ 일산화탄소

> 📌 CO는 가연성 가스
> 폭발 범위 (12.5~74 %)

35 일반가스를 액화시키는 데 필요한 조건으로 옳은 것은?

㉮ 임계온도 이상으로 가열해 주고 압력은 낮추어 준다.
㉯ 임계압력 이하로 압축 후 냉각제를 사용한다.
㉰ 임계온도 이상이라도 고압이면 가스는 액화된다.
㉱ 임계온도 이하로 온도를 낮추고 임계압력 이상으로 압축한다.

> 📌 액화조건 : 임계온도 이하로 낮추고 임계압력 이상으로 압축한다.

36 내용적 50 L인 산소용기에 150 기압의 산소가 들어 있다. 1시간에 300 L를 소모하는 토치를 사용하여 중성불꽃으로 작업하면 몇 시간이나 사용할 수 있겠는가?

㉮ 5시간   ㉯ 10시간
㉰ 20시간   ㉱ 25시간

> 📌 $50 \times 150 = 300 \times h$
> $\therefore h = 25$

정답 32. ㉯   33. ㉰   34. ㉱   35. ㉱   36. ㉱

37 다음 가스 중에서 공기 중에 누설되면 낮은 곳으로 흘러 고이는 가스로만 된 것은?

㉮ 프로판, 수소, 아세틸렌   ㉯ 프로판, 염소, 포스겐
㉰ 아세틸렌, 염소, 암모니아   ㉱ 아세틸렌, 포스겐, 암모니아

> 📌 비중이 1보다 큰 것 [공기(29) 기준]
> 프로판 : $\frac{44}{29} = 1.52$
> 염소 : $\frac{71}{29} = 2.45$
> 포스겐 : $\frac{99}{29} = 3.41$

38 온도와 관계가 적은 것은?

㉮ 0℃   ㉯ 32°F
㉰ 273.15K   ㉱ 459.69°R

> 📌 0℃ = 32°F = 273.15K = 491.69°R

39 다음 식은 온도를 환산할 때 사용하는 식이다. 맞지 않는 식은?

㉮ K = 273.15 + ℃   ㉯ °R = 459.69 + °F
㉰ ΔK = 1.8Δ°R   ㉱ ℃ = 459.69 + °F

> 📌 °F = 1.8℃ + 32

40 순수한 액체 프로판 92 kg의 부피는 표준상태에서 얼마인가?

㉮ 53.2 m³   ㉯ 48.5 m³
㉰ 46.8 m³   ㉱ 41.2 m³

> 📌 C_3H_8 ⎡ 44 kg
>   ⎣ 22.4 m³
> 44 : 22.4 = 92 : x
> ∴ 46.8 m³

정답 37. ㉯ 38. ㉱ 39. ㉱ 40. ㉰

41 비중이 0.8인 어느 액체의 높이가 8 m이면 수은주로 몇 mm가 되겠는가? (단, 수은의 비중은 13.6이다.)

㉮ 320 mmHg　　　　㉯ 48.5 mmHg
㉰ 460 mmHg　　　　㉱ 471 mmHg

$\dfrac{800 \times 8}{13600} = 471$ mmHg

42 수은을 U자 관에 넣었더니 그림과 같았다. 이때, P_2의 절대압력은 몇 kg/cm²인가? (단, P_1 : 1 kg/cm² 절대압력, H : 500 mmHg)

㉮ 1 kg/cm²
㉯ 1.7 kg/cm²
㉰ 2 kg/cm²
㉱ 2.5 kg/cm²

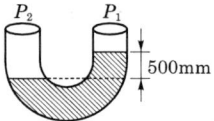

$P_2 = P_1 + H$
$= 1 + 1.033 \times \dfrac{500}{760} = 1.679$ kg/cm²

43 500 kg의 액화가스를 내용적 50 L들이의 용기에 충전할 때, 용기 몇 개가 필요한가? (단, 가스정수 : 0.8)

㉮ 5개　　　　㉯ 7개
㉰ 8개　　　　㉱ 10개

$W = \dfrac{V}{C}$ 에서　$V = 500 \times 0.8 = 400$ L

$\dfrac{400}{50} = 8$　　∴ 8개

44 어떤 액의 비중이 2.5이다. 이 액의 높이가 6 m이면 압력은 얼마인가?

㉮ 1.5 kg/cm²　　　　㉯ 120 cmHg
㉰ 17 mHg　　　　　㉱ 1.7 atm

$2.5 \times 6 = 15$ mH$_2$O $= 1.5$ kg/cm²

45 다음은 압력에 관한 사항이다. 이 중 틀린 것은?

㉮ 1 기압은 1.033 kg/cm² 이다.　㉯ 물기둥 10 m의 압력은 1 kg/cm² 이다.
㉰ 용기압력 = 게이지 압력 + 대기압　㉱ 게이지 압력 = 절대압력 + 대기압

📌 절대압력 = 대기압 + 게이지 압력

---

46 1 kg중은 몇 dyne인가?

㉮ 9.8　　　　　　　　　　　㉯ 980
㉰ 9.8×10^5　　　　　　　　㉱ 9.8×10

📌 1 kg중 = 9.8 N = 9.8×10^5 dyne

---

47 열역학 제 1 법칙에 어긋나는 것은?

㉮ 에너지보존의 법칙이다.
㉯ 열은 고온체에서 저온체로 흐른다.
㉰ 계가 한 일은 계가 받은 참열량과 같다.
㉱ 열량은 내부에너지와 절대일과의 합이다.

📌 열은 고온에서 저온으로 흐른다 : 열역학 제 2 법칙

---

48 일의 열상당량은?

㉮ 1/427 kcal/kg · m　　　　　㉯ 427 kcal/kg · m
㉰ 632.3 kcal/kg · m　　　　　㉱ 860 kcal/kg · m

📌 1 kcal = 427 kg · m

∴ 일의 열상당량은 $\frac{1}{427}$ kcal/kg · m

---

49 이상기체에서 정적비열과 정압비열과의 관계는? (단, R은 기체상수이다.)

㉮ $C_p / C_v = R$　　　　　　　㉯ $C_v / C_p = R$
㉰ $C_p - C_v = R$　　　　　　　㉱ $C_v / C_p = R$

📌 $C_p - C_v = AR$ (A : 일의 열당량, R : 가스정수)

정답　45. ㉱　46. ㉰　47. ㉯　48. ㉮　49. ㉰

제1편 가스의 기초

50 3 kg/cm² 는 몇 lb/in²인가?

㉮ 44.1 lb/in² ㉯ 42.66 lb/in²
㉰ 43.07 lb/in² ㉱ 41.627 lb/in²

> 1.033 kg/cm² : 14.7 PSI = 3 kg/cm² : x
> ∴ 42.66 PSI (lb/in²)

51 26 cmHgV인 압력은 몇 kg/cm²·a인가?

㉮ 0.676 kg/cm²·a ㉯ 0.353 kg/cm²·a
㉰ 0.134 kg/cm²·a ㉱ 1.911 kg/cm²·a

> 절대압력 = 대기압 − 진공압
> ∴ 1.033 − $\dfrac{260 \text{ cmHg}}{} \times \dfrac{1 \text{ in}}{2.54 \text{ cm}} \times \dfrac{1.033 \text{ kg/cm}^2}{29.92 \text{ inHg}}$
> 1.033 − 0.353 ≒ 0.676 kg/cm²·a

52 표준대기압은?

㉮ 1.033 kg/cm² ㉯ 0 kg/cm²·a
㉰ 14.7 lb/in² ㉱ 0 mmHgV

53 복합압력계가 20 inHg를 가리키고 있다. 이때의 압력 lb/in²·a은?

㉮ 4.9 lb/in²·a ㉯ 0.34 lb/in²·a
㉰ 8.89 lb/in²·a ㉱ 9.8 lb/in²·a

> 절대압력 = 대기압 − 진공압력
> ∴ 14.7 − 14.7 × $\dfrac{20}{30}$ ≒ 4.9 lb/in²·a

54 각 압력과의 관계가 맞는 것은?

㉮ 절대압력 = 게이지 압력 − 대기압
㉯ 절대압력 = 대기압 − 게이지 압력
㉰ 게이지 압력 = 대기압 − 절대압력
㉱ 게이지 압력 = 절대압력 − 대기압

정답 50. ㉯ 51. ㉮ 52. ㉮㉰ 53. ㉮ 54. ㉱

📌 절대압력 = 대기압 + 게이지 압력

55 다음은 진공도에 관한 문제이다. 틀린 것은?

㉮ 38 cmHgV = 0.5 lbkg/cm² · a ㉯ 10 cmHg = 0.136 kg/cm² · a
㉰ 30 inHgV = 0 lb/in² · a ㉱ 30 inHg = 14.2 lb/in²

📌 30 inHg = 76 cmHg = 1.033 kg/cm² = 14.7 PSI

56 절대압력과 게이지 압력에 대한 설명으로 옳은 것은?

㉮ 게이지 압력 0 kg/cm²은 완전진공이다.
㉯ 게이지 압력 1 kg/cm²은 수은주 76 cmHg이다.
㉰ 절대압력 0.76 kg/cm²은 복합 게이지 눈금으로 약 20 cmHg이다.
㉱ 절대압력 1.033 kg/cm²은 게이지 압력으로 2.033 kg/cm²이다.

📌 절대압력이 0.76 kg/cm²이면 진공압력은 대기압 − 절대압력이므로
$1.033\left(1 - \frac{20}{76}\right) = 0.76$ kg/cm² · a

57 밀폐형 용기 속에 있는 기체를 압축하여 그 용적을 1/2로 하면 압력은 어떻게 변하는가?

㉮ 1/4이 된다. ㉯ 1/2이 된다.
㉰ 변하지 않는다. ㉱ 2배가 된다.

📌 일정한 온도에서 기체의 체적은 압력에 반비례하므로 압력은 2배가 된다.

58 일정한 압력에서 20℃인 기체의 부피가 2배 되었을 때의 온도는?

㉮ 313℃ ㉯ 329℃
㉰ 586℃ ㉱ 600℃

📌 $\frac{V}{T} = \frac{V'}{T'}$ 에서 $\frac{1}{293} = \frac{2}{273+x}$
∴ 313℃

정답 55. ㉱ 56. ㉰ 57. ㉱ 58. ㉮

59 대기압에서 1.5 m³의 용적을 가진 기체를 동일온도에서 용적 40 L의 용기에 충전한다면 그 압력은? (단, 대기압은 1 kg/cm²·a로 한다.)

㉮ 35.5 kg/cm²·a ㉯ 37.5 kg/cm²·a
㉰ 39.5 kg/cm²·a ㉱ 41.5 kg/cm²·a

$PV = P'V'$
$1.5 \times 10^3 = 40 \times x$
$\therefore 37.5 \text{kg/cm}^2 \cdot a$

60 다음 중 가장 압력이 큰 것은?

㉮ 1000 g/mm² ㉯ 1 g/mm²
㉰ 10 kg/mm² ㉱ 수주 10 m

1000 g/mm² = 100 kg/cm², 1 g/mm² = 0.1 kg/cm²
10 kg/mm² = 1000 kg/cm² 10 mH₂O = 1 kg/cm²

61 LPG의 액체 1 L는 약 250 L의 가스가 된다. 20 kg의 LPG를 가스로 고치면 다음의 어느 것에 해당되는가? (단, 액비중은 0.5라고 한다.)

㉮ 1 m³ ㉯ 5 m³
㉰ 7.5 m³ ㉱ 10 m³

$\dfrac{20}{0.5} = 40$ L에서 $1 : 250 = 40 : x$
$\therefore x = 10000$ L $= 10$ m³

62 15℃, 1기압의 기체를 정압에서 가열할 때 체적의 2배가 되게 하려면 몇 ℃까지 가열해야 하는가?

㉮ 180℃ ㉯ 203℃
㉰ 253℃ ㉱ 303℃

$\dfrac{V}{T} = \dfrac{V'}{T'}$ 에서 $\dfrac{1}{273+15} = \dfrac{2}{273+x}$
$\therefore x = 303$ ℃

정답 59. ㉯ 60. ㉰ 61. ㉱ 62. ㉱

63 다음 중 옳은 것은?

㉮ 절대압력＝대기압－게이지 압력
㉯ 절대압력＝게이지 압력＋대기압
㉰ 대기압＝게이지 압력＋상대압력
㉱ 대기압＝게이지 압력－절대압력

64 내압시험 압력 350 kg/cm² · abs의 오토클레이브에 20℃로 수소가 100 kg/cm² · abs으로 충전되어 있다. 이것을 가열하자 안전밸브가 (작동압력은 내압시험 압력의 8/10배) 분출하였다면, 이때의 온도는?

㉮ 737℃
㉯ 682℃
㉰ 614℃
㉱ 547℃

$\dfrac{P}{T} = \dfrac{P'}{T'}$ 에서 $\dfrac{100}{293} = \dfrac{350 \times 8/10}{273+x}$ ∴ $x = 547℃$

65 내용적 50 L인 산소용기에 150 기압의 산소가 들어있다. 1시간에 300 L를 소모하는 토치를 사용하여 중성불꽃으로 작업하면 몇 시간이나 사용할 수 있겠는가?

㉮ 5시간
㉯ 10시간
㉰ 20시간
㉱ 25시간

$\dfrac{50 \times 150}{300} = 25\,h$

66 고압용기에 산소가 충전되어 있다. 이 용기의 온도가 15℃일 때의 압력이 130 kg/cm² · a이 되었다. 이 용기가 직사광선을 받아서 용기의 온도가 50℃로 상승되었다면 그 때의 압력은?

㉮ 146 kg/cm² · a
㉯ 165 kg/cm² · a
㉰ 180 kg/cm² · a
㉱ 220 kg/cm² · a

$\dfrac{P}{T} = \dfrac{P'}{T'}$ 에서 $\dfrac{130}{273+15} = \dfrac{P'}{273+50}$
∴ 145.8 kg/cm² · a

67 20℃의 어느 가스용기를 80℃로 가열하면 압력은 몇 배로 높아지는가?

㉮ 1배
㉯ 1.2배
㉰ 1.4배
㉱ 1.8배

$\dfrac{353}{293} = 1.2$배

정답 63. ㉯ 64. ㉱ 65. ㉱ 66. ㉮ 67. ㉯

68 일반가스를 액화시키는 데 필요한 조건은?

㉮ 임계온도 이상으로 가열해 주고 압력은 내려 준다.
㉯ 임계압력 이하로 압축 후 냉각제를 사용한다.
㉰ 임계온도 이상이라도 고압이면 가스는 액화된다.
㉱ 임계온도 이하로 해주고 임계압력 이상으로 압축한다.

69 고압가스 중 가장 액화되기 힘든 것은?

㉮ 산소 ㉯ LPG
㉰ 수소 ㉱ 질소

70 기체가 상압일 때에는 거의 이상기체법칙에 따르는 데 반하여 고압의 기체는 이상기체의 법칙에 어긋나는 이유로서 가장 알맞은 것은?

㉮ 기체가 일부 액화되기 때문이다.
㉯ 기체분자의 운동에너지가 커지기 때문이다.
㉰ 기체분자의 모양이 변형되기 때문이다.
㉱ 기체분자 사이에 충돌이 심하기 때문이다.

71 200 kg의 철괴(비열 0.113 kcal/kg · ℃)를 온도 20℃에서 85℃까지 높이는 데 소용되는 열량은?

㉮ 1469 kcal ㉯ 1732 kcal
㉰ 1836 kcal ㉱ 1845 kcal

$Q = W \cdot C \cdot \Delta T$
$= 0.113 \times 200 \times (85 - 20)$
$= 1469 \text{ kcal}$

정답 68. ㉱ 69. ㉰ 70. ㉮ 71. ㉮

72 10 atm의 공기 중의 질소와 산소의 분압은? (단, 산소와 질소의 체적비는 1 : 4로 한다.)

㉮ 질소 6 atm, 산소 4 atm ㉯ 질소 8 atm, 산소 2 atm
㉰ 질소 4 atm, 산소 6 atm ㉱ 질소 5 atm, 산소 5 atm

질소 : $10 \times \dfrac{4}{5} = 8$기압   산소 : $10 \times \dfrac{1}{5} = 2$기압
부피 % = 몰 % = 압력 %

73 1 kcal에 대한 정의로 맞는 것은?

㉮ 물 1 kg을 1℃ 높이는 데 필요한 열량
㉯ 순수한 물 1 g을 14.5℃에서 15.5℃까지 높이는 데 필요한 열량
㉰ 물 1 cm³를 1 g만큼 변화시키는 데 필요한 열량
㉱ 순수한 물 1 kg을 14.5℃에서 15.5℃까지 높이는 데 필요한 열량

74 다음 세 종류의 물질에 동일한 양의 열량을 흡수시켰을 때 그 최종온도가 높은 것으로부터 낮은 것의 순으로 나열된 것은? (단, 최초온도는 모두 동일한 것으로 본다.)

① 비열 0.8인 물질 50 kg
② 비열 1인 물질 10 kg
③ 비열 1.3인 물질 2 kg

㉮ ① - ② - ③   ㉯ ③ - ② - ①
㉰ ① - ③ - ②   ㉱ ② - ① - ③

① $0.8 \times 50 = 40$
② $1 \times 10 = 10$
③ $1.3 \times 2 = 2.6$
$Q = W \cdot C \cdot \Delta T$에서 Q는 같으므로 ΔT는 $W \cdot C$에 반비례한다.
∴ $W \cdot C$ 값이 작은 것이 온도 변화가 가장 크다.

정답 72. ㉯ 73. ㉱ 74. ㉯

75 -15℃의 얼음 10 kg을 1기압에서 증기로 변화시킬 때, 필요한 열량은? (단, 얼음의 비열은 0.5 kcal/kg · ℃, 물은 1 kcal/kg · ℃이다.)

㉮ 5375 kcal ㉯ 5465 kcal
㉰ 5990 kcal ㉱ 7265 kcal

> $Q = 10 \times 0.5 \times 15 + 10 \times 80 + 10 \times 1 \times 100 + 10 \times 539$
> $= 7265 \text{ kcal}$

76 어느 액체에 걸리는 압력이 감소할 때 증발온도는?

㉮ 상승한다. ㉯ 저하한다.
㉰ 변하지 않는다. ㉱ 상승했다 저하한다.

> 압력감소시 증발온도는 감소하며 대기압에서 증발온도 100℃ 기준으로 한다.

77 액화 프로판 16 kg을 -42.6℃에서 기화시키는데 도시가스 몇 kg이 소요되는가? (단, 도시가스 발열량: 700 kcal/kg, 프로판가스 기화열: 95 kcal/kg, 80 g %)

㉮ 13.7 kg ㉯ 25.7 kg
㉰ 1.7 kg ㉱ 2.7 kg

> $\dfrac{16 \times 95}{700 \times 0.8} = 2.7 \text{ kg}$

78 온도 T_2인 저온체에서 열량 Q_A를 흡수해서 온도가 T_1인 고온체로 열량 Q_B를 방출할 때 냉동기의 성능계수는?

㉮ $\dfrac{Q_A - Q_B}{Q_A}$ ㉯ $\dfrac{T_2 - T_1}{T_1}$

㉰ $\dfrac{T_2}{T_1 - T_2}$ ㉱ $\dfrac{Q_A}{Q_A - Q_B}$

> 또는 $\dfrac{Q_A}{Q_B - Q_A}$

79 산소가스가 20℃에서 120 kg/m² · g의 압력으로 100 kg이 충전되어 있다. 이때의 체적은 몇 m³인가? (단, 산소의 가스정수는 26.5이다.)

㉮ 0.2 m³ ㉯ 0.64 m³
㉰ 1.2 m³ ㉱ 1.64 m³

> $PV = GRT$
> $V = \dfrac{GRT}{P} = \dfrac{100 \times 26.5 \times 293}{121.033 \times 10^4} = 0.64 \text{ m}^3$

80 공기 20 kg과 수증기 5 kg이 혼합하여 20 m³의 탱크에 들어 있다. 이 혼합기체의 온도를 80℃라고 하면 탱크 내의 압력은 얼마나 되는가?

㉮ 1.030 kg/cm² ㉯ 0.415 kg/cm²
㉰ 1.445 kg/cm² ㉱ 2.475 kg/cm²

> $P = \dfrac{GRT}{V} = \dfrac{\left(20 \times \dfrac{848}{29} + 5 \times \dfrac{848}{18}\right) \times 353}{20 \times 10^4} = 1.44 \text{ kg/cm}^2$

81 이상기체를 단열팽창시켰을 때 온도는 어떻게 되는가?

㉮ 알 수 없다. ㉯ 변하지 않는다.
㉰ 올라간다. ㉱ 내려간다.

> ① 이상기체는 단열팽창시에는 온도가 내려간다.
> ② 이상기체는 단열과정에서는 엔트로피의 변화가 없다.

82 반데르발스 식을 나타낸 것은?

㉮ $\left(P + \dfrac{a}{V^2}\right)(V-b) = RT$ ㉯ $\left(P - \dfrac{a}{V^2}\right)(V-b) = RT$
㉰ $\left(P + \dfrac{V^2}{a}\right)(V-b) = RT$ ㉱ $\left(P - \dfrac{V^2}{a}\right)(V-b) = RT$

> 반데르발스 식
> $\left\{P + n\left(\dfrac{a}{V}\right)^2\right\}(V - bn) = nRT$

정답 79. ㉯ 80. ㉰ 81. ㉱ 82. ㉮

제 1 편 가스의 기초

83 포화온도에 대한 설명으로 알맞은 것은?
㉮ 액체가 증발현상 없이 기체로 변하기 시작할 때의 온도
㉯ 액체와 증기가 공존할 때 그 압력에 상당한 일정한 값의 온도
㉰ 액체가 증발하여 어떤 용기 안이 증기로 꽉 차 있을 때의 온도
㉱ 액체가 증발하기 시작할 때의 온도

84 임계압력에 대한 설명으로 알맞은 것은?
㉮ 액체가 끓는점에 도달했을 때의 압력
㉯ 액체와 증기가 공존할 때의 모든 압력
㉰ 액체가 증발하기 시작할 때의 압력
㉱ 액체가 증발현상 없이 기체로 변할 때의 압력

📌 액체밀도와 증기밀도가 같을 때의 압력이다.

85 고압가스의 범위에 들어가는 것은?
㉮ 가연성 가스와 액화가스   ㉯ 지연성 가스와 독성 가스
㉰ 압축가스와 액화가스   ㉱ 독성 가스와 압축가스

📌 압축가스와 액화가스 : 고압가스 안전관리법

86 프로판의 공기 중 1 atm에 대한 폭발범위는 몇 %인가?
㉮ 2.5~81.0 %   ㉯ 4.0~75.0 %
㉰ 2.1~9.5 %   ㉱ 3.0~8.0 %

📌 프로판의 연소 범위 : 2.1~9.5

87 액체공기 50 kg 속에는 산소가 몇 kg 정도 들어 있는가?
㉮ 11.6 kg   ㉯ 10.5 kg
㉰ 43.1 kg   ㉱ 37.8 kg

📌 $\dfrac{32}{29} \times 0.21 = 0.232$ $0.232 \times 50 = 11.6$ kg

88 일정한 온도에서 5 기압이 차지하는 부피는 20 L이었다. 부피가 60 L가 되려면 압력은 몇 기압이 되어야 하겠는가?

52   정답 83. ㉯ 84. ㉯ 85. ㉰ 86. ㉰ 87. ㉮ 88. ㉮

㉮ 1.67기압 ㉯ 2.5기압
㉰ 3기압 ㉱ 3.5기압

> $PV = P'V'$
> $5 \times 20 = P' \times 60$
> $P' = 1.67$ 기압

89 25℃, 4 기압에서 100 L인 산소는 25℃, 2 기압에서 그 부피는 몇 L가 되겠는가?

㉮ 100 L ㉯ 200 L
㉰ 250 L ㉱ 300 L

> $PV = P'V'$ 에서 $4 \times 100 = 2 \times V'$
> ∴ 200 L

90 27℃에서 60 mL의 부피를 차지하는 기체의 경우 온도를 127℃로 하면 부피는 몇 mL가 되겠는가? (단, 압력은 일정하다.)

㉮ 500 mL ㉯ 600 mL
㉰ 700 mL ㉱ 800 mL

> $\dfrac{V}{T} = \dfrac{V'}{T'}$ 에서, $\dfrac{600}{273+27} = \dfrac{x}{273+127}$
> ∴ $x = 800$ mL

91 27℃, 2 기압하에 있는 4 L의 산소 (기체)를 0℃, 1 기압으로 변화시켜 주면 그 부피는?

㉮ 4 L ㉯ 5 L
㉰ 6.23 L ㉱ 7.28 L

> $\dfrac{PV}{T} = \dfrac{P'V'}{T'}$ 에서, $\dfrac{2 \times 4}{273+27} = \dfrac{1 \times x}{273}$
> ∴ $x = 7.28$ L

92 28.3 L의 용기에 수소 26 g이 충전되어 있다. 10℃에서 그 압력은 몇 기압이 되겠는가?

㉮ 10.7 기압 ㉯ 10.4 기압
㉰ 20.7 기압 ㉱ 20.4 기압

> $PV = \dfrac{w}{M}RT$ 에서, $P = \dfrac{wRT}{MV} = \dfrac{26 \times 0.082 \times 283}{2 \times 28.3} ≒ 10.7$ 기압

정답 89. ㉮ 90. ㉯ 91. ㉱ 92. ㉱

93 질소 8.4 g과 수소 2 g을 혼합하여 내용적 1 L의 고압용기에 충전할 때 용기의 온도가 200℃이면 그 때의 압력은?

㉮ 60.2 기압   ㉯ 50 기압
㉰ 60.8 기압   ㉱ 55 기압

전체 몰수는 $\frac{8.4}{28} + \frac{2}{2} = 1.3$ 몰

$PV = nRT$에서, $P = \frac{nRT}{V} = \frac{1.3 \times 0.082 \times 473}{1}$

≒ 50 기압

94 1 atm, 20℃에서 어느 기체 10 L의 질량이 30 g이다. 이 기체의 분자량은?

㉮ 37   ㉯ 72
㉰ 118   ㉱ 180

$PV = \frac{w}{M} RT$

$M = \frac{wRT}{pV} = \frac{30 \times 0.082 \times 293}{1 \times 10} = 72$

95 기체의 물에 대한 용해도가 가장 좋은 상태는?

㉮ 온도가 높고 압력이 높을 때   ㉯ 온도가 높고 압력이 낮을 때
㉰ 온도가 낮고 압력이 높을 때   ㉱ 온도가 낮고 압력도 낮을 때

기체의 용해도는 온도가 낮고 압력이 높을 때 가장 좋다.

96 압력 1 atm, 온도 27℃에서 어느 기체의 밀도가 1.3 g/L였다면, 이 기체의 종류는?

㉮ 산소   ㉯ 질소
㉰ 이산화탄소 ㉱ 일산화탄소

$PV = \frac{w}{M} RT$에서, $P = \frac{\rho}{M} RT$

$M = \frac{\rho RT}{P} = \frac{1.3 \times 0.082 \times (273 + 27)}{1} ≒ 32$

∴ 산소, O_2 (32)

정답 93. ㉯ 94. ㉯ 95. ㉰ 96. ㉮

97 압축기와 고압가스 충전장소 사이에 설치해야 하는 것은?

㉮ 가스방출장치 ㉯ 방호벽
㉰ 안전밸브 ㉱ 압력계와 액면계

> 📌 방호벽 설치장소
> ① 압축기와 충전장소 사이 (압축가스 100 kg/cm² 이상)
> ② 압축기와 용기보관실 사이

98 아세틸렌가스를 25 kg/cm²의 압력으로 압축할 때에 필요한 조치는?

㉮ 용기의 온도를 −5° 이하로 유지한다.
㉯ 수소, 에틸렌 등의 희석제를 첨가한다.
㉰ 압축기의 회전을 고속으로 한다.
㉱ 충전 후 30시간 정치한다.

> 📌 CH_4, N_2, CO, C_2H_4, CH_2, C_3H_8

99 아세틸렌 용기의 기밀시험압력에 대한 설명으로 맞는 것은?

㉮ 내압시험압력의 8/10의 압력 ㉯ 최고충전압력으로 한다.
㉰ 최고충전압력의 1.1배 압력 ㉱ 최고충전압력의 1.8배 압력

> 📌 C_2H_2 용기
> 내압시험 : $F_p \times 3$
> 기밀시험 : $F_p \times 1.8$

100 동일 차량에 적재하여 운반할 수 없는 사항은?

㉮ 질소와 수소 ㉯ 산소와 암모니아
㉰ 액화석유가스와 염소 ㉱ 염소와 아세틸렌

정답 97. ㉯ 98. ㉯ 99. ㉱ 100. ㉱

101 시안화수소를 장기간 저장하지 못하게 하는 이유와 관계있는 것은?

㉮ 중합폭발 ㉯ 산화폭발
㉰ 분해폭발 ㉱ 기타 일반폭발

> HCN : 수분 2 % 또는 소량의 알칼리성 물질과 중합폭발, 희석제 첨가 (인, 인산, 오산화인, 염화칼슘, 구리, 동망, 아황산가스, 황산 등)

102 품질검사를 할 때에 C_2H_2와 O_2의 순도는?

㉮ 98 % 이상, 99.5 % 이상 ㉯ 99 % 이상, 98.5 % 이상
㉰ 97.5 % 이상, 98.5 % 이상 ㉱ 97 % 이상, 99.9 % 이상

> 품질검사-1일 1회 이상
> ① O_2 : 99.5 % 이상, 동암모니아 시약 → 35℃ 120 kg/cm^2
> ② H_2 : 98.5 %, 피로갈롤히드로술파이트 → 35℃ 120 kg/cm^2
> ③ C_2H_2 : 98 %, 발연황산 → 3 kg 이상

103 보통의 용기에는 동판의 두께를 표시하지 않으나 내용적이 몇 L 이상인 경우에 두께를 표시하는가?

㉮ 120 L ㉯ 380 L
㉰ 480 L ㉱ 500 L

104 초저온 용기의 열침입량 계산식 $Q = Wq/H \cdot \triangle t \cdot V$이다. 각 기호의 설명이 잘못된 것은?

㉮ Q : 침입 열량 (kcal/h · ℃ · L)
㉯ W : 측정 중의 증발잠열 (kg/kcal)
㉰ $\triangle t$: 시험용 저온액화가스의 비점과 외기와의 온도차 (℃)
㉱ q : 시험용 액화가스의 기화잠열 (kcal/kg)

> $Q = \dfrac{Wq}{H \triangle t V}$ (kcal/h · ℃ · L)
> 여기서, W : 증발량 (kg), 여기서, q : 증발잠열 (kcal/kg), H : 측정시간 (h)
> $\triangle t$: 비점과 외기온도차 (℃)
> V : 내용적 (L)

105 다음 경계표지를 설명한 것 중 틀린 것은?

㉮ 용기보관소 또는 용기보관실의 출입구마다 표시한다.
㉯ 가스의 성질에 따라 '연' 자 또는 '독' 자를 부기하거나 성질을 별도로 표시하고, 빈 용기와 충전용기를 구분한다.
㉰ 운반차량의 경계표지는 차량 전후에서 '고압가스'라 표시하고, 황색 삼각기를 운전석 외부의 보기 쉬운 곳에 게양한다.
㉱ 도로를 따라 지하에 설치된 도관의 경우 1000m 간격을 표준으로 하여 필요한 수의 표지판을 설치한다.

> 경계표시 : '위험 고압가스' 황색 바탕에 적색 글씨. 발광도료 KS M 5334호
> 가로치수는 차체폭의 30 % 이상
> 세로치수는 가로치수의 20 % 이상 → 직사각형
> 삼각형 : 면적이 600 cm² 이상
> A : 30 cm, B : 40 cm

106 그림과 같은 적색 삼각기(경계 표시)의 크기를 옳게 나타낸 것은?

㉮ A : 20 cm, B : 30 cm
㉯ A : 20 cm, B : 40 cm
㉰ A : 30 cm, B : 40 cm
㉱ A : 10 cm, B : 20 cm

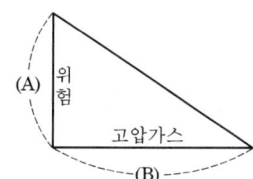

107 독성 가스의 위험표지 문자 크기와 식별 가능거리는?

㉮ 가로 세로 10 cm 이상 30 m
㉯ 가로 세로 5 cm 이상 10 m
㉰ 가로 세로 10 cm 이상 10 m
㉱ 가로 세로 5 cm 이상 30 m

> 독성 가스 제조설비는 식별표지 및 위험표지를 할 것

	문자 크기	식별 가능거리	적 색
식별표지	가로세로 10 cm 이상	30 m	가스명
위험표지	가로세로 5 cm 이상	10 m	주의

정답 105. ㉱ 106. ㉰ 107. ㉯

108 사무소와 사무소 간에 구비해야 할 통신설비로 맞지 않는 것은? (단, 1500 m² 이상인 사업소)

㉮ 구내 방송설비 ㉯ 구내전화
㉰ 페이징설비 ㉱ 메가폰

> 긴급사태 발생시를 대비하여 통신시설 구비 : 구내전화, 방송설비, 인터폰, 페이징설비, 사이렌, 메가폰 (1500 m² 미만)

109 압력의 단위가 아닌 것은?

㉮ PSIA ㉯ PSIG
㉰ dyne/cm² ㉱ dyne·cm

> ㉮ 14.7 PSIA = 14.7 lb/in²A
> ㉯ 14.7 PSIG = 14.7 lb/in²G
> ㉰ 힘/면적 = 압력
> ㉱ 힘×거리 = 일

110 다음 압력 중 가장 높은 압력은?

㉮ 8 mH₂O ㉯ 0.82 kg/cm²
㉰ 9000 kg/m² ㉱ 600 mmHg

> ㉮ 8 mH₂O = 0.8 kg/cm²
> ㉯ 0.82 kg/cm²
> ㉰ 9000 kg/m² = 0.9 kg/cm²
> ㉱ $X = \dfrac{600 \times 1.033}{760} = 0.815$ kg/cm²

111 다음 중 옳은 것은?

㉮ 절대압력 = 대기압 - 게이지 압력 ㉯ 절대압력 = 게이지 압력 + 대기압
㉰ 대기압 = 상대압력 + 게이지 압력 ㉱ 대기압 = 게이지 압력 - 절대압력

> 절대압력 = 게이지 압력 + 대기압
> 게이지 압력 = 절대압력 - 대기압

정답 108. ㉱ 109. ㉱ 110. ㉰ 111. ㉯

112 76 [cmHgV]는 어느 압력과 같은가?

㉮ 0 kg/cm^2
㉯ 1.033 kg/cm^2
㉰ 0 kg/cm^2 · a
㉱ 14.7 lb/in^2 · a

📌 76 cmHgV = 완전진공을 의미한다.

113 대기압을 0으로 하여 측정한 압력은?

㉮ 대기압
㉯ 절대압력
㉰ 진공도
㉱ 계기압력

114 다음 중 맞는 것은?

㉮ 절대압력 = 대기압 - 게이지 압력
㉯ 게이지 압력 = 절대압력 - 대기압
㉰ 절대압력 = 게이지 압력 - 대기압
㉱ 게이지 압력 = 절대압력 + 대기압

📌 절대압력 = 게이지 압력 + 대기압

115 대기압이 700 mmHg이고 진공압력이 0.8 kg/cm^{2}일 때 진공도는 몇 %인가?

㉮ 90 %
㉯ 84 %
㉰ 80 %
㉱ 74 %

📌 진공도 = $\dfrac{진공압}{대기압} \times 100$

$\dfrac{0.8}{0.951} \times 100 = 84.12\%$

116 다음 온도 중 서로 같지 않은 것은?

㉮ 0 ℃
㉯ 270 K
㉰ 32 °F
㉱ 460 °R

📌 0 ℃ = 273 K = 32 °F = 492 °R

정답 112. ㉰ 113. ㉱ 114. ㉯ 115. ㉯ 116. ㉱

117 다음 온도 중 가장 높은 온도는 ?
- ㉮ −40 ℃
- ㉯ −40 ℉
- ㉰ 420 °R
- ㉱ 234 K

118 4.5 kg의 0 ℃ 얼음을 융해하기 위해서는 얼마의 잠열이 필요한가 ?
- ㉮ 320 kcal
- ㉯ 360 kcal
- ㉰ 380 kcal
- ㉱ 400 kcal

📌 4.5 × 80 = 360 kcal

119 다음 중 제일 값이 큰 것은 ?
- ㉮ 물의 증발잠열
- ㉯ 얼음의 비열
- ㉰ 얼음의 융해잠열
- ㉱ 물의 응고잠열

📌 ㉮ 539 kcal/g ㉯ 0.5
㉰, ㉱ 79.68 kcal/kg

120 열에 대한 설명 중에서 틀린 것은 ?
- ㉮ 고체에서 액체로 변화 시 가해 줄 열량을 융해열이라 한다.
- ㉯ 고체에서 기체로 변화 시 가해 줄 열량을 승화열이라 한다.
- ㉰ 기체에서 액체로 변화 시 제거해 줄 열량을 증발열이라 한다.
- ㉱ 액체에서 고체로 변화 시 제거해 줄 열량을 응고열이라 한다.

📌 ㉰ 응축열

121 다음 중 비열의 단위를 나타내는 것은 ?
- ㉮ kcal/kg · K
- ㉯ kcal/m · h · ℃
- ㉰ kcal/kg · ℃
- ㉱ kcal/kg

📌 ㉮ 엔트로피 ㉯ 열전도율 ㉰ 비열 ㉱ 엔탈피

정답 117. ㉱ 118. ㉯ 119. ㉮ 120. ㉰ 121. ㉰

122 동력을 나타낸 것 중 틀린 것은?
㉮ 힘×거리/시간 ㉯ 일÷시간
㉰ 힘×속도 ㉱ 일×힘

123 10 kW는 몇 kcal/h인가?
㉮ 6420 kcal/h ㉯ 750 kcal/h
㉰ 8600 kcal/h ㉱ 1020 kcal/h

📌 860×10=8600

124 절대습도의 단위는?
㉮ % ㉯ kg/℃
㉰ kg/kg DA ㉱ 없다.

📌 절대습도 : 건조공기 1 kg에 대한 수증기량

125 온도가 상승하면 감소하는 것은?
㉮ 상대습도 ㉯ 절대습도
㉰ 엔탈피 ㉱ 엔트로피

📌 상대습도의 단위는 %이다.

126 1몰의 기체의 압력을 P, 체적을 V, 절대온도를 T로 나타내면 이상기체 상태식은?
㉮ $\dfrac{PV}{T}$ = 일정 ㉯ $\dfrac{TV}{T}$ = 일정
㉰ $\dfrac{PT}{V}$ = 일정 ㉱ 정답이 없다.

📌 $\dfrac{PV}{T} = R$ (일정)

정답 122. ㉱ 123. ㉰ 124. ㉰ 125. ㉮ 126. ㉮

127 1기압하에서 10 L의 기체가 300 L로 팽창하는 경우의 압력은 몇 기압이 될까? (단, 온도 변화는 없는 것으로 한다.)

㉮ 1/10 atm ㉯ 10 atm
㉰ 1/30 atm ㉱ 30 atm

$P = \dfrac{10}{300} = \dfrac{1}{30}$ atm

128 1기압에서 100 L를 차지하는 공기를 부피가 5 L 되는 용기에 넣으면 압력은 몇 기압이 되겠는가? (단, 온도는 일정하다.)

㉮ 2기압 ㉯ 20기압
㉰ 0.2기압 ㉱ 200기압

$P_1 V_1 = P_2 V_2 \rightarrow 1 \times 100 = P_2 \times 5$ [L]
$P_2 = \dfrac{100}{5} = 20$기압

129 일정량의 기체가 차지하는 부피는 온도가 일정할 때 여기에 가해지는 압력에 반비례하여 변한다. 이 법칙은?

㉮ 보일의 법칙 ㉯ 샤를의 법칙
㉰ 보일-샤를의 법칙 ㉱ 헨리의 법칙

㉮ 보일의 법칙 : 정온하에서 부피는 절대압력에 반비례한다.
㉯ 샤를의 법칙 : 정압하에서 부피는 절대온도에 비례한다.
㉱ 헨리의 법칙 : 용해하는 기체의 질량은 압력에 비례한다.

130 0 ℃, 1 atm에서 4 L이던 기체가 273 ℃, 1 atm일 때, 몇 L가 되는가?

㉮ 4 L ㉯ 8 L
㉰ 2 L ㉱ 12 L

샤를의 법칙
$V_2 = \dfrac{4 \times 546}{273} = 8$ L

정답 127. ㉰ 128. ㉯ 129. ㉮ 130. ㉯

131 2atm의 N₂ 4L와 3atm의 O₂ 4L를 5L의 통에 넣었을 때 이 혼합기체가 나타내는 전압력은?

㉮ 2 atm ㉯ 3 atm
㉰ 4 atm ㉱ 5 atm

전압력 = $\dfrac{(2 \times 4)+(3 \times 4)}{5} = 4$ atm

132 공기로부터 질소와 산소를 잘 분리하는 방법은 어느 차이를 이용한 것인가?

㉮ 밀도 ㉯ 반응성
㉰ 굴절률 ㉱ 비등점

N₂의 비점 : -196 ℃
O₂의 비점 : -183 ℃

133 20 L들이 봄베(bomb)에 채워진 200기압의 산소를 1기압으로 했을 때 (같은 온도에서) 차지하는 체적은 얼마인가?

㉮ 100 L ㉯ 200 L
㉰ 2000 L ㉱ 4000 L

$P_1 V_1 = P_2 V_2 \rightarrow 200 \times 20 = 1 \times V_2$
$V_2 = 4000$ L

134 내용적 45 L의 용기에 온도 30 ℃, 절대압력 110 atm으로 충전되어 있는 가스의 온도가 올라가 압력이 130 atm이 되었다. 용기 내 온도는 약 몇 ℃인가?

㉮ 25 ℃ ㉯ 45 ℃
㉰ 55 ℃ ㉱ 85 ℃

$T_2 = \dfrac{303 \times 130}{110} = 358.09°K - 273 = 85$ ℃

135 0℃, 2기압하에서 3 L의 산소와 0℃ 3기압에서 5 L의 질소를 혼합하여 3 L로 하면 압력은 몇 기압으로 되겠는가?

㉮ 5기압 ㉯ 3기압
㉰ 7기압 ㉱ 6.5기압

$\dfrac{(2 \times 3)+(3 \times 5)}{3} = 7$기압

정답 131. ㉰ 132. ㉱ 133. ㉱ 134. ㉱ 135. ㉰

136 열역학 1법칙을 나열한 것 중 맞는 것은?

㉮ 열은 절대로 없어지거나 파괴되지 않는다.
㉯ 일은 열로 변하기 쉬우나 열이 일로 변하기는 어렵다.
㉰ 기계적 일은 열로 변하고 열은 기계적 일로 변하는 비율은 일정하다.
㉱ 열은 어떠한 경우에도 그 절대온도에 도달할 수 없다.

> **열역학 제1법칙**(The first law of thermodynamics)
> ① 열과 일은 모두 하나의 에너지 형태로서 서로 교환하는 것이 가능하다. 이 법칙을 에너지 보존의 법칙이라고도 한다.
> ② 그때의 열량과 일량과의 관계는 일정하다.

137 30℃, 2기압에서 80 L를 차지하고 있는 공기를 15℃ 내용적 4 L의 용기에 넣으면 용기 내의 압력은 몇 기압인가?

㉮ 15
㉯ 20
㉰ 38
㉱ 44

> $$\frac{P_1 V_1}{T_1} = \frac{P_2 V_2}{T_2}$$
> $$P_2 = \frac{(2 \times 80 \times 288)}{303 \times 4} = 38$$

138 기체를 완전가스라 가정했을 때 온도 1℃ 변화에 0℃, 1기압일 때의 체적에 비하여 얼마씩 변하는가?

㉮ 273배
㉯ 237배
㉰ 1/273배
㉱ 1/237배

정답 136. ㉮ 137. ㉰ 138. ㉰

가스 안전 관리

1 고압가스

(1) 안전거리

저장 및 처리 설비 외면으로부터 1종 2종 보호 시설과 유지해야 할 거리를 말한다.

구 분	처리 및 저장 능력/clay	1종 보호 시설(m)	2종 보호 시설(m)
산 소	1만 이하	12	8
	1만 초과~2만 이하	14	9
	2만 초과~3만 이하	16	11
	3만 초과~4만 이하	18	13
	4만 초과	20	14
독성, 가연성	1만 이하	17	12
	1만 초과~2만 이하	21	14
	2만 초과~3만 이하	24	16
	3만 초과~4만 이하	27	18
	4만 초과	30	20
	5만 초과~99만 이하	30	20
	가연성 가스 저온 저장, 탱크	$\frac{3}{25} \times \sqrt{X+10000}$	$\frac{2}{25} \times \sqrt{X+10000}$
	99만 초과	30	20
	가연성 가스 저온저장 탱크	120	80
기타 가스	1만 이하	8	5
	1만 초과~2만 이하	9	7
	2만 초과~3만 이하	11	8
	3만 초과~4만 이하	13	9
	4만 초과	14	10

 ☞ 단위 및 X는 압축가스 m^3
　　　액화가스 kg

(2) 저장 능력 선정기준

① $Q = (10P+1)V$　　　$(10P+1)$일 때의 P는 MPa
　　여기서, Q: 저장 능력 $[m^3]$, P: 충전 압력 $[kg/cm^2]$

② $W = \dfrac{V_2}{C}$ 여기서, V : 내용적 [m³]

③ $W = 0.9\, dV_2$ 여기서, V_2 : 내용적[L], W : 저장능력[kg], d : 액비중[kg/L], C : 충전지수

 C의 값 C_3H_8 : 2.35　　C_4H_{10} : 2.05　　NH_3 : 1.86　　CO_2 : 1.34　　N_2 : 1.47
　　　　　　　　　　　　　　　　　　　　　　　　　　　　　　　　　　　　　R-12 : 0.86
　　　　　　　　　　　　　　　　　　　　　　　　　　　　　　　　　　　　　R-22 : 0.98

④ 냉동 능력 선정 기준

　㉮ 원심식 : 정격 출력 1.2 kW를 1 톤

　㉯ 흡수식 : 발생기 가열량 시간당 6640 kcal를 1 톤

　㉰ 나머지 R(톤) = $\dfrac{V}{C}$

 ※ C 의 값은 기통의 체적이 5000 cm³ 기준으로 하여 정해진다.
　예 NH_3 5000 초과 7.9
　　　　　　　이하 8.4
※ 다단 압축 방식이나 다원 냉동 설비　$V_H + 0.08 V_L$
　• 회전식 압축기　　$60 \times 0.785 \times t \times n \times (D_2 - d_2)$
　• 스크루 압축기　　$K \times D_3 \times \dfrac{L}{D} \times n \times 60$
　여기서, V_H : 최종단 최종 원기통의 압축기 배출량 [m³/h]
　　　　　V_L : 최종단 최종 원기통 앞의 압축기 배출량 [m³/h]
　　　　　t : 회전 피스톤의 두께 [m], n : rpm
　　　　　D : 기통의 내경 (스크루는 로터 직경) [m]
　　　　　d : 회전자 외경 [m], L : 로터의 유효한 거리 [m], K : 치형계수

(3) 가스 제조 시설

특정 가스 제조 · 기술 기준

① 안전 구역 내의 설비 사이 거리 30 m 이상 유지

② 제조 설비는 제조소의 경계까지 20 m 이상 유지

③ 가연성 탱크는 20만 m³ 이상 압축기와 30 m 이상 유지

④ 가연성가스 저장탱크(저장능력이 300m³ 또는 3톤 이상인 탱크만을 말한다)와 다른 가연성 가스 저장탱크 또는 산소저장탱크 사이에는 두 저장탱크 최대지름을 더한 길이의 4분의 1 이상의 거리를 유지하며, 1m 미만일 때는 1m를 유지한다(탱크를 지하에 설치시 1m 이상을 유지한다).

⑤ 폭발 가능성이 큰 반응 설비는 온도, 압력, 유량을 감시할 수 있는 장치
⑥ 가연성 독성 가스는 누설 경보 장치를 설치
 ㉮ 체류의 우려가 있는 장소
 ㉯ 설치 수는 신속하게 감지할 수 있는 숫자
 ㉰ 기능은 가스 종류에 적합할 것
⑦ 밴트스택 : 폐기 가스를 그대로 방출 (속도 : 150m/s 이상)
 ㉮ 벤트스택의 착지농도가 폭발하한계(가연성가스) 또는 허용농도(독성가스) 미만이 되도록 충분한 높이가 되어야 한다.
 ㉯ 긴급용 벤트스택 : 10m
 ㉰ 기타 벤트스택 : 5m
 ㉱ 기액분리기 설치 : 액화가스 방출, 급랭될 우려가 있는 장소
⑧ 플레어스택 : 폐기 가스를 연소시켜 방출 (복사열이 4000 kcal/m^2·h 이하로 되게 높이 조절)
⑨ 방류둑 설치 : 액화가스 유출 방지
 ㉮ 특정 제조 : 연 : 500 t 이상   독 : 5 t 이상 O_2 : 1000 t 이상
 ㉯ 일반 제조 : O_2 : 1000 t 이상   독 : 5 t 이상
 ㉰ 냉동기는 독성인 수액기 10000 L 이상
 ㉱ LPG tank 연 1000 t 이상
 ㉲ 일반 도시가스사업 : 저장능력 1000톤 이상
  가스 도매사업 : 저장능력 500톤 이상
⑩ 공기보다 무거운 가스 계기실은 이중문으로 할 것 (입구 위치가 지상에서 2.5 m 이하인 경우)
⑪ 배관 접합부는 용접으로 하고 지하에 매설할 것
 ㉮ 독 : 건축물 1.5 m 수평 거리
   지하 터널 10 m 수평 거리
   수도 시설 300 m 수평 거리
 ㉯ 다른 시설물 0.3 m 유지
 ㉰ 지면과의 거리 : 산, 들 1 m 이상, 나머지 1.2 m
 ㉱ 도로 밑 매설시 배관 외경 + 10 cm 두께의 판을 배관 정상 + 30 cm 이상 직상부에 설치

㉮ 시가지 도로 밑 매설시 1.5 m 유지 (방호 구조물 1.2 m)
㉯ 시가지 외는 1.2 m
㉰ 포장 차도 0.5 m
㉱ 철도 부지는 궤도 중심과 4 m 이상 부지 경계와 1 m 이상 유지 (지하 1.2 m)
㉲ 지상 설치

2 kg/cm³ 미만 공지 폭	5 m 이상	▶ 공업 전용 지역의 경우는 1/3
2 이상 10 kg/cm³ 미만	9 m 이상	▶ 2 kg/cm² = 0.2 MPa
10 kg/cm³ 이상	15 m 이상	▶ 10 kg/cm² = 1 MPa로 환산

㉳ 해저 설치시 30 m 이상 유지
㉴ 피뢰 설비 KS C 9609

일반 가스 제조·기술 기준

① 가연성 가스 저장 탱크는 은백색으로 하고 가스 명칭은 적색으로 표시할 것
② 5 m³ 이상 탱크는 가스 방출 장치 설치
③ 저장 탱크 지하 설치시
  ㉮ 천장, 벽, 바닥 두께 30 cm 이상
  ㉯ 주위는 모래, 정상부와 지면 60 cm 이상
  ㉰ 탱크 사이 1 m 이상 유지, 지상에 경계표지
  ㉱ 지상에서 5 m 이상 방출구
④ 긴급 차단 장치 (5000 L 미만 제외)
  5 m 이상에서 조작, 3곳에 설치 (작동원 : 전기식, 공기압, 유압)
⑤ 설비의 내압시험은 상용 압력×1.5배
  기밀시험은 상용압력 이상으로 할 것
⑥ 설비와 화기와의 거리 8 m 이상 유지
⑦ 설비 두께는 상용 압력×2배에서 항복을 일으키지 않는 두께로 할 것
⑧ 지반 침하 방지 조치 (100 m³, 1 t 이상 탱크)
⑨ 압력계 눈금 범위는 상용 압력의 1.5~2배로 설치
⑩ 가스 방출구 높이는 지상에서 5 m나 탱크 정상부에서 2 m 중 높은 위치에 설치
⑪ 가연성 제조 설비와 다른 가연성 제조 설비와는 5 m 이상 유지

가연성 제조 설비와 산소 제조 시설과는 10 m 이상 유지

⑫ 가연성 제조 설비는 방폭 구조로 할 것 (NH_3, CH_3Br 제외)

⑬ 독성 가스설비는 중화 장치나 흡수 장치 설치

⑭ C_2H_2 압축기 또는 100 kg/cm² (9.8 MPa) 이상인 압축기와 충전 장소 사이, 충전 용기 보관 장소 사이, 충전 장소와 용기 보관 장소 사이, 충전 장소와 충전용 주간 밸브 사이에 방호벽 설치

⑮ 정전기 제거 조치 (가연성 설비)

⑯ 긴급 사태 발생시를 대비하여 통신 시설 (구내전화, 방송 설비, 인터폰, 페이징 설비, 사이렌 등)을 갖출 것

⑰ 안전밸브의 작동 압력은 $TP \times 0.8$배 이하에서 작동하도록 설치 (액화 산소 탱크는 상용 압력×1.5배이다.)

⑱ 역류 방지 밸브 설치
  ㉮ 가연성 가스 압축기와 충전용 주관 사이
  ㉯ C_2H_2 유 분리기와 고압 건조기 사이
  ㉰ NH_3, CH_3OH 합성탑 또는 정제탑과 압축기 사이

⑲ 역화 방지 밸브 설치
  ㉮ 가연성 압축기와 오토클레이브 사이
  ㉯ C_2H_2 고압 건조기와 충전용 교체 밸브 사이, 충전용 지관

⑳ 독성가스 제조 설비는 식별표지 및 위험표지를 할 것

㉑ 독성가스 배관은 용접 이음을 원칙으로 할 것 (부득이한 경우 플랜지로 갈음)

㉒ 독성가스 배관은 가스의 종류에 따라 이중관으로 할 것

㉓ 1일 처리 능력이 100 m³ 이상인 사업소는 표준 압력계 2개 이상 설치

㉔ 액화공기 탱크와 액화산소 증발기 사이에는 석유류나 유지를 제거하는 여과기를 설치할 것 (1000 m³/h 이하인 압축기는 제외)

㉕ 살수 장치 설치 – C_2H_2 충전 장소나 용기 보관소

㉖ C_2H_2 접촉 부분은 동 함유량이 62 % 미만의 강 사용 (충전용 지관은 C 함유량 0.1 % 이하의 강 사용)

㉗ 에어졸 누설 시험 46℃ 이상 50℃ 미만 온수 탱크

㉘ C_2H_2 발생 장치는 25 kg/cm² (2.5 MPa) 이하로 하고 CH_4, N_2, CO, C_2H_4 등의 희석제 첨가 (습식 C_2H_2 발생기는 70℃ 이하 유지)

 ＊ 용기 충전시 다공 물질의 다공도는 75 % 이상 92 % 미만이 되어야 하며, 아세톤이나 DMF (디메틸포름아미드)를 침윤시킨 후 충전

$$다공도 = \frac{V-E}{V} \times 100$$

V : 다공물의 용적
E : 침윤 잔용적 아세톤이나 DMF의 비중은 0.795 이하로 한다.

＊ 충전 중 압력은 25 kg/cm² 이하[2.5MPa]
충전 후 압력은 15℃, 15.5 kg/cm² 이하가 되도록 24시간 정지[1.5MPa]

㉙ 가연성 가스나 산소 제조시 1일 1회 이상 분석

㉚ 압축 금지 사항 : 가연성 가스 중 산소 4 % 이상 (상대적), 산소 중에 H_2, C_2H_2, C_2H_4 2 % 이상 (상대적)

㉛ 공기 액화 분리장치 1일 1회 이상 분석 (1000 m³/h 이하, 압축기는 제외)

액화산소 5 L 중 C_2H_2 5 mg, 탄화수소 중 탄소의 질량이 500 mg 초과시 압축 중지

C의 질량이 1 % 이하	인화점 200℃ 이상	170℃에서 8시간 교반시 분해 되지 않아야 함.
C의 질량이 1 % 초과 1.5 % 미만	인화점 230℃ 이상	170℃에서 12시간 교반시 분해되지 않을 것

㉜ 공기 압축기 윤활유

㉝ 충전용 주관 압력계는 매월 1회 이상 기능 검사, 그 밖의 압력계는 3월에 1회 이상 기능 검사

㉞ 안전밸브 : 압축기 최종단 것은 6개월, 그 밖의 것은 1년에 1회 이상 작동, 압력 조정

㉟ HCN (시안화수소)

㉮ 순도 98 % 이상이고 SO_2, H_2SO_4 등의 안정제 첨가

㉯ 용기 충전 후 24시간 정지하고 60일이 경과하기 전에 다른 용기에 충전

㊱ C_2H_4O (산화에틸렌) : 탱크 내부를 N_2, CO_2로 치환 후 N_2, CO_2가스 충전 후 5℃ 이하로 유지

㊲ 용기 충전시 45℃에서 4 kg/cm² (0.4 MPa) 이상이 되도록 N_2, CO_2 충전

㊳ 무계목 용기에 충전시 음향 검사 → 조명 검사 후 충전

㊴ 차량 정지목 설치 내용적＝2000 L 이상시 (LPG 로리는 5000 L 이상)

㊵ 충전용기

㉮ 40℃ 이하 유지

㉯ 주위 2 m 이내 화기 금지

㉰ 프로텍터 및 캡 설치 (5 L 미만 제외)

㉱ 가열시 40℃ 이하 열습포 사용

㊷ 에어로졸

㉮ 내용적이 1 L 미만 100 cm^3 초과 용기는 강이나 경금속 사용

㉯ 금속제 용기 두께 0.125 mm 이상 사용

㉰ 13kg/cm^2(1.3MPa) 변형, 15kg/cm^2(1.5MPa) 파열 불합격 : 50℃에서 용기 내 압력 ×1.5했을 때 변형되지 말아야 하고, 용기 내 압력×1.8했을 때 파열되지 말 것

㉱ 300 cm^3 이상 용기는 재사용된 일이 없는 것이어야 하며, 100 cm^3 초과 용기는 제조자 명칭이나 기호를 표시할 것

㉲ 인화성, 발화성 물질과는 8 m 이상 우회 거리 유지

㉳ 용기 내압은 35℃에서 8 kg/cm^2 이하로 하고, 용량이 90 % 이하로 할 것

㉴ 온수 시험 탱크 수온 46℃ 이상 50℃ 미만

㉵ 300 cm^3 이상 용기는 제조자 성명, 기호 등 표시

㉶ 인체에서 거리 20cm 이상 유지하여 사용한다.

㊸ O_2, H_2, C_2H_2 품질 검사 : 1일 1회 이상　　▶ 120 kg/cm^2 = 11.8 MPa

구 분	시 약	순 도	충전 P,W
O_2	동, 암모니아 (오르자트법)	99.5 %	35℃에서 120 kg/cm^2 이상
C_2H_2	발연황산 (오르자트법), 브롬 시약 (뷰렛법), 질산은 시약 (정성법)	98 % 이상	3 kg 이상
H_2	피로카롤 하이드로설파이드 시약	98.5 %	35℃에서 120 kg/cm^2 이상

냉동 제조 시설 기준

① 가연성, 독성 냉매인 경우 지상에서 5 m 이상 높이로 방출구 설치

② 가연성, 독성 냉매 설비 중 수액기는 환형 유리관 액면계를 사용하지 말 것

③ 방류둑 설치 : 독성인 냉매 수액기의 내용적이 10000 L 이상

④ TP = 설계 압력 × 1.5

　　기밀시험 = 설계 압력 이상

⑤ 가연성 독성인 수액기 액면계는 상하에 자동이나 수동 스톱 밸브를 설치할 것

⑥ 안전밸브는 압축기용 : 1년에 1회 이상 TP × 0.8 이하에서 작동하도록 할 것

압축 천연가스 자동차 충전소 고정식 자동차 충전소 (배관, 탱크로 공급)

① 설비 외면은 사업소 경계까지 10 m 이상 안전거리 유지, 방호벽 설치시는 5 m
② 설비 30 m 이내에 보호 시설이 있을 시는 방호벽을 설치할 것
③ 충전 설비는 도로 경계로부터 5 m 유지
④ 모든 설비는 철도로부터 30 m 유지
⑤ 설비는 고압 전선 (직류 750 V, 교류 600 V 초과)과 5 m 유지, 저압 전선과는 1 m 이상 유지
⑥ 모든 설비는 화기 취급 장소와 8 m 우회 거리 유지
⑦ 모든 설비는 가연성·인화성 물질과는 8 m 유지
⑧ 설비 및 부속품 주위 1 m 안전 공간 확보
⑨ 설비의 환기구 면적은 바닥 1 m²당 300 cm², 환기 능력은 0.5 m³/분 이상일 것

액화천연가스 자동차 충전

① 안전거리

저장 능력 [kg]	사업소 경계와 안전거리 [m]
25 t 이하	10
25 t 초과 50 t 이하	15
50 t 초과 100 t 이하	25
100 t 초과	40

$W = 0.9dV$ 여기서, W : 용량 [kg], d : 액비중 [kg/L], v : 내용적 [L]

② 설비는 사업소 경계까지 10 m 유지
   방호벽 설치시는 5 m
③ "충전 중 엔진 정지" 표지는 황색 바탕에 흑색으로
   "화기 엄금" 표지는 백색 바탕에 적색으로
④ 호스 길이는 8 m 이내
⑤ 5000 L 이상 차량 탱크는 정지목 설치
⑥ 설비 외면으로부터 8 m 이내에는 화기 취급을 금할 것
⑦ 충전 설비 작동 상황을 1일 1회 이상 점검 확인

(4) 저장 시설

① 저장 탱크 지하 설치시 안전거리를 유지하지 않아도 된다.
② 경계 표시 : 탱크 외부는 백색 도료, 가스 명칭은 적색으로 표시
③ 1, 2종 시설과의 사이에 방호벽 설치
④ 가연성, 독성, 산소 시설은 구분하고, 지붕은 난연성의 가벼운 재료로 설치
⑤ 저장실 주위 2 m, 산소, 가연성은 8 m 우회 거리 → 인화성 물질 보관 금지
⑥ 100 m^3, 1 t 이상인 탱크는 지반 침하 방지 조치
⑦ 용기는 40℃ 이하 유지
⑧ HCN은 1일 1회 이상 질산구리 벤젠 등의 시험지로 누설 검사를 할 것

(5) 판매 시설

① 방호벽 : 용기 보관실 벽
　 안전거리 : 300 m^3, 3 t 이상시 유지
② 압력계 및 계량기 설치
③ 용기 보관실 주위 2 m 이상 화기와의 거리 유지
④ 용기 보관실은 휴대용 손전등만 휴대
⑤ 용기 기간 경과시, 도색 불량시 충전자에게 반송

(6) 용기 제조

① 노내 용기 가열시 각부 온도차가 25℃ 이하가 되도록 유지
② V가 250 L 미만인 경우 자동 용접 설비
③ V가 125 L인 LPG 용기는 자동 부식 방지 도장 설비

구 분	C	P	S
무계목	0.55%	0.04%	0.05%
계목	0.33%	0.04%	0.05%

④ 탄소, 인, 황 : 취성의 원인
⑤ 용기 동판의 두께 차는 평균 두께의 20 % 이하로 할 것
⑥ 초저온 용기는 오스테나이트계 STS강이나 Al 합금으로 할 것
⑦ 용접 용기 동판 두께는 3.2~3.6 mm 철판 사용 (20 L 이상~125 L 미만)

⑧ 동판 두께 계산식

$$t = \frac{PD}{2S\eta - 1.2P} + C \Rightarrow \frac{PD}{2S\eta - 1.2P} + C \text{일 때는}$$

여기서, t : 두께 [mm], P : 최고충전압력 [MPa], S : N/mm^2

D : 내경 [mm], S : 재료의 허용 응력 [N/mm^2] = 인장강도 × $\frac{1}{4}$

η : 용접 효율, C : 부식 여유 수치 [mm]

⑨ LPG 20 L 이상 125 L 미만 용기는 스커트 부착
⑩ 프로텍터, 캡은 고정식이나 체인식 (재료는 KS D 3503)
⑪ 납붙임, 접합용기는 1 L 미만에만 사용

(7) 냉동기 제조

① 용접부는 인장, 굽힘 시험 등을 할 것 (필요한 부분은 방사선 투과 시험)
② 진동의 우려가 되는 배관은 방진 조치 (플렉시블 관등)를 할 것

(8) 기타 사항

① 두께 8 mm 이상 판은 펀칭 가공으로 하지 않을 것 (펀칭 가공시 가장자리를 1.5 mm 깎을 것)
② 두께 13 mm 이상의 용기는 충격 시험을 행한다 (초저온 용기는 1.3 mm 이상).
③ 용기 내압시험시 영구 증가율 10 % 이하가 합격 (5 L 미만 용기는 가압 시험)
④ V가 500 L 이상인 용접 용기는 매 용기마다 방사선 검사
⑤ 초저온 용기 단열 성능 시험 합격 기준
  ㉮ 1000 L 이상 0.002 kcal/h · ℃ [L] 이하
  ㉯ 1000 L 미만 0.0005 kcal/h · ℃ [L] 이하
⑥ 용기 부속품의 충격 시험은 5 kg · m/cm^2 (50 J/cm^2) 이상을 합격으로 한다 (인장강도 32 kg/mm^2 (313.6 N/mm^2) 이상 연신율 15 % 이상).
⑦ 용기 재검사시 질량은 최초 질량의 95 % 이상을 합격으로 한다 (팽창률이 6 % 이하인 것은 최초 질량의 90 % 이상을 합격).
⑧ C_2H_2 용기 다공물질 충전시 용기 직경의 1/200 또는 3 mm의 틈을 초과해서는 안 됨.
⑨ 비열처리 재료 : 오스테나이트계 스테인리스강, 내식성 Al 합금판, 내식성 알루미늄 합금 단조품 외 유사한 것

구 분	TP (내압시험)	기밀시험
압축가스 액화가스 용기	FP×5/3	FP 이상
초저온 저온 용기	FP×5/3	FP×1.1
C_2H_2 용기	FP×3	FP×1.8

⑩ 각종 용기의 압력 시험

⑪ 비파괴 : 방사선 투과 시험, 초음파 탐상 시험, 자분 탐상 시험, 형광 침투 탐상 시험, 음향 검사, 외관검사 등

⑫ 액화염소 500 kg 이상의 시설은 안전거리 유지

⑬ 액화가스 300 kg, 압축가스 60 m^3 이상인 용기 보관실 벽은 방호벽으로 할 것

⑭ H_2, O_2, C_2H_2 화염 시설. 배관에는 역화 방지를 설치할 것

⑮ 차량 적재 운반시 "위험 고압가스"라는 경계표지를 차량 전후에 설치 (RTC 차량은 좌우)

⑯ 자전거나 오토바이로 이동시 20 kg 이하 1개만 가능

⑰ 혼합 적재 금지 : Cl_2, NH_3, C_2H_2, H_2

독 성	100 m^3 1000 kg 이상
가연성	300 m^3 3000 kg 이상
지연성	600 m^3 6000 kg 이상

⑱ 운반 책임자 동승

⑲ 차량 탱크 내용적 제한

  ㉮ 가연성, O_2 : 18000 L (LPG 제외)

  ㉯ 독성 : 12000 L (NH_3 제외)

⑳ 주밸브 설치

  ㉮ 주밸브 : 후범퍼와 수평 거리 40 cm 이상

  ㉯ 후부 취출식 이외 : 후범퍼와 수평 거리 30 cm 이상

  ㉰ 조작상자 설치시 : 후범퍼와 수평 거리 20 cm 이상

1. 독성가스

(1) 독성가스의 정의

"독성가스"란 아크릴로니트릴·아크릴알데히드·아황산가스·암모니아·일산화탄소·이황화탄소·불소·염소·브롬화메탄·염화메탄·염화프렌·산화에틸렌·시안화수소·황화수소·모노메틸아민·디메틸아민·트리메틸아민·벤젠·포스겐·요오드화수소·브롬화수소·염화수소·불화수소·겨자가스·알진·모노실란·디실란·디보레인·셀렌화수소·포스핀·모노게르만 및 그 밖에 공기 중에 일정량 이상 존재하는 경우 인체에 유해한 독성을 가진 가스로서 허용농도(해당 가스를 성숙한 흰쥐 집단에게 대기 중에서 1시간 동안 계속하여 노출시킨 경우 14일 이내에 그 흰쥐의 2분의 1 이상이 죽게 되는 가스의 농도를 말한다.)가 100만분의 5000 이하인 것을 말한다.

(2) 독성가스 : LC50 허용농도 5000ppm 이하

가스명	허용 농도(ppm) TLV-TWA	허용 농도(ppm) LC 50
이산화황	10	2520
요오드화수소	0.1	2860
모노메틸아민	10	7000
디에틸아민	5	11100
염소	1	293
염화수소	5	3120
불화수소	3	966
황화수소	10	712
브롬화메탄	20	850
암모니아	25	7338
일산화탄소	50	3760
산화에틸렌	50	2900

(3) 맹독성 가스 : LC50 허용농도 200ppm 이하

가스명	허용 농도(ppm) TLV-TWA	허용 농도(ppm) LC 50
디보레인	0.1	80
세렌화수소	0.05	2
불소	0.1	185
시안화수소	10	140
알진	0.05	20
포스겐	0.1	5
니켈카르보닐		35
포스핀	0.3	20
오존	0.1	9

2. 고압가스 특정제조 설비의 물분무장치의 설치기준

저장탱크의 내화 구조상 구분 시설비		노출된 경우	준내화구조 저장탱크 (암면 : 두께 25mm 이상)	내화구조 저장탱크 주변 화재를 고려하여 충분한 내화성능을 갖는 것	비고
저장탱크 간의 간격이 1m 이내 또는 최대직경을 합산한 것이 1/4 중 큰 치수 이상을 이격하지 않은 경우	물분무장치(표면적 1m² 당의 분무량)	8l/분	6.5l/분	4l/분	• 소화전 ㉮ 호스 끝 수압은 0.35MPa 이상 ㉯ 방수능력은 400l/분 이상 ㉰ 최대수량은 40m 이내에 설치 • 물분무장치 ㉮ 탱크외면(방류제 외측) 15m 이상의 위치에서 조작 ㉯ 최대 수량은 동시방사 30분 이상의 수원에 접속
	소화전(소화전 1개 당의 표면적)	30m²	38m²	60m²	
저장탱크 간이 인접한 경우 또는 산소저장탱크와 인접하여 두 탱크의 최대직경을 합한 것의 1/4보다 적게(위 ①에 해당하면 제외) 이격한 경우	물분무장치(표면적 1m² 당의 분무량)	7l/분	4.5l/분	2l/분	
	소화전(소화전 1개 당의 표면적)	350m²	55m²	125m²	

2 액화석유가스

(1) 용어의 정의

① LPG : C_3H_8, C_4H_{10} 주성분으로 하는 액화가스 (기화된 것도 포함)

② 저장탱크 : 액화가스를 저장하기 위한 것으로 지상, 지하에 설치된 것 (3 t 미만은 소형탱크)

③ 충전용기 : 질량이 1/2 이상인 용기 (1/2 미만은 잔가스용기)

④ 가스설비 : 배관을 제외한 충전, 공급, 사용을 하기 위한 설비

⑤ 불연 재료 : 콘크리트, 벽돌, 기와, 철재, 알루미늄, 유리, 모르타르 등
⑥ LPG 충전업 : 용기에 충전하는 사업 (1 L 미만 용기나 라이터 제외)
⑦ LPG 집단 공급시설 : 배관을 통하여 연료로 공급하는 사업 (가스미터까지)
⑧ LPG 판매업 : 충전된 가스를 판매하는 업 (1 L 미만 제외)
⑨ LPG 저장소 : 5 t 이상을 저장하는 장소 (1 L 미만 용기에 충전된 질량의 합이 250 kg 이상도 해당)
⑩ 가스용품 제조업 : 가스를 사용하기 위한 기기 제조업 (LPG, 도시가스용 포함, 연소기, 조정기, 밸브, 호스, 콕, 기화기 등)

(2) 시설 기술 기준

① 지상 탱크 지주는 내열성 구조로 하고 5 m 이상에서 조작 가능한 살수 장치 설치
② 지하 탱크 기준은 고압가스와 동일 (강제 통풍 장치 설치)
③ 탱크 외부는 은백색 도료를 칠하고, LPG, 액화석유가스라고 적색으로 표시
④ 배관 지하 매설시 1 m 이하 깊이
⑤ 배관에 설치된 안전밸브 분출 면적은 배관 지름 최대 단면적의 1/10 이상
⑥ 충전시설의 탱크 능력은 연간 $10,000 m^3$ 이상 처리할 수 있는 시설로 해야 하며 탱크 능력은 1/50 이상일 것
⑦ 지상에 설치된 10 t 이상 탱크에는 폭발 방지 장치를 할 것
⑧ 자동차 용기 충전시설에는 황색 바탕에 흑색 글씨로 "충전 중 엔진 정지"라는 표지판과 백색 바탕에 적색 글씨로 "화기 엄금"이라고 쓴 게시판 설치
⑨ 충전기는 원터치형으로 하고, 호스 길이는 5 m 이내로(배관 중 호스 길이 3m) 할 것
⑩ 충전기 상부에는 닫집 차양을 하고, 크기는 공지 면적의 1/2 이하
⑪ 공기 중 비율이 1/1000 상태에서 감지하도록 부취제를 첨가할 것
⑫ 충전용 주관의 압력계는 매월 1회 (나머지는 3월에 1회)
⑬ 차량 탱크 내용적이 5000 L 이상시 차량 정지목 설치
⑭ 설비 치환시 불활성가스 → 공기 재치환 후 산소 농도가 18 % 이상으로 할 것
⑮ 충전용기는 전도, 전락 방지 조치 (5 L 이하 제외)
⑯ 탱크로리는 저장 탱크에서 3 m 이상 떨어져 정차할 것
⑰ 납붙임 접합 용기에 충전시 35℃에서 $4 kg/cm^3$ (0.4 MPa) 이하가 되도록 할 것
⑱ 저장 설비 주위에는 1.5 m 이상의 경계책 설치
⑲ 배관 지하 매설시 폴리에틸렌 피복 강관이나 가스용 폴리에틸렌관을 사용할 것

⑳ 지상 배관은 황색, 매몰관은 적색이나 황색으로 할 것 (황색 띠로 표시할 경우 바닥에서 1 m 높이에 폭 3 cm 띠를 이중으로 할 것)
㉑ 지하 매몰시 1 m 이상 깊이 (도로 밑 1.2 m나 이중관)
㉒ 배관 고정 장치

지름 13 mm 미만 : 1 m마다

13 이상 33 mm 미만 : 2 m마다

33 mm 이상 : 3 m마다 설치
㉓ 탱크는 내용적의 90 %를 넘지 않도록 할 것 (소형 85 %)
㉔ 조정기에서

Q : 용량 [kg/h]

P : 입구 압력 [MPa]

R : 조정 압력 [MPa, kPa]
㉕ 볼 밸브는 90° 회전시 완전히 개폐되는 구조일 것
㉖ 밸브 수압 시험 30 kg/cm^2 (3 MPa), 밸브 기밀 시험 18 kg/cm^2 (1.8 MPa) (공기, 질소)
㉗ 염화비닐 호스 : 안지름 6.3 mm (1종), 안지름 9.5 mm (2종), 안지름 12.7 mm (3종) 허용차는 ±0.7 mm
㉘ 연소기와 용기는 직결되지 않는 구조로 할 것 (3 kg 이하 이동식은 제외)
㉙ 안전밸브는 TP × 0.8 이하에서 작동되도록 1년에 1회 이상 조정
㉚ 저장 능력 300 kg 이상시 압력 상승 방지를 위한 안전 장치 구비
㉛ 20 L 이상 용기 이동시 견고한 조치
㉜ 가스 사용 시설 내압시험 저압부 8 kg/cm^2, 고압측 용기 내압시험과 동일
㉝ 가스 사용 시설의 호스 길이는 3 m 이내로 하고, 호스는 T형으로 접속하지 말 것
㉞ 액화석유가스 기화 장치는 직화식으로 하지 말 것
㉟ 가스 사용시설의 기밀 시험 조정기 → 연소기 840~1000 mmH$_2$O, 준저압 조정기는 3500 mmH$_2$O (3.5 kPa)
㊱ 가스계량기와 화기는 2 m 이상 우회 거리를 유지하고, 설치 높이는 1.6 m 이상 2 m 이내에 수직·수평으로 설치

■ **액화석유가스**
(1) ① LPG는 탄화수소 중 탄소수가 3~4개인 것을 총칭한 것으로 프로판, 부탄 이외에 C$_4$H$_8$ (부틸렌), C$_4$H$_6$ (부타디엔), C$_3$H$_6$ (프로필렌)이 있다.

※ C₃H₈ (프로판)은 가정에서 주로 쓰이며 자동차, 가스라이터 (소형)에는 C₄H₁₀ (부탄)이 사용된다.
② 압축가스는 충전 압력의 1/2을 기준으로 구분된다.
③ 가스미터에서 콕, 연소기 등은 사용자 시설이다.
④ 조정기는 조정 압력에 따라 여러 가지가 있으나 가정용 단단 감압 저압 조정기는 출구 압력이 280±50 mmH₂O 범위이다 (2.8±0.5 kPa).
㉮ 콕은 90° 회전시 개폐되는 구조로 해야 되며, 배관과 수평일 때에 열리는 것이다.
㉯ 기화기는 절대 직화식으로 해서는 안 된다.
  C₃H₈ : 자연 기화, C₄H₁₀ : 강제 기화
(2) ※ 안전거리는 고압가스의 가연성과 같고, 탱크 설치 기준 등도 LPG가 가연성이므로 고압가스의 가연성과 모든 기준이 같다.
① 소화전 호스 수압은 0.35MPa 이상, 방수 능력 400 L/분, 30분 이상 방사할 수 있는 능력을 갖추어야 한다.
② 통풍구 면적은 바닥 면적 1 m²당 300 cm³, 통풍 능력은 1 m²당 0.5 m³/분 이상
③ 단면적 $A\,\text{cm}^2 = \dfrac{\pi D^2}{4}$
  예 최대 지름부의 직경이 10 cm일 때 안전밸브의 분출 면적은?
  $\dfrac{3.14 \times 10^2}{4} \times 0.1 = 7.85\,\text{cm}^3$
④ 정전기 제거 조치를 해야 한다 (접지선 단면적 5.5 mm² 이상 저항치 100 Ω 이하, 피뢰 설비 설치시 10 Ω 이하).
⑤ 부취제 구비 조건
  ㉮ 독성이 없을 것
  ㉯ 일상 생활의 냄새와 구분되고 저농도에서도 식별 가능할 것
  ㉰ 완전 연소 후 유해가스를 발생시키지 말고 응축되지 않을 것
  ㉱ 부식성이 없고 화학적으로 안정할 것
  ㉲ 물에 녹지 않고 토양에 대해 투과성이 있을 것
  ㉳ 종 류
    ㉠ THT (테트라히드로티오펜) : 석탄가스 냄새
    ㉡ TBM (터시어리부틸메르캅탄) : 양파 썩는 냄새
    ㉢ DMS (디메틸설파이드) : 마늘 냄새
⑥ 가연성 LPG인 경우 폭발 하한의 1/4 농도 이하
⑦ 프로텍터나 캡을 설치

각종 가스의 내압

① 내압시험이란 기기, 기구 등 압력 용기에 대하여 제작 회사에서 완성 제품에 대하여 최초로 행하는 시험으로 액체 (물, 오일)로써 가압하며, 그 시험 압력에서 누설, 파괴, 변형 등이 없어야 합격하는 것으로 다음과 같이 각각 다르다.

가스명	내압시험압력 (kg/cm³)	가스명	내압시험압력 (kg/cm³)
산소	250	액화염소	26
수소	250	액화석유가스	30
질소	250	액화산화에틸렌	10
액화탄산가스	200	액화부탄	9
아세틸렌	46.5	액화시안화수소	6
액화암모니아	37		

TP (내압) = FP (최고충전압력)의 5/3 배

∴ FP = TP × 3/5

※ C_2H_2 는 제외 : TP = FP × 3

산소의 경우 FP = 250 × 3/5 = 150 kg/cm²이 된다.

기밀시험 : FP 이상, C_2H_2 FP × 1.8배, 저온 초저온 용기 FP × 1.1배

② 모든 가스는 임계온도 이하에서 액화한다.

액화 가능한 가스의 임계온도와 임계압

구 분	임계온도	임계압
탄산가스 (CO_2)	31℃	72.9kg/cm²
암모니아 (NH_3)	132.3℃	111.3kg/cm²
에탄 (C_2H_6)	32.2℃	48.2kg/cm²
에틸렌 (C_2H_4)	9.2℃	50kg/cm²
프로판 (C_3H_8)	96.8℃	42kg/cm²
부탄 (C_4H_{10})	152℃	37.5kg/cm²
염소 (Cl_2)	144℃	76.1kg/cm²
시안화수소 (HCN)	183.5℃	53kg/cm²
프레온 12 (CCl_2F_2)	111.7℃	39.6kg/cm²
포스겐 ($COCl_2$)	183℃	56kg/cm²

③ 임계온도가 높은 가스가 액화 범위가 넓은 것이기 때문에 임계온도가 높은 가스가 액화가 용이하다. 반대로 임계압력이 낮은 가스는 적은 동력으로 액화시킬 수 있는 것이므로 임계압력이 낮은 가스가 액화하기 쉽다.

가스명	검지법	흡수 (중화)제
암모니아	① 염산에 의한 백염 ② 유황 불꽃에 의한 백염 ③ 리트머스 시험지 ④ 검지관, 청색(물色) 시약품(검지색)	① 물 ② 황산이나 희염산

가스명	검지법	흡수 (중화)제
염소	① 암모니아에 의한 백염 ② 요오드화칼륨 전분지 ③ 검지관, 청색 시약품 (검지색)	① 소석회 ② 석회유 ③ 가성소다 용액 ④ 경우에 따라서 물 또는 티오황산 소다액
시안화수소	① 초산벤젠 검지기 ② 메틸오렌지, 염화제2수은 검지기 ③ 알칼리 피크 레드 검지기 ④ 검지관, 청색 시약품 (검지색) ⑤ 전기전도법	① 다량의 물 ② 황산철의 가성소다 용액
포스겐	① 암모니아 용액에 의한 백염 ② 해리슨씨 시약지 ③ 검지관, 청색 시약품 (검지색)	① 가성소다 또는 탄산소다의 알칼리 용액 ② 물
황화수소	① 초산염 검지기 ② 유광 광도법	① 다량의 물 ② 가성소다의 알칼리 용액

1. 충전시설 중 저장설비의 경계거리

① 액화석유가스 충전시설 중 저장설비는 그 외면으로부터 사업소경계(사업소경계가 바다·호수·하천·도로 등과 접한 경우에는 그 반대편 끝을 경계로 본다. 이하 같다)까지 다음 표에 따른 거리 이상을 유지할 것

저장능력	사업소경계와의 거리
10톤 이하	24 m
10톤 초과 20톤 이하	27 m
20톤 초과 30톤 이하	30 m
30톤 초과 40톤 이하	33 m
40톤 초과 200톤 이하	36 m
200톤 초과	39 m

② 액화석유가스 충전시설 중 충전설비는 그 외면으로부터 사업소경계까지 24 m 이상을 유지할 것

2. LPG 시설과 화기의 우회거리

저장능력	화기와의 우회거리
1톤 미만	2m
1톤 이상 3톤 미만	5m
3톤 이상	8m

비고: 2개 이상의 저장설비가 있는 경우에는 그 설비별로 각각 거리를 유지하여야 한다.

3. LPG 판매설비
(1) 배관이음매(용접이음매 제외)와 안전거리
 ① 60cm : 배관이음부 ⇔ 전기계량기, 전기 개폐기
 ② 30cm : 배관이음부 ⇔ 굴뚝,전기점멸기, 전기접속기,절연조치를 하지 않는 전선
 ③ 10cm : 배관이음부 ⇔ 절연조치를 한 전선

4. LPG 사용시설
(1) 배관이음매(용접이음매 제외)와 안전거리
 ① 60cm : 배관이음부 ⇔ 전기계량기, 전기 개폐기
 ② 30cm : 배관이음부 ⇔ 굴뚝,전기점멸기, 전기접속기, 콘센트
 ③ 15cm : 배관이음부 ⇔ 절연조치를 하지 않는 전선
(2) 가스계량기
 ① 60cm : 가스계량기 ⇔ 전기계량기, 전기 개폐기 ,전기 안전기
 ② 30cm : 가스계량기 ⇔ 굴뚝, 전기점멸기, 콘센트
 ③ 15cm : 가스계량기 ⇔ 절연조치를 하지 않는 전선

3 도시가스

(1) 용어의 정의

① 도시가스 사업 : 수요자에게 연료용 가스를 배관에 의해 공급하는 사업
  ㉮ 도매 사업 : 일반 가스 사업자나 대량 사용자에게 공급하는 업
  ㉯ 일반 사업 : 제조하거나 공급받아 배관으로 수요자에게 직접 공급하는 업

② 시설 구분
  ㉮ 공급 시설 : 제조·공급을 위한 시설 (가스미터까지)
  ㉯ 사용 시설 : 사용자 시설

③ 배관의 구분
  ㉮ 본관 : 사업소에서 정압기까지
  ㉯ 공급관 : 정압기에서 사용자의 토지 경계까지
  ㉰ 내관 : 토지 경계에서 연소기까지

④ 압력 구분
  ㉮ 고압 : 1 MPa 이상, 기화된 액화가스 0.2 MPa 이상
  ㉯ 중압 : 0.1 MPa 이상 10 MPa 미만, 기화된 액화가스 0.01 MPa 이상 0.2 MPa 미만
      A : 3 이상 10 kg/cm² 미만[0.3~1MPa]
      B : 1 이상 3 kg/cm² 미만[0.3MPa]
  ㉰ 저압 : 1 kg/cm² 미만, 기화된 액화가스 0.1 kg/cm² 미만

(2) 시설·기술

[도매가스 사업]

제조소 외면으로부터 50 m, $L = C^3\sqrt{143000\,W}$ 중 큰 폭과 동등 이상 안전거리 유지 (52500 m³/day 이하인 펌프 압축기, 응축기, 기화기 제외)

여기서, L : 유지해야 할 거리 [m], C : 지하 탱크는 0.24 이외는 0.576
       W : 저장 탱크톤의 제곱근 이외는 t

  ㉮ 500 t 이상 방류둑 설치
  ㉯ 5000 L 이상 탱크는 10 m 이상에서 조작 가능한 긴급 차단 장치 설치
  ㉰ 배관 해저에 설치시 30 m 수평 거리 유지

[일반가스 사업]

㉮ 안전거리 : 고압 20 m 이상 유지, 중압 10 m 이상 유지, 저압 5 m 이상 유지 발생기 홀더에서 사업소 경계까지

㉯ 시 험
  ㉠ 내압시험 : 최고 사용 압력×1.5
  ㉡ 기밀시험 : 최고 사용 압력×1.1

㉰ 300 m² 이상인 홀더는 안전거리 유지

㉱ 긴급 차단 장치 5 m 이상 조작

㉲ 100 mm 이상의 노출 배관은 충격 손상 방지 조치

㉳ 누설 검사 : 매몰된 배관은 3년에 1회 이상, 고압인 경우는 1년에 1회 이상 (특정 가스 시설)

㉴ 가스 계량기는 최대 소비량의 1.2배 이상일 것 (화기는 2 m, 전선과는 15 cm, 개폐기 안전기 60 cm 거리 유지)

㉵ 가스 사용 시설은 최고 사용 압력의 1.1배나 840 mmH$_2$O (8.4 kPa)

(3) 기타 사항

① 정압기 입출구에는 차단 장치, 출구에는 압력 상승시를 대비해서 경보 장치, 지하설치시 침수 방지 조치를 할 것 (입구측에는 수분이나 불순물 제거 장치)

② 일반 도시가스 사업의 정압기(도시가스사업법 시행규칙 [별표6])
정압기는 설치 후 2년에 1회 분해점검, 일주일에 1회 이상 작동 상황 점검
[참고] 도시가스 사용시설의 정압기 필터(도시가스사업법시행규칙 제17조 [별표7])

③ 열량 측정 (융커스식) : 매일 오전 6시 30~9시, 오후 17시~20시 30분

④ 압력 측정
  • 위치 : 가스홀더 출구, 정압기 출구, 공급 시설의 끝부분
    ▶ 100~250 mmH$_2$O(1kPa~2.5kPa)

⑤ 연소성 측정
  • 매일 6시 30분~9시, 17시~20시 30분
    ▶ $C_P = K \dfrac{1.0 H_2 + 0.6(CO + C_m H_n) + 0.3 CH_4}{\sqrt{d}}$

  여기서, C_P : 연소속도, H_2 : 수소 함유율%
  CO : 일산화탄소 함유율 [용량 %], $C_m H_n$: 탄화수소 함유율 [용량 %]

CH_4 : 메탄 함유율 [용량 %], d : 도시가스 비중

K : 산소 함유율에 따른 수치. 값이 클수록 연소속도가 빠르다.

> **✿ 웨버지수**
>
> $$W_I = \frac{H_g}{\sqrt{d}}$$
>
> 여기서, W_I : 웨버지수
> H_g : 총발열량 [kcal/m³]
> d : 도시가스의 공기에 대한 비중
>
> 수치가 클수록 속도가 빠른 것이며, 표준 웨버지수의 ±4.5 % 이내로 유지

⑥ 정압기, 필터는 설치 후 3년까지는 1회 이상, 그 이후에는 4년에 1회 이상 분해점검을 실시하고 사고예방설비는 점검분해 및 작동상황을 주기적으로 점검한다.

유해성분 (주 1회 측정)

㉮ 가스홀더나 정압기 출구에서 측정

㉯ 0℃, 1.013250bar의 압력에서 건조한 가스 1 m³당 S : 0.5 g, NH_3 : 0.2 g, H_2S : 0.02 g을 초과하면 안 된다.

⑦ 압력조정기기는 매 1년에 1회 이상(필터나 스트레이너의 청소는 설치 후 3년까지는 1회 이상, 그 이후에는 4년에 1회 이상) 안전점검을 실시한다.

[참고] 일반도시가스 사업의 정압기와 도시가스 사용시설의 정압기 필터는 다름(별표6과 별표7 차이가 있음)

> (1) ① 의 도매 가스 사업자는 한국가스공사이며, 일반 사업자는 각 지역의 도시가스 회사들
>   ※ 대량 사용자 : 월 10만 m³ 이상 사용자, 발전용으로 사용하는 자, LNG 탱크를 설치하고 사용하는 자
> (2) 중압 구분
>   ㉮ A : 3 이상 10 미만   ㉯ B : 1 이상 3 미만

> ## 1. 압력조정기 설치 기준
> (1) 도시가스 공동주택의 압력조정기 설치 기준
>   ① 중압인 경우 : 150세대 미만
>   ② 저압인 경우 : 250세대 미만
> (2) 도시가스 배관의 설치 안전 기준
>   ① 배관을 매설하는 경우에는 설치 환경에 따라 다음 기준에 따른 적절한 매설 깊이나 설치간격을 유지할 것
>   ㉮ 공동주택등의 부지 안에서는 0.6m 이상

㉯ 폭 8m 이상의 도로에서는 1.2m 이상. 다만, 도로에 매설된 최고사용압력이 저압인 배관에서 횡으로 분기하여 수요가에게 직접 연결되는 배관의 경우에는 1m 이상으로 할 수 있다.
㉰ 폭 4m 이상 8m 미만인 도로에서는 1m 이상으로 한다.
(다만, 다음 어느 하나에 해당하는 경우에는 0.8m 이상으로 할 수 있다.)

2. 도시가스 사용시설 안전 거리 기준

(1) 배관이음매(용접이음매 제외)와 안전거리
① 60cm : 배관이음부 ⇔ 전기계량기, 전기 개폐기
② 30cm : 배관이음부 ⇔ 굴뚝, 전기점멸기, 전기접속기, 콘센트
③ 15cm : 배관이음부 ⇔ 절연조치를 하지 않는 전선
④ 10cm : 배관이음부 ⇔ 절연조치를 한 전선

(2) 가스계량기
① 60cm : 가스계량기 ⇔ 전기계량기, 전기 개폐기
② 30cm : 가스계량기 ⇔ 굴뚝, 전기점멸기, 콘센트, 전기접속기
③ 15cm : 가스계량기 ⇔ 절연조치를 하지 않는 전선

(3) 도시가스공급시설 기준(배관이음매(용접이음매 제외)와 안전거리)
① 30cm : 배관이음부 ⇔ 절연조치를 하지 않는 전선
② 10cm : 배관이음부 ⇔ 절연조치를 한 전선

✿ 법령관련 자료

(1) 정압기/압력조정기 분해점검 관련법
① 도시가스사업법 시행규칙 제17조 [별표 7]
② 가스사용시설의 시설 · 기술 · 검사기준

(2) 압력조정기 안전점검 관련 규정
① 압력조정기 안전점검 관련 규정
1. 배관 및 배관설비
나. 기술기준
2) 가스사용시설에 설치된 압력조정기는 매 1년에 1회 이상(필터나 스트레이너의 청소는 설치 후 3년까지는 1회 이상, 그 이후에는 4년에 1회 이상) 압력조정기의 유지 · 관리에 적합한 방법으로 안전점검을 실시할 것
② 정압기 분해점검 관련 규정
1. 정압기
나. 기술기준
2) 정압기와 필터의 경우에는 설치 후 3년까지는 1회 이상, 그 이후에는 4년에 1회 이상 분해점검을 실시하고, 사고예방설비 중 도시가스의 안전을 확보하기 위하여 필요한 시설이나 설비에 대하여는 분해 및 작동상황을 주기적으로 점검하고, 이상이 있을 경우에는 그 시설이나 설비가 정상적으로 작동될 수 있도록 필요한 조치를 할 것

제 2 편 기출문제와 예상문제

01 LPG 용기 보관실의 바닥면적이 30 m²이라면 통풍구의 크기는 얼마로 하여야 하는가?

㉮ 3000 cm²   ㉯ 6000 cm²
㉰ 8000 cm²   ㉱ 9000 cm²

> 통풍구의 크기는 바닥면적의 3 % 이상으로 한다.
> 300000×0.03=9000 cm²

02 고압가스 취급장치로부터 미량의 가스가 대기 중에 누설됨을 감지하기 위하여 사용되는 시험지와 변색이 옳게 연결된 것은?

㉮ NH_3 − KI 전분지 − 적변   ㉯ CO − 염화팔라듐지 − 청변
㉰ C_2H_2 − 염화제일구리 착염지 − 적변   ㉱ Cl_2 − 적색 리트머스지 − 청변

> 누설검사
> NH_3 : 적색 리트머스지 → 청변, CO : 염화팔라듐지 → 흑색
> Cl_2 : KI전분지 → 청변, HCN : 질산구리벤젠 → 청변

03 독성 가스 검지방법 중 암모니아수로 검지하는 가스는?

㉮ SO_2 ㉯ HCN
㉰ NH_3 ㉱ CO

> 암모니아수로 검지할 수 있는 가스는 SO_2와 HCl이다. → 흰 연기 발생

04 다음 가연성 가스 중 순수한 단일가스만으로 분해폭발을 일으키지 않는 것은?

㉮ C_2H_2 ㉯ C_2H_4
㉰ C_2H_4O ㉱ HCN

05 가스누설검지 경보장치의 설계기준 중 틀리는 것은?

㉮ 통풍이 잘 되는 곳에 설치할 것
㉯ 설치 수는 가스의 누설을 신속하게 검지하고 경보하기에 충분한 수일 것

정답 1. ㉱ 2. ㉰ 3. ㉮ 4. ㉯ 5. ㉮

㉰ 그 기능은 가스의 종류에 적절한 것일 것
㉱ 체류할 우려가 있고 장소에 적절하게 설치할 것

📌 가스누설 검지경보장치의 설치장소는 가스가 누설될 때 체류할 우려가 있는 장소이다.

06 고압가스 안전관리법 시행규칙에서 사용하는 용어의 정의이다. 잘못된 것은?

㉮ '감압설비'라 함은 고압가스의 압력을 낮추는 설비를 말한다.
㉯ '고압가스설비'란 가스설비 중 고압가스가 통하는 부분을 말한다.
㉰ '방호벽'이란 높이 1.5 m 이상, 두께 10 m 이상의 구조의 벽을 말한다.
㉱ '저장탱크'란 고압가스를 충전, 저장하기 위하여 지상 또는 지하에 고정 설치된 탱크를 말한다.

📌 방호벽은 높이 2 m 이상, 두께 12 cm 이상의 구조의 벽을 말한다.

07 흡수식 냉동설비에서 1일 냉동능력 1 t으로 보는 것은 발생기를 가열하는 1시간의 입열량이 몇 kcal인 것으로 하는가?

㉮ 5540   ㉯ 6640
㉰ 7200   ㉱ 3400

📌 냉동능력 산정
원심식 : 정격출력 1.2kW → 1 t
흡수식 : 발생기 가열량 6640 kcal/h → 1 t
기타 : $R = \dfrac{V}{C}$
NH_3 5000 cm^3
초과 : $C = 7.9$
이하 : $C = 8.4$

08 고압가스 제조장치의 취급에 관한 설명으로 틀린 것은?

㉮ 압력계의 지변은 서서히 연다.
㉯ 액화가스를 탱크에 최초로 통과할 때에는 당해 가스 상용압력의 1/2의 압력 정도로 서서히 올려놓고 서서히 넣는다.
㉰ 안전밸브는 서서히 작동한다.
㉱ 제조장치의 압력을 상승시키는 경우 서서히 상승시킨다.

정답 6. ㉰ 7. ㉯ 8. ㉰

09 가스설비의 개방검사의 가스치환에 관한 설명이 맞지 않는 것은?

㉮ 가연성 가스일 때는 불활성 가스로 치환하여 잔류가스가 폭발하한계 이하이어야 한다.
㉯ 독성 가스일 때는 질소로 치환하여 가스농도가 허용 농도 이하이어야 한다.
㉰ 산소일 때는 공기로 치환하여 산소농도가 21 % 이하이어야 한다.
㉱ 질소와 다른 불활성 가스일 때는 공기로 치환하여 산소농도가 18 % 이하이어야 한다.

> 산소 농도가 18 % 이상 22 % 이내

10 고압가스 일반제조시설의 충전용 주관압력계는 매월 (①) 회 이상, 기타의 압력계는 3월에 (②) 회 이상 표준압력계로 그 기능을 검사하여야 하는가?

㉮ ① : 1, ② : 1
㉯ ① : 1, ② : 3
㉰ ① : 2, ② : 6
㉱ ① : 1, ② : 2

11 다음은 용접용기의 동판 최소두께를 구하는 공식이다. 여기서 아세틸렌가스 용기인 경우 P 는 얼마인가?

$$t = \frac{PD}{200S\eta - 1.2P} + C$$

㉮ 최고충전압력
㉯ 최고충전압력의 1.5배
㉰ 최고충전압력의 1.62배
㉱ 최고충전압력의 2배

> 용접용기의 동판 두께
> $t = \dfrac{PD}{200S\eta - 1.2P} + C$
> S : 허용응력 (kg/mm²) = $\dfrac{1}{4}$ 인장 강도, η : 용접효율
> D : 안지름 (mm), P : 최고충전압력 (kg/cm²)[단, C_2H_2일 때는 FP×1.62배]
> C : 부식 여유수치
> ※ 과거 공식이나 기출문제 등에 있음. 값은 같은 것임

12 액화 석유가스 저장탱크 2기의 최대지름이 각각 2 m, 1 m일 때 상호간의 이격거리는?

㉮ 0.75 m
㉯ 0.8 m
㉰ 1 m
㉱ 3 m

> 가연성 탱크와 가연성 탱크 (산소탱크)와의 거리는 1 m나 두 지름의 합의 $\dfrac{1}{4}$ 중 큰 거리를 유지한다.

정답 9. ㉱ 10. ㉮ 11. ㉰ 12. ㉰

13 고압설비에 압력계를 설치하려고 한다. 상용압력이 200 kg/cm²이라면 게이지의 최고눈금은 어떤 것이 가장 좋은가?

㉮ 200~250 kg/cm²   ㉯ 300~400 kg/cm²
㉰ 400~500 kg/cm²   ㉱ 100~200 kg/cm²

> 압력계의 눈금범위는 상용압력의 1.5~2배로 한다.

14 소형 저장탱크에 설치하는 액면계의 표시눈금의 최소눈금은 용적의 몇 % 범위로 표시하는가?

㉮ 10 % 이하   ㉯ 5 % 이하
㉰ 10 % 이상   ㉱ 5 % 이상

15 용기 부속품의 기밀시험시 기밀시험압력에 도달한 후 몇 초 이상 유지해야 하는가?

㉮ 10초   ㉯ 20초
㉰ 30초   ㉱ 60초

16 1.64 g의 산화구리 (CuO)를 수소로 환원한 결과 1.31 g의 구리를 얻었다. 이 산화물에서 구리 1 g당량은 몇 g인가?

㉮ 6.35 g   ㉯ 63.5 g
㉰ 3.175 g   ㉱ 31.75 g

> $0.33 : 1.31 = 8 : x$
> ∴ 31.75 g (1 g 당량 : 산소 8 g과 결합하는 물질의 질량)

17 고압가스를 운반하는 차량의 경계표시 크기의 가로치수는 차체 폭의 몇 % 이상으로 하는가?

㉮ 5 %   ㉯ 10 %
㉰ 20 %   ㉱ 30 %

> 차량의 경계표시 크기
> ① 가로치수는 차체 폭의 30 % 이상
> ② 세로치수는 가로치수의 20 % 이상

18 내화구조의 가연성 가스의 저장탱크 상호간의 거리가 1 m 또는 두 저장탱크의 최대지름을 합산한 길이의 1/4 길이 중 큰 쪽의 거리를 유지하지 아니한 경우 물 분무장치의 수량으로서

정답 13. ㉯ 14. ㉮ 15. ㉰ 16. ㉱ 17. ㉱ 18. ㉮

옳은 것은?

㉮ 4 L/m² · min ㉯ 5 L/m² · min
㉰ 6 L/m² · min ㉱ 7 L/m² · min

> 8 L/min · m²
> (내화구조 : 4 L, 준내화구조 : 6.5 L)

19 아세틸렌의 정성시험에 사용되는 시약은?
㉮ 구리암모니아 시약 ㉯ 질산은 시약
㉰ 발연황산 시약 ㉱ 피로갈롤 시약

20 가연성 가스를 압축하는 압축기와 오토클레이브와의 사이의 배관에 설치하여야 하는 설비는?
㉮ 가스방출장치 ㉯ 역류방지밸브
㉰ 역화방지장치 ㉱ 안전밸브

> 역화방지장치 설치장소
> ① 가연성 가스 저장탱크와 충전구 주관
> ② 아세틸렌 충전용 지관
> ③ 가연성 가스 압축기와 오토클레이브 사이
> ④ C_2H_2 고압건조기와 충전용 교체밸브 사이
> ⑤ 수소, 산소, 아세틸렌 화염시설

21 고압가스 안전관리법상 방호벽의 규격은?
㉮ 높이 2 m 이상, 두께 12 cm 이상의 철근 콘크리트
㉯ 높이 2.5 m 이상, 두께 15 cm 이상의 철근 콘크리트
㉰ 높이 2.5 m 이상, 두께 12 cm 이상의 철근 콘크리트
㉱ 높이 2 m 이상, 두께 15 cm 이상의 철근 콘크리트

> 방호벽 − 높이 2 m 이상
> ① 철근 콘크리트 12 cm 두께
> ② 콘크리트 블록 15 cm 두께 9 mm 철근
> ③ 박강판 3.2 mm 이상 (30×30 앵글강)
> ④ 후강판 6 mm 이상, 지주 1.8 m 이하

정답 19. ㉯ 20. ㉰ 21. ㉮

22 특정 고압가스가 아닌 것은?

㉮ 수소 ㉯ 산소
㉰ 질소 ㉱ 액화 암모니아

> 특정 고압가스 : H_2, O_2, Cl_2, C_2H_2, NH_3

23 도시가스사업법에서 고압 또는 중압의 가스 공급의 내압시험압력은 얼마로 규정되어 있는가?

㉮ 최고사용압력의 1.1배 이상 ㉯ 최고사용압력의 1.2배 이상
㉰ 최고사용압력의 1.5배 이상 ㉱ 최고사용압력의 1.8배 이상

> 도시가스사업법
> ① 내압시험압력 : $FP \times 1.5$배 이상
> ② 기밀시험압력 : $FP \times 1.1$배 이상

24 부식 여유의 두께가 올바르게 된 것은?

㉮ 암모니아를 충전하는 용기 내용적이 600 L인 것은 2 mm
㉯ 염소를 충전하는 용기 내용적이 600 L인 것은 2 mm
㉰ 암모니아를 충전하는 용기 내용적이 1500 L인 것은 2 mm
㉱ 염소를 충전하는 용기 내용적이 1500 L인 것은 2 mm

> 부식 여유 수치
> ① NH_3 1000 L 이하 : 1 mm   ② Cl_2 1000 L 이하 : 3 mm
>   초과 : 2 mm   초과 : 5 mm

25 액화석유가스 사용시설의 압력이 230~330 mmH₂O인 경우 기밀시험압력으로 옳은 것은?

㉮ 420 mmH_2O 이상 ㉯ 420~840 mmH_2O 이상
㉰ 840~1000 mmH_2O 이상 ㉱ 2 kg/cm^2 이상

26 고압가스 안전관리법상 공기액화분리기의 (압축량이 1000 m³ 초과의) 액화 산소통 내의 액화산소 5 L 중 아세틸렌 또는 탄화수소의 탄소의 질량이 규정값을 넘을 때에는 그 액화산소를 방출하도록 규정한 바, 다음 중 규정값으로 옳은 것은?

㉮ 아세틸렌의 질량이 5 mg 초과
㉯ 탄화수소의 탄소의 질량이 50 mg 초과

정답 22. ㉰ 23. ㉰ 24. ㉰ 25. ㉰ 26. ㉮

㉰ 아세틸렌의 질량이 2.5 mg 초과
㉱ 탄화수소의 탄소의 질량이 100 mg 초과

> 액화산소 5 L 중
> ① C_2H_2의 질량이 5 mg 초과
> ② 탄화수소 중 탄소의 질량이 500 mg 초과시에는 압축 금지

27 고압가스 용기를 내압시험한 결과 전 증가량은 200 mL이고, 영구증가량은 18 mL였다. 항구증가율을 계산하고, 그 값에 의거해 내압시험에 합격 가능 여부를 판단한다면?

㉮ 항구증가율 : 11.1 % 불합격   ㉯ 항구증가율 : 0.09 % 합격
㉰ 항구증가율 : 9 % 합격   ㉱ 항구증가율 : 11.1 % 합격

> 항구증가율 = $\dfrac{항구증가량}{전증가량} \times 100$
> 10 % 이하 → 합격
> ∴ $\dfrac{18}{200} \times 100 = 9$ ∴ 합격

28 안전관리자가 상주하는 사무소와 현장사무소와의 사이 또는 현장사무소 상호간 신속히 통보할 수 있도록 통신시설을 갖추어야 하는데, 다음 중 이에 해당되지 않는 것은?

㉮ 구내 방송시설   ㉯ 메가폰
㉰ 인터폰   ㉱ 페이징 설비

> 긴급사태 발생시를 대비하여 통신시설(구내전화, 방송설비, 인터폰, 페이징설비, 사이렌 등)을 갖춘다. 단, 사업소면적이 1500 m² 이하일 때는 메가폰을 설치한다 (단, 메가폰은 한 사무소 안에서 사용).

29 프로판가스의 위험도(H)는 얼마인가? (단, 폭발범위는 공기와의 용량)

㉮ 3.5   ㉯ 3.3
㉰ 31.4   ㉱ 17.7

> $H = \dfrac{U-L}{L}$
> 여기서, H : 위험도, U : 폭발범위 상한, L : 폭발범위 하한
> C_3H_8 (프로판)의 폭발범위는 (2.1~9.5 %)
> 따라서, $H = \dfrac{9.5-2.1}{2.1} = 3.5$

정답 27. ㉰ 28. ㉯ 29. ㉮

30 도시가스 배관의 접합시공방법 중 원칙적인 접합 시공방법은 ?

㉮ 나사접합 ㉯ 용접접합
㉰ 기계적 접합 ㉱ 플랜지접합

📌 배관접합부는 용접으로 하는 것이 원칙이다.

31 액화석유가스 사용시설의 가스계량기 설치에 있어서 굴뚝과의 최소이격거리는 얼마인가 ?

㉮ 25 cm ㉯ 30 cm
㉰ 15 cm ㉱ 20 cm

📌 굴뚝이나 콘센트는 30 cm 이상

32 고압가스를 제조하는 경우 압축하여도 되는 것은 ?

㉮ 가연성 가스 (아세틸렌, 에틸렌, 수소 제외) 중 산소 용량이 전용량의 4 % 이상
㉯ 산소 중의 가연성 가스 (아세틸렌, 에틸렌, 수소 제외)의 용량이 전용량의 4 % 이상
㉰ 아세틸렌, 에틸렌 또는 수소 중의 산소용량이 전용량의 2 % 미만
㉱ 산소 중의 아세틸렌, 에틸렌 및 수소의 용량합계가 전용량의 2 % 이상

📌 압축 금지사항

$$\text{가연성 가스} \underset{4\%}{\overset{4\%}{\rightleftharpoons}} \text{산소}$$

$$\text{산소} \rightleftharpoons \begin{matrix} 2\% \\ H_2 \\ 2\% \ C_2H_2 \\ C_2H_4 \end{matrix} \text{ 각각 또는 합이}$$

액화산소 5 L당 ─ C_2H_2 5 mg
└ 탄화수소 중 탄소의 질량 50 mg

정답 30. ㉯ 31. ㉯ 32. ㉰

33 액화석유가스 저장설비의 강제통풍시설에 관한 기준에 적합하지 않은 것은?
㉮ 환기구의 면적은 바닥면적 1 m²마다 300 cm²의 비율로 계산한 면적 이상이어야 한다.
㉯ 통풍능력은 바닥면적 1 m²마다 0.5 m³/분 이상으로 한다.
㉰ 흡입구는 바닥면 가까이에 설치한다.
㉱ 배기가스 방출구는 지면에서 5 m 이상의 높이에 설치한다.

> 자연통풍 : 환기구의 면적은 바닥면적의 3 % 이상

34 아세틸렌가스 압축기의 냉각에 사용되는 냉각수의 온도는?
㉮ 20℃ 이하　　　　　　　　㉯ 30℃ 이하
㉰ 40℃ 이하　　　　　　　　㉱ 50℃ 이하

35 특정설비의 범위에 해당되지 않는 것은?
㉮ 저장탱크　　　　　　　　㉯ 저장탱크의 안전밸브
㉰ 조정기　　　　　　　　　㉱ 저장탱크의 긴급차단장치

> 특정설비 : 저장탱크, 안전밸브, 역화방지밸브, 긴급차단장치, 기화기

36 정전기 제거기준 중 가연성 가스 제조설비의 접지저항값은 총합 몇 Ω이하이어야 하는가? (단, 피뢰설비를 설치한 것이다.)
㉮ 10 Ω 이하　　　　　　　　㉯ 20 Ω 이하
㉰ 50 Ω 이하　　　　　　　　㉱ 100 Ω 이하

> 접지선
> 　단면적 : 5.5 mm² 이상
> 　저항 : 100 Ω 이하 (피뢰설비가 있을 경우는 10 Ω 이하)

37 포스겐의 허용한도 (ppm)는?
㉮ 0.5　　　　　　　　　　　㉯ 1
㉰ 0.1　　　　　　　　　　　㉱ 5

> 허용한도 (ppm)
> 　포스겐 (0.1), 염소 (1), 황화수소 (10), 시안화수소 (10), 암모니아 (25), 벤젠 (25), 산화에틸렌 (50), 일산화탄소 (50)

정답　33. ㉮　34. ㉮　35. ㉰　36. ㉮　37. ㉰

38 배관을 철도부지 밑에 매설할 경우 배관의 외면과 지면과의 거리는 몇 m인가?
- ㉮ 1.5 m 이상
- ㉯ 1.4 m 이상
- ㉰ 1.3 m 이상
- ㉱ 1.2 m 이상

39 액화석유가스 저장설비와 제1종 보호시설까지의 안전거리는? (단, 이 저장설비 내의 액화석유가스는 부탄(C_4H_{10})으로 비중 0.52, 저장탱크의 내용적은 50 m³이다.)
- ㉮ 12 m
- ㉯ 14 m
- ㉰ 16 m
- ㉱ 24 m

> 저장량 : $0.9 \times 0.52 \times 50 \times 10^3 = 23400$
> 3만 이하

40 일산화탄소의 경우 가스누설 검지경보장치의 검지에서 발신까지 걸리는 시간은 경보농도의 1.6배 농도에서 몇 초 이내이어야 하는가?
- ㉮ 10초
- ㉯ 20초
- ㉰ 30초
- ㉱ 60초

> CO, NH_3 - 60초, 일반적인 것은 30초 이내에 경보

41 다음 시설 중 양호한 통풍구조로 하여야 할 곳은?
- ㉮ 산소저장소
- ㉯ 공기액화분리기 설치실
- ㉰ 아세틸렌가스의 발생장치
- ㉱ 공기액화실

42 허용농도의 수치가 옳지 않은 것은?
- ㉮ CH_3Cl - 100 ppm
- ㉯ 브롬화메틸 - 25~40 ppm
- ㉰ 산화에틸렌 - 50 ppm
- ㉱ C_6H_6 (벤젠) - 50 ppm

> 벤젠의 허용농도 : 25 ppm

정답 38. ㉱ 39. ㉱ 40. ㉱ 41. ㉰ 42. ㉱

43 액화석유가스 저장용 저장탱크에 가스를 충전하고자 한다. 내용적이 10 t인 탱크에 안전하게 충전할 수 있는 가스의 최대용량은?

㉮ 10 t ㉯ 9 t
㉰ 8.5 t ㉱ 7 t

> 내용적의 90 % 이하 ∴ 9 t

44 다음 가스의 성분 중 흡수제로서 틀린 것은?

순 서	가스명	흡수제
㉮	CO_2	33 % KOH 용액
㉯	에틸렌	진한 질산
㉰	산 소	피로갈롤의 알칼리 용액
㉱	CO	염화제일구리암모니아 용액

> C_2H_2의 흡수제 − 발연황산 ($H_2SO_4 + SO_3$)

45 압력 250 kg/cm²로 내압시험을 하는 용기에 가스를 충전할 때 그 최고충전압력은 얼마인가?

㉮ 417 kg/cm² ㉯ 313 kg/cm²
㉰ 150 kg/cm² ㉱ 200 kg/cm²

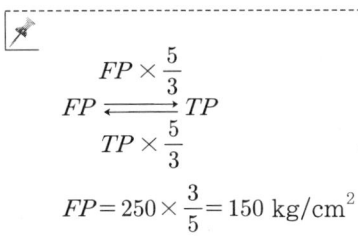

$$FP \xrightleftharpoons[TP \times \frac{5}{3}]{FP \times \frac{5}{3}} TP$$

$$FP = 250 \times \frac{3}{5} = 150 \text{ kg/cm}^2$$

46 안전밸브 점검사항이 아닌 것은?

㉮ 가스분출 파이프의 지름 ㉯ 분출전개압력
㉰ 분출정지압력 ㉱ 안전밸브의 누설

정답 43. ㉯ 44. ㉯ 45. ㉰ 46. ㉮

47 1일 처리할 수 있는 산소의 용적이 200 m³인 사업소에 설치될 표준압력계는 최저 몇 개 이상이어야 하는가?

㉮ 2개   ㉯ 1개
㉰ 4개   ㉱ 3개

> 📌 100 m³ 이상 – 표준압력계 2개 이상 설치

48 액화석유가스 제조시설기준 중 고압가스 설비의 기초는 부동침하하여 당해 고압가스 설비에 유해한 영향을 끼치지 않도록 해야 하는데, 이 경우 저장탱크의 저장능력이 몇 t 이상일 때를 말하는가?

㉮ 1 t 이상   ㉯ 2 t 이상
㉰ 5 t 이상   ㉱ 10 t 이상

49 상용압력이 15.6 kg/cm²인 액화석유가스가 통하는 배관에 안전밸브를 설치할 경우 안전밸브의 작동압력은 몇 kg/cm² 이하인가?

㉮ 10.61 kg/cm²   ㉯ 28.42 kg/cm²
㉰ 18.72 kg/cm²   ㉱ 20.80 kg/cm²

> 📌 안전밸브 작동압력 = $TP \times 0.8$
> ∴ $15.6 \times 1.5 \times 0.8 = 18.72 \text{ kg/cm}^2$

50 저장탱크의 용접시공 후의 용접검사법으로서 적당하지 않은 것은?

㉮ 기밀시험   ㉯ 수압시험
㉰ 방사선 검사   ㉱ 초음파 탐상검사

51 특정설비에 해당되지 않는 것은?

㉮ 안전밸브   ㉯ 기화장치
㉰ 용기용 밸브   ㉱ 자동차용 가스자동주입기

> 📌 특정설비 : 저장탱크, 안전밸브, 역화방지밸브, 긴급차단장치, 기화기, 자동차용 주입기

정답 47. ㉮   48. ㉮   49. ㉰   50. ㉯   51. ㉰

52 납붙임 및 접합용기의 고압가압시험은 동일 용기 제조소에서 동일 연월일에 납붙임 또는 접합된 용기로서 두께 및 동체의 바깥지름과 형상이 동일한 것 몇 개 이하를 1조로 하여, 그 조에서 임의로 채취한 1개의 용기에 대하여 실시하는가?

㉮ 5000개 ㉯ 3000개
㉰ 1500개 ㉱ 1000개

53 차량에 고정된 용기의 내용적은 독성 가스에서는 (   )를 초과하지 아니하여야 한다. (   )에 맞는 것은?

㉮ 18000 L ㉯ 15000 L
㉰ 12000 L ㉱ 10000 L

> ※ 내용적 제한 (철도차량 제외)
>   ① 독성 : 12000 L (예외 : NH₃)
>   ② 가연성 : 18000 L (예외 : LPG)

54 고압가스 운반기준 중 후부취출식 탱크에서는 탱크의 후면 및 차량의 후면과 후 범퍼와의 수평거리가 몇 이상이 되도록 탱크를 차량에 고정시켜야 하는가?

㉮ 40 cm ㉯ 30 cm
㉰ 20 cm ㉱ 10 cm

55 압축가스 중 가연성 가스는 (   ), 독성 가스는 (   ) 이상의 고압가스를 운반할 때는 운반책임자를 동승시켜 운반에 대한 감독을 해야 한다. 다음 중 (   ) 내에 알맞은 것은?

㉮ 300 m³, 100 m³ ㉯ 200 m³, 500 m³
㉰ 100 m³, 300 m³ ㉱ 500 m³, 200 m³

> 고압가스 운반시 운반책임자 동승
>   독성 — 100 m³ (1000 kg)
>   가연성 — 300 m³ (3000 kg)
>   지연성 — 600 m³ (6000 kg)

56 액화석유가스의 집단공급 시설기준에서 저장 설비의 주위에는 높이 얼마 이상의 경계책을 설치하여 외부인의 출입을 방지하는가?

㉮ 1 m ㉯ 1.5 m
㉰ 2 m ㉱ 3 m

57 냉동제조시설기준을 설명한 것 중 틀린 것은?

㉮ 냉매설비에는 압력계를 달아야 한다.
㉯ 독성 가스를 사용하는 냉동제조설비에서 흡수장치가 되어 있으면 안전거리 유지가 필요없다.
㉰ 압축기, 유분리기와 이들 사이의 배관은 화기를 취급하는 곳에 인접 설치하지 않는다.
㉱ 방호벽이나 자동 제어장치를 설치한 경우에는 안전거리 12 m 이상을 유지한다.

> 방호벽이나 자동제어장치를 설치한 경우에는 안전거리를 유지할 필요가 없다.

58 액화석유가스를 용기 보관장소에 보관할 때의 기준을 설명한 것으로 틀린 것은?

㉮ 화기 또는 인화성 물질은 2 m 이상 격리할 것
㉯ 가스충전용기는 직사광선을 받지 않도록 조치할 것
㉰ 휴대용 전등 이외의 등화를 휴대하고 들어가지 않도록 할 것
㉱ 작업에 필요한 물건 이외에는 두지 말 것

> 화기 또는 인화성 물질은 8 m (우회거리) 이상 격리할 것

59 염화비닐호스의 안지름이 2종이라 함은 몇 mm인가?

㉮ 9.0 mm   ㉯ 8.5 mm
㉰ 9.5 mm   ㉱ 10 mm

> 염화비닐 호스
> 1종 : 안지름 6.3 mm, 2종 : 안지름 9.5 mm, 3종 : 안지름 12.7 mm

60 에어로졸 제조용 용기는 ( ) 이상의 압력으로 행하는 가압시험에 합격한 것일 것 ( ) 내에 맞는 것은?

㉮ 1000 kg/cm^2 ㉯ 100 kg/cm^2
㉰ 15.5 kg/cm^2 ㉱ 13 kg/cm^2

61 용접용기의 신규검사 항목에 해당하지 않는 것은? (단, 용기의 재질은 강으로 제조한 것)

㉮ 인장시험   ㉯ 압궤시험
㉰ 기밀시험   ㉱ 파열시험

> 외관검사, 재료시험, 인장시험 및 연신율, 충격시험, 성분검사, 내압시험, 기밀시험, 성능시험

정답 57. ㉱ 58. ㉮ 59. ㉰ 60. ㉱ 61. ㉱

62 공기액화분리기에 설치된 액화 산소탱크 내의 액화산소는 월간 몇 회 이상 검사를 실시해야 하는가?

㉮ 1일 1회 이상으로 30회
㉯ 1주일에 3회 정도로 약 12회 이상
㉰ 격일에 1회 정도로 하여 15회 전후
㉱ 1주일에 3회 정도로 연간 약 60회 이상

63 내용적이 500 L인 초저온용기의 단열성능시험은 용기마다 행하는데, 그 침입열량이 매시 몇 kcal/h·℃·L 이하인 경우에만 합격한 것으로 하는가?

㉮ 0.0005
㉯ 0.001
㉰ 0.002
㉱ 0.01

> 초저온용기 단열성능시험 합격기준
> 1000 L 이상 : 0.002 이하
> 1000 L 미만 : 0.0005 이하

64 고압가스 특정제조시설에서 배관을 해저에 설치하는 경우 다음 기준에 적합하지 않은 것은?

㉮ 배관은 매설할 것
㉯ 배관은 원칙적으로 다른 배관과 교차하지 아니할 것
㉰ 배관은 원칙적으로 다른 배관과 수평거리로 20 m 이상을 유지할 것
㉱ 배관의 입상부에는 보호시설물을 설치할 것

> 30 m

65 고압인 가스공급시설 중 설비에서 발생한 사고가 즉시 다른 설비에 파급될 우려가 있는 것에는 무엇을 설치해야 하는가?

㉮ 경보기
㉯ 긴급차단장치
㉰ 역화방지기
㉱ 역류방지밸브

66 눈에 프레온가스가 들어갔을 때의 응급 치료법은?

㉮ 약한 수산화나트륨 용액으로 씻는다.
㉯ 100 % 산소로 불어 씻는다.
㉰ 레몬주스 또는 20 %의 식초로 씻는다.
㉱ 약한 붕산수 또는 2 %의 소금물로 씻는다.

정답 62. ㉮ 63. ㉮ 64. ㉰ 65. ㉯ 66. ㉱

67 용기 신규검사기준에 해당하지 않는 것은?
㉮ 용기가 부식되어 있지 않을 것
㉯ 금이 있거나 주름이 없을 것
㉰ 다듬질이 매끈할 것
㉱ 반드시 열처리 가공할 것

> 열처리가공 → 용접용기

68 고압가스를 운반할 때 운반책임자 또는 운전자에게 휴대시키지 않아도 되는 것은?
㉮ 고압가스 성질
㉯ 고압가스 명칭
㉰ 소방서 위치 도면
㉱ 재해방지 주의사항

69 다음 배관의 매설에 대한 설명 중 틀리는 것은?
㉮ 배관은 그 외면으로부터 도로의 경계와 수평거리로 1 m 이상을 유지할 것
㉯ 배관의 외면과 지면과의 거리는 산이나 들에서는 1.2 m 이상으로 할 것
㉰ 배관은 지반의 동결에 의하여 손상을 받지 않도록 적절한 깊이에 매설할 것
㉱ 배관은 자동차 하중의 영향이 적은 곳에 매설할 것

> 배관의 외면과 지면과의 거리는 산과 들에서는 1 m 이상으로 할 것

70 35℃에서 게이지 압력이 0.5 kg/cm² 인 액화가스로서 고압가스안전관리법의 저촉을 받지 않는 것은?
㉮ 시안화수소
㉯ 에틸렌
㉰ 브롬화메탄
㉱ 산화에틸렌

71 가스설비의 배관을 2중관으로 해야 할 가스의 대상이 아닌 것은?
㉮ 암모니아 (NH_3)
㉯ 불소 (F_2)
㉰ 산화에틸렌 (C_2H_4O)
㉱ 염화메탄 (CH_3Cl)

> 독성 가스 중 2중 배관을 해야 할 것 : SO_2, Cl_2, $COCl_2$, H_2S, NH_3, HCN, C_2H_4O, CH_3Cl
> 내관의 바깥지름 (d)과 외관의 안지름 (D) 비가 $d : D = 1 : 1.2$가 되도록 한다.

정답 67. ㉱ 68. ㉰ 69. ㉯ 70. ㉯ 71. ㉯

제 2 편 가스 안전 관리

72 물 분무장치에서 소화전의 방수능력 및 호스 끝 수압에 대한 설명으로 맞는 것은?

㉮ 방수능력 : 300 L/min, 호스 끝 수압 : 4.5 kg/cm² 이상
㉯ 방수능력 : 400 L/min, 호스 끝 수압 : 3.5 kg/cm² 이상
㉰ 방수능력 : 200 L/min, 호스 끝 수압 : 4.5 kg/cm² 이상
㉱ 방수능력 : 300 L/min, 호스 끝 수압 : 3.5 kg/cm² 이상

> 방수능력 : 400 L/min
> 호스 끝 수압 : 3.5 kg/cm² 이상
> 30분 동안 분무

73 고압가스 용기를 보수할 때의 주의사항으로 옳지 않은 것은?

㉮ 가스를 안전한 방법으로 방출할 것
㉯ 가스 방출 후 가연성 가스로 치환할 것
㉰ 용기 보수 전에 공기로 다시 치환할 것
㉱ 보수 후 가스 충전 전에 불활성 가스로 치환할 것

> 방출 → 치환 (N_2, CO_2) → 공기로 재치환 → 농도 분석 → 수리
> • 농도 분석
>   가연성 : 폭발범위 하한의 $\frac{1}{4}$ 이하
>   독 성 : 허용농도 이하
>   산 소 : 18 % 이상 22 % 미만

74 정전기 제거기준과 틀린 것은?

㉮ 접지저항값의 총합 : 100 Ω 이하
㉯ 피뢰 설비를 설치할 경우 접지저항값의 총합 : 10 Ω 이하
㉰ 본딩용 접속선 및 접지접속선 : 단면적 5.5 mm² 이상인 것
㉱ 적용대상은 LPG, 독성 가스 제조시설이다.

> 정전기 제거기준
> ① 대상 : 가연성 가스
> ② 접지선의 단면적 5.5 mm² 이상
>   접지저항값의 총합은 100 Ω 이하 (피뢰 설비 있을 경우는 10 Ω 이하)

정답 72. ㉯ 73. ㉯ 74. ㉱

75 액화석유가스의 저장설비 바닥면적이 90 m²일 때 통풍구의 전체면적과 강제통풍능력은 얼마 이상이어야 하는가 ?

㉮ 9 m² 이상과 9 m³/min 이상
㉯ 4.5 m² 이상과 8.1 m³/min 이상
㉰ 2.7 m² 이상과 45 m³/min 이상
㉱ 9 m² 이상과 18 m³/min 이상

> ① 통풍구 : 바닥면적의 3 % 이상, 강제 통풍일 경우 0.5 m³/m² · min (가스농도 0.5 % 이상시 누설로 간주)
> ② 방출구 : 지상에서 5 m 이상인 안전한 위치

76 다음 가스 중 물을 재해제로 사용하는 가스가 아닌 것은 ?

㉮ 암모니아
㉯ 염화메탄
㉰ 산화에틸렌
㉱ 시안화수소

77 초저온 용기의 기밀시험용 저온 액화가스가 아닌 것은 ?

㉮ 액화아르곤
㉯ 액화공기
㉰ 액화산소
㉱ 액화질소

78 내용적 300 L인 액화질소의 초저온용기에 단열성능시험을 하기 위하여 최초에 1500 kg을 충전하여 2시간이 경과한 후 잔량이 1448 kg이었다면 이 용기의 침입열량에 따른 합격 여부로 옳은 것은 ? (단, 시험시 외기의 온도는 20°C이며, 액화질소의 비등점은 −196°C, 기화잠열 48 kcal/kg이다.)

㉮ 0.0032 kcal/h · °C · L로 합격
㉯ 0.019 kcal/h · °C · L로 불합격
㉰ 0.0019 kcal/h · °C · L로 합격
㉱ 0.0024 kcal/h · °C · L로 불합격

> 초저온용기 단열성능시험
> $Q = \dfrac{Wq}{H \Delta TV}$ (kcal/h · °C · L)
> W : 기화량 (kg), q : 기화잠열 (kcal/kg)
> H : 측정시간 (h), V : 내용적 (L)
> ΔT : 비점과 외기 온도차 (°C)
> 합격 → 1000 L 초과 : 0.002 이하
>   이하 : 0.0005 이하
> $Q = \dfrac{(1500-1448) \times 48}{2 \times (20+196) \times 300} = 0.019$
> ∴ 불합격

제 2 편 가스 안전 관리

79 긴급차단밸브의 동력원이 아닌 것은?
㉮ 액압   ㉯ 기압
㉰ 전기   ㉱ 차압

> 동력원 : 액압, 기압, 전기, 스프링식 (수동식)

80 기화장치의 성능기준에 맞지 않는 것은?
㉮ 온수가열방식의 온수는 80℃ 이하
㉯ 증기가열방식의 온도는 100℃ 이하
㉰ 접지저항값은 10 Ω 이하
㉱ 안전장치는 내압시험 (TP)의 8/10 이하에서 작동

> 증기가열방식의 온도는 120℃ 이하

81 당해 설비 내의 압력이 사용압력을 초과할 경우, 즉시 사용압력 이하로 되돌릴 수 있는 안전장치의 종류에 해당하지 않는 것은?
㉮ 안전밸브   ㉯ 바이패스 밸브
㉰ 파열판   ㉱ 감압밸브

> 고압설비의 안전장치 : 안전밸브, 파열판, by - pass 밸브, 자동제어장치

82 부취제의 구비조건으로 맞지 않는 것은?
㉮ 화학적으로 안정할 것
㉯ 가스배관, 가스미터 중에 흡착되지 않을 것
㉰ 물에 잘 녹고 독성이 없을 것
㉱ 가격이 저렴할 것

> 부취제는 1/1000 누설시 감지할 수 있어야 하며, 물에 흡수되지 않고 토양 투과성이 좋으며 연소 후 유해가스가 발생되지 않아야 한다.

83 배관재료의 구비조건에 해당되지 않는 것은?
㉮ 배관의 가스유통이 원활할 것
㉯ 절단가공이 용이할 것
㉰ 토양 지하수에 대하여 내식성을 가질 것
㉱ 관의 접합이 용이하고 가스의 누설을 방지할 수 없을 것

정답 79. ㉱ 80. ㉯ 81. ㉱ 82. ㉰ 83. ㉱

84 C₂H₂ 압축기에서 사용하는 희석제가 아닌 것은?

㉮ N_2
㉯ CH_4
㉰ O_2
㉱ CO

> C₂H₂ 압축시의 희석제 : CH_4, N_2, CO, C_2H_4, H_2, C_3H_8

---

85 구형 저조(球刑貯槽)의 특징에 관한 사항 중 틀린 것은? (단, 동일용량의 가스를 동일압력 및 재료하에서 저장하는 경우)

㉮ 형태가 아름답다.
㉯ 기초 구조가 단순하며 공사가 용이하다.
㉰ 보존이 유리하고 누설을 완전히 방지할 수 있다.
㉱ 표면적이 크므로 강도가 높다.

---

86 고압액의 배관 위치는?

㉮ 증발기에서 압축기까지
㉯ 압축기에서 응축기까지
㉰ 응축기에서 팽창밸브까지
㉱ 팽창밸브에서 증발기까지

> 응축기 → 팽창밸브 : 고압액체관 　　팽창밸브 → 증발기 : 저압액체관
> 증발기 → 압축기 : 저압기체관 　　압축기 → 응축기 : 고압기체관

---

87 다음 가스 중 폭발범위가 넓은 것부터 좁은 쪽으로 순서가 나열된 것은?

㉮ H_2, C_2H_2, CH_4, CO
㉯ CH_4, CO, C_2H_2, H_2
㉰ C_2H_2, H_2, CO, CH_4
㉱ C_2H_2, CO, H_2, CH_4

> C_2H_2 (2.5~81%)
> C_2H_4O (3~80%)
> H_2 (4~75%)
> CO (12.5~74%)
> CH_4 (5~15%)

정답 84. ㉰ 85. ㉱ 86. ㉰ 87. ㉰

88 용기 부속품의 종류별 기호를 표시한 것 중 압축가스를 충전하는 용기의 부속품을 나타낸 것은?

㉮ LG ㉯ PG
㉰ LT ㉱ AG

> ㉮ 액화가스
> ㉯ 초저온 및 저온용기
> ㉱ C_2H_2 용기를 충전하는 용기의 부속품

89 고압가스 저장능력 산출계산식이다. 잘못된 것은?

> V_1 : 내용적 (m^3)
> V_2 : 내용적 (L)
> Q : 저장능력 (m^3)
> P : 35℃에서의 최고충전압력 (kg/cm^2)
> W : 저장능력 (kg)
> C : 가스의 종류에 따르는 정수
> d : 상용온도에서 액화 가스의 비중 (kg/L)

㉮ 압축가스의 저장탱크 : $Q = \dfrac{(P+1)}{V_2}$

㉯ 액화가스의 저장탱크 : $W = 0.9 d V_2$

㉰ 액화가스의 용기 및 차량에 고정된 탱크 : $W = \dfrac{V_2}{C}$

㉱ 압축가스의 저장탱크 및 용기 : $Q = (P+1)V_1$

> ㉯ 액화가스탱크
> ㉰ 액화가스 용기

90 암모니아 냉매누설 검지법으로 잘못된 것은?

㉮ 불쾌한 냄새로 발견 ㉯ 황을 태우면 흰 연기가 발생
㉰ 페놀프탈레인을 홍색으로 변화 ㉱ 적색 리트머스 시험지를 갈색으로 변화

> NH_3는 적색 리트머스지를 청색으로 변화시킴.

91 큰 고압용기나 탱크 및 라인(line) 등의 퍼지(purge)용에 쓰이는 기체는?
㉮ 질소 또는 산소
㉯ 산소 또는 수소
㉰ 이산화탄소 또는 산화질소
㉱ 질소 또는 이산화탄소

92 같은 강도이고 같은 두께의 재료로 원통형 용기를 만들 경우 원통 부분의 내압성능에 관한 설명으로 옳은 것은?
㉮ 지름이 작을수록 강하다.
㉯ 지름이 클수록 강하다.
㉰ 길이가 길수록 강하다.
㉱ 길이와 지름에 무관하다.

93 웨버지수의 산식을 옳게 나타낸 것은? (단, H_g : 도시가스의 총 발열량, d : 도시가스의 공기에 대한 비중)

㉮ $W_I = \dfrac{H_g}{\sqrt{d}}$

㉯ $W_I = \sqrt{H_g\, over\, d}$

㉰ $W_I = 1 - \dfrac{H_g}{\sqrt{d}}$

㉱ $W_I = 1 + \dfrac{H_g}{\sqrt{d}}$

94 일반 공업용 용기의 도색 중 잘못된 것은?
㉮ 액화염소 – 갈색
㉯ 액화 암모니아 – 백색
㉰ 아세틸렌 – 황색
㉱ 수소 – 회색

> 수소용기는 주황색

95 폭발 종류의 관계가 틀린 것은?
㉮ 화학적 폭발 : 화약의 폭발
㉯ 압력폭발 : 보일러의 폭발
㉰ 촉매폭발 : C_2H_2의 폭발
㉱ 중합폭발 : HCN의 폭발

> C_2H_2 폭발
> • 산화폭발 : $C_2H_2 + 2\frac{1}{2}O_2 \rightarrow 2CO_2 + H_2O$
> • 분해폭발 : $C_2H_2 \rightarrow 2C + H_2 + 54.1\ kcal/mol$
>   온도 – 110℃ 이상 ┐폭발
>   압력 – 1.5 기압 이상 ┘
> • 화학폭발 : $C_2H_2 + 2Cu \rightarrow Cu_2C_2 + H_2$
>   폭발성이 강한 구리아세틸라이트 생성

정답 91. ㉱ 92. ㉮ 93. ㉮ 94. ㉱ 95. ㉰

96 0℃, 1 atm에서 4 L이던 기체가 273℃, 1 atm일 때 몇 L가 되는가?

㉮ 4 L ㉯ 8 L
㉰ 2 L ㉱ 12 L

> $\dfrac{PV}{T} = \dfrac{P'V'}{T'}$ 에서 $P = P' = $ const.
> $V' = \left(\dfrac{T'}{T}\right) \times V = 4 \times \dfrac{546}{273} = 8$ L

97 내용적 45 L의 용기에 온도 30℃, 절대압력 110 ata으로 충전되어 있는 가스의 온도가 올라가 압력이 130 ata이 되었다. 용기 내 온도는 약 몇 ℃인가?

㉮ 25℃ ㉯ 45℃
㉰ 55℃ ㉱ 85℃

> $\dfrac{P}{T} = \dfrac{P'}{T'}$
> $T' = \left(\dfrac{P'}{P}\right) \times T = 303 \times \dfrac{130}{110} \fallingdotseq 358$ K
> ∴ $358 - 273 = 85$℃

98 액화석유가스 고압설비를 기밀시험하려고 할 때 사용해서는 안 되는 가스는?

㉮ Ar ㉯ CO_2
㉰ O_2 ㉱ N_2

99 응축기용 냉각수로 적당한 것은?

㉮ 상수도 ㉯ 보일러 폐수
㉰ 바닷물 ㉱ 혼탁된 하천수

100 일산화탄소는 상온에서 염소와 반응하여 무엇을 생성하는가?

㉮ 포스겐 ㉯ 카르보닐
㉰ 카르복실산 ㉱ 사염화탄소

> $CO + Cl_2 \rightarrow COCl_2$ (포스겐 생성) : 촉매는 활성탄

101 안지름 10 cm인 파이프를 플랜지이음 하였다. 이 파이프 내에 50 kg/cm²의 압력을 걸었을 때 볼트 1개에 걸리는 힘을 400 kg 이하로 하고 싶다면 볼트의 수는 최소한 몇 개 소요되겠는가?

㉮ 6개 ㉯ 8개
㉰ 10개 ㉱ 12개

$P\,[\mathrm{kg/cm^2}] = \dfrac{F}{A}$

$F = P \times A = 50 \times \dfrac{\pi}{4}(10)^2 = 3925\,\mathrm{kg}$

$\dfrac{3925}{400} = 9.8$ ∴ 10개

102 LPG가 충전된 납붙임 용기 또는 접합용기는 몇 도의 온도에서 가스누설시험을 할 수 있는 누설시험장치를 설치하여야 하는가?

㉮ 20~32℃ ㉯ 35~45℃
㉰ 46~50℃ ㉱ 52~60℃

103 공기 중에 78 %가 존재하고 −195.8℃의 비점을 가진 기체는?

㉮ 산소 ㉯ 질소
㉰ CO ㉱ 수소

104 20 kg LPG 용기의 내용적 (L)은 얼마인가? (단, 충전상수 C는 2.35)

㉮ 47 ㉯ 30
㉰ 25 ㉱ 43

$W\,[\mathrm{kg}] = \dfrac{V[\mathrm{L}]}{C}$

$V = 2.35 \times 20 = 47\,\mathrm{L}$

정답 101. ㉰ 102. ㉰ 103. ㉯ 104. ㉮

105 가스미터의 기밀시험압력은 얼마인가?

㉮ 1000 mmH₂O 이내 ㉯ 840~1000 mmH₂O 이내
㉰ 420~550 mmH₂O 이내 ㉱ 420 mmH₂O 이내

> 가스사용시설의 기밀시험압력
> ① 조정기 → 연소기 : 840~1000 mmH₂O
> ② 준저압조정기 : 3500 mmH₂O

106 액화석유가스 사용시설의 저압 부분의 배관은 몇 kg/cm² 이상의 압력으로 하는 내압시험에 합격한 것이어야 하는가?

㉮ 8 kg/cm² 이상 ㉯ 26 kg/cm² 이상
㉰ 15 kg/cm² 이상 ㉱ 3 kg/cm² 이상

> 호스는 2 kg/cm² 이상

107 도시가스 연소성의 측정시기는?

㉮ 매일 1회 이상 ㉯ 매일 2회 이상
㉰ 매주 1회 이상 ㉱ 매월 1회 이상

> 웨버지수
> $$W_I = \frac{H_g}{\sqrt{d}}$$
> H_g : 총발열량 [kcal/m³]
> d : 공기에 대한 가스의 비중
> 표준웨버지수의 ±4.5 %일 때 합격이다.

108 도시가스는 무색, 무취, 무미이기 때문에 누설시 가스중독이나 폭발사고를 미연에 방지하기 위하여 부취제를 혼합시킨다. 부취제의 공기 중 용량은?

㉮ 1/200 ㉯ 1/500
㉰ 1/700 ㉱ 1/1000

> 부취제는 공급하는 가스에 공기 중의 혼합비율이 1/1000인 상태에서 감지할 수 있어야 한다.

109 다음 중 도시가스 부취제가 아닌 것은?

㉮ 티시어리부틸메르카부탄 (TBM)　㉯ 테트라히드로티오펜 (THT)
㉰ 디메틸술파이드 (DMS)　㉱ 아우트터믹프로세스 (ATP)

> 부취제는 공급하는 가스에 공기 중의 혼합비율이 1/1000 상태에서 감지할 수 있어야 한다.

110 LPG 저장탱크 긴급차단장치에 대한 설명 중 잘못된 것은?

㉮ 동력원은 전기식, 스프링식, 유압식, 공기압식 등이 있다.
㉯ 온도에 의해 작동되는 온도는 110℃
㉰ 조작위치는 10 m 이상
㉱ 액 인입관의 긴급차단밸브는 역지밸브로도 가능

> 긴급차단장치 : − 500 L 이상의 저장탱크에 설치 조작위치 : 5 m 이상 (특정, 도매 : 10 m 이상)

111 도시가스 제조에서 정기적으로 검사해야 할 사항이 아닌 것은?

㉮ 열량 측정　㉯ 압력 측정
㉰ 연소성 측정　㉱ 온도 측정

112 도시가스 유해성분의 측정은 얼마마다 실시하는가?

㉮ 1일 1회 이상　㉯ 1일 2회 이상
㉰ 매월 1회 이상　㉱ 매주 1회 이상

> 유해성분 검사 − 1주에 1번 이상
> 0℃ 101325 Pa에서 건조한 도시가스 1 m³당 H₂S : 0.02 g ┐
> 　　　　　　　　　　　　　　　　　　　　　NH₃ : 0.2 g ├ 초과 금지
> 　　　　　　　　　　　　　　　　　　　　　S : 0.5 g ┘

113 비중이 0.55이며 총 발열량이 9000 kcal/m³일 때 웨버지수는?

㉮ 9000　㉯ 9500
㉰ 12100　㉱ 13100

정답　109. ㉱　110. ㉰　111. ㉱　112. ㉱　113. ㉰

$$W_I = \frac{H_g}{\sqrt{d}} = \frac{9000}{\sqrt{0.55}} = 12100$$

114 액화염소가스의 1일 처리능력이 38000 kg일 때, 수용 정원이 350명인 공연장과의 안전거리는 얼마를 유지해야 하는가?

㉮ 11 m
㉯ 18 m
㉰ 27 m
㉱ 30 m

> 독성 1종 1일 처리능력이 4만 kg 이하이므로 안전거리는 27 m

115 지하에 저장탱크를 설치할 때의 시설기준으로 옳지 않은 것은?

㉮ 지하에 묻는 저장탱크의 외면에는 부식방지 코팅을 할 것
㉯ 저장탱크의 주위에는 마른 모래를 채울 것
㉰ 저장탱크의 정상부와 지면과의 거리는 50 cm 이상으로 할 것
㉱ 저장탱크를 묻는 곳의 주위에는 지상에 경계를 표시할 것

> 저장탱크 지하 설치시
> ① 천장, 벽, 바닥두께 30 cm 이상
> ② 주위는 모래, 정상부와 지면 60 cm 이상
> ③ 탱크 사이 1 m 이상 유지, 지상에 경계표지
> ④ 지상에서 5 m 이상 방출구

116 고압가스 사용시설 및 액화석유가스 사용시설의 기술상 기준에 맞는 항목은?

㉮ 산소의 저장설비 주위 10 m 이내에서는 화기를 취급해서는 안된다.
㉯ 고압가스 충전용기는 항상 50℃ 이하를 유지한다.
㉰ 액화석유가스 사용시설 중 배관과 절연 조치를 하지 않은 전선과 30 cm 간격을 유지한다.
㉱ 액화석유가스 사용 신고시설 중 호스의 길이는 3 m 이내로 한다.

> ㉮ 산소의 저장설비 주위 8 m 이내 화기 금지
> ㉯ 고압가스 충전용기는 40℃ 이하 유지
> ㉰ LPG 사용시설 중 배관과 절연조치를 하지 않은 전선과 15 cm 간격 유지, 굴뚝이나 콘센트와 30 cm 이상 유지, 전기계량기나 개폐기, 안전기와 60 cm 이상 유지

117
LPG 저장설비나 가스설비를 수리 또는 청소할 때 내부의 LPG를 질소 또는 물 등으로 치환하고, 치환에 사용된 가스나 액체를 공기로 재치환하여야 하는데, 이때 공기에 의한 재치환 결과가 산소농도 측정기로 측정하여 산소의 농도가 얼마의 범위 내에 있을 때까지 공기로 치환하여야 하는가?

㉮ 4~6 % ㉯ 7~11 %
㉰ 12~16 % ㉱ 18~22 %

118
액화석유가스 충전시설의 점검주기로 잘못된 것은?

㉮ 충전용 주관의 압력계 : 매월 1회 이상
㉯ 충전용 주관의 압력계 : 6월에 1회 이상
㉰ 안전밸브 작동압력 : 매년 1회 이상
㉱ 충전설비의 작동상황 : 매일 1회 이상

📌 충전용 주관 압력계는 매월 1회 이상, 그 밖의 압력계는 3개월에 1회 이상 - 기능검사

119
용어의 정의에서 잔가스용기는 액화석유가스가 용기에 충전질량이 얼마만큼 들어 있는 경우인가?

㉮ 1/2 미만 ㉯ 쓰고 난 후 소량 들어 있을 때
㉰ 1/2 이상 ㉱ 최고충전량이 아닌 때

📌 충전질량 $\frac{1}{2}$ 미만이 잔가스용기이다.

120
도시가스용 가스계량기의 설치 위치는?

㉮ 바닥으로부터 1 m 이상, 1.6 m 이내
㉯ 바닥으로부터 1.6 m 이상, 2 m 이내
㉰ 바닥으로부터 2 m 이상, 2.6 m 이내
㉱ 바닥으로부터 2 m 이상, 3 m 이내

📌 가스계량기 설치 높이 : 건물 외부에 1.6 m 이상 2 m 이내로 수직, 수평 설치, 밴드로 고정

121
콘크리트 블록제 방호벽의 규격은?

㉮ 두께 15 cm 이상, 높이 2 m 이상
㉯ 두께 18 cm 이상, 높이 2 m 이상
㉰ 두께 19 cm 이상, 높이 3 m 이상
㉱ 두께 20 cm 이상, 높이 4 m 이상

📌 방호벽 - 높이 2 m 이상
① 철근 콘크리트 12 cm 두께
② 콘크리트 블록 15 cm 두께
③ 박강판 3.2 mm 이상 (30×30 앵글강)
④ 후강판 6 mm 이상

정답 117. ㉱ 118. ㉯ 119. ㉮ 120. ㉯ 121. ㉮

122 고압가스 설비는 상용압력의 몇 배 이상의 압력에서 항복을 일으키지 아니하는 두께를 가져야 하는가?

㉮ 상용압력×2배 이상 ㉯ 상용압력×1.5배 이상
㉰ 상용압력 이상 ㉱ 상용압력×3배 이상

123 배관공사 후에 실시하는 검사는?

㉮ 가스압력을 언제나 수주 100 mm 이하로 한다.
㉯ 조정기와 연소기 사이의 배관은 수주 100 mm의 기밀시험을 한다.
㉰ 접합부를 성냥불로 점검한다.
㉱ 접합부에 비눗물을 칠하여 누설을 점검한다.

124 안전밸브 분출 최소면적을 구하는 공식은? [단, a : 분출부의 유효면적 (cm^2), W : 안전밸브에서 1시간 동안 분출해야 할 양 (kg), P : 안전밸브 작동압력 (kg/cm^2), M : 가스의 분자량, T : 분출 직전의 가스의 절대온도이다.]

㉮ $a = \dfrac{230P\sqrt{\dfrac{M}{T}}}{W}$ ㉯ $a = \dfrac{W\sqrt{\dfrac{M}{T}}}{230P}$

㉰ $a = \dfrac{W}{230P\sqrt{\dfrac{M}{T}}}$ ㉱ $a = \dfrac{M}{230P\sqrt{\dfrac{W}{T}}}$

125 다음 가스 중 품질검사시 순도가 잘 기술된 것은?

㉮ 산소 : 98 %, 아세틸렌 : 99.5 %, 수소 : 98.5 %
㉯ 산소 : 99.5 %, 아세틸렌 : 98 %, 수소 : 98.5 %
㉰ 산소 : 98.4 %, 아세틸렌 : 98 %, 수소 : 99.5 %
㉱ 산소 : 98.5 %, 아세틸렌 : 98.5 %, 수소 : 99.5 %

> 품질검사 − 1일 1회 이상
>   ① O_2 : 99.5 % 이상, 구리암모니아 시약
>   ② H_2 : 98.5 % 피로갈롤 하이드로슬파이드 시약 → 35℃, 120 kg/cm^2
>   ③ C_2H_2 : 98 % 발연황산 3 kg 이상

정답 122. ㉮ 123. ㉱ 124. ㉰ 125. ㉯

126 LPG 용기 보관장소에 설치해야 하는 것은?
㉮ 긴급차단장치 ㉯ 가스누설경보기
㉰ 자동차단밸브 ㉱ 역화방지장치

127 충전기 충전호스의 길이는 얼마로 해야 하는가?
㉮ 1 m 이내 ㉯ 2 m 이내
㉰ 3 m 이내 ㉱ 5 m 이내

> 충전기는 원터치형으로 하고 호스 길이는 5 m 이내로 할 것

128 다음과 같은 LPG 용기 보관소 경계표지의 ㉠ 자 표시의 색상은?

| LPG 용기 저장실 ㉠ |

㉮ 흑색 ㉯ 적색
㉰ 노란색 ㉱ 흰색

> 충전 중 엔진정지 - 황색 바탕, 흑색 글씨

129 다음 기술 중 틀린 것은?
㉮ 충전시 용기는 용기 재검사기간이 지나지 않았음을 확인한다.
㉯ LPG 용기나 밸브를 가열할 때는 뜨거운 물(40℃ 이상)을 사용해야 한다.
㉰ 충전한 후는 용기밸브의 누설 여부를 꼭 확인한다.
㉱ 용기 내에 잔유물이 있을 때에는 이것을 제거하고 충전한다.

> 충전용기 가열시 40℃ 이하 열습포 사용

130 고압가스 충전용기를 차량에 적재할 때 경계표지는 보기 쉬운 곳에 어떤 색으로 어떻게 표시하는가?
㉮ '황색'으로 '고압가스' ㉯ '적색'으로 '위험'
㉰ '적색'으로 '위험 고압가스' ㉱ '청색'으로 '위험 고압가스'

정답 126. ㉯ 127. ㉱ 128. ㉯ 129. ㉯ 130. ㉰

131 도시가스 열량은 측정하는 시간대로 옳은 것은?
㉮ 2시 30분~4시 사이, 15~18시 30분
㉯ 6시 30분~9시 사이, 17시~20시 30분
㉰ 1시~2시 30분, 10시 30분~15시 사이
㉱ 11시 30분~13시 사이, 17시~20시 30분

132 습식 아세틸렌가스 발생기의 표면은 몇 ℃ 이하로 온도를 유지하여야 하는가?
㉮ 80℃   ㉯ 70℃
㉰ 60℃   ㉱ 45℃

> 📌 최적온도는 50~60℃

133 에어로졸 충전용기의 누설시험시 온수온도는 어느 정도인가?
㉮ 25℃ 이상, 35℃ 미만   ㉯ 36℃ 이상, 45℃ 미만
㉰ 46℃ 이상, 50℃ 미만   ㉱ 51℃ 이상, 60℃ 미만

134 충전된 용기를 운반할 때 용기 사이에 목재 칸막이 또는 고무패킹을 사용해야 하는 가스는?
㉮ 가연성 가스   ㉯ 산소
㉰ 독성 가스   ㉱ 액화석유가스

135 고압가스의 양을 차량에 적재하여 운반할 때 운반책임자를 동승시키지 않아도 되는 것은?
㉮ 아세틸렌가스 400 m³   ㉯ 일산화탄소 700 m³
㉰ 액화석유가스 2000 kg   ㉱ 액화염소 1500 kg

136 아세틸렌용기에 고루 채우는 다공질물의 다공도는?
㉮ 60 % 이상, 80 % 미만   ㉯ 75 % 이상, 92 % 미만
㉰ 70 % 이상, 92 % 미만   ㉱ 62 % 이상, 72 % 미만

> 📌 아세틸렌 저장시 다공물질 (숯, 석면, 목탄, 규조토)을 채운 후에 아세톤이나 디메틸포름 아미드를 넣고 아세틸렌을 넣으면 아세톤이나 DMF에 아세틸렌이 용해된다. 이때, 다공 물질의 다공도는 75~92 %이다.

정답 131. ㉯ 132. ㉯ 133. ㉰ 134. ㉱ 135. ㉰ 136. ㉯

137 의료용 가스용기의 도색 구분 표시로 틀리는 것은?

㉮ 산소 – 백색 ㉯ 질소 – 청색
㉰ 헬륨 – 갈색 ㉱ 에틸렌 – 자색

> 📌 의료용 가스용기 도색
> O_2 – 백색, 아산화질소 – 청색
> CO_2 – 회색, 시클로프로판 – 주황색
> H_3 – 갈색, C_2H_4 – 자주색, N_2 – 흑색

138 용기판의 최대두께와 최소두께의 차이는 평균 두께의 몇 % 이하로 해야 하는가?

㉮ 20 % 이하 ㉯ 30 % 이하
㉰ 40 % 이하 ㉱ 50 % 이하

139 용기의 재검사기준 중 내용적 500 L 이하인 용기로서 내압시험에서 영구팽창률이 6 % 이하인 것은 몇 %의 질량을 합격품으로 규정하는가?

㉮ 86 % ㉯ 90 %
㉰ 95 % ㉱ 98 %

140 내용적이 3000 L인 용기에 액화 암모니아를 저장하려고 한다. 동 저장설비의 저장능력은?

㉮ 1613 kg ㉯ 2324 kg
㉰ 2796 kg ㉱ 5588 kg

> 📌 $W = \dfrac{V}{C}$ (NH_3의 충전상수 $C = 1.86$)
> $\therefore W = \dfrac{3000}{1.86} = 1613$ kg

141 C_2H_2 용기의 가스 명칭 색은?

㉮ 백색 ㉯ 적색
㉰ 흑색 ㉱ 황색

> 📌 용기의 가스 명칭 표시 : 7 mm × 7 mm, 백색
> 예외) 적색 – LPG, 흑색 – NH_3, C_2H_2

정답 137. ㉯ 138. ㉮ 139. ㉯ 140. ㉮ 141. ㉰

142 수소용기에 표시하는 '연' 자의 색깔은?

㉮ 적색 ㉯ 백색
㉰ 황색 ㉱ 흑색

> 가연성 가스일 때 '연' : 지름 10 cm, 문자 크기 1 cm, 적색으로 표시
> 예외) LPG - 쓰지 않는다.
> H_2 - 백색

143 시안화수소(HCN)의 안정제가 아닌 것은?

㉮ H_2SO_4 ㉯ H_2PO_5
㉰ $MgCl_2$ ㉱ P_2O_5

> HCN의 안정제 : 인, 인산, 오산화인, 염화칼슘, 구리, 동망, 아황산가스, 황산

144 가스누설경보기의 기능에 대하여 서술한 것 중 옳지 않은 것은?

㉮ 가스 누설을 검지하여 그 농도를 지시함과 동시에 경보를 울린다.
㉯ 폭발하한계의 1/2 이하에서 자동적으로 경보를 울린다.
㉰ 경보를 울린 후에 가스농도가 변하더라도 계속 경보를 한다.
㉱ 담배연기 등의 잡가스에 울리지 아니한다.

> 가스누설경보장치의 성능기준
> ① 지시범위 : 0~폭발범위
> ② 검지부에 도달하면 30초 내에 작동할 것
> ③ 정전 때를 대비하여 보안전력장치를 설치할 것
> ④ 전압이나 전원이 ±10 범위 내에서도 정상으로 작동될 것
> ⑤ 온도의 변화 때 성능이 저하되지 않을 것

145 최고충전압력 50 kg/cm², 사용하는 안지름 65 cm의 용접제 원통형 고압설비의 동판 두께는 최소한 얼마가 필요한가? (단, 재료는 인장강도 60 kg/mm²의 강을 사용하고 용접효율은 0.75, 부식 여유는 1 mm로 한다.)

㉮ 12 mm ㉯ 14 mm
㉰ 16 mm ㉱ 17 mm

> 용접용기 동판 두께
> $$t = \frac{PD}{200S\eta - 1.2P} + C$$

정답 142. ㉯ 143. ㉰ 144. ㉯ 145. ㉰

S : 허용응력 (kg/mm^2) = $\frac{1}{4}$ 인장강도

η : 용접효율
P : 최고충전압력 (kg/cm^2)
D : 안지름 (mm)
C : 부식 여유수치

$$\therefore t = \frac{50 \times 650}{200 \times \frac{60}{4} \times 0.75 - 1.2 \times 50} + 1 = 16 \text{ mm}$$

146 암모니아 충전용기로서 내용적이 1000 L 이하인 것은 부식 여유 수치가 A이고, 1000 L를 초과하는 것은 B이다. A, B는 각각 몇 m인가?

㉮ A=1, B=2　　　㉯ A=2, B=3
㉰ A=0.5, B=1　　㉱ A=1, B=2.5

> 부식 여유 수치
> NH$_3$ 1000 L 이하 : 1 mm, 초과 : 2 mm
> Cl$_2$ 1000 L 이하 : 3 mm, 초과 : 5 mm

147 액화산소의 저장탱크 방류둑은 저장능력 상당용적의 몇 % 이상으로 하는가?

㉮ 40 %　　㉯ 60 %
㉰ 80 %　　㉱ 100 %

148 내부용적이 25000 L인 액화산소 저장탱크의 저장능력은? (단, 비중은 1.14)

㉮ 24780 kg　　㉯ 25650 kg
㉰ 26460 kg　　㉱ 27520 kg

> $W = 0.9 dV = 0.9 \times 1.14 \times 25000 = 25650$ kg

149 냉동기의 수리시설기준이 아닌 것은?

㉮ 용접설비　　㉯ 공작기계설비
㉰ 제관설비　　㉱ 다공도 측정설비

> 다공도 측정설비는 C$_2$H$_2$ 용기

정답 146. ㉮　147. ㉯　148. ㉯　149. ㉱

150 다음 독성 가스 중에서 2중관으로 하지 않아도 되는 것은?
- ㉮ 포스겐
- ㉯ 벤젠
- ㉰ 시안화수소
- ㉱ 암모니아

📌 이중 배관을 해야 할 독성 가스
SO_2, Cl_2, $COCl_2$, H_2S, NH_3, HCN, C_2H_4O, CH_3Cl
내관의 바깥지름 : 외관의 안지름 = 1 : 1.2

151 내용적 5 m^3 이상의 일반고압가스로 종류 여하를 불문하고 반드시 설치해야 하는 것은?
- ㉮ 드레인 세퍼레이터
- ㉯ 가스방출장치
- ㉰ 역류방지밸브
- ㉱ 역화방지장치

152 일반 도시가스사업의 가스공급시설 중 폭 10 m 도로의 도시가스 배관의 깊이는?
- ㉮ 80 cm 이상
- ㉯ 100 cm 이상
- ㉰ 120 cm 이상
- ㉱ 140 cm 이상

📌 8 m 이상일 때는 → 1.2 m 이상

153 액화석유가스의 충전량을 표시하는 증지를 붙여야 하는 용기의 종류는?
- ㉮ 내용적 10 L 이상 125 L 미만
- ㉯ 내용적 20 L 이상 125 L 미만
- ㉰ 내용적 125 L 미만
- ㉱ 내용적 125 L 이상

📌 ① 증지 : 10 L 이상 125 L 미만 용기에
　　┌ 봉인증지 : 충전연월, 상호, 기관
　　└ 실량증지 : 빈 용기의 무게, 가스무게, 총무게, 충전소명, 전화번호
② 5 L 초과 용기 : 캡이나 프로텍터 등 밸브 손상 방지장치
③ 20 L 이상 125 L 미만 : 스커트

154 어느 고압가스 제조공장의 예이다. 고압배관의 상용압력이 100 kg/cm^2일 때 기밀시험을 하고자 한다. 몇 kg/cm^2 이상의 압력을 가하여야 하는가?
- ㉮ 190 kg/cm^2 이상
- ㉯ 150 kg/cm^2 이상
- ㉰ 100 kg/cm^2 이상
- ㉱ 80 kg/cm^2 이상

📌 내압시험 : 상용압력×1.5배
기밀시험 : 상용압력 이상

정답 150. ㉯ 151. ㉯ 152. ㉰ 153. ㉮ 154. ㉰

155 액화 암모니아 50 kg을 충전하기 위한 용기의 내용적은? (단, $C=1.86$)

㉮ 27 L　　　　　　　　㉯ 40 L
㉰ 70 L　　　　　　　　㉱ 93 L

> $V = WC = 50 \times 1.86 = 93$ L

156 아세틸렌은 온도에 불구하고 25 kg/cm² 의 압력으로 압축할 때에는 희석제를 첨가하여야 하는데, 이와 같은 희석제로 적당하지 않은 것은?

㉮ 질소　　　　　　　　㉯ 메탄
㉰ 산소　　　　　　　　㉱ 일산화탄소

> C_2H_2 희석제 - 에틸렌, 메탄, 일산화탄소, 질소 등

157 LPG 1단 감압식 저압조정기 입구압력은?

㉮ 0.7~15.6 kg/cm²　　　㉯ 1.0~15.6 kg/cm²
㉰ 0.25~3.5 kg/cm²　　　㉱ 0.32~0.83 kg/cm²

158 아세틸렌을 용기에 충전할 때 충전 중의 최고압력은? (단, 온도에 관계없이)

㉮ 150 kg/cm²　　　　　㉯ 100 kg/cm²
㉰ 50 kg/cm²　　　　　　㉱ 25 kg/cm²

159 공기액화 분리장치에 취입되는 원료공기 중 불순물이 아닌 것은?

㉮ 아세틸렌 탄화수소류　　㉯ 질소산화물
㉰ 염소　　　　　　　　㉱ 질소

> 공기액화 때 흡입공기에 함유되면 안 되는 물질 : 탄화수소류, 질소산화물, 염소나 아황산가스, 먼지 등

정답　155. ㉱　156. ㉰　157. ㉮　158. ㉱　159. ㉱

160 가연성 가스 저장탱크의 외부에는 도료를 바르고 주위에서 보기 쉽도록 가스의 명칭을 표시하여야 하는데, 이 저장탱크의 외부도료의 색깔은?

㉮ 녹색 ㉯ 청색
㉰ 황색 ㉱ 은백색

161 고압가스용기의 재료에 탄소, 인, 황의 함유량이 제한되어 있는데, 그 이유 중 틀린 것은?

㉮ 탄소량이 많으면 충격값이 감소하기 때문이다.
㉯ 인이 많으면 취성이 생기므로 적어야 한다.
㉰ 황은 황화철이 되어 강을 약하게 한다.
㉱ 황에 수분이 함유되면 강을 부식시킨다.

구 분	탄 소	인	황
계 목	0.33 %	0.04 %	0.05 %
무계목	0.55 %	0.04 %	0.05 % 이하

고압가스용기의 재료로 탄소, 인, 황의 함유량이 제한되어 있는 이유는 탄소는 저온에서, 인은 상온에서, 황은 적열시 취성 (깨지는 성질)이 있기 때문이다.

162 고압가스 제조장치의 일상점검으로서 옳은 것은?

① 상용압력 이상의 압력으로 기밀시험을 한다.
② 안전밸브의 작동시험을 한다.
③ 압력계, 온도계, 유량계 등의 이상 유무를 조사한다.
④ 회전기계, 고압밸브 등의 가스 누설을 점검한다.

㉮ ①, ③, ④ ㉯ ①, ④
㉰ ②, ③ ㉱ ③, ④

163 LPG 충전사업 시설의 배관에는 적당한 곳에 안전밸브를 설치하여야 하는데, 안전밸브의 분출면적은 배관의 최대지름부의 단면적의 얼마 이상으로 하여야 하는가?

㉮ 1/2 이상 ㉯ 1/4 이상
㉰ 1/8 이상 ㉱ 1/10 이상

정답 160. ㉱ 161. ㉱ 162. ㉱ 163. ㉱

> **안전밸브의 최소구경**
> ① 압축기 안전밸브
> $$a = \frac{w}{230P\sqrt{\dfrac{M}{T}}}$$
> a : 유효면적 (cm²), w : 시간당 가스분출량 (kg/h), M : 분자량, T : 분출할 때의 절대온도, P : 분출할 때의 압력
> ② 압력용기 : $d = C\sqrt{DL}$
> d : 최소구경 (mm), C : 정수, D : 바깥지름 (m), L : 길이 (m)

164 액화석유가스 시설 중 저장설비 및 충전설비는 그 외면으로부터 제 1 종 보호시설은 다음과 같이 안전거리 이상을 유지해야 한다. 잘못된 항목은?

㉮ 저장능력 10 t 이하는 16 m
㉯ 저장능력 10 t 초과 20 t 이하는 21 m
㉰ 저장능력 20 t 초과 30 t 이하는 24 m
㉱ 저장능력 30 t 초과 40 t 이하는 27 m

> ㉮의 경우 17 m를 유지하여야 한다.

165 액화석유가스를 사용하기 위한 가스용품이 아닌 것은?

㉮ 고무호스, 압력조정기 (용량 5 kg/h)
㉯ 상자 콕, 볼 밸브
㉰ 측도관, 자동차용 기화기
㉱ 가스레인지, 호스 밴드

166 LPG 용기에 많이 쓰이는 안전밸브는?

㉮ 파열판식 안전밸브
㉯ 가용합금식 안전밸브
㉰ 스프링식 안전밸브
㉱ 파열판식과 가용합금식 병용 안전밸브

> **안전밸브의 작동압력**
> 내압시험압력 × $\dfrac{8}{10}$ 이하에서 작동

167 LPG 자동차의 연료공급은 택시 트렁크 실내의 LPG 용기에서 나온 LPG는 다음 중 어떤 순서를 거쳐 엔진에 공급되는가?

㉮ 전자밸브, 여과기, 증발기, 기화기
㉯ 증발기, 여과기, 전자밸브, 기화기
㉰ 여과기, 전자밸브, 증발기, 기화기
㉱ 여과기, 증발기, 전자밸브, 기화기

정답 164. ㉮ 165. ㉱ 166. ㉰ 167. ㉰

제 2 편 가스 안전 관리

168 1단 감압식 저압조정기의 입구압력과 출구압력이 맞는 것은?
㉮ 1.0 kg/cm² ~ 15.6 kg/cm²와 280 mmH₂O
㉯ 0.7 kg/cm² ~ 15.6 kg/cm²와 230~330 mmH₂O
㉰ 1.0 kg/cm² ~ 18.6 kg/cm²와 230~330 mmH₂O
㉱ 0.7 kg/cm² ~ 15.6 kg/cm²와 280 mmH₂O

📌 0.07~1.56MPa, 2.3~3.3kPa

169 LPG 자동차 연료장치의 용기 부착방법이 틀린 것은?
㉮ 용기는 가능한 한 차실에 가까운 위치에 부착할 것
㉯ 용기는 이동식으로 부착할 것
㉰ 누설된 액화석유가스가 차실에 들어오지 않는 구조일 것
㉱ 용기밸브, 액면표시장치 등의 돌출부 및 배관 등을 앵글 등으로 보호장치를 할 것

170 LPG 용기의 안전점검기준으로서 틀린 것은?
㉮ 용기의 부식 여부를 확인할 것
㉯ 용기 캡이 씌워져 있거나 프로텍터가 부착되어 있을 것
㉰ 밸브의 그랜드 너트를 고정핀으로 이탈을 방지한 것인가 확인할 것
㉱ 완성검사 도래 여부를 확인할 것

📌 ㉱의 경우 완성검사가 아니고 재검사기간의 도래 여부를 확인한다.

171 액화석유가스의 실량표시 증지에 기재할 사항이 아닌 것은?
㉮ 충전 연월일   ㉯ 발행기관
㉰ 가스의 무게   ㉱ 빈 용기의 무게

📌 실량표시 증지의 재료는 100 g/m²의 노랑 아트지에 코팅한 스티커이다. 충전 연월일은 충전대장에 기입한다.

172 자체 검사시설의 기준에서 액화석유가스 판매사업자가 갖추어야 할 검사시설이 아닌 것은?
㉮ 가스누설감지기   ㉯ 압력계
㉰ 온도계   ㉱ 기밀시험설비

정답 168. ㉯ 169. ㉯ 170. ㉱ 171. ㉮ 172. ㉱

173 가정의 LPG 사용시설 중 가스압력이 가장 높은 것은?

㉮ 가스레인지 입구의 가스압력
㉯ 1단 감압식 저압조정기의 출구압력
㉰ 1단 감압식 저압조정기의 최고폐쇄압력
㉱ 1단 감압식 저압조정기의 안전밸브 작동압력

> ㉮ 200~300 mmH$_2$O
> ㉯ 230~330 mmH$_2$O
> ㉰ 350 mmH$_2$O
> ㉱ 560~840 mmH$_2$O
> ※ 1mmH$_2$O → 10Pa

174 액화석유가스 사용시설에서 저압부 배관의 내압시험압력으로 적당한 것은?

㉮ 35 kg/cm^2 ㉯ 8 kg/cm^2
㉰ 10 kg/cm^2 ㉱ 12 kg/cm^2

> 고압부의 내압시험압력은 30 kg/cm^2

175 액화석유가스 충전사업의 용기 충전시설기준에 맞지 않는 것은?

㉮ 가스설비에 사용되는 재료는 가스의 성질, 온도 및 압력 등에 적합한 것일 것
㉯ 가스설비에 장치하는 압력계는 최고눈금이 상용압력의 1.5배 이상 3배 이하일 것
㉰ 사업소에는 표준이 되는 압력계를 2개 이상 보유할 것
㉱ 용기 보관 장소에는 가스누설경보기를 설치할 것

> 압력계는 상용압력의 1.5배 이상 2배 이하일 것

176 액화석유가스 충전사업의 사용자 충전시설기준에 맞지 않는 잘못된 항목은?

㉮ 충전기의 충전호스의 길이는 3 m 이내로 한다.
㉯ 충전호스에 부착하는 가스주입기는 원터치형이어야 한다.
㉰ 충전기 주위에는 가스누설경보기를 설치할 것
㉱ 충전소 내 건축물의 창 등의 유리는 망입유리 또는 안전유리로 할 것

> 충전호스의 길이는 5 m 이내로 한다.

177 액화석유가스 사용시설 중 저장량이 얼마 이상이면 소형 저장탱크를 설치하여야 하는가?

㉮ 250 kg ㉯ 500 kg
㉰ 2.5 t ㉱ 5.0 t

📌 가능한 한 용기집합식으로 사용하지 않는 것이 좋다.

178 액화석유가스 고압설비를 기밀시험하려고 할 때 사용해서는 안 되는 가스는?

㉮ NH_3 ㉯ CO_2
㉰ O_2 ㉱ N_2

📌 NH_3는 가연성이면서 독성이므로 기밀시험을 하는 데 사용해서는 절대 안 됨. 또한, 산소도 지연성이므로 사용할 수 없다.

179 LPG 용기에 붙은 조정기의 기능 중 옳은 것은?

㉮ 가스의 유량 조정 ㉯ 가스의 밀도 조정
㉰ 가스의 유출압력 조정 ㉱ 가스의 유속 조정

📌 즉, 용기 내의 압력을 감소시켜 사용할 수 있는 압력으로 만들어 안정된 연소를 시켜 준다.

180 LPG를 공급하는 곳에 가 보니 파이프가 보온되어 있다. 어떤 가스를 공급하는 곳인가?

㉮ 생가스 공급 ㉯ 공기혼합가스 공급
㉰ 변성가스 공급 ㉱ 암모니아가스 공급

📌 생가스는 외부 열에 의해 기화되기 쉽기 때문에 보온이 필요하다.

181 LPG 도관의 색은?

㉮ 적색의 띠 ㉯ 황색의 띠
㉰ 은백색의 띠 ㉱ 흑색의 띠

📌 LPG 탱크에는 은백색을 바른다.

정답 177. ㉮ 178. ㉮ 179. ㉰ 180. ㉮ 181. ㉮

182 액화석유가스를 이송하는 펌프에 베이퍼 로크가 생겼다. 이것을 방지하기 위한 방법으로 옳은 것은?

㉮ 펌프의 설치위치를 내린다.
㉯ 펌프의 회전수를 증가시킨다.
㉰ 탱크에 물을 뿌려 충분히 냉각시킨다.
㉱ 토출배관을 크게 한다.

> 📌 베이퍼 로크 방지법
> ① 유효흡입양정을 고려하여 안정하게 설치한다.
> ② 펌프회전수를 줄여 유체저항을 줄인다.
> ③ 흡입배관을 짧고 굵게 하며, 매끈한 관을 사용한다.

183 프로판가스가 공기와 적당히 혼합하여 밀폐된 용기 내에 존재했다가 순간적으로 연소팽창하며 기름과 건물을 파괴했다면, 이때 순간고압은 대략 몇 기압이었을까?

㉮ 1~2기압
㉯ 7~8기압
㉰ 12~14기압
㉱ 15~16기압

184 액화석유가스 저장탱크와 가스충전소와의 사이에는 반드시 무엇을 설치해야 하는가?

㉮ 경계표지
㉯ 방호벽
㉰ 물 분무장치
㉱ 보안거리

> 📌 방호벽이란 높이 2 m 이상 두께, 12 cm 이상의 철근 콘크리트 또는 이와 동등 이상의 강도를 가지는 구조의 벽

185 겨울철 LPG 용기에 서릿발이 생겨 가스가 잘 나오지 아니할 경우 가스를 사용하기 위한 조치로 옳은 것은?

㉮ 연탄불로 쪼인다.
㉯ 용기를 힘차게 흔든다.
㉰ 40℃ 이하의 열습포로 녹인다.
㉱ 90℃ 정도의 물을 용기에 붓는다.

> 📌 또는 40℃ 이하의 더운물로 녹인다.

186 액화석유가스 집단공급사업의 시설기준이다. 배관을 움직이지 아니하도록 고정·부착하는 조치로서 잘못된 항목은?

㉮ 관지름이 13 mm 미만은 1 m마다 고정
㉯ 관지름이 13 mm 이상은 33 m 미만은 2 m마다

정답 182. ㉮ 183. ㉯ 184. ㉯ 185. ㉰ 186. ㉱

㉰ 관지름이 33 mm 이상은 3 m마다 고정
㉱ 관지름이 33 mm 이상은 5 m마다 고정

187 액화석유가스의 안전 및 사업관리법 시행규칙에서 사용하는 용어 설명이 잘못된 것은?
㉮ '충전용기'라 함은 액화석유가스의 충전질량이 2분의 1 이상 충전되어 있는 상태의 용기
㉯ '잔가스용기'라 함은 액화석유가스의 충전질량이 2분의 1 미만 충전되어 있는 상태의 용기
㉰ '불연재'라 함은 콘크리트, 벽돌, 기와, 모르타르, 그밖에 이와 유사한 것으로 불에 타지 않는 것
㉱ '방호벽'이라 함은 높이 5 m 이상 두께 50 cm 이상의 철근 콘크리트, 이와 동등 이상의 강도를 가지는 구조의 벽

📌 ㉱ 5 m → 2 m, 50 cm → 12 cm

188 LPG를 사용하는 저장시설에서 누설검사를 자주하여야 하는 곳은?
㉮ 용기
㉯ 조정기
㉰ 중간밸브와 가스레인지의 이음 부분
㉱ 가스레인지의 콕

📌 누설이 쉬운 부분은 수시로 검사를 해야 한다.

189 LPG 공급시설에서 사용하는 밸브의 종류 중 알맞은 것은?

① 게이트 밸브　② 볼 밸브　③ 글로브 밸브

㉮ ②, ③
㉯ ①, ②
㉰ ③
㉱ ①, ③

📌 빠른 속도로 완전 기밀을 유지시켜야 한다.

190 다음은 액화석유가스 충전사업의 용기 충전시설기준이다. 잘못된 것은?
㉮ 방류둑의 내측과 그 외면으로부터 5 m 이내에는 그 저장탱크의 부속설비 외의 것을 설치하지 말 것

정답　187. ㉱　188. ㉰　189. ㉮　190. ㉮

㉯ 가스설비에는 그 설비에서 발생하는 정전기를 제거하는 조치를 할 것
㉰ 충전시설에는 그 시설로부터 누설하는 가스가 체류할 우려가 있는 장소에 가스누설경보기를 설치할 것
㉱ 전기설비는 방폭구조인 것일 것

📌 5 m → 10 m

191 액화석유가스의 집단공급 시설 중 소형 저장탱크에는 그 내용적의 몇 %까지 충전할 수 있는가?

㉮ 90 % ㉯ 80 %
㉰ 85 % ㉱ 95 %

📌 소형 저장탱크를 제외한 탱크는 내용적의 90 %까지 충전한다.

192 LPG에 관한 사항들이다. 틀리게 설명한 것은?

㉮ 물에 난용이고, 알코올, 에테르에 용해되며, 천연고무를 잘 용해한다.
㉯ 무색, 가연성이며, 증기의 비중은 공기의 약 0.6~0.9배이며, 인화의 위험이 크다.
㉰ 전기절연성이 좋고, 유동, 여과, 적하분무 및 누출시 정전기를 발생하는 일이 있다.
㉱ 연소시 공기의 공급이 부족하면 일산화탄소를 발생하여 경미한 마취성이 있다.

📌 프로판의 비중=1.52, 부탄의 비중=2

193 액화석유가스용 염화비닐호스의 기밀시험에서 얼마 이하의 압력에서 누설이 없어야 하는가?

㉮ 1 kg/cm² ㉯ 2 kg/cm²
㉰ 3 kg/cm² ㉱ 4 kg/cm²

📌 2 kg/cm² 이상에서 실시하는 내압시험에 이상이 없을 것

194 튜브 게이지 액면표시장치에 설치해야 하는 것은?

㉮ 플레어스택 ㉯ 체크 밸브
㉰ 방충망 ㉱ 프로텍터

📌 충격에 의한 손상을 방지하기 위해서이다.

정답 191. ㉰ 192. ㉯ 193. ㉯ 194. ㉯

195 긴급차단변의 동력원이 아닌 것은?

㉮ 스프링식 ㉯ 전기식
㉰ 유압식   ㉱ 공기압식

> 스프링식은 종류에는 포함되나 수동식이므로 동력원이 아니다.
> ※ 이 문제에 대한 동영상 설명이 없는 것은 촬영과정에서 누락되었음을 양해하시기 바랍니다.

196 액화 NH_3, 또는 액화염소의 소비설비의 접합은 어떤 방법이 가장 적당한가?

㉮ 나사이음   ㉯ 용접이음
㉰ 플랜지이음 ㉱ 납땜이음

> 독성 가스 배관이음은 용접이음을 원칙으로 한다. 특히, Cl_2, NH_3는 이중배관으로 해야 한다.

197 LPG 저장탱크를 지하에 묻을 경우 저장탱크에 설치한 안전밸브에는 지상에서 몇 m 이상의 높이에 방출구가 있는 가스방출관을 설치해야 하는가?

㉮ 5 m   ㉯ 6 m
㉰ 7 m   ㉱ 8 m

> 지상탱크일 경우는 지상에서 5 m에 설치한다.

198 내압이 4~5 kg/cm² 이상이고, LPG나 액화가스와 같이 저비점의 액체일 때 사용되는 터보식 펌프의 메커니컬 실 형식은?

㉮ 밸런스 실   ㉯ 더블 실
㉰ 아웃사이드 실 ㉱ 언밸런스 실

> 세트형식으로 구분하면 인사이드형, 아웃사이드형, 실형식으로 싱글형, 더블형, 액압을 받는 형식으로 언밸런스, 밸런스의 두 종류가 있다.

199 법 규정에 의하여 일반가스사업자는 열량, 압력 및 연소성을 측정하여야 하는데 이에 대한 설명으로 옳은 것은?

㉮ 각 측정은 일반적으로 가스홀더 출구에서 지식경제부장관이 정하는 위치, 방법으로 측정한다.
㉯ 압력 측정은 정압기의 출구에서나 도지사가 정하는 위치, 방법으로만 측정해야 한다.

정답 195. ㉮ 196. ㉱ 197. ㉯ 198. ㉮ 199. ㉮

㉓ 연소성에 있어서는 매일 3회씩 가스홀더의 출구에서 웨버지수에 대하여 가스안전공사가 정하는 방법으로 측정한다.
㉔ 열량의 측정은 매일 오전 5시부터 6시, 12시부터 오후 1시, 오후 6시 30분부터 7시까지 3회 측정하여야 한다.

> ㉓ 압력 측정은 가스홀더의 출구, 정압기 출구, 가스공급시설의 끝부분 배관에서 자기압력계로 측정
> ㉔ 연소성은 1일 2회 측정 (6 : 30~9 : 00, 17~20 : 30)
> ㉕ 열량은 1일 2회 측정

200 가스공급시설의 임시합격기준에 적합하지 않은 것은?
㉮ 도시가스의 공급이 가능할 것
㉯ 가스공급시설을 사용함에 따르는 안전 저해의 우려가 없을 것
㉰ 공공의 이익에 필요할 것
㉱ 사업자금이 충분할 것

> 도시가스사업법 시행령 제2조 참조

201 액화 프로판가스 16 kg을 −42.6℃에서 가열시키는데 도시가스 몇 kg이 소요되는가?
(단, 도시가스의 발열량 : 700 kcal/kg, 프로판가스 기화열 95 kcal/kg, 효율 80 %)
㉮ 13.7 kg ㉯ 25.7 kg
㉰ 1.7 kg   ㉱ 2.7 kg

> $\dfrac{16 \times 95}{700 \times 0.8} = 2.71$ kg

202 정압기에서 가스사용자가 소유하거나 점유하고 있는 토지의 경계까지에 이르는 배관은?
㉮ 본관   ㉯ 공급관
㉰ 옥외 배관   ㉱ 저압관

> ① 본관 : 도시가스 제조사업소의 부지경계에서 정압기까지의 배관
> ② 내관 : 사용자의 토지경계에서 연소기까지의 배관

정답 200. ㉱ 201. ㉱ 202. ㉯

203 도시가스 사용시설 중 배관에 있어서 부식방지조치에 의한 지상과 지하매몰 배관의 색깔로 맞는 것은?

㉮ 황색, 적색　　　　　　㉯ 적색, 황색
㉰ 적색, 흑색　　　　　　㉱ 황색, 흑색

📌 도시가스사업법 시행규칙 별표 7 '1' 배관 '나' 중 (2) 참조

204 가스계량기는 화기와 몇 m 이상의 우회거리를 유지하여야 하는가?

㉮ 1.5 m　　　　　　㉯ 1.6 m
㉰ 2 m　　　　　　　㉱ 1.7 m

📌 도시가스 사업법 시행규칙 별표 7, '2' 가스계량기 '나' 중 (1) 참조

205 가스도매사업 제조시설에서 액화가스 저장탱크의 저장능력이 몇 t 이상이면 방류둑을 설치해야 하는가?

㉮ 500　　　　　　㉯ 600
㉰ 700　　　　　　㉱ 800

📌 시행규칙 별표 5, '2'의 '나' 중 (1) 참조

206 도시가스 배관장치에 설치하는 피뢰설비 규격은?

㉮ KS C 8076　　　　　　㉯ KS C 9806
㉰ KS C 8006　　　　　　㉱ KS C 9609

📌 KS C는 한국산업규격에서 전기에 관한 기호이다.

207 도시가스 배관에서 고압(10kg/cm² 이상)이 걸리는 강관의 접합으로 쓸 수 없는 이음방법은?

㉮ 용접접합　　　　　　㉯ 플랜지 접합
㉰ 기계적 접합　　　　　㉱ 나사접합

📌 강도가 큰 부분의 접합은 나사접합으로는 불가능하다.

정답　203. ㉮　204. ㉰　205. ㉮　206. ㉱　207. ㉱

208 가스계량기의 용량은 당해 도시가스 사용시설의 최대소비량의 몇 배 이상이어야 하는가?
  ㉮ 1.0 ㉯ 1.1
  ㉰ 1.2 ㉱ 1.3

209 수소 20 %, 메탄 50 %, 에탄 30 %의 혼합가스는 공기 중 몇 %의 폭발하한값을 가지는가? (단, 폭발한계는 수소 : 4~7.5 %, 메탄 : 5~15 %, 에탄 : 3~12.5 %)
  ㉮ 2.2 ㉯ 3.6
  ㉰ 4 ㉱ 5.2

> 르·샤틀리에의 공식에 따라서 산출
> $$\frac{100}{L} = \frac{20}{4} = \frac{50}{5} + \frac{30}{3} = 5 + 10 + 10 = 25$$
> $$\therefore L = \frac{100}{25} = 4\,\%$$

210 수소와 산소가 몇 대 몇의 부피 비일 때 격렬히 폭발하는가?
  ㉮ 2 : 1 ㉯ 3 : 2
  ㉰ 2 : 3 ㉱ 1 : 2

> 수소 폭명기 : $2H_2 + O_2 \rightarrow 2H_2O + 136.6$ kcal
> (수소 1몰일 때는 $H_2 + \frac{1}{2}O_2 \rightarrow H_2O + 67.8$ kcal)

211 수소는 고온, 고압의 강제 중에서 반응을 일으켜서 무엇을 생성시키는가?
  ㉮ 아세틸렌 (C_2H_2) ㉯ 에탄 (C_2H_6)
  ㉰ 프로판 (C_3H_8) ㉱ 메탄 (CH_4)

> $2H_2 + Fe_3C \rightarrow CH_4 + 3Fe$ (탈탄작용)

212 시안화수소 (HCN)에는 황산, 아황산가스 등의 안정제를 첨가하는데 그 이유는?
  ㉮ 분해 폭발하므로
  ㉯ 소량의 수분으로 중합하여 그 열로 인하여 폭발하므로
  ㉰ 산화폭발을 일으킬 우려가 있으므로
  ㉱ 시안화수소는 강한 인화성 액체이므로

정답 208. ㉮ 209. ㉰ 210. ㉮ 211. ㉱ 212. ㉯

213 다음 중 LPG가 아닌 것은?

㉮ C_3H_8 ㉯ C_2H_6
㉰ C_3H_6 ㉱ C_4H_{10}

📌 LPG는 저급탄화수소 (C수 5개 이하) 중에서 C 수가 3~4개인 것이다.

214 다음 탄화수소화합물 중 동족체가 아닌 것은?

㉮ CH_4 ㉯ C_2H_4
㉰ C_3H_8 ㉱ C_5H_{12}

📌 ㉮, ㉰, ㉱ 는 일반식 C_mH_{2n+2} 인 알칸족 (파라핀계)이고 ㉯는 일반식 C_mH_{2n} 인 알칸족 (올레핀계)이다.

215 프로판의 완전연소식을 나타낸 것이다. ( ) 안에 알맞은 계수를 순서대로 나타낸 것은?

$$C_3H_8 + (\ )O_2 \rightarrow (\ )CO_2 + (\ )H_2O + Q\,kcal$$

㉮ 2 · 3 · 4 ㉯ 1 · 2 · 3
㉰ 5 · 3 · 4 ㉱ 3 · 4 · 5

📌 탄화수소의 완전연소 일반식에 대입해 보면 된다.
$$C_mH_n + \left(m + \frac{n}{4}\right)O_2 \rightarrow (m)CO_2 + \left(\frac{n}{2}\right)H_2O$$

216 C_4H_{10}은 C_3H_8에 비하여 연소에 필요한 산소량이 몇 배인가?

㉮ 같다. ㉯ 1.5배
㉰ 1.3배 ㉱ 1.2배

📌 완전연소식을 정리하여 보면,
$C_4H_{10} + 6.5\,O_2 \rightarrow 4\,CO_2 + 5\,H_2O$
$C_3H_8 + 5\,O_2 \rightarrow 3\,CO_2 + 4H_2O$이므로 C_4H_{10}은 1몰당 6.5몰의 산소가 필요하고 C_3H_8은 1몰당 5몰의 산소가 필요하다.
몰비 = 부피비이므로 $\frac{6.5}{5} = 1.35$배

정답 213. ㉯ 214. ㉯ 215. ㉰ 216. ㉰

217 C₃H₈의 위험도는?

㉮ 2.5　　　　　　　　㉯ 3.5
㉰ 4.5　　　　　　　　㉱ 5.5

> $H = \dfrac{U-L}{L} = \dfrac{9.5-2.1}{2.1} = 3.5238$

218 C₃H₈과 C₄H₁₀의 대기압하에서의 비점이 각각 맞는 것은?

㉮ −0.5℃, −42.1℃　　　　㉯ −42.1℃, −0.5℃
㉰ −33.3℃, −180℃　　　　㉱ −180℃, −33.3℃

219 SNG에 대한 설명으로 맞는 것은?

㉮ SNG는 각 부생가스로 고로가스가 주성분이다.
㉯ SNG는 대체 천연가스 또는 합성 천연가스를 말한다.
㉰ SNG는 순수 천연가스를 말한다.
㉱ SNG는 각종 도시가스의 총칭이다.

220 가정용 LPG의 최종압력과 최대폐쇄압력은?

㉮ 조정압력 1 kg/cm² 이하, 폐쇄압력 1.5 kg/cm²
㉯ 조정압력 700 mmHg 이하, 폐쇄압력 800 mmHg
㉰ 조정압력 450±30 mmH₂O, 폐쇄압력 500 mmH₂O
㉱ 조정압력 280±50 mmH₂O, 폐쇄압력 350 mmH₂O

221 C₃H₈의 발열량이 26000 kcal/m³일 때 발열량 5000 kcal/m³로 희석하려면 몇 m³의 공기가 필요한가?

㉮ 3.8 m³　　　　　　㉯ 4.2 m³
㉰ 5.1 m³　　　　　　㉱ 5.5 m³

> $\dfrac{2600 \text{ kcal}}{(1+x)\text{m}^3} = 5000 \text{ kcal/m}^3$
>
> $\therefore x = \dfrac{26000}{5000} - 1 = 4.2 \text{ m}^3$

정답　217. ㉯　218. ㉯　219. ㉯　220. ㉱　221. ㉯

제 2 편 가스 안전 관리

222. LPG 조정기를 사용하여 2단 감압으로 가스를 공급하려고 한다. 장점이 될 수 없는 것은?
㉮ 공급압력이 안정하다. ㉯ 중간배관이 가늘어도 지장이 없다.
㉰ 연소기구에 적당한 압력으로 공급된다. ㉱ 재액화의 우려가 있다.

> 📌 2단 감압방식의 단점
> ① 설비가 복잡하다.
> ② 조정기 수가 많아서 점검개소가 많다.
> ③ 부탄은 재액화의 문제가 있다.
> ④ 검사방법이 복잡하고 시설의 압력이 높다.

223. LPG 소비설비에서 공기로 희석하는 목적은?
㉮ 재액화 방지 및 발열량 조절 ㉯ 연소범위 조절 및 착화온도 조절
㉰ 독성 방지 및 인화점 조절 ㉱ 성분 조절 및 폭발범위 조절

> 📌 재액화를 방지하기 위해서는 공기로 희석한다.

224. LPG 사용시설에 기화기를 사용할 경우 장점이 아닌 것은?
㉮ 한랭시에도 가스의 공급이 순조롭다. ㉯ 가스의 조성이 일정하다.
㉰ 기화량의 가감이 쉽다. ㉱ 재액화를 방지할 수 있다.

225. 다음 식은 탄화수소의 완전연소식이다. ( ) 안에 알맞은 것은?

$$\langle 반응식 \rangle \quad C_m H_n + (\quad)O_2 \rightarrow {}_m CO_2 + \frac{n}{2} H_2 O$$

㉮ n ㉯ $\dfrac{n}{2}$
㉰ $m + \dfrac{n}{4}$ ㉱ m

> 📌 $C_m H_n + (\quad)O_2 \rightarrow {}_m CO_2 + \dfrac{n}{2} H_2 O$

226. 저압조정기의 안전장치 작동개시압력은?
㉮ 700 ± 140 mmH$_2$O ㉯ 350 ± 50 mmH$_2$O
㉰ 280 ± 50 mmH$_2$O ㉱ 500 ± 200 mmH$_2$O

정답 222. ㉱ 223. ㉮ 224. ㉱ 225. ㉰ 226. ㉮

📌 분출개시압력 : 560~840 mmH$_2$O
작동표준압력 : 700 mmH$_2$O
작동정지압력 : 504~840 mmH$_2$O

227 LPG 배관에서 저압배관 설계요소가 아닌 것은?
㉮ 최대가스 유량
㉯ 유효압력 강하
㉰ 마찰손실
㉱ 관의 길이

📌 $Q = K\sqrt{\dfrac{D^5 \cdot H}{S \cdot L}}$ 에 의거해 ㉮, ㉯, ㉱ 외에도 관경을 고려해야 한다.

228 가스배관 내의 압력 손실요인 중 틀린 것은?
㉮ 배관의 입상에 의한 손실
㉯ 마찰 저항에 의한 손실
㉰ 유량에 의한 손실
㉱ 밸브, 플랜지 등 계수에 의한 손실

229 가스배관의 경로 선정 방법이 아닌 것은?
㉮ 최단거리로 할 것
㉯ 구부러지거나 오르내림이 적을 것
㉰ 은폐, 매설을 할 것
㉱ 가능한 한 옥외에 설치할 것

📌 건물 내부나 기초 밑에 설치하지 말고 노출 시공하는 것을 원칙으로 한다.

230 가스공급을 위한 시설로 필요 없는 것은?
㉮ 가스홀더
㉯ 압송기
㉰ 정적기
㉱ 정압기

📌 공급시설에는 가스발생설비, 가스정제설비, 가스저장설비 (저장탱크, 가스홀더), 압송기, 배송기, 정압기, 본관, 공급관 등이 있다.

231 가스배관 내에 흐르는 도시가스의 성분이 아닌 것은?
㉮ CH$_4$
㉯ C$_3$H$_8$
㉰ CO$_2$
㉱ CO

정답 227. ㉰ 228. ㉰ 229. ㉰ 230. ㉰ 231. ㉰

232 가스의 배관에 설치되는 계량기가 하는 일은?

㉮ 시간별 가스사용량의 증감에 따라 가스압력을 공급량에 알맞게 조정한다.
㉯ 공급지역의 증가에 따른 가스의 부족압력을 충당한다.
㉰ 제조공장에서 정제된 가스를 저장한다.
㉱ 가스의 사용량을 눈금에 의해 알 수 있도록 되어 있다.

233 정압기를 사용압력별로 분류한 것이 아닌 것은?

㉮ 저압 정압기   ㉯ 중압 정압기
㉰ 고압 정압기   ㉱ 초고압 정압기

> 고압 정압기 : 고압 → 중압으로
> 중압 정압기 : 중압 → 저압으로
> 저압 정압기 : 저압 → 사용압력으로

234 가스압송기에 사용되는 송풍기가 아닌 것은?

㉮ 터보 송풍기   ㉯ 루츠 송풍기
㉰ 왕복 피스톤 송풍기   ㉱ 팬식 송풍기

> 터보 송풍기는 블로어라고도 하며, 보기 외에도 기동날개형 회전 압송기가 있다.

235 중압가스 공급방법에 관한 설명이 잘못된 것은?

㉮ 게이지 압력 2500 g/cm^{2}을 초과하는 압력으로 공급한다.
㉯ 압송시설비 및 동력비가 많이 든다.
㉰ 압송기 → 지구정압기 → 수요자의 순으로 공급한다.
㉱ 소구경으로 광범위한 지역에 균일한 가스를 보낼 수 있다.

236 원거리지역에 대량의 가스를 공급하기 위해 쓰이는 가스공급방식은?

㉮ 저압 공급   ㉯ 중압 공급
㉰ 고압 공급   ㉱ 초고압 공급

정답 232. ㉱ 233. ㉱ 234. ㉱ 235. ㉯ 236. ㉰

237 정압기 중에서 구조기능이 가장 우수하여 많이 사용되며, 중압관 내의 압력이 변해도 항상 자동 작동하여 저압측의 공급 압력에 변동을 주지 않도록 되어 있는 정압기는?
㉮ 레이놀즈 정압기 ㉯ 엠코 정압기
㉰ 서비스 정압기 ㉱ 다이어프램식 정압기

238 도시가스의 공급지역이 넓어 수요가 증가함으로써 가스압력이 부족하게 될 때 사용되는 공급시설은?
㉮ 가스홀더 ㉯ 압송기
㉰ 정압기 ㉱ 가스계량기

239 정압기를 용도별로 분류한 것이 아닌 것은?
㉮ 기정압기 ㉯ 지구 정압기
㉰ 공급자 전용 정압기 ㉱ 수요자 전용 정압기

240 가스정압기의 관리방법으로 잘못된 것은?
㉮ 불순물을 제거하기 위해 3개월에 1회, 원거리에 있는 것은 1년에 1회 정도 분해청소를 실시한다.
㉯ 정압기 내의 압력을 조정할 때에는 정압기를 가동한 채로 행한다.
㉰ 정압기 내부의 동결을 방지하기 위해 면포, 펠트 등으로 방한시공을 한다.
㉱ 자동기록압력계의 차트를 대체하기 위해 차례로 순회하며 작업한다.

241 가스홀더의 압력을 이용하여 가스를 공급하며, 가스 제조공장과 공급지역이 가깝거나 공급면적이 좁을 때 적당한 가스공급방법은?
㉮ 저압 공급 ㉯ 중압 공급
㉰ 고압 공급 ㉱ 초고압 공급

242 저압 LPG 배관의 내부에 흐르는 가스압력은?
㉮ $0.2\ kg/cm^2$ 미만 ㉯ $0.1 \sim 2\ kg/cm^2$ 미만
㉰ $2\ kg/cm^2$ 이하 ㉱ $3\ kg/cm^2$ 이하

정답 237. ㉮ 238. ㉯ 239. ㉰ 240. ㉯ 241. ㉯ 242. ㉮

> 📌 고압 : 2 kg/cm² 이상의 기화된 LPG
> 중압 : 0.1 kg/cm² 이상 2 kg/cm² 미만
> 저압 : 0.1 kg/cm² 미만

243 LPG용 배관시설비의 완성검사방법에 해당되지 않는 것은?

㉮ 내압시험   ㉯ 수압시험
㉰ 가스치환   ㉱ 기밀시험

> 📌 ㉮, ㉰, ㉱ 외에도 기능검사가 있다.

244 액화석유가스 사용시설의 저압 부분의 배관은 몇 kg/cm² 이상의 압력으로 하는 내압시험에 합격한 것이어야 하는가?

㉮ 8 kg/cm² 이상   ㉯ 26 kg/cm²
㉰ 15 kg/cm² 이상   ㉱ 3 kg/cm² 이상

> 📌 고압부는 30 kg/cm² 이상이고, 저압부에서 호스는 2 kg/cm² 이상이다.

245 LPG를 사용할 중앙집중 배관 시공을 위해 고려할 사항 중 아닌 것은?

㉮ 배관 내의 압력 손실   ㉯ 외관검사
㉰ 용기의 크기 및 필요   ㉱ 감압방식의 결정 및 조정기의 선정

246 조정기의 목적은?

㉮ 유량 조절   ㉯ 발열량 조절
㉰ 가스의 유출압력 조절   ㉱ 가스의 유속 조절

247 LPG 저장탱크에 꼭 부착해야 할 부속품이 아닌 것은?

㉮ 안전밸브   ㉯ 긴급차단밸브
㉰ 온도계   ㉱ 역지밸브

> 📌 액화가스에는 압력계, 온도계가 필수이고 압축가스에는 압력계가 필수이다. 이송설비에서 보기에 주어진 것들은 모두 필요한 것이다.

정답 243. ㉯ 244. ㉮ 245. ㉯ 246. ㉰ 247. ㉱

248 수중에 부유하는 탱크에 밸브가 달려 있으며, 탱크 내의 승강과 더불어 밸브가 상하로 움직여 압력을 조정하는 정압기는?

㉮ 레이놀즈 정압기   ㉯ 엠코 정압기
㉰ 수요자 정압기   ㉱ 부종형 정압기

249 LPG 배관에서 저압배관의 가스유량 계산식은? [단, Q : 가스유량 (m³/h), S : 가스비중, L : 관의 길이 (m), H : 허용압력 손실 (수주 (mm)), D : 관의 안지름 (cm), K : 유량계수(폴의 정수 0.707)]

㉮ $Q = K\sqrt{\dfrac{SL}{D^5 H}}$ ㉯ $Q = L\sqrt{\dfrac{D^5 S}{KH}}$

㉰ $Q = K\sqrt{\dfrac{D^5 H}{SL}}$ ㉱ $Q = H\sqrt{\dfrac{D^5 K}{SL}}$

250 문제에서 초압을 P_1 kg/cm²·a, 종압을 P_2 kg/cm²·a, K : 콕의 계수 (52.31)일 때 중·고압 배관의 유량 계산식은?

㉮ $Q = K\dfrac{\sqrt{(P_2 - P_1) \cdot D^5}}{S \cdot L}$ ㉯ $Q = K\sqrt{\dfrac{(P_1 - P_2) \cdot D^5}{S \cdot H \cdot L}}$

㉰ $Q = K\dfrac{\sqrt{D^5(P_1^2 - P_2^2)}}{S \cdot L}$ ㉱ $Q = K\sqrt{\dfrac{D^5(P_2^2 - P_1^2)}{S \cdot L}}$

251 LPG 기구에서 LPG의 분출량 Q m³/h을 구하는 식은 어느 것인가? [단, Q : 노즐에서의 가스분출량 (m³/h), D : 노즐의 지름 (mm), h : 노즐 직전의 가스압력 (mm 수주), d : 가스의 비중]

㉮ $Q = 0.009 d^2 \sqrt{\dfrac{h}{D}}$ ㉯ $Q = 0.005 D^2 \sqrt{\dfrac{d}{h}}$

㉰ $Q = 0.009 D^2 \sqrt{\dfrac{h}{d}}$ ㉱ $Q = 0.008 d^2 \sqrt{\dfrac{D}{h}}$

정답 248. ㉱   249. ㉰   250. ㉰   251. ㉰

252 용량 500 L인 액산탱크에 액산을 넣어 방출밸브를 개방하여 12시간 방치했더니, 탱크 내의 액산이 4.8 kg이 방출되었다. 이때, 액산의 증발잠열을 50 kcal/kg이라 하면 1시간당 탱크에 침입하는 열량은 몇 kcal인가?

㉮ 10 kcal ㉯ 20 kcal
㉰ 30 kcal ㉱ 40 kcal

$Q = W \cdot r = 4.8 \text{kg} \times 50 \text{ kcal/kg}$
$= 240 \text{ kcal/12h}$
이것을 1시간 단위로 하면 $\dfrac{240}{12} = 20$ kcal

253 LPG 사용시설의 배관 중 호스의 길이는 어느 정도인가? (단, 공업용, 가정용은 제외한다.)

㉮ 1 m 이내 ㉯ 2 m 이내
㉰ 3 m 이내 ㉱ 4 m 이내

254 LPG를 소규모 소비시설시 용기수량을 결정하는 조건이 아닌 것은?

㉮ 최대소비수량 ㉯ 용기본수
㉰ 용기의 종류 ㉱ 용기에서의 가스 발생 능력

소비세대수, 평균가스 소비율 등도 필요하다.

255 조정기의 표준압력은?

㉮ 200 mmH$_2$O ㉯ 280 mmH$_2$O
㉰ 420 mmH$_2$O ㉱ 350 mmH$_2$O

범위는 ±50이며, 350 mmH$_2$O는 최대 폐쇄

256 염소의 재해방지용으로 사용되는 흡수제가 될 수 없는 것은?

㉮ 석회수 ㉯ 탄산나트륨
㉰ 수산화나트륨 ㉱ 탄산칼슘

석회수 = 소석회 [Ca(OH)$_2$]

257 고압가스 용기에 사용되지 않는 안전밸브는?
㉮ 가용전 ㉯ 파열판식 안전밸브
㉰ 스프링식 안전밸브 ㉱ 중추식 안전밸브

> 고압장치에 사용되는 안전장치에는 안전밸브, 파열판, 바이패스 밸브, 자동제어장치 등이 있다.

258 용기의 제조, 수리의 기술상 기준을 설명한 것이다. 틀리는 것은?
㉮ 용기 동판의 최대두께와 최소두께와의 차이는 평균 두께의 20 % 이하로 하여야 한다.
㉯ 용기의 재료에는 스테인리스강 또는 알루미늄합금 등을 사용한다.
㉰ 초저온용기는 오스테나이트계의 스테인리스강으로 제조하여야 한다.
㉱ 이음매 없는 용기의 탄소의 함유량은 0.33 % 이하여야 한다.

> 무계목용기 : C : 0.55 %, P : 0.04 %, S : 0.05 %

259 저장탱크 내의 가스용량은 사용온도에서 그 내용적의 ( ) %를 초과하지 아니하여야 한다. ( ) 내에 알맞은 것은?
㉮ 95 ㉯ 90
㉰ 85 ㉱ 80

> 소형 저장탱크는 내용적 85 %를 초과하지 않도록 한다.

260 고온, 고압의 수소와 작용시키면 화합하여 암모니아를 생성하게 하는 가스는?
㉮ 질소 ㉯ 탄소
㉰ 염소 ㉱ 메탄

> $N_2 + 3H_2 \rightarrow 2NH_3$

261 다음 가스 중 공기보다 무거운 것은?
㉮ 메탄 ㉯ 프로판
㉰ 암모니아 ㉱ 헬륨

정답 257. ㉱ 258. ㉱ 259. ㉯ 260. ㉮ 261. ㉯

제2편 가스 안전 관리

> 📌 비중
> ㉮ 메탄 (CH_4) : $16 \div 29 = 0.55$　　㉯ 프로판 (C_3H_8) : $44 \div 29 = 1.52$
> ㉰ 암모니아 (NH_3) : $17 \div 29 = 0.58$　　㉱ 헬륨 (He) : $4 \div 29 = 0.14$

262 고압가스라 함은 압축가스인 경우에는 압력이 상용온도 또는 35℃에서 몇 게이지 압력 이상을 말하는가?

㉮ 10 kg/cm^2　　㉯ 20 kg/cm^2
㉰ 30 kg/cm^2　　㉱ 40 kg/cm^2

> 📌 고압가스 첨가
> ① 아세틸렌가스는 상용온도에서 0 kg/cm^2 이상
> ② 액화가스는 상용온도 또는 35℃에서 2 kg/cm^2 이상
> ③ 액화브롬화메탄, 액화산화에틸렌, 액화시안화수소는 상용온도에서 10 kg/cm^2 이상

263 제1종 보호시설에 속하지 않는 것은?

㉮ 학교　　㉯ 병원
㉰ 주택　　㉱ 아동 50명을 수용하는 유치원

> 📌 주택은 제2종 보호시설임.

264 고압가스 용기의 재료에 사용되는 강의 성분 중 탄소, 인, 황의 함유량은 제한되어 있다. 그 이유로 옳은 것은?

㉮ 황은 적열취성의 원인이 된다.
㉯ 탄소량이 증가하면 인장강도는 감소하나, 충격값은 내려간다.
㉰ 탄소량이 많으면 인장강도는 감소하고, 충격값은 증가한다.
㉱ 인 (P)은 될 수 있는 대로 많은 것이 좋다.

> 📌 탄소량이 증가하면 인장강도는 증가한다. P (인)은 상온취성의 원인이 되며, C (탄소)는 저온취성의 원인이 된다.

265 고압가스에는 압축가스, 용해가스, 액화가스가 있는데, 다음 중 액화가스가 아닌 것은?

㉮ LPG　　㉯ 아세틸렌
㉰ 암모니아　　㉱ 이산화탄소

정답　262. ㉮　263. ㉰　264. ㉮　265. ㉯

> ① 압축가스 : 헬륨, 수소, 네온, 질소, 산소 등
> ② 용해가스 : 아세틸렌
> ③ 액화가스 : 암모니아, 염소, 프로판, 부탄, 에틸렌 등

266 아세틸렌 제조설비에 관한 다음 사항 중 틀린 것은?

㉮ 아세틸렌에 접촉하는 부분에는 동 함유량이 60 % 이상 70 % 이하의 것이 허용된다.
㉯ 아세틸렌 충전용 교체밸브는 충전장소와 격리하여 설치한다.
㉰ 아세틸렌 충전용 지관에는 탄소 함유량 0.1 % 이하의 강을 사용한다.
㉱ 압축기와 충전장소 사이에는 방호벽을 설치한다.

> 구리 함유량이 62 % 미만이어야 한다.

267 산소에 관한 설명 중 옳은 것은?

㉮ 물질을 잘 태우는 가연성 가스이다.
㉯ 유지류에는 접촉하면 발화한다.
㉰ 가스로서 용기에 충전할 때는 250 kg/cm² 으로 충전한다.
㉱ 폭발범위가 비교적 큰 가스이다.

> ㉮ 산소는 조연성 (지연성) 가스
> ㉯ 용기 충전시는 120 kg/cm² 이고 최고충전압력은 150 kg/cm² 이다.
> ㉱ 지연성 가스이므로 폭발범위와는 무관

268 고압장치 중에 역류방지밸브 또는 역화방지장치를 설치해야 할 곳으로 옳은 것은?

㉮ 가연성 가스를 압축하는 압축기와 충전용 주관과의 사이에 역류방지밸브
㉯ 아세틸렌을 압축하는 압축기의 유분리기와 고압건조기와의 사이에 역화방지장치
㉰ 가연성 가스를 압축하는 압축기와 오토클레이브와의 사이에 역류방지밸브
㉱ 암모니아 또는 메탄올의 합성통이나 정제통과 압축기와의 사이 배관에 역화방지장치

> ㉯ 역화방지장치 → 역류방지밸브
> ㉰ 역류방지밸브 → 역화방지장치
> ㉱ 역화방지장치 → 역류방지밸브

정답 266. ㉮   267. ㉯   268. ㉮

제 2 편 가스 안전 관리

269 확관에 의하여 관을 부착하는 관판의 관 구멍 중심 간의 거리는 관 바깥지름의 몇 배 이상으로 하는가?

㉮ 1.25배 ㉯ 1.5배
㉰ 1.75배 ㉱ 2배

📌 고압가스안전관리법 시행규칙 별표 12의 2 중 '나'의 (8)의 (가)

270 스테이를 부착하지 않는 판의 두께는?

㉮ 8 mm 미만 ㉯ 10 mm 미만
㉰ 13 mm 미만 ㉱ 15 mm 미만

📌 고압가스안전관리법 시행규칙 별표 12의 2 중 '나'의 (5) 참조

271 두께 8 mm 미만의 판에 펀칭가공으로 구멍을 뚫은 경우에는 그 가장자리를 몇 mm 이상 깎아야 하는가?

㉮ 1.5 ㉯ 3
㉰ 8 ㉱ 12

📌 가스로 뚫을 경우 3 mm 이상으로 함.

272 고압가스 제조장치의 정기점검항목을 설명한 것 중 옳은 것은?

㉮ 냉각수의 수질을 검사한다.
㉯ 상용압력 이상의 압력으로 기밀시험을 한다.
㉰ 압축기에 이상 진동이 생기지 않는지 조사한다.
㉱ '출입 금지' 등의 안전표시가 파손된 것을 조사한다.

📌 기밀시험압력 (용기의 경우)
  ① 초저온용기, 저온용기 : $F_P \times 1.1$
  ② 아세틸렌용기 : $F_P \times 1.8$
  ③ 기타 : 최고충전압력 이상

273 공기 액화분리장치의 폭발원인이 아닌 것은?

㉮ 공기 중에 있는 산화질소, 이산화질소 등 질소화합물의 혼입
㉯ 압축기용 윤활유의 분해에 따른 탄화수소의 생성

정답 269. ㉮ 270. ㉮ 271. ㉮ 272. ㉯ 273. ㉱

㉰ 공기취입구로부터 아세틸렌 혼입
㉱ 액체공기 중의 오존 (O₃) 불혼입

📌 액체공기 중에 O_3 (오존)이 혼입될 때 폭발의 원인이 된다.

274 고압가스용 호스 제조설비가 아닌 것은?
㉮ 압축성형설비 ㉯ 고무배합설비
㉰ 용접설비 ㉱ 가공설비

📌 ㉮, ㉯, ㉱ 외에도 조립설비, 절단설비 등이 있다.

275 용기의 안전밸브는 몇 ℃ 이상이 되면 밸브 속의 얇은 금속판이 파열되는가?
㉮ 40℃ ㉯ 50℃
㉰ 70℃ ㉱ 200℃

📌 긴급차단장치는 110℃ 이상이 되면 자동적으로 작동할 수 있도록 한다. 일반적으로는 용기에는 70℃ 전후이다.

276 암모니아 용기에 표시하는 문자로 옳은 것은?
㉮ 독 ㉯ 연
㉰ 독·연 ㉱ 독성 가스

📌 가연성 및 독성 가스에 각각 표시하는 '연' 및 '독'자는 적색으로 한다. 다만, 수소는 백색으로 한다.

277 고압가스 저장기술상 기준에 대한 설명으로 틀린 것은?
㉮ 충전용기에는 전락·전도 및 충격을 방지하는 조치를 할 것
㉯ 시안화수소의 저장은 용기에 충전한 후 30일을 초과하지 말 것 (단, 시안화수소의 순도는 98% 미만임)
㉰ 산소를 저장하는 곳의 주위에는 연소되기 쉬운 물질을 두지 아니할 것
㉱ 독성 가스의 저장은 통풍이 잘 되는 곳에 할 것

📌 시안화수소는 60일 이상 저장하지 말 것 (단, 98% 이상이고 착색되지 않는 것은 제외)

정답 274. ㉱ 275. ㉰ 276. ㉰ 277. ㉯

278 가연성 가스의 제조설비 중 전기설비는 방폭 성능을 가지는 구조로 해야 하는데, 이로부터 제외된 가스는?

㉮ 브롬화메탄 ㉯ 프로판
㉰ 수소 ㉱ 메탄

> 브롬화메탄, 암모니아는 제외

279 고압가스 용기부속품을 제조하여 시판할 때 꼭 명기해야 할 사항이 아닌 것은?

㉮ 제조자명 또는 그 약호 ㉯ 무게
㉰ TP ㉱ 재질의 두께

> 부속품 기호
> ① AG : 아세틸렌용기 부속품
> ② PG : 압축가스용기 부속품
> ③ LG : 액화가스용기 부속품
> ④ LT : 저온, 초저온용기 부속품
> ⑤ LPG : 액화가스를 제외한 액화석유가스용기 부속품

280 압축산소가스를 도관에 의하여 수송할 경우 그 도관에 설치할 설비는?

㉮ 온도계, 압력계 ㉯ 안전밸브, 압력계
㉰ 온도계, 유량계 ㉱ 안전밸브, 온도계

> 액화가스에는 안전밸브, 압력계, 온도계를 설치해야 한다.

281 압력용기의 충전구가 왼쪽나사로 되어 있는 것은?

㉮ 이산화탄소 ㉯ 산소
㉰ 프로판가스 ㉱ 질소가스

> 가연성 가스는 모두 왼나사이나 암모니아와 브롬화메탄은 오른나사이다.

282 고압가스 긴급차단장치의 작동온도는?

㉮ 100℃ ㉯ 110℃
㉰ 150℃ ㉱ 200℃

정답 278. ㉮ 279. ㉱ 280. ㉯ 281. ㉰ 282. ㉯

📌 긴급차단장치의 조작은 저장탱크에서 5 m 이상 떨어진 수 개소 (보통 3개소 이상)의 위치 어느 곳에서나 조작할 수 있도록 하며, 가용합금을 달아 유체 또는 주위의 온도 상승으로 110℃가 되면 작동한다.

283 고압가스의 밸브 (valve)를 열 때는 어떻게 해야 하는가 ?
㉮ 빨리 연다. ㉯ 천천히 연다.
㉰ 천천히 열다 빨리 연다. ㉱ 유류를 발라서 잘 열리게 한 후 연다.

📌 밸브를 갑작스럽게 열면 위험하다.

284 산소압축기에 사용되는 실린더 윤활제는 무엇인가 ?
㉮ 황산 ㉯ 없음
㉰ 물 ㉱ 기름

📌 산소압축기의 윤활유는 물이나 10 % 이하의 글리세린 수용액을 사용한다.

285 제조자 또는 수리자가 긴급차단장치를 제조 또는 수리하였을 때 수압시험방법은 ?
㉮ KS B 2304 ㉯ KS B 0004
㉰ KS B 2108 ㉱ KS B 0014

286 고압가스의 탱크 또는 고압장치의 배관설비에서 상온의 온도일 때 액화가스의 압력이 얼마 이상 되는 것을 처리할 수 있는가 ?
㉮ 1 kg/cm^2 ㉯ 2 kg/cm^2
㉰ 3 kg/cm^2 ㉱ 4 kg/cm^2

287 다음 고압가스 중 비점이 높은 것부터 순서대로 나열된 것은 ?
㉮ R-12, R-22, NH$_3$ ㉯ R-12, NH$_3$, R-22
㉰ R-22, R-12, NH$_3$ ㉱ NH$_3$, R-12, R-22

📌 비점
① R-12 : -29.8℃   ② NH$_3$: -33.3℃   ③ R-22 : -40.8℃

정답 283. ㉯ 284. ㉰ 285. ㉮ 286. ㉯ 287. ㉯

288 액화가스를 충전하는 용기의 경우, 그 내부 액면요동 방지를 위하여 설치해야 하는가?
- ㉮ 방파판
- ㉯ 액면계
- ㉰ 온도계
- ㉱ 압력계

289 방류둑의 구조를 설명한 것 중 옳지 않은 것은?
- ㉮ 방류둑의 재료는 철근 콘크리트, 철근, 흙 또는 이들을 조합하여 만든다.
- ㉯ 철근 콘크리트, 철근은 수밀성 콘크리트를 사용한다.
- ㉰ 성토는 수평에 대하여 40° 이하의 기울기로 하여 다져 쌓는다.
- ㉱ 방류둑의 높이는 당해 가스의 액 두압에 견디어야 한다.

  40° → 45°

290 저장설비나 가스설비를 수리 하거나 청소를 할 때 가스치환을 생략할 수 있는 조건으로 적합하지 않은 항은?
- ㉮ 설비 등의 내용적이 $2\,m^3$ 이하일 경우
- ㉯ 작업원이 설비 내부로 들어가지 않고 작업을 할 경우
- ㉰ 화기를 사용하지 아니하는 작업일 경우
- ㉱ 간단한 청소, 개스킷의 교환이나 이와 유사한 경미한 작업일 경우

  $2m^3 \rightarrow 1m^3$

291 내용적이 500 L 미만인 용접용기의 방사선검사는 동일한 조건의 용기를 1조로 하여 그 조에서 임의로 채취한 몇 개의 용기에 대하여 실시하는가?
- ㉮ 1
- ㉯ 2
- ㉰ 3
- ㉱ 4

  단, 200 L 이상인 용기로서 이 규정에 의하여 채취한 용기에 대하여 실시함이 부적당할 때는 용기마다 실시한다.

292 인체용 에어로졸 제품의 용기에 기재할 사항 중 틀린 것은?
- ㉮ 특정 부위에 계속하여 장시간 사용하지 말 것
- ㉯ 가능한 한 인체에서 30 cm 이상 떨어져서 사용할 것
- ㉰ 온도 40℃ 이상의 장소에 보관하지 말 것
- ㉱ 사용 후 불 속에 버리지 말 것

293 방류둑에는 승강을 위한 계단, 사다리를 출입구 둘레 몇 m마다 1개 이상을 두어야 하는가?

㉮ 30　　　　　　　　　　㉯ 40
㉰ 50　　　　　　　　　　㉱ 60

> 50 m마다 1개씩 사다리를 설치하고 50 m 미만일 때, 2개 이상 분산 설치

294 이음매 없는 용기의 제조수리 시설기준이 아닌 것은?

㉮ 단조설비　　　　　　　㉯ 세척설비
㉰ 자동밸브 탈착기　　　　㉱ 조립설비

> 그 밖에도 접합설비, 쇼트브라스팅 및 도장설비, 용기내부 건조 설비 등

295 내용적 20 L 미만의 용접용기의 내용연한은 몇 년간인가?

㉮ 1년　　　　　　　　　　㉯ 2년
㉰ 5년　　　　　　　　　　㉱ 10년

> 내용연한
> ① 자동차용 용기 : 당해 차량의 차량기간
> ② 내용적 125 L 미만의 용기부품 : 제조 수입시 검사받은 날로부터 2년이 경과하여 당해 용기의 재검사를 받을 때까지의 기간

296 가연성 가스를 취급하는 곳의 방폭구조와 관계없는 것은?

㉮ 내압 방폭구조　　　　　㉯ 안전증 방폭구조
㉰ 방축 방폭구조　　　　　㉱ 유입 방폭구조

> 이외에 내압(耐壓) 방폭구조, 본질 안전증 방폭구조

297 안전관리자의 직무범위에 해당되지 않는 것은?

㉮ 가스공급시설의 안전유지
㉯ 안전관리규정의 시행
㉰ 사업장의 기술적인 사항 교육
㉱ 사업소의 종사자에 대한 안전관리를 위한 필요한 지휘감독

> 고압가스안전관리법 시행령 제13조 ① 참조

정답　293. ㉰　294. ㉱　295. ㉱　296. ㉰　297. ㉰

298 다음 중 고압가스의 분출에 대해 정전기가 가장 발생하기 쉬운 것은?

㉮ 가스가 충분히 건조되어 있는 경우
㉯ 가스 속에 액체나 고체의 미립자가 있을 때
㉰ 가스의 분자량이 작은 경우
㉱ 가스가 습한 경우

299 독성 가스의 제해제에 대한 설명으로 맞지 않는 것은?

㉮ 시안화수소에는 수산화나트륨 수용액이 쓰인다.
㉯ 염소는 수산화나트륨 수용액에 쓰인다.
㉰ 암모니아에는 소석회가 쓰인다.
㉱ 아황산가스에는 수산화나트륨 수용액이 쓰인다.

📌 암모니아의 제해제는 물

300 '제1종' 보호시설에 속하지 않는 것은?

㉮ 학교, 병원, 백화점   ㉯ 수용정원 300인 이상의 교회
㉰ 수용정원 20인 이상의 아동복지시설   ㉱ 인화성 물질의 저장소

📌 제1종 보호시설
① 사람을 수용하는 사실상 독립된 단일건물의 연면적 1000m² 이상의 건축물 (학교, 병원)
② 수용능력 300인 이상의 공연장, 공회당, 교회
③ 수용능력 20인 이상의 아동복지시설
④ 지정문화재 건축물

301 다음 가스 중 가연성이면서 유독한 것은?

㉮ NH_3 ㉯ H_2
㉰ CH_4 ㉱ N_2

📌 가연성 가스이면서 독성인 가스는 암모니아, 일산화탄소, 벤젠, 산화에틸렌, 염화수소, 브롬화메탄, 시안화수소 등

302 아세틸렌에 관한 다음 사항 중 틀린 것은?

㉮ 아세틸렌은 공기보다 가볍고 무색인 가스이다.
㉯ 아세틸렌은 구리, 은, 수은 및 그 합금과 폭발성의 화합물을 만든다.
㉰ 폭발범위는 수소보다 좁다.
㉱ 공기와 혼합되지 아니하여도 폭발하는 수가 있다.

　　아세틸렌의 폭발범위 : 2.5~81 %, 수소의 폭발범위 : 4~75 %

303 다음 중 가연성 가스로만 묶여진 것은?

㉮ 아세틸렌, 프로필렌, 에탄　　　㉯ 황화수소, 산소, 포스겐
㉰ 부탄, 염소, 질소　　　　　　　㉱ 염화비닐, 시안화수소, 암모니아

　　① 가연성 가스 : 아세틸렌, 수소, 메탄, 프로판
　　② 조연성 가스 : 산소, 염소, 불소, 공기
　　③ 불연성 가스 : 질소, 이산화탄소, 헬륨, 프레온

304 내용적이 2500 L인 암모니아 충전용기를 만들 때 부식 여유 수치로 적당한 것은?

㉮ 2 mm　　　　　　　　　　　　㉯ 3 mm
㉰ 4 mm　　　　　　　　　　　　㉱ 5 mm

　　부식 여유 수치 (암모니아)
　　① 내용적 1000 L 이하 → 1 mm
　　② 내용적 1000 L 초과 → 2 mm

305 일반 고압가스 제조시설기준 중 처리 및 저장능력 10000 kg 이하인 저장설비 및 처리설비를 지하에 설치하는 경우의 안전거리로 옳은 것은? (단, 제1종 보안시설인 경우)

㉮ 독성 가스인 경우 17 m　　　　㉯ 산소인 경우 12 m
㉰ 가연성 가스인 경우 12 m　　　㉱ 기타의 가스인 경우 4 m

　　지하에 설치하는 경우는 법적 안전거리의 $\frac{1}{2}$ 을 유지한다.

정답　302. ㉰　303. ㉮　304. ㉮　305. ㉱

제 2 편 가스 안전 관리

306 용기 신규검사 종목이 아닌 것은 ?
- ㉮ 질량검사
- ㉯ 내압시험
- ㉰ 충격시험
- ㉱ 용착금속 인장시험

> 고압가스 안전관리법 시행규칙 별표 26 참조

307 반응장치와 사용도의 연결이 잘못된 것은 ?
- ㉮ 탑식 반응기 – 에틸렌, 벤젠의 제조, 벤졸의 염소
- ㉯ 관식 반응기 – 에틸알코올 제조, 합성용 가스의 제조
- ㉰ 축열식 반응기 – 아세틸렌의 제조, 에틸렌의 제조
- ㉱ 유동층식 접촉반응기 – 석유개질

> 관식 반응기 – 에틸렌의 제조, 염화비닐의 제조

308 가스설비에서 개방검사의 가스치환에 관한 설명이 맞는 것은 ?
- ㉮ 가연성 가스일 때는 불활성 가스로 치환하여 잔류가스가 폭발하한계 이하이어야 한다.
- ㉯ 독성 가스일 때는 질소로 치환하여 가스 농도가 허용 농도 이하이어야 한다.
- ㉰ 산소일 때는 공기로 치환하여 산소 농도가 21 % 이하이어야 한다.
- ㉱ 질소와 다른 불활성 가스일 때는 공기로 치환하여 산소 농도가 18 % 이하이어야 한다.

> ① 가연성 가스 – 폭발하한계의 $\frac{1}{4}$
> ② 독성 가스 – 허용 농도 이하
> ③ 산소 – 18 % 이상~22 % 이하

309 에어로졸 제조시 다음의 기준에 적합한 용기를 사용하여야 한다. 틀린 것은 ?
- ㉮ 용기는 13 kg/cm² 이상의 압력으로 행하는 가압시설에 합격한 것일 것
- ㉯ 내용적이 80 cm³을 초과하는 용기에 그 용기의 제조자의 명칭이 명시되어 있을 것
- ㉰ 내용적이 30 cm³인 용기는 에어로졸의 제조에 사용된 일이 없는 것일 것
- ㉱ 내용적이 300 cm³ 이상인 용기검사에 합격한 것일 것

> 내용적이 100 cm³를 초과하는 용기는 그 용기의 제조자 명칭이 명시됨.

정답 306. ㉮ 307. ㉯ 308. ㉯ 309. ㉯

310 물 분무장치는 저장탱크의 외면에서 몇 m 이상 떨어진 위치에서 조작되어야 하는가?
- ㉮ 27
- ㉯ 22
- ㉰ 20
- ㉱ 15

> 물 분무장치 – 15 m
> 살수장치 – 5 m
> 온도상승 방지장치 – 20 m

311 고압설비 중 안전밸브가 필요 없는 곳은?
- ㉮ 실린더 내부
- ㉯ 반응관
- ㉰ 저장탱크 상부
- ㉱ 압축기 각단 토출구

> ㉯, ㉰, ㉱ 외에 고압가스 수송도관, 감압밸브 뒤 반응탑에 안전밸브 설치

312 신규검사에 합격된 용기의 각인 사항과 기호의 연결이 올바르게 된 것은?
- ㉮ 최고충전압력 : FP
- ㉯ 내용적 : TW
- ㉰ 내압시험압력 : FP
- ㉱ 용기의 질량 : TW

> ㉯ 내용적 (V, 단위는 L)
> ㉰ 내압시험압력 (TP, 단위는 kg/cm^2)
> ㉱ 용기의 질량 (W, 단위는 kg)

313 압축가스의 충전량은 어디에 표준을 두는가?
- ㉮ 용기의 두께
- ㉯ 용기의 크기
- ㉰ 질량
- ㉱ 압력

314 다음 내용 중 틀린 것은?
- ㉮ 연소란 가연성 물질이 산소와 작용하여 산화물을 생성하는 반응이다.
- ㉯ 연소범위는 일반적으로 공기 중에서 산소 중에서보다 넓다.
- ㉰ 열전도도의 단위는 cal/cm · s · ℃이다.
- ㉱ 아세틸렌의 자연발화온도는 수소의 자연발화온도보다 높다.

> 아세틸렌의 자연발화온도는 수소의 발화온도보다 낮다.

정답 310. ㉱ 311. ㉮ 312. ㉮ 313. ㉱ 314. ㉱

315 다음 내용 중 맞는 것은?

㉮ 용기재검사 때 용기의 합격기준은 용기내용적의 10 % 이하에서 증가하는 것은 합격으로 한다.
㉯ 아세틸렌용기의 내압시험압력은 최고충전압력의 5/3배이다.
㉰ 용기의 최고충전압력은 내압시험압력보다 높다.
㉱ LPG와 아세틸렌의 용기는 용접용기를 주로 사용한다.

㉮ 10 % 이하 → 6 % 이하
㉯ C_2H_2의 $TP = FP \times 3$
㉰ 최고충전압력은 내압시험압력보다 높을 수 없다.

316 2개 이상의 탱크를 동일한 차량에 고정하여 운반할 때 충전관에 설치하는 것이 아닌 것은?

㉮ 온도계   ㉯ 안전밸브
㉰ 압력계   ㉱ 긴급차단밸브

충전관에는 안전밸브, 압력계, 긴급차단밸브를 설치한다.

317 수소는 피로갈롤을 사용한 오르자트법에 의한 시험에서 순도 몇 % 이상이어야 하는가?

㉮ 97.3   ㉯ 98.5
㉰ 99   ㉱ 99.5

산소 : 99.5 % 이상
아세틸렌 : 98 % 이상

318 산소저장능력이 25000 m^3인 저장설비와 제2종 보호시설과의 안전거리는 몇 m 이상을 유지하여야 하는가?

㉮ 9 m   ㉯ 11 m
㉰ 14 m   ㉱ 16 m

제1종 보호시설과는 16 m이다.

정답 315. ㉱ 316. ㉮ 317. ㉯ 318. ㉯

319 독성이 극히 강하고 환원성이 강하며 불완전연소에 의하여 생성되는 가스는?
㉮ CO_2
㉯ CH_4
㉰ CO
㉱ LPG

320 아세틸렌가스의 용해 충전시 다공물질의 재료가 될 수 없는 것은?
㉮ 규조토, 석면, 목탄
㉯ 석회, 산화철
㉰ 탄화마그네슘, 다공성 플라스틱
㉱ Al, 기와, 슬레이트

321 다음 중 가연성 가스 제조장치의 기밀시험에 사용되는 기체는?
㉮ 아세틸렌
㉯ 산소
㉰ 암모니아
㉱ 질소

322 시안화수소의 허용농도는 몇 ppm인가?
㉮ 0.01
㉯ 0.25
㉰ 10
㉱ 25

323 다음 희가스 중 공기 중에서 존재량이 큰 것부터 나열된 것은?
㉮ 아르곤 – 네온 – 헬륨
㉯ 아르곤 – 헬륨 – 네온
㉰ 헬륨 – 아르곤 – 네온
㉱ 헬륨 – 네온 – 아르곤

Ar : 0.93 % Ne : 0.0018 %
He : 0.0005 % 공기 중에 존재

324 조정기의 종류와 그 성질, 사용 등에 관한 설명으로 틀리는 것은?
㉮ 이단감압식 2차 조정기 : 단단감압식 저압조정기 대신으로 사용할 수 없다.
㉯ 단단감압식 저압조정기 : 2차용 조정기를 설치하는 경우에 사용하는 것으로 중압식보다 이점이 많다.
㉰ 이단감압식 일차조정기 : 이단감압 방식의 일차용으로 사용되는 것으로 중압조정기라고도 한다.

정답 319. ㉰ 320. ㉱ 321. ㉱ 322. ㉰ 323. ㉮ 324. ㉯

㉣ 단단감압식 일차조정기 : 일반소비자의 생활용 이외의 용도에 사용되고 조정압력의 종류가 많다.

325 조정기 표시 사항이 아닌 것은?
㉮ R
㉯ Q
㉰ P
㉱ S

> R : 조정압력   Q : 용량   P : 입구압력
> ※ 이 문제에 대한 동영상 설명이 없는 것은 촬영과정에서 누락되었음을 양해하시기 바랍니다.

326 독성 가스의 가스설비에 관한 배관 중 2중관으로 하여야 하는 대상가스로만 된 것은?
㉮ 염소, 암모니아, 염화메탄, 포스겐
㉯ 황화수소, 이황산가스, 에틸벤젠, 브롬화메탄
㉰ 산화에틸렌, 시안화수소, 아세틸렌, 염화메탄
㉱ 포스겐, 염소, 석탄가스, 아세트알데히드

> SO_2, Cl_2, $COCl_2$, H_2S, NH_3, HCN, C_2H_4O, CH_3Cl → 이중배관

327 상용압력 200 kg/cm²의 고압설비로 내압시험 및 기밀시험을 할 때 각각 상용압력이 1.5배, 1.1배로 실시한 것의 안전밸브는 얼마 이하에서 작동하여야 하는가?
㉮ 220 kg/cm²
㉯ 230 kg/cm²
㉰ 240 kg/cm²
㉱ 250 kg/cm²

> $200 \times 1.5 \times 0.8 = 240$

328 용기 신규검사에 합격된 용기 부속품 기호 중 압축가스를 충전하는 용기 부속품의 각인은?
㉮ AG
㉯ PG
㉰ LG
㉱ LT

> AG : C_2H_2 부속품
> LG : 액화가스 부속품
> LT : 저온·초저온가스의 부속품

329 고압가스 제조시설 중 안전밸브를 설치하려고 한다. 이때, 도관의 최대지름부 단면적이 100 mm²이고 최소지름의 단면적이 40 mm²였다면 안전밸브의 분출면적은 최소 얼마로 해야 하는가?

㉮ 10 mm² ㉯ 20 mm²
㉰ 30 mm² ㉱ 50 mm²

> 최대지름부 단면적의 $\frac{1}{10}$ 이상이 되도록 한다.

330 공기액화 분리장치의 폭발방지대책으로 미흡한 것은?

㉮ 장치 내에 여과기를 설치한다.
㉯ 장치는 1년에 1회 정도 사염화탄소 용제로 세척한다.
㉰ 압축기의 윤활유는 양질의 것으로 충분히 냉각시키며, 물과 기름은 반드시 잘 섞이도록 해야 한다.
㉱ 공기취입구 부근에서는 카바이드 취급작업을 피하고 아세틸렌 용접작업을 하지 않는다.

331 폭발등급 3등급이 아닌 것은?

㉮ 수소 ㉯ 아세틸렌
㉰ 일산화탄소 ㉱ 이황화탄소

> 폭발등급 3등급 : H_2, C_2H_2, CS_2, 수성 가스

332 폭발 1등급의 안전간격은?

㉮ 안전간격이 0.4 mm 이하의 가스 ㉯ 안전간격이 0.4~0.6 mm 이상의 가스
㉰ 안전간격이 0.6 mm 이상의 가스 ㉱ 안전간격이 0.4 mm 이상의 가스

333 다음 프로판가스의 위험도는 얼마인가?

㉮ 31.4 ㉯ 3.3
㉰ 0.9 ㉱ 17.7

> C_3H_8 (2.1~9.5)
> $H = \dfrac{H-L}{L} = \dfrac{9.5-2.1}{2.1} = 3.3$

정답 329. ㉮ 330. ㉰ 331. ㉰ 332. ㉰ 333. ㉯

334 가스 중 독성이 가장 강한 것은 ?
- ㉮ HCN
- ㉯ 포스겐
- ㉰ 암모니아
- ㉱ 일산화탄소

📌 COCl₂ 0.1 ppm

335 가연성 가스가 각각 또는 그들의 합과 산소와의 비가 98 % : 2 % 또는 2 % : 98 % 이상일 때 압축이 금지되어 있는 가연성 가스는 ?
- ㉮ H₂, C₂H₂, C₂H₄
- ㉯ 수소, C₂H₂, N₂
- ㉰ CO₂, C₂H₄, C₂H₂
- ㉱ CO₂, Cl₂, C₂H₂

336 저장탱크에 관한 설명으로 틀린 것은 ?
- ㉮ 저장탱크 외부에는 은백색 도료를 바르고 주위에서 보기 쉽도록 '액화석유가스' 또는 'LPG'를 주서로 표시할 것
- ㉯ 전기설비는 방폭성능을 가지는 구조일 것
- ㉰ 저장탱크에는 환형 유리판 액면계를 설치하여야 한다.
- ㉱ 액면계가 유리제일 때에는 그 파손을 방지하는 장치를 설치하고 저장탱크와 유리제관 게이지를 접속하는 상하배관에는 자동식 또는 수동식의 스톱 밸브를 설치할 것

337 가스방출관의 위치는 설치지상과 저장탱크의 정상부에서 몇 m의 높이인가 ?
- ㉮ 지상에서 5 m의 높이, 정상부에서 2 m의 높이 중 높은 위치
- ㉯ 지상에서 4 m의 높이, 정상부에서 4 m 높이 중 높은 위치
- ㉰ 지상에서 5 m의 높이, 정상부에서 5 m 높이 중 높은 위치
- ㉱ 지상에서 5 m의 높이, 정상부에서 3 m 높이 중 높은 위치

338 최고충전압력 (FP)이 150 kg/cm² 인 산소용기의 기밀시험압력은 ?
- ㉮ 150 kg/cm²
- ㉯ 180 kg/cm²
- ㉰ 200 kg/cm²
- ㉱ 224 kg/cm²

정답 334. ㉯   335. ㉮   336. ㉰   337. ㉮   338. ㉮

339 내부용적이 25000 L인 액화산소 저장탱크의 저장능력은? (단, 비중은 1.14로 본다.)
㉮ 24780 kg   ㉯ 25650 kg
㉰ 26460 kg   ㉱ 27520 kg

📌 $W = 0.9 \times 1.14 \times 25000$

340 저장탱크 주위에는 보안벽을 설치해야 한다. 어떤 경우일 때 설치하지 않아도 되는가?
㉮ 보안거리가 유지되는 경우
㉯ 사업소가 복잡한 경우
㉰ 저장탱크 주위에 모래가 있는 경우
㉱ 저장탱크 주위에 포말소화기가 있는 경우

📌 보안거리를 유지할 때, 자동제어장치를 설치할 때

341 밸브용 보조 캡은 어느 정도의 타격에 견딜 수 있어야 하는가?
㉮ 10 kg·m   ㉯ 15 kg·m
㉰ 20 kg·m   ㉱ 25 kg·m

342 LPG 용기(5000 L 이상)로서 돌출한 부속품이 아닌 것은?
㉮ 프로텍터   ㉯ 부속배관
㉰ 긴급차단장치   ㉱ 압력계

343 자동차 충전용 주입기는 어떤 형인가?
㉮ 투터치형   ㉯ 원터치형
㉰ 평행형   ㉱ 클링커형

344 산소 또는 천연메탄을 수송하기 위한 도관과 이에 접속하는 압축기(산소를 압축하는 압축기에서는 물을 내부 윤활제로 사용하는 것에 한한다.)와의 사이에는 무엇을 설치하는가?
㉮ 액면계   ㉯ 드레인 세퍼레이터
㉰ 압력계   ㉱ 역화방지기

정답 339. ㉯   340. ㉮   341. ㉯   342. ㉱   343. ㉯   344. ㉯

345 역류방지밸브를 설치하는 배관이 아닌 것은?

㉮ 가연성 가스를 압축하는 압축기와 충전용 주관과의 사이 배관
㉯ 아세틸렌을 압축하는 압축기의 유분리기와 고압건조기와의 사이 배관
㉰ 암모니아 또는 메탄올의 합성통이나 정제통과 압축기와의 사이 배관
㉱ 아세틸렌 충전용 지관

📌 ㉱ – 역화방지장치

346 다음 설명 중 틀린 것은?

㉮ 자동제어장치를 설치하는 경우에는 보안전력장치를 설치할 것
㉯ 저장탱크에는 온도의 상승을 방지하는 장치를 설치할 것
㉰ 독성 가스의 제조설비에는 당해 가스가 누설될 때의 흡수장치 또는 재해장치를 설치할 것
㉱ 자동제어장치는 반응설비에 설치하는 것은 제외한 반응설비에 설치하는 것에 한한다.

347 가연성 가스 저장탱크의 출구에는 무엇을 설치하는가?

㉮ 역류방지장치 ㉯ 역화방지장치
㉰ 드레인 세퍼레이터 ㉱ 액단계

348 위험표지의 식별거리는?

㉮ 30 m ㉯ 20 m
㉰ 10 m ㉱ 5 m

📌 30 m – 위험표지의 식별거리

349 운반용기의 가연성 가스 및 산소의 내용적은 몇 L를 초과하지 못하는가?

㉮ 8000 L ㉯ 10000 L
㉰ 15000 L ㉱ 18000 L

📌 독성 : 12000 L (예외 : NH_3)
　가연성 및 산소 : 18000 L (예외 : LPG)

정답 345. ㉱ 346. ㉱ 347. ㉯ 348. ㉮ 349. ㉯

350 임계온도가 -50℃인 액화가스를 충전하기 위한 용기로서 단열재로 피복하여 용기 내의 가스온도가 상용의 온도를 초과하지 아니하도록 조치한 용기는?
㉮ 저온용기　　　　　　　　㉯ 초저온용기
㉰ 심리스 용기　　　　　　　㉱ 심 용기

351 고압가스를 운반하는 차량의 경계표시의 크기는 어떻게 정하는가?
㉮ 직사각형인 경우에는 가로치수는 차체 폭의 30 % 이상, 세로치수는 가로치수의 20 % 이상 정사각형의 경우는 그 면적을 600 cm² 이상으로 한다.
㉯ 직사각형인 경우에는 가로치수는 차체 폭의 20 % 이상, 세로치수는 가로치수의 30 % 이상 정사각형의 경우는 그 면적을 600 cm² 이상으로 한다.
㉰ 직사각형인 경우에는 가로치수는 차체 폭의 30 % 이상, 세로치수는 가로치수의 20 % 이상 정사각형의 경우는 그 면적을 400 cm² 이상으로 한다.
㉱ 직사각형인 경우에는 가로치수는 차체 폭의 20 % 이상, 세로치수는 가로치수의 30 % 이상 정사각형의 경우는 그 면적을 400 cm² 이상으로 한다.

352 냉장고 수리를 하기 위하여 아세틸렌 용접작업 중 산소가 떨어지자 산소에 연결된 호스를 뽑아 얼마 남지 않은 것으로 생각되는 LPG 용기에 연결하여 용접 토치에 불을 붙이자 LPG 용기가 폭발하였다. 원인으로 추정되는 것은?
㉮ 용접 열에 의한 폭발
㉯ 호스 속의 산소 또는 아세틸렌의 역화에 의한 폭발
㉰ 아세틸렌과 LPG가 혼합된 후에 역화에 의한 폭발
㉱ 아세틸렌 누출에 의한 폭발

353 어떤 탱크의 체적이 0.5 m³이고, 이때의 온도가 25℃이다. 탱크 내에 분자량 24인 이상기체 10 kg이 들어있을 때 이 탱크의 압력은 몇 kg/cm²인가? (단, 대기압 : 1.033 kg/cm²으로 한다.)
㉮ 19 kg/cm²　　　　　　　　㉯ 21 kg/cm²
㉰ 25 kg/cm²　　　　　　　　㉱ 27 kg/cm²

$PV = GRT$ ∴ $P = \dfrac{GRT}{V} = \dfrac{10 \times 848/24 \times 298}{0.5 \times 10^4} = 21.05 \text{ kg/cm}^2$

정답　350. ㉰　351. ㉱　352. ㉯　353. ㉮

354 안전진단을 위하여 LPG 저장탱크 내부를 정기점검을 하려고 한다. 준비작업 순서로 옳은 것은?

> 1. 기체상태의 LPG를 방출·폐기한다.
> 2. 물로 치환한다.
> 3. 액체상태의 LPG를 날려보낸다.
> 4. 맨홀을 연다

㉮ 2 - 4 - 1 - 3　　　㉯ 3 - 1 - 4 - 2
㉰ 1 - 4 - 3 - 2　　　㉱ 1 - 2 - 4 - 3

355 염소의 특징으로 맞지 않는 것은?
㉮ 상온에서 액화시킬 수 있다.　　㉯ 수분과 반응하고 철을 부식시킨다.
㉰ 독성 가스이다.　　㉱ 가연성 가스이다.

> 염소는 독성, 지연성이다.

356 물질의 최소 발화에너지에 영향을 주는 요인이 아닌 것은?
㉮ 발화 지연시간　　㉯ 증기의 농도
㉰ 온도　　㉱ 용기의 크기

357 최고충전압력이 180 kg/cm² 인 산소용기의 내압시험압력은?
㉮ 300 kg/cm²　　㉯ 380 kg/cm²
㉰ 460 kg/cm²　　㉱ 540 kg/cm²

> 180 × 5/3 = 300
> 압축가스용기 내압시험은 최고충전압력의 5/3배이다.

358 다음의 가스 중 가연성이면서 독성이 아닌 것은?
㉮ NH_3　　㉯ CO
㉰ HCN　　㉱ CH_4

정답　354. ㉯　355. ㉱　356. ㉮　357. ㉮　358. ㉱

359 다음 비파괴검사 방법으로 재료 내부의 결함을 검사할 수 없는 것은?

㉮ 방사선 투과시험 ㉯ 초음파검사
㉰ 형광침투검사 ㉱ 음향방출시험

> 자기탐상법, 형광침투법은 비파괴검사 중 외부결함만 검사가 가능하다.

360 산소용기에 압축산소가 35℃에서 150 kg/cm² (게이지 압력) 충전되어 있다가 용기온도가 0℃로 저하되면 압력은 몇 kg/cm² (게이지 압력)가 되는가?

㉮ 103 kg/cm² ㉯ 113 kg/cm²
㉰ 123 kg/cm² ㉱ 133 kg/cm²

> $\dfrac{151}{308} = \dfrac{x}{273}$ 에서
> $x = 133.8$
> 게이지 압력 $= x - 1.033 = 132.8 ≒ 133$

361 용기의 도색 및 표시에서 그 밖의 가스용기 외부 표면에 도색하여야 할 색깔은?

㉮ 회색 ㉯ 검정색
㉰ 흰색 ㉱ 파란색

362 도시가스 또는 액화석유가스의 사용시설에 당해 배관의 내용적이 10 L 이하인 경우 기밀시험 압력의 최소 유지 시간으로 맞는 것은?

㉮ 2분 ㉯ 5분
㉰ 10분 ㉱ 24분

10 L 이하	10 L 초과 50 L 미만	50 L 초과
5분	10분	24분

363 LNG의 도시가스 원료의 특징 중 틀린 것은?

㉮ LNG를 기화시킨 후에는 도시가스 원료로서의 사용법, 정제설비가 필요하지 않고 환경문제가 있는 천연가스와 똑같다.

정답 359. ㉰ 360. ㉱ 361. ㉮ 362. ㉯ 363. ㉱

㉯ LNG의 수입기지로서 저온저장설비 등과 수입설비와 기화시키기 위한 기화장치가 필요하다.
㉰ 초저온의 액체이기 때문에 설비재료의 선택과 그 취급 주의가 중요하다.
㉱ 냉열 이용이 불가능하다.

364 독성가스를 저장탱크에 충전할 때 적정 충전량은?
㉮ 저장탱크 내용적의 80 % 이하
㉯ 저장탱크 내용적의 90 % 이하
㉰ 저장탱크 내용적의 95 % 이하
㉱ 저장탱크 내용적의 100 %

> 소형탱크일 경우에만 내용적의 85 %이다.

365 냉동장치 운전 중 수액기의 액면계 유리에 기포가 생기는 원인은?
㉮ 수액기 내의 오일이 저장되어 있다.
㉯ 응축기 내의 응축된 냉매액의 온도가 수액기가 설치된 기계실 온도보다 높다.
㉰ 냉각수 온도가 기계실 온도와 비교하여 매우 낮다.
㉱ 수액기 내의 공기가 혼입되어 있다.

366 지하에 매설된 프로판-공기형 도시가스 배관의 누출부위를 수리하려 할 때 맨 먼저 조치할 사항은? (단, 굴착이 끝난 상태로 가정한다.)
㉮ 가스 검지기로 검지해 본 다음 비눗물로 누출 부위를 확인한다.
㉯ 성냥으로 불을 켜본다.
㉰ 중간 밸브를 잠그고 누출된 가스를 배기한다.
㉱ 불을 붙인 채 수리한다.

367 수소의 성질 중 폭발, 화재 등의 재해 발생 원인이 아닌 것은?
㉮ 가벼운 기체압으로 가스누출을 하기 쉽다.
㉯ 고온, 고압에서 강에 대해 탈탄작용을 일으킨다.
㉰ 공기가 혼합된 경우 폭발범위가 4~75 %이다.
㉱ 증발잠열로 수분이 동결하여 밸브나 배관을 폐쇄시킨다.

368 가정용 가스보일러에서 발생하는 중독사고는 배기가스의 어떤 성분에 의하여 발생되는 것인가?

㉮ CH_4　　　　　　　　　　㉯ CO_2
㉰ CO　　　　　　　　　　　㉱ C_3H_8

　　📌 불완전 연소로 인한 CO 발생. CO는 독성, 가연성

369 차량에 혼합 적재할 수 없는 가스끼리 짝지어져 있는 것은?

㉮ 프로판, 부탄　　　　　　　㉯ 염소, 아세틸렌
㉰ 프로필렌, 프로판　　　　　㉱ 시안화수소, 에탄

370 액화가스 등의 액체가 과열상태로 되면 액체가 증발하여 순간적으로 다량의 증기가 되어 장치를 파괴한다. 이때의 폭발형태를 무엇이라 하는가?

㉮ 증기폭발　　　　　　　　　㉯ 분해폭발
㉰ 분진폭발　　　　　　　　　㉱ 중합폭발

　　📌 증기폭발 (블레브 현상) 이때 발생하는 불꽃 덩어리를 파이어볼이라 한다.

371 고압가스 용기의 재료에 사용되는 강재의 성분 중에 함유된 탄소, 인, 황의 함유량에 대한 설명으로 적합한 것은?

㉮ 탄소량이 증가할수록 인장강도는 증가하나 충격값은 내려간다.
㉯ 인이 많으면 고압에서 폭발성 가스를 발생한다.
㉰ 탄소량이 많으면 수소취성을 일으킨다.
㉱ 황은 적열취성을 일으킨다.

　　📌 인 : 상온취성, 탄소 : 저온취성, 황 : 적열취성

372 LNG 저장탱크의 용착 금속부 영향부에 응력부식 균열이 발생하는 경우가 있는데 그 원인이라고 생각되는 것은?

㉮ H_2 등 황화합물의 영향　　㉯ 수분의 영향
㉰ NO_2 등 질소화합물의 영향　㉱ 탄소의 영향

정답　368. ㉰　369. ㉯　370. ㉮　371. ㉱　372. ㉮

373 액화석유가스의 누출에 관한 다음 기술 중 올바른 것은?
- ㉮ 누출시는 엷은 갈색의 가스로 쉽게 발견할 수 있다.
- ㉯ 공기보다 무거워 천장 등과 같은 곳에 고이기 쉽다.
- ㉰ 누출한 부분의 온도가 급격히 저하하여 이슬, 서리가 부착하여 누출개소를 발견할 수 있다.
- ㉱ 빛의 굴절률이 공기와 같으므로 누출하는 장소에 아지랑이와 같은 현상이 생기므로 누출을 발견할 수 있다.

📌 액체의 증발잠열로 인해 주위온도가 낮아진다.

374 도시가스 사용시설에 실시하는 기밀시험압력으로 맞는 것은?
- ㉮ 최고사용압력의 3배 또는 10 kPa
- ㉯ 최고사용압력의 1.1배 또는 8.4 kPa
- ㉰ 최고사용압력의 1.5배 또는 10 kPa
- ㉱ 최고사용압력의 1.8배 또는 8.4 kPa

375 저장탱크에 액화석유가스를 충전할 때에는 정전기를 제거한 후 저장탱크 내용적의 (①)%를 넘지 않도록 충전하고, 소형 저장탱크는 그 내용적의 (②)%를 초과하지 않도록 해야 한다. ( ) 안에 각각 알맞은 것은?
- ㉮ ① : 90 % ② : 85 %
- ㉯ ① : 90 % ② : 90 %
- ㉰ ① : 85 % ② : 90 %
- ㉱ ① : 85 % ② : 85 %

376 고압가스 충전용기를 차량에 적재 운반할 때의 설명으로 옳지 않은 것은?
- ㉮ 충돌을 예방하기 위하여 고무링을 씌운다.
- ㉯ 전용 운반차량에 세워서 운반한다.
- ㉰ 충전용기는 눕혀서 운반할 수 없다.
- ㉱ 충격을 방지하기 위하여 가마니를 준비한다.

📌 액화가스는 세워서 운반하고 압축가스는 눕혀서 운반해야 한다.

정답 373. ㉰ 374. ㉯ 375. ㉮ 376. ㉰

377 방류둑의 구조기준으로 적합하지 않은 것은?

㉮ 방류둑 내에 고인 물을 외부로 배출할 수 있도록 한다.
㉯ 방류둑의 재료는 철근콘크리트, 철근, 금속, 흙 또는 이들을 혼합하여야 한다.
㉰ 방류둑은 액밀한 것이어야 한다.
㉱ 방류둑 성토 및 부분의 폭은 50 cm 이상으로 한다.

📌 방류둑 폭 30 cm 이상

378 고압가스장치를 운전하는 도중에 이상이 발견되어 운전을 정지하고 수리를 하고자 한다. 안전관리상 유의사항이 아닌 것은?

㉮ 안전밸브 작동
㉯ 가스의 치환
㉰ 장치 내 가연성가스 농도 측정
㉱ 배관의 차단 확인

379 내용적이 4000 L인 용기에 액화암모니아를 저장할 때 저장능력은 얼마인가? (단, 암모니아 정수는 1.86이다.)

㉮ 7440 kg
㉯ 3476 kg
㉰ 2930 kg
㉱ 2151 kg

📌 $\dfrac{4000}{1.86} = 2151$

380 액화석유가스 안전 및 사업관리법상 내압시험압력이 40 kg/cm²인 경우 안전밸브의 작동압력은 얼마인가?

㉮ 24 kg/cm²
㉯ 30 kg/cm²
㉰ 32 kg/cm²
㉱ 36 kg/cm²

📌 $40 \times 0.8 = 32$

381 공기액화분리기 내에 설치된 액화산소통 내의 액화산소 5 L 중 탄화수소의 탄소의 질량이 몇 mg을 넘을 때에는 그 공기액화분리기의 운전을 중지하고 액화산소를 방출하여야 하는지 그 기준값으로 맞는 것은?

㉮ 5 mg
㉯ 50 mg
㉰ 100 mg
㉱ 500 mg

정답 377. ㉱ 378. ㉮ 379. ㉱ 380. ㉰ 381. ㉱

382 아세틸렌가스를 2.5 MPa의 압력으로 압축할 때 사용되는 희석제가 아닌 것은?
　㉮ 질소　　　　　　　　㉯ 메탄
　㉰ 일산화탄소　　　　　㉱ 아세톤

383 산소 중 가연성 가스의 용량이 전용량의 몇 %인 것은 압축할 수 없는가?
　㉮ 2 % 이상　　　　　　㉯ 3 % 이상
　㉰ 4 % 이상　　　　　　㉱ 5 % 이상

> 산소와 가연성 가스는 상대적으로 4 % 이상시 압축할 수 없다.
> H_2, C_2H_2, C_2H_4은 2 % 이상 시

384 고압가스 용기용 밸브의 가스충전구의 나사방향이 왼나사로 된 것은?
　㉮ 수소　　　　　　　　㉯ 산소
　㉰ 질소　　　　　　　　㉱ 염소

> 가연성 가스는 왼나사

385 다음 중 기체 연소 형태가 아닌 것은?
　㉮ 확산 연소　　　　　　㉯ 증발 연소
　㉰ 혼합기 연소　　　　　㉱ 전1차 연소

386 대기압 35℃에서 산소가스 16 m³를 용기 50 L의 용기에 150기압으로 충전하고자 하면 몇 개의 용기가 필요한가?
　㉮ 1개　　　　　　　　　㉯ 2개
　㉰ 3개　　　　　　　　　㉱ 4개

> $\dfrac{16}{0.05 \times 150} = 2.1$
> ∴ 용기 수는 3개가 필요하다.

정답 382. ㉰　383. ㉰　384. ㉮　385. ㉯　386. ㉰

387 고압가스 일반 충전용기는 충전가스의 종류에 따라서 용기의 색을 달리한다. 다음 중 가연성 가스 및 독성가스의 종류와 충전용기의 색이 잘못 연결된 것은?

㉮ 아세틸렌가스 – 황색　　㉯ 암모니아가스 – 백색
㉰ 탄산가스 – 갈색　　㉱ 수소 – 주황색

　📌 탄산가스는 청색용기

388 다음 중 기체의 연소 형태가 아닌 것은?

㉮ 확산연소　　㉯ 증발연소
㉰ 혼합기연소　　㉱ 전1차연소

389 용기의 각인 순서에 관한 것으로 옳은 것은?

㉮ 가스명칭 – 용기번호 – 제조자명칭 – 내용적
㉯ 가스명칭 – 제조자명칭 – 용기번호 – 내용적
㉰ 제조자명칭 – 내용적 – 용기번호 – 가스명칭
㉱ 제조자명칭 – 가스명칭 – 용기번호 – 내용적

390 내용적 58 L인 LPG용기에 프로판을 충전할 때 최대충전량은 몇 kg으로 하면 되는가?

㉮ 20 kg　　㉯ 25 kg
㉰ 30 kg　　㉱ 35 kg

　📌 $\dfrac{58}{2.35} = 25$

391 압력용기 및 저장탱크의 용접부 기계시험의 종류로 맞지 않는 것은?

㉮ 이음매 인장시험　　㉯ 표면 굽힘 시험
㉰ 방사선 투과시험　　㉱ 충격시험

392 스테인리스강에서 18-8은 무엇의 함량을 의미하는가?

㉮ Ni-Cr 함량　　㉯ Ni-Zn 함량

정답　387. ㉰　388. ㉯　389. ㉱　390. ㉯　391. ㉰　392. ㉰

㉰ Cr-Ni 함량　　　　　　　㉱ Cr-Zn 함량

📌 18 %의 크롬, 8 %의 니켈

393 냉동기의 냉매설비는 진동, 충격, 부식 등으로 냉매가스가 누출되지 않도록 조치하여야 한다. 조치방법이 아닌 것은?

㉮ 주름관을 사용한 방진 조치
㉯ 냉매설비 중 돌출부위에 대한 적절한 방호조치
㉰ 냉매가스가 누출될 우려가 있는 장소에 대한 부식 방지조치
㉱ 냉매설비 중 냉매가스가 누출될 우려가 있는 곳에 차단밸브 설치

394 액화가스의 정의에 대하여 바르게 설명한 것은?

㉮ 대기압에서 비점이 0℃ 이하인 것
㉯ 대기압에서 비점이 상용의 온도 이상인 것
㉰ 가압, 냉각 등의 방법으로 액체 상태로 되어 있는 것
㉱ 일정한 압력으로 압축되어 있는 것

395 안전성 평가 실시시 적용하는 안전성평가 기법으로 옳지 않은 것은?

㉮ 체크리스트 기법　　　　㉯ 사건수 분석기법
㉰ 토양 분석기법　　　　　㉱ 작업자 실수 분석기법

396 정전기를 억제하기 위한 방법이 아닌 것은?

㉮ 접지 (grounding)시킨다.
㉯ 접촉 전위치가 크게 재료를 선택한다.
㉰ 정전기의 중화 및 전기가 잘 통하는 물질을 사용한다.
㉱ 가능한 한 습도를 높여 조습을 행한다.

397 지하에 설치하는 지역 정압기 시설의 조작을 안전하고 확실하게 하기 위하여 필요한 조명도는?

㉮ 100 lux　　　　　　　　㉯ 150 lux
㉰ 200 lux　　　　　　　　㉱ 250 lux

정답 393. ㉱　394. ㉰　395. ㉰　396. ㉯　397. ㉯

398 저장설비 또는 가스설비의 수리 및 청소시 지켜야 할 안전사항으로 옳지 않은 것은?

㉮ 안전관리인 중에서 작업 책임자를 선정, 감독한다.
㉯ 공기 중의 산소농도가 10 % 이상이어야 한다.
㉰ 내부가스를 불활성 가스로 치환한다.
㉱ 수리를 끝낸 후에 그 설비가 정상으로 작동하는 것을 확인한 후 충전작업을 한다.

> 산소농도는 18 % 이상 시 작업 가능

399 산소용기에 압축산소가 35℃에서 150 kg/cm² (게이지 압력) 충전되어 있다가 용기온도가 0℃로 저하했을 때의 압력 (게이지 압력)은?

㉮ $103 \ kg/cm^2$
㉯ $113 \ kg/cm^2$
㉰ $123 \ kg/cm^2$
㉱ $133 \ kg/cm^2$

400 공기액화 분리장치에 아세틸렌가스가 혼입되면 안되는 이유는?

㉮ 배관에서 동결되어 배관을 막아 버리므로
㉯ 질소와 산소의 분리를 어렵게 만들므로
㉰ 분리된 산소가 순도를 나빠지게 하므로
㉱ 분리기 내 액체산소 탱크에 들어가 폭발하기 때문에

401 고압가스 충전용기의 차량운반시 '운반책임자'가 동승해야 하는 경우로서 잘못된 것은?

㉮ 압축 가연성 가스 – 용적 $300 \ m^3$ 이상
㉯ 압축 조연성 가스 – 용적 $600 \ m^3$ 이상
㉰ 액화 가연성 가스 – 질량 3000 kg 이상
㉱ 액화 조연성 가스 – 질량 5000 kg 이상

> 지연성 가스는 $600 m^3$, 6000 kg 이상 시 해당

정답 398. ㉯ 399. ㉱ 400. ㉱ 401. ㉱

단기완성
가스기능사 필기

기출문제
2017

2017년 2월 CBT 시행

문제 01 탱크를 지상에 설치하고자 할 때 방류둑을 설치하지 않아도 되는 저장탱크는?

① 저장탱크 1000톤 이상의 질소탱크
② 저장탱크 1000톤 이상의 부탄탱크
③ 저장탱크 1000톤 이상의 산소탱크
④ 저장탱크 5톤 이상의 염소탱크

해설 방류둑 설치
① 가연성 산소 : 1000Ton 이상
② 독성 : 5Ton 이상
③ 특정제조 : 500Ton 이상

문제 02 액화석유가스 충전소에서 저장탱크를 지하에 설치하는 경우에는 철근콘크리트로 저장탱크실을 만들고 그 실내에 설치하여야 한다. 이때 저장탱크 주위의 빈 공간에는 무엇을 채워야 하는가?

① 물
② 마른 모래
③ 자갈
④ 콜타르

해설 저장탱크 주위의 빈 공간은 마른모래로 채운다.

문제 03 독성가스 배관은 안전한 구조를 갖도록 하기 위해 2중관 구조로 하여야 한다. 다음 가스 중 2중관으로 하지 않아도 되는 가스는?

① 암모니아
② 염화메탄
③ 시안화수소
④ 에틸렌

해설 2중관 구조
① 포스겐 ② 황화수소 ③ 시안화수소 ④ 아황산가스
⑤ 산화에틸렌 ⑥ 암모니아 ⑦ 염화메탄

문제 04 자연환기설비 설치시 LP가스의 용기 보관나실 바닥 면적이 3m²이라면 통풍구의 크기는 몇 m² 이상으로 하도록 되어 있는가? (단, 철망 등이 부착되어 있지 않은 것으로 간주한다.)

① 500
② 700
③ 900
④ 1100

해답 01. ① 02. ② 03. ④ 04. ③

해설 바닥면적 $1m^2$ 당 $300cm^2$ 이므로
$1m^2 = 300cm^2$
$3m^2 = x$ ∴ $x = \dfrac{3m^2 \times 300cm^2}{1m^2}$

문제 05 자동차 용기 충전시설에 게시한 "화기엄금"이라 표시한 게시판의 색상은?
① 황색바탕에 흑색문자 ② 백색바탕에 적색문자
③ 흑색바탕에 황색문자 ④ 적색바탕에 백색문자

해설 화기엄금 : 백색바탕에 적색문자

문제 06 제조소의 긴급용 벤트스텍 방출구의 위치는 작업원이 임시 통행하는 장소로부터 얼마나 이격되어야 하는가?
① 5m 이상 ② 10m 이상
③ 15m 이상 ④ 30m 이상

해설 제조소의 긴급용 벤트스텍 방출구 위치 : 작업원의 통행하는 장소로부터 10m 이상
제조소의 그 밖의 벤트스텍 방출구 위치 : 5m 이상

문제 07 내용적이 1천L를 초과하는 염소용기의 부식여유 두께의 기준은?
① 2mm 이상 ② 3mm 이상
③ 4mm 이상 ④ 5mm 이상

해설 부식여유
① 암모니아 1000l 이하 : 1mm
    1000l 초과 : 2mm
② 염소 1000l 이하 : 3mm
    1000l 초과 : 5mm

문제 08 고압가스 용접용기 제조 시 용기 동판의 최대 두께와 최소 두께의 차이는 평균 두께의 몇 % 이하로 하여야 하는가?
① 10% ② 20%
③ 30% ④ 40%

해설 용기 동판의 최대 두께와 최소 두께의 차이는 평균 두께의 20% 이하이다.

해답 05. ② 06. ② 07. ④ 08. ②

문제 09
일반도시가스사업자가 선임하여야 하는 안전점검원 선임의 기준이 되는 배관길이 산정 시 포함되는 배관은?
① 사용자 공급관
② 내관
③ 가스사용자 소유 토지내의 본관
④ 공공 도로내의 공급관

해설 안전점검원 선임기준
가스 사용자 소유 토지 내의 본관, 공급관을 제외하고 본관 및 공급관 길이의 총 길이로 한다.

문제 10
가연성 가스로 인한 화재의 종류는?
① A급 화재
② B급 화재
③ C급 화재
④ D급 화재

해설 화재의 종류
① A급 화재(일반화재) : 주수, 산·알카리
② B급 화재(유류 및 가스) : CO_2, 분말, 포말
③ C급화재(전기화재) : CO, 분말
④ D급 화재(금속화재) : 건조사, 팽창질석, 팽창진주암

문제 11
고압가스(산소, 아세틸렌, 수소)의 품질검사 주기의 기준은?
① 1월 1회 이상
② 1주 1회 이상
③ 3일 1회 이상
④ 1일 1회 이상

해설 산소, 수소, 아세틸렌의 품질검사 기준 : 1일 1회 이상

문제 12
도시가스 사용시설의 배관은 움직이지 아니하도록 고정부착하는 장치를 하도록 규정하고 있는데 다음 중 배관의 호칭지름에 따른 고정간격의 기준으로 옳은 것은?
① 배관의 호칭지름 20mm인 경우 2m 마다 고정
② 배관의 호칭지름 32mm인 경우 3m 마다 고정
③ 배관의 호칭지름 40mm인 경우 4m 마다 고정
④ 배관의 호칭지름 65mm인 경우 5m 마다 고정

해설 배관의 고정
① 관경이 13mm 미만 : 1m 마다
② 관경이 13mm 이상 33mm 미만 : 2m 마다
③ 관경이 33mm 이상 : 3m 마다

해답 09. ④ 10. ② 11. ④ 12. ①

문제 13 일반도시가스사업의 가스공급시설에서 중압 이하의 배관과 고압 배관을 매설하는 경우 서로 몇 m 이상의 거리를 유지하여 설치하여야 하는가?

① 1 ② 2
③ 3 ④ 5

해설 일반도시가스사업의 가스공급시설에서 중압 이하의 배관과 고압 배관을 매설하는 경우 2m 이상의 거리 유지

문제 14 고압가스 일반제조소에서 저장탱크 설치 시 물분무장치는 동시에 방사할 수 있는 최대 수량을 몇 분 이상 연속하여 방사할 수 있는 수원에 접속되어 있어야 하는가?

① 30분 ② 45분
③ 60분 ④ 90분

해설 30분 이상 연속하여 방사할 수 있는 수원에 접속하여야 한다.

문제 15 아세틸렌을 용기에 충전할 때에는 미리 용기에 다공 물질을 고루 채운 후 침윤 및 충전을 하여야 한다. 이때 다공도는 얼마로 하여야 하는가?

① 75% 이상 92% 미만 ② 70% 이상 95% 미만
③ 62% 이상 75% 미만 ④ 92% 이상

해설 다공질물의 다공도 : 75% 이상 92% 미만

문제 16 다음 중 냄새로 누출여부를 쉽게 알 수 있는 가스는?

① 산소, 이산화탄소 ② 일산화탄소, 아르곤
③ 염소, 암모니아 ④ 에탄, 부탄

해설 독성 가스를 찾으면 됨
 ① 염소 : 1PPM 이하
 ② 암모니아 : 25PPM 이하
 ③ 일산화탄소 : 50PPM 이하
 ④ 황화수소 : 10PPM 이하
 ⑤ 산화에틸렌 : 50PPM 이하

문제 17 다음 중 독성이면서 가연성인 가스는?

① SO_2 ② $COCl_2$
③ HCN ④ C_2H_6

13. ② 14. ① 15. ① 16. ③ 17. ③

해설 독성이며 가연성 가스
① 일산화탄소   ② 황화수소   ③ 암모니아   ④ 산화에틸렌
⑤ 시안화수소   ⑥ 메탄올   ⑦ 벤젠   ⑧ 이황화탄소

문제 18 저장능력이 1ton인 액화염소 용기의 내용적(L)은? (단, 액화염소 정수(C)는 0.80 이다.)
① 100
② 600
③ 800
④ 1000

해설 $G = \dfrac{V}{C} \cdot V = G \times C = 1000\text{kg} \times 0.8 = 800 l$

문제 19 고압가스 운반 등의 기준으로 틀린 것은?
① 고압가스를 운반하는 때에는 재해방지를 위하여 필요한 주의사항을 기재한 서면을 운전자에게 교부하고 운전 중 휴대하게 한다.
② 차량의 고장, 교통사정 또는 운전자의 휴식 등 부득이한 경우를 제외하고는 장시간 정차하여서는 안 된다.
③ 고속도로 운행 중 점심식사를 하기 위해 운반책임자와 운전자가 동시에 차량을 이탈할 때에는 시건장치를 하여야 한다.
④ 지정한 도로, 시간, 속도에 따라 운반하여야 한다.

문제 20 정압기지의 방호벽을 철근콘크리트 구조로 설치할 경우 방호벽 기초의 기준에 대한 설명 중 틀린 것은?
① 일체로 된 철근콘크리트 기초로 한다.
② 높이 350mm 이상, 되메우기 깊이는 300mm 이상으로 한다.
③ 두께 200mm 이상, 간격 3200mm 이하의 보조벽을 본체와 직각으로 설치한다.
④ 기초의 두께는 방호벽 최하부 두께의 120% 이상으로 한다.

해설 정압기지의 방호벽을 철근콘크리트 구조로 설치할 경우 방호벽 기초의 기준
① 기초의 두께는 방호벽 최하부 두께의 120% 이상으로 한다.
② 높이 350mm 이상, 되메우기 깊이는 300mm 이상으로 한다.
③ 일체로 된 철근콘크리트 기초로 한다.

18. ③ 19. ③ 20. ③

문제 21 고압가스 제조설비의 계정회로에는 제조하는 고압가스의 종류·온도 및 압력과 제조설비의 상황에 따라 안전 확보를 위한 주요 부분에 설비가 잘못 조작되거나 정상적인 제조를 할 수 없는 경우에 자동으로 원재료의 공급을 차단시키는 등 제조설비 인의 제조를 제어할 수 있는 장치를 설치하는데 이를 무엇이라 하는가?

① 인터록제어장치 ② 긴급차단장치
③ 긴급이송설비 ④ 벤트스텍

문제 22 다음 중 독성(TLV·TWA)이 가장 강한 가스는?

① 암모니아 ② 황화수소
③ 일산화탄소 ④ 아황산가스

해설 독성가스 허용농도(숫자가 작을수록 맹독성가스)
① 암모니아 : 25PPM 이하   ② 황화수소 : 10PPm 이하
③ 일산화탄소 : 50PPM 이하 ④ 아황산가스 : 5PPM 이하

문제 23 독성가스 배관을 지하에 매설될 경우 배관은 그 가스가 혼입될 우려가 있는 수도시설과 몇 m 이상의 거리를 유지하여야 하는가?

① 50m ② 100m
③ 200m ④ 300m

해설 독성가스 시설물
① 건축물 : 1.5m
② 지하가 및 터널 : 10m
③ 수도시설로서 독성가스가 혼입할 우려가 있는 곳 : 300m

문제 24 다음 중 같은 성질을 가진 가스로만 나열된 것은?

① 메탄, 에틸렌 ② 암모니아, 산소
③ 오존, 아황산가스 ④ 헬륨, 염소

해설 같은 성질을 가진 가스 : 메탄, 에틸렌, 수소, 아세틸렌 등은 가연성 가스

문제 25 고압가스용기의 안전점검 기준에 해당되지 않는 것은?

① 용기의 부식, 도색 및 표시 확인
② 용기의 캡이 씌워져 있거나 프로텍터의 부착여부 확인
③ 재검사 기간의 도래 여부 확인
④ 용기의 누출을 성냥불로 확인

21. ① 22. ④ 23. ④ 24. ① 25. ④

해설 **고압가스용기의 안전점검 기준**
① 재검사 기간의 도래 여부를 확인
② 용기의 캡이 씌워져 있거나 프로텍터의 부착여부 확인
③ 용기의 부식, 도색 및 표시 확인

문제 26 가스 공급시설의 임시사용 기준 항목이 아닌 것은?
① 도시가스 공급이 가능한지의 여부
② 도시가스의 수급상태를 고려할 때 해당지역에 도시가스의 공급이 필요한지의 여부
③ 공급의 이익 여부
④ 가스공급시설을 사용할 때 안전을 해칠 우려가 있는지의 여부

해설 **가스 공급시설의 임시사용 기준 항목**
① 도시가스 공급이 가능한지의 여부
② 도시가스의 수급상태를 고려할 때 해당지역에 도시가스의 공급이 필요한지의 여부
③ 가스공급시설을 사용할 때 안전을 해칠 우려가 있는지의 여부

문제 27 용기의 파열사고 원인으로 가장 거리가 먼 것은?
① 용기의 내압력 부족
② 용기의 내압 상승
③ 용기 내에서 폭발성 혼합가스에 의한 발화
④ 안전밸브의 작동

해설 **용기의 파열사고 원인**
① 안전밸브의 미작동 ② 용기 내에서 폭발성 혼합가스에 의한 발화
③ 용기의 내압 상승 ④ 용기의 내압력 부족

문제 28 도시가스 배관의 철도궤도 중심과 이격거리 기준으로 옳은 것은?
① 1m 이상   ② 2m 이상
③ 4m 이상   ④ 5m 이상

해설 **도시가스 배관의 철도궤도 중심과 이격거리** : 4m 이상

문제 29 충전용기 보관실의 온도는 항상 몇 ℃ 이하를 유지하여야 하는가?
① 40℃   ② 45℃
③ 50℃   ④ 55℃

해설 충전용기 보관실의 온도는 항상 40℃ 이하를 유지

26. ③ 27. ④ 28. ③ 29. ①

문제 30 시안화수소 가스는 위험성이 매우 높아 용기에 충전 보관할 때에는 안정제를 첨가하여야 한다. 적합한 안정제는?

① 염산
② 이산화탄소
③ 인산
④ 질소

해설 시안화수소 안정제
① 오산화인 ② 염화칼슘 ③ 인 ④ 인산 ⑤ 아황산가스 ⑥ 동망

문제 31 가스 폭발 사고의 근본적인 원인으로 가장 거리가 먼 것은?

① 내용물의 누출 및 확산
② 화학반응열 또는 잠열의 축적
③ 누출경보장치의 미비
④ 착화원 또는 고온물의 생성

해설 가스 폭발 사고의 근본적인 원인
① 화학반응열 축적
② 착화원 또는 고온물의 생성
③ 누출경보장치의 미비
④ 내용물의 누출 및 확산

문제 32 정압기의 선정 시 유의사항으로 가장 거리가 먼 것은?

① 정압기의 내압성능 및 사용 최대차압
② 정압기의 용량
③ 정압기의 크기
④ 1차 압력과 2차 압력범위

해설 정압기의 선정 시 유의사항
① 1차 압력과 2차 압력범위
② 정압기의 용량
③ 정압기의 내압성능 및 사용 최대차압

문제 33 가스용품제조허가를 받아야 하는 품목이 아닌 것은?

① PE 배관
② 매몰형정압기
③ 로딩암
④ 연료전지

해설 가스용품제조허가를 받아야 하는 품목
① 로딩암 ② 매몰형정압기 ③ 연료전지 ④ 가스렌지 ⑤ 가스히터

해답

30. ③ 31. ② 32. ③ 33. ①

문제 34
다음 [그림]은 무슨 공기 액화장치인가?

① 블리우드식 액화장치
② 린네식 액화장치
③ 캐매자식 액화장치
④ 필립스식 액화장치

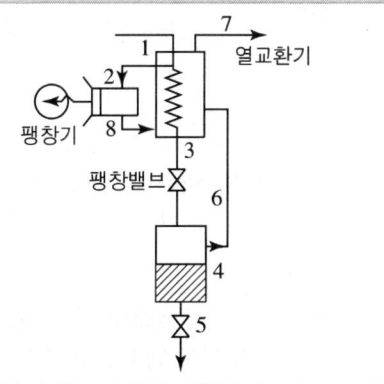

문제 35
2000rpm으로 회전하는 펌프를 3500rpm으로 반환하였을 경우 펌프의 유량과 양정은 각각 몇 배가 되는가?

① 유량 : 2.65, 양정 : 4.12
② 유량 : 3.06, 양정 : 1.75
③ 유량 : 3.06, 양정 : 5.36
④ 유량 : 1.75, 양정 : 3.06

해설 펌프의 상사법칙

① $Q' = Q \times \left(\dfrac{N_2}{N_1}\right)^1 = \left(\dfrac{3500}{2000}\right)^1 = 1.75$

② $H' = H \times \left(\dfrac{N_2}{N_1}\right)^2 = \left(\dfrac{3500}{2000}\right)^2 = 3.0625$

③ $Kw' = Kw \times \left(\dfrac{N_2}{N_1}\right)^3 = \left(\dfrac{3500}{2000}\right)^3 = 5.359$

문제 36
액주식 압력계가 아닌 것은?

① U자관식
② 경사관식
③ 벨로우즈식
④ 단관식

해설 액주식 압력계
① U자관식 ② 단관식 ③ 경사관식 ④ 2액마노미터

문제 37
가스분석 시 이산화탄소 흡수제로 주로 사용되는 것은?

① NaCl
② KCl
③ KOH
④ Ca(OH)$_2$

해설 가스분석법
① 오르자트법 ㉠ CO_2 : KOH 30% 수용액 ㉡ O_2 : 알카리성 피롤카롤 용액
　　　　　　　㉢ CO : 암모니아성 염화 제1동 용액
② 헴펠법 ㉠ CO_2 : KOH 30% 수용액 ㉡ C_mH_n : 발열황산 25%
　　　　　　㉢ O_2 : 알카리성 피롤카롤 용액 ㉣ CO : 암모니아성 염화 제1동 용액

34. ① 35. ④ 36. ③ 37. ③

문제 38 이동식부탄연소기와 용기연결방법에 따른 분류가 아닌 것은?

① 카세트식　　② 직결식
③ 분리식　　　④ 임채식

해설 이동식부탄연소기기와 용기연결방법
① 카세트식　② 직결식　③ 분리식

문제 39 파일럿 정압기 중 구동압력이 증가하면 개도도 증가하는 방식으로서 정특성, 동특성이 양호하고 비교적 컴팩트한 구조의 로딩형 정압기는?

① Fishon식　　② axiaflow 식
③ Reynolds식　④ KRF식

해설 피셔식 정압기 : 구동압력이 증가하면 개도도 증가하는 방식으로서 정특성, 동특성이 양호하고 비교적 컴팩트한 구조의 로딩형 정압기

문제 40 다음 가스분석법 중 흡수분석법에 해당하지 않는 것은?

① 헴펠법　　② 구우네법
③ 오르자트법　④ 게겔법

해설 흡수분석법
① 오르자트법　② 헴펠법　③ 게겔법

문제 41 땅 속의 애노드에 강제전압을 가하여 피방식 금속체를 캐소드로 하는 전기 방식법은?

① 희생양극법　　② 외부전원법
③ 선택배류법　　④ 강제배류법

해설 외부전원법 : 땅 속의 애노드에 강제전압을 가하여 피방식 금속체를 캐소드로 하는 전기 방식법

문제 42 화학적 부식이나 전기적 부식의 염려가 없고 0.4MPa 이하의 매몰배관으로 주로 사용하는 배관의 종류는?

① 배관용 탄소강관　　② 폴리에틸렌피복강관
③ 스테인리스강관　　 ④ 폴리에틸렌관

해설 폴리에틸렌관(PE관) : 화학적 부식이나 전기적 부식의 염려가 없고 0.4MPa 이하의 매몰배관으로 주로 사용

해답 　38. ④　39. ①　40. ②　41. ②　42. ④

문제 43 도시가스의 총발열량이 10400kcal/m³, 공기에 대한 비중이 0.55일 때 웨버지수는 얼마인가?

① 11023
② 12023
③ 13023
④ 14023

해설 웨버지수 $= \dfrac{Hg}{\sqrt{d}} = \dfrac{10400}{\sqrt{0.55}} = 14023.35$

문제 44 가연성가스 검출기 중 탄광에서 발생하는 CH_4의 농도를 측정하는데 주로 사용되는 것은?

① 간섭계형
② 안전등형
③ 열선형
④ 반도체형

해설 안전등형 : 탄광에서 발생하는 CH_4의 농도 측정
간섭계형 : 가연성가스의 굴절율차 이용

문제 45 서로 다른 두 종류의 금속을 연결하여 폐회로를 만든 후, 양접점에 온도차를 주면 금속 내에 열기전력이 발생하는 이용한 온도계는?

① 광전관식 온도계
② 바이메탈 온도계
③ 서미스터 온도계
④ 열전대 온도계

해설 열전대 온도계 : 서로 다른 두 종류의 금속을 연결하여 폐회로를 만든 다음 양접점에 온도차를 주면 금속 내에 열기전력이 발생하는 원리 이용
[종류] ㉠ PR(백금-백금로듐) : 0~1600℃
㉡ CA(크로멜-알루멜) : 0~1200℃
㉢ CC(동-콘스탄탄) : -200~350℃
㉣ IC(철-콘스탄탄) : -20~850℃

문제 46 다음 중 액화가 가장 높은 가스는?

① H_2
② N_2
③ He
④ CH_4

해설 비점이 낮을수록 액화가 어려움
① He(헬륨) : -272.2℃
② 수소 : -252.5℃
③ 질소 : -196℃
④ 메탄 : -161.5℃
He > H_2 > N_2 > CH_4 순서

43. ④ 44. ② 45. ④ 46. ③

문제 47 다음 중 압력이 가장 높은 것은?

① 10 lb/in² ② 750mmHg
③ 1atm ④ 1kg/cm²

해설 압력이 높은 순서
① 1atm = 14.7 lb/in²
$x = 10 \text{lb/in}^2$ $x = \dfrac{1\text{atm} \times 10\text{lb/in}^2}{14.7\text{lb/in}^2} = 0.68\text{atm}$

② 1atm = 760mmHg
$x = 750\text{mmHg}$ $x = \dfrac{1\text{atm} \times 750\text{mmHg}}{760\text{mmHg}} = 0.986\text{atm}$

③ 1atm

④ 1atm = 1.0332kg/cm²
$x = 1\text{kg/cm}^2$ $x = \dfrac{1\text{atm} \times 1\text{kg/cm}^2}{1.0332\text{kg/cm}^2} = 0.9678\text{atm}$

문제 48 자동절체식조정기의 경우 사용 쪽 용기만의 압력이 얼마 이상일 때 표시 용량의 범위에서 예비 쪽 용기에서 가스가 공급되지 않아야 하는가?

① 0.05MPa ② 0.1MPa
③ 0.15MPa ④ 0.2MPa

해설 자동절체식조정기의 경우 사용 쪽 용기만의 압력이 0.1MPa 이상 시 표시 용량의 범위에서 예비 쪽 용기에서 가스가 공급되지 않아야 함

문제 49 산소의 성질에 대한 설명 중 옳지 않은 것은?

① 자신은 폭발위험은 없으나 연소를 돕는 조연제이다.
② 액체산소는 무색, 무취이다.
③ 화학적으로 활성이 강하며, 많은 원소와 반응하여 산화물을 만든다.
④ 상자성을 가지고 있다.

해설 산소의 성질
① 액체산소는 담청색이다.
② 상자성을 가지고 있다.
③ 화학적으로 활성이 강하며, 많은 원소와 반응하여 산화물을 만든다.
④ 자신은 폭발위험은 없으나 연소를 돕는 조연제이다.

문제 50 "성능계수(ϵ)가 무한정한 냉동기의 체적은 불가능하다"라고 표현되는 법칙은?

① 열역학 제0법칙 ② 열역학 제1법칙
③ 열역학 제2법칙 ④ 열역학 제3법칙

47. ③ 48. ② 49. ② 50. ③

해설 열역학 제2법칙 : 성능계수가 무한정한 냉동기의 제척은 불가능하다
열역학 제3법칙 : 어떤 경우라도 절대온도 0°K에 도달할 수 없다는 법칙

문제 51 60K를 랭킨온도로 환산하면 약 몇 °R 인가?
① 109
② 117
③ 126
④ 135

해설 °R = 1.8K = 1.8×60 = 108°R

문제 52 밀폐된 공간 안에서 LP가스가 연소되고 있을 때의 현상으로 틀린 것은?
① 시간이 지나감에 따라 일산화탄소가 증가된다.
② 시간이 지나감에 따라 이산화탄소가 증가된다.
③ 시간이 지나감 따라 산소농도가 감소된다.
④ 시간이 지나감에 따라 아황산가스가 증가된다.

해설 밀폐된 공간 안에서 LP가스가 연소되고 있을 때의 현상
① 시간이 지나감 따라 산소농도가 감소한다.
② 시간이 지나감에 따라 이산화탄소가 증가한다.
③ 시간이 지나감에 따라 일산화탄소가 증가한다.

문제 53 탄소 12g을 완전연소 시킬 경우 발생되는 이산화탄소는 약 몇 L인가? (단, 표준상태일 때를 기준으로 한다.)
① 11.2
② 12
③ 22.4
④ 32

해설
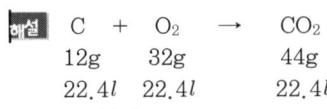
$C + O_2 \rightarrow CO_2$
12g 32g 44g
22.4l 22.4l 22.4l
∴ 22.4l

문제 54 공기 중에서 폭발하한이 가장 낮은 탄화수소는?
① CH_4
② C_4H_{10}
③ C_3H_8
④ C_2H_6

해설 폭발범위 하한 상한
① C_4H_{10}(부탄) : 1.8~8.4%
② CH_4(메탄) : 5~15%
③ C_3H_8(프로판) : 2.1~9.5%
④ CH_6(에탄) : 3~12.5%

해답 51. ① 52. ④ 53. ③ 54. ②

문제 55 에틸렌 제조의 원료로 사용되지 않는 것은?

① 나프타   ② 에탄올
③ 프로판   ④ 염화메탄

해설 에틸렌 제조의 원료 : ① 에탄올 ② 프로판 ③ 나프타

문제 56 다음 중 비중이 가장 작은 가스는?

① 수소   ② 질소
③ 부탄   ④ 프로판

해설 비중

① H_2(수소) : $\dfrac{2g}{29g} = 0.0689$ ② N_2(질소) : $\dfrac{28g}{29g} = 0.9655$

③ C_4H_{10}(부탄) : $\dfrac{58g}{29g} = 2$ ④ C_3H_8(프로판) : $\dfrac{44g}{29g} = 1.52$

문제 57 가연성가스 정의에 대한 설명으로 맞는 것은?

① 폭발한계의 하한이 10% 이하인 것과 폭발한계의 상한과 하한의 차가 20% 이상인 것을 말한다.
② 폭발한계의 하한이 20% 이하인 것과 폭발한계의 상한과 하한의 차가 10% 이상인 것을 말한다.
③ 폭발한계의 상한이 10% 이하인 것과 폭발한계의 상한과 하한의 차가 20% 이하인 것을 말한다.
④ 폭발한계의 상한이 10% 이상인 것과 폭발한계의 상한과 하한의 차가 10% 이하인 것을 말한다.

해설 가연성가스 정의 : 폭발한계의 하한이 10% 이하이거나 하한과 상한의 차가 20% 이상인 가스

문제 58 다음 중 아세틸렌의 발생방식이 아닌 것은?

① 주수식 : 카바이드에 물을 넣는 방법
② 투입식 : 물에 카바이드를 넣는 방법
③ 접촉식 : 물에 카바이드를 소량씩 접촉시키는 방법
④ 가열식 : 카바이드를 가열하는 방법

해설 아세틸렌의 발생방식
① 투입식 : 물에 카바이드를 넣는 방법
② 주수식 : 카바이드에 물을 넣는 방법
③ 접촉식 : 물에 카바이드를 소량씩 접촉시키는 방법

해답 55. ④ 56. ① 57. ① 58. ④

문제 59 암모니아 가스의 독성에 대한 설명으로 옳은 것은?

① 물에 잘 녹지 않는다. ② 무색의 기체이다.
③ 상온에서 아주 불안정하다. ④ 물에 녹으면 산성이 된다.

해설 암모니아 가스의 특징
① 무색의 기체이나 물에 잘 용해한다.
② 용해량은 물 1cc에 800~900cc가 용해
③ 상온에서 8.46atm이 되면 쉽게 액화한다.
④ 증발잠열이 크므로 대형 냉매에 사용
⑤ 허용농도는 25PPM 이하, 연소범위는 15~28% 이다.

문제 60 질소에 대한 설명으로 틀린 것은?

① 질소는 다른 원소와 반응하지 않아 기기의 기밀시험용 가스로 사용된다.
② 촉매 등을 사용하여 상온(35℃)에서 수소와 반응시키면 암모니아를 생성한다.
③ 주로 액체 공기를 비점 차이로 분류하여 산소와 같이 얻는다.
④ 비점이 대단히 낮아 극저온의 냉매로 이용된다.

해답 59. ② 60. ②

2017년 4월 CBT 시행

문제 01 도시가스 사용시설 중 가스계량기의 설치기준으로 틀린 것은?

① 가스계량기는 화기(자체 화기는 제외)와 2m 이상의 우회 거리를 유지하여야 한다.
② 가스계량기(30m³/h 미만)의 설치 높이는 바닥으로부터 1.6m 이상, 2m 이내이어야 한다.
③ 가스계량기를 격납상자 내에 설치하는 경우에는 설치 높이의 제한을 받지 아니한다.
④ 가스계량기는 절연조치를 하지 아니한 전선과 30cm 이상의 거리를 유지하여야 한다.

해설 가스계량기는 절연조치를 하지 아니한 전선과 15cm 이상의 거리를 유지하여야 한다.

문제 02 지상에 설치하는 액화석유가스의 저장탱크 안전밸브에 가스 방출관을 설치하고자 한다. 저장탱크의 정상부가 8m일 경우 방출관의 방출구 높이는 지상에서 얼마 이상의 높이에 설치하여야 하는가?

① 5m ② 8m
③ 10m ④ 12m

해설 저장 탱크의 정상부가 8m일 경우 방출관의 방출구 높이는 지상에서 10m이상의 높이

문제 03 다음 중 지식경제부령이 정하는 특정설비가 아닌 것은?

① 저장탱크 ② 저장탱크의 안전밸브
③ 조정기 ④ 기화기

해설 특정설비
① 저장탱크 ② 긴급차단장치
③ 역화방지장치 ④ 역류방지밸브
⑤ 안전밸브 ⑥ 기화기

해답 01. ④ 02. ③ 03. ③

문제 04
지하에 매설된 도시가스 배관의 전기방식 기준으로 틀린 것은?
① 전기방식전류가 흐르는 상태에서 토양 중에 있는 배관 등의 방식전위 상한값은 포화황산동 기준전극으로 −0.85V 이하일 것
② 전기방식전류가 흐르는 상태에서 자연전위와의 전위변화가 최소한 −300mV 이하일 것
③ 배관에 대한 전위측정은 가능한 배관 가까운 위치에서 실시할 것
④ 전기방식시설의 관대지전위 등을 2년에 1회 이상 점검할 것

해설 전기방식시설의 관대지전위 등을 1년에 1회 이상 점검할 것

문제 05
가스용 폴리에틸렌관의 굴곡허용반경은 외경의 몇배 이상으로 하여야 하는가?
① 10
② 20
③ 30
④ 50

해설 가스용 폴리에틸렌관의 굴곡허용반경은 외경의 20배 이상

문제 06
압력용기의 내압부분에 대한 비파괴 시험으로 실시되는 초음파탐상시험 대상은?
① 두께가 35mm인 탄소강
② 두께가 5mm인 9% 니켈강
③ 두께가 15mm인 2.5%
④ 두께가 30mm인 저합금강

해설 압력용기의 내압부분에 대한 비파괴 시험으로 실시되는 초음파탐상시험 대상 : 두께가 15mm인 2.5%

문제 07
프로판 15vol%와 부탄 85vol%로 혼합된 가스의 공기 중 폭발하한 값은 약 몇 % 인가? (단, 프로판의 폭발하한 값은 2.1%이고, 부탄은 1.8%이다.)
① 1.84
② 1.88
③ 1.94
④ 1.98

해설 $\dfrac{100}{L} = \dfrac{V_1}{L_1} + \dfrac{V_2}{L_2} \cdots \dfrac{V_n}{L_n}$ $\dfrac{100}{L} = \dfrac{15}{2.1} + \dfrac{85}{1.8}$ ∴ $L = \dfrac{100}{54.365} = 1.839\%$

문제 08
특정고압가스용 실린더캐비닛 제조설비가 아닌 것은?
① 가공설비
② 세척설비
③ 판넬설비
④ 용접설비

해설 특정고압가스용 실린더캐비닛 제조설비
① 가공설비 ② 세척설비 ③ 용접설비

해답 04. ④ 05. ② 06. ③ 07. ① 08. ③

문제 09 가스 설비를 수리할 때 산소의 농도가 약 몇 % 이하가 되면 산소 결핍 현상을 초래하게 되는가?

① 8% ② 12%
③ 16% ④ 20%

해설 산소의 농도가 16% 이하 시 산소 결핍 현상을 초래

문제 10 인체용 에어졸 제품의 용기에 기재하여야 할 사항으로 틀린 것은?

① 특정부위에 계속하여 장시간 사용하지 말 것
② 가능한 한 인체에서 10cm 이상 떨어져서 사용할 것
③ 온도가 40℃이상 되는 장소에 보관하지 말 것
④ 불 속에 버리지 말 것

해설 가능한 인체에서 20cm 이상 떨어져서 사용할 것

문제 11 도시가스의 유해성분 측정에 있어 암모니아는 도시가스 $1m^3$ 당 몇 g 을 초과해서는 안되는가?

① 0.02 ② 0.2
③ 0.5 ④ 1.0

해설 도시가스 유해성분의 양
① 황전량 : 0.5g 이하 ② 암모니아 : 0.2g 이하 ③ 황화수소 : 0.02g 이하

문제 12 용기 동판의 최대 두께와 최소 두께와의 차이는 평균 두께의 몇 % 이하로 하여야 하는가?

① 5% ② 10%
③ 20% ④ 30%

해설 용기 동판의 최대 두께와 최소 두께와의 차이는 평균 두께의 20% 이하

문제 13 저장 능력 $300m^3$ 이상인 2개의 가스 홀더 A, B간에 유지해야 할 거리는? (단, A와 B의 최대 지름은 각각 8m, 4m 이다.)

① 1m ② 2m
③ 3m ④ 4m

해설 유지거리 $= \dfrac{D_1 + D_2}{4} = \dfrac{8+4}{4} = 3m$

해답

09. ③ 10. ② 11. ② 12. ③ 13. ③

문제 14

다음 중 가연성이면서 유독한 가스는?

① NH_3
② H_2
③ CH_4
④ N_2

해설 **가연성이며 독성가스**
① NH_3(암모니아)   ② CO(일산화탄소)
③ H_2S(황화수소)   ④ C_6H_6(벤젠)
⑤ HCN(시안화수소) ⑥ C_2H_4O(산화에틸렌)

문제 15

부취제의 구비조건으로 적합하지 않은 것은?

① 연료가스 연소시 완전연소될 것
② 일생생활의 냄새와 확연히 구분될 것
③ 토양에 쉽게 흡수될 것
④ 물에 녹지 않을 것

해설 **부취제의 구비조건**
① 독성 및 가연성이 아닐 것
② 도관을 부식시키지 말 것
③ 도관내의 상용온도에서 응축되지 말 것
④ 보통 존재하는 냄새와 명확히 구분될 것
⑤ 가스관이나 가스미터에 흡착되지 말 것
⑥ 토양에 대한 투과성이 클 것
⑦ 극히 낮은 농도에서도 냄새를 확인할 수 있을 것
⑧ 연소 시 완전 연소될 것
⑨ 물에 녹지 말 것 등

문제 16

가스보일러의 설치기준 중 자연배기식 보일러의 배기통 설치방법으로 옳지 않은 것은?

① 배기통의 굴곡수는 6개 이하로 한다.
② 배기통의 끝은 옥외로 뽑아낸다.
③ 배기통의 입상높이는 원칙적으로 10m 이하로 한다.
④ 배기통의 가로 길이는 5m 이하로 한다.

해설 **자연배기식 보일러의 배기통 설치방법**
① 배기통의 굴곡수는 4개 이하로 한다.
② 배기통의 끝은 옥외로 뽑아낸다.
③ 배기통의 입상높이는 원칙적으로 10m 이하로 한다.
④ 배기통의 가로 길이는 5m 이하로 한다.

해답 14. ① 15. ③ 16. ①

문제 17 가스누출자동차단장치 및 가스누출자동차단기의 설치기준에 대한 설명으로 틀린 것은?

① 가스공급이 불시에 자동 차단됨으로써 재해 및 손실이 클 우려가 있는 시설에는 가스누출경보차단장치를 설치하지 않을 수 있다.
② 가스누출자동차단기를 설치하여도 설치목적을 달성할 수 없는 시설에는 가스누출자동차단기를 설치하지 않을 수 있다.
③ 월사용예정량이 1,000m³ 미만으로서 연소기에 소화안전장치가 부착되어 있는 경우에는 가스누출경보차단장치를 설치하지 않을 수 있다.
④ 지하에 있는 가정용 가스사용시설은 가스누출경보차단장치의 설치대상에서 제외된다.

해설 월사용예정량이 1,000m² 미만으로서 연소기에 소화안전장치가 부착되어 있는 경우에는 가스누출경보차단장치를 설치하여야 한다.

문제 18 다음 가스 중 독성이 가장 강한 것은?

① 염소 ② 불소
③ 시안화수소 ④ 암모니아

해설 **독성가스**(숫자가 작을수록 맹독성가스)
① 염소 : 1PPM 이하 ② 불소 : 0.1PPM 이하
③ 시안화수소 : 10PPM 이하 ④ 암모니아 : 25PPM 이하

문제 19 도시가스 배관을 지하에 설치 시공 시 다른 배관이나 타시설물과의 이격거리 기준은?

① 30cm 이상 ② 50cm 이상
③ 1m 이상 ④ 1.2m 이상

해설 도시가스 배관을 지하에 설치 시공 시 다른 배관이나 타시설물과의 30cm 이상 이격거리 유지

문제 20 고압가스 충전용기의 적재 기준으로 틀린 것은?

① 차량의 최대적재량을 초과하여 적재하지 아니한다.
② 충전 용기의 차량에 적재하는 때에는 뉘여서 적재한다.
③ 차량의 적재함을 초과하여 적재하지 아니한다.
④ 밸브가 돌출한 충전용기는 밸브의 손상을 방지하는 조치를 한다.

해설 충전 용기를 차량에 적재 시 세워서 적재한다.

17. ③ 18. ② 19. ① 20. ②

문제 21 방류둑에는 계단, 사다리 또는 토시를 높이 쌓아올림 등에 의한 출입구를 둘레 몇 m 마다 1개 이상을 두어야 하는가?

① 30
② 50
③ 75
④ 100

[해설] 방류둑에는 계단, 사다리 또는 토시를 높이 쌓아올림 등에 의한 출입구 둘레 50m 마다 1개 이상, 50m 미만 시 2개 이상

문제 22 아세틸렌 가스 압축시 희석제로서 적당하지 않은 것은?

① 질소
② 메탄
③ 일산화탄소
④ 산소

[해설] 희석제 : ① 메탄 ② 일산화탄소 ③ 에틸렌 ④ 질소 ⑤ 수소 ⑥ 프로판

문제 23 가스가 누출된 경우 제2의 누출을 방지하기 위하여 방류둑을 설치한다. 방류둑을 설치하지 않아도 되는 저장탱크는?

① 저장능력 1000톤의 액화질소탱크
② 저장능력 10톤의 액화암모니아탱크
③ 저장능력 1000톤의 액화산소탱크
④ 저장능력 5톤의 액화염소탱크

[해설] 방류둑 설치
① 가연성 산소 : 1000Ton 이상
② 특정고압가스 : 500Ton 이상
③ 독성 : 5Ton 이상(질소는 불연성가스이므로 제외)

문제 24 냉동기 제조시설에서 내압성능을 확인하기 위한 시험압력의 기준은?

① 설계압력 이상
② 설계압력의 1.25배 이상
③ 설계압력의 1.5배 이상
④ 설계압력의 2배 이상

[해설] 냉동기 제조시설에서 내압성능을 확인하기 위한 시험압력 : 설계압력의 1.5배 이상

문제 25 충전 용기를 차량에 적재하여 운반시 차량의 앞뒤 보기 쉬운 곳에 표시하는 경계표시의 글씨 색깔 및 내용으로 적합한 것은?

① 노랑 글씨 – 위험고압가스
② 붉은 글씨 – 위험고압가스
③ 노랑 글씨 – 주의고압가스
④ 붉은 글씨 – 주의고압가스

[해설] 경계표시의 글씨색깔 및 내용 : 붉은글씨로 위험 고압가스

21. ② 22. ④ 23. ① 24. ③ 25. ②

문제 26 고압가스 운반, 취급에 관한 안전사항 중 염소와 동일차량에 적재하여 운반이 가능한 가스는?

① 아세틸렌
② 암모니아
③ 질소
④ 수소

해설 동일 차량 적재운반 금지
① 염소와 수소 ② 염소와 암모니아 ③ 염소와 아세틸렌

문제 27 사고를 일으키는 장치의 이상이나 운전자 실수의 조합을 연역적으로 분석하는 정량적 위험성평가 기법은?

① 사건수 분석(ETA)기법
② 결합수 분석(FTA)기법
③ 위험과 운전분석(HAZOP)기법
④ 이상위험도 분석(FMECA)기법

해설 **결합수 분석기법** : 사고를 일으키는 장치의 이상이나 운전자 실수의 조합을 연역적으로 분석하는 정량적 위험성평가 기법

문제 28 가스배관의 주위를 굴착하고자 할 때에는 가스배관의 좌우 얼마 이내의 부분은 인력으로 굴착해야 하는가?

① 30cm 이내
② 50cm 이내
③ 1m 이내
④ 1.5m 이내

해설 가스배관의 주위를 굴착하고자 한 때에는 가스배관의 좌우 1m 이내의 부분은 인력으로 굴착

문제 29 천연가스의 발열량이 10,400kcal/Sm^3 이다. SI 단위인 MJ/Sm^3 으로 나타내면?

① 2.47
② 43.68
③ 2.476
④ 43.680

해설 1J = 0.238cal
1MJ = 0.238 × 1000 = 238cal
∴ $\frac{10400}{238} = 43.697 \text{MJ/Sm}^3$

문제 30 시안화수소 충전 시 한 용기에서 60일을 초과할 수 있는 경우는?

① 순도가 90% 이상으로서 착색이 된 경우
② 순도가 90% 이상으로서 착색되지 아니한 경우
③ 순도가 98% 이상으로서 착색이 된 경우
④ 순도가 98% 이상으로서 착색되지 아니한 경우

해답

26. ③ 27. ② 28. ③ 29. ② 30. ④

해설 시안화수소 충전 시 한 용기에서 60일을 초과할 수 있는 경우 순도가 98% 이상으로서 착색되지 아니한 경우

문제 31 액화가스의 고압가스설비에 부착되어 있는 스프링식 안전밸브는 상용의 온도에서 그 고압가스 설비 내의 액화가스의 상용의 체적이 그 고압가스설비 내의 몇 %까지 팽창하게 되는 온도에 대응하는 그 고압가스설비 안의 압력에서 작동하는 것으로 하여야 하는가?

① 90
② 95
③ 98
④ 99.5

문제 32 안정된 불꽃으로 완전연소를 할 수 있는 염공의 단위면적당 인풋(in put)을 무엇이라고 하는가?

① 염공부하
② 연소실부하
③ 연소효율
④ 배기 연손실

해설 **염공부하** : 안정된 불꽃으로 완전연소를 할 수 있는 염공의 단위면적당 인풋

문제 33 자동교체식 조정기 사용 시 장점으로 틀린 것은?

① 전체용기 수량이 수동식보다 적어도 된다.
② 배관의 압력손실을 크게 해도 된다.
③ 잔액이 거의 없어질 때까지 소비된다.
④ 용기 교환주기의 폭을 좁힐 수 있다.

해설 **자동교체식 조정기 사용 시 장점**
① 용기 교환주기의 폭을 넓힐 수 있다.
② 잔액이 거의 없어질 때까지 소비된다.
③ 배관의 압력손실을 크게 해도 된다.
④ 전체용기 수량이 수동식보다 적어도 된다.

문제 34 저장능력 50톤인 액화산소 저장탱크 외면에서 사업소 경계선까지의 최단거리가 50m일 경우 이 저장탱크에 대한 내진설계 등급은?

① 내진 특등급
② 내진 1등급
③ 내진 2등급
④ 내진 3등급

해설 저장능력이 50톤인 액화산소 저장탱크 외면에서 사업소 경계선까지의 최단거리가 50m 일 경우 : 내진2등급

해답

31. ③ 32. ① 33. ④ 34. ③

문제 35
다음 중 흡수 분석법의 종류가 아닌 것은?

① 헴펠법
② 활성알루미나겔법
③ 오르자트법
④ 게겔법

해설 흡수 분석법
① 오르자트법 ② 헴펠법 ③ 게겔법

문제 36
LPG 기화장치의 작동원리에 따른 구분으로 저온의 액화가스를 조정기를 통하여 감압한 후 열교환기에 공급해 강제 기화시켜 공급하는 방식은?

① 해수가열 방식
② 가온감압 방식
③ 감압가열방 방식
④ 중간 매체 방식

해설 감압가열 방식 : 저온의 액화가스를 조정기를 통하여 감압한 후 열교환기에 공급해 강제 기화시켜 공급하는 방식

문제 37
특정가스 제조시설에 설치한 가연성 독성가스 누출검지 경보장치에 대한 설명으로 틀린 것은?

① 누출된 가스가 체류하기 쉬운 곳에 설치한다.
② 설치수는 신속하게 감지할 수 있는 숫자로 한다.
③ 설치위치는 눈에 잘 보이는 위치로 한다.
④ 기능은 가스의 종류에 적합한 것으로 한다.

해설 가연성, 특정가스 누출검지 경보장치
① 기능은 가스의 종류에 적합한 것으로 한다.
② 설치수는 신속하게 감지할 수 있는 숫자로 한다.
③ 누출된 가스가 체류하기 쉬운 곳에 설치

문제 38
열전대 온도계는 열전쌍회로에서 두 접점의 발생되는 어떤 현상의 원리를 이용한 것인가?

① 열기전력
② 열팽창계수
③ 체적변화
④ 탄성계수

해설 두 접점의 발생되는 열기전력(제백효과) 이용

문제 39
도시가스 제조 공정에서 사용되는 촉매의 열화와 가장 거리가 먼 것은?

① 유황화합물에 의한 열화
② 불순물의 표면 피복에 의한 열화
③ 단체와 니켈과의 반응에 의한 열화
④ 불포화탄화수소에 의한 열화

해답　　35. ②　36. ③　37. ③　38. ①　39. ④

해설 촉매의 열화
① 단체와 니켈과의 반응에 의한 열화
② 불순물의 표면 피복에 의한 열화
③ 유황화합물에 의한 열화

문제 40 액화천연가스(LNG)저장탱크 중 액화천연가스의 최고액면을 지표면과 동등 또는 그 이하가 되도록 설치하는 형태의 저장탱크는?

① 지상식 저장탱크(Aboveground Storage Tank)
② 지중식 저장탱크(Inground Storage Tank)
③ 지하식 저장탱크(Underground Storage Tank)
④ 단일방호식 저장탱크(Single Containment Tank)

해설 지중식 저장탱크 : 액화천연가스의 최고 액면을 지표면과 동등 또는 그 이하가 되도록 설치

문제 41 모듈 3, 잇수 10개, 기어의 폭이 12mm 인 기어펌프를 1200rpm 으로 회전할 때 송출량은 약 얼마인가?

① 9030cm³/s
② 11260cm³/s
③ 12160cm³/s
④ 13570cm³/s

해설 $Q = 2\pi m^2 zbN = 2 \times 3.14 \times 3^2 \times 10 \times 1.2 \times 1200 = 813888 \, cm^2/min$

$\dfrac{813888 \, cm^2/min}{60 \, sec/min} = 13564.8 \, cm^2/sec$

문제 42 고압가스 배관재료로 사용되는 동관의 특징에 대한 설명으로 틀린 것은?

① 가공성이 좋다.
② 열전도율이 적다.
③ 시공이 용이하다.
④ 내식성이 크다.

해설 동관의 특징
① 열전도율이 좋다. ② 내식성이 크다. ③ 시공이 우수하다.
④ 가공성이 좋다. ⑤ 산에 침식된다.

문제 43 공기보다 비중이 가벼운 도시가스의 공급시설로서 공급시설이 지하에 설치된 경우의 통풍구조에 대한 설명으로 옳은 것은?

① 환기구를 2방향 이상 분산하여 설치한다.
② 배기구는 천장 면으로부터 50cm 이내에 설치한다.
③ 흡입구 및 배기구의 관경은 80mm 이상으로 한다.
④ 배기가스 방출구는 지면에서 5m 이상의 높이에 설치한다.

해답 40. ② 41. ④ 42. ② 43. ①

[해설] 공기보다 비중이 가벼운 도시가스 공급시설
① 환기구를 2방향 이상 분산 설치
② 배기구는 천정면 가까이 설치할 것
③ 통풍능력은 바닥면적 $1m^2$당 $0.5m^3$/min 이상으로 할 것
④ 배기가스 방출구는 지면에서 5m(공기보다 비중이 가벼운 경우 3m)이상의 높이에 설치할 것

문제 44
원통형의 관을 흐르는 물의 중심부의 유속을 피토관으로 측정하였더니 수주의 높이가 10m 이었다. 이 때 유속은 약 몇 m/s 인가?
① 10
② 14
③ 20
④ 26

[해설] $H = \dfrac{V^2}{2g}$ $V = \sqrt{2gh} = \sqrt{2 \times 9.8 \times 10} = 14 m/sec$

문제 45
실린더 중에 피스톤과 보조 피스톤이 있고 양 피스톤의 작용으로 상부에 팽창기가 있는 액화 사이클은?
① 클라우드 액화 사이클
② 캐피자 액화 사이클
③ 필립스 액화 사이클
④ 캐스케이드 액화 사이클

[해설] **필립스 액화 사이클** : 실린더 중에 피스톤과 보조 피스톤이 있고 양 피스톤의 작용으로 상부에 팽창기가 있는 액화 사이클

문제 46
다음 중 메탄의 제조방법이 아닌 것은?
① 석유를 크래킹하여 제조한다.
② 천연가스를 냉각시켜 분별 증류한다.
③ 초산나트륨에 소다회를 가열하여 얻는다.
④ 니켈을 촉매로 하여 일산화탄소에 수소를 작용시킨다.

[해설] **메탄의 제조방법**
① 천연가스를 냉각시켜 분별 증류한다.
② 초산나트륨에 소다회를 가열하여 얻는다.
③ 니켈을 촉매로 하여 일산화탄소에 수소를 작용시킨다.

문제 47
아세틸렌의 특징에 대한 설명으로 옳은 것은?
① 압축 시 산화폭발한다.
② 고체 아세틸렌은 융해하지 않고 승화한다.
③ 금과는 폭발성 화합물을 생성한다.
④ 액체 아세틸렌은 안정하다.

44. ② 45. ③ 46. ① 47. ②

해설 **아세틸렌의 특징**
① 고체 아세틸렌은 안정하다.
② 은, 구리, 수은 등과 화합지 폭발성 물질생성
③ 고체 아세틸렌은 융해하지 않고 승화한다.
④ 압축 시 분해 폭발한다.

문제 48 도시가스의 주원료인 메탄(CH_4)의 비점은 약 얼마인가?
① $-50℃$ ② $-82℃$
③ $-120℃$ ④ $-162℃$

해설 메탄의 비점 : $-162℃$
프로판의 비점 : $-42.1℃$
부탄의 비점 : $-0.5℃$

문제 49 다음 중 휘발분이 없는 연료로서 표면연소를 하는 것은?
① 목탄, 코크스 ② 석탄, 목재
③ 휘발유, 등유 ④ 경유, 유황

해설 **연소형태**
① 표면연소 : 코크스, 목탄, 금속분, 숯
② 분해연소 : 석탄, 목재, 종이, 플라스틱
③ 증발연소 : 알콜, 에테르, 등유, 경유, 휘발유
④ 자기연소 : 화약, 폭약
⑤ 확산연소 : 수소, 메탄

문제 50 다음 가스 중 상온에서 가장 안정한 것은?
① 산소 ② 네온
③ 프로판 ④ 부탄

문제 51 다음 중 카바이드와 관련이 없는 성분은?
① 아세틸렌(C_2H_2) ② 석회석($CaCO_3$)
③ 생석회(CaO) ④ 염화칼슘($CaCl_2$)

해설 **카바이트와 관련**
① 아세틸렌 ② 석회석 ③ 생석회

해답
48. ④ 49. ① 50. ② 51. ④

문제 52 설비나 장치 및 용기 등에서 취급 또는 운용되고 있는 통상의 온도를 무슨 온도라 하는가?

① 상용온도 ② 표준온도
③ 화씨온도 ④ 캘빈온도

해설 **상용온도** : 설비나 장치 및 용기 등에서 취급 도는 운용되고 있는 통상의 온도

문제 53 다음 화합물 중 탄소의 함유율이 가장 많은 것은?

① CO_2 ② CH_4
③ C_2H_4 ④ CO

해설 **탄소의 함유율**
①, ②, ④ : C(12)   ③ : C_2(24)

문제 54 어떤 물질의 질량은 30g 이고 부피는 600cm³이다. 이것의 밀도(g/cm³)는 얼마인가?

① 0.01 ② 0.05
③ 0.5   ④ 1

해설 밀도 = $\dfrac{질량}{부피} = \dfrac{30g}{600cm^3} = 0.05 g/cm^3$

문제 55 브롬화메탄에 대한 설명으로 틀린 것은?

① 용기가 열에 노출되면 폭발할 수 있다.
② 알루미늄을 부식하므로 알루미늄 용기에 보관할 수 없다.
③ 가연성이며 독성가스이다.
④ 용기의 충전구 나사는 왼나사이다.

해설 용기의 충전구 나사는 오른나사이다.

참고 **가연성가스** : 왼나사
기타 : 오른나사

문제 56 대기압이 1.0332kgf/cm² 이고, 계기압력이 10kgf/cm² 일 때 절대압력은 약 몇 kgf/cm² 인가?

① 8.9668 ② 10.332
③ 11.0332 ④ 103.32

해답 52. ① 53. ③ 54. ② 55. ④ 56. ③

해설 절대압력 = 게이지압력 + 대기압 = 10 + 1.0332 = 11.0332kgf/cm²

문제 57 도시가스 정압기의 특성으로 유량이 증가됨에 따라 가스가 송출될 때 출구측 배관(밸브 등)의 마찰로 인하여 압력이 약간 저하되는 상태를 무엇이라 하는가?
① 히스테리시스(Hysteresis)효과
② 록업(Lock-up)효과
③ 충돌(Impingement)효과
④ 형상(BodyOConfiguration)효과

해설 히스테리시스효과 : 유량이 증가됨에 따라 가스가 송출될 때 출구측 배관의 마찰로 인하여 압력이 약간 저하되는 상태

문제 58 0℃ 물 10kg을 100℃ 수증기로 만드는데 필요한 열량은 약 몇 kcal 인가?
① 5390
② 6390
③ 7390
④ 8390

해설
① 0℃물 → 100℃물(현열)
$Q_1 = G_1 \cdot C_1 \cdot \Delta t_1 = 10 \times 1 \times (100-0) = 1000\,kcal$
② 100℃물 → 100℃증기(잠열)
$Q_2 = G_2 \times r_2 = 10 \times 539 = 5390\,kcal$
∴ $Q_1 + Q_2 = 1000 + 5390 = 6390\,kcal$

문제 59 다음 중 압력단위의 환산이 잘못된 것은?
① $1kg/cm^3 ≒ 14.22psi$
② $1psi ≒ 0.073kg/cm^2$
③ $1mbar ≒ 14.7psi$
④ $1kg/cm^3 ≒ 98.07kPa$

해설 1.013bar = 14.7PSI

문제 60 다음 중 온도의 단위가 아닌 것은?
① °F
② ℃
③ °R
④ °T

해설 온도의 단위
① $℃ = \frac{5}{9}(F-32)$
② $°F = \frac{9}{5} \times ℃ + 32$
③ $°K = ℃ + 273$
④ $°R = °F + 460$

57. ① 58. ② 59. ③ 60. ④

2017년 7월 CBT 시행

문제 01 안전관리자가 상주하는 사무소와 현장사무소와의 사이 또는 현장사무소 상호간 신속히 통보할 수 있도록 통신시설을 갖추어야 하는데 이에 해당되지 않는 것은?

① 구내방송설비 ② 메가폰
③ 인터폰 ④ 페이징설비

해설 통신시설
① 사업소내 전체 : ㉠ 사이렌 ㉡ 휴대용확성기 ㉢ 구내방송설비 ㉣ 페이징설비 ㉤ 메가폰
② 사무소와 사무소간 : ㉠ 인터폰 ㉡ 구내전화 ㉢ 구내방송설비 ㉣ 페이징설비
③ 종업원상호간 : ㉠ 페이징설비 ㉡ 휴대용확성기 ㉢ 메가폰 ㉣ 트랜시버

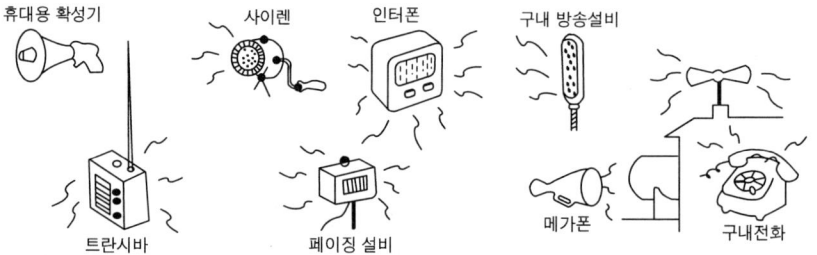

문제 02 1몰의 아세틸렌가스를 완전연소하기 위하여 몇 몰의 산소가 필요한가?

① 1몰 ② 1.5몰
③ 2.5몰 ④ 3몰

해설 $1C_2H_2 + 2.5O_2 \rightarrow 2CO_2 + 1H_2O$
　　　1몰　　2.5몰　　2몰　　1몰

문제 03 고압가스안전관리법에서 정하고 있는 특수고압가스에 해당되지 않는 것은?

① 아세틸렌 ② 포스핀
③ 압축모노실란 ④ 디실란

해설 특수고압가스
① 압축모노실란 ② 포스핀
③ 디실란 ④ 게르만
⑤ 세란화수소 ⑥ 액화알진 등

해답

01. ② 02. ③ 03. ①

문제 04 고압가스의 용어에 대한 설명으로 틀린 것은?

① 액화가스란 가압, 냉각 등의 방법에 의하여 액체 상태로 되어 있는 것으로서 대기압에서의 끓는점이 섭씨 40도 이하 또는 상용의 온도 이하인 것을 말한다.
② 독성가스란 공기 중에 일정량이 존재하는 경우 인체에 유해한 독성을 가진 가스로서 허용농도가 100만분의 2000 이하인 가스를 말한다.
③ 초저온저장탱크라 함은 섭씨 영하 50도 이하의 액화가스를 저장하기 위한 저장탱크로서 단열재로 씌우거나 냉동 설비로 냉각하는 등의 방법으로 저장탱크내의 가스온도가 상용의 온도를 초과하지 아니하도록 한 것을 말한다.
④ 가연성가스라 함은 공기 중에서 연소하는 가스로서 폭발한계의 하한이 10℃ 이하인 것과 폭발한계의 상한과 하한의 차가 20% 이상인 것을 말한다.

해설 허용농도가 $\frac{200}{100만}$ 이하인 가스

문제 05 다음 중 동일차량에 적재하여 운반할 수 없는 경우는?

① 산소와 질소
② 질소와 탄산가스
③ 탄산가스와 아세틸렌
④ 염소와 아세틸렌

해설 동일차량 적재운반 금지
① 염소와 수소 ② 염소와 암모니아 ③ 염소와 아세틸렌

문제 06 천연가스 지하 매설 배관의 퍼지용으로 주로 사용되는 가스는?

① N_2
② Cl_2
③ H_2
④ O_2

해설 천연가스 지하 매설 배관 퍼지용 : N_2(질소)

문제 07 독성가스 제조시설 식별표지의 글씨 색상은? (단, 가스의 명칭은 제외한다.)

① 백색
② 적색
③ 황색
④ 흑색

해설 식별표지 : 독성가스(염소) 제조시설
① 백색바탕에 흑색글씨(가스명칭은 적색)
② 문자의 크기는 가로 및 세로 10cm 이상
③ 식별거리 30m 이상

해답 04. ② 05. ④ 06. ① 07. ④

문제 08
다음 중 폭발성이 예민하므로 마찰 타격으로 격렬히 폭발하는 물질에 해당되지 않는 것은?

① 메틸아민
② 유화질소
③ 아세틸라이드
④ 염화질소

해설 폭발성이 예민하므로 마찰 타격으로 격렬히 폭발하는 물질
① 아세틸라이드
② 유화질소
③ 염화질소

문제 09
고압가스를 제조하는 경우 가스를 압축해서는 아니되는 경우에 해당하지 않는 것은?

① 가스연가스(아세틸렌, 에틸렌 및 수소 제외)중 산소량이 전체용량의 4% 이상인 것
② 산소 중의 가연성가스의 용량이 전체 용량의 4% 이상인 것
③ 아세틸렌, 에틸렌 또는 수소 중의 산소용량이 전체용량의 2% 이상인 것
④ 산소 중의 아세틸렌, 에틸렌 및 수소의 용량 합계가 전체용량의 4% 이상인 것

해설 산소 중의 아세틸렌, 에틸렌 및 수소의 용량 합계가 전체용량의 2% 이상인 것

문제 10
지하에 설치하는 지역정압기에서 시설의 조작을 안전하고 확실하게 하기 위하여 필요한 조명도는 얼마를 확보하여야 하는가?

① 100룩스
② 150룩스
③ 200룩스
④ 250룩스

해설 지하에 설치하는 지역정압기 조도 : 150룩스

문제 11
공기 중에서의 폭발 하한값이 가장 낮은 가스는?

① 황화수소
② 암모니아
③ 산화에틸렌
④ 프로판

해설 폭발 하한
① 프로판 : 2.1~9.5% ② 암모니아 : 15~28%
③ 황화수소 : 4.3~45.5% ④ 산화에틸렌 : 3~80%

08. ① 09. ④ 10. ② 11. ④

문제 12 가스도매사업의 가스공급시설 중 배관을 지하에 매설할 때의 기준으로 틀린 것은?

① 배관은 그 외면으로부터 수평거리로 건축물까지 1.0m 이상을 유지한다.
② 배관은 그 외면으로부터 지하의 다른 시설물과 0.3m 이상의 거리를 유지한다.
③ 배관은 산과 들에 매설할 때는 지표면으로부터 배관의 외면까지의 매설깊이를 1m 이상으로 한다.
④ 배관은 지반 동결로 손상을 받지 아니하는 깊이로 매설한다.

해설 배관은 그 외면으로부터 수평거리로 건축물까지 1.5m 이상유지

문제 13 아세틸렌을 용기에 충전하는 때에 사용하는 다공물질에 대한 설명으로 옳은 것은?

① 다공도가 55% 이상 75% 미만의 석회를 고루 채운다.
② 다공도가 65% 이상 82% 미만의 목탄을 고루 채운다.
③ 다공도가 75% 이상 92% 미만의 규조토를 고루 채운다.
④ 다공도가 95% 이상인 다공성 플라스틱을 고루 채운다.

해설 **다공질물** : 다공도가 75% 이상 92% 미만의 규조토를 고루 채운다.

문제 14 고압가스안전관리법에서 정하고 있는 보호시설이 아닌 것은?

① 의원　　　　　　　　　　② 학원
③ 가설건축물　　　　　　　④ 주택

해설 **보호시설**
① 유치원　② 병원　③ 새마을유아원　④ 학교
⑤ 도서관　⑥ 시장　⑦ 공중목욕탕　⑧ 호텔　⑨ 주택

문제 15 다음 가스폭발의 위험성 평가기법 중 정량적 평가방법은?

① HAZOP(위험성운전 분석기법)　② FTA(결함수 분석기법)
③ Check List법　　　　　　　　　④ WHAT-IF(사고예상질문 분석기법)

해설 **정량적 평가방법**
① 결함수 분석기법
② 사건수 분석법
③ 원인결과 분석법

12. ①　13. ③　14. ③　15. ②

문제 16
도시가스사업법령에 따른 안전관리자의 종류에 포함되지 않는 것은?

① 안전관리 총괄자 ② 안전관리 책임자
③ 안전관리 부책임자 ④ 안전점검원

해설 안전관리자의 종류
① 안전관리 총괄자
② 안전관리 책임자
③ 안전점검원

문제 17
독성가스 배관은 2중관 구조로 하여야 한다. 이 때 외층관내경은 내층관외경의 몇 배 이상을 표준으로 하는가?

① 1.2 ② 1.5
③ 2   ④ 2.5

해설 독성가스는 2중관 구조로 한다.
외층관내경은 내층관외경의 1.2배 이상

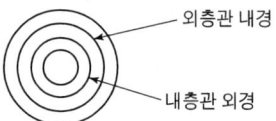

문제 18
액화석유가스 충전사업자의 영업소에 설치하는 용기저장소 용기보관실 면적의 기준은?

① $9m^2$ 이상 ② $12m^2$ 이상
③ $19m^2$ 이상 ④ $21m^2$ 이상

해설 충전사업자의 영업소에 설치하는 용기보관실 면적 $19m^2$ 이상

문제 19
자연발화의 열의 발생 속도에 대한 설명으로 틀린 것은?

① 초기 온도가 높은 쪽이 일어나기 쉽다.
② 표면적이 작을수록 일어나기 쉽다.
③ 발열량이 큰 쪽이 일어나기 쉽다.
④ 촉매 물질이 존재하면 반응 속도가 빨라진다.

해설 자연발화의 열의 발생 속도
① 표면적이 클수록 일어나기 쉽다.
② 촉매 물질이 존재하면 반응 속도가 빨라진다.
③ 발열량이 큰 쪽이 일어나기 쉽다.
④ 초기 온도가 높을수록 일어나기 쉽다.

해답 16. ③ 17. ① 18. ③ 19. ②

문제 20

암모니아 충전용기로서 내용적이 1000L 이하인 것은 부식여유치가 A 이고, 염소 충전용기로서 내용적이 1000L 초과하는 것은 부식여유치가 B이다. A와 B항의 알맞은 부식 여유치는?

① A : 1mm, B : 2mm
② A : 1mm, B : 3mm
③ A : 2mm, B : 5mm
④ A : 1mm, B : 5mm

해설 부식 여유치
① 암모니아 : ㉠ 1000L 이하 : 1mm ㉡ 1000L 초과 : 2mm
② 염소 : ㉠ 1000L 이하 : 3mm ㉡ 1000L 초과 : 5mm

문제 21

다음 중 고압가스관련설비가 아닌 것은?

① 일반압축가스배관용 밸브
② 자동차용 압축천연가스 완속충전설비
③ 액화석유가스용 용기잔류가스회수장치
④ 안전밸브, 긴급차단장치, 역화방지장치

해설 고압가스관련설비
① 저장탱크   ② 긴급차단장치
③ 역화방지장치 ④ 역류방지밸브
⑤ 안전밸브   ⑥ 기화기
⑦ 액화석유가스용 용기잔류가스 회수장치
⑧ 자동차용 압축천연가스 완속 충전설비

문제 22

고압가스일반제조시설의 저장탱크 지하 설치기준에 대한 설명으로 틀린 것은?

① 저장탱크 주위에는 마른모래를 채운다.
② 지면으로부터 저장탱크 정상부까지의 깊이는 30cm 이상으로 한다.
③ 저장탱크를 매설한 곳의 주위에는 지상에 경계표지를 한다.
④ 저장탱크에 설치한 안전밸브는 지면에서 5m 이상 높이에 방출구가 있는 가스방출관을 설치한다.

해설 지면으로부터 저장탱크 정상부까지의 깊이는 60cm 이상으로 한다.

문제 23

아황산가스의 제독제로 갖추어야 할 것이 아닌 것은?

① 가성소다수용액   ② 소석회
③ 탄산소다수용액   ④ 물

해설 제독제
① 염소 : 소석회, 가성소다, 탄산소다 (620, 670, 870kg)
② 포스겐 : 가성소다, 소석회 (390, 360kg)

해답 20. ④ 21. ① 22. ② 23. ②

③ 황화수소 : 가성소다, 탄산소다 (1140, 1500kg)
④ 시안화수소 : 가성소다 (250kg)
⑤ 아황산가스 : 물, 가성소다 (530kg), 탄산소다 (700kg)
⑥ 암모니아, 산화에틸렌, 염화메탄 : 다량의 물

문제 24 산소 압축기의 윤활유로 사용되는 것은?
① 석유류
② 유지류
③ 글리세린
④ 물

해설 압축기 윤활유
① 산소 : 물 또는 10% 이하의 묽은 글리세린수
② 염소 : 농황산
③ 공기, 수소, 아세틸렌 : 양질의 광유
④ LP가스 : 식물성유

문제 25 아세틸렌이 은, 수은과 반응하여 폭발성의 금속 아세틸라이드를 형성하여 폭발하는 형태는?
① 분해폭발
② 화합폭발
③ 산화폭발
④ 압력폭발

해설 화합폭발
① $C_2H_2 + 2Cu \rightarrow Cu_2C_2 + H_2$
② $C_2H_2 + 2Ag \rightarrow Ag_2C_2 + H_2$
③ $C_2H_2 + 2Hg \rightarrow Hg_2C_2 + H_2$

문제 26 가연성가스 또는 독성가스의 제조시설에서 자동으로 원재료의 공급을 차단시키는 등 제조설비 안의 제조를 제어할 수 있는 장치를 무엇이라고 하는가?
① 인터록기구
② 벤트스택
③ 플레어스택
④ 가스누출검지경보장치

해설 인터록기구 : 가연성가스 또는 독성가스 제조시설에서 자동으로 원재료의 공급을 차단시키는 등 제조설비 안의 제조를 제어할 수 있는 장치

문제 27 지상에 설치하는 정압기실 방호벽의 높이와 두께 기준으로 옳은 것은?
① 높이 2m, 두께 7cm 이상의 철근콘크리트벽
② 높이 1.5m, 두께 12cm 이상의 철근콘크리트벽
③ 높이 2m, 두께 12cm 이상의 철근콘크리트벽
④ 높이 1.5m, 두께 15cm 이상의 철근콘크리트벽

해답 24. ④ 25. ② 26. ① 27. ③

해설 방호벽의 높이

종류	높이	두께	구조
철근콘크리트	2m 이상	12cm 이상	9mm 이상의 철근을 40cm×40cm 이하의 간격으로 배근결속
콘크리트블록	2m 이상	15cm 이상	9mm 이상의 철근을 40cm×40cm 이하의 간격으로 결속
박강판	2m 이상	3.2mm 이상	
후강판	2m 이상	6mm 이상	1.8m 이하의 간격으로 지주를 세운다.

문제 28 도시가스도매사업제조소에 설치된 비상공급시설 중 가스가 통하는 부분은 최고사용압력의 몇 배 이상의 압력으로 기밀시험이나 누출검사를 실시하여 이상이 없는 것으로 하는가?

① 1.1
② 1.2
③ 1.5
④ 2.0

해설 최고사용압력의 1.1배 이상의 압력으로 기밀시험

문제 29 용기 종류별 부속품의 기호 중 압축가스를 충전하는 용기의 부속품을 나타낸 것은?

① LG
② PG
③ LT
④ AG

해설 용기 부속품 기호
① AG : 아세틸렌가스를 충전하는 용기 부속품
② PG : 압축가스를 충전하는 용기 부속품
③ LT : 초저온 및 저온가스를 충전하는 용기부속품
④ LPG : 액화석유가스를 충전하는 용기 부속품
⑤ LG : 액화석유가스 외의 가스를 충전하는 용기 부속품

문제 30 다음 ( )안에 알맞은 말은?

시 · 도지사는 도시가스를 사용하는 자에게 퓨즈 콕 등 가스안전 장치의 설치를 ( ) 할 수 있다.

① 권고
② 강제
③ 위탁
④ 시공

해설 시 · 도지사는 도시가스를 사용하는 자에게 퓨즈 콕 등 가스안전 장치의 설치를 권고할 수 있다

28. ① 29. ② 30. ①

문제 31 고압식 액화산소 분리장치에서 원료공기는 압축기에서 어느 정도 압축되는가?

① 40~60atm
② 70~100atm
③ 80~120atm
④ 150~200atm

해설 고압식 액화산소 분리장치에서 원료공기는 압축기에서 150~200atm 정도 압축

문제 32 수은을 이용한 U자관 압력계에서 액주높이(h)600mm, 대기압(P_1)은 1kg/cm² 일 때 P_2는 약 몇 kg/cm² 인가?

① 0.22
② 0.92
③ 1.82
④ 9.16

해설
$P_2 = P_1 + r \times h$
$= 1\text{kg/cm}^2 + 13.595\text{g/cm}^3 \times 60\text{cm}$
$= 1.85\text{kg/cm}^2$

문제 33 조정기를 사용하여 공급가스를 감압하는 2단 감압방법의 장점이 아닌 것은?

① 공급압력이 안정하다.
② 중간배관이 가늘어도 된다.
③ 각 연소기구에 알맞은 압력으로 공급이 가능하다.
④ 장치가 간단하다.

해설 **2단 감압방법의 장점**
① 공급압력이 일정하다.
② 중간배관이 가늘어도 된다.
③ 각 연소기구에 알맞은 압력으로 공급이 가능
④ 배관입상에 의한 압력손실을 보정할 수 있다.

문제 34 LNG의 주성분인 CH₄의 비점과 임계온도를 절대온도(K)로 바르게 나타낸 것은?

① 435K, 355K
② 111K, 355K
③ 435K, 283K
④ 111K, 283K

해설 **메탄의 비점** : $-161.5℃$
$°K = ℃ + 273 = -161.5 + 273 = 111.5°K$
메탄의 임계온도 = $82.1℃$
$°K = ℃ + 273 = 82.1 + 273 = 355.1°K$

31. ④ 32. ③ 33. ④ 34. ②

문제 35

재료의 저온하에서의 성질에 대한 설명으로 가장 거리가 먼 것은?

① 강은 암모니아 냉동기용 재료로서 적당하다.
② 탄소강은 저온도가 될수록 인장강도가 감소한다.
③ 구리는 액화분리장치용 금속재료로서 적당하다.
④ 18-8 스테인리스강은 우수한 저온장치용 재료이다.

해설 탄소강은 저온도가 될수록 인장강도가 증가한다.

문제 36

수소취성을 방지하는 원소로 옳지 않은 것은?

① 텅스텐(W) ② 바나듐(V)
③ 규소(Si) ④ 크롬(Cr)

해설 **수소취성 방지 원소**
① 바나듐 ② 몰리브덴 ③ 티탄 ④ 텅스텐 ⑤ 크롬

문제 37

온도계의 선정방법에 대한 설명 중 틀린 것은?

① 지시 및 기록 등을 쉽게 행할 수 있을 것
② 견고하고 내구성이 있을 것
③ 취급하기가 쉽고 측정하기 간편할 것
④ 피측 온체의 화학반응 등으로 온도계에 영향이 있을 것

해설 피측 온체의 화학반응 등으로 온도계에 영향이 없을 것

문제 38

펌프의 캐비테이션에 대한 설명으로 옳은 것은?

① 캐비테이션은 펌프 임펠러의 출구부근에 더 일어나기 쉽다.
② 유체 중에 그 액온의 증기압보다 압력이 낮은 부분이 생기면 캐비테이션이 발생한다.
③ 캐비테이션은 유체의 온도가 낮을수록 생기기 쉽다.
④ 이용 NPSH > 필요 NPSH 일 때 캐비테이션을 발생한다.

문제 39

LP가스를 자동차용 연료로 사용할 때의 특징에 대한 설명 중 틀린 것은?

① 완전연소가 쉽다. ② 배기가스에 독성이 적다.
③ 기관의 부식 및 마모가 적다. ④ 시동이나 급가속이 용이하다.

해설 **LP가스를 자동차용 연료로 사용시 특징**
① 기관의 부식 및 마모가 적다.
② 배기가스에 특성이 적다.
③ 완전 연소가 쉽다

해답 35. ② 36. ③ 37. ④ 38. ② 39. ④

문제 40
원거리 지역에 대량의 가스를 공급하기 위하여 사용되는 가스 공급 방식은?
① 초저압 공급
② 저압 공급
③ 중압 공급
④ 고압 공급

해설 **저압공급** : 근거리지역 소량공급
고압공급 : 원거리지역 대량공급

문제 41
다음은 무슨 압력계에 대한 설명인가?

주름관이 내압변화에 따라서 신축되는 것을 이용한 것으로 진공압 및 차압 측정에 주로 사용된다.

① 벨로우즈압력계
② 다이어프램압력계
③ 부르등관압력계
④ U자관식 압력계

해설 **벨로우즈압력계** : 주름관이나 내압변화에 따라서 신축되는 것을 이용한 것으로 진공압 및 차압 측정에 주로 사용한다.
[특징] ① 신축에 의한 압력 측정
② 유체내의 먼지 등의 영향이 적고 압력변동에 적응하기 어렵다.
③ 측정압력은 $0.01 \sim 10 kg/cm^2$

문제 42
공기의 액화 분리에 대한 설명 중 틀린 것은?
① 질소가 정류탑의 하부로 먼저 기화되어 나간다.
② 대량의 산소, 질소를 제조하는 공업적 제조법이다.
③ 액화의 원리는 임계온도 이하로 냉각시키고 임계압력 이상으로 압축하는 것이다.
④ 공기 액화 분리장치에서는 산소가스가 가장 먼저 액화된다.

해설 질소가 정류탑의 상부로 먼저 기화되어 나간다.

문제 43
증기 압축식 냉동기에서 실제적으로 냉동이 이루어지는 곳은?
① 증발기
② 응축기
③ 팽창기
④ 압축기

해설 증기 압축식 냉동기에서 실제적으로 냉동이 이루어지는 곳은 증발기이다.

문제 44
직동식 정압기의 기본 구성요소가 아닌 것은?
① 안전밸브
② 스프링
③ 메인밸브
④ 다이어프램

40. ④ 41. ① 42. ① 43. ① 44. ①

해설 직동식 정압기의 기본 구성요소
① 스프링 ② 다이어프램 ③ 메인밸브

문제 45 가연성가스의 제조설비 내에 설치하는 전기기기에 대한 설명으로 옳은 것은?

① 1종 장소에는 원칙적으로 전기설비를 설치애서는 안된다.
② 안전증 방폭구조는 전기기기의 불꽃이나 아크를 발생하여 착화원이 될 염려가 있는 부분을 기름 속에 넣은 것이다.
③ 2종 장소는 정상의 상태에서 폭발성 분위기가 연속하여 또는 장시간 생성되는 장소를 말한다.
④ 2종 장소 및 0종 장소로 분류하고 위험장소에서는 방폭형 전기기기를 설치하여야 한다.

문제 46 다음 중 온도가 가장 높은 것은?

① 450°R
② 220K
③ 2°F
④ −5℃

해설
① °R = F+460
　　= −10F+460 = 450°R
② °K = ℃+273
　　= −53+273 = 220°K
　°K = °K+273 = 220+273 = 493°R
③ °R = 2+460 = 462°R
④ °K = −5+273 = 268°K
　°R = °K+273 = 268+273 = 541°R

문제 47 다음 중 염소의 용도로 적합하지 않는 것은?

① 소독용으로 사용된다.
② 염화비닐 제조의 원료이다.
③ 표백제로 사용된다.
④ 냉매로 사용된다.

해설 염소의 용도
① 상수도 살균용　② 표백제로 사용
③ 염화비닐 제조원료　④ 포스겐의 제조
⑤ 염화수소　⑥ 펄프, 종이제조

문제 48 부탄(C_4H_{10}) 용기에서 액체 580g이 대기 중에 방출되었다. 표준 상태에서 부피는 몇 L 가 되는가?

① 150
② 210
③ 224
④ 230

해답　45. ④　46. ④　47. ④　48. ③

해설 $58g = 22.4l$
$580g = x$
$x = \dfrac{580g \times 22.4l}{58g} = 224l$

문제 49 다음 중 비점이 가장 낮은 기체는?
① NH_3
② C_3H_8
③ N_2
④ H_2

해설 비점이 낮은 순서
$H_2(-252.5℃) > N_2(-196℃) > C_3H_8(-42.1℃) > NH_3(-33.3℃)$

문제 50 도시가스에 첨가되는 부취제 선정 시 조건으로 틀린 것은?
① 물에 잘 녹고 쉽게 액화될 것
② 토양에 대한 투과성이 좋을 것
③ 독성 및 부식성이 없을 것
④ 가스배관에 흡착되지 않을 것

해설 부취제 선정 시 조건
① 독성 및 가연성이 아닐 것
② 도관을 부식시키지 말 것
③ 토양에 대한 투과성이 클 것
④ 보통 존재하는 냄새와 명확히 구별될 것
⑤ 도관내의 상용온도에서 응축되지 말 것
⑥ 가스관이나 가스미터에 흡착되지 말 것
⑦ 부식성이 없을 것

문제 51 가연성가스 배관의 출구 등에서 공기 중으로 유출하면서 연소하는 경우는 어느 연소 형태에 해당하는가?
① 확산연소
② 증발연소
③ 표면연소
④ 분해연소

해설 **확산연소**(수소, 메탄) : 가연성가스등의 출구 등에서 공기 중으로 유출하면서 연소하는 경우

문제 52 다음 중 수소가스와 반응하여 격렬히 폭발하는 원소가 아닌 것은?
① O_2
② N_2
③ Cl_2
④ F_2

해설 수소는 산소, 염소, 불소와 반응하여 격렬한 폭발을 일으켜 폭명기 형성
① $2H_2+O_2 \rightarrow 2H_2O+136.6kcal$ (수소 폭명기)
② $H_2+Cl_2 \rightarrow 2HCl+44kcal$ (염소 폭명기)
③ $H_2+F_2 \rightarrow 2HF+128kcal$ (불소 폭명기)

해답
49. ④ 50. ① 51. ① 52. ②

문제 53
다음에서 설명하는 법칙은?

> 모든 기체 1몰의 체적(V)은 같은 온도(T), 같은 압력(P)에서 모두 일정하다.

① Dalton의 법칙 ② Henry의 법칙
③ Avogadro의 법칙 ④ Hess의 법칙

해설 아보가드로법칙 : 표준상태에서 모든 기체의 체적은 1mol 당 22.4l이고 분자수는 6.02×10^{23}개 이다.

문제 54
액화석유가스에 관한 설명 중 틀린 것은?

① 무색투명하고 물에 잘 녹지 않는다.
② 탄소의 수가 3~4개로 이루어진 화합물이다.
③ 액체에서 기체로 될 때 체적은 150배로 증가한다.
④ 기체는 공기보다 무거우며, 천연고무를 녹인다.

해설 액체에서 기체로 될 때 체적은 250배로 증가한다.

문제 55
0℃에서 온도를 상승시키면 가스의 밀도는?

① 높게 된다. ② 낮게 된다.
③ 변함이 없다. ④ 일정하지 않다.

해설 0℃에서 온도를 상승시키면 가스의 밀도 : 낮게 된다.

문제 56
이상기체에 잘 적용될 수 있는 조건에 해당되지 않는 것은?

① 온도가 높고 압력이 낮다. ② 분자 간 인력이 작다.
③ 분자크기가 작다. ④ 비열이 작다.

해설 이상기체에 잘 적용될 수 있는 조건
① 온도가 높고 압력이 낮다.
② 분자 간 인력이 작다.
③ 분자의 크기가 작다.

문제 57
60℃의 물 300kg 과 20℃의 물 800kg을 혼합하면 약 몇 ℃의 물이 되겠는가?

① 28.2 ② 30.9
③ 33.1 ④ 37

해설 평균온도 $= \dfrac{G_1 \Delta t_1 + G_2 \Delta t_2}{G_1 + G_2} = \dfrac{(300 \times 60 + 800 \times 20)}{(300 + 800)} = 30.90$℃

해답 53. ③ 54. ③ 55. ② 56. ④ 57. ②

문제 58 착화원이 있을 때 가연성액체나 고체의 표면에 연소하한계 농도의 가연성 혼합기가 형성되는 최저온도는?

① 인화온도　　　　② 임계온도
③ 발화온도　　　　④ 포화온도

문제 59 암모니아의 성질에 대한 설명으로 옳은 것은?

① 상온에서 약 4.8atm이 되면 액화한다.
② 불연성의 맹독성 가스이다.
③ 흑갈색의 기체로 물에 잘 녹는다.
④ 염화수소와 만나면 검은 연기를 발생한다.

해설 **암모니아의 성질**
① 상온에서 8.46atm이 되면 액화한다.
② 무색의 자극성 액체로 물에 잘 용해한다.(1cc에 800~900cc)
③ 증발잠열이 크므로 냉매로 사용
④ 허용농도 25PPM 이하, 폭발범위 15~28%

문제 60 표준상태에서 에탄 2mol, 프로판 5mol, 부탄 3mol로 구성된 LPG에서 부탄의 중량은 몇 % 인가?

① 13.2　　　　② 24.6
③ 38.3　　　　④ 48.5

해설 부탄의 중량 $= \dfrac{(3 \times 58)}{(2 \times 30 + 5 \times 44 + 3 \times 58)} \times 100 = 38.32\%$

해답　58. ①　59. ①　60. ③

2017년 10월 CBT 시행

문제 01 고압가스 배관에 대하여 수압에 의한 내압시험을 하려고 한다. 이 때 압력은 얼마 이상으로 하는가?

① 사용압력×1.1배
② 사용압력×2배
③ 상용압력×1.5배
④ 상용압력×2배

해설 고압가스설비 내압시험＝상용압력×1.5

문제 02 일반도시가스사업자는 공급권역을 구역별로 분할하고 원격조작에 의한 긴급차단장치를 설치하여 대형가스누출, 지진발생 틈 비상 시 가스차단을 할 수 있도록 하고 있는데 이 구역의 설정기준은?

① 수요자 수가 20만 미만이 되도록 설정
② 수요자 수가 25만 미만이 되도록 설정
③ 배관길이가 20km 미만이 되도록 설정
④ 배관길이가 25km 미만이 되도록 설정

해설 설정기준 : 수요자수가 20만 미만이 되도록 설치

문제 03 가스도매사업의 가스공급시설에서 배관을 지하에 매설할 경우의 기준으로 틀린 것은?

① 배관을 시가지 외의 도로 노면 밑에 매설할 경우 노면으로부터 배관 외면까지 1.2m 이상 이격할 것
② 배관의 깊이는 산과 들에서는 1m 이상으로 할 것
③ 배관을 시가지의 도로 노면 밑에 매설할 경우 노면으로부터 배관 외면까지 1.5m 이상 이격할 것
④ 배관을 철도부지에 매설할 경우 배관 외면으로부터 궤도 중심까지 5m 이상 이격할 것

해설 배관의 매설
① 철도부지와 수평거리, 도로경계와 수평거리, 산이나 들, 도로폭이 8m 미만시 : 1m 이상
② 시가지외 도로노면 밑, 인도, 보도등 방호구조물내, 도로폭이 8m 이상시 : 1.2m 이상
③ 시가지의 도로노면 밑 : 1.5m 이상
④ 공동주택 부지내 : 0.6m 이상
⑤ 궤도중심과 : 4m 이상

해답 01. ③ 02. ① 03. ④

문제 04 고압가스 특정제조시설에서 배관을 해저에 설치하는 경우의 기준으로 틀린 것은?
① 배관은 해저면 밑에 매설한다.
② 배관은 원칙적으로 다른 배관과 교차하지 아니하여야 한다.
③ 배관은 원칙적으로 다른 배관과 수평거리로 20m 이상을 유지하여야 한다.
④ 배관의 입상부에는 방호시설물을 설치한다.

해설 배관은 원칙적으로 다른 배관과 수평거리로 30m 이상 유지

문제 05 고압가스 특정제조시설 중 비가연성 가스의 저장탱크는 몇 m^2 이상일 경우에 지진영향에 대한 안전한 구조로 설계하여야 하는가?
① 300
② 500
③ 1000
④ 2000

해설 비가연성가스 저장탱크는 $1000m^2$ 이상일 경우에 지진영향에 대한 안전한 구조로 설계한다.

문제 06 액화석유가스 저장탱크에 가스를 충전하고자 한다. 내용적이 $15m^3$인 탱크에 안전하게 충전할 수 있는 가스의 최대 용량은 몇 m^3인가?
① 12.75
② 13.5
③ 14.25
④ 14.7

해설 저장탱크 내용적의 90% 이상이므로 $15 \times 0.9 = 13.5m^3$

문제 07 가연성가스 및 방폭 전기기기의 폭발등급 분류 시 사용하는 최소점화전류비는 어느 가스의 최소 점화전류를 기준으로 하는가?
① 메탄
② 프로판
③ 수소
④ 아세틸렌

해설 가연성가스 및 방폭 전기기기의 폭발등급 분류 시 사용하는 최소점화전류비는 메탄가스의 최소점화전류를 기준

문제 08 도시가스사업법상 제1종 보호시설이 아닌 것은?
① 아동 50명이 다니는 유치원
② 수용인원이 350명인 예식장
③ 객실 20개를 보유한 여관
④ 250세대 규모의 개별난방 아파트

해설 **도시가스사업법상 제1종 보호시설**
① 연면적이 $1000m^2$ 이상시
② 문화재보호법에 지정된 건축물

해답　　　　　　　　　　　　　　　　　　　04. ③　05. ③　06. ②　07. ①　08. ④

③ 아동복지시설, 심신장애자 복지시설로서 수용인원이 20인 이상인 건축물
④ 유치원, 병원, 새마을유아원, 학교, 공중목욕탕, 도서관, 시장, 호텔 객실 20개 보유한 여관

문제 09
아세틸렌 제조설비의 기준에 대한 설명으로 틀린 것은?
① 압축기와 충전장소 사이에는 방호벽을 설치한다.
② 아세틸렌 충전용 교체밸브는 충전장소와 격리하여 설치한다.
③ 아세틸렌 충전용 지관에는 탄소 함유량이 0.1% 이하의 강을 사용한다.
④ 아세틸렌에 접촉하는 부분에는 동 또는 동 함유량이 72% 이하의 것을 사용한다.

해설 아세틸렌이 접촉하는 부분에는 동 또는 동 함유량이 62% 이하의 것을 사용한다.

문제 10
다음 중 가연성이면서 독성인 가스는?
① 아세틸렌, 프로판
② 수소, 이산화탄소
③ 암모니아, 산화에틸렌
④ 아황산가스, 포스겐

해설 가연성이며 독성인 가스
① 암모니아 ② 산화에틸렌 ③ 황화수소
④ 시안화수소 ⑤ 벤젠 ⑥ 일산화탄소

문제 11
다음 가스 중 폭발범위의 하한값이 가장 높은 것은?
① 암모니아
② 수소
③ 프로판
④ 메탄

해설 폭발범위
① 암모니아 : 15~28%   ② 수소 : 4~75%
③ 프로판 : 2.1~9.5%   ④ 메탄 : 5~15%
⑤ 아세틸렌 : 2.5~81%   ⑥ 암모니아 : 15~28%
⑦ 메탄 : 5~15%

문제 12
고압가스의 충전 용기를 차량에 적재하여 운반하는 때의 기준에 대한 설명으로 옳은 것은?
① 염소와 아세틸렌 충전 용기는 동일 차량에 적재하여 운반이 가능하다.
② 염소와 수소 충전 용기는 동일 차량에 적재하여 운반이 가능하다.
③ 특성가스가 아닌 $300m^3$의 압축 가연성 가스를 차량에 적재하여 운반하는 때에는 운반책임자를 동승시켜야 한다.
④ 특성가스가 아닌 2천 kg의 액화 조연성 가스를 차량에 적재하여 운반하는 때에는 운반책임자를 동승시켜야 한다.

09. ④ 10. ③ 11. ① 12. ③

문제 13
다음 중 풍압대와 관계없이 설치할 수 있는 방식의 가스 보일러는?
① 자연배기식(CF) 단독배기통 방식 ② 자연배기식(CF) 복합배기통 방식
③ 강제배기식(FE) 단독배기통 방식 ④ 강제배기식(FE) 공동배기구 방식

해설 풍압대와 관계없이 설치할 수 있는 방식의 가스 보일러 강제배기식 단독배기통 방식

문제 14
도시가스사용시설에서 입상관과 화기사이에 유지하여야 하는 거리는 우회거리 몇 m 이상 인가?
① 1m ② 2m
③ 3m ④ 5m

해설 도시가스사용시설에서 입상관과 화기사이에 유지하여야 하는 우회거리는 2m 이상 이다.

문제 15
일반도시가스 공급시설의 시설기준으로 틀린 것은?
① 가스공급 시설을 설치한 곳에는 누출된 가스가 머물지 아니하도록 환기설비를 설치한다.
② 공동구 안에는 환기장치를 설치하며 전기설비가 있는 공동구에는 그 전기설비를 방폭구조로 한다.
③ 저장탱크의 안전장치인 안전벨브니 파열판에는 가스방출관을 설치한다.
④ 저장탱크의 안전밸브는 다이어프램식 안전밸브로 한다.

해설 저장탱크의 안전밸브는 스프링식 안전밸브로 한다.

문제 16
방류둑의 성토는 수평에 대하여 몇 도 이하의 기울기로 하여야 하는가?
① 30° ② 45°
③ 60° ④ 75°

해설 **방류둑 구조 및 기준**
① 성토는 수평에 대해 45° 이하의 구배를 가지고 성토한 정상부 폭은 30cm 이상일 것
② 방류둑내면과 그 외면으로부터 10m이내에는 저장탱크 부속설비 이외의 것을 설치하지 아니할 것
③ 방류둑 계단 및 사다리는 출입구 둘레 50m 마다 1개이상 설치하고 그 둘레가 50m 미만일 경우 2개소 이상 분산설치
④ 가연성 및 독성 또는 가연성과 조연성의 액화가스 방류둑을 혼합배치하지 말것

해답 13. ③ 14. ② 15. ④ 16. ②

문제 17 고압가스 저장탱크 및 가스홀더의 가스방출장치는 가스저장량이 몇 m³ 이상인 경우 설치하여야 하는가?

① 1m³   ② 3m³
③ 5m³   ④ 10m³

해설 가스방출장치 설치 : 가스저장량이 5m³ 이상인 경우 설치

문제 18 다음 중 LNG의 주성분은?

① CH_4 ② CO
③ C_3H_8 ④ C_2H_2

해설 LNG의 주성분 : CH_4 LPG의 주성분 : C_3H_8

문제 19 가스제조시설에 설치하는 방호벽의 규격으로 옳은 것은?

① 철근콘크리트 벽으로 두께 12cm 이상, 높이 2m 이상
② 철근콘크리트블록 벽으로 두께 20cm 이상, 높이 2m 이상
③ 박강판 벽으로 두께 3.2cm 이상, 높이 2m 이상
④ 후강판 벽으로 두께 10mm 이상, 높이 2.5m 이상

해설 방호벽
① 콘크리트 블록 : 두께 15cm 이상, 높이 2m 이상
② 철근콘크리트 : 두께 12cm 이상, 높이 2m 이상
③ 후강판 : 두께 6mm 이상, 높이 2m 이상
④ 박강판 : 두께 3.2mm 이상, 높이 2m 이상

문제 20 고압가스특정제조시설에서 플레어스텍의 설치기준으로 틀린 것은?

① 파이롯트버너를 항상 꺼두는 등 플레어스텍에 관련된 폭발을 방지하기 위한 조치가 되어 있는 것으로 한다.
② 긴급이송설비로 이송되는 가스를 안전하게 연소시킬 수 있는 것으로 한다.
③ 플레어스텍에서 발생하는 복사열이 다른 제조시설에 나쁜 영향을 미치지 아니하도록 안전한 높이 및 위치에 설치한다.
④ 플레어스텍에서 발생하는 최대열량에 장시간 견딜 수 있는 재료 및 구조로 되어 있는 것으로 한다.

해설 플레어스텍 설치기준
① 긴급이송설비로 이송되는 가스를 안전하게 연소시킬 수 있는 것으로 한다.
② 플레어스텍에서 발생하는 복사열이(4000kcal/m²h) 다른 제조시설에 나쁜 영향을 미치지 아니하도록 안전한 높이 및 위치에 설치 할 것
③ 플레어스텍에서 발생하는 최대열량에 장시간 견딜 수 있는 재료 및 구조로 되어 있는 것으로 한다.

해답   17. ③   18. ①   19. ①   20. ①

문제 21
다음은 어떤 안전설비에 대한 설명인가?

설비가 잘못 조작되거나 정상적인 제조를 할 수 없는 경우 자동으로 원재료의 공급을 차단시키는 등 고압가스 제조설비 안의 제조를 제어하는 기능을 한다.

① 안전밸브
② 긴급차단장치
③ 인터록기구
④ 벤트스텍

[해설] 인터록기구 : 설비가 잘못 조작되거나 정상적인 제조를 할 수 있는 경우 자동으로 원재료의 공급을 차단시키는 등 고압가스 제조설비 안의 제조를 제어하는 기능

문제 22
허용농도가 100만분의 200 이하인 독성가스 용기 운반차량은 몇 km 이상의 거리를 운행할 때 중간에 충분한 휴식을 취한 후 운행하여야 하는가?

① 100km
② 200km
③ 300km
④ 400km

[해설] 허용농도가 $\frac{200}{100만}$ 이하인 독성가스 용기 운반차량은 200km 이상의 거리를 운반할 때 중간에 충분한 휴식을 취한 후 운행한다.

문제 23
방폭전기 기기의 구조별 표시방법으로 틀린 것은?

① 내압방폭구조-s
② 유입방폭구조-o
③ 압력방폭구조-p
④ 본질안전방폭구조-ia

[해설] 방폭전기 기기의 구조별 표시방법
① 내압방폭구조-d ② 유입방폭구조-o
③ 압력방폭구조-p ④ 본질안전증방폭구조-ia 또는 ib
⑤ 안전증방폭구조-e ⑥ 특수방폭구조-s

문제 24
고압가스에 대한 사고예방설비기준으로 옳지 않은 것은?

① 가연성가스의 가스설비 중 전기설비는 그 설치장소 및 그 가스의 종류에 따라 적절한 방폭성능을 가지는 것 할 것
② 고압가스설비에는 그 설비인의 압력이 내압압력을 초과하는 경우 즉시 그 압력을 내압압력 이하도 되돌릴 수 있는 안전장치를 설치하는 등 필요한 조치를 할 것
③ 폭발 등의 위해가 발생할 가능성이 큰 특수반응설비에는 그 위해의 발생을 방지하기 위하여 내부반응 감시설비 및 위험사태발생 방지설비의 설치 등 필요한 조치를 할 것
④ 저장탱크 및 배관에는 그 저장탱크 및 배관이 부식되는 것을 방지하기 위하여 필요한 조치를 할 것

해답

21. ③ 22. ② 23. ① 24. ②

문제 25
고압용기에 각인되어 있는 내용적의 기호는?
① V
② FP
③ TP
④ W

해설 용기의 각인
① V : 용기내용적   ② TP : 내압시험압력
③ W : 용기질량   ④ FP : 최고 충전 압력

문제 26
고압가스 냉동제조의 시설 및 기술기준에 대한 설명으로 틀린 것은?
① 냉동제조시설 중 냉매설비에는 자동제어장치를 설치할 것
② 가연성가스 또는 특성가스를 냉매로 사용하는 냉매설비 중 수액기에 설치하는 역인계는 환형유리관액면계를 사용할 것
③ 냉매설비에는 압력계를 설치할 것
④ 압축기 최종단에 설치한 안전장치는 1년에 1회 이상 점검을 실시할 것

해설 환형유리관식 액면계를 사용하지 말 것

문제 27
도시가스공급시설에 대하여 공사가 실시하는 정밀안전진단의 실시시기 및 기준에 의거 본관 및 공급관에 대하여 최초로 시공감리증명서를 받은 날부터 ( )년이 지난 날이 속하는 해 및 그 이후 매 ( )년이 지난 날이 속하는 해에 받아야 한다. ( )안에 각각 들어갈 숫자는?
① 10.5
② 15.5
③ 10.10
④ 15.10

해설 도시가스공급시설에 대하여 공사가 실시하는 정밀안전진단의 실시시기 및 기준에 의거 본관 및 공급관에 대하여 최초로 시공감리증명서를 받은 날부터 (15)년이 지난 날이 속하는 해 및 그 이후 매 (5)년이 지난 날이 속하는 해에 받아야 한다.

문제 28
0℃, 1atm에서 6L인 기체가 273℃, 1atm일 때 몇 L가 되는가?
① 4
② 8
③ 12
④ 24

해설
$$\frac{P_1 V_1}{T_1} = \frac{P_2 V_2}{T_2}$$

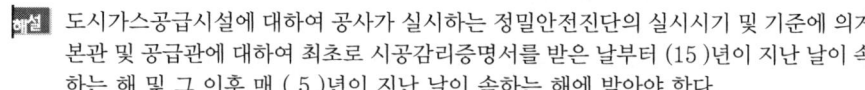

$$V_2 = \frac{P_1 \times V_1 \times T_2}{T_1 \times P_2} = \frac{1 \times 6 \times (273+273)}{(273+0) \times 1} = 12l$$

해답 25. ① 26. ② 27. ② 28. ③

문제 29 다음 중 2중관으로 하여야 하는 고압가스가 아닌 것은?

① 수소
② 이황산가스
③ 암모니아
④ 황화수소

[해설] 2중관으로 하여야 하는 고압가스
① 포스겐 ② 황화수소 ③ 시안화수소 ④ 아황산가스
⑤ 산화에틸렌 ⑥ 염화메탄 ⑦ 염소

문제 30 도시가스사용시설에서 배관의 용접부 중 비파괴시험을 하여야 하는 것은?

① 가스용 폴리에틸렌관
② 호칭지름 65mm인 매몰된 저압배관
③ 호칭지름 150mm인 노출된 저압배관
④ 호칭지름 65mm인 노출된 중압배관

[해설] 도시가스사용시설에서 배관의 용접부 중 비파괴시험을 하여야 하는 것
호칭지름 85mm인 노출된 중압배관

문제 31 펌프의 축봉 장치에서 어풋시어드 형식이 쓰이는 경우가 아닌 것은?

① 구조재, 스프링재가 액의 내식성에 문제가 있을 때
② 점성계수가 100cP를 초과하는 고점도 액일 때
③ 스타핑 박스 내가 고진공일 때
④ 고 응고점 액일 때

[해설] 아웃사이더 형식
① 스타핑 박스 내가 고진공시
② 점성계수가 100cP를 초과하는 고점도 액일 때
③ 구조재, 스프링재가 액의 내식성에 문제가 있을 때
④ 저 응고점의 액일 때

더블시일형
① 인화성 또는 유독액이 강한 액일 때
② 기체를 시일 할 때
③ 보온, 보냉이 필요한 때
④ 내부가 고진공시
⑤ 기체를 시일할 때

밸런스시일형
① 2PG, 액화가스와 같이 낮은 비점의 액체일 때
② 내압이 $4 \sim 5 kg/cm^2$ 이상시
③ 하이드로카본일 때

29. ① 30. ④ 31. ④

문제 32 자유 피스톤식 압력계에서 추와 피스톤의 무게가 15.7kg일 때 실린더 내의 액압과 균형을 이루었다면 게이지 압력은 몇 kg/cm²이 되겠는가? (단, 피스톤의 지름은 4cm 이다.)

① $1.25 kg/cm^2$
② $1.57 kg/cm^2$
③ $2.5 kg/cm^2$
④ $5 kg/cm^2$

해설 게이지 압력 $= \dfrac{15.7}{0.785 \times 4^2} = 1.25 kg/cm^2$

문제 33 왕복식 압축기에서 피스톤과 크랭크 샤프트를 연결하여 왕복운동을 시키는 역할을 하는 것은?

① 크랭크
② 피스톤링
③ 커넥팅로드
④ 홈클리어런스

해설 커넥팅로드 : 왕복시 압축기에서 피스톤과 크랭크샤프를 연결하여 왕복운동을 시키는 역할

문제 34 액화천연가스(LNG)저장탱크 중 내부탱크의 재료로 사용되지 않는 것은?

① 자기 지지형(Self Supporting) 9% 니켈강
② 알루미늄 합금
③ 맴브레인식 스테인레스강
④ 프리스트레스트 콘크리트(PC, Prestressed Concrete)

해설 액화천연가스 내부탱크의 재료
① 맴브레인식 스테인레스강
② 알루미늄 합금
③ 자기지지형 9% 니켈강

문제 35 유리 온도계의 특징에 대한 설명으로 틀린 것은?

① 일반적으로 오차가 적다.
② 취급은 용이하나 파손이 쉽다.
③ 눈금 읽기가 어렵다.
④ 일반적으로 연속 기록 자동제어를 할 수 있다.

해설 유리 온도계의 특징
① 눈금 읽기가 어렵다.
② 취급은 용이하나 파손이 쉽다.
③ 일반적으로 오차가 적다.

32. ① 33. ③ 34. ④ 35. ④

문제 36
자동차에 혼합 적재가 가능한 것끼리 연결된 것은?

① 염소 – 아세틸렌
② 염소 – 암모니아
③ 염소 – 산소
④ 염소 – 수소

해설 혼합적재 불가
① 염소와 아세틸렌
② 염소와 암모니아
③ 염소와 수소

문제 37
고압식 액체산소분리장치에서 원료공기는 압축기에서 압축된 후 압축기의 중간단에서는 몇 atm 정도로 탄산가스 흡수기에 들어가는가?

① 5atm
② 7atm
③ 15atm
④ 20atm

해설 고압식 액체산소분리장치에서 원료공기는 압축기에서 압축된 후 압축기의 중간단에서는 15atm 정도로 탄산가스 흡수기에 들어감

문제 38
실린더의 단면적 50cm², 행정 10cm, 회전수 200rpm, 체적효율 80%인 왕복 압축기의 토출량은?

① 50L/min
② 80L/min
③ 120L/min
④ 140L/min

해설 압축기토출량 $= 50\text{cm}^2 \times 10\text{cm} \times 200 \times 0.8 = 80,000\text{cm}^3/\text{min}$ (1L = 1000cm³)

문제 39
C_2H_2의 제조시설에 설치하는 가스누출 경보기는 가스누출 농도가 얼마일 때 경보를 울려야 하는가?

① 0.45% 이상
② 0.53% 이상
③ 1.8% 이상
④ 2.1% 이상

해설 C_2H_2의 제조시설에 설치하는 가스누출 경보기는 가스누출 농도가 0.45% 이상시 경보를 울려야 한다.

문제 40
카플러안전기구와 과류차단안전기구가 부착된 것으로서 배관과 카플러를 연결하는 구조의 콕은?

① 퓨즈콕
② 상자콕
③ 노즐콕
④ 커플콕

해설 배관과 커플러를 연결하는 구조의 콕 : 상자콕

해답
36. ③ 37. ③ 38. ② 39. ① 40. ②

문제 41
재료에 하중을 작용하여 항복점 이상의 응력을 가하면, 하중을 제거하여도 본래의 형상으로 돌아가지 않도록 하는 성질을 무엇이라고 하는가?

① 피로 ② 크리프
③ 소성 ④ 탄성

해설 하중을 제거하여도 본래의 형상으로 돌아가지 않도록 하는 성질을 소성이라 한다.

문제 42
관 도중에 조리개(교축기구)를 넣어 조리개 전후의 차압을 이용하여 유량을 측정하는 계측기기는?

① 오벌식 유량계 ② 오리피스 유량계
③ 막식 유량계   ④ 터빈 유량계

해설 관 도중에 조리개를 넣어 조리개 전, 후의 차압을 이용하여 유량측정
① 오리피스 유량계 ② 벤튜리 유량계 ③ 플로우노즐

문제 43
펌프가 운전 중에 한숨을 쉬는 것과 같은 상태가 되어 토출구 및 흡입구에서 압력계의 바늘이 흔들리며 동시에 유량이 변화하는 현상을 무엇이라고 하는가?

① 케비테이션   ② 워터햄머링
③ 바이브레이션 ④ 서징

해설 성징(맥동)현상 : 펌프운전 중 토출구 및 흡입구에서 압력계의 바늘이 흔들리며 동시에 유량이 변화하는 현상

문제 44
공기에 의한 전열은 어느 압력까지 내려가면 급히 압력에 비례하여 적어지는 성질을 이용하는 저온장치에 사용되는 진공단열법은?

① 고진공 단열법   ② 분말 진공 단열법
③ 다층진공 단열법 ④ 자연진공 단열법

해설 고진공 단열법 : 공기에 의한 전열은 어느 압력까지 내려가면 급히 압력에 비례하여 적어지는 성질을 이용하는 저온장치에 사용

문제 45
다음 중 저온장치의 가스 액화 사이클이 아닌 것은?

① 린데식 사이클   ② 클라우드식 사이클
③ 필립스식 사이클 ④ 카지레식 사이클

해설 저온장치의 가스 액화 사이클
① 클라우드식 사이클 ② 필립스식 사이클 ③ 린덴식 사이클

해답 41. ③ 42. ② 43. ④ 44. ① 45. ④

문제 46 다음 중 암모니아 가스의 검출방법이 아닌 것은?

① 네슬러시약을 넣어 본다.
② 초산연 시험지를 대어본다.
③ 진한 염산에 접촉시켜 본다.
④ 붉은 리트머스지를 대어본다.

해설 암모니아 가스의 검출방법
① 네슬러시약을 넣어 본다.
② 진한 염산에 접촉시켜 본다.
③ 붉은 리트머스지를 대어본다.

문제 47 가스의 비열비의 값은?

① 언제나 1보다 작다.
② 언제나 1보다 크다.
③ 1보다 크기도 하고 작기도 하다.
④ 0.5와 1사이의 값이다.

해설 가스의 비열비 값은 항상 1보다 크다.

문제 48 염소의 특징에 대한 설명 중 틀린 것은?

① 염소 자제는 폭발성, 인화성은 없다.
② 상온에서 자극성의 냄새가 있는 맹독성 기체이다.
③ 염소와 산소의 1:1 혼합물을 염소폭염기라고 한다.
④ 수분이 있으면 염산이 생성되어 부식성이 강해진다.

해설 $H_2 + Cl_2 \rightarrow 2HCl$ (염소와 수소)

문제 49 국가표준기본법에서 정의하는 기본단위가 아닌 것은?

① 질량 – kg
② 시간 – s
③ 전류 – A
④ 온도 – ℃

해설 길이, 질량, 시간, 온도(°K), 전류

문제 50 다음 중 불꽃의 표준온도가 가장 높은 연소방식은?

① 분젠식
② 적화식
③ 세미분젠식
④ 전 1차 공기식

해설 불꽃의 표준온도가 가장 높은 연소방식 : 분젠식

46. ② 47. ② 48. ③ 49. ④ 50. ①

문제 51 10%의 소금물 500g을 증발시켜 400g으로 농축하였다면 이 용액은 몇 % 의 용액인가?

① 10
② 12.5
③ 15
④ 20

해설 용액 = $\dfrac{500}{400} \times 10 = 12.5\%$

문제 52 다음 중 드라이아이스의 제조에 사용되는 가스는?

① 일산화탄소
② 이산화탄소
③ 아황산가스
④ 염화수소

해설 드라이 아이스 제조 : CO_2

문제 53 다음 중 표준상태에서 비점이 가장 높은 것은?

① 나프타
② 프로판
③ 메탄
④ 부탄

해설 비점
① 나프타 : 200℃
② 프로판 : -42.1℃
③ 메탄 : -161.5℃
④ 부탄 : -0.5℃

문제 54 도시가스의 유해성분을 측정하기 위한 도시가스 품질검사의 성분분석은 주로 어떤 기기를 사용하는가?

① 기체크로마토그래피
② 분자흡수분광기
③ MMR
④ ICP

해설 도시가스의 품질검사의 성분분석 : 기체크로마토그래피

문제 55 가스누출자동차단기의 내압시험 조건으로 맞는 것은?

① 고압부 1.8MPa 이상, 저압부 8.4~10kPa
② 고압부 1MPa 이상, 저압부 0.1kPa 이상
③ 고압부 2MPa 이상, 저압부 0.2kPa 이상
④ 고압부 3MPa 이상, 저압부 0.3kPa 이상

해설 가스누출자동차단기의 내압시험 조건
① 고압부 3MPa 이상
② 저압부 0.3MPa 이상

해답 51. ② 52. ② 53. ① 54. ① 55. ④

문제 56 47L 고압가스 용기에 20℃의 온도를 15MPa의 게이지압력으로 충전하였다. 40℃로 온도를 높이면 게이지압력은 약 얼마가 되겠는가?

① 16.031MPa ② 17.132MPa
③ 18.031MPa ④ 19.031MPa

해설 $\dfrac{P_1}{T_1}=\dfrac{P_2}{T_2}$ $P_2=\dfrac{P_1 \times T_2}{T_1}=\dfrac{15\times(273+40)}{(273+20)}=16.02\text{MPa}$

문제 57 염화수소(HCl)의 용도가 아닌 것은?

① 강판이나 강재의 녹 제거   ② 필름 제조
③ 조미료 제조   ④ 향료, 염료, 의약 등의 중간물 제조

해설 **염화수소의 용도**
① 조미료 제조
② 강판이나 강재의 녹 제거
③ 향료, 염료, 의약 등의 중간물 제조

문제 58 다음 중 독성도 없고 가연성도 없는 기체는?

① NH_3 ② C_2H_4O
③ CS_2 ④ $CHClF_2$

해설 **독성 및 가연성**
① NH_3 : 25PPM 이하, 15~28%
② C_2H_4O : 50PPM 이하, 3~80%
③ Cl_2 : 1PPM 이하

문제 59 절대온도 300K 는 랭킨온도(°R)로 약 몇 도 인가?

① 27   ② 167
③ 541   ④ 572

해설 °R = 1.8°K = 1.8×300 = 540°R

문제 60 천연가스(NG)의 특징에 대한 설명으로 틀린 것은?

① 메탄이 주성분이다.
② 공기보다 가볍다.
③ 연소에 필요한 공기량은 LPG에 비해 적다.
④ 발열량(kcal/m³)은 LPG에 비해 크다.

해설 발열량은 LNG보다 적다.

56. ① 57. ② 58. ④ 59. ③ 60. ④

단기완성
가스기능사 필기

기출문제
2018

2018년 2월 CBT 시행

문제 01 다음 가스의 용기보관실 중 그 가스가 누출된 때에 체류하지 않도록 통풍구를 갖추고, 통풍이 잘 되지 않는 곳에는 강제통풍시설을 설치하여야 하는 곳은?

① 질소 저장소 ② 탄산가스 저장소
③ 헬륨 저장소 ④ 부탄 저장소

해설 강제통풍 : 공기보다 무거운 가연성가스 (부탄)

문제 02 고압가스 특정제조시설에서 배관을 해저에 설치하는 경우의 기준 중 옳지 않은 것은?

① 배관은 해저면 밑에 매설할 것.
② 배관은 원칙적으로 다른 배관과 교차하지 아니할 것.
③ 배관은 원칙적으로 다른 배관과 수평거리로 20[m] 이상을 유지할 것.
④ 배관의 입상부에는 방호시설물을 설치할 것.

해설 해저배관은 다른 배관과 30[m] 수평거리 유지

문제 03 액화 염소가스의 1일 처리능력이 38,000[kg]일 때 수용정원이 350명인 공연장과의 안전거리는 얼마를 유지하여야 하는가?

① 17[m] ② 21[m]
③ 24[m] ④ 27[m]

해설 4만 이하, 1종시설은 27[m]

문제 04 액화석유가스의 안전관리시 필요한 안전관리책임자가 해임 또는 퇴직하였을 때에는 그 날로부터 며칠 이내에 다른 안전관리책임자를 선임하여야 하는가?

① 10일 ② 15일
③ 20일 ④ 30일

해설 해임후 30일 이내 선임해야 한다.

해답 01. ④ 02. ③ 03. ④ 04. ④

문제 05 다음 중 가연성이면서 독성인 가스는?
① 프로판
② 불소
③ 염소
④ 암모니아

해설 NH_3 : 25[ppm] 15~28[%] (독, 연)

문제 06 공업용 질소 용기의 문자 색상은?
① 백색
② 적색
③ 흑색
④ 녹색

해설 **공업용**(일반용) 문자색 : 백색

문제 07 가스누출검지경보장치의 설치기준 중 틀린 것은?
① 통풍이 잘 되는 곳에 설치할 것.
② 가스의 누설을 신속하게 검지하고 경보하기에 충분한 수일 것.
③ 그 기능은 가스 종류에 적절한 것일 것.
④ 체류할 우려가 있는 장소에 적절하게 설치할 것.

해설 누설시 체류하기 쉬운 곳에 설치한다.

문제 08 용기의 재검사 주기에 대한 기준 중 옳지 않은 것은?
① 용접용기로소 신규검사 후 15년 이상 20년 미만인 용기는 2년마다 재검사
② 500[l] 이상 이음매 없는 용기는 5년마다 재검사
③ 저장탱크가 없는 곳에 설치한 기화기는 2년마다 재검사
④ 압력용기는 4년마다 재검사

해설 **용접용기 재검사기간**

15년 미만	15년 이상 20년 미만	20년 이상
3년마다	2년마다	1년마다

무계목은 경과년수와 무관하게 500[l] (이상 5년, 미만 3년마다)
압력용기 4년마다

문제 09 다음 가스 중 독성이 가장 큰 것은?
① 염소
② 불소
③ 시안화수소
④ 암모니아

해설 염소 1, 불소 0.1, 시안화수소 10, 암모니아 25

05. ④ 06. ① 07. ① 08. ③ 09. ②

문제 10 일반도시가스 사업자 정압기의 분해점검 실시 주기는?
① 3개월에 1회 이상
② 6개월에 1회 이상
③ 1년에 1회 이상
④ 2년에 1회 이상

해설 정압기 분해점검 2년마다, 작동상황 점검은 6개월마다

문제 11 고압가스의 충전용기는 항상 몇 [℃] 이하의 온도를 유지하여야 하는가?
① 15
② 20
③ 30
④ 40

해설 반복출제

문제 12 다음 가연성 가스 중 위험성이 가장 큰 것은?
① 수소
② 프로판
③ 산화에틸렌
④ 아세틸렌

해설 위험성이 큰 가스 순서 : $C_2H_2 - C_2H_4O - H_2 - CO$

문제 13 액화석유가스 용기충전시설에서 방류둑의 내측과 그 외면으로부터 몇 [m] 이내에는 저장탱크 부속설비 외의 것을 설치하지 않아야 하는가?
① 5
② 7
③ 10
④ 15

해설 10[m] 이내에는 다른설비 설치하지 않는다.

문제 14 다음 중 2중배관으로 하지 않아도 되는 가스는?
① 일산화탄소
② 시안화수소
③ 염소
④ 포스겐

해설 이중관 대상에서 CO는 제외된다.

해답 10. ④ 11. ④ 12. ④ 13. ③ 14. ①

문제 15 가스를 사용하려 하는데 밸브에 얼음이 얼어붙었다. 이때 조치방법으로 가장 적절한 것은?

① 40[℃] 이하의 더운 물을 사용하여 녹인다.
② 80[℃]의 램프로 가열하여 녹인다.
③ 100[℃]의 뜨거운 물을 사용하여 녹인다.
④ 가스 토치로 가열하여 녹인다.

해설 간접매체 사용 : 40[℃] 이하 열습포

문제 16 다음 중 허용농도 1[ppb]에 해당하는 것은?

① $\dfrac{1}{10^3}$
② $\dfrac{1}{10^6}$
③ $\dfrac{1}{10^9}$
④ $\dfrac{1}{10^{10}}$

해설 ppm : 백만분의 1
ppb : 10억분의 1(10에 9승)

문제 17 내화구조의 가연성 가스의 저장탱크 상호간의 거리가 1[m] 또는 두 저장탱크의 최대지름을 합산한 길이의 1/4 길이 중 큰 쪽의 거리를 유지하지 못한 경우 물분무장치의 수량 기준으로 옳은 것은?

① $4[l/m^2 \cdot min]$
② $5[l/m^2 \cdot min]$
③ $6.5[l/m^2 \cdot min]$
④ $8[l/m^2 \cdot min]$

해설 1[m²] 당 : 내화구조 4[l], 준내화구조 6.5[l], 일반 8[l]

문제 18 LPG 사용시설의 기준에 대한 설명 중 틀린 것은?

① 연소기 사용압력이 3.3[kPa]를 초과하는 배관에는 배관용 밸브를 설치할 수 있다.
② 배관이 분기되는 경우에는 주배관에 배관용 밸브를 설치한다.
③ 배관의 관경이 33[mm] 이상의 것은 3[m]마다 고정장치를 한다.
④ 배관의 이음부(용접이음 제외)와 전기접속기와는 15[cm] 이상의 거리를 유지한다.

해설 배관 : 전선 15[cm], 접속기, 점멸기, 굴뚝 30[cm], 전기안정기, 계량기, 개폐기 60[cm]

해답 15. ① 16. ③ 17. ① 18. ④

문제 19 방류둑에는 계단, 사다리 또는 토사를 높이 쌓아올림 등에 의한 출입구를 둘레 몇 [m]마다 1개 이상을 두어야 하는가?

① 30　　　　② 40
③ 50　　　　④ 60

해설　50[m] 마다 1개, 50[m] 미만시에도 두 곳 분산 설치

문제 20 산화에틸렌 충전용기에는 질소 또는 탄산가스를 충전하는데 그 내부 가스압력의 기준으로 옳은 것은?

① 상온에서 0.2[MPa] 이상
② 35[℃]에서 0.2[MPa] 이상
③ 40[℃]에서 0.4[MPa] 이상
④ 45[℃]에서 0.4[MPa] 이상

해설　산화에틸렌 용기는 질소, 탄산가스를 45[℃], 0.4[Mpa] 충전, 탱크는 치환후 5[℃] 유지

문제 21 후부 취출식 탱크에서 탱크 주밸브 및 긴급차단장치에 속하는 밸브와 차량의 뒷범퍼와의 수평거리는 얼마 이상 떨어져 있어야 하는가?

① 20[cm]　　　　② 30[cm]
③ 40[cm]　　　　④ 60[cm]

해설　후부취출식은 40[cm], 이외는 30[cm], 조작상자 설치시는 20[cm]

문제 22 가연성 물질을 공기로 연소시키는 경우에 공기중의 산소농도를 높게 하면 연소속도와 발화온도는 어떻게 변하는가?

① 연소속도는 빠르게 되고, 발화온도는 높아진다.
② 연소속도는 빠르게 되고, 발화온도는 낮아진다.
③ 연소속도는 느리게 되고, 발화온도는 높아진다.
④ 연소속도는 느리게 되고, 발화온도는 낮아진다.

해설　산소가 많으면 연소가 쉬워진다.

문제 23 고압가스일반제조의 시설기준에 대한 내용 중 틀린 것은?

① 가연성 가스제조시설의 고압가스설비는 다른 가연성 가스 고압설비와 2[m] 이상 거리를 유지한다.
② 가연성 가스설비 및 저장설비는 화기와 8[m] 이상의 우회거리를 유지한다.
③ 사업소에는 경계표지와 경계책을 설치한다.
④ 독성가스가 누출될 수 있는 장소에는 위험표지를 설치한다.

해답　19. ③　20. ④　21. ③　22. ②　23. ①

해설 가연성 제조와 가연성 제조설비는 5[m]
가연성 제조와 산소 제조설비는 10[m] 유지

문제 24 도시가스사용시설에서 가스계량기는 절연조치를 하지 아니한 전선과는 몇 [cm] 이상의 거리를 유지하여야 하는가?

① 5
② 15
③ 30
④ 150

해설 가스미터와 (계량기) 전선 15[cm] 유지

문제 25 다음 각 독성가스 누출시의 제독제로서 적합하지 않은 것은?

① 염소 : 탄산소다수용액
② 포스겐 : 소석회
③ 산화에틸렌 : 소석회
④ 황화수소 : 가성소다수용액

해설 산화에틸렌은 물이 제독제

문제 26 C_2H_2 제조설비에서 제조된 C_2H_2를 충전용기에 충전시 위험한 경우는?

① 아세틸렌이 접촉되는 설비부분에 동함량 72[%]의 동합금을 사용하였다.
② 충전중의 압력을 2.5[MPa] 이하로 하였다.
③ 충전 후에 압력이 15[℃]에서 1.5[MPa] 이하로 될 때까지 정치하였다.
④ 충전용 지관은 탄소함유량 0.1[%] 이하의 강을 사용하였다.

해설 C_2H_2 동함유량 62[%] 미만의 강을 사용해야 한다.

문제 27 다음 중 1종 보호시설이 아닌 것은?

① 가설건축물이 아닌 사람을 수용하는 건축물로서 사실상 독립된 부분의 연면적이 1,500[m^2]인 건축물
② 문화재보호법에 의하여 지정문화재로 지정된 건축물
③ 교회의 시설로서 수용능력이 200인(人)인 건축물
④ 어린이집 및 어린이놀이터

해설 수용인원 300인 이상의 건축물이 1종보호시설

24. ② 25. ③ 26. ① 27. ③

문제 28 지하에 매설된 도시가스 배관의 전기방식 기준으로 틀린 것은?

① 전기방식전류가 흐르는 상태에서 토양 중에 있는 배관 등의 방식전위 상한값은 포화황산동 기준전극으로 −0.85[V] 이하일 것.
② 전기방식전류가 흐르는 상태에서 자연전위와의 전위변화가 최소한 −300[mV] 이하일 것.
③ 배관에 대한 전위 측정은 가능한 배관 가까운 위치에서 실시할 것.
④ 전기방식시설의 관대지전위 등을 2년에 1회 이상 점검할 것.

해설 전기방식 시설은 1년에 1회 이상 점검

문제 29 고압가스 일반제조시설에서 저장탱크 및 가스홀더는 몇 [m³] 이상의 가스를 저장하는 것에 가스방출장치를 설치하여야 하는가?

① 5   ② 10
③ 15 ④ 20

해설 가스방출 장치대상 : 5000[l](5[m³]) 이상

문제 30 습식 아세틸렌 발생기의 표면온도는 몇 [℃] 이하로 유지하여야 하는가?

① 30 ② 40
③ 60 ④ 70

해설 70[℃] 이하 유지, 최적온도는 50~60[℃] 이다.

문제 31 고온배관용 탄소강관의 규격 기호는?

① SPPH ② SPHT
③ SPLT ④ SPPW

해설 ① : 고압용 ② : 고온용 ③ : 저온용 ④ : 수도용 아연 도금한 백관

문제 32 땅 속의 애노드에 강제전압을 가하여 피방식 금속제를 캐소드로 하는 전기방식법은?

① 희생양극법   ② 외부전원법
③ 선택배류법   ④ 강제배류법

해설 강제로 전선을 이용한 외부전원법이다.
에노우드(전류를 유출하는 곳, 소모부식이 된다) 양극
캐소우드(전류를 받는 쪽) 음극, 부식방지가 된다.

해답 28. ④ 29. ① 30. ④ 31. ② 32. ②

문제 33
기화기, 혼합기(믹서)에 의해서 기화한 부탄에 공기를 혼합하여 만들어지며, 부탄을 다량 소비하는 경우에 적합한 공급방식은?

① 생가스 공급방식
② 공기혼합 공급방식
③ 자연기화 공급방식
④ 변성가스 공급방식

해설 LPG 공급방식
생가스(기화된 가스), 공기혼합방식(공기희석)
변성가스(고온에서촉매로 분해하여 성질을 바꾼 가스)

문제 34
아세틸렌 용기의 안전밸브 형식으로 가장 많이 사용되는 것은?

① 가용전식
② 파열판식
③ 스프링식
④ 중추식

해설 아세틸렌은 녹아서 분출되는 가용전을 사용한다. 105±5[℃]

문제 35
시간당 200톤의 물을 20[cm]의 내경을 갖는 PVC 파이프로 수송하였다. 관내의 평균유속은 약 몇 [m/s]인가?

① 0.9
② 1.2
③ 1.8
④ 3.6

해설 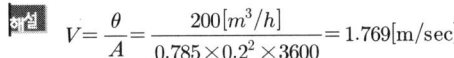 $V = \dfrac{\theta}{A} = \dfrac{200[m^3/h]}{0.785 \times 0.2^2 \times 3600} = 1.769[\text{m/sec}]$

문제 36
가스관(강관)의 특징으로 틀린 것은?

① 구리관보가 강도가 높고 충격에 강하다.
② 관의 치수가 큰 경우 구리관보다 비경제적이다.
③ 관의 접합작업이 용이하다.
④ 연관이나 주철관에 비해 가볍다.

해설 구리(동)관이 강관보다 비싸다.

문제 37
압축된 가스를 단열팽창시키면 온도가 강하하는 것은 어떤 효과에 해당되는가?

① 단열효과
② 줄-톰슨 효과
③ 서징 효과
④ 블로어 효과

해설 주울톰슨효과 : 압축가스 단열팽창시 압력 강하와 함께 온도가 내려간다.

33. ② 34. ① 35. ③ 36. ② 37. ②

문제 38
수소나 헬륨을 냉매로 사용한 냉동방식으로 실린더 중에 피스톤과 보조 피스톤으로 구성되어 있는 액화 사이클은?

① 클라우드 공기액화 사이클
② 린데 공기액화 사이클
③ 필립스 공기액화 사이클
④ 캐피자 공기액화 사이클

해설 **필립스식** : 수소, 헬륨을 냉매로 사용한다.
가스케이트식 : 질소액화 사이클, 다원냉동 사이클이다.

문제 39
원통형의 관을 흐르는 물의 중심부의 유속을 피토관으로 측정하였더니 정압과 동압의 차가 수주 10[m]이었다. 이때 중심부의 유속은 약 몇 [m/s]인가?

① 10
② 14
③ 20
④ 26

해설 $V = \sqrt{2 \times 9.8 \times 10} = 14 [\text{m/sec}]$

문제 40
부르돈관 압력계 사용시의 주의사항으로 옳지 않은 것은?

① 사전에 지시의 정확성을 확인하여 둘 것.
② 안전장치가 부착된 안전한 것을 사용할 것.
③ 온도나 진동, 충격 등의 변화가 적은 장소에서 사용할 것.
④ 압력계에 가스를 유입하거나 빼낼 때는 신속히 조작할 것.

해설 압력은 서서히 유입, 방출시킨다.

문제 41
펌프의 회전수를 1,000[rpm]에서 1,200[rpm]으로 변화시키면 동력은 약 몇 배가 되는가?

① 1.3
② 1.5
③ 1.7
④ 2.0

해설 동력은 회전수 3승에 비례한다. $\left(\dfrac{1200}{1000}\right)^3 = 1.728$

문제 42
수소(H_2)가스 분석방법으로 가장 적당한 것은?

① 팔라듐관 연소법
② 헴펠법
③ 황산바륨 침전법
④ 흡광광도법

해설 파라듐은 고온에서 수소만 통과시킨다. (파라듐연소법)
헴펠법은 흡수법, 흡광광도법은 빛의 강도 이용
황산바륨 침전법은 CO_2분석법이다.

38. ③ 39. ② 40. ④ 41. ③ 42. ①

문제 43 다음 보온재 중 안전사용 온도가 가장 높은 것은?
① 글라스 화이버
② 플라스틱 폼
③ 규산칼슘
④ 세라믹 화이버

해설 세라믹화이버 : 1300[℃]　　글라스화이버 : 1100[℃]
규산칼슘 : 650[℃]　　플라스틱폼 : 80[℃]

문제 44 다음 중 공기액화분리장치의 주요 구성요소가 아닌 것은?
① 공기압축기
② 팽창밸브
③ 열교환기
④ 수취기

해설 반복출제

문제 45 LPG 용기에 사용되는 조정기의 기능으로 가장 옳은 것은?
① 가스의 유량 조정
② 가스의 유출압력 조정
③ 가스의 밀도 조정
④ 가스의 유속 조정

해설 조정기 기능은 유출압력 조절

문제 46 다음 중 공기보다 가벼운 가스는?
① O_2
② SO_2
③ H_2
④ CO_2

해설 수소는 제일 가벼운 기체
O_2 : 32　　SO_2 : 64　　CO_2 : 44 공기 29보다 무겁다.

문제 47 염소에 대한 설명 중 틀린 것은?
① 상온, 상압에서 황록색의 기체로 조연성이 있다.
② 강한 자극성의 취기가 있는 독성 기체이다.
③ 수소와 염소의 등량 혼합기체를 염소폭명이라 한다.
④ 건조상태의 상온에서 강재에 대하여 부식성을 갖는다.

해설 염소는 수분 존재시 부식을 일으킨다.

해답　43. ④　44. ④　45. ②　46. ③　47. ④

문제 48

다음 비열에 대한 설명 중 틀린 것은?

① 단위는 [kcal/kg · ℃]이다.
② 비열이 크면 열용량도 크다.
③ 비열이 크면 온도가 빨리 상승한다.
④ 구리(銀)는 물보다 비열이 작다.

해설 비열이 크면 온도상승이 어렵다.

문제 49

프로판가스 60[mol%], 부탄가스 40[mol%]의 혼합가스 1[mol]을 완전연소시키기 위하여 필요한 이론공기량은 약 몇 [mol]인가? (단, 공기중 산소는 21[mol%]이다.)

① 17.7　　② 20.7
③ 23.7　　④ 26.7

해설 $\frac{5\times 0.6 + 6.5 \times 0.4}{0.21} = 26.67$

프로판 5배 산소, 부탄은 6.5배의 산소가 필요하다.

문제 50

황화수소에 대한 설명 중 옳지 않은 것은?

① 건조된 상태에서 수은, 동과 같은 금속과 반응한다.
② 무색의 특유한 계란 썩는 냄새가 나는 기체이다.
③ 고농도를 다량으로 흡입할 경우에는 인체에 치명적이다.
④ 농질산, 발연질산 등의 산화제와 심하게 반응한다.

해설 H_2S는 수분 존재시 다른금속과 심하게 반응한다. (황산생성)

문제 51

열역학적 계(system)가 주위와의 열교환을 하지 않고 진행되는 과정을 무슨 과정이라고 하는가?

① 단열과정　　② 등온과정
③ 등압과정　　④ 등적과정

해설 열의 출입이 없는 반응 : 단열과정

해답 48. ③　49. ④　50. ①　51. ①

문제 52 메탄 95[%], 에탄 5[%]로 구성된 천연가스 1[m³]의 진발열량은 약 몇 [kcal]인가? (단, 표준상태에서 메탄의 진발열량은 8,124[cal/l], 에탄은 14,602[cal/l]이다.)

① 8,151
② 8,242
③ 8,353
④ 8,448

해설 $8124 \times 0.95 + 14602 \times 0.05 = 8448$

문제 53 다음 중 주로 부가(첨가)반응을 하는 가스는?

① CH_4
② C_2H_2
③ C_3H_8
④ C_4H_{10}

해설 부가(첨가)반응 : 불포화 화합물에 수소 등을 첨가하는 반응

문제 54 다음 중 무색투명한 액체로 특유의 복숭아향과 같은 취기를 가진 독성가스는?

① 포스겐
② 일산화탄소
③ 시안화수소
④ 산화에틸렌

해설 HCN : 10[ppm], 6~41[%](폭발범위), 복숭아향

문제 55 다음 중 표준상태에서 비점이 가장 높은 것은?

① 나프타
② 프로판
③ 에탄
④ 부탄

해설 C_4H_{10} : -0.5[℃] C_3H_8 : -42.1[℃] C_2H_6 : -88.4[℃]   **액체나프타** : 200[℃]

문제 56 다음 LNG와 SNG에 대한 설명으로 옳은 것은?

① 액체상태의 나프타를 LGN라 한다.
② SNG는 대체 천연가스 또는 합성 천연가스를 말한다.
③ LNG는 액화석유가스를 말한다.
④ SNG는 각종 도시가스의 총칭이다.

해설 LPG : 액화석유가스   LNG : 액화천연가스
SNG : 대체 또는 합성천연가스   CNG : 압축천연가스

해답 52. ④ 53. ② 54. ③ 55. ① 56. ②

문제 57 기체의 체적이 커지면 밀도는?

① 작아진다.
② 커진다.
③ 일정하다.
④ 체적과 밀도는 무관하다.

해설 밀도 = $\dfrac{질량}{부피}$, 체적(부피) 증가시 밀도는 감소한다.

문제 58 일반적으로 기체에 있어서 정압비열과 정적비열과의 관계는?

① 정적비열 = 정압비열
② 정적비열 = 2 × 정압비열
③ 정적비열 > 정압비열
④ 정적비열 < 정압비열

해설 정압비열은 정적비열보다 크다. $C_p > C_v$ 이다.

문제 59 다음 중 표준대기압에 해당되지 않는 것은?

① 760[mmHg]
② 14.7[PSI]
③ 0.101[MPa]
④ 1,013[bar]

해설 대기압 1[atm] = 1.033[kg/cm^2] = 0.101[Mpa] = 14.7[PSIa] = 1.013[Bar] = 1013[mbar]

문제 60 다음 [보기]와 같은 성질을 갖는 것은?

- 공기보다 무거워서 누출시 낮은 곳에 체류한다.
- 기화 및 액화가 용이하며, 발열량이 크다.
- 증발잠열이 크기 때문에 냉매로도 이용된다.

① O_2
② CO
③ LPG
④ C_2H_4

해설 LPG : 발열량이 크고, 액화기화가 용이하다.

해답 57. ① 58. ④ 59. ④ 60. ③

2018년 3월 CBT 시행

문제 01 겨울철 LP 가스용기에 서릿발이 생겨 가스가 잘 나오지 않을 경우 가스를 사용하기 위한 가장 적절한 조치는?

① 연탄불로 쪼인다.
② 용기를 힘차게 흔든다.
③ 열 습포를 사용한다.
④ 90[℃] 정도의 물을 용기에 붓는다.

해설 수시 반복출제

문제 02 품질검사 기준 중 산소의 순도측정에 사용되는 시약은?

① 동·암모니아 시약
② 발연황산 시약
③ 피로갈롤 시약
④ 하이드로 썰파이드 시약

해설 **산소** : 동암모니아 시약 순도 99.5[%] 이상
수소 : 피로카롤, 하이드로설파이드 98.5[%] 이상
아세틸렌 : 발연황산 순도 98[%] 이상

문제 03 가스 중독의 원인이 되는 가스가 아닌 것은?

① 시안화수소
② 염소
③ 아황산가스
④ 수소

해설 수소는 가벼운 가연성 가스이다.

문제 04 고압가스 용기 중 동일 차량에 혼합 적재하여 운반하여도 무방한 것은?

① 산소와 질소, 탄산가스
② 염소와 아세틸렌, 암모니아 또는 수소
③ 동일 차량에 용기의 밸브가 서로 마주보게 적재한 가연성가스와 산소
④ 충전용기와 위험물안전관리법이 정하는 위험물

해설 질소, 탄산가스는 비독성, 불연성, 안정된 가스

01. ③ 02. ① 03. ④ 04. ①

문제 05
도시가스의 가스발생설비, 가스정제설비, 가스홀더 등이 설치된 장소 주위에는 철책 또는 철망 등의 경계책을 설치하여야 하는데 그 높이는 몇 [m] 이상으로 하여야 하는가?

① 1
② 1.5
③ 2.0
④ 3.0

해설 경계책 높이 1.5[m] 이상

문제 06
도시가스사용시설 중 20A 가스관에 대한 고정장치의 간격으로 옳은 것은?

① 1[m]
② 2[m]
③ 3[m]
④ 5[m]

해설 관경 13 이상 33 미만은 2[m]마다 고정장치

문제 07
LP가스용기 충전시설 중 지상에 설치하는 경우 저장탱크의 주위에는 액상의 LP가스가 유출하지 아니하도록 방류둑을 설치하여야 한다. 다음 중 얼마의 저장량 이상일 때 방류둑을 설치하여야 하는가?

① 500톤
② 1000톤
③ 1500톤
④ 2000톤

해설 가연성, 산소 : 1000[TON] 이상 독성 : 5[TON] 이상

문제 08
고압가스를 차량으로 운반할 때 몇 [km] 이상의 거리를 운행하는 경우에 중간에 휴식을 취한 후 운행하도록 되어 있는가?

① 100
② 200
③ 300
④ 400

해설 200[km] 운행시 휴식

문제 09
도시가스 공급시설 중 저장탱크 주위의 온도상승 방지를 위하여 설치하는 고정식 물분무장치의 단위면적당 방사능력의 기준은? (단, 단열재를 피복한 준내화구조 저장탱크가 아니다.)

① $2.5[l/분 \cdot m^2]$ 이상
② $5[l/분 \cdot m^2]$ 이상
③ $7.5[l/분 \cdot m^2]$ 이상
④ $10[l/분 \cdot m^2]$ 이상

해설 도기가스 저장탱크 불문부장치 분당 5[l], 준내화구조일 때는 2.5[l]

해답 05. ② 06. ② 07. ② 08. ② 09. ②

문제 10 일산화탄소와 공기의 혼합가스는 압력이 높아지면 폭발범위는 어떻게 되는가?
① 변함없다.
② 좁아진다.
③ 넓어진다.
④ 일정치 않다.

해설 Air+CO의 경우만 좁아진다.
Air+H_2의 경우도 좁아지나 10[atm] 넘으면 넓어진다.

문제 11 다음 중 공기중에서의 폭발범위가 가장 넓은 가스는?
① 황화수소
② 암모니아
③ 산화에틸렌
④ 프로판

해설 H_2S : 4.3~45.5 C_2H_4O : 3~80[%]
산화에틸렌 폭발범위는 C_2H_2 다음으로 넓다.

문제 12 차량에 고정된 탱크로부터 가스를 저장탱크에 이송할 때의 작업내용으로 가장 거리가 먼 것은?
① 부근에 화기의 유무를 확인한다.
② 차바퀴 전후를 고정목으로 고정한다.
③ 소화기를 비치한다.
④ 정전기제거용 접지코드를 제거한다.

해설 작업시에는 접지코드를 사용해야 한다.

문제 13 LP 가스설비 중 조정기(Regulator) 사용의 주된 목적은?
① 유량조절
② 발열량 조절
③ 유속 조절
④ 공급압력 조절

해설 **조정기** : 유출압력(공급압력) 조절

문제 14 고압가스 충전용기 파열사고의 직접 원인으로 가장 거리가 먼 것은?
① 질소 용기 내에 5[%]의 산소가 존재할 때
② 재료의 불량이나 용기가 부식되었을 때
③ 가스가 과충전되어 있을 때
④ 충전용기가 외부로부터 열을 받았을 때

해설 질소는 안정한 기체이다.

해답   10. ②   11. ③   12. ④   13. ④   14. ①

문제 15 고압가스 특정제조의 플레어스택 설치기준에 대한 설명이 아닌 것은?

① 가연성가스가 플레어스택에 항상 10[%] 정도 머물 수 있도록 그 높이를 결정하여 시설한다.
② 플레어스택에서 발생하는 복사열이 다른 시설에 영향을 미치지 않도록 안전한 높이와 위치에 설치한다.
③ 플레어스택에서 발생하는 최대 열량에 장시간 견딜 수 있는 재료와 구조이어야 한다.
④ 파이롯트 버너를 항상 점화하여 두는 등 플레어스택에 관련된 폭발을 방지하기 위한 조치를 한다.

해설 ①의 규정은 없다.

문제 16 다음 중 운전 중의 제조설비에 대한 일일점검 항목이 아닌 것은?

① 회전기계의 진동, 이상음, 이상온도상승
② 인터록의 작동
③ 제조설비 등으로부터 누출
④ 제조설비의 조업조건의 변동상황

해설 **인터록작동** : 정기검사 상황
일일, 수시점검사항 : 온도, 압력, 진동, 소음, 누설 등

문제 17 액화석유가스를 자동차에 충전하는 충전호스의 길이는 몇 [m] 이내이어야 하는가? (단, 자동차 제조공정 중에 설치된 것을 제외한다.)

① 3 ② 5
③ 8 ④ 10

해설 LPG 충전소 호스길이는 5m 이내

문제 18 도시가스사업법에서 정한 중압의 기준은?

① 0.1[MPa] 미만의 압력
② 1[MPa] 미만의 압력
③ 1.1[MPa] 이상 1[MPa] 미만의 압력
④ 1[MPa] 이상의 압력

해설
고압	중압	저압
1Mpa 이상	0.1~1	0.1Mpa 미만

해답 15. ① 16. ② 17. ② 18. ③

문제 19 압축 가연성가스를 몇 [m³] 이상을 차량에 적재하여 운반하는 때에 운반책임자를 동승시켜 운반에 대한 감독 또는 지원을 하도록 되어 있는가?

① 100
② 300
③ 600
④ 1000

해설 운반책임자, 동승 : 수시반복출제

문제 20 0[℃] 1[atm]에서 4[l] 이던 기체는 273[℃] 1[atm] 일 때 몇 [l]가 되는가?

① 2
② 4
③ 8
④ 12

해설 정압시는 샬의법칙
$$\frac{V_1}{T_1} = \frac{V_2}{T_2} \quad \frac{4}{273} = \frac{x}{546}$$
$$\therefore \ x = 8$$

문제 21 다음 중 용기보관장소에 충전용기를 보관할 때의 기준으로 틀린 것은?

① 충전용기와 잔가스용기는 각각 구분하여 보관할 것
② 가연성가스, 독성가스 및 산소의 용기는 각각 구분하여 보관할 것
③ 충전용기는 항상 50[℃] 이하의 온도를 유지하고 직사광선을 받지 아니하도록 할 것
④ 용기보관 장소의 주위 2[m] 이내에는 화기 또는 인화성 물질이나 발화성 물질을 두지 아니할 것

해설 충전용기는 40[℃] 이하 유지

문제 22 액화가스를 충전하는 탱크는 그 내부에 액면요동을 방지하기 위하여 무엇을 설치하는가?

① 방파판
② 보호판
③ 박강판
④ 후강판

해설 방파판 : 액면요동방지 5000[l] 이상시 해당

19. ② 20. ③ 21. ③ 22. ①

문제 23 다음 중 독성가스 제해설비를 갖추어야 하는 시설이 아닌 것은?
① 아황산가스 및 암모니아 충전설비
② 염소 및 황화수소 충전설비
③ 프레온 가스 사용한 냉동제조시설 및 충전시설
④ 염화메탄 충전설비

해설 후레온 가스는 독성이 아니다.

문제 24 일산화탄소의 경우 가스누출검지 경보장치의 검지에서 발신까지 걸리는 시간은 경보농도의 1.6배 농도에서 몇 초 이내로 규정되어 있는가?
① 10   ② 20
③ 30   ④ 60

해설 일반경보기는 30초 내에 작동
NH_3, CO는 60초

문제 25 가연성 물질을 취급하는 설비의 주위라 함은 방류둑을 설치한 가연성가스 저장탱크에서 당해 방류둑 외면으로부터 몇 [m] 이내를 말하는가?
① 5   ② 10
③ 15   ④ 20

해설 1000[TON] 미만인 탱크는 8[m] 이내

문제 26 다음 중 독성가스의 가스설비 배관을 2중관으로 하지 않아도 되는 가스는?
① 암모니아   ② 염소
③ 황화수소   ④ 불소

해설 이중관 : SO_2, Cl_2, $COCl_2$, H_2S, NH_3, HCN, C_2H_4O, CH_3Cl

문제 27 용기 밸브의 그랜드 너트의 6각 모서리에 V형의 홈을 낸 것은 무엇을 표시하는가?
① 왼나사임을 표시   ② 오른나사임을 표시
③ 암나사임을 표시   ④ 수나사임을 표시

해설 V자홈 : 왼나사표시(가연성)

23. ③ 24. ④ 25. ② 26. ④ 27. ①

문제 28 산소없이 분해폭발을 일으키는 물질이 아닌 것은?
① 아세틸렌
② 히드라진
③ 산화에틸렌
④ 시안화수소

해설 HCN은 중합폭발

문제 29 다음 중 천연가스 지하 매설 배관의 퍼지용으로 주로 사용되는 가스는?
① H_2
② Cl_2
③ N_2
④ O_2

해설 퍼지용(치환용)가스 : N_2, CO_2

문제 30 선박용 액화석유가스 용기의 표시방법으로 옳은 것은?
① 용기의 상단부에 폭 2[cm]의 황색띠를 두줄로 표시한다.
② 용기의 상단부에 폭 2[cm]의 백색띠를 두줄로 표시한다.
③ 용기의 상단부에 폭 5[cm]의 황색띠를 한줄로 표시한다.
④ 용기의 상단부에 폭 5[cm]의 백색띠를 한줄로 표시한다.

해설 의료용과 같이 백색 띠 두개로 표시한다.

문제 31 가스버너의 일반적인 구비조건으로 옳지 않은 것은?
① 화염이 안정될 것
② 부하조절비가 적을 것
③ 저공기비로 완전연소할 것
④ 제어하기 쉬울 것

해설 부하조절비가 커야한다.

문제 32 LPG, 액화가스와 같은 저비점의 액체에 가장 적합한 펌프의 축봉 장치는?
① 싱글시일형
② 더블시일형
③ 언밸러스시일형
④ 밸런스시일형

해설 밸런스 : 저비점액, 4~5[kg/cm²] 압력
아웃사이드 : 저응고점액, 내식성고려, 고진공시
더블시일 : 독, 연일 때 고진공, 보냉보온요구시 사용한다.

28. ④ 29. ③ 30. ② 31. ② 32. ④

문제 33
다음 흡수분석법 중 오르자트법에 의해서 분석되는 가스가 아닌 것은?
① CO_2 ② C_2H_6
③ O_2 ④ CO

해설 올잣트법 흡수순서 : $CO_2 - O_2 - CO$

문제 34
다음 중 저압식 공기액화분리장치에서 사용되지 않는 장치는?
① 여과기   ② 축냉기
③ 액화기   ④ 중간냉각기

해설 중간냉각기는 고압식 액화분리 장치에 있다.
(고온, 중온, 저온 열교환기가 고압식에 있다)

문제 35
다음 중 고압가스용 금속재료에서 내질화성(内姪化性)을 증대시키는 원소는?
① Ni   ② Al
③ Cr   ④ Mo

해설 Ni : 내저온성, 내질화성   Al, Cr : 내산화성   Mo : 강도증가

문제 36
다음 중 비접촉식 온도계에 해당하는 것은?
① 열전온도계   ② 압력식온도계
③ 광고온계   ④ 저항온도계

해설 비접촉식 : 방사(복사)온도계, 색온도계, 광고(광전관식)온도계 3종류로 크게 구분한다.

문제 37
나사압축기에서 숫로터 직경 150[mm], 로터 길이 100[mm] 숫로터 회전수 350[rpm] 이라고 할 때 이론적 토출량은 약 몇 [m³/min] 인가? (단, 로터 형상에 의한 계수(C_v)는 0.475이다.)
① 0.11   ② 0.21
③ 0.37   ④ 0.47

해설 $V = K \times D^3 \times \dfrac{L}{D} \times N = 0.476 \times 0.15^2 \times 0.1 \times 350 = 0.3748 [m^3/m^1]$

33. ② 34. ④ 35. ① 36. ③ 37. ③

문제 38 공기액화분리기 내의 CO_2를 제거하기 위해 NaOH 수용액을 사용한다. 1.0[kg]의 CO_2를 제거하기 위해서는 약 몇 [kg]의 NaOH를 가해야 하는가?

① 0.9
② 1.8
③ 3.0
④ 3.8

해설
$2NaOH + CO_2 \rightarrow Na_2CO_3 + H_2O$
$2 \times 40 \quad + \quad 44$
$\frac{80}{44} = 1.8$

문제 39 다음 중 정유가스(off가스)의 주성분은?

① $H_2 + CH_4$
② $CH_4 + CO$
③ $H_2 + CO$
④ $CO + C_3H_8$

해설 정유가스 : 수소, 메탄 (H_2, CH_4)

문제 40 다음 유량계 중 간접 유량계가 아닌 것은?

① 피토관
② 오리피스 미터
③ 벤튜리 미터
④ 습식 가스미터

해설 습식 : 직접(적산)식

문제 41 다음 중 주철관에 대한 접합법이 아닌 것은?

① 기계적 접합
② 소켓 접합
③ 플레어 접합
④ 빅토리 접합

해설 플레어접합 : 동관접합시 너트와 니플을 사용하여 연결한다.

문제 42 펌프의 캐비테이션 발생에 따라 일어나는 현상이 아닌 것은?

① 양정곡선이 증가한다.
② 효율곡선이 저하한다.
③ 소음과 진동이 발생한다.
④ 깃에 대한 침식이 발생한다.

해설 캐비테이션 발생시 : 유량과 양정이 감소한다.

해답
38. ② 39. ① 40. ④ 41. ③ 42. ①

문제 43 흡수식냉동기에서 냉매로 물을 사용할 경우 흡수제로 사용하는 것은?

① 암모니아
② 사염화에탄
③ 리튬브로마이드
④ 파라핀유

해설 물 : 흡수제 (LiBr : 리듐브르마이드)

문제 44 가스를 자동차용 연료로 사용할 때의 특징에 대한 설명 중 틀린 것은?

① 완전연소가 쉽다.
② 배기가스에 독성이 적다.
③ 기관의 부식 및 마모가 적다.
④ 시동이나 급가속이 용이하다.

해설 LP차는 급속한 가속이 불가능하다.

문제 45 가스액화분리장치 중 축냉기에 대한 설명으로 틀린 것은?

① 열교환기이다.
② 수분을 제거시킨다.
③ 탄산가스를 제거시킨다.
④ 내부에는 열용량이 적은 충전물이 들어 있다.

해설 온도변화가 적은물질을 충전한다.

문제 46 다음 암모니아에 대한 설명 중 틀린 것은?

① 무색 무취의 가스이다.
② 암모니아가 분해하면 질소와 수소가 된다.
③ 물에 잘 용해된다.
④ 유안 및 요소의 제조에 이용된다.

해설 NH_3 : 악취가 난다.

문제 47 다음 탄화수소에 대한 설명 중 틀린 것은?

① 외부의 압력이 커지게 되면 비등점은 낮아진다.
② 탄소수가 같을 때 포화 탄화수소는 불포화 탄화수소보다 비등점이 높다.
③ 이성체 화합물에서는 normal 은 iso 보다 비등점이 높다.
④ 분자 중의 탄소 원자수가 많아질수록 비등점은 높아진다.

해설 액체는 압력상승시 비등점은 높아진다. 즉 증발이 어렵다.

43. ③　44. ④　45. ④　46. ①　47. ①

문제 48 에틸렌(C_2H_4)이 수소와 반응할 때 일이키는 반응은?

① 환원반응
② 분해반응
③ 제거반응
④ 첨가반응

해설 $C_2H_4 + H_2 \rightarrow C_2H_6$ (수소부가반응)

문제 49 다음 비열(specific heat)에 대한 설명 중 틀린 것은?

① 어떤 물질 1[kg]을 1[℃] 변화시킬 수 있는 열량이다.
② 일반적으로 금속은 비열이 작다.
③ 비열이 큰 물질일수록 온도의 변화가 쉽다.
④ 물의 비열은 약 1[kcal/kg·℃]이다.

해설 비열이 큰 물질은 온도변화시 많은 열이 필요하므로 어렵다.

문제 50 진공압이 57[cmHg] 일 때 절대압력은? (단, 대기압은 760[mmHg]이다.)

① 0.19[kg/cm²·a]
② 0.26[kg/cm²·a]
③ 0.31[kg/cm²·a]
④ 0.38[kg/cm²·a]

해설 $1.033 \times (76-57)/76 = 0.258$

문제 51 다음[보기]와 같은 반응은 어떤 반응인가?

$CH_4 + Cl_2 \rightarrow CH_3Cl + HCl \qquad CH_3Cl + Cl_2 \rightarrow CH_2Cl_2 + HCl$

① 첨가
② 치환
③ 중합
④ 축합

해설 **치환반응** : $AB + C \rightarrow CB + A$ 자리바꿈

문제 52 다음 온도의 환산식 중 틀린 것은?

① $°F = 1.8°C + 32$
② $°C = \dfrac{5}{9}(°F - 32)$
③ $°R = 460 + °F$
④ $°R = \dfrac{5}{9}K$

해설 $°R = 1.8 \times °K$

해답 48. ④ 49. ③ 50. ② 51. ② 52. ④

문제 53 산소 용기에 부착된 압력계의 읽음이 10[kgf/cm²]이었다. 이 때 절대압력은 몇 [kgf/cm²]인가? (단, 대기압은 1.033[kgf/cm²]이다.)

① 1.033
② 8.967
③ 10
④ 11.033

해설 절대압력 = 게이지압력 + 대기압 = 10 + 1.033 = 11.033

문제 54 파라핀계 탄화수소 중 가장 간단한 형의 화합물로서 불순물을 전혀 함유하지 않는 도시가스의 원료는?

① 액화천연가스
② 액화석유가스
③ off가스
④ 나프타

해설 액화천연가스는 불순물을 제거한 청정가스이다.

문제 55 다음 수소(H_2)에 대한 설명으로 옳은 것은?

① 3중 수소는 방사능을 갖는다.
② 밀도가 크다.
③ 금속재료를 취화시키지 않는다.
④ 열전달율이 아주 작다.

해설 **3중수소** : 원자량이 1이 아닌 3인 수소
수소 : 수소취성을 일으킨다. 밀도는 제일적다, 열전도율이 크다.

문제 56 다음 중 1기압(1[atm])과 같지 않은 것은?

① 760[mmHg]
② 0.9807[bar]
③ 10.332[mH₂O]
④ 101.3[kPa]

해설 1[atm] = 1.013[Bar] = 1013[mbar]

문제 57 다음 중 일반적인 석유정제 과정에서 발생되지 않는 가스는?

① 암모니아
② 프로판
③ 메탄
④ 부탄

해설 탄화수소가 발생 : NH_3는 탄화수소가 아니다.

53. ④ 54. ① 55. ① 56. ② 57. ①

문제 58 다음 산소에 대한 설명 중 틀린 것은?

① 폭발한계는 공기 중과 비교하면 산소 중에서는 현저하게 넓어진다.
② 화학반응에 사용하는 경우에는 산화물이 생성되어 폭발의 원인이 될 수 있다.
③ 산소는 치료의 목적으로 의료계에 널리 이용되고 있다.
④ 환원성을 이용하여 금속제련에 사용한다.

해설 환원성 : CO, H_2에 의해 산소를 잃는 성질

문제 59 다음 아세틸렌에 대한 설명 중 틀린 것은?

① 연소 시 고열을 얻을 수 있어 용접용으로 쓰인다.
② 압축하면 폭발을 일으킨다.
③ 2중 결합을 가진 불포화탄화수소이다.
④ 구리, 은과 반응하여 폭발성의 화합물을 만든다.

해설 아세틸렌은 3중결합이다. 이중결합은 에틸렌, 에탄은 단결합

문제 60 프로판가스 1[kg]의 기화열은 약 몇 [kcal] 인가?

① 75   ② 92
③ 102   ④ 539

해설 C_3H_8 : 101 C_4H_{10} : 92[kcal/kg]

해답 58. ④ 59. ③ 60. ③

2018년 7월 CBT 시행

문제 01 산화에틸렌의 충전시 산화에틸렌의 저장탱크는 그 내부의 분위기가스를 질소 또는 탄산가스로 치환하고 몇 [℃] 이하로 유지하여야 하는가?
① 5
② 15
③ 40
④ 60

해설 용기는 45[℃]에서 0.4[MPa]로 질소·탄산가스충전 탱크는 5[℃] 이하 유지

문제 02 액화석유가스가 공기 중에 누출시 그 농도가 몇 [%]일 때 감지할 수 있도록 냄새가 나는 물질(부취제)을 섞는가?
① 0.1
② 0.5
③ 1
④ 2

해설 $\dfrac{1}{1000} = 0.1[\%]$

문제 03 LP가스의 용기 보관실 바닥 면적이 3[m^2]이라면 통풍구의 크기는 몇 [cm^2] 이상으로 하도록 되어 있는가?
① 500
② 700
③ 900
④ 1100

해설 3[%] 이상이므로 30,000 × 0.03 = 900[cm^2]

문제 04 다음 가스 중 착화온도가 가장 낮은 것은?
① 메탄
② 에틸렌
③ 아세틸렌
④ 일산화탄소

해설 착화온도 아세틸렌 299[℃] 메탄 537[℃] 에틸렌 450[℃]

해답 01. ① 02. ① 03. ③ 04. ③

문제 05 고압가스 특정제조시설 중 비가연성 가스의 저장탱크는 몇 [m³] 이상일 경우에 지진영향에 대한 안전한 구조로 설계하여야 하는가?

① 5
② 250
③ 500
④ 1000

해설 내진설계 대상
5[TON] (비가연성 비독성 10[TON])
500[m³] (비가연성 비독성 1000[m³])
높이 5[m] 이상의 압력용기
고법 : 5[m] 높이 응축기, 5000[l] 수액기

문제 06 다음 독성가스 중 제독제로 물을 사용할 수 없는 것은?

① 암모니아
② 아황산가스
③ 염화메탄
④ 황화수소

해설 황화수소 제독제는 가성소오다 수용액. 탄산소오다 수용액 뿐이다.

문제 07 일반도시가스 공급시설의 시설기준으로 틀린 것은?

① 가스공급 시설을 설치하는 실(제조소 및 공급소내에 설치된 것에 한 함)은 양호한 통풍구조로 한다.
② 제조소 또는 공급소에 설치한 가스가 통하는 가스 공급 시설의 부근에 설치하는 전기설비는 방폭성능을 가져야 한다.
③ 가스방출관의 방출구는 지면으로부터 5[m] 이상의 높이로 설치하여야 한다.
④ 고압 또는 중압의 가스공급시설은 최고 사용 압력의 1.1배 이상의 압력으로 실시하는 내압시험에 합격해야 한다.

해설 내압시험은 최고사용압력의 1.5배 기밀시험은 최고사용압력의 1.1배

문제 08 고압가스 품질검사에서 산소의 경우 동·암모니아 시약을 사용한 오르잣드법에 의한 시험에서 순도가 몇 [%] 이상이어야 하는가?

① 98
② 98.5
③ 99
④ 99.5

해설 순도검사 산소 99.5[%] 수소 98.5[%] 아세틸렌 98[%] 이상

해답   05. ④ 06. ④ 07. ④ 08. ④

문제 09
다음 가스의 저장시설 중 반드시 통풍구조로 하여야 하는 곳은?
① 산소 저장소
② 질소 저장소
③ 헬륨 저장소
④ 부탄 저장소

해설 공기보다 무거운 가연성가스는 통풍구조

문제 10
LP 가스설비를 수리할 때 내부의 LP가스를 질소 또는 물로 치환하고, 치환에 사용된 가스나 액체를 공기로 재치환하여야 하는데, 이 때 공기에 의한 재치환 결과가 산소농도 측정기로 측정하여 산소 농도가 얼마의 범위 내에 있을 때까지 공기로 재치환하여야 하는가?
① 4~6[%]
② 7~11[%]
③ 12~16[%]
④ 18~22[%]

해설 산소농도는 18~22[%]

문제 11
용기 또는 용기밸브에 안전밸브를 설치하는 이유는?
① 규정량 이상의 가스를 충전시켰을 때 여분의 가스를 분출하기 위해
② 용기내 압력이 이상 상승시 용기파열을 방지하기 위해
③ 가스출구가 막혔을 때 가스출구로 사용하기 위해
④ 분석용 가스출구로 사용하기 위해

해설 안전밸브는 압력상승시 용기파열방지 작용을 한다.

문제 12
도시가스 공급배관에서 입상관의 밸브는 바닥으로부터 몇 [m] 범위로 설치하여야 하는가?
① 1[m] 이상, 1.5[m] 이내
② 1.6[m] 이상, 2[m] 이내
③ 1[m] 이상, 2[m] 이내
④ 1.5[m] 이상, 3[m] 이내

해설 입상관 밸브설치 높이 : 1.6~2[m]

문제 13
다음 중 아세틸렌, 암모니아 또는 수소와 동일 차량에 적재 운반할 수 없는 가스는?
① 염소
② 액화석유가스
③ 질소
④ 일산화탄소

해설 수소와 염소 혼합시 염소폭명기의 우려가 있다.

해답 09. ④ 10. ④ 11. ② 12. ② 13. ①

문제 14 다음 중 공기액화분리장치에서 발생할 수 있는 폭발의 원인으로 볼 수 없는 것은?
① 액체공기 중에 산소의 혼입
② 공기 취입구에서 아세틸렌의 침입
③ 유환유 분해에 의한 탄화수소의 생성
④ 산화질소(NO), 과산화질소(NO_2)의 혼입

해설 O_3(오존) 침입이 폭발원인이다.

문제 15 압축 또는 액화 그 밖의 방법으로 처리할 수 있는 가스의 용적이 1일 100[m³] 이상인 사업소는 압력계를 몇 개 이상 비치하도록 되어 있는가?
① 1   ② 2
③ 3   ④ 4

해설 1일처리능력 100[m³] 이상 사업소 : 표준압력계 두개 이상 비치

문제 16 도시가스 지하 매설용 중압 배관의 색상은?
① 황색   ② 적색
③ 청색   ④ 흑색

해설 저압 황색, 중 · 고압은 적색

문제 17 아세틸렌 용기에 다공질 물질을 고루 채운 후 아세틸렌을 충전하기 전에 침윤시키는 물질은?
① 알코올   ② 아세톤
③ 규조토   ④ 탄산마그네슘

해설 용제(침윤제) : 아세톤, DMF(디메틸포름아미드)

문제 18 다음 중 보일러 중독사고의 주원인이 되는 가스는?
① 이산화탄소   ② 일산화탄소
③ 질소   ④ 염소

해설 불완전 연소시 CO가 발생되어 중독사고의 원인이 된다.

14. ① 15. ② 16. ② 17. ② 18. ②

문제 19 독성가스 제조시설 식별표지의 글씨 색상은? (단, 가스의 명칭은 제외한다.)
① 백색
② 적색
③ 노란색
④ 흑색

해설 백색바탕에 흑색, 가스명칭은 적색

문제 20 독성가스의 저장탱크에는 가스의 용량이 그 저장탱크 내용적의 90[%]를 초과하는 것을 방지하는 장치를 설치하여야 한다. 이 장치를 무엇이라고 하는가?
① 경보장치
② 액면계
③ 긴급차단장치
④ 과충전방지장치

해설 액 90[%] 초과 방지 = 과충전 방지장치

문제 21 가스용기의 추급 및 주의사항에 대한 설명 중 틀린 것은?
① 충전시 용기는 용기 재검사기간이 지나지 않았는지를 확인한다.
② LPG 용기나 밸브를 가열할 때는 뜨거운 물(40[℃] 이상)을 사용해야 한다.
③ 충전한 후에는 용기밸브의 누출 여부를 확인한다.
④ 용기 내에 잔류물이 있을 때에는 잔류물을 제거하고 충전한다.

해설 40[℃] 이하의 열습포 사용

문제 22 탄화수소에서 탄소의 수가 증가할 때 생기는 현상으로 틀린 것은?
① 증기압이 낮아진다.
② 발화점이 낮아진다.
③ 비등점이 낮아진다.
④ 폭발 하한계가 낮아진다.

해설 탄소수 증가시 비점은 높아진다.

문제 23 내용적이 300[l]인 용기에 액화암모니아를 저장하려고 한다. 이 저장 설비의 저장능력은 얼마인가? (단, 액화암모니아의 충전정수는 1.86이다.)
① 161[kg]
② 232[kg]
③ 279[kg]
④ 558[kg]

해설 $\dfrac{306}{1.86} = 161.2$

19. ④ 20. ④ 21. ② 22. ③ 23. ①

문제 24 다음 각 가스의 위험성에 대한 설명 중 틀린 것은?

① 가연성가스의 고압배관 밸브를 급격히 열면 배관 내의 철, 녹등이 급격히 움직여 발화의 원인이 될 수 있다.
② 염소와 암모니아가 접촉할 때, 염소 과잉의 경우는 대단히 강한 폭발성 물질인 NCl_3를 생성하여 사고 발생의 원인이 된다.
③ 아르곤은 수은과 접촉하면 위험한 성질인 아르곤수은을 생성하여 사고발생의 원인이 된다.
④ 암모니아용의 장치나 계기로서 구리나 구리합금을 사용하면 금속이온과 반응하여 착이온을 만들어 위험하다.

해설 알곤은 불활성 가스이다.

문제 25 다음 중 고압가스 운반 등의 기준으로 틀린 것은?

① 고압가스를 운반하는 때에는 재해방지를 위하여 필요한 주의사항을 기재한 서면을 운전자에게 교부하고 운전 중 휴대하게 한다.
② 차량의 고장, 교통사정 또는 운전자의 휴식 등 부득이한 경우를 제외하고는 장시간 정지하여서는 안된다.
③ 고속도로 운행 중 점심식사를 하기 위해 운반책임자와 운전자가 동시에 차량을 이탈할 때에는 시건장치를 하여야 한다.
④ 지정한 도로, 시간, 속도에 따라 운반하여야 한다.

해설 동시 이탈금지

문제 26 다음 중 연소기구에서 발생할 수 있는 역화(back fire)의 원인이 아닌 것은?

① 염공이 적게 되었을 때
② 가스의 압력이 너무 낮을 때
③ 콕이 충분히 열리지 않았을 때
④ 버너 위에 큰 용기를 올려서 장시간 사용할 경우

해설 염공이 클 때 액화의 위험이 있다.

문제 27 다음 각 가스의 성질에 대한 설명으로 옳은 것은?

① 산화에틸렌은 분해폭발성 가스이다.
② 포스겐의 비점은 $-128[℃]$로서 매우 낮다.
③ 염소는 가연성가스로서 물에 매우 잘 녹는다.
④ 일산화탄소는 가연성이며 액화하기 쉬운 가스이다.

해답 24. ③ 25. ③ 26. ① 27. ①

해설 포스겐 비점 8.3[℃]로 높다. 일산화탄소는 압축가스이다.
염소는 지연성 비점 −34[℃]

문제 28 산소운반 차량에 고정된 탱크의 내용적은 몇 [*l*]를 초과할 수 없는가?
① 12000   ② 18000
③ 24000   ④ 30000

해설 가연성 18000[*l*] 독성 12000[*l*] 초과금지

문제 29 방류둑의 내측 및 그 외면으로부터 몇 [m] 이내에 그 저장탱크의 부속설비 외의 것을 설치하지 못하도록 되어 있는가?
① 10   ② 20
③ 30   ④ 50

해설 10[m] 이상 없고 단 1000[TON] 미만시는 8[m]

문제 30 가스 사용시설의 배관을 움직이지 아니하도록 고정부착하는 조치에 대한 설명 중 틀린 것은?
① 관경이 13[mm] 미만의 것에는 1000[mm]마다 고정부착하는 조치를 해야 한다.
② 관경이 33[mm] 이상의 것에는 3000[mm]마다 고정부착하는 조치를 해야 한다.
③ 관경이 13[mm] 이상 33[mm] 미만의 것에는 2000[mm]마다 고정부착하는 조치를 해야 한다.
④ 관경이 43[mm] 이상의 것에는 4000[mm]마다 고정부착하는 조치를 해야 한다.

해설 33[mm] 이상은 3[m]마다 설치

문제 31 40[*l*]의 질소 충전용기에 20[℃], 150[atm]의 질소가스가 들어있다. 이 용기의 질소분자의 수는 얼마인가? (단, 아보가드로수는 6.02×10^{23}이다.)
① 4.8×10^{21} ② 1.5×10^{24}
③ 2.4×10^{24} ④ 1.5×10^{26}

해설 $PV = nRT$ ∴ $n = \dfrac{PV}{RT} = \dfrac{150 \times 40}{0.082 \times 293} = 249.72$몰
$6.02 \times 10^{23} \times 249.72 = 1.5 \times 10^{26}$

28. ② 29. ① 30. ④ 31. ④

문제 32 다음 중 왕복식 펌프에 해당하는 것은?
① 기어펌프 ② 베인펌프
③ 터빈펌프 ④ 플런저펌프

해설 **왕복펌프** : 피스톤. 플랜저. 다이어프램

문제 33 LP가스의 이송 설비 중 압축기에 의한 공급방식의 설명으로 틀린 것은?
① 이송시간이 짧다. ② 재액화의 우려가 없다.
③ 잔가스 회수가 용이하다. ④ 베이퍼록 현상의 우려가 없다.

해설 압축기 사용시 재액화우려가 있다.

문제 34 원심식 압축기의 특징에 대한 설명으로 옳은 것은?
① 용량 조정 범위는 비교적 좁고, 어려운 편이다.
② 압축비가 크며, 효율이 대단히 높다.
③ 연속토출로 맥동현상이 크다.
④ 서징현상이 발생하지 않는다.

해설 **원심식** : 용량조절범위가 넓다.

문제 35 2000[rpm]으로 회전하는 펌프를 3500[rpm]으로 변화하였을 경우 펌프의 유량과 양정은 각각 몇 배가 되는가?
① 유량 : 2.65, 양정 : 4.12
② 유량 : 3.06, 양정 : 1.75
③ 유량 : 3.06, 양정 : 5.36
④ 유량 : 1.75, 양정 : 3.06

해설 상사법칙 유량은 회전수에 비례한다.
양정은 회전수자승. 동력은 회전수 3승에 비례한다.
유량 $= \dfrac{3500}{2000} = 1.75$ 양정 $= \left(\dfrac{3500}{2000}\right)^2 = 3.06$

문제 36 루트 미터에 대한 설명으로 옳은 것은?
① 설치공간이 크다. ② 일반 수용가에 적합하다.
③ 스트레이너가 필요없다. ④ 대용량의 가스측정에 적합하다.

해설 **습식** : 검정용   **막식** : 가정용   **루츠식** : 대용량

32. ④ 33. ② 34. ① 35. ④ 36. ④

문제 37 다이아프램식 압력계의 특징에 대한 설명 중 틀린 것은?
① 정확성이 높다. ② 반응속도가 빠르다.
③ 온도에 따른 영향이 적다. ④ 미소압력을 측정할 때 유리하다.

해설 다이아프램은 온도의 영향을 받지 않는다.

문제 38 다음 중 흡수 분석법의 종류가 아닌 것은?
① 헴펠법 ② 활성알루미나겔법
③ 오르자트법 ④ 게겔법

해설 알루미나겔은 고체 흡착제이다.

문제 39 부하변화가 큰 곳에 사용되는 정압기의 특성을 의미하는 것은?
① 정특성 ② 동특성
③ 유량특성 ④ 속도특성

해설 **동특성** : 부하변동에 대한 응답의 신속성과 안전성

문제 40 다음 중 저온장치에서 사용되는 저온단열법의 종류가 아닌 것은?
① 고진공 단열법 ② 분말진공 단열법
③ 다층진공 단열법 ④ 단층진공 단열법

해설 저온단열법에서 단층법은 없다.

문제 41 펌프를 운전할 때 송출압력과 송출유량이 주기적으로 변동하여 펌프의 노출구 및 흡입구에서 압력계의 지침이 흔들리는 현상을 무엇이라고 하는가?
① 맥동(Surging)현상 ② 진동(Vibration)현상
③ 공동(Cavitation)현상 ④ 수격(Water hammering)현상

해설 **서어징현상** : 원심식펌프에서 일어나는 현상

문제 42 다음 중 상온취성의 원인이 되는 원소는?
① S ② P
③ Cr ④ Mn

해설 C : 저온취성 P : 상온취성 S : 적열취성

해답 37. ③ 38. ② 39. ② 40. ④ 41. ① 42. ②

문제 43 다음 배관 부속품 중 관 끝을 막을 때 사용하는 것은?

① 소켓 ② 캡
③ 니플 ④ 엘보

해설 끝을 막을 때 : 캡, 플러그

문제 44 열전대 온도계 보호관의 구비조건에 대한 설명 중 틀린 것은?

① 압력에 견디는 힘이 강할 것
② 외부 온도 변화를 열전대에 전하는 속도가 느릴 것
③ 보호관 재료가 열전대에 유해한 가스를 발생시키지 않을 것
④ 고온에서도 변형되지 않고 온도의 급변에도 영향을 받지 않을 것

해설 온도변화를 신속히 전달할 것

문제 45 소용돌이를 유체 중에 일으켜 소용돌이의 발생수가 유속과 비례하는 것을 응용한 형식의 유량계는?

① 오리피스식 ② 부자식
③ 와류식   ④ 전자식

해설 오리피스(차압식) 부자식(면적식) 전자식 : 유량은 기전력에 비례한다.

문제 46 다음 중 NH_3의 용도가 아닌 것은?

① 요소 제조   ② 질산 제조
③ 유안 제조   ④ 포스겐 제조

해설 유안(아민유) : 경화제. 약품 등에서 사용된다.

문제 47 다음 가스 중 열전도율이 가장 큰 것은?

① H_2 ② N_2
③ CO_2 ④ SO_2

해설 수소가 열전도율이 크고 CO_2는 대단히 나쁘다.

해답 43. ② 44. ② 45. ③ 46. ④ 47. ①

문제 48 다음 중 시안화수소에 안정제를 첨가하는 주된 이유는?

① 분해 폭발하므로
② 산화 폭발을 일으킬 염려가 있으므로
③ 시안화수소는 강한 인화성 액체이므로
④ 소량의 수분으로도 중합하여 그 열로 인해 폭발할 위험이 있으므로

해설 시안화수소는 중합폭발을 일으킨다.

문제 49 다음 중 섭씨온도[℃]의 눈금과 일치하는 화씨온도[℉]는?

① 0 ② -10
③ -30 ④ -40

해설 $\frac{9}{5} \times -40 + 32 = -40$

$°F = \frac{9}{5} \times C + 32$

문제 50 아세틸렌의 분해폭발을 방지하기 위하여 첨가하는 희석제가 아닌 것은?

① 에틸렌 ② 산소
③ 메탄 ④ 질소

해설 C_2H_2 희석제 : CH_4, N_2, CO, C_2H_4

문제 51 다음의 가스가 누출될 때 사용되는 시험지와 변색 상태를 옳게 짝지어진 것은?

① 포스겐 : 하리슨시약-청색
② 황화수소 : 초산납시험지-흑색
③ 시안화수소 : 초산벤지딘지-적색
④ 일산화탄소 : 요오드칼륨전분지-황색

해설 **포스겐** : 하리슨지(갈색)
시안화수소 : 초산벤젠지(청색)
일산화탄소 : 염화파라듐지(흑색)

문제 52 다음 중 액화석유가스의 주성분이 아닌 것은?

① 부탄 ② 헵탄
③ 프로판 ④ 프로필렌

해설 L.P.G는 탄소수가 3~4개인 가스

48. ④ 49. ④ 50. ② 51. ② 52. ②

문제 53
다음 중 표준상태에서 가스상 탄화수소의 점도가 가장 높은 가스는?
① 에탄
② 메탄
③ 부탄
④ 프로판

해설 기체점도는 분자량증가시 감소한다.

문제 54
다음 중 같은 조건하에서 기체의 확산속도가 가장 느린 것은?
① O_2
② CO_2
③ C_3H_8
④ C_4H_{10}

해설 분자량이 크면 확산속도는 느려진다.

문제 55
다음 중 LNG(액화천연가스)의 주성분은?
① C_3H_8
② C_2H_6
③ CH_4
④ H_2

해설 LNG : 액화천연가스 주성분은 CH_4(메탄)
LPG 주성분은 C_3H_8, C_4H_{10}이다.

문제 56
다음 가스의 일반적인 성질에 대한 설명으로 옳은 것은?
① 질소는 안정된 가스로 불활성가스라고도 하며, 고온, 고압에서도 금속과 화합하지 않는다.
② 산소는 액체공기를 분류하여 제조하는 반응성이 강한 가스로 그 자신이 잘 연소한다.
③ 염소는 반응성이 강한 가스로 강재에 대하여 상온, 건조한 상태에서도 현저한 부식성을 갖는다.
④ 아세틸렌은 은(Ag), 수은(Hg) 등의 금속과 반응하여 폭발성 물질을 생성한다.

해설 아세틸렌 : 구리. 은. 수은과 반응시 폭발성 물질생성

문제 57
나프타의 성상과 가스화에 미치는 영향 중 PONA 값의 각 의미에 대하여 잘못 나타낸 것은?
① P : 파라핀계탄화수소
② O : 올레핀계탄화수소
③ N : 나프텐계탄화수소
④ A : 지방족탄화수소

해설 A : 방향족

53. ② 54. ④ 55. ③ 56. ④ 57. ④

문제 58 다음 중 게이지압력을 옳게 표시한 것은?

① 게이지압력 = 절대압력 − 대기압   ② 게이지압력 = 대기압 − 절대압력
③ 게이지압력 = 대기압 + 절대압력   ④ 게이지압력 = 절대압력 + 진공압력

해설 절대압력 = 게이지압력 + 대기압

문제 59 도시가스 배관이 10[m] 수직 상승했을 경우 배관 내의 압력상승은 약 몇 [Pa]이 되겠는가? (단, 가스의 비중은 0.65이다.)

① 44   ② 64
③ 86   ④ 105

해설 $1.293 \times (1-0.65) \times 10 = 4.515 [mmH_2O] = 45.15 [Pa]$

문제 60 표준상태(0[℃], 101.3[kPa])에서 메탄(CH_4)가스의 비체적([l/g])은 얼마인가?

① 0.71   ② 1.40
③ 1.71   ④ 2.40

해설 비체적 $= \dfrac{22.4}{M} = \dfrac{22.4}{16} = 1.4$

58. ①   59. ①   60. ②

2018년 10월 CBT 시행

문제 01 다음은 도시가스사용시설의 월사용예정량을 산출하는 식이다. 이 중 기호 "A"가 의미하는 것은?

$$Q = \frac{[(A \times 240) + (B \times 90)]}{11,000}$$

① 월사용예정량
② 산업용으로 사용하는 연소기의 명판에 기재된 가스 소비량의 합계
③ 산업용이 아닌 연소기의 명판에 기재된 가스소비량의 합계
④ 가정용 연소기의 가스소비량 합계

해설 A : 산업용 연소기 가스소비량(kcal/h)
B : 산업용이 아닌 연소기 가스소비량(kcal/h)
Q : 월사용량 [m³]

문제 02 LPG 충전·집단공급 저장시설의 공기에 의한 내압시험시 상용압력의 일정 압력 이상으로 승압한 후 단계적으로 승압시킬 때 사용압력의 몇 [%]씩 증가시켜 내압시험압력에 달하도록 하여야 하는가?

① 5　　② 10
③ 15　　④ 20

해설 승압시 10[%]씩 단계적으로 한다.

문제 03 지상에 액화석유가스(LPG) 저장탱크를 설치할 때 냉각살수장치는 일반적인 경우 그 외면으로부터 몇 [m] 이상 떨어진 곳에서 조작할 수 있어야 하는가?

① 2　　② 3
③ 5　　④ 7

해설 냉각용 살수장치(물분무장치) 5[m] 작동

해답　01. ②　02. ②　03. ③

문제 04 아세틸렌 가스를 제조하기 위한 설비를 설치하고자 할 때 아세틸렌 가스가 통하는 부분에 동합금을 사용할 경우 동함유량은 몇 [%] 이하의 것을 사용하여야 하는가?
① 62
② 72
③ 75
④ 85

해설 폭발성이 강한 동아세틸라이트를 생성하기 때문이다.

문제 05 다음 중 동이나 동합금이 함유된 장치를 사용하였을 때 폭발의 위험성이 가장 큰 가스는?
① 황화수소
② 수소
③ 산소
④ 아르곤

해설 동합금을 사용할 수 없는 가스 (아세틸렌, 암모니아, 황화수소)

문제 06 전기설물과의 접촉 등에 의한 사고의 우려가 없는 장소에서 일반도시가스사업자 정압기의 가스방출관 방출구는 지면으로부터 몇 [m] 이상의 높이에 설치하여야 하는가?
① 1
② 2
③ 3
④ 5

해설 가스방출관 높이는 지상에서 5[m] 이상

문제 07 LPG 사용시설에 사용하는 압력조정기에 대하여 실시하는 각종 시험압력 중 가스의 압력이 가장 높은 것은?
① 1단감압식 저압조정기의 조정압력
② 1단감압식 저압조정기의 출구측 기밀시험압력
③ 1단감압식 저압조정기의 출구측 내압시험압력
④ 1단감압식 저압조정기의 안전밸브작동개시압력

해설 **1단감압 저압조정기**
입구압력 : 0.07~1.56[MPa]
조정압력 : 2.3~3.3[kPa]
출구기밀 : 8.4~10[kPa]
안전밸브 : 5.6~8.4[kPa]
출구내압 : 0.3[MPa]

해답 04. ① 05. ① 06. ④ 07. ③

문제 08 다음은 이동식 압축천연가스 자동차충전시설을 점검한 내용이다. 이 중 기준에 부적합한 경우는?
① 이동충전차량과 가스배관구를 연결하는 호스의 길이가 6[m]이었다.
② 가스배관구 주위에는 가스배관구를 보호하기 위하여 높이 40[cm], 두께 13[cm]인 철근콘크리트 구조물이 설치되어 있었다.
③ 이동충전차량과 충전설비 사이 거리는 8[m] 이었고, 이동충전차량과 충전설비 사이에 강판에 방호벽이 설치되어 있었다.
④ 충전설비 근처 및 충전서비에서 6[m] 떨어진 장소에 수동 긴급차단장치가 각각 설치되어 있었으며 눈에 잘 띄었다.

해설 충전차량 호스길이 5[m]

문제 09 내용적 1000[l] 이하인 암모니아를 충전하는 용기를 제조할 때 부식 여유의 두께는 몇 [mm] 이상으로 하여야 하는가?
① 1 ② 2
③ 3 ④ 5

해설 암모니아 1000[L] 이하 1[mm], 초과시 2[mm]

문제 10 고압가스 운반기준에 대한 설명 중 틀린 것은?
① 밸브가 돌출한 충전용기는 고정식 프로텍터나 캡을 부착하여 밸브의 손상을 방지한다.
② 충전용기를 운반할 때 넘어짐 등으로 인한 충격을 방지하기 위하여 충전용기를 단단하게 묶는다.
③ 위험물안전관리법이 정하는 위험물과 충전용기를 동일 차량에 적재시는 1[m] 정도 이격시킨 후 운반한다.
④ 염소와 아세틸렌·암모니아 또는 수소는 동일차량에 적재하여 운반하지 않는다.

해설 위험물과는 동일차량 적재금지

문제 11 다음 용기종류별 부속품의 기호가 옳지 않은 것은?
① 저온용기의 부속품 : LT
② 압축가스 충전용기 부속품 : PG
③ 액화가스 충전용기 부속품 : LPG
④ 아세틸렌가스 충전용기 부속품 : AG

해설 액화가스 부속품 : LG

08. ① 09. ① 10. ③ 11. ③

문제 12 다음 독성가스의 제독제로 가성소다 수용액이 사용되지 않는 것은?
① 포스겐 ② 염화메탄
③ 시안화수소 ④ 아황산가스

해설 염화메탄은 물이 재해제

문제 13 가연성가스를 취급하는 장소에는 누출된 가스의 폭발사고를 방지하기 위하여 전기설비를 방포구조로 한다. 다음 중 방폭구조가 아닌 것은?
① 안전증 방폭구조 ② 내열 방폭구조
③ 압력 방폭구조 ④ 내압 방폭구조

해설 압력, 내압, 유입, 안전증, 본질안전증 방폭구조로 구분

문제 14 특정고압가스 사용시설의 시설기준 및 기술기준으로 틀린 것은?
① 저장시설의 주위에는 보기 쉽게 경계표지를 할 것
② 사용시설은 습기 등으로 인한 부식을 방지하는 조치를 할 것
③ 독성가스의 감압설비와 그 가스의 반응설비간의 배관에는 일류방지장치를 할 것
④ 고압가스의 저장량이 300[kg] 이상인 용기 보관실의 벽은 방호벽으로 할 것

해설 300[kg], 60[m³] 이상 시 방호벽, 염소 500[kg] 이상 시 안전거리 유지
300[kg] 이상은 안전밸브 설치
독성가스 감압설비, 반응설비 간에는 역류방지밸브

문제 15 우리나라도 지진으로부터 안전한 지역이 아니라는 판단하에 고압가스 설비를 설치할 때에는 내진설계를 하도록 의무화하고 있다. 다음 중 내진설계 대상이 아닌 것은?
① 동체부의 높이가 3[m]인 증류탑
② 저장능력이 1000[m³]인 수소 저장탱크
③ 저장능력이 5톤인 염소 저장탱크
④ 저장능력이 10톤인 액화질소 저장탱크

해설 10[TON](독, 연 5TON), 1000[m³](독, 연 500)
동체부길이, 높이 5[m] 이상 시 내진설계대상

12. ② 13. ② 14. ③ 15. ①

문제 16 다음 중 가연성이며 독성가스인 것은?

① NH_3
② H_2
③ CH_4
④ N_2

해설 NH_3는 독성이며, 가연성이다.
용기에 연, 독으로 표시한다.

문제 17 일반도시가스사업의 가스공급시설 중 최고 사용압력이 저압인 유수식 가스홀더에서 갖추어야 할 기준이 아닌 것은?

① 가스 방출장치를 설치한 것일 것
② 봉수의 동결방지 조치를 한 것일 것
③ 모든 관의 입·출구에는 반드시 신축을 흡수하는 조치를 할 것
④ 수조에 물공급관과 물넘쳐 빠지는 구멍을 설치한 것일 것

해설 입, 출구에 신축흡수장치를 설치한다.

문제 18 고압가스 운반시 사고가 발생하여 가스 누출부분의 수리가 불가능한 경우의 조치사항으로 틀린 것은?

① 상황에 따라 안전한 장소로 운반할 것
② 착화된 경우 용기 파열 등의 위험이 없다고 인정될 때는 그대로 둘 것
③ 독성가스가 누출할 경우에는 가스를 제독할 것
④ 비상연락망에 따라 관계업소에 원조를 의뢰할 것

해설 착화시 용기밸브를 닫고 다른 곳으로 옮긴다.

문제 19 액화암모니아 50[kg]을 충전하기 위하여 용기의 내용적은 몇 [l]로 하여야 하는가? (단, 암모니아의 정수 C는 1.86이다.)

① 27
② 40
③ 70
④ 93

해설 $50 \times 1.86 = 93$

문제 20 LP 가스가 충전된 납붙임 용기 또는 접합용기는 얼마의 온도범위에서 가스누출시험을 할 수 있는 온수시험 탱크를 갖추어야 하는가?

① 20[℃] 이상 32[℃] 미만
② 35[℃] 이상 45[℃] 미만
③ 46[℃] 이상 50[℃] 미만
④ 52[℃] 이상 60[℃] 미만

해설 온수시험탱크 수온은 46~50[℃]

16. ① 17. ③ 18. ② 19. ④ 20. ③

문제 21 액화석유가스 충전사업시설 중 두 저장탱크의 최대직경을 합산한 길이의 $\frac{1}{4}$이 0.5[m] 일 경우에 저장탱크간의 거리는 몇 [m] 이상을 유지하여야 하는가?

① 0.5 ② 1
③ 2   ④ 3

해설 두 직경의 1/4 이 1보다 적을 때 에는 1[m]유지

문제 22 다음 중 초저온용기에 대한 신규 검사항목에 해당되지 않는 것은?

① 압궤시험   ② 다공도시험
③ 단열성능시험   ④ 용접부에 관한 방사선 검사

해설 다공도는 아세틸렌 용기에 해당

문제 23 다음 중 고압가스관련설비가 아닌 것은?

① 일반압축가스배관용 밸브
② 자동차용 압축천연가스 완속충전설비
③ 액화석유가스용 용기잔류가스회수장치
④ 안전밸브, 긴급차단장치, 역화방지장치

해설 밸브는 가스용품

문제 24 고압가스 용기에 어깨부분에 "FP : 15[MPa]"라고 표기되어 있다. 이 의미를 옳게 설명한 것은?

① 사용압력이 15[MPa] 이다.   ② 설계압력이 15[MPa] 이다.
③ 내압시험압력이 15[MPa] 이다. ④ 최고충전압력이 15[MPa] 이다.

해설 FP : 최고 충전압력

문제 25 저장탱크의 방류둑 용량은 저장능력 상당용적 이상의 용적이어야 한다. 다만, 액화산소 저장탱크의 경우에는 저장능력 상당용적의 몇 [%] 용량 이상으로 할 수 있는가?

① 40   ② 60
③ 80   ④ 90

해설 방류둑용량은 내용적 이상, 액화산소의 경우만 60[%]

해답 21. ② 22. ② 23. ① 24. ④ 25. ②

문제 26 가연성 액화가스를 충전하여 200[km]를 초과하여 운반할 경우 몇 kg 이상일 때 운반책임자를 동승시켜야 하는가?

① 1000
② 2000
③ 3000
④ 6000

해설 독성 1000[kg](100m³), 가연성 3000[kg](300m³) 이상 시 운반책임자 동승

문제 27 프로판가스의 위험도(H)는 약 얼마인가? (단, 공기 중의 폭발범위는 2.1~9.5[v%]이다.)

① 2.1
② 3.5
③ 9.5
④ 11.6

해설 $\dfrac{9.5-2.1}{2.1} = 3.5$

문제 28 아세틸렌가스 또는 압력이 9.8[MPa] 이상인 압축가스를 용기에 충전하는 경우에 압축기와 그 충전장소사이에 다음 중 반드시 설치하여야 하는 것은?

① 가스방출장치
② 안전밸브
③ 방호벽
④ 압력계와 액면계

해설 압축기와 (C_2H_2 압축기, 9.8[mpa] 이상 압축기) 충전장소 사이에는 방호벽을 설치한다.

문제 29 방류둑 내측 및 그 외면으로부터 몇 [m] 이내에는 그 저장 탱크의 부속설비 외의 것을 설치하지 않아야 하는가? (단, 저장능력이 2천톤인 가연성가스 저장탱크시설이다.)

① 10
② 15
③ 20
④ 25

해설 1,000[ton] 미만 시 8[m] 이내

문제 30 카바이트(CaC_2) 저장 및 취급시의 주의사항으로 옳지 않은 것은?

① 습기가 있는 곳을 피할 것
② 보관 드럼통은 조심스럽게 취급할 것
③ 저장실은 밀폐구조로 바람의 경로가 없도록 할 것
④ 인화성, 가연성 물질과 혼합하여 적재하지 말 것

해설 양호한 통풍구조

해답

26. ③ 27. ② 28. ③ 29. ① 30. ③

문제 31 도시가스에는 가스 누출시 신속한 인지를 위해 냄새가 나는 물질(부취제)를 첨가하고, 정기적으로 농도를 측정하도록 하고 있다. 다음 중 농도측정방법이 아닌 것은?

① 오더(Odor)미터법　② 주사기법
③ 냄새주머니법　④ 헴펠(Hempel)법

해설 헴펠법은 가스분석방법

문제 32 다음 배관 부속품 중 유니온 대용으로 사용할 수 있는 것은?

① 엘보우　② 플랜지
③ 리듀서　④ 부싱

해설 직경이 같은 관

문제 33 LP가스 용기로서 갖추어야 할 조건으로 틀린 것은?

① 사용 중에 견딜 수 있는 연성, 인장강도가 있을 것
② 충분한 내식성, 내마모성이 있을 것
③ 완성된 용기는 균열, 뒤틀림, 찌그러짐 기타 해로운 결함이 없을 것
④ 중량이면서 충분한 강도를 가질 것

해설 경량이며 강도유지

문제 34 회전펌프의 일반적인 특징으로 틀린 것은?

① 토출압력이 높다.
② 흡입 양정이 작다.
③ 연속회전하므로 토출액의 맥동이 적다.
④ 점성이 있는 액체에 대해서도 성능이 좋다.

해설 회전펌프의 흡입양정이 크다.

문제 35 산소용기의 최고 충전압력이 15[MPa] 일 때 이 용기의 내압 시험압력은 얼마인가?

① 15[MPa]　② 20[MPa]
③ 22.5[MPa]　④ 25[MPa]

해설 $15 \times \dfrac{5}{3} = 25$

31. ④　32. ②　33. ④　34. ②　35. ④

문제 36
다음 [보기]와 관련있는 분석법은?

- 쌍극자모멘트의 알짜변화
- Nernst 백열등
- 진동 짝지움
- Fourier 변환분광계

① 질량분석법 ② 흡광광도법
③ 적외선 분광분석법 ④ 킬레이트 적정법

해설 **분광분석법** : 시료를 발광 방출시켜 성분분석을 알아보는 방법.

문제 37
다음 중 벨로우즈식 압력측정장치와 가장 관계가 있는 것은?
① 피스톤식 ② 전기식
③ 액체 봉입식 ④ 탄성식

해설 탄성(팽창, 수축)

문제 38
세라믹버너를 사용하는 연소기에 반드시 부착하여야 하는 것은?
① 가버너 ② 과열방지장치
③ 산소결핍안전장치 ④ 전도안전장치

해설 세라믹버너는 가버너(압력조정장치)가 반드시 있어야 한다.

문제 39
도로에 매설된 도시가스 배관의 누출여부를 검사하는 장비로서 적외선 흡광 특성을 이용한 가스누출검지기는?
① FID ② OMD
③ CO 검지기 ④ 반도체식 검지기

해설 (O.M.D) : 지하 매설배관 탐지장비

문제 40
다음 중 전기방식법에 속하지 않는 것은?
① 희생양극법 ② 외부전원법
③ 배류법 ④ 피복방식법

해설 **전기방식** : 희생양극, 외부전원, 선택배류, 강제배류로 분류

36. ③ 37. ④ 38. ① 39. ② 40. ④

문제 41 "압축된 가스를 단열 팽창시키면 온도가 강하한다"는 것은 무슨 효과라고 하는가?
① 단열효과　　② 주울-톰슨효과
③ 정류효과　　④ 팽윤효과

해설) 저온을 얻는 방법

문제 42 왕복식 압축기에서 피스톤과 크랭크 샤프트를 연결하여 왕복운동을 시키는 역할을 하는 것은?
① 크랭크　　② 피스톤링
③ 커넥팅로드　　④ 톱클리어런스

해설) 피스톤 아래를 떠받히고 있는 봉(커넥팅로드)

문제 43 액화가스의 비중이 0.8, 배관직경이 50[mm] 이고 시간당 유량이 15톤일 때 배관내의 평균 유속은 약 몇 [m/s]인가?
① 1.80　　② 2.66
③ 7.56　　④ 8.52

해설) $\dfrac{3.14}{4} \times 0.05^2 \times V[\text{m/sec}] \times 0.8 \times 3600 = 15$　∴ $V = 2.66$

문제 44 다음 중 구리판, 알루미늄판 등 판재의 연성을 시험하는 방법은?
① 인장시험　　② 크리프시험
③ 에릭션시험　　④ 토션시험

해설) **에릭션시험** : 0.1~0.2[mm]의 금속박판재료를 펀치로 가압하여 소성강도, 즉 연성을 알아서 드로잉 작업 가능 여부를 판단한다.

문제 45 다음 중 액면계의 측정방식에 해당하지 않는 것은?
① 압력식　　② 정전용량식
③ 초음파식　　④ 환상천평식

해설) 환상천평식은 압력계의 종류

41. ②　42. ③　43. ②　44. ③　45. ④

문제 46 국제 단위계는 7가지의 SI 기본단위로 구성된다. 다음 중 기본량과 SI 기본단위가 틀리게 짝지어진 것은?

① 질량-킬로그램[kg]
② 길이-미터[m]
③ 시간-초[s]
④ 물질량-몰[mol]

해설 SI단위 7가지 전류(A : 암페어) 온도(K : 캘빈) 광도(Cd : 칸델라)

참고 답이 없음. 공단 발표 답은 ④로 되어 있음

문제 47 공기 중에서 폭발하한이 가장 낮은 탄화수소는?

① CH_4
② C_4H_{10}
③ C_3H_8
④ C_2H_6

해설 부탄 1.8~8.4[%]

문제 48 표준상태에서 염소가스의 증기비중은 약 얼마인가?

① 0.5
② 1.5
③ 2.0
④ 2.4

해설 $\frac{71}{29} = 2.4$

문제 49 다음 가스 중 표준상태에서 공기보다 가벼운 것은?

① 메탄
② 에탄
③ 프로판
④ 프로필렌

해설 메탄분자량은 16, 에탄 30, 공기 29보다 메탄이 가볍다

문제 50 샤를의 법칙에서 기체의 압력이 일정할 때 모든 기체의 부피는 온도가 1[℃] 상승함에 따라 0[℃] 때의 부피보다 어떻게 되는가?

① 22.4배씩 증가한다.
② 22.4배씩 감소한다.
③ $\frac{1}{273}$ 씩 증가한다.
④ $\frac{1}{273}$ 씩 감소한다.

해설 $\frac{1}{273} = \frac{y}{274}$ 0[℃]에서 273[℃]가 되면 체적이 두 배가 된다.

46. ④ 47. ② 48. ④ 49. ① 50. ③

문제 51 다음은 탄화수소(C_mH_n)의 완전연소식이다. ( )안에 알맞은 것은?

$$C_mH_n + \left(m + \frac{n}{4}\right)O_2 \rightarrow mCO_2 + (\quad)H_2O$$

① n
② $\dfrac{n}{2}$
③ m
④ $\dfrac{m}{2}$

해설 수소원자 2개일 때 물분자 1개가 생성된다.

문제 52 다음 중 표준대기압으로 틀린 것은?

① $1.0332[kg/cm^2]$
② $1013.2[bar]$
③ $10.332[mH_2O]$
④ $76[cmHg]$

해설 $1.013[Bar]$, $1013[mbar]$, $0.1[Mpa]$

문제 53 다음 각 가스의 특성에 대한 설명으로 틀린 것은?

① 수소는 고온, 고압에서 탄소강과 반응하여 수소취성을 일으킨다.
② 산소는 공기액화분리장치를 통해 제조하며, 질소와 분리시 비등점 차이를 이용한다.
③ 일산화탄소의 국내 독성 허용농도는 LC_{50} 기준으로 $50[ppm]$이다.
④ 암모니아는 붉은 리트머스를 푸르게 변화시키는 성질을 이용하여 검출할 수 있다.

해설 LC_{50} = 반수치사농도$[mg/l, ppm]$
24시간 경과 시 실험대상의 생물이 죽는 농도

참고 공단발표 답은 ③

문제 54 다음 중 이상기체상수 R값이 1.987일 때 이에 해당되는 단위는?

① $J/mol \cdot K$
② $atm \cdot L/mol \cdot K$
③ $cal/mol \cdot K$
④ $N \cdot m/mol \cdot K$

해설 $8.31[J] = 1.987[cal]$

해답 51. ② 52. ② 53. ③ 54. ③

문제 55 섭씨온도를 측정할 때 상승된 온도가 5[℃]이었다. 이 때 화씨온도로 측정하면 상승온도는 몇 도인가?
① 7.5
② 8.3
③ 9.0
④ 41

해설 $1.8 \times 5 = 9$

문제 56 부탄 1[m³]을 완전연소시키는데 필요한 이론 공기량은 약 몇 [m³]인가? (단, 공기 중의 산소농도는 21[v℃]이다.)
① 5
② 23.8
③ 6.5
④ 31

해설 $C_4H_{10} + 6\,1/2\,O_2 \rightarrow 4CO_2 + 5H_2O$
$\dfrac{6.5}{0.21} = 30.9$

문제 57 메탄(CH_4)의 성질에 대한 설명 중 틀린 것은?
① 무색, 무취의 기체로 잘 연소한다.
② 무극성이며 물에 대한 용해도가 크다.
③ 염소와 반응시키면 염소화합물을 만든다.
④ 니켈촉매하에 고온에서 산소 또는 수증기를 반응시키면 CO와 H_2를 발생한다.

해설 무극성이며 물에 대한용해도는 적다.

문제 58 물을 전기분해하여 수소를 얻고자 할 때 주로 사용되는 전해액은 무엇인가?
① 25[%] 정도의 황산수용액
② 1[%] 정도의 묽은염산수용액
③ 10[%] 정도의 탄산칼슘수용액
④ 20[%] 정도의 수산화나트륨수용액

해설 $2NaCl + 2H_2O \rightarrow 2NaOH + Cl_2 + H_2$

문제 59 다음 중 LP가스의 제조법이 아닌 것은?
① 석유정제공정으로부터 제조
② 일산화탄소의 전화법에 의해 제조
③ 나프타 분해 생성물로부터의 제조
④ 습성천연가스 및 원유로부터의 제조

해설 일산화탄소 전화법 $CO + H_2O \rightarrow CO_2 + H_2$
LP 제조법이 아니다.

55. ③ 56. ④ 57. ② 58. ④ 59. ②

문제 60 하버-보시법으로 암모니아 44[g]을 제조하려면 표준상태에서 수소는 약 몇 [l]가 필요한가?

① 22
② 44
③ 87
④ 100

해설 $N_2 + 3H_2 \rightarrow 2NH_3$ $22.4 \times 3 = 67.2[l]$
$34 : 67.2 = 44 : x$
∴ $x = 86.9$

해답 60. ③

단기완성
가스기능사 필기

기출문제
2019

2019년 2월 CBT 시행

문제 01 공기 중에서 폭발범위가 가장 넓은 가스는?

① C_2H_4O
② CH_4
③ C_2H_4
④ C_3H_8

해설 폭발범위
① C_2H_4O(산화에틸렌) : 3~80%   ② CH_4(메탄) : 5~15%
③ C_2H_4(에틸렌) : 3.1~32%   ④ C_3H_8(프로판) : 2.1~9.5%
⑤ C_2H_2(아세틸렌) : 2.5~81%   ⑥ H_2(수소) : 4~75%
⑦ CO(일산화탄소) : 12.5~74%   ⑧ NH_3(암모니아) : 15~28%

문제 02 아세틸렌용 용기에 충전 시 미리 용기에 다공물질을 채우는데 이때 다공도의 기준은?

① 75% 이상 92% 미만
② 80% 이상 95% 미만
③ 95% 이상
④ 98% 이상

해설 다공물질의 다공도 : 75% 이상 92% 미만

문제 03 헤라이드 토치를 사용하여 프레온의 누출검사를 할 때 다량으로 누출될 때의 색깔은?

① 황색
② 청색
③ 녹색
④ 자색

해설 헤라이드 토치 불꽃색 검사
① 누설이 없을 때 : 청색   ② 소량누설시 : 녹색
③ 다량누설시 : 자색   ④ 극심시 : 꺼진다.

문제 04 다음은 어떤 안전설비에 대한 설명인가?

> 설비가 잘 못 조작되거나 정상적인 제조를 할 수 없는 경우 자동으로 원재료의 공급을 차단시키는 등 고압가스 제조설비 안의 제조를 제어하는 기능을 한다.

① 안전밸브
② 긴급차단장치
③ 인터록기구
④ 벤트스택

해답 01. ① 02. ① 03. ④ 04. ③

문제 05 물체의 상태변화 없이 온도변화만 일으키는데 필요한 열량을 무엇이라 하는가?
① 현열
② 잠열
③ 열용량
④ 대사량

해설 **현열**(감열) : 상태변화없이 온도만 변함
$$Q_1 = G_1 \cdot C_1 \cdot \Delta t(t_2 - t_1)$$
잠열 : 온도변화없이 상태만 변함
$$Q_2 = G_2 \cdot r_2$$

문제 06 조정압력이 3.3kPa 이하인 LP가스용 조정기 안전장치의 작동정지 압력은?
① 5.04~7.0kPa
② 5.60~7.0kPa
③ 5.04~8.4kPa
④ 5.60~8.4kPa

해설 조정압력이 3.3kPa 이하시 LP가스 조정기 안전장치
① 작동정지압력 : 5.04kPa~8.4kPa
② 작동개시압력 : 5.6kPa~8.4kPa
③ 작동표준압력 : 7.0kPa

문제 07 다음 각 금속재료의 가스 작용에 대한 설명으로 옳은 것은?
① 수분을 함유한 염소는 상온에서도 철과 반응하지 않으므로 철강의 고압용기에 충전할 수 있다.
② 아세틸렌은 강과 직접 반응하여 폭발성의 금속아세틸라이드를 생성한다.
③ 일산화탄소는 철족의 금속과 반응하여 금속카르보닐을 생성한다.
④ 수소는 저온, 저압하에서 질소와 반응하여 암모니아를 생성한다.

해설 금속재료 가스의 작용
① 수분을 함유한 염소는 상온에서 철과 반응하므로 철강의 고압용기 충전 금지
② 아세틸렌은 동, 수은, 은 등과 반응 폭발성의 금속아세틸라이드 생성
③ 일산화탄소는 Fe, Ni, Co 등과 반응 금속카르보닐 생성
④ 수소는 고온, 고압에서 질소와 반응 암모니아 생성

문제 08 LPG사용시설의 고압배관에서 이상 압력 상승시 압력을 방출할 수 있는 안전장치를 설치하여야 하는 저장능력의 기준은?
① 100kg 이상
② 150kg 이상
③ 200kg 이상
④ 250kg 이상

해설 LPG사용시설의 고압배관에서 안전장치를 설치해야 하는 저장능력 : 250kg 이상

05. ①　06. ③　07. ③　08. ④

문제 09 고압가스 판매소의 시설기준에 대한 설명으로 틀린 것은?

① 충전용기의 보관실은 불연재료를 사용한다.
② 가연성가스 · 산소 및 독성가스의 저장실은 각각 구분하여 보관한다.
③ 용기보관실 및 사무실은 동일 부지 안에 설치하지 않는다.
④ 산소, 독성가스 또는 가연성가스를 보관하는 용기보관실의 면적은 각 고압가스별로 $10m^2$ 이상으로 한다.

해설 고압가스 판매소의 시설기준
① 용기보관실과 사무실은 동일 부지 안에 설치한다.
② 충전용기의 보관실은 불연재료를 사용한다.
③ 산소, 독성가스 또는 가연성가스를 보관하는 용기보관실의 면적은 각 고압가스별로 $10m^2$ 이상으로 한다.
④ 가연성가스 · 산소 및 독성가스 저장실은 각각 구분하여 저장한다.

문제 10 차량에 고정된 탱크운반차량에서 돌출부속품의 보호조치에 대한 설명으로 틀린 것은?

① 후부취출식 탱크의 주밸브는 차량의 뒷범퍼와의 수평거리가 30cm 이상 떨어져 있어야 한다.
② 부속품이 돌출된 탱크는 그 부속품의 손상으로 가스가 누출되는 것을 방지하는 조치를 하여야 한다.
③ 탱크주밸브와 긴급차단장치에 속하는 밸브를 조작상자 내에 설치한 경우 조작상자와 차량의 뒷범퍼와의 수평거리는 20cm 이상 떨어져 있어야 한다.
④ 탱크주밸브 및 긴급차단장치에 속하는 중요한 부속품이 돌출된 저장탱크는 그 부속품을 차량의 좌측면이 아닌 곳에 설치한 단단한 조작상자 내에 설치하여야 한다.

해설 후부취출식 탱크의 주밸브는 차량의 뒷범퍼와의 수평거리가 40cm 이상 떨어져 있어야 한다.

문제 11 고압가스 설비에 설치하는 압력계의 최고눈금에 대한 측정범위의 기준으로 옳은 것은?

① 상용압력의 1.0배 이상, 1.2배 이하
② 상용압력의 1.2배 이상, 1.5배 이하
③ 상용압력의 1.5배 이상, 2.0배 이하
④ 상용압력의 2.0배 이상, 3.0배 이하

해설 압력계 눈금범위 : 상용압력의 1.5배 이상, 2배 이하

해답 09. ③ 10. ① 11. ③

문제 12 고압가스의 분출에 대하여 정전기가 가장 발생되기 쉬운 경우는?

① 가스가 충분히 건조되어 있을 경우
② 가스 속에 고체의 미립자가 있을 경우
③ 가스의 분자량이 작은 경우
④ 가스의 비중이 큰 경우

해설 ① 고압가스 분출시 정전기가 가장 발생되기 쉬운 경우
② 가스 속에 고체의 미립자가 있을 경우

문제 13 고압가스 일반제조시설의 밸브가 돌출한 충전용기에서 고압가스를 충전한 후 넘어짐 방지조치를 하지 않아도 되는 용량의 기준은 내용적이 몇 L 미만일 때 인가?

① 5 ② 10
③ 20 ④ 50

해설 넘어짐 방지조치를 하지 않아도 되는 용량 기준 : 내용적 5L 미만시

문제 14 LPG 충전·집단공급 저장시설의 공기에 의한 내압시험시 상용압력의 일정 압력 이상으로 승압한 후 단계적으로 승압시킬 때, 상용압력의 몇 % 씩 증가시켜 내압시험 압력에 달하였을 때 이상이 없어야 하는가?

① 5 ② 10
③ 15 ④ 20

해설 단계적 승압시 상용압력의 10%씩 증가시켜 내압시험압력에 달하였을 때 이상이 없어야 함.

문제 15 염소가스 저장탱크의 과충전 방지장치는 가스 충전량이 저장탱크 내용적의 몇 %를 초과할 때 가스충전이 되지 않도록 동작하는가?

① 60% ② 70%
③ 80% ④ 90%

해설 염소가스 저장탱크의 과충전 방지장치는 가스 충전량이 저장탱크 내용적의 90% 초과 금지

해답 12. ② 13. ① 14. ② 15. ④

문제 16 가연성 가스라 함은 폭발한계의 상한과 하한의 차가 몇 % 이상인 것을 말하는가?

① 10% ② 20%
③ 30% ④ 40%

해설 **가연성 가스** : 폭발하한이 10% 이하이거나 하한과 상한의 차가 20% 이상인 가스

문제 17 액화석유가스(LPG) 이송방법과 관련이 먼 것은?

① 압력차에 의한 방법 ② 온도차에 의한 방법
③ 펌프에 의한 방법   ④ 압축기에 의한 방법

해설 **액화석유가스 이송방법**
① 압축기에 의한 방법
② 펌프에 의한 방법
③ 차압에 의한 방법

문제 18 고압가스 용기 보관실에 충전 용기를 보관할 때의 기준으로 틀린 것은?

① 충전 용기와 잔가스 용기는 각각 구분하여 용기보관 장소에 놓는다.
② 용기보관 장소의 주위 5m 이내에는 화기 또는 인화성물질이나 발화성 물질을 두지 아니한다.
③ 충전 용기는 항상 40℃ 이하의 온도를 유지하고, 직사광선을 받지 않도록 조치한다.
④ 가연성가스 용기보관 장소에는 방폭형 휴대용 손전등외의 등화를 휴대하고 들어가지 아니한다.

해설 용기보관 장소 주위 2m 이내에는 화기 또는 인화성물질이나 발화성 물질을 두지 아니한다.

문제 19 충전 용기를 차량에 적재하여 운반하는 도중에 주차하고자 할 때의 주의사항으로 옳지 않은 것은?

① 충전 용기를 적재한 차량은 제1종 보호시설로부터 15m 이상 떨어지고, 제2종 보호시설이 밀집된 지역은 가능한 한 피한다.
② 주차시에는 엔진을 정지시킨 후 주차브레이크를 걸어 놓는다.
③ 주차를 하고자 하는 주위의 교통상황·지형조건·화기 등을 고려하여 안전한 장소를 택하여 주차한다.
④ 주차시에는 긴급한 사태에 대비하여 바퀴 고정목을 사용하지 않는다.

해설 주차시에는 긴급한 사태에 대비하여 바퀴 고정목을 사용한다.

해답 16. ② 17. ② 18. ② 19. ④

문제 20 다음 중 지진감지장치를 반드시 설치하여야 하는 도시 가스 시설은?
① 가스도매사업자 인수기지 ② 가스도매사업자 정압기지
③ 일반도시가스사업자 제조소 ④ 일반도시가스사업자 정압기

해설 지진감지장치를 반드시 설치하여야 하는 도시 가스 시설 : 가스도매사업자 정압기지

문제 21 다음 중 아황산가스의 제독제가 아닌 것은?
① 소석회 ② 가성소다 수용액
③ 탄산소다 수용액 ④ 물

해설 제독제
① 염소 : 소석회, 가성소다, 탄산소다
② 황화수소 : 가성소다, 탄산소다
③ 포스겐 : 가성소다, 소석회
④ 시안화수소 : 가성소다
⑤ 아황산가스 : 물, 가성소다, 탄산소다
⑥ 암모니아, 산화에틸렌, 염화메탄 : 다량의 물

문제 22 암모니아가스 검지경보장치는 검지에서 발신까지 걸리는 시간은 얼마 이내로 하는가?
① 30초 ② 1분
③ 2분 ④ 3분

해설 검지에서 발신까지 걸리는 시간
일산화탄소, 암모니아 : 60초

문제 23 가정에서 액화석유가스(LPG)가 누출될 때 가장 쉽게 식별할 수 있는 방법은?
① 냄새로서 식별
② 리트머스 시험지 색깔로 식별
③ 누출시 발생되는 흰색 연기로 식별
④ 성냥 등으로 점화시켜 봄으로써 식별

문제 24 압축 또는 액화 그 밖의 방법으로 처리할 수 있는 가스의 용적이 1일 100m^3 이상인 사업소는 압력계를 몇 개 이상 비치하도록 되어 있는가?
① 1 ② 2
③ 3 ④ 4

해답

20. ② 21. ① 22. ② 23. ① 24. ②

해설 압축 또는 액화 그 밖의 방법으로 처리할 수 있는 가스의 용적이 1일 100m³ 이상인 사업소는 압력계를 2개 이상 비치

문제 25

도시가스 공급시설 중 저장탱크 주위의 온도상승 방지를 위하여 설치하는 고정식 물분무장치의 단위면적당 방사능력의 기준은? (단, 단열재를 피복한 준내화구조 저장탱크가 아니다.)

① 2.5L/분·m² 이상
② 5L/분·m² 이상
③ 7.5L/분·m² 이상
④ 10L/분·m² 이상

해설 준내화구조 : $2.5 l/m^2 \cdot min$
내화구조 : $5 l/m^2 \cdot min$

문제 26

고압가스 저장탱크 및 처리설비에 대한 설명으로 틀린 것은?

① 가연성 저장탱크를 2개 이상 인접 설치시에는 0.5m 이상의 거리를 유지한다.
② 지면으로부터 매설된 저장탱크 정상부까지의 깊이는 60cm 이상으로 한다.
③ 저장탱크를 매설한 곳의 주위에는 지상에 경계 표지를 한다.
④ 독성가스 저장탱크실과 처리설비실에는 가스누출검지경보장치를 설치한다.

해설 가연성 저장탱크에 2개 이상 인접 설치시 1m 이상의 거리 유지

문제 27

수성가스의 주성분으로 바르게 이루어진 것은?

① CO, CO_2
② CO_2, N_2
③ CO, H_2O
④ CO, H_2

해설 $C + H_2O \rightarrow CO + H_2$(수성가스)

문제 28

용기의 내부에 절연유를 주입하여 불꽃, 아크 또는 고온 발생 부분이 기름 속에 잠기게 함으로써 기름면 위에 존재하는 가연성 가스에 인화되지 않도록 한 방폭구조는?

① 압력 방폭구조
② 유입 방폭구조
③ 내압 방폭구조
④ 안전증 방폭구조

해설 **방폭구조**
① 내압방폭구조(d) : 용기내부에서 가연성가스의 폭발이 발생할 경우 그 용기가 폭발압력에 견디고 접합면 개구부 등을 통하여 외부의 가연성가스에 인화되지 않도록 한 구조
② 유입방폭구조(o) : 용기내부에 절연유를 주입하여 불꽃, 아크 또는 고온발생부분이

25. ② 26. ① 27. ④ 28. ②

기름 속에 잠기게 함으로서 기름 면 위에 존재하는 가연성가스에 인화되지 않도록 한 구조

③ 압력방폭구조(p) : 용기내부에 보호가스(공기 또는 불활성가스)를 압입하여 내부압력을 유지함으로써 가연성가스가 용기내부로 유입되지 않도록 한 구조

문제 29

프로판 15vol%와 부탄 85vol%로 혼합된 가스의 공기 중 폭발하한 값은 얼마인가? (단, 프로판의 폭발하한 값은 2.1%로 하고, 부탄은 1.8%로 한다.)

① 1.84
② 1.88
③ 1.94
④ 1.98

해설

$$\frac{100}{L} = \frac{V_1}{L_1} + \frac{V_2}{L_2} + \frac{V_3}{L_3} \cdots \frac{V_n}{L_n}$$

$$\frac{100}{L} = \frac{15}{2.1} + \frac{85}{1.8}$$

$$\frac{100}{L} = 54.365 \quad \therefore L = \frac{100}{54.365} = 1.839\%$$

문제 30

채적 0.8m³의 용기에 16kg의 가스가 들어 있다면 이 가스의 밀도는?

① 0.05kg/m³
② 8kg/m³
③ 16kg/m³
④ 20kg/m³

해설 가스밀도 $= \dfrac{16\text{kg}}{0.8\text{m}^3} = 20\text{kg/m}^3$

문제 31

햄프슨식이라고도 하며 저장조 상부로부터의 압력과 저장조 하부로부터의 압력의 차로써 액면을 측정하는 것은?

① 부자식 액면계
② 차압식 액면계
③ 편위식 액면계
④ 유리관식 액면계

해설 **차압식 액면계** : 햄프슨식액면계라고도 하며 저장조 상부로부터의 압력과 저장조 하부로부터의 압력의 차로써 액면 측정

문제 32

코일장에 감겨진 백금선의 표면으로 가스가 산화 반응할 때의 발열에 의해 백금선의 저항 값이 변화하는 현상을 이용한 가스검지방법은?

① 반도체식
② 기체열전도식
③ 접촉연소식
④ 액체열전도식

해설 **접촉연소식** : 코일장에 감겨진 백금선의 표면으로 가스가 산화 반응할 때의 발열에 의해 백금선의 저항 값이 변화하는 현상 이용

29. ① 30. ④ 31. ② 32. ③

문제 33 대기차단식 가스보일러에서 반드시 갖추어야 할 장치가 아닌 것은?
① 저수위안전장치
② 압력계
③ 압력팽창탱크
④ 헛불방지장치

해설 대기차단식 가스보일러에서 반드시 갖추어야 할 장치
① 압력팽창탱크
② 헛불방지장치
③ 압력계

문제 34 원심펌프를 직렬로 연결하여 운전할 때 양정과 유량의 변화는?
① 양정 : 일정, 유량 : 일정
② 양정 : 증가, 유량 : 증가
③ 양정 : 증가, 유량 : 일정
④ 양정 : 일정, 유량 : 증가

해설 원심펌프
① 직렬연결시 : 양정증가, 유량일정
② 병렬연결시 : 유량증가, 양정일정

문제 35 초저온용 가스를 저장하는 탱크에 사용되는 단열재의 구비조건으로 틀린 것은?
① 밀도가 클 것
② 흡수성이 없을 것
③ 열전도도가 작을 것
④ 화학적으로 안정할 것

해설 단열재의 구비조건
① 밀도가 적을 것
② 흡수성이 없을 것
③ 보온능력이 클 것
④ 열전도도가 작을 것
⑤ 화학적으로 안정할 것

문제 36 다음 중 특정설비가 아닌 것은?
① 차량에 고정된 탱크
② 안전밸브
③ 긴급차단장치
④ 압력조정기

해설 특정설비
① 저장탱크
② 긴급차단장치
③ 역화방지장치
④ 역류방지밸브
⑤ 안전밸브
⑥ 기화기

해답 33. ① 34. ③ 35. ① 36. ④

문제 **37** 고속 회전하는 임펠러의 원심력에 의해 속도에너지를 압력에너지로 바꾸어 압축하는 형식으로서 유량이 크고 설치면적이 적게 차지하는 압축기의 종류는?
① 왕복식
② 터보식
③ 회전식
④ 흡수식

해설 터보식 : 고속 회전하는 임펠러의 원심력에 의해 속도에너지를 압력에너지로 바꾸어 압축하는 형식

문제 **38** 루트 미터에 대한 설명으로 옳은 것은?
① 설치공간이 크다.
② 일반 수용가에 적합하다.
③ 스트레이너가 필요 없다.
④ 대용량의 가스 측정에 적합하다.

해설 루트 미터의 특징
① 대유량가스 측정   ② 설치면적이 적다.
③ 중압가스계량 용기 ④ 소유량에서는 부동의 우려가 있다.
⑤ 스트레이너 설치 후 유지관리 필요

문제 **39** 액화 산소 및 LNG 등에 사용할 수 없는 재질은?
① Al 합금
② Cu 합금
③ Cr 강
④ 18-8 스테인리스강

해설 액화 산소 및 LNG 등에 사용할 수 있는 재질
① 9% 니켈강   ② 동 및 동합금
③ 알루미늄합금   ④ 18-8 스테인리스강

문제 **40** 액주식 압력계에 사용되는 액체의 구비조건으로 틀린 것은?
① 화학적으로 안정되어야 한다.
② 모세관 현상이 없어야 한다.
③ 점도와 팽창계수가 작아야 한다.
④ 온도변화에 의한 밀도변화가 커야 한다.

해설 액주식 압력계 사용되는 액체의 구비조건
① 온도변화에 따른 밀도변화가 적어야 한다.
② 점도의 팽창계수가 적어야 한다.
③ 모세관 현상이 없어야 한다.
④ 화학적으로 안정되어야 한다.

해답 37. ② 38. ④ 39. ③ 40. ④

문제 41 다음 중 액면계의 측정방식에 해당하지 않는 것은?

① 압력식
② 정전용량식
③ 초음파식
④ 환상천평식

해설 액면계 측정방법
① 부자식(플로우트식)액면계   ② 클린카식액면계
③ 고정튜브식액면계   ④ 회전튜브식액면계
⑤ 슬립튜브식액면계   ⑥ 초음파식액면계
⑦ 정전용량식액면계   ⑧ 압력식액면계

문제 42 흡입압력이 대기압과 같으며 최종압력이 15kgf/cm²·g인 4단 공기압축기의 압축비는 약 얼마인가? (단, 대기압은 1kgf/cm²로 한다.)

① 2
② 4
③ 8
④ 16

해설 압축비 $= \sqrt[4]{\dfrac{15+1}{1}} = 2$

문제 43 LP가스의 이송설비에서 펌프를 이용한 것에 비해 압축기를 이용한 충전방법의 특징이 아닌 것은?

① 충전시간이 길다.
② 잔가스 회수가 가능하다.
③ 압축기의 오일이 탱크에 들어가 드레인의 원인이 된다.
④ 베이퍼록 현상이 없다.

해설 압축기사용시 장·단점
① 장점 : ㉠ 충전시간이 짧다.   ㉡ 잔가스 회수용이
        ㉢ 베이퍼록의 우려가 없다.
② 단점 : ㉠ 드레인우려가 있다.   ㉡ 액화의 우려가 있다.

문제 44 저온장치 진공 단열법에 해당되지 않는 것은?

① 고진공 단열법
② 격막 진공 단열법
③ 분말 진공 단열법
④ 다층 진공 단열법

해설 저장장치의 진공 단열법
① 고진공단열법   ② 분말진공단열법
③ 다층진공단열법

해답
41. ④   42. ①   43. ①   44. ②

문제 45 고압가스 용기에 사용되는 강의 성분원소 중 탄소, 인, 황 및 규소의 작용에 대한 설명으로 옳지 않은 것은?

① 탄소량이 증가하면 인장강도는 증가한다.
② 황은 적열취성의 원인이 된다.
③ 인은 상온취성의 원인이 된다.
④ 규소량이 증가하면 충격치는 증가한다.

해설 탄소, 인, 황, 규소의 작용
① 탄소량 증가시 : 인장강도, 경도증가, 연신율, 충격값 감소
② 인 : 상온취성, 청열취성의 원인
③ 황 : 적열취성의 원인
④ 규소량 증가시 : 충격값 감소

문제 46 다음과 같은 특징을 가지는 가스는?

- 맹독성이고 자극성 냄새의 황록색 기체
- 임계온도는 약 144℃, 임계압력은 약 76.1atm
- 수은법, 격막법 등에 의해 제조

① CO
② Cl_2
③ $COCl_2$
④ H_2S

해설 염소
① 허용농도는 1PPM 이하, 자극성 냄새나는 황록색 기체
② 임계압력은 76.1atm, 임계온도 144℃
③ 수은법, 격막법 등에 의해 제조
④ 비점은 -34℃ 이하, 6~8atm 이상의 압력을 가하면 쉽게 액화
⑤ 수분을 함유하면 철 등의 금속과 반응 부식발생(온도 120℃ 이상)
⑥ 상온에서 물에 용해되면 소량의 염산 및 차아염소산을 생성하여 살균, 표백작용을 한다.
⑦ 도색은 갈색, 용기재질은 탄소강이다.
⑧ 밸브재질은 황동, 안전밸브는 가용전이다.

문제 47 프로판 용기에 50kg의 가스가 충전되어 있다. 이 때 액상의 LP가스는 몇 L의 체적을 갖는가? (단, 프로판의 액 비중량은 0.5kg/L 이다.)

① 25
② 50
③ 100
④ 150

해설 $1l = 0.5\text{kg}$
$x = 50\text{kg}$
$x = \dfrac{1l \times 50\text{kg}}{0.5\text{kg}} = 100l$

45. ④   46. ②   47. ③

문제 48

1.0332kg/cm² · a는 게이지 압력(kg/cm² · g)으로 얼마 인가? (단, 대기압은 1.0332kg/cm²이다.)

① 0
② 1
③ 1.0332
④ 2.0664

해설 게이지압력 = 절대압력 - 대기압 = 1.0332 - 1.0332 = 0kg/cm² · g

문제 49

압력의 단위로 사용되는 SI 단위는?

① atm
② Pa
③ psi
④ bar

해설 압력의(SI) 단위 : Pa(파스칼), MPa(메가파스칼)

문제 50

아세틸렌에 대한 설명으로 틀린 것은?

① 공기보다 무겁다.
② 일반적으로 무색, 무취이다.
③ 폭발 위험성이 있다.
④ 액체 아세틸렌은 불안정하다.

해설 아세틸렌

① 공기보다 가볍다($\frac{26}{29}$ = 0.896)
② 일반적으로 무색, 무취이다.
③ 폭발의 위험성이 있다.
④ 액체아세틸렌은 불안정하다.
⑤ 여러 가지 액체에 잘 용해된다. (석유2배, 벤젠4배, 알콜 6배, 아세톤 25배)
⑥ 15℃ 1kg/cm²에서의 아세틸렌 1l의 무게는 1.176g 이다.
⑦ 흡열화합물이므로 압축하면 분해 폭발위험이 있다.
⑧ Cu, Ag, Hg 등의 금속과 화합시 폭발성 물질인 아세틸라이드 생성
⑨ 온도가 406~408℃에서 자연 발화, 505~515℃에서 폭발

문제 51

도시가스에 첨가하는 부취제가 갖추어야할 성질로 틀린 것은?

① 독성이 없을 것
② 극히 낮은 농도에서도 냄새가 확인될 수 있을 것
③ 가스관이나 가스미터에 흡착이 잘 될 것
④ 배관내의 상용온도에서 응축하지 않을 것

해설 부취제의 구비조건
① 독성 및 가연성이 아닐 것
② 도관을 부식시키지 말 것
③ 도관 내의 상용온도에서 응축되지 말 것
④ 보통 존재하는 냄새와 명확히 구별 될 것
⑤ 극히 낮은 온도에서도 냄새를 구별할 수 있을 것

해답 48. ① 49. ② 50. ① 51. ③

⑥ 가스관이나 가스미터에 흡착되지 말 것
⑦ 토양에 대한 투과성이 클 것

문제 52 다음 중 물과 접촉시 아세틸렌가스를 발생하는 것은?
① 탄화칼슘
② 소석회
③ 가성소다
④ 금속칼륨

해설 $CaC_2 + 2H_2O \rightarrow Ca(OH)_2 + C_2H_2 \uparrow$
(탄화칼슘)

문제 53 일산화탄소 가스의 용도로 알맞은 것은?
① 메탄올 합성
② 용접 절단용
③ 암모니아 합성
④ 섬유의 표백용

해설 일산화탄소의 용도
① 메탄올의 합성 : $CO + 2H_2 \rightarrow CH_3OH$
② 포스겐의 제조 : $CO + Cl_2 \rightarrow COCl_2$

문제 54 다음 중 조연성(지연성) 가스는?
① H_2
② O_3
③ Ar
④ NH_3

해설 조연성가스
① 공기 ② 불소 ③ 염소 ④ 이산화질소 ⑤ 산소

문제 55 고압고무호스에 사용하는 부품 중 조정기 연결부이음쇠의 재료로서 가장 적당한 것은?
① 단조용 황동
② 쾌삭 황동
③ 스테인리스 스틸
④ 아연 합금

해설 ① 단조용 황동은 조정기 연결 후 이음쇠의 재료로 사용한다.
② 단조란 쇠를 단단하게 두드리는 작업이다.

문제 56 주기율표의 0족에 속하는 불활성 가스의 성질이 아닌 것은?
① 상온에서 기체이며, 단원자 분자이다.
② 다른 원소와 잘 화합한다.
③ 상온에서 무색, 무미, 무취의 기체이다.
④ 방전관에 넣어 방전시키면 특유의 색을 낸다.

해답
52. ① 53. ① 54. ② 55. ① 56. ②

해설 주기율표의 0족에 속하는 불활성 가스의 성질
① 다른 원소와 화합하지 않는다.
② 상온에서 기체이며 단원자분자이다.
③ 방전관에 넣어 방전시키면 특유의 색을 낸다. (헬륨 : 황색, 네온 : 주황, 아르곤 : 적색 등)
④ 상온에서 무색, 무미, 무취의 기체이다.

문제 57 프로판의 착화온도는 약 몇 ℃ 정도인가?
① 460~520
② 550~590
③ 600~660
④ 680~740

해설 착화온도
① 프로판 : 460~520℃
② 부탄 : 430~510℃
③ 메탄 : 615~682℃
④ 아세틸렌 : 400~440℃
⑤ 수소 : 580~590℃
⑥ 일산화탄소 : 637~658℃

문제 58 표준 대기압 상태에서 물의 끓는점을 R로 나타낸 것은?
① 373
② 560
③ 672
④ 772

해설 물의 끓는 점

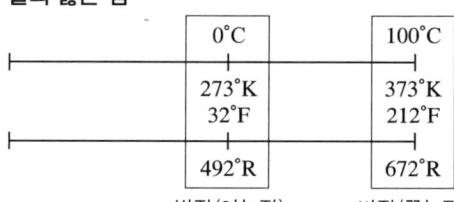

문제 59 다음 중 온도의 단위가 아닌 것은?
① 섭씨온도
② 화씨온도
③ 켈빈온도
④ 헨리온도

해설 온도의 단위
① 섭씨온도(℃) = $\frac{5}{9}(F-32)$
② 화씨온도(℉) = $\frac{9}{5} \times C + 32$
③ 켈빈온도(°K) = ℃ + 273
④ 랭킨온도(°R) = ℉ + 460

57. ① 58. ③ 59. ④

문제 60 다음 중 표준 대기압에 대하여 바르게 나타낸 것은?

① 적도지방 년 평균 기압
② 토리첼리의 진공실험에서 얻어진 압력
③ 대기압의 0으로 보고 측정한 압력
④ 완전진공을 0으로 했을 때의 압력

해답

60. ②

2019년 4월 CBT 시행

문제 01 도시가스시설의 설치공사 또는 변경공사를 하는 때에 이루어지는 전공정 시공감리 대상은?

① 도시가스사업자외의 가스공급시설설치자의 배관설치공사
② 가스도매사업자의 가스공급시설 설치공사
③ 일반도시가스사업자의 정압기 설치공사
④ 일반도시가스사업자의 제조소 설치공사

해설 도시가스시설의 설치공사 또는 변경공사를 하는 때에 이루어지는 전공정 시공감리 대상
도시가스사업자외의 가스공급설치자의 배관설치공사

문제 02 도시가스 사용시설인 배관의 내용적이 10L 초과 50L 이하일 때 기밀시험압력 유지시간은 얼마인가?

① 5분 이상
② 10분 이상
③ 24분 이상
④ 30분 이상

해설 기밀시험압력 유지시간
배관내용적 10l 이하 : 5분
10l 초과 50l 이하 : 10분
50l 초과 : 24분

문제 03 액상의 염소가 피부에 닿았을 경우의 조치로써 가장 적당한 것은?

① 암모니아로 씻어낸다.
② 이산화탄소로 씻어낸다.
③ 소금물로 씻어낸다.
④ 맑은 물로 씻어낸다.

해설 염소가 피부에 닿았을 경우 조치 : 맑은 물로 씻어낸다.

문제 04 도시가스사업법에서 규정하는 도시가스사업이란 어떤 종류의 가스를 공급하는 것을 말하는가?

① 제조용 가스
② 연료용 가스
③ 산업용 가스
④ 압축가스

해설 도사가스사업이란 연료용가스를 공급하는 것

해답 01. ① 02. ② 03. ④ 04. ②

문제 05 다음 굴착공사 중 굴착공사를 하기 전에 도시가스사업자와 협의를 하여야 하는 것은?

① 굴착공사 예정지역 범위에 묻혀 있는 도시가스배관의 길이가 110m인 굴착공사
② 굴착공사 예정지역 범위에 묻혀 있는 송유관의 길이가 200m 인 굴착공사
③ 해당 굴착공사로 인하여 압력이 3.2kPa인 도시가스배관의 길이가 30m 노출될 것으로 예상되는 굴착공사
④ 해당 굴착공사로 인하여 압력이 0.8MPa인 도시가스배관의 길이가 8m 노출될 것으로 예상되는 굴착공사

해설 굴착공사를 하기 전에 도시가스사업자와 협의를 하여야 하는 것
굴착공사 예정지역 범위에 묻혀 있는 도시가스배관의 길이가 110m인 굴착공사

문제 06 가연성 가스가 폭발할 위험이 있는 장소에 전기설비를 할 경우 위험 장소와 등급 분류에 해당하지 않는 것은?

① 0종   ② 1종
③ 2종   ④ 3종

해설 위험장소의 등급
① 0종장소 : 상용상태에서 가연성가스의 농도가 연속해서 폭발하한계 이상으로 되는 장소
② 1종장소
  ㉠ 상용상태에서 가연성가스가 체류하여 위험하게 될 우려가 있는 장소
  ㉡ 정비보수 또는 누설 등으로 인하여 종종 가연성 가스가 체류하여 위험하게 될 우려가 있는 장소
③ 2종장소
  ㉠ 1종장소 주변 또는 인접한 실내에서 위험한 농도의 가연성가스가 종종 침입 할 우려가 있는 장소
  ㉡ 환기장치에 이상이나 사고가 발생한 경우 가연성가스가 체류하여 위험하게 될 우려가 있는 장소

문제 07 다음 중 용기의 설계단계검사 항목이 아닌 것은?

① 용접부의 기계적 성능   ② 단열성능
③ 내압성능   ④ 작동성능

해설 용기의 설계단계검사 항목
① 단열성능
② 내압성능
③ 용접부의 기계적성능

05. ① 06. ④ 07. ④

문제 08 다음 중 산소 없이 분해폭발을 일으키는 물질이 아닌 것은?
① 아세틸렌
② 히드라진
③ 산화에틸렌
④ 시안화수소

해설 분해폭발 : ① 아세틸렌 ② 산화에틸렌 ③ 히드라진
중합폭발 : ① 시안화수소 ② 산화에틸렌
촉매폭발 : ① 염소와 수소 ② 염소와 아세틸렌 ③ 염소와 암모니아

문제 09 아세틸렌을 용기에 충전할 때에는 미리 용기에 다공 물질을 고루 채운 후 침윤 및 충전을 하여야 한다. 이 때 다공도는 얼마로 하여야 하는가?
① 75% 이상 92% 미만
② 70% 이상 95% 미만
③ 62% 이상 75% 미만
④ 92% 이상

해설 다공도(%) : 75% 이상 92% 미만

문제 10 산소의 저장설비 외면으로부터 얼마의 거리에서 화기를 취급할 수 없는가? (단, 자체 설비내의 것을 제외한다.)
① 2m 이내
② 5m 이내
③ 8m 이내
④ 10m 이내

해설 산소의 저장설비 외면으로부터 8m 이내의 거리에서 화기 취급금지

문제 11 독성가스의 저장탱크에는 가스의 용량이 그 저장탱크 내용적의 90%를 초과하는 것을 방지하는 장치를 설치하여야 한다. 이 장치를 무엇이라고 하는가?
① 경보장치
② 액면계
③ 긴급차단장치
④ 과충전방지장치

해설 과충전방지장치 : 독성가스 저장탱크에서 가스의 용량이 그 저장탱크 내용적의 90%를 초과하는 것 방지

문제 12 가스의 폭발한계에 대한 설명으로 틀린 것은?
① 메탄계 탄화수소가스의 폭발한계는 압력이 상승함에 따라 넓어진다.
② 가연성가스에 불활성가스를 첨가하면 폭발범위는 좁아진다.
③ 가연성가스에 산소를 첨가하면 폭발범위는 넓어진다.
④ 온도가 상승하면 폭발하한은 올라간다.

해답 08. ④ 09. ① 10. ③ 11. ④ 12. ④

해설 **가스의 폭발한계**
① 온도가 상승하면 폭발하한은 내려간다.
② 가연성가스에 산소를 첨가하면 폭발범위는 넓어진다.
③ 가연성가스에 불활성가스를 첨가하면 폭발범위는 좁아진다.
④ 메탄계 탄화수소가스의 폭발한계는 압력이 상승함에 따라 넓어진다.

문제 13 도로굴착공사에 의한 도시가스배관 손상 방지기준으로 틀린 것은?
① 착공 전 도면에 표시된 가스배관과 기타 지장물 매설 유무를 조사하여야 한다.
② 도로굴착자의 굴착공사로 인하여 노출된 배관 길이가 10m 이상인 경우에는 점검통로 및 조명시설을 하여야 한다.
③ 가스배관이 있을 것으로 예상되는 지점으로부터 2m 이내에서 줄파기를 할 때에는 안전관리전담자의 입회하에 시행하여야 한다.
④ 가스배관의 주위를 굴착하고자 할 때에는 가스배관의 좌우 1m 이내의 부분은 인력으로 굴착한다.

해설 **도로굴착공사에 의한 도시가스배관 방지기준**
① 가스배관의 주위를 굴착하고자 할 때에는 가스배관의 좌우 1m 이내의 부분은 인력으로 굴착한다.
② 가스배관이 있을 것으로 예상되는 지점으로부터 2m 이내에서 줄파기를 할 때에는 안전관리전담자의 입회하에 시행
③ 착공 전 도면에 표시된 가스배관과 기타 지장물 매설 유무를 조사

문제 14 다음 중 가연성 가스에 해당되지 않는 것은?
① 산화에틸렌
② 암모니아
③ 산화질소
④ 아세트알데히드

해설 **가연성가스** : 폭발하한이 10% 이하이거나 하한과 상한의 차가 20% 이상인 가스
① 산화에틸렌 : 3~80%
② 암모니아 : 15~28%
③ 아세트알데히드 : 4.1~55%
④ 메탄 : 5~15%
⑤ 프로판 : 2.1~9.5%
⑥ 아세틸렌 ; 2.5~81%
⑦ 수소 : 4~75%
⑧ 일산화탄소 : 12.5~74%

문제 15 도시가스의 고압배관에 사용되는 관재료가 아닌 것은?
① 배관용 아크용접 탄소강관
② 압력 배관용 탄소강관
③ 고압 배관용 탄소강관
④ 고온 배관용 탄소강관

해설 **도시가스의 고압배관에 사용되는 관재료**
① 압력 배관용 탄소강관
② 고압 배관용 탄소강관
③ 고온 배관용 탄소강관

13. ② 14. ③ 15. ①

문제 16 고압가스의 용어에 대한 설명으로 틀린 것은?

① 액화가스란 가압, 냉각 등의 방법에 의하여 액체상태로 되어 있는 것으로서 대기압에서의 끓는점이 섭씨 40도 이하 또는 상용의 온도 이하인 것을 말한다.
② 독성가스란 공기 중에 일정량이 존재하는 경우 인체에 유해한 독성을 가진 가스로서 허용농도가 100만분의 2000 이하인 가스를 말한다.
③ 초저온저장탱크라 함은 섭씨 영하 50도 이하의 액화가스를 저장하기 위한 저장탱크로서 단열재로 씌우거나 냉동설비로 냉각하는 등의 방법으로 저장탱크 내의 가스온도가 상용의 온도를 초과하지 아니하도록 한 것을 말한다.
④ 가연성가스라 함은 공기 중에서 연소하는 가스로서 폭발한계의 하한이 10% 이하인 것과 폭발한계의 상한과 하한의 차가 20% 이상인 것은 말한다.

해설 독성가스란 공기 중에 일정량이 존재하는 경우 인체에 유해한 독성을 가진 가스로서 허용농도가 $\frac{200}{100만}$ 이하인 가스

문제 17 압축 가연성가스를 몇 m³ 이상을 차량에 적재하여 운반하는 때에 운반책임자를 동승시켜 운반에 대한 감독 또는 지원을 하도록 되어 있는가?

① 100   ② 300
③ 600   ④ 1000

해설 압축 가연성가스 300m³ 이상을 차량에 적재하여 운반하는 때에 운반책임자를 동승시켜 운반에 대한 감독 또는 지원을 한다.

문제 18 공기 중에서 폭발 범위가 가장 넓은 가스는?

① 메탄   ② 프로판
③ 에탄   ④ 일산화탄소

해설 폭발범위
① 메탄 : 5~15%   ② 프로판 : 2.1~9.5%
③ 에탄 : 3~12.5%   ④ 일산화탄소 : 12.5~74%

문제 19 가스공급자는 안전유지를 위하여 안전관리자를 선임하여야 한다. 다음 중 안전관리자의 업무가 아닌 것은?

① 용기 또는 작업과정의 안전유지
② 안전관리규정의 시행 및 그 기록의 작성·보존
③ 사업소 종사자에 대한 안전관리를 위하여 필요한 지휘·감독
④ 공급시설의 정기검사

해답   16. ②   17. ②   18. ④   19. ④

해설 안전관리자의 업무
① 사업소 종사자에 대한 안전관리를 위하여 필요한 지휘·감독
② 안전관리규정의 시행 및 그 기록의 작성·보존
③ 용기 또는 작업과정의 안전유지

문제 20 방류둑의 성토 윗부분의 폭은 얼마 이상으로 규정되어 있는가?
① 30cm 이상
② 50cm 이상
③ 100cm 이상
④ 120cm 이상

해설 방류둑 성토 윗부분의 폭 : 30cm 이상

문제 21 도시가스 공급배관에서 입상관의 밸브는 바닥으로부터 얼마의 범위에 설치하여야 하는가?
① 1m 이상, 1.5m 이내
② 1.6m 이상, 2m 이내
③ 1m 이상, 2m 이내
④ 1.5m 이상, 3m 이내

해설 입상관의 밸브는 바닥으로부터 1.6m 이상, 2m 이내

문제 22 가연성 액화가스 저장탱크의 내용적이 40m³ 일 때 제1종 보호시설과의 거리는 몇 m 이상을 유지하여야 하는가? (단, 액화가스의 비중은 0.52이다.)
① 17m
② 21m
③ 24m
④ 27m

해설 안전거리

저장능력 압축가스(m^3) 액화가스(kg)	독성가연성		산소		기타	
	1종	2종	1종	2종	1종	2종
1만 이하	17m	12m	12m	8m	8m	5m
2만 이하	21m	14m	14m	9m	9m	7m
3만 이하	24m	16m	16m	11m	11m	8m
4만 이하	27m	18m	18m	13m	13m	9m
4만 초과	30m	20m	20m	14m	14m	10m

$W = 0.9 d V_2 = 0.9 \times 0.52 \times 40 \times 1000 = 18720 kg$

2만 이하이므로 21m

20. ① 21. ② 22. ②

문제 23
액화천연가스 저장설비의 안전거리 산정식으로 옳은 것은? (단, L : 유지하여야 하는 거리[m], C : 상수, W : 저장능력[톤]의 제곱근이다.

① $L = C\sqrt[3]{143000\,W}$
② $L = W\sqrt{143000\,C}$
③ $L = C\sqrt{143000\,W}$
④ $W = L\sqrt{143000\,C}$

해설 액화천연가스 저장설비의 안전거리 산정식
$L = C\sqrt[3]{143000\,W}$
여기서, L : 유지하여야하는 거리(m)
C : 상수
W : 저장능력(톤)의 제곱근

문제 24
내화구조의 가연성가스 저장탱크에서 탱크 상호간의 거리가 1m 또는 두 저장탱크의 최대지름을 합산한 길이의 1/4 길이 중 큰 쪽의 거리를 유지하지 못한 경우 물분무장치의 수량기준으로 옳은 것은?

① $4L/m^2 \cdot min$
② $5L/m^2 \cdot min$
③ $6.5L/m^2 \cdot min$
④ $8L/m^2 \cdot min$

문제 25
독성가스를 사용하는 내용적이 몇 L 이상인 수액기 주위에 액상의 가스가 누출될 경우에 대비하여 방류둑을 설치하여야 하는가?

① 1000
② 2000
③ 5000
④ 10000

해설 방류둑설치
① 수액기 내용적 : 10000l 이상
② 가연성, 산소 : 1000Ton 이상
③ 독성 : 5Ton 이상

문제 26
고압가스 냉매설비의 기밀시험 시 압축공기를 공급할 때 공기의 온도는 몇 ℃ 이하로 정해져 있는가?

① 40℃ 이하
② 70℃ 이하
③ 100℃ 이하
④ 140℃ 이하

해설 고압가스 냉매설비의 기밀시험 시 압축공기를 공급할 때 공기의 온도는 140℃ 이하

해답 23. ① 24. ① 25. ④ 26. ④

문제 27 독성가스 제독작업에 반드시 갖추지 않아도 되는 보호구는?

① 공기 호흡기
② 격리식 방독 마스크
③ 보호장화
④ 보호용 면수건

해설 독성가스 제독작업 시 갖추어야 하는 보호구
① 공기 호흡기   ② 격리식 방독 마스크   ③ 보호장화
④ 보호의   ⑤ 보호장갑

문제 28 다음 방폭구조에 대한 설명 중 틀린 것은?

① 용기내부에 보호가스를 압입하여 내부압력을 유지함으로써 가연성가스가 용기내부로 유입되지 않도록 한 구조를 압력방폭구조라 한다.
② 용기내부에 절연유를 주입하여 불꽃 아크 또는 고온발생부분이 기름 속에 잠기게 함으로써 기름면 위에 존재하는 가연성가스에 인화되지 않도록 한 구조를 유입방폭구조라 한다.
③ 정상운전 중에 가연성가스의 점화원이 될 전기불꽃 아크 또는 고온 부분 등의 발생을 방지하기 위해 기계적 전기적 구조상 또는 온도상승에 대해 특히 안전도를 증가시킨 구조를 특수방폭구조라 한다.
④ 정상 시 및 사고 시에 발생하는 전기불꽃 아크 또는 고온부로 인하여 가연성가스가 점화되지 않는 것이 점화시험 그 밖의 방법에 의해 확인된 구조를 본질안전방폭구조라 한다.

해설 **특수방폭구조** : 가연성가스에 점화를 방지할 수 있다는 것이 시험, 기타의 방법에 의해 확인된 구조

문제 29 다음 중 폭발방지대책으로서 가장 거리가 먼 것은?

① 압력계 설치
② 정전기 제거를 위한 접지
③ 방폭성능 전기설비 설치
④ 폭발하한 이내로 불활성가스에 의한 희석

해설 **폭발방지대책**
① 폭발하한 이내로 불활성가스에 의한 희석
② 방폭성능 전기설비 설치
③ 정전기 제거를 위한 접지

문제 30 가연물의 종류에 다른 화재의 구분이 잘못된 것은?

① A급 : 일반화재
② B급 : 유류화재
③ C급 : 전기화재
④ D급 : 식용유화재

해답 27. ④   28. ③   29. ①   30. ④

해설 화재의 구분
A급화재(일반화재) : 주수, 산, 알카리
B급화재(유류 및 가스) : CO_2, 분말, 포말
C급화재(전기) : CO_2, 분말
D급화재(금속화재) : 건조사, 팽창질석, 팽창진주암

문제 31
수소와 염소에 직사광선이 작용하여 폭발하였다. 폭발의 종류는?
① 산화폭발
② 분해폭발
③ 중합폭발
④ 촉매폭발

해설 촉매 폭발(직사일광에 의한 폭발)
① 염소와 수소 ② 염소와 암모니아 ③ 염소와 아세틸렌

문제 32
용기의 내용적이 105L 인 액화암모니아 용기에 충전할 수 있는 가스의 충전량은 몇 kg 인가?(단, 액화암모니아의 가스정수 C값은 1.86이다.)
① 20.5
② 45.5
③ 56.5
④ 117.5

해설 $G = \dfrac{V}{C} = \dfrac{105}{1.86} = 56.45 kg$

문제 33
빙점 이하의 낮은 온도에서 사용되며 LPG 탱크, 저온에서도 인성이 감소되지 않는 화학공업 배관 등에 주로 사용되는 관의 종류는?
① SPLT
② SPHT
③ SPPH
④ SPPS

해설 배관용강관
① SPLT(저온배관용탄소강관) : 빙점 이하의 낮은 온도에서 사용, 화학공업배관에 사용
② SPHT(고온배관용탄소강관) : 350℃ 이상 시 사용
③ SPPH(고압배관용탄소강관) : 압력이 100kg/cm² 이상 시 사용
④ SPPS(압력배관용탄소강관) : 압력이 10kg/cm² 이상 100kg/cm² 미만

문제 34
LP가스 이송설비 중 압축기에 의한 이송 방식에 대한 설명으로 틀린 것은?
① 잔가스 회수가 용이하다.
② 베이퍼록 현상이 없다.
③ 펌프에 비해 이송시간이 짧다.
④ 저온에서 부탄가스가 재액화되지 않는다.

해답
31. ④ 32. ③ 33. ① 34. ④

해설 **압축기 사용시 장점**
① 충전시간이 짧다.
② 잔가스 회수가 가능
③ 베이퍼록의 우려가 있다.

문제 35 손잡이를 돌리면 원통형의 폐지밸브가 상하로 올라가고 내려가서 밸브의 개폐를 함으로써 폐쇄가 양호하고 유량조절이 용이한 밸브는?

① 플러그 밸브   ② 게이트 밸브
③ 글로우브 밸브   ④ 볼 밸브

해설 **글로우브밸브** : 손잡이를 돌리면 원통형의 폐지밸브가 상하로 올라가고 내려가서 밸브의 개폐를 함으로써 폐쇄가 양호하고 유량조절이 용이

문제 36 압축기의 실린더를 냉각할 때 얻는 효과가 아닌 것은?

① 압축효율이 증가되어 동력이 증가한다.
② 윤활기능이 향상되고 적당한 점도가 유지된다.
③ 윤활유의 탄화나 열화를 막는다.
④ 체적효율이 증가한다.

해설 **압축기의 실린더를 냉각 시 얻는 효과**
① 압축효율이 증가되어 동력이 감소한다.
② 체적효율이 증가한다.
③ 윤활유의 탄화나 열화를 막는다
④ 윤활기능이 향상되고 적당한 점도가 유지된다.

문제 37 펌프를 운전할 때 송출 압력과 송출 유량이 주기적으로 변동하여 펌프의 토출구 및 흡입구에서 압력계의 지침이 흔들리는 현상을 무엇 이라고 하는가?

① 맥동(Surging)현상   ② 진동(Vibration)현상
③ 공동(Cavitation)현상   ④ 수격(Water hammering)현상

해설 **펌프현상**
① 서징현상(맥동현상) : 송출압력과 송출유량이 주기적으로 변동하여 펌프입구 및 출구에 설치된 압력계의 지침이 흔들리는 현상
② 캐비테이션현상(공동현상) : 유수 중의 어느 부분의 정압이 그때 물의 온도에 해당하는 증기압 이하로 되어 물이 증발을 일으키고 수중에 용입되어 있던 공기가 낮은 압력으로 인하여 기포가 발생하는 현상

해답   35. ③ 36. ① 37. ①

문제 38

물체에 힘을 가하면 변형이 생긴다. 이 후크의 법칙에 의해 작용하는 힘과 변형이 비례하는 원리를 이용하는 압력계는?

① 액주식 압력계
② 분동식 압력계
③ 전기식 압력계
④ 탄성식 압력계

해설 탄성식 압력계 : 후크의 법칙에 의해 작용하는 힘과 변형이 비례하는 원리 이용
[종류] ① 브르톤관압력계 ② 벨로우즈압력계 ③ 다이어프램압력계

문제 39

설치 시 공간을 많이 차지하여 신축에 따른 응력을 수반하나 고압에 잘 견디어 고온 고압용 옥외 배관에 많이 사용되는 신축 이음쇠는?

① 벨로우즈형
② 슬리브형
③ 루프형
④ 스위블형

해설 신축이음
① 루우프형 : ㉠ 신축곡관형, 만곡형이라함
　　　　　　㉡ 고온, 고압용 옥외배관에 사용
　　　　　　㉢ 신축에 따른 응력이 생김
② 슬리이브형 : ㉠ 미끄럼형, 슬라이드형이라 함
　　　　　　　㉡ 나사결합형 : 50A 이하
　　　　　　　㉢ 플랜지결합형 : 65A 초과
③ 벨로우즈형 : ㉠ 펙레스신축이음, 파상형, 주름통식이라 함
　　　　　　　㉡ 응력이 생기지 않음
④ 스위블이음 : ㉠ 방열기용
　　　　　　　㉡ 나사의 회전에 의해 신축흡수

문제 40

1000L의 액산 탱크에 액산을 넣어 방출밸브를 개방하여 12시간 방치하였더니 탱크 내의 액산이 4.8kg 방출되었다면 1시간당 탱크에 침입하는 열량은 약 몇 kcal 인가?(단, 액산의 증발잠열은 60kcal/kg이다.)

① 12
② 24
③ 70
④ 150

해설 침입열량 = $\dfrac{w \times q}{H} = \dfrac{60 \times 4.8}{12} = 24 \text{kcal/h}$

문제 41

압축도시가스자동차 충전의 냄새첨가장치에서 냄새가 나는 물질의 공기 중 혼합비율은 얼마인가?

① 공기 중 혼합비율이 용량의 10분의 1
② 공기 중 혼합비율이 용량의 100분의 1
③ 공기 중 혼합비율이 용량의 1000분의 1
④ 공기 중 혼합비율이 용량의 10000분의 1

해답 38. ④ 39. ③ 40. ② 41. ③

해설 압축도시가스자동차 충전의 냄새첨가장치에서 냄새가 나는 물질의 공기 중 혼합비율 : 공기 중 혼합비율 용량의 $\frac{1}{1000}$

문제 42 다음 연소기 중 가스용품 제조 기술기준에 따른 가스렌지로 보기 어려운 것은? (단, 사용압력은 3.3kPa 이하로 한다.)

① 전가스소비량이 9000kcal/h인 3구 버너를 가진 연소기
② 전가스소비량이 11000kcal/h인 4구 버너를 가진 연소기
③ 전가스소비량이 13000kcal/h인 6구 버너를 가진 연소기
④ 전가스소비량이 15000kcal/h인 2구 버너를 가진 연소기

해설 가스용품 제조 기술기준에 따른 가스렌지
① 전가스소비량이 13000kcal/h인 6구 버너를 가진 연소기
② 전가스소비량이 11000kcal/h인 4구 버너를 가진 연소기
③ 전가스소비량이 9000kcal/h인 3구 버너를 가진 연소기

문제 43 다음 가스계량기 중 측정 원리가 다른 하나는?

① 오리피스미터　　　　② 벤투리미터
③ 피토우관　　　　　　④ 로터미터

해설 **차압식유량계** : ① 벤츄리미터　② 플로우미터　③ 오리피스미터
면적식유량계 : ① 로터미터
용적식유량계 : ① 습식　② 건식　③ 오우벌식　④ 로터리 피스톤

문제 44 암모니아 합성공정 중 중압합성에 해당되지 않는 것은?

① IG법　　　　　　　② 뉴파우더법
③ 케미크법　　　　　④ 케로그법

해설 **암모니아 합성공정**
① 고압합성법(600kg/cm² 전,후) : 클로드법, 카자레법
② 중압합성법(300kg/cm² 전,후) : 뉴우테법, IG법, 케미그법, 뉴파우더법, 동공시법
③ 저압합성법(150kg/cm² 전,후) : 케로그법, 구우데법

문제 45 다음 중 캐비테이션(Cavitation)의 발생 방지법이 아닌 것은?

① 펌프의 회전수를 높인다.
② 흡입관의 배관을 간단하게 한다.
③ 펌프의 위치를 흡수면에 가깝게 한다.
④ 흡입관의 내면에 마찰저항이 적게 한다.

해답　　42. ④　43. ④　44. ④　45. ①

해설 캐비테이션 발생 방지법
① 펌프의 회전수를 줄인다.
② 관경을 크게 한다.
③ 흡입관의 배관을 간단하게 한다.
④ 펌프의 위치를 흡수면 위에 가깝게 한다.
⑤ 흡입관의 내면에 마찰저항을 적게 한다.
⑥ 임펠러를 액 중에 완전히 잠기게 한다.

문제 46
다음 중 LPG(액화석유가스)의 성분 물질로 가장 거리가 먼 것은?
① 프로판
② 이소부탄
③ n-부틸렌
④ 메탄

해설 2PG주성분
① 프로판 ② 부탄 ③ 프로필렌 ④ 부틸렌 ⑤ 프로틴

문제 47
시안화수소의 임계온도는 약 몇 ℃ 인가?
① -140
② 31
③ 183.5
④ 195.8

해설 임계온도
① 시안화수소 : 183.5℃   ② 수소 : -239℃
③ 산소 : -118.4℃   ④ 질소 : -147℃
⑤ 염소 : 144℃   ⑥ 암모니아 : 132.3℃

문제 48
다음 중 일산화탄소의 용도가 아닌 것은?
① 요소나 소다회 원료
② 메탄올 합성
③ 포스겐 원료
④ 개미산이나 화학공업 원료

해설 일산화탄소의 용도
① 메탄올합성 : $(CO + 2H_2 \rightarrow CH_3OH)$
② 포스겐제조 $(CO + Cl_2 \rightarrow COCl_2)$
③ 개미산이나 화학공업원료

문제 49
다음 염소에 대한 설명 중 틀린 것은?
① 상온, 상압에서 황록색의 기체로 조연성이 있다.
② 강한 자극성의 취기가 있는 독성기체이다.
③ 수소와 염소의 등량 혼합기체를 염소폭명기라 한다.
④ 건조 상태의 상온에서 강재에 대하여 부식성을 갖는다.

해설 건조한 상태의 상온에서 강재에 대한 부식이 없다.

   46. ④ 47. ③ 48. ① 49. ④

문제 50
도시가스의 연소성을 측정하기 위한 시험방법으로 틀린 것은?

① 매일 6시 30분부터 9시 사이와 17시부터 20시 30분 사이에 각각 1회씩 실시한다.
② 가스홀더 또는 압송기 입구에서 연소속도가스를 측정한다.
③ 가스홀더 또는 압송기 출구에서 웨베지수를 측정한다.
④ 측정된 웨베지수는 표준웨버지수의 ±4.5% 이내를 유지해야 한다.

해설 도시가스의 연소성 측정
① 측정된 웨버지수는 표준웨버지수의 ±4.5% 이내
② 가스홀더 또는 압송기 출구에서 웨버지수 측정
③ 매일 6시 30분부터 9시 사이, 17시부터 20시30분 사이에 각각 1회씩 실시
④ 유해성분의 양은 건조한 도시가스 $1m^3$ 당 황전량 0.5g 이하, 암모니아 0.2g 이하, 황화수소 0.02g 이하

문제 51
다음 중 표준상태에서 가스상 탄화수소의 점도가 가장 높은 가스는?

① 에탄　　② 메탄
③ 부탄　　④ 프로판

해설 점도 높은 순서
메탄 > 에탄 > 프로판 > 부탄

문제 52
다음 중 아세틸렌의 폭발과 관계가 없는 것은?

① 산화폭발　　② 중합폭발
③ 분해폭발　　④ 화합폭발

해설 아세틸렌폭발
① 산화폭발 : $C_2H_2 + 2.5O_2 \rightarrow 2CO_2 + H_2O$
② 분해폭발 : $C_2H_2 \rightarrow 2C + H_2$
③ 화합폭발 : $C_2H_2 + 2Cu \rightarrow Cu_2C_2 + H_2$
　　　　　　$C_2H_2 + 2Ag \rightarrow Ag_2C_2 + H_2$
　　　　　　$C_2H_2 + 2Hg \rightarrow Hg_2C_2 + H_2$

문제 53
아세틸렌(C_2H_2)에 대한 설명 중 틀린 것은?

① 카바이트(CaC_2)에 물을 넣어 제조한다.
② 구리와 접촉하여 구리아세틸라이드를 만들므로 구리 함유량이 62% 이상을 설비로 사용한다.
③ 흡열화합물이므로 압축하면 폭발을 일으킬 수 있다.
④ 공기 중 폭발범위는 약 2.5~81%이다.

50. ②　51. ②　52. ②　53. ②

해설 아세틸렌
① 구리와 접촉하여 구리아세틸라이드를 만들므로 구리 함유량이 62% 이하 사용
② 카바이트에 물을 넣어 제조
  $CaC_2 + 2H_2O \rightarrow Ca(OH)_2 + C_2H_2$
③ 공기 중 폭발범위는 약 2.5~81%이다.
④ 흡열화합물이므로 압축하면 폭발을 일으킬 수 있다.

문제 54 70℃는 랭킨온도로 몇 °R인가?
① 618
② 688
③ 736
④ 792

해설 $°R = °F + 460 = 158 + 460 = 618°R$
$°F = \frac{9}{5} \times C + 32 = \frac{9}{5} \times 70 + 32 = 158°F$

문제 55 표준상태에서 부탄가스의 비중은 얼마인가?(단, 부탄의 분자량은 58이다.)
① 1.6
② 1.8
③ 2.0
④ 2.2

해설 부탄가스의 비중 $= \frac{58}{29} = 2$

문제 56 아세틸렌가스를 온도에 불수하고 2.5MPa의 압력으로 압축할 때 첨가하는 희석제가 아닌 것은?
① 질소
② 메탄
③ 에틸렌
④ 산소

해설 희석제
① 메탄 ② 일산화탄소 ③ 에틸렌 ④ 질소 ⑤ 수소 ⑥ 프로판

문제 57 연소 시 공기비가 클 경우 나타나는 연소현상으로 틀린 것은?
① 연소가스 온도 저하
② 배기가스량 증가
③ 불완전연소 발생
④ 연료소모 증가

해설 공기비가 클 경우 나타나는 현상
① 연료소비량 증가
② 배기가스량 증가
③ 연소가스온도 저하

54. ① 55. ③ 56. ④ 57. ③

문제 58 1MPa과 같은 압력은 어느 것인가?
① $10N/cm^2$
② $100N/cm^2$
③ $1000N/cm^2$
④ $10000N/cm^2$

해설 $1MPa = 100N/cm^2$

문제 59 다공물질 내용적이 $100m^3$, 아세톤의 침윤 잔용적이 $20m^3$ 일 때 다공도는 몇 %인가?
① 60%
② 70%
③ 80%
④ 90%

해설 다공도 $= \dfrac{100-20}{100} \times 100 = 80\%$

문제 60 다음 중 시안화수소의 중합을 방지하는 안정제가 아닌 것은?
① 아황산가스
② 가성소다
③ 황산
④ 염화칼슘

해설 **시안화수소의 중합방지제**
① 오산화인 ② 염화칼슘 ③ 인산 ④ 아황산가스 ⑤ 동 ⑥ 황산

58. ② 59. ③ 60. ②

2019년 7월 CBT 시행

문제 01 부탄가스의 공기 중 폭발범위(v%)에 해당하는 것은?
① 1.3~7.9
② 1.8~8.4
③ 2.2~9.5
④ 2.5~12

해설 폭발범위
① 부탄 : 1.8~8.4%   ② 프로판 : 2.1~9.5%
③ 아세틸렌 : 2.5~81%   ④ 수소 : 4~75%
⑤ 메탄 : 5~15%   ⑥ 에탄 : 3~12.5%

문제 02 용기에 의한 고압가스 판매시설의 충전용기 보관실 기준으로 옳지 않은 것은?
① 가연성가스 충전용기 보관실은 불연재료나 난연성의 재료를 사용한 가벼운 지붕을 설치한다.
② 가연성가스 충전용기보관실에는 가스누출검지경보장치를 설치한다.
③ 충전용기보관실은 가연성 가스가 새어나오지 못하도록 밀폐구조로 한다.
④ 용기보관실의 주변에는 화기 또는 인화성물질이나 발화성물질을 두지 않는다.

해설 충전용기보관실은 가연성 가스가 새어나올 수 있도록 통풍구조로 한다.

문제 03 다음 각 가스의 공업용 용기 도색이 옳지 않게 짝지어진 것은?
① 질소(N_2) – 회색
② 수소(H_2) – 주황색
③ 액화암모니아(NH_3) – 백색
④ 액화염소(Cl_2) – 황색

해설 공업용 용기도색
청탄산 산녹에서 황아체안주삼아 수주잔 높이들고 백암산 바라보니 염소는 갈색으로
 ①   ②   ③   ④   ⑤   ⑥
보이고 쥐들은 기타를 치더라.
                 ⑦
① 탄산가스 : 청색   ② 산소 : 녹색   ③ 아세틸렌 : 황색
④ 수소 : 주황   ⑤ 암모니아 : 백색   ⑥ 염소 : 갈색
⑦ 기타 : 쥐색(회색)

01. ②   02. ③   03. ④

문제 04 다음 중 분해에 의한 폭발을 하지 않는 가스는?

① 시안화수소　　　　② 아세틸렌
③ 히드라진　　　　　④ 산화에틸렌

해설 **분해폭발** : 아세틸렌, 산화에틸렌, 히드라진
중합폭발 : 시안화수소, 산화에틸렌

문제 05 차량에 고정된 탱크의 안전운행을 위하여 차량을 점검할 때의 점검순서로 가장 적합한 것은?

① 원동기 → 브레이크 → 조향장치 → 바퀴 → 시운전
② 바퀴 → 조향장치 → 브레이크 → 원동기 → 시운전
③ 시운전 → 바퀴 → 조향장치 → 브레이크 → 원동기
④ 시운전 → 원동기 → 브레이크 → 조향장치 → 바퀴

해설 **차량점검시 점검순서**
원동기 → 브레이크 → 조향장치 → 바퀴 → 시운전

문제 06 용기 종류별 부속품의 기호 중 압축가스를 충전하는 용기밸브의 기호는?

① PG　　　　　　　② LG
③ AG　　　　　　　④ LT

해설 **용기 종류별 부속품 기호**
① PG : 압축가스를 충전하는 용기부속품
② AG : 아세틸렌가스를 충전하는 용기부속품
③ LT : 초저온 및 저온가스를 충전하는 용기 부속품
④ LPG : 액화석유가스를 충전하는 용기 부속품
⑤ LG : 액화석유가스외의 가스를 충전하는 용기 부속품

문제 07 시안화수소(HCN)의 위험성에 대한 설명으로 틀린 것은?

① 인화온도가 아주 낮다.
② 오래된 시안화수소는 자체 폭발할 수 있다.
③ 용기에 충전한 후 60일을 초과하지 않아야 한다.
④ 호흡 시 흡입하면 위험하나 피부에 묻으면 아무 이상이 없다.

해설 **시안화수소의 위험성**
① 인화온도가 아주 낮다.
② 오래된 시안화수소는 자체 폭발할 수 있다.
③ 용기에 충전한 후 60일을 초과하지 않아야 한다.
④ 무색이고 복숭아냄새가 나는 기체로 독성이 강하다.

해답

04. ①　05. ①　06. ①　07. ④

⑤ 극휘 휘발하기 쉽고 물에 잘 용해된다.
⑥ 아세틸렌과 반응하여 아크릴로니트릴 생성
⑦ 호흡이나 피부에 닿으면 위험하다.

문제 08

독성가스의 정의는 다음과 같다. 괄호 안에 알맞은 LC$_{50}$ 값은?

"독성가스"라 함은 공기 중에 일정량 이상 존재하는 경우 인체에 유해한 독성을 가진 가스로서 허용농도(해당가스를 성숙한 흰쥐 집단에 대기 중에서 1시간 동안 계속하여 노출시킨 경우 14일 이내에 그 흰쥐의 2분의 1 이상이 죽게 되는 가스의 농도를 말한다.)가 ( ) 이하인 것을 말한다.

① 100만분의 2000
② 100만분의 3000
③ 100만분의 4000
④ 100만분의 5000

문제 09

20kg LPG 용기의 내용적은 몇 L인가?(단, 충전상수 C는 2.35이다.)

① 8.51
② 20
③ 42.3
④ 47

해설
$G = \dfrac{V}{C}$

$V = G \times C = 20 \times 2.35 = 47 l$

문제 10

압축천연가스자동차 충전의 시설기준에서 배관 등에 대한 설명으로 틀린 것은?

① 배관, 튜브, 피팅 및 배관요소 등은 안전율이 최소 4 이상 되도록 설계한다.
② 자동차 주입호스는 5m 이하이어야 한다.
③ 배관의 단열재료는 불연성 또는 난연성 재료를 사용하고 화재나 열·냉기·물 등에 노출 시 그 특성이 변하지 아니하는 것으로 한다.
④ 배관지지물은 화재나 초저온 액체의 유출 등을 충분히 견딜 수 있고 과다한 열전달을 예방하도록 설계한다.

해설 자동차주입호스는 5m 이내이어야 한다.

문제 11

도시가스 중 에틸렌, 프로필렌 등을 제조하는 과정에서 부산물로 생성되는 가스로서 메탄이 주성분인 가스를 무엇이라 하는가?

① 액화천연가스
② 석유가스
③ 나프타부생가스
④ 바이오가스

해설 나프타부생가스 : 도시가스 중 에틸렌, 프로필렌 등을 제조하는 과정에서 부산물로 생성되는 가스로서 메탄이 주성분

해답 08. ④ 09. ④ 10. ② 11. ③

문제 12 프로판가스의 위험도(H)는 약 얼마인가?(단, 공기 중의 폭발범위는 2.1~9.5v%이다.)

① 2.1
② 3.5
③ 9.5
④ 11.6

해설 $H = \dfrac{u-L}{L} = \dfrac{9.5-2.1}{2.1} = 3.5$

문제 13 다음 가스의 일반적인 성질에 대한 설명 중 틀린 것은?

① 염산(HCl)은 암모니아와 접촉하면 흰 연기를 낸다.
② 시안화수소(HCN)는 복숭아 냄새가 나는 맹독성의 기체이다.
③ 염소(Cl_2)는 황녹색의 자극성 냄새가 나는 맹독성의 기체이다.
④ 수소(H_2)는 저온·저압하에서 탄소강과 반응하여 수소취성을 일으킨다.

해설 수소는 고온, 고압에서 탄소강과 반응하여 수소취성을 일으킨다.

문제 14 압력용기의 내압부분에 대한 비파괴 시험으로 실시되는 초음파탐상시험 대상은?

① 두께가 35mm인 탄소강
② 두께가 5mm인 9% 니켈강
③ 두께가 15mm인 2.5% 니켈강
④ 두께가 30mm인 저합금강

해설 압력용기의 내압부분에 대한 비파괴 시험으로 실시되는 초음파 탐상시험 대상 : 두께가 15mm인 2.5% 니켈강

문제 15 가연성가스의 검지경보장치 중 반드시 방폭성능을 갖지 않아도 되는 가스는?

① 수소
② 일산화탄소
③ 암모니아
④ 아세틸렌

해설 **방폭성능제외대상기준** : 암모니아, 브롬화메탄

문제 16 고압가스특정제조시설기준 중 도로 밑에 매설하는 배관에 대한 기준으로 틀린 것은?

① 시가지의 도로 밑에 배관을 설치하는 경우에는 보호판을 배관의 정상부로부터 30cm 이상 떨어진 그 배관의 직상부에 설치한다.
② 배관은 그 외면으로부터 도로의 경계와 수평거리로 1m 이상을 유지한다.
③ 배관은 자동차 하중의 영향이 적은 곳에 매설한다.
④ 배관은 그 외면으로부터 다른 시설물과 60cm 이상의 거리를 유지한다.

해답
12. ② 13. ④ 14. ③ 15. ③ 16. ④

해설 배관은 그 외면으로부터 다른 시설물과 30cm 이상의 거리를 유지

문제 17 압력용기 제조 시 A387 Gr22 강 등을 Annealing 하거나 900℃ 전후로 Tempering 하는 과정에서 충격값이 현저히 저하되는 현상으로 Mn, Cr, Ni 등을 품고 있는 합금계의 용접금속에서 C, N, O 등을 입계에 편석함으로써 입계가 취약해지기 때문에 주로 발생한다. 이러한 현상을 무엇이라고 하는가?
① 적열취성
② 청열취성
③ 뜨임취성
④ 수소취성

문제 18 고압가스 일반제조시설의 저장탱크를 지하에 매설하는 경우의 기준에 대한 설명으로 틀린 것은?
① 저장탱크 외면에는 부식방지코팅을 한다.
② 저장탱크는 천장, 벽, 바닥의 두께가 각각 10cm 이상의 콘크리트로 설치한다.
③ 저장탱크 주위에는 마른 모래를 채운다.
④ 저장탱크에 설치한 안전밸브에는 지면에서 5m 이상의 높이에 방출구가 있는 가스방출관을 설치한다.

해설 **저장탱크를 지하에 매설하는 기준**
① 저장탱크는 천장, 벽, 바닥의 두께가 각각 30cm 이상의 콘크리트로 설치한다.
② 저장탱크에 설치한 안전밸브에는 지면에서 5m 이상의 높이에 방출구가 있는 가스방출관을 설치
③ 저장탱크 주위에는 마른 모래를 채운다.
④ 저장탱크 외면에는 부식방지코팅을 한다.

문제 19 2개 이상의 탱크를 동일한 차량에 고정하여 운반할 때 충전관에 설치하는 것이 아닌 것은?
① 안전밸브
② 온도계
③ 압력계
④ 긴급탈압밸브

해설 **충전관에 설치** : ① 안전밸브 ② 압력계 ③ 긴급탈압밸브

문제 20 액화 가스가 통하는 가스 공급 시설에서 발생하는 정전기를 제거하기 위한 접지 접속선(Bonding)의 단면적은 얼마 이상으로 하여야 하는가?
① 3.5mm^2
② 4.5mm^2
③ 5.5mm^2
④ 6.5mm^2

해답 17. ③ 18. ② 19. ② 20. ③

해설 접지접속선 단면적 : 5.5mm² 이상
피뢰설비 : 100Ω 이하

문제 21 도시가스사용시설에 정압기를 2012년에 설치하고 2015년에 분해점검을 실시하였다. 다음 중 이 정압기의 차기 분해점검 만료기간으로 옳은 것은?
① 2017년 ② 2018년
③ 2019년 ④ 2020년

해설 분해점검시기 : 4년마다

문제 22 고압가스 설비는 상용압력의 몇 배 이상에서 항복을 일으키지 아니하는 두께이어야 하는가?
① 1.5배 ② 2배
③ 2.5배 ④ 3배

해설 고압가스 설비는 상용압력의 몇 배 이상에서 항복을 일으키지 아니하는 두께이어야 한다.

문제 23 다음 중 제1종 보호시설이 아닌 것은?
① 학교 ② 여관
③ 주택 ④ 시장

해설 **1종 보호시설**
① 유치원, 병원, 새마을 유아원, 학교, 도서관, 시장, 공중목욕탕, 호텔
② 연면적이 1000m² 이상인 곳
③ 극장, 교회, 공회장 시설로서 수용인원이 200인 이상인 건축물
④ 아동 복지시설, 심신장애자 복지시설로서 수용인원이 20인 이상 건축물

문제 24 윤활유 선택 시 유의할 사항에 대한 설명 중 틀린 것은?
① 사용 기체와 화학반응을 일으키지 않을 것
② 점도가 적당할 것
③ 인화점이 낮을 것
④ 전기 전열 내력이 클 것

해설 **윤활유 선택 시 유의할 사항**
① 사용 기체와 화학반응을 일으키지 않을 것
② 인화점이 높을 것
③ 점도가 적당할 것
④ 수분 및 산류 등 불순물이 적을 것
⑤ 정제도가 높아 잔류탄소의 양이 적을 것
⑥ 안정성이 있을 것

해답 21. ③ 22. ② 23. ③ 24. ③

문제 25

LPG 사용시설의 기준에 대한 설명 중 틀린 것은?

① 연소기 사용압력이 3.3kPa를 초과하는 배관에는 배관용 밸브를 설치할 수 있다.
② 배관이 분기되는 경우에는 주배관에 배관용 밸브를 설치한다.
③ 배관의 관경이 33mm 이상의 것은 3m 마다 고정장치를 한다.
④ 배관의 이음부(용접이음 제외)와 전기 접속기와는 15cm 이상의 거리를 유지한다.

해설 LPG 사용시설의 기준
① 배관의 이음부와 전기 접속기, 점멸기, 굴뚝과는 30cm 이상의 거리를 유지한다.
② 배관의 관경이 13mm 미만 1m마다, 13mm 이상 33mm 마다, 33mm 이상은 3m 마다 고정
③ 배관이 분기되는 경우에는 주배관에 배관용 밸브 설치
④ 연소기 사용압력이 3.3kPa를 초과하는 배관에는 배관용 밸브 설치

문제 26

차량에 고정된 저장탱크로 염소를 운반할 때 용기의 내용적(L)은 얼마 이하가 되어야 하는가?

① 10000
② 12000
③ 15000
④ 18000

해설 용기내용적
① 독성 : 12000l 이하(암모니아제외)
② 가연성, 산소 : 18000l 이하(LPG제외)

문제 27

도시가스도매사업자 배관을 지하 또는 도로 등에 설치할 경우 매설깊이의 기준으로 틀린 것은?

① 산이나 들에서는 1m 이상의 깊이로 매설한다.
② 시가지의 도로 노면 밑에는 1.5m 이상의 깊이로 매설한다.
③ 시가지외의 도로 노면 밑에는 1.2m 이상의 깊이로 매설한다.
④ 철도를 횡단하는 배관은 지표면으로부터 배관외면까지 1.5m 이상의 깊이로 매설한다.

해설 배관의 매설깊이
① 철도경계와 수평거리, 도로경계와 수평거리, 산이나 들 : 1m 이상
② 시가지외 도로노면 밑, 인도, 보도, 방호구조물 내 : 1.2m 이상
③ 시가지의 도로 노면 밑 : 1.5m 이상
④ 도로폭이 8m 미만시 : 1m 이상
⑤ 도로폭이 8m 이상시 : 1.2m 이상

25. ④ 26. ② 27. ④

문제 28 산소 제조시 가스 분석 주기는?

① 1일 1회 이상   ② 주 1회 이상
③ 3일 1회 이상   ④ 주 3회 이상

해설 산소 제조시 가스 분석 주기 : 1일 1회 이상

문제 29 다음 가스 중 허용농도 값이 가장 적은 것은?

① 염소   ② 염화수소
③ 아황산가스   ④ 일산화탄소

해설 허용농도
① 염소 : 1PPM 이하   ② 염화수소 : 5PPM 이하
③ 아황산가스 : 5PPM 이하   ④ 일산화탄소 : 50PPM 이하
⑤ 포스겐 : 0.1PPM 이하   ⑥ 시안화수소 : 10PPM 이하
⑦ 황화수소 : 10PPM 이하

문제 30 다음 가스 중 2중관 구조로 하지 않아도 되는 것은?

① 아황산가스   ② 산화에틸렌
③ 염화메탄   ④ 브롬화메탄

해설 2중관 구조
① 포스겐   ② 황화수소   ③ 시안화수소   ④ 아황산가스
⑤ 산화에틸렌   ⑥ 암모니아   ⑦ 염화메탄

문제 31 자동제어의 용어 중 피드백 제어에 대한 설명으로 틀린 것은?

① 자동제어에서 기본적인 제어이다.
② 출력측의 신호를 입력측으로 되돌리는 현상을 말한다.
③ 제어량의 값을 목표치와 비교하여 그것들을 일치하도록 정정동작을 행하는 제어이다.
④ 미리 정해진 순서에 따라서 제어의 각 단계가 순차적으로 진행되는 제어이다.

해설 피드백 제어
① 출력측의 신호를 입력측으로 되돌리는 현상
② 자동제어에서 기본적인 제어이다
③ 제어량의 값을 목표치와 비교하여 그것들을 일치하도록 정정동작을 행하는 제어

28. ①   29. ①   30. ④   31. ④

문제 32
액화석유가스 충전용 주관 압력계의 기능 검사 주기는?

① 매월 1회 이상
② 3월에 1회 이상
③ 6월에 6회 이상
④ 매년 1회 이상

해설 **충전용 주관 압력계** : 매월 1회 이상
기타 압력계 : 3월에 1회 이상

문제 33
단열공간 양면간에 복사방지용 실드판으로서의 알루미늄박과 글라스울을 서로 다수 포개어 고진공 중에 둔 단열법은?

① 상압 단열법
② 고진공 단열법
③ 다층진공 단열법
④ 분말진공 단열법

해설 **다층진공 단열법** : 단열공간 양면간에 복사방지용 실드판으로서의 알루미늄박과 글라스울을 서로 다수 포개어 고진공 중에 둔 단열법

문제 34
연소 배기가스 분석목적으로 가장 거리가 먼 것은?

① 연소가스 조성을 알기 위하여
② 연소가스 조성에 따른 연소상태를 파악하기 위하여
③ 열정산 자료를 얻기 위하여
④ 연전도도를 측정하기 위하여

해설 **배기가스 분석목적**
① 열정산 자료를 얻기 위해
② 연소가스 조성에 따른 연소상태를 파악
③ 연소가스 조성을 알기 위하여

문제 35
펌프는 주로 임펠러의 입구에서 캐비테이션이 많이 발생한다. 다음 중 그 이유로 가장 적당한 것은?

① 액체의 온도가 높아지기 때문
② 액체의 압력이 낮아지기 때문
③ 액체의 밀도가 높아지기 때문
④ 액체의 유량이 적어지기 때문

해설 펌프는 주로 임펠러의 입구에서 캐비테이션이 많이 발생한다. 그 이유는 액체의 압력이 낮아지기 때문에

문제 36
지름 9cm인 관속의 유속이 30m/s 이었다면 유량은 약 몇 m^3/s 인가?

① 0.19
② 2.11
③ 2.7
④ 19.1

32. ① 33. ③ 34. ④ 35. ② 36. ①

해설) $Q = A \times V = \dfrac{3.14 \times 0.09^2}{4} \times 30 \text{m/sec} = 0.190 \text{m}^3/\text{sec}$

문제 37 가스압력을 적당한 압력으로 감압하는 직동식 정압기의 기본구조의 구성요소에 해당되지 않는 것은?

① 스프링 ② 다이어프램
③ 메인밸브 ④ 파일로트

해설) **정압기의 기본구조 구성요소**
① 스프링 ② 메인밸브 ③ 다이어프램

문제 38 다음 중 저온 재료로 부적당한 것은?

① 주철 ② 황동
③ 9% 니켈 ④ 18-8스테인리스강

해설) **저온재료**
① 9% 니켈 ② 황동 ③ Al합금 ④ 18-8스테인리스강

문제 39 다음 배관재료 중 사용온도 350℃ 이하, 압력이 10MPa 이상의 고압관에 사용되는 것은?

① SPP ② SPPH
③ SPPW ④ SPPG

해설) **배관용강관**
① SPP(배관용탄소강관) : 사용압력 1MPa 이하로 증기, 기름, 물배관에서 사용
② SPPS(압력배관용탄소강관) : 사용압력이 1MPa 이상 10MPa 미만사용
③ SPPH(고압배관용탄소강관) : 사용압력이 10MPa 이상시 사용
④ SPHT(고온배관용탄소강관) : 온도가 350℃ 이상시 사용
⑤ SPLT(저온배관용탄소강관) : 빙점이하의 관에 사용

문제 40 압송기 출구에서 도시가스의 연소성을 측정한 결과 총발열량이 10700kcal/m³, 가스비중이 0.56이었다. 웨버지수(WI)는 얼마인가?

① 14298 ② 19107
③ 1.8 ④ 6.9×10^{-5}

해설) **웨버지수** $= \dfrac{Hg}{\sqrt{d}} = \dfrac{10700}{\sqrt{0.56}} = 14298.47$

37. ④ 38. ① 39. ② 40. ①

문제 41 가스분석방법 중 연소 분석법에 해당되지 않는 것은?
① 완만 연소법
② 분별 연소법
③ 폭발법
④ 크로마토그래피법

해설 가스분석법 중 연소 분석법
① 폭발법 ② 분별 연소법 ③ 완만 연소법

문제 42 터보 압축기의 특징이 아닌 것은?
① 유량이 크므로 설치면적이 적다.
② 고속회전이 가능하다.
③ 압축비가 적어 효율이 낮다.
④ 유량조절 범위가 넓으나 맥동이 많다.

해설 터보 압축기의 특징
① 대용량에 적당하고 설치면적이 적다.
② 고속회전이므로 형태가 적고 경량이다.
③ 용량조절이 가능하나 비교적 어렵고 범위도 좁다.
④ 기체의 맥동이 없고 연속적이다.
⑤ 서징현상이 있으므로 운전 중 주의
⑥ 효율이 낮다.
⑦ 무급유식이며 원심형이다.

문제 43 2단 감압조정기 사용시의 장점에 대한 설명으로 가장 거리가 먼 것은?
① 공급 압력이 안정하다.
② 용기 교환주기의 폭을 넓힐 수 있다.
③ 중간 배관이 가늘어도 된다.
④ 입상에 의한 압력손실을 보정할 수 있다.

해설 2단 감압조정기 사용시의 단점
① 공급 압력이 일정하다.
② 중간 배관이 가늘어도 된다.
③ 배관입상에 의한 압력강하보정
④ 각 연소기구에 알맞은 압력으로 공급가능

문제 44 가스누출을 감지하고 차단하는 가스누출자동차단기의 구성요소가 아닌 것은?
① 제어부
② 중앙통제부
③ 검지부
④ 차단부

해설 가스누출자동차단기의 구성요소 : ① 검지부 ② 제어부 ③ 차단부

해답 41. ④ 42. ④ 43. ② 44. ②

문제 45 저온을 얻어 기본적인 원리로 압축된 가스를 단열팽창 시키면 온도가 강하한다는 원리를 무엇이라고 하는가?

① 주울-톰슨 효과 ② 돌턴 효과
③ 정류 효과 ④ 헨리 효과

해설 **주울-톰슨 효과** : 압축 가스를 단열팽창 시키면 온도가 강하한다는 원리

문제 46 다음 각종 가스의 공업적 용도에 대한 설명 중 옳지 않은 것은?

① 수소는 암모니아 합성원료, 메탄올의 합성, 인조 보석제조 등에 사용된다.
② 포스겐은 알코올 또는 페놀과의 반응성을 이용해 의약, 농약, 가소제 등을 제조한다.
③ 일산화탄소는 메탄올 합성원료에 사용된다.
④ 암모니아는 열분해 또는 불완전 연소시켜 카본블랙의 제조에 사용된다.

해설 **암모니아의 용도**
① 요소, 질소비료제조용 ② 드라이아이스제조용
③ 대형냉매에 사용 ④ 탄산암모늄, 탄산마그네슘 등의 탄산염제조용

문제 47 아세틸렌 충전시 첨가하는 다공질물의 구비조건이 아닌 것은?

① 화학적으로 안정할 것 ② 기계적인 강도가 클 것
③ 가스의 충전이 쉬울 것 ④ 다공도가 적을 것

해설 **다공질물의 구비조건**
① 고다공도 일 것 ② 기계적인 강도가 있을 것
③ 가스의 충전이 쉬울 것 ④ 화학적으로 안정할 것
⑤ 안정성이 있을 것 ⑥ 경제적일 것

문제 48 프로판을 완전연소시켰을 때 주로 생성되는 물질은?

① CO_2, H_2 ② CO_2, H_2O
③ C_2H_4, H_2O ④ C_4H_{10}, CO

해설 **완전연소반응식**
① $C_3H_8 + 5O_2 \rightarrow 3CO_2 + 4H_2O$
② $CH_4 + 2O_2 \rightarrow CO_2 + 2H_2O$
∴ CO_2(탄산가스), H_2O(물)

해답 45. ① 46. ④ 47. ④ 48. ②

문제 49

수성가스(water gas)의 조성에 해당하는 것은?

① $CO + H_2$
② $CO_2 + H_2$
③ $CO + N_2$
④ $CO_2 + N_2$

해설 수성가스 $C + H_2O \rightarrow CO + H_2$(수성가스)

문제 50

LP가스가 불완전 연소되는 원인으로 가장 거리가 먼 것은?

① 공기 공급량 부족 시
② 가스의 조성이 맞지 않을 때
③ 가스기구 및 연소기구가 맞지 않을 때
④ 산소 공급이 과잉일 때

해설 LP가스가 불완전 연소의 원인
① 공기 공급량 부족 시
② 가스의 조성이 맞지 않을 때
③ 가스기구 및 연소기구가 맞지 않을 때
④ 배기 및 환기불충분시
⑤ 후레임의 냉각 시

문제 51

1기압, 25℃의 온도에서 어떤 기체 부피가 88mL이었다. 표준상태에서 부피는 얼마인가?(단, 기체는 이상기체로 간주한다.)

① 56.8mL
② 73.3mL
③ 80.6mL
④ 88.8mL

해설
$$\frac{P_1 V_1}{T_1} = \frac{P_2 V_2}{T_2}$$
$$V_2 = \frac{P_1 \times V_1 \times T_2}{T_1 \times P_2} = \frac{1 \times 88 \times (273 + 0)}{1 \times (273 + 25)} = 80.62 \text{ml}$$

문제 52

다음 F_2의 성질에 대한 설명 중 틀린 것은?

① 담황색의 기체로 특유의 자극성을 가진 유독한 기체이다.
② 활성이 강한 원소로 거의 모든 원소와 화합한다.
③ 전기음성도가 작은 원소로서 강한 환원제이다.
④ 수소와 냉암소에서도 폭발적으로 반응한다.

해설 불소(F_2)의 성질
① 수소와 냉암소에서도 폭발적으로 반응한다.
② 활성이 강한 원소로 거의 모든 원소와 화합한다.
③ 담황색의 기체로 특유의 자극성을 가진 유독한 기체이다.

해답 49. ① 50. ④ 51. ③ 52. ③

문제 53 다음 중 LP가스의 특성으로 옳은 것은?

① LP가스의 액체는 물보다 가볍다.
② LP가스의 기체는 공기보다 가볍다.
③ LP가스는 푸른 색상을 띠며 강한 취기를 가진다.
④ LP가스는 알코올에는 녹지 않으나 물에는 잘 녹는다.

해설 LP가스의 특성
① LP가스의 액체는 물보다 가볍다. (0.508kg/l)
② 공기보다 무겁다. ($\frac{58}{29}$ = 1.52배)
③ 기화하면 체적은 약 250배 늘어난다.
④ 기화, 액화가 용이하다.
⑤ 기화잠열이 크다.
⑥ 무색, 무미, 무취이다.
⑦ 연소 시 발열량이 크다.
⑧ 연소 시 다량의 공기가 필요
⑨ 연소범위가 좁다.
⑩ 발화온도가 높다.

문제 54 1Therm에 해당하는 열량을 바르게 나타낸 것은?

① 10^3 BTU ② 10^4 BTU
③ 10^5 BTU ④ 10^6 BTU

해설 1Therm = 10^5 BTu

문제 55 도시가스의 웨버지수에 대한 설명으로 옳은 것은?

① 도시가스의 총발열량(kcal/m^3)을 가스 비중의 평방근으로 나눈 값을 말한다.
② 도시가스의 총발열량(kcal/m^3)을 가스 비중으로 나눈 값을 말한다.
③ 도시가스의 가스비중을 총발열량(kcal/m^3)의 평방근으로 나눈 값을 말한다.
④ 도시가스의 가스비중을 총발열량(kcal/m^3)으로 나눈 값을 말한다.

해설 웨버지수 = $\frac{Hg}{\sqrt{d}}$ (도시가스 총발열량을 가스비중의 평방근으로 나눈 값)

문제 56 다음 압력 중 가장 높은 압력은?

① 1.5kg/cm^2 ② 10mH$_2$O
③ 745mmHg   ④ 0.6atm

해답

53. ① 54. ③ 55. ① 56. ①

해설
① 1.5kg/cm^2
② $1.0332 \text{kg/cm}^2 = 10332 \text{mmH}_2\text{O}$
　　　$x\ \ = 10 \text{mmH}_2\text{O}$
$x = \dfrac{1.0332 \text{kg/cm}^2 \times 10 \text{mmH}_2\text{O}}{10332 \text{mmH}_2\text{O}} = 0.001 \text{kg/cm}^2$
③ $1.0332 \text{kg/cm}^2 = 760 \text{mmHg}$
　　　$x\ \ = 740 \text{mmHg}$
$x = \dfrac{1.0332 \text{kg/cm}^2 \times 740 \text{mmHg}}{760 \text{mmHg}} = 1.006 \text{kg/cm}^2$
④ $1.0332 \text{kg/cm}^2 = 1 \text{atm}$
　　　$x\ \ = 0.6 \text{atm}$
$x = \dfrac{1.0332 \times 0.6}{1 \text{atm}} = 0.619 \text{kg/cm}^2$

문제 57
다음 중 제백효과(Seebeck effect)를 이용한 온도계는?

① 열전대 온도계　　　② 광고 온도계
③ 서미스터 온도계　　④ 전기저항 온도계

해설 **열전대 온도계** : 제백효과를 이용한 온도계로서 열기전력을 이용

문제 58
가스의 연소시 수소성분의 연소에 의하여 수증기를 발생한다. 가스발열량의 표현식으로 옳은 것은?

① 총발열량 = 진발열량 + 현열　　② 총발열량 = 진발열량 + 잠열
③ 총발열량 = 진발열량 − 현열　　④ 총발열량 = 진발열량 − 잠열

해설 Hl(저위발열량) $= Hh - 600(9H + W)$
Hh(총발열량) $= Hl + 600(9H + W)$
Hl(저위발열량 = 진발열량)
$600(9H + W)$증발잠열 = 잠열

문제 59
프로판가스 224L 가 완전 연소하면 약 몇 kcal의 열이 발생되는가?(단, 표준상태기준이며, 1mol당 발열량은 530kcal이다.)

① 530　　　　　　② 1060
③ 5300　　　　　④ 12000

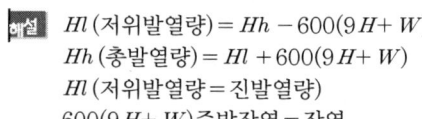

∴ $22.4l = 530 \text{kcal/mol}$
　$224l = \ \ x$
$x = \dfrac{224l \times 530 \text{kcal/mol}}{22.4l} = 5300$

해답　57. ①　58. ②　59. ③

문제 60 다음 각 가스의 특성에 대한 설명으로 틀린 것은?

① 수소는 고온, 고압에서 탄소강과 반응하여 수소취성을 일으킨다.
② 산소는 공기액화분리장치를 통해 제조하며, 질소와 분리시 비등점 차이를 이용한다.
③ 일산화탄소는 담황색의 무취 기체로 허용농도는 TLV-TWA 기준으로 50ppm이다.
④ 암모니아는 붉은 리트머스를 푸르게 변화시키는 성질을 이용하여 검출할 수 있다.

해설 일산화탄소는 무색, 무미, 무취의 기체이며 허용농도는 50PPM 이하이다.

해답 60. ③

2019년 10월 CBT 시행

문제 01 고압가스 제조설비에서 누출된 가스의 확산을 방지할 수 있는 제해조치를 하여야 하는 가스가 아닌 것은?

① 황화수소
② 시안화수소
③ 아황산가스
④ 탄산가스

해설 누출된 가스의 확산을 방지할 수 있는 제해조치를 하여야 하는 가스
① 시안화수소 ② 아황산가스 ③ 황화수소 ④ 산화에틸렌

문제 02 고압가스 제조장치의 취급에 대한 설명 중 틀린 것은?

① 압력계의 밸브를 천천히 연다.
② 액화가스를 탱크에 처음 충전할 때에는 천천히 충전한다.
③ 안전밸브는 천천히 작동한다.
④ 제조장치의 압력을 상승시킬 때 천천히 상승시킨다.

해설 안전밸브는 신속하게 작동한다.

문제 03 재충전 금지용기의 안전을 확보하기 위한 기준으로 틀린 것은?

① 용기와 충전부속품을 분리할 수 있는 구조로 한다.
② 최고충전압력이 22.5MPa 이하이고 내용적이 25L 이하로 한다.
③ 납붙임 부분은 용기 몸체 두께의 4배 이상의 길이로 한다.
④ 최고충전압력이 3.5MPa 이상인 경우에는 내용적이 5L이하로 한다.

해설 재충전 금지용기의 안전을 확보하기 위한 기준
① 최고충전압력이 22.5MPa 이하이고 내용적이 25l 이하로 한다.
② 납붙임 부분은 용기 몸체 두께의 4배 이상의 길이로 한다.
③ 최고충전압력이 3.5MPa 이상인 경우에는 내용적이 5l 이하로 한다.

문제 04 다음 특정설비 중 재검사 대상에서 제외되는 것이 아닌 것은?

① 역화방지장치
② 자동차용 가스 자동주입기
③ 차량에 고정된 탱크
④ 독성가스 배관용 밸브

해설 특정설비 중 재검사 대상에서 제외
① 독성가스 배관용 밸브 ② 자동차용 가스 자동주입기 ③ 역화방지장치

해답 01. ④ 02. ③ 03. ① 04. ③

문제 05
공기 중에서의 폭발범위가 가장 넓은 가스는?
① 황화수소
② 암모니아
③ 산화에틸렌
④ 프로판

해설 폭발범위
① 황화수소 : 4.3~45.5%   ② 암모니아 : 15~28%
③ 산화에틸렌 : 3~80%   ④ 프로판 : 2.1~9.5%
⑤ 아세틸렌 : 2.5~81%   ⑥ 부탄 : 1.8~8.4%

문제 06
다음 중 용기의 도색이 백색인 가스는?(단, 의료용 가스용기를 제외한다.)
① 액화염소
② 질소
③ 산소
④ 액화암모니아

해설 용기도색
청탄산 산녹에서 황아체안주삼아 수주잔 높이들고 백암산 바라보니 염소는 갈색으로
　①　　②　　　③　　　　④　　　　⑤　　　　⑥
보이고 쥐들은 기타를 치더라.
　　　　⑦
① 탄산가스 : 청색   ② 산소 : 녹색   ③ 아세틸렌 : 황색
④ 수소 : 주황   ⑤ 암모니아 : 백색   ⑥ 염소 : 갈색
⑦ 기타 : 쥐색(회색)

문제 07
LPG가 충전된 납붙임 또는 접합용기는 얼마의 온도에서 가스누출시험을 할 수 있는 온수시험탱크를 갖추어야 하는가?
① 20~32℃
② 35~45℃
③ 46~50℃
④ 60~80℃

해설 납붙임 또는 접합용기는 46~50℃에서 가스누출시험

문제 08
포스겐의 취급 방법에 대한 설명 중 틀린 것은?
① 포스겐을 함유한 폐기액은 산성물질로 충분히 처리한 후 처분한다.
② 취급 시에는 반드시 방독마스크를 착용한다.
③ 환기시설을 갖추어 작업한다.
④ 누출 시 용기가 부식되는 원인이 되므로 약간의 누출에도 주의한다.

해설 포스겐은 가성소다, 소석회를 이용하여 중화시켜 처리

해답 05. ③　06. ④　07. ③　08. ①

문제 09

독성가스용 가스누출검지경보장치의 경보농도 설정치는 얼마 이하로 정해져 있는가?

① ±5%
② ±10%
③ ±25%
④ ±30%

해설 가스누출검지경보장치의 경보농도
① 가연성 가스용 : ±25% 이하
② 독성가스용 : ±30% 이하

문제 10

도시가스시설 설치시 일부공정 시공감리 대상이 아닌 것은?

① 일반도시가스사업자의 배관
② 가스도매사업자의 가스공급시설
③ 일반도시가스사업자의 배관(부속시설 포함)이외의 가스공급시설
④ 시공감리의 대상이 되는 사용자 공급관

해설 도시가스시설 설치시 일부공정 시공감리 대상
① 가스도매사업자의 가스공급시설
② 시공감리의 대상이 되는 사용자 공급관
③ 일반도시가스사업자의 배관(부속시설 포함) 이외의 가스공급시설

문제 11

고압가스 배관을 도로에 매설하는 경우에 대한 설명으로 틀린 것은?

① 원칙적으로 자동차 등의 하중의 영향이 적은 곳에 매설한다.
② 배관의 외면으로부터 도로의 경계까지 1m 이상의 수평거리를 유지한다.
③ 배관은 그 외면으로부터 도로 밑의 다른 시설물과 0.6m 이상의 거리를 유지한다.
④ 시가지의 도로 밑에 배관을 설치하는 경우 보호판을 배관의 정상부로부터 30cm 이상 떨어진 그 배관의 직상부에 설치한다.

해설 배관은 그 외면으로부터 도로 밑의 다른 시설물과 0.3m 이상의 거리를 유지한다.

문제 12

가연성가스 제조 공장에서 착화의 원인으로 가장 거리가 먼 것은?

① 정전기
② 베릴륨 합금제 공구에 의한 충격
③ 사용 촉매의 접촉 작용
④ 밸브의 급격한 조작

해설 불꽃방지용공구
① 플라스틱 ② 나무 ③ 고무 ④ 가죽 ⑤ 베릴륨, 베아론합금

해답   09. ④   10. ①   11. ③   12. ②

문제 13

일산화탄소에 대한 설명으로 틀린 것은?

① 공기보다 가볍고 무색, 무취이다.
② 산화성이 매우 강한 기체이다.
③ 독성이 강하고 공기 중에서 잘 연소한다.
④ 철족의 금속과 반응하여 금속카르보닐을 생성한다.

[해설] 일산화탄소
① 강한 환원성을 가지고 있어 각종금속을 단체로 생성
  $CuO + CO \rightarrow CO_2Cu$
② 상온에서 염소와 반응 포스겐 생성
  $CO + Cl_2 \rightarrow COCl_2$
③ 고온, 고압에서 카보닐 생성
  $Ni + 4CO \rightarrow Ni(CO)_4$ (니켈카보닐)
  $Fe + 5CO \rightarrow Fe(CO)_5$ (철카보닐)
④ 독성이 50PPM 이하로서 공기 중에서 잘 연소한다.
⑤ 공기보다 가볍고 무색 무취이다.

문제 14

이상기체 1mol 이 100℃, 100기압에서 0.1기압으로 등온 가역적으로 팽창할 때 흡수되는 최대 열량은 약 몇 cal인가?(단, 기체상수는 1.987cal/mol·k이다.)

① 5020
② 5080
③ 5120
④ 5190

[해설]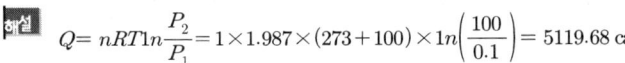
$Q = nRT \ln \dfrac{P_2}{P_1} = 1 \times 1.987 \times (273 + 100) \times \ln\left(\dfrac{100}{0.1}\right) = 5119.68$ cal

문제 15

고압가스 용기 제조의 시설기준에 대한 설명 중 틀린 것은?

① 용기 동판의 최대두께와 최소두께와의 차이는 평균 두께의 20% 이하로 한다.
② 초저온 용기는 오스테나이트계 스테인리스강 또는 알루미늄합금으로 제조한다.
③ 아세틸렌용기에 충전하는 다공물질은 다공도가 72% 이상 95% 미만으로 한다.
④ 용기에는 프로텍터 또는 캡을 고정식 또는 체인식으로 부착한다.

[해설] 고압가스 용기 제조시설기준
① 아세틸렌용기에 충전하는 다공물질은 다공도가 75% 이상 92% 미만
② 용기에는 프로텍터 또는 캡을 고정식 또는 체인식으로 부착한다.
③ 초저온 용기는 오스테나이트계 스테인리스강 또는 알루미늄합금으로 제조
④ 용기 동판의 최대두께와 최소두께와의 차이는 평균 두께의 20% 이하로 한다.

해답 13. ② 14. ③ 15. ③

문제 16
도시가스 누출 시 폭발사고를 예방하기 위하여 냄새가 나는 물질인 부취제를 혼합시킨다. 이 때 부취제의 공기 중 혼합비율의 용량은?

① 1/1000
② 1/2000
③ 1/3000
④ 1/5000

해설 부취제의 공기 중 혼합비율 : $\frac{1}{1000}$ 상태

문제 17
다음 고압가스 압축작업 중 작업을 즉시 중단해야 하는 경우가 아닌 것은?

① 아세틸렌 중 산소용량이 전용량의 2% 이상의 것
② 산소 중 가연성가스(아세틸렌, 에틸렌 및 수소를 제외한다.)의 용량이 전용량의 4% 이상의 것
③ 산소 중 에세틸렌, 에틸렌 및 수소의 용량합계가 전용량의 2% 이상인 것
④ 시안화수소 중 산소용량이 전용량의 2% 이상의 것

해설 압축금지
① 가연성 가스중 산소전용량아 4% 이상시
② 산소 중 가연성 가스 전용량이 4% 이상시
③ 에틸렌, 수소, 아세틸렌 중의 산소전용량이 2% 이상시
④ 산소 중의 에틸렌, 수소, 아세틸렌 용량이 2% 이상시

문제 18
다음 중 가스의 폭발범위가 틀린 것은?

① 일산화탄소 : 12.5~74%
② 아세틸렌 : 2.5~81%
③ 메탄 : 2.1~9.3%
④ 수소 : 4~75%

해설 폭발범위
① 메탄 : 5~15%
② 수소 : 4~75%
③ 아세틸렌 : 2.5~81%
④ 일산화탄소 : 12.5~74%
⑤ 암모니아 : 15~28%
⑥ 산화에틸렌 : 3~80%

문제 19
액화석유가스 저장탱크의 저장능력 산정시 저장능력은 몇 ℃에서의 액비중을 기준으로 계산하는가?

① 0
② 15
③ 25
④ 40

해설 액화석유가스 저장탱크의 저장능력 산정시 저장능력은 40℃에서의 액비중을 기준

해답 16. ① 17. ④ 18. ③ 19. ④

문제 20 이동식 압축도시가스자동차 시설기준에서 처리설비, 이동충전 차량 및 충전 설비의 외면으로부터 화기를 취급하는 장소까지 몇 m 이상의 우회거리를 유지하여야 하는가?

① 5m
② 8m
③ 12m
④ 20m

문제 21 고압가스를 운반하는 차량의 경계표지 크기의 가로 치수는 차체 폭의 몇 % 이상으로 하여야 하는가?

① 10%
② 20%
③ 30%
④ 50%

해설 차량의 경계표지
① 가로치수 : 차체폭의 30% 이상
② 세로치수 : 가로치수의 20% 이상

문제 22 독성가스를 운반하는 차량에 반드시 갖추어야 할 용구나 물품에 해당되지 않는 것은?

① 방독면
② 제독제
③ 고무장갑
④ 소화장비

해설 독성가스를 운반하는 차량에 반드시 갖추어야 할 용구
① 방독면 ② 제독제 ③ 고무장갑 ④ 고무장화

문제 23 아세틸렌에 대한 설명 중 틀린 것은?

① 액체 아세틸렌은 비교적 안정하다.
② 접촉적으로 수소화하면 에틸렌, 에탄이 된다.
③ 압축하면 탄소와 수소로 자기분해한다.
④ 구리 등의 금속과 화합시 금속아세틸라이드를 생성한다.

해설 아세틸렌
① 고체아세틸렌은 안정하다.
② 접촉적으로 수소화하면 에틸렌, 메탄이 된다.
③ 압축하면 탄소와 수소로 자기분해한다.
④ 구리, 은, 수은 등의 금속과 화합시 금속아세틸라이드를 생성
⑤ 석유에는 2배, 벤젠에는 4배, 알콜에는 6배, 아세톤에는 25배가 녹는다.

해답 20. ② 21. ③ 22. ④ 23. ①

문제 24

프로판 가스의 위험도(H)는 약 얼마인가?

① 2.2 ② 3.3
③ 9.5 ④ 17.7

해설 $H = \dfrac{u-L}{L} = \dfrac{9.5-2.1}{2.1} = 3.52$

문제 25

고압가스 일반제조시설에서 저장탱크를 지상에 설치한 경우 다음 중 방류둑을 설치하여야 하는 것은?

① 액화산소 저장능력 900톤 ② 염소 저장능력 4톤
③ 암모니아 저장능력 10톤 ④ 액화질소 저장능력 1000톤

해설 **방류둑 용량**
① 가연성 산소 : 1000Ton 이상
② 독성 : 5Ton 이상
∴ 암모니아는 독성가스이므로 방류둑 설치

문제 26

용기의 재검사 주기에 대한 기준으로 틀린 것은?

① 용접용기로서 신규검사 후 15년 이상 20년 미만인 용기는 2년마다 재검사
② 500L 이상 이음매 없는 용기는 5년마다 재검사
③ 저장탱크가 없는 곳에 설치한 기화기는 2년마다 재검사
④ 압력용기는 4년마다 재검사

해설 **용기의 재검사 주기**

용기의 종류		신규검사후 경과연수		
		15년 이상	15년 이상 20년 미만	20년 이상
용접용기	500l 미만	3	2	1
	500l 이상	5	2	1
이음매 없는 용기	500l 미만	신규검사 후 경과년수가 10년 이하 : 5년		
		10년 초과 : 3년		
	500l 이상	5년마다		

문제 27

고압가스 저장탱크 2개를 지하에 인접하여 설치하는 경우 상호 간에 유지하여야 할 최소거리의 기준은?

① 0.6cm 이상 ② 1m 이상
③ 1.2m 이상 ④ 1.5m 이상

해설 **고압가스 저장탱크 2개를 지하에 인접하여 설치하는 경우 상호 간에 유지하여야 할 최소거리** : 1m 이상

24. ② 25. ③ 26. ③ 27. ②

문제 28 용기에 표시된 각인 기호 중 연결이 잘못된 것은?

① FP – 최고 충전압력　　② TP – 검사일
③ V – 내용적　　　　　　④ W – 질량

해설 용기의 각인
① TP : 내압시험압력　② FP : 최고충전압력
③ V : 내용적　　　　　④ W : 용기질량
⑤ AP : 기밀시험압력

문제 29 고압가스 운반기준에 대한 설명 중 틀린 것은?

① 밸브가 돌출한 충전용기는 고정식 프로텍터나 캡을 부착하여 밸브의 손상을 방지한다.
② 충전용기를 차에 실을 때에는 넘어지거나 부딪침 등으로 충격을 받지 않도록 주의하여 취급한다.
③ 소방기본법이 정하는 위험물과 충전용기를 동일 차량에 적재시에는 1m 정도 이격시킨 후 운반한다.
④ 염소와 아세틸렌, 암모니아 또는 수소는 동일 차량에 적재하여 운반하지 않는다.

해설 염소와 아세틸렌, 염소와 암모니아, 염소와 수소는 동일차량에 적재하여 운반하지 아니한다.

문제 30 일정 압력, 20℃에서 체적 1L의 가스는 40℃에서는 약 몇 L가 되는가?

① 1.07　　② 1.21
③ 1.30　　④ 2

해설 $\dfrac{V_1}{T_1} = \dfrac{V_2}{T_2}$　　$V_2 = \dfrac{V_1 \times T_2}{T_1} = \dfrac{1 \times (273+40)}{(273+20)} = 1.068 l$

문제 31 액화가스의 비중이 0.8, 배관 직경이 50mm이고 유량이 15ton/h일 때 배관내의 평균 유속은 몇 m/s인가?

① 1.80　　② 2.66
③ 7.56　　④ 8.52

해설 $Q = A \times V$
여기서, Q : 유량[m³/s], A : 면적[m²], V : 속도[m/s]

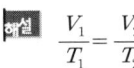$= \dfrac{(15 \times 1000) \times 800 \times \dfrac{1}{3600}}{\dfrac{\pi}{4} \times (50 \div 1000)^2} = 2.653 = 2.653 \, m/sec$　　$A = \pi r^2 = \dfrac{\pi}{4} d^2$

해답 28. ② 　29. ③ 　30. ① 　31. ②

문제 32
100A용 가스누출 경보차단장치 차단시간은 얼마 이내이어야 하는가?

① 20초   ② 30초
③ 1분   ④ 3분

해설 100A용 가스누출 경보차단장치 차단시간은 30초 이내

문제 33
다음 열전대 중 측정온도가 가장 높은 것은?

① 백금 – 백금로듐형   ② 크로멜 – 알루멜형
③ 철 – 콘스탄탄형   ④ 동 – 콘스탄탄형

해설 **열전대 온도계** : 제백효과 이용
① PR(백금-백금로륨) : 0~1600℃
② CA(크로멜-알루멜) : 0~1200℃
③ CC(동-콘스탄탄) : -200~350℃
④ IC(철-콘스탄탄) : -20~850℃

문제 34
초저온 저장탱크의 측정에 많이 사용되며 차압에 의해 액면을 측정하는 액면계는?

① 햄프슨식 액면계   ② 전기저항식 액면계
③ 초음파식 액면계   ④ 크링카식 액면계

해설 **차압에 의해 액면을 측정** : 햄프슨식 액면계

문제 35
회전식 펌프의 특징에 대한 설명으로 틀린 것은?

① 고점도액에도 사용할 수 있다.   ② 토출압력이 낮다.
③ 흡입양정이 적다   ④ 소음이 크다.

해설 **회전식 펌프의 특징**
① 고점도액체에는 사용할 수 있다.   ② 맥동현상이 작고 토출압력이 높다.
③ 소음이 크다.   ④ 흡입양정이 적다.
⑤ 고압용 유압펌프로 널리 사용

문제 36
펌프의 유량이 $100m^3/s$, 전양정 50m, 효율이 75%일 때 회전수를 20% 증가시키면 소요 동력은 몇 배가 되는가?

① 1.44   ② 1.73
③ 2.36   ④ 3.73

해답 32. ② 33. ① 34. ① 35. ② 36. ②

해설 $KW' = KW \times \left(\dfrac{N_2}{N_1}\right)^3 = (1.2)^3 = 1.728$

문제 37
다음 중 실측식 가스미터가 아닌 것은?
① 루트식
② 로터리 피스톤식
③ 습식
④ 터빈식

해설 실측식 가스미터
① 건식 ② 그로바식 ③ 독립내기식 ④ 루츠식
⑤ 오벌식 ⑥ 습식 ⑦ 로터리 피스톤식 ⑧ 로터리베인

문제 38
가스 배관 설비에 전단 응력이 일어나는 원인으로 가장 거리가 먼 것은?
① 파이프의 구배
② 냉간가공의 응력
③ 내부압력의 응력
④ 열팽창에 의한 응력

해설 응력의 원인
① 열팽창에 의한 응력 ② 내압에 의한 응력
③ 용접에 의한 응력 ④ 냉간가공에 의한 응력
⑤ 배관부속물인 밸브, 플랜지 등에 의한 응력

문제 39
부취제 중 황 화합물의 화학적 안정성을 순서대로 바르게 나열한 것은?
① 이황화물 > 메르캅탄 > 환상황화물
② 메르캅탄 > 이황화물 > 환상황화물
③ 환상황화물 > 이황화물 > 메르캅탄
④ 이황화물 > 환상황화물 > 메르캅탄

해설 부취제 화합물의 화학적 안정성 : 환상화합물 > 이황화물 > 메르캅탄

문제 40
다음 가스에 대한 가스 용기의 재질로 적절하지 않은 것은?
① LPG : 탄소강
② 산소 : 크롬강
③ 염소 : 탄소강
④ 아세틸렌 : 구리합금강

해설 아세틸렌은 동 및 동합금 사용금지

문제 41
진탕형 오토클레이브의 특징이 아닌 것은?
① 가스 누출의 가능성이 없다.
② 고압력에 사용할 수 있고 반응물의 오손이 없다.
③ 뚜껑판에 뚫어진 구멍에 촉매가 끼여 들어갈 염려가 있다.
④ 교반효과가 뛰어나며 교반형에 비하여 효과가 크다.

37. ④ 38. ① 39. ③ 40. ④ 41. ④

해설 **진탕형 오토클레이브의 특징**
① 가스 누출의 가능성이 없다.
② 고압력에 사용할 수 있고 반응물의 오손이 없다.
③ 뚜껑판에 뚫어진 구멍에 촉매가 끼어 들어갈 염려가 있다.
④ 장치전체가 진동하므로 압력계는 본체로부터 떨어져 설치

문제 42 가스 액화 사이클 중 비점이 점차 낮은 냉매를 사용하여 저비점의 기체를 액화하는 사이클로서 다원 액화 사이클이라고도 하는 것은?
① 클라우드식 공기액화 사이클
② 캐피차식 공기액화 사이클
③ 필립스의 공기액화 사이클
④ 캐스케이드식 공기액화 사이클

해설 **케스케이드 사이클** : 비점이 점차 낮은 냉매를 사용하여 저비점의 기체를 액화하는 사이클로서 다원 액화 사이클

문제 43 쉽게 고압이 얻어지고 유량조정 범위가 넓어 LPG 충전소에 주로 설치되어 있는 압축기는?
① 스크류압축기
② 스크롬압축기
③ 배인압축기
④ 왕복식 압축기

해설 **왕복식 압축기** : 쉽게 고압이 얻어지고 유량조정 범위가 넓어 LPG 충전소에 주로 설치

문제 44 면적 가변식 유량계의 특징이 아닌 것은?
① 소용량 측정이 가능하다.
② 압력손실이 크고 거의 일정하다.
③ 유효 측정범위가 넓다.
④ 직접 유량을 측정한다.

해설 **면적 가변식 유량계의 특징**
① 압력손실이 적다.
② 직접 유량을 측정한다.
③ 유효 측정범위가 넓다.
④ 소용량 측정이 가능하다.

문제 45 배관용 보온재의 구비 조건으로 옳지 않은 것은?
① 장시간 사용온도에 견디며, 변질되지 않을 것
② 가공이 균일하고 비중이 적을 것
③ 시공이 용이하고 열전도율이 클 것
④ 흡습, 흡수성이 적을 것

해설 **보온재의 구비 조건**
① 비중이 가벼워야 한다.
② 열전도율이 적어야 한다.
③ 사용온도에 견디고 변질되지 않을 것
④ 기계적강도가 있을 것
⑤ 다공질이며 기공이 균일할 것
⑥ 흡수, 흡습성이 적을 것

  42. ④ 43. ④ 44. ② 45. ③

문제 46 이상기체 상태방정식의 R 값을 옳게 나타낸 것은?

① 8.314L · atm/mol · R
② 0.082L · atm/mol · K
③ 8.314m³ · atm/mol · K
④ 0.082joule/mol · K

해설 기체 상수값
① 0.082 · $l$atm/mol°K
② 1.987cal/mol°K
③ 848kg · m/kg°K

문제 47 다음 중 불연성 가스는?

① CO_2
② C_3H_6
③ C_2H_2
④ C_2H_4

해설 불연성가스
① N_2 ② CO_2 ③ He ④ Ne ⑤ Ar ⑥ Kr ⑦ Xe

문제 48 다음 중 가장 높은 압력을 나타내는 것은?

① 101.325kPa
② 10.33mH_2O
③ 1013hPa
④ 30.69psi

해설 압력이 높은 순서
① 101.325kPa
② 101.325kPa = 10.332mH_2O
  x = 10.33 mH_2O
  $x = \dfrac{101.325\,kPa \times 10.33\,mH_2O}{10.332\,mH_2O} = 101.325kPa$
③ 101.325kPa = 14.7PSI
  x = 30.69PSI
  $x = \dfrac{101.325 \times 30.69}{14.7\,PSI} = 211.54kPa$

문제 49 1몰의 프로판을 완전 연소시키는데 필요한 산소의 몰수는?

① 3몰
② 4몰
③ 5몰
④ 6몰

해설 프로판의 완전연소반응식
$1C_3H_8 + 5O_2 \rightarrow 3CO_2 + 4H_2O$

해답 46. ② 47. ① 48. ④ 49. ③

문제 50

도시가스의 제조공정이 아닌 것은?

① 열분해 공정　　② 접촉분해 공정
③ 수소화분해 공정　　④ 상압증류 공정

해설 도시가스의 제조공정
① 접촉분해 공정　② 대체천연가스공정
③ 부분연소공정　④ 수소화분해 공정
⑤ 열분해 공정

문제 51

표준상태 하에서 증발열이 큰 순서에서 작은 순으로 옳게 나열 된 것은?

① NH_3 - LNG - H_2O - LPG　② NH_3 - LPG - LNG - H_2O
③ HvO - NH_3 - LNG - LPG　④ H_2O - LNG - LPG - NH_3

해설 증발잠열
① H_2O(물) : 539kcal/kg
② NH_3(암모니아) : 313kcal/kg
③ LNG(도시가스) : 120kcal/kg
④ LPG(프로판) : 101.8kcal/kg

문제 52

대기압 하의 공기로부터 순수한 산소를 분해하는데 이용되는 액체산소의 끓는 점은 몇 ℃ 인가?

① -140　　② -183
③ -196　　④ -273

해설 비점
① 산소 : -183℃　② 질소 : -196℃
③ 아르곤 : -186℃　④ 탄산가스 : -78.5℃
⑤ 아세틸렌 : -84℃　⑥ 프로판 : -42.1℃
⑦ 부탄 : -0.5℃ 등

문제 53

다음 중 임계압력(atm)이 가장 높은 가스는?

① CO　　② C_2H_4
③ HCN　　④ Cl_2

해설 임계압력
① Cl_2(염소) : 76.1atm　② HCN(시안화수소) : 55atm
③ C_2H_4(에틸렌) : 50atm　④ CO(일산화탄소) : 35atm

해답　50. ④　51. ③　52. ②　53. ④

문제 54
공기액화분리장치의 폭발원인으로 볼 수 없는 것은?

① 공기취입구로부터 O_2혼입
② 공기취입구로부터 C_2H_2 혼입
③ 액체 공기 중에 O_3 혼입
④ 공기 중에 있는 NO_2의 혼입

해설 공기액화분리장치의 폭발원인
① 액체 공기 중에 오존의 혼입
② 공기중의 아세틸렌의 혼입
③ 공기중의 NO_2의 혼입
④ 압축기용 윤활유 분해에 따른 탄화수소의 생성

문제 55
일정한 압력에서 20℃인 기체의 부피가 2배 되었을 때의 온도는 몇 ℃인가?

① 293
② 313
③ 323
④ 486

해설
$$\frac{V_1}{T_1} = \frac{V_2}{T_2}$$
$$T_2 = \frac{T_1 \times V_2}{V_1} = \frac{(273+20) \times 2}{1} = 586°K - 273 = 313℃$$

문제 56
다음 중 공기보다 가벼운 가스는?

① O_2
② SO_2
③ CO
④ CO_2

해설 공기의 비중
① O_2(산소) : $\frac{32\,g}{29\,g} = 1.103$
② SO_2(아황산가스) : $\frac{64\,g}{29\,g} = 2.206$
③ CO(일산화탄소) : $\frac{28\,g}{29\,g} = 0.965$
④ CO_2(이산화탄소) : $\frac{44\,g}{29\,g} = 1.52$

문제 57
LNG와 LPG에 대한 설명으로 옳은 것은?

① LPG는 대체 천연가스 또는 합성 천연가스를 말한다.
② 액체 상태의 나프타를 LNG라 한다.
③ LNG는 각종 석유 가스의 총칭이다.
④ LNG는 액화천연가스를 말한다.

해설 LPG : 액화석유가스
LNG : 액화천연가스
SNG : 대체천연가스

54. ① 55. ② 56. ③ 57. ④

문제 58 다음 암모니아 제법 중 중압 합성방법이 아닌 것은?
① 카자레법
② 뉴우데법
③ 케미크법
④ 뉴파우더법

해설 암모니아합성법
① 고압합성법(600kg/cm² 전, 후) : 클로오드법, 카자레법
② 중압합성법((300kg/cm² 전, 후) : 뉴우데법, IG법, 케미그법
③ 저압합성법(150kg/cm² 전, 후) : 케로그법, 구우데법

문제 59 에세틸렌(C_2H_2)에 대한 설명 중 옳지 않은 것은?
① 시안화수소와 반응 시 아세트알데히드를 생성한다.
② 폭발범위(연소범위)는 약 2.5~81% 이다.
③ 공기 중에서 연소하면 잘 탄다.
④ 무색이고 가연성이다.

해설 시안화수소와 반응 시 아크릴로니트릴 생성
$C_2H_2 + HCN \rightarrow CH_2=CHCN$

문제 60 천연가스의 성질에 대한 설명으로 틀린 것은?
① 주성분은 메탄이다.
② 독성이 없고 청결한 가스이다.
③ 공기보다 무거워 누출 시 바닥에 고인다.
④ 발열량은 약 9500~10500kcal/m³ 정도이다.

해설 공기보다 가볍다.

58. ① 59. ① 60. ③

단기완성
가스기능사 필기

기출문제
2020

2020년 1월 CBT 시행

문제 01 아르곤(Ar)가스 충전용기의 도색은 어떤 색상으로 하여야 하는가?
① 백색
② 녹색
③ 갈색
④ 회색

해설 일반용(공업용)에서 별도로 정해진 것이 아닌 것은 회색이다.

문제 02 가스 도매사업의 가스공급 시설 · 기술기준에서 배관을 지상에 설치할 경우 원칙적으로 배관에 도색하여야 하는 색상은?
① 흑색
② 황색
③ 적색
④ 회색

해설 지상 : 황색   지하 : 적색

문제 03 충전용기를 차량에 적재하여 운반하는 도중에 주차하고자 할 때 주의사항으로 옳지 않은 것은?
① 충전용기를 싣거나 내릴 때를 제외하고는 제1종 보호시설의 부근 및 제2종 보호시설이 밀집된 지역을 피한다.
② 주차시는 엔진을 정지시킨 후 주차제동장치를 걸어 놓는다.
③ 주차를 하고자 주위의 교통상황 · 지형조건 · 화기 등을 고려하여 안전한 장소를 택하여 주차한다.
④ 주차시에는 긴급한 사태를 대비하여 바퀴 고정목을 사용하지 않는다.

해설 주차시 긴급사태를 대비하여 고정목을 설치해야 한다.

문제 04 가스의 폭발에 대한 설명 중 틀린 것은?
① 폭발범위가 넓은 것은 위험하다.
② 가스의 비중이 큰 것은 낮은 곳에 체류할 위험이 있다.
③ 안전간격이 큰 것 일수록 위험하다.
④ 폭굉은 화염전파속도가 음속보다 크다.

해설 안전간격이 좁은 것이 위험하다.

해답   01. ④   02. ②   03. ④   04. ③

문제 05 방안에서 가스난로를 사용하다가 사망한 사고가 발생하였다. 다음 중 이 사고의 주된 원인은?

① 온도상승에 의한 질식
② 산소부족에 의한 질식
③ 탄산가스에 의한 질식
④ 질소와 탄산가스에 의한 질식

해설 산소농도 16[%] 이하시 산소결핍사고의 위험이 있다.

문제 06 배관의 표지판은 배관이 설치되어 있는 경로에 따라 배관의 위치를 정확히 알 수 있도록 설치하여야 한다. 지상에 설치된 배관은 표지판을 몇 [m] 이하의 간격으로 설치하여야 하는가?

① 100
② 300
③ 500
④ 1000

해설 배관표지판은 1000[m] 간격으로 설치한다.

문제 07 국내 일반가정에 공급되는 도시가스(LNG)의 발열량은 약 몇 [kcal/m³]인가? (단, 도시가스 월사용예정량의 산정기준에 따른다.)

① 9000
② 10000
③ 11000
④ 12000

해설 11,000이 기준발열량이다.

문제 08 일산화탄소와 공기의 혼합가스 폭발범위는 고압일수록 어떻게 변하는가?

① 넓어진다.
② 변하지 않는다.
③ 좁아진다.
④ 일정치 않다.

해설 압력증가시 폭발범위는 넓어진다. 일산화탄소와 공기의 혼합경우에만 좁아진다.

문제 09 도시가스가 안전하게 공급되어 사용되기 위한 조건으로 옳지 않은 것은?

① 공급하는 가스에 공기 중의 혼합비율의 용량이 1/1000 상태에서 감지할 수 있는 냄새가 나는 물질을 첨가해야 한다.
② 정압기 출구에서 측정한 가스압력은 1.5[kPa] 이상 2.5[kPa] 이내를 유지해야 한다.
③ 웨베지수는 표준 웨베지수의 ±4.5[%] 이내를 유지해야 한다.
④ 도시가스 중 유해성분은 건조한 도시가스 1[m³]당 황전량은 0.5[g] 이하를 유지해야 한다.

05. ② 06. ④ 07. ③ 08. ③ 09. ②

해설 1[kPa] 이상 2.5[kPa] 이내로 유지.

문제 10 가연성가스의 제조설비 중 전기설비를 방폭성능을 가지는 구조로 갖추지 아니하여도 되는 가스는?
① 암모니아
② 염화메탄
③ 아크릴알데히드
④ 산화에틸렌

해설 **방폭성능구조** : 암모니아, 브롬화메탄은 제외된다.

문제 11 고압가스의 분출에 대하여 정전기가 가장 발생되기 쉬운 경우는?
① 가스가 충분히 건조되어 있을 경우
② 가스 속에 고체의 미립자가 있을 경우
③ 가스분자량이 작은 경우
④ 가스비중이 큰 경우

해설 미립자 이동시 마찰열이 발생한다.

문제 12 고압가스의 제조장치에서 누출되고 있는 것을 그 냄새로 알 수 있는 가스는?
① 일산화탄소
② 이산화탄소
③ 염소
④ 아르곤

해설 염소는 자극취가 있는 황록색기체이다.

문제 13 긴급용 벤트스택 방출구의 위치는 작업원이 정상작업을 하는데 필요한 장소 및 작업원이 항시 통행하는 장소로부터 몇 m 이상 떨어진 곳에 설치하여야 하는가?
① 5
② 7
③ 10
④ 15

해설 NH_3, CH_3Br은 방폭구조를 하지 않아도 된다.

문제 14 용기내부에서 가연성가스의 폭발이 발생할 경우 그 용기가 폭발압력에 견디고, 접합면, 개구부 등을 통하여 외부의 가연성가스에 인화되지 아니하도록 한 방폭구조는?
① 내압방폭구조
② 압력방폭구조
③ 유입방폭구조
④ 안전증 방폭구조

해설 **압력에 견디는 구조** : 내압   **압력구조** : 기체압입

해답   10. ①   11. ②   12. ③   13. ③   14. ①

문제 15 도시가스 매설 배관의 보호판은 누출가스가 지면으로 확산되도록 구멍을 뚫는데 그 간격의 기준으로 옳은 것은?

① 1[m] 이하 간격
② 2[m] 이하 간격
③ 3[m] 이하 간격
④ 5[m] 이하 간격

해설 배관보호판은 3[m] 간격으로 구멍을 뚫는다.

문제 16 LP가스 충전설비의 작동 상황 점검주기로 옳은 것은?

① 1일 1회 이상
② 1주일 1회 이상
③ 1월 1회 이상
④ 1년 1회 이상

해설 설비작동상황은 1일 1회 이상 점검한다.

문제 17 긴급차단장치의 조작 동력원이 아닌 것은?

① 액압
② 기압
③ 전기
④ 차압

해설 공기압, 유압, 전기식이 있다.

문제 18 액화염소가스 1375[kg]을 용량 50[l] 인 용기에 충전하려면 몇 개의 용기가 필요한가? (단, 액화염소가스의 정수[C]는 0.8이다.)

① 20
② 22
③ 25
④ 27

해설 59/0.8=62.5[kg], 1375/62.5=22개

문제 19 도시가스사용시설의 노출배관에 의무적으로 표시하여야 하는 사항이 아닌 것은?

① 최고사용압력
② 가스흐름방향
③ 사용가스명
④ 공급자명

해설 노출배관은 사용압력, 가스흐름방향, 가스명칭을 표시한다.

15. ③ 16. ① 17. ④ 18. ② 19. ④

문제 20 다음 중 고압가스 운반기준 위반사항은?

① LPG와 산소를 동일차량에 그 충전용기의 밸브가 서로 마주보지 않도록 적재하였다.
② 운반 중 충전용기를 40[℃] 이하로 유지하였다.
③ 비독성 압축가연성가스 500[m^3]를 운반시 운반책임자를 동승시키지 않고 운반하였다.
④ 200[km] 이상의 거리를 운행하는 경우에 중간에 충분한 휴식을 취하였다.

해설 비독성 600[m^3] 이상시 책임자동승

문제 21 독성가스의 충전용기를 차량에 적재하여 운반시 그 차량의 앞뒤 보기 쉬운 곳에 반드시 표시해야 할 사항이 아닌 것은?

① 위험 고압가스
② 독성가스
③ 위험을 알리는 도형
④ 제조회사

해설 황색바탕에 적색으로 (위험고압가스) 경계표지

문제 22 다음 중 고압가스 처리설비로 볼 수 없는 것은?

① 저장탱크에 부속된 펌프
② 저장탱크에 부속된 안전밸브
③ 저장탱크에 부속된 압축기
④ 저장탱크에 부속된 기화장치

해설 안전밸브는 특정설비

문제 23 도시가스 배관의 관경이 25[mm]인 것은 몇 [m] 마다 고정하여야 하는가?

① 1
② 2
③ 3
④ 4

해설 13~33 이내는 2[m] 마다.

문제 24 가스보일러 설치기준에 따라 반드시 내열실리콘으로 마감조치를 하여 기밀이 유지되도록 하여야 하는 부분은?

① 배기통과 가스보일러의 접속부
② 배기통과 배기통의 접속부
③ 급기통과 배기통의 접속부
④ 가스보일러와 급기통의 접속부

해설 배기통 인한 사고가 많다. 누설, 역풍, 통풍 등을 고려해야 한다.

해답 20. ③ 21. ① 22. ② 23. ② 24. ①

문제 25 고압가스 저장능력 산정기준에서 액화가스의 저장탱크 저장능력을 구하는 식은? (단, Q, W는 저장능력, P는 최고충전압력, V는 내용적, C는 가스종류에 따른 정수, d는 가스의 비중이다.)

① $Q = (10P+1)V$
② $Q = 10PV$
③ $W = \dfrac{V}{C}$
④ $W = 0.9dV$

해설 ① : 압축가스
③ : 용기

문제 26 다음 중 2중 배관으로 하지 않아도 되는 가스는?

① 일산화탄소
② 시안화수소
③ 염소
④ 포스겐

해설 반복출제

문제 27 도시가스 본관 중 중압 배관의 내용적이 9[m³]일 경우, 자기압력기록계를 이용한 기밀시험 유지시간은?

① 24분 이상
② 40분 이상
③ 216분 이상
④ 240분 이상

해설 중압배관 1[m³] 미만시 24분 유지
1~10 미만 240분 유지
10~300 미만 24x V

문제 28 가스의 경우 폭굉(Detonation)의 연소속도는 약 몇 [m/s] 정도인가?

① 0.03~10
② 10~50
③ 100~600
④ 1000~3000

해설 ① : 정상연소시 속도

문제 29 수소의 폭발한계는 4~75[v%]이다. 수소의 위험도는 약 얼마인가?

① 0.9
② 17.75
③ 18.7
④ 19.75

해설 75-4/4 = 17.75

해답 25. ④ 26. ① 27. ④ 28. ④ 29. ②

문제 30 다음 가스폭발의 위험성 평가기법 중 정량적 평가방법은?

① HAZOP(위험성운전 분석기법)　② FTA(결함수 분석기법)
③ Check List법　④ WHAT-IF(사고예상질문 분식기법)

해설　정량적은 수치　　정성법은 성질분석

문제 31 왕복펌프에 사용하는 밸브 중 점성액이나 고형물이 들어있는 액에 적합한 밸브는?

① 원판밸브　② 윤형밸브
③ 플래트밸브　④ 구밸브

해설　**구밸브**(볼밸브) : 점성액, 고형물에 적합하다.

문제 32 가스액화분리장치의 축냉기에 사용되는 축냉체는?

① 규조토　② 자갈
③ 암모니아　④ 희가스

해설　**축냉기** : 불순물을 응축, 빙결 분리한다.

문제 33 주로 탄광 내에서 CH_4의 발생을 검출하는데 사용되며 청염(푸른 불꽃)의 길이로써 그 농도를 알 수 있는 가스 검지기는?

① 안전등형　② 간섭계형
③ 열선형　④ 흡광 광도형

해설　안전등형 메탄 누설시 불꽃길이가 길어진다.

문제 34 압력계의 측정 방법에는 탄성을 이용하는 것과 전기적 변화를 이용하는 방법 등이 있다. 다음 중 전기적 변화를 이용하는 압력계는?

① 부르돈관 압력계　② 벨로우즈 압력계
③ 스트레인게이지　④ 다이어프램 압력계

해설　**스트레인** : 압력증가시 저항값이 변한다.

문제 35 다음 중 비접촉식 온도계에 해당하지 않는 것은?

① 광전관 온도계　② 색 온도계
③ 방사 온도계　④ 압력식 온도계

해설　압력식온도계는 감온부가 있는 접촉식이다.

30. ②　31. ④　32. ②　33. ①　34. ③　35. ④

문제 36 다음 중 저온 단열법이 아닌 것은?

① 분말섬유단열법　　　② 고진공단열법
③ 다층진공단열법　　　④ 분말진공단열법

해설 분말단열법은 없다.

문제 37 20RT의 냉동능력을 갖는 냉동기에서 응축온도가 30[℃], 증발온도가 −25[℃]일 때 냉동기를 운전하는데 필요한 냉동기의 성적계수(COP)는 약 얼마인가?

① 4.5　　　② 7.5
③ 14.5　　　④ 17.5

해설 248/ 303−248 = 4.5

문제 38 언로딩형과 로딩형이 있으며 대용량이 요구되고 유량제어 범위가 넓은 경우에 적합한 정압기는?

① 피셔식 정압기　　　② 레이놀드식 정압기
③ 파일럿식 정압기　　　④ 엑셜플로식 정압기

해설 **파이롯트식** : 대용량이며 로딩형, 언로딩형으로 구분된다.

문제 39 나사압축기(Screw compressor)의 특징에 대한 설명으로 틀린 것은?

① 흡입, 압축, 토출의 3행정으로 이루어져 있다.
② 기체에는 맥동이 없고 연속적으로 압축한다.
③ 토출압력의 변화에 의한 용량변화가 크다.
④ 소음방지 장치가 필요하다.

해설 압력변화에 의한 용량변화가 적다.

문제 40 유속이 일정한 장소에서 전압과 정압의 차이를 측정하여 속도수두에 따른 유속을 구하여 유량을 측정하는 형식의 유량계는?

① 피토관식 유량계　　　② 열선식 유량계
③ 전자식 유량계　　　④ 초음파식 유량계

해설 동압 = 전압−정압

36. ① 37. ① 38. ③ 39. ③ 40. ①

문제 41 요오드화칼륨지(KI전분지)를 이용하여 어떤 가스의 누출여부를 검지한 결과 시험지가 청색으로 변하였다. 이 때 누출된 가스의 명칭은?

① 시안화수소
② 아황산가스
③ 황화수소
④ 염소

[해설] 염소 : KI전분지 (누설시 청변)

문제 42 2종 금속의 양끝의 온도차에 따른 열기전력을 이용하여 온도를 측정하는 온도계는?

① 베크만 온도계
② 바이메탈식 온도계
③ 열전대 온도계
④ 전기저항 온도계

[해설] 제에베크효과 : 열전대 온도계

문제 43 액화산소 등과 같은 극저온 저장탱크의 액면 측정에 주로 사용되는 액면계는?

① 햄프슨식 액면계
② 슬립 튜브식 액면계
③ 크랭크식 액면계
④ 마그네틱식 액면계

[해설] 저온탱크 액면계(차압식)

문제 44 적외선 흡광방식으로 차량에 탑재하여 메탄의 누출여부를 탐지하는 것은?

① FID(Flame Ionization Detector)
② OMD(Optical Methane Detector)
③ ECD(Electron Capture Detector)
④ TCD(Thermal Condectivity Detector)

[해설] OMD : 적외선 지하누설 탐지차량

문제 45 가스용 금속플렉시블호스에 대한 설명으로 틀린 것은?

① 이음쇠는 플레어(flare) 또는 유니온(union)의 접속 기능이 있어야 한다.
② 호스의 최대길이는 10000mm 이내로 한다.
③ 호스길이의 허용오차는 $^{+3}_{-2}$ [%] 이내로 한다.
④ 튜브는 금속제로서 주름가공으로 제작하여 쉽게 굽혀 질 수 있는 구조로 한다.

[해설] 플랙시블호스길이 연소기용 2[m], 배관접속용 50[m]

[해답] 41. ④ 42. ③ 43. ① 44. ② 45. ②

문제 46 다음 [보기]의 성질을 갖는 기체는?

- 2중 결합을 가지므로 각종 부가반응을 일으킨다.
- 무색, 독특한 감미로운 냄새를 지닌 기체이다.
- 물에는 거의 용해되지 않으나 알코올, 에테르에는 잘 용해된다.
- 아세트 알데히드, 산화에틸렌, 에탄올, 이산화 에틸렌 등을 얻는다.

① 아세틸렌 ② 프로판
③ 에틸렌   ④ 프로필렌

해설 **삼중결합** : 아세틸렌   **이중결합** : 에틸렌   **단결합** : 에탄

문제 47 다음 중 수분이 존재하였을 때 일반강재를 부식시키는 가스는?

① 일산화탄소 ② 수소
③ 황화수소   ④ 질소

해설 황화수소는 수분존재시 황산을 생성시켜 부식을 일으킨다.

문제 48 산소(O_2)에 대한 설명 중 틀린 것은?

① 무색, 무취의 기체이며, 물에는 약간 녹는다.
② 가연성 가스이나 그 자신은 연소하지 않는다.
③ 용기의 도색은 일반 공업용이 녹색, 의료용이 백색이다.
④ 저장용기는 무계목 용기를 사용한다.

해설 산소는 조연성이다.

문제 49 수소의 성질에 대한 설명 중 틀린 것은?

① 무색, 무미, 무취의 가연성 기체이다.
② 가스 중 최소의 밀도를 가진다.
③ 열전도율이 작다.
④ 높은 온도일 때에는 강재, 기타 금속재료라도 쉽게 투과한다.

해설 수소가스는 열전도율이 큰가스이다.

문제 50 가스의 비열비의 값은?

① 언제나 1보다 작다.   ② 언제나 1보다 크다.
③ 1보아 크기도 하고 작기도 하다.   ④ 0.5와 1사이의 값이다.

해설 정압비열은 정적비열보다 크므로 비열비는 항상 1 보다 크다.

해답 46. ③ 47. ? 48. ② 49. ③ 50. ②

문제 51
다음 중 독성가스에 해당되는 것은?
① 에틸렌 ② 탄산가스
③ 시클로프로판 ④ 산화에틸렌

해설 산화 에틸렌은 독성, 가연성이다.

문제 52
다음 중 가스크로마토그래피의 캐리어가[tm]로 사용되는 것은?
① 헬륨 ② 산소
③ 불소 ④ 염소

해설 캐리어가스(운반용) : 알곤, 헬륨 등 반응하지 않는 기체

문제 53
다음 압력이 가장 큰 것은?
① 1.01[MPa] ② 5[atm]
③ 100[inHg] ④ 88[psi]

해설 $1.01MPa = 10.1kg/cm^2$
$1[atm] = 760mmHg = 1.0332kg/cm^2 = 10332kg/m^2 = 29.92inHg$
$= 101325Pa = 0.101325MPa$

문제 54
LPG(액화석유가스)의 일반적인 특징에 대한 설명으로 틀린 것은?
① 저장탱크 또는 용기를 통해 공급된다.
② 발열량이 크고 열효율이 높다.
③ 가스는 공기보다 무거우나 액체는 물보다 가볍다.
④ 물에 녹지 않으며, 연소시 메탄에 비해 공기량이 적게 소요된다.

해설 프로판은 메탄에 비해 다량의 공기가 필요하다.

문제 55
기준물질의 밀도에 대한 측정물질의 밀도의 비를 무엇이라고 하는가?
① 비중량 ② 비용
③ 비중 ④ 비체적

해설 밀도 = $\dfrac{질량}{체적}$ 무게비 = 밀도비

51. ④ 52. ① 53. ① 54. ④ 55. ③

문제 56 탄소 2[kg]을 완전연소시켰을 때 발생되는 연소가스는 약 몇 [kg]인가?

① 3.67
② 7.33
③ 5.87
④ 8.89

해설
$C + O_2 = CO_2$
$12 + 32 = 44[kg]$
$\left(\dfrac{44}{12}\right) \times 2 = 7.33$

문제 57 섭씨 −40[℃]는 화씨온도로 약 몇 [℉]인가?

① 32
② 45
③ 273
④ −40

해설 $\dfrac{9}{5} \times -40 + 32 = -40$ 이 경우만 일치한다.

문제 58 프로판(C_3H_8) 1[m^3]을 완전연소시킬 때 필요한 이론산소량은 몇 [m^3]인가?

① 5
② 10
③ 15
④ 20

해설 $C_3H_8 + 5O_2 \rightarrow$ 다섯배의 산소

문제 59 다음 중 SI 기본단위가 아닌 것은?

① 질량 : 킬로그램[kg]
② 주파수 : 헤르츠[Hz]
③ 온도 : 켈빈[K]
④ 물질량 : 몰[mol]

해설 ①, ③, ④ 외에 길이[m], 시간[sec], 전류[A], 광도[cd], 기본단위는 7종이다.

문제 60 다음 중 "제2종 영구기관은 조재할 수 없다. 제2종 영구기관의 존재 가능성을 부인한다."라고 표현되는 법칙은?

① 열역학 제0법칙
② 열역학 제1법칙
③ 열역학 제2법칙
④ 열역학 제3법칙

해설 2종영구기관은 흡수한 열을 전부일로 전환하는 기관

해답 56. ② 57. ④ 58. ① 59. ② 60. ③

2020년 3월 CBT 시행

문제 01 도시가스 사용시설 중 호스의 길이는 연소기까지 몇 [m] 이내로 하여야하는가?
① 1
② 2
③ 3
④ 4

해설 LPG 사용시설에서도 호스 길이는 3[m] 이내이어야 한다.

문제 02 고압가스 용기 보관의 기준에 대한 설명으로 틀린 것은?
① 용기보관장소 주위 2[m] 이내에는 화기를 두지 말 것
② 가연성가스·독성가스 및 산소의 용기는 각각 구분하여 용기보관장소에 놓을 것
③ 가연성가스를 저장하는 곳에는 방폭형 휴대용 손전등 외의 등화를 휴대하지 말 것
④ 충전용기와 잔가스용기는 서로 단단히 결속하여 넘어지지 않도록 할 것

해설 충전용기와 잔가스용기는 구분하여 저장한다.

문제 03 하천의 바닥이 경암으로 이루어져 도시가스배관의 매설 깊이를 유지하기 곤란하여 배관을 보호조치한 경우에는 배관의 외면과 하천 바닥면의 경암 상부와의 최소거리는 얼마이어야 하는가?
① 1.0[m]
② 1.2[m]
③ 2.5[m]
④ 4[m]

해설 매설배관 외면과 하천바닥면 상부와는 1.2[m] 유지

문제 04 고압가스 저장능력 산정시 액화가스의 용기 및 차량에 고정된 탱크의 산정식은?(단, W는 저장능력[kg], d는 액화가스의 비중 [kgf/t], V_2는 내용적[L], C는 가스의 종류에 따르는 정수이다.)
① $W = 0.9dV_2$
② $W = \dfrac{V_2}{C}$
③ $W = 0.9dC^2$
④ $W = \dfrac{V_2}{C^2}$

해설 ①는 저장탱크

해답 01. ③ 02. ④ 03. ② 04. ②

문제 05 공기 중에서 가연성 물질을 연소시킬 때 공기 중의 산소 농도를 증가시키면 연소속도와 발화온도는 각각 어떻게 되는가?

① 연소속도는 빨라지고, 발화온도는 높아진다.
② 연소속도는 빨라지고, 발화온도는 낮아진다.
③ 연소속도는 느려지고, 발화온도는 높아진다.
④ 연소속도는 느려지고, 발화온도는 낮아진다.

해설 산소농도가 높을 때 연소조절이 양호한 것이다.

문제 06 탄화수소에서 탄화수가 증가할수록 높아지는 것은?

① 증기압　　　　　　　　② 발화점
③ 비등점　　　　　　　　④ 폭발 하한계

해설 C_3H_8 : $-42.1[℃]$,　C_4H_{10} : $-0.5[℃]$

문제 07 LPG 사용시설에서 가스누출경보장치 검지부 설치높이의 기준으로 옳은 것은?

① 지면에서 30[cm] 이내　　② 지면에서 60[cm] 이내
③ 천정에서 30[cm] 이내　　④ 천정에서 60[cm] 이내

해설 공기보다 무겁다. 바닥체류

문제 08 비중이 공기보다 무거워 바닥에 체류하는 가스로만 된 것은?

① 프로판, 염소, 포스겐　　② 프로판, 수소, 아세틸렌
③ 염소, 암모니아, 아세틸렌　　④ 염소, 포스겐, 암모니아

해설 C_3H_8 : 44,　Cl_2 : 71. 공기 29보다 무겁다.

문제 09 가스누출자동차단기를 설치하여도 설치목적을 달성할 수 없는 시설이 아닌 것은?

① 개방된 공장의 국부난방시설
② 경기장의 성화대
③ 상·하방향, 전·후방향, 좌·우방향 중에 2방향 이상이 외기에 개방된 가스사용시설
④ 개방된 작업장에 설치된 용접 또는 절단시설

해설 두 방향 개방시 통풍이 이루어진다.

해답　05. ②　06. ③　07. ①　08. ①　09. ③

문제 10 공정에 존재하는 위험요소들과 공정의 효율을 떨어뜨릴 수 있는 운전상의 문제점을 찾아내어 그 원인을 제거하는 정성적 안전성 평가기법을 의미하는 것은?

① FTA
② ETA
③ CCA
④ HAZOP

해설 HAZOP : 이상 위험도 분석

문제 11 다음 중 가연성이며 독성인 가스는?

① 아세틸렌, 프로판
② 수소, 이산화탄소
③ 암모니아, 산화에틸렌
④ 아황산가스, 포스겐

해설 암모니아, 산화에틸렌, 시안화수소는 특정 액화가스

문제 12 아세틸렌가스를 2.5[MPa]의 압력으로 압축할 때 사용되는 희석제가 아닌 것은?

① 질소
② 메탄
③ 일산화탄소
④ 아세톤

해설 아세톤은 용제

문제 13 가스가 누출된 경우에 제2의 누출을 방지하기 위해서 방류둑을 설치한다. 방류둑을 설치하지 않아도 되는 저장탱크는?

① 저장능력 1000톤의 액화질소탱크
② 저장능력 10톤의 액화암모니아탱크
③ 저장능력 1000톤의 액화산소탱크
④ 저장능력 5톤의 액화염소탱크

해설 질소 : 불연성

문제 14 수소폭염기는 수소와 산소의 혼합비가 얼마일 때를 말하는가?(단, 수소 : 산소의 비이다.)

① 1 : 2
② 2 : 1
③ 1 : 3
④ 3 : 1

해설 $H_2 + O \rightarrow H_2O$
2 : 1

해답 10. ④ 11. ③ 12. ④ 13. ① 14. ②

문제 15 배관을 지하에 매설하는 경우 배관은 그 외면으로부터 도로 밑의 다른 시설물과 몇 [m] 이상의 거리를 유지하여야 하는가?

① 0.2
② 0.3
③ 0.5
④ 1

해설 매설배관 다른 시설물과 0.3[m] 이상 유지

문제 16 고압가스 일반제조시설의 저장탱크를 지하에 매설하는 경우의 기준에 대한 설명으로 틀린 것은?

① 저장탱크 외면에는 부식방지코팅을 한다.
② 저장탱크 천정, 벽, 바닥의 두께가 각각 10[cm] 이상의 콘크리트로 설치한다.
③ 저장탱크 주위에는 마른 모래를 채운다.
④ 저장탱크에 설치한 안전밸브에는 지면에서 5[m] 이상의 높이에 방출구가 있는 가스방출관을 설치한다.

해설 천정, 벽, 바닥 두께 30[cm] 이상

문제 17 발화온도와 폭발등급에 의한 위험성을 비교하였을 때 위험도가 가장 큰 것은?

① 부탄
② 암모니아
③ 아세트알데히드
④ 메탄

해설 아세트 알데히드, CH_3CHO
폭발범위 4~60, 착화점 175[℃], 허용농도 50[ppm]

문제 18 액화석유가스는 공기 중의 혼합비율의 용량이 얼마인 상태에서 감지할 수 있도록 냄새가 나는 물질을 섞어 용기에 충전하여야 하는가?

① $\frac{1}{10}$
② $\frac{1}{100}$
③ $\frac{1}{1000}$
④ $\frac{1}{10000}$

해설 반복출제

문제 19 사람이 사망하기 시작하는 폭발압력은 약 몇 [kPa]인가?

① 70
② 700
③ 1700
④ 2700

해답 15. ② 16. ② 17. ③ 18. ③ 19. ②

해설 폭발시 최소압력 700[kPa]=0.7[MPa]=7[kg/cm^2]

문제 20 독성가스를 사용하는 내용적이 몇 [l] 이상인 수액기 주위에 액상의 가스가 누출될 경우에 대비하여 방류둑을 설치하여야 하는가?
① 1000
② 2000
③ 5000
④ 10000

해설 냉동기 수액기 10,000[l] 이상. 방류둑 대상

문제 21 가스설비의 설치가 완료된 후에 설치하는 내압시험시 공기를 사용하는 경우 우선 상용압력의 몇 [%] 까지 승압하는가?
① 30
② 40
③ 50
④ 60

해설 **내압시험**=상용압력×1.5배

문제 22 고압가스용기 파열사고의 원인으로 가장 거리가 먼 것은?
① 용기의 내(耐)압력 부족
② 용기의 재질불량
③ 용접상의 결함
④ 이상압력 저하

해설 압력저하는 안정된 상태

문제 23 제조소에 설치하는 긴급차단장치에 대한 설명으로 옳지 않은 것은?
① 긴급차단장치는 저장탱크 주밸브의 외측에 가능한 한 저장탱크의 가까운 위치에 설치해야 한다.
② 긴급차단장치는 저장탱크 주밸브와 겸용으로 하여 신속하게 차단할 수 있어야 한다.
③ 긴급차단장치의 동력원으로 그 구조에 따라 액압, 기압, 전기 또는 스프링 등으로 할 수 있다.
④ 긴급차단장치는 당해 저장탱크 외면으로부터 5[m] 이상 떨어진 곳에서 조작할 수 있어야 한다.

해설 긴급차단장치는 주밸브와 별개로 설치된다.

해답 20. ④ 21. ③ 22. ④ 23. ②

문제 24
도시가스 배관에 설치하는 전위측정용 터미널의 간격을 옳게 나타낸 것은?

① 희생양극법 : 300[m] 이내, 외부전원법 : 400[m] 이내
② 희생양극법 : 300[m] 이내, 외부전원법 : 500[m] 이내
③ 희생양극법 : 400[m] 이내, 외부전원법 : 500[m] 이내
④ 희생양극법 : 400[m] 이내, 외부전원법 : 600[m] 이내

해설 **방식전위측정** : 희생양극법 300[m], 외부전원법 500[m] 이내

문제 25
LPG 충전·저장·집단공급·판매시설·영업소의 안전성 확인 적용대상 공정이 아닌 것은?

① 지하탱크를 지하에 매설한 후의 공정
② 배관의 지하매설 및 비파괴시험 공정
③ 방호벽 또는 지상형 저장탱크의 기초설치 공정
④ 공정상 부득이하여 안전성 확인시 실시하는 내압·기밀시험 공정

해설 매설 공전전 확인한다.

문제 26
액화석유가스 사용시설에서 소형저장탱크의 저장능력이 몇 [kg] 이상인 경우에 과압안전장치를 설치하여야 하는가?

① 100
② 150
③ 200
④ 250

해설 소형탱크 250[kg] 이상시, 안전장치를 설치해야 한다.

문제 27
액화천연가스의 저장설비 및 처리설비는 그 외면으로부터 사업소 경계까지 일정규모 이상의 안전거리를 유지하여야 한다. 이 때 사업소 경계가 (   )의 경우에는 이들의 반대편 끝을 경계로 보고 있다.

① 산
② 호수
③ 하천
④ 바다

문제 28
가연성가스와 산소의 혼합비가 완전 산화에 가까울수록 발화지연은 어떻게 되는가?

① 길어진다.
② 짧아진다.
③ 변함이 없다.
④ 일정치 않다.

24. ② 25. ① 26. ④ 27. ① 28. ②

해설 산소와 혼합비가 산화에 가까운 것은 완전 연소의 조건

문제 29 유독성 가스를 검지하고자 할 때 하리슨 시험지를 사용하는 가스는?
① 염소
② 아세틸렌
③ 황화수소
④ 포스겐

해설 **포스겐** : 하리슨 시험시(갈변)

문제 30 0[℃], 101325[Pa]의 압력에서 건조한 도시가스 1[m³]당 유해성분인 암모니아는 몇 [g]을 초과하면 안되는가?
① 0.02
② 0.2
③ 0.3
④ 0.5

해설 황 0.5[g], 황화수소 0.02[g], 암모니아 0.2[g]을 초과해서는 안된다.

문제 31 암모니아 합성법 중에서 고압 합성에 사용되는 방식은?
① 카자레법
② 뉴 파우더법
③ 케미크법
④ 구우데법

해설 고압합성 600[kg/cm²], 카자레법

문제 32 액화석유가스 이송용 펌프에서 발생하는 이상현상으로 가장 거리가 먼 것은?
① 캐비테이션
② 수격작용
③ 오일포밍
④ 베이퍼록

해설 **오일포밍** : 후레온가스 냉동기에서 발생된다.

문제 33 대기개방식 가스보일러가 반드시 갖추어야 하는 것은?
① 과압방지용안전장치
② 저수위안전장치
③ 공기자동배기장치
④ 압력팽창탱크

해설 대기개방식 보일러는 저수위 안전장치가 필요하다.

해답　　29. ④　30. ②　31. ①　32. ③　33. ②

문제 34 2단 감압 조정기의 장점이 아닌 것은?

① 공급압력이 안정하다.
② 배관이 가늘어도 된다.
③ 장치가 간단하다.
④ 각 연소기구에 알맞은 압력으로 공급이 가능하다.

해설 2단 : 장치가 복잡하다.

문제 35 재료에 인장과 압축하중을 오랜 시간 반복적으로 작용시키면 그 응력이 인장강도보다 작은 경우에도 파괴되는 현상은?

① 인성파괴
② 피로파괴
③ 취성파괴
④ 크리프파괴

해설 반복하중 = 피로 파괴

문제 36 LP가스 용기의 재질로서 가장 적당한 것은?

① 주철
② 탄소강
③ 알루미늄
④ 두랄루민

문제 37 냉동설비 중 흡수식 냉동설비의 냉동능력 정의로 옳은 것은?

① 발생기를 가열하는 24시간의 입열량 6천640[kcal]를 1일의 냉동능력 1톤으로 봄
② 발생기를 가열하는 1시간의 입열량 3천320[kcal]를 1일의 냉동능력 1톤으로 봄
③ 발생기를 가열하는 1시간의 입열량 6천640[kcal]를 1일의 냉동능력 1톤으로 봄
④ 발생기를 가열하는 24시간의 입열량 3천320[kcal]를 1일의 냉동능력 1톤으로 봄

해설 흡식식 이외는 3320[kcal/h] = 1[RT]
(단원심식 1.2kW가 1RT)

해답 34. ③ 35. ② 36. ② 37. ③

문제 38
다음 각종 온도계에 대한 설명으로 옳은 것은?
① 저항 온도계는 이종금속 2종류의 양단을 용접 또는 납붙임으로 양단의 온도가 다를 때 발생하는 열기전력의 변화를 측정하여 온도를 구한다.
② 유리제 온도계의 봉입액으로 수은을 쓴 것은 $-30[℃]$~$350[℃]$ 정도의 범위에서 사용된다.
③ 온도계의 온도검출부는 열용량이 크면 좋다.
④ 바이메탈식 온도계는 온도에 따른 전기적 변화를 이용한 온도계이다.

해설 ①의 설명은 열전대온도계, 바이메탈은 고온팽창식이다.

문제 39
가스액화분리장치의 구성 3요소가 아닌 것은?
① 한냉발생 장치
② 정류 장치
③ 불순물 제거 장치
④ 유화수 장치

해설 수은, 알콜 등은 온도변화에 대해 밀도변화가 적어야 한다.

문제 40
액주식 압력계에 사용되는 액체의 구비조건으로 틀린 것은?
① 화학적으로 안정되어야 한다.
② 모세관 현상이 없어야 한다.
③ 점도와 팽창계수가 작아야 한다.
④ 온도변화에 의한 밀도변화가 커야한다.

해설 밀도변화가 적어야 한다.

문제 41
다음 중 왕복식 펌프에 해당하지 않는 것은?
① 플런저 펌프
② 피스톤 펌프
③ 다이어프램 펌프
④ 기어 펌프

해설 기어펌프는 회전식

문제 42
내용적 $50[l]$의 용기에 수압 $30[kgf/cm^2]$를 가해 내압시험을 하였다. 이 경우 $30[kgf/cm^2]$의 수압을 걸었을 때 용기의 용적이 $50.5[l]$로 늘어났고 압력을 제거하여 대기압으로 하나 용기용적은 $50.025[l]$로 되었다. 항구증가율은 얼마인가?
① $0.3[\%]$
② $0.5[\%]$
③ $3[\%]$
④ $5[\%]$

해설 $\dfrac{0.025}{0.5} \times 100 = 5[\%]$ 합격

해답 38. ② 39. ④ 40. ④ 41. ④ 42. ④

문제 43 공기액화분리장치의 내부 세정액으로 가장 적당한 것은?

① 가성소다
② 사염화탄소
③ 물
④ 묽은 염산

해설 공기액화장치는 1년에 1회 이상 사염화탄소(CCl_4)로 세정해야 한다.

문제 44 다음 중 방폭구조의 표시방법으로 잘못된 것은?

① 안전증방폭구조 : e
② 본질안전방폭구조 : b
③ 유입방폭구조 : o
④ 내압방폭구조 : d

해설 **본질안전증 방폭구조** : ia, ib
특수방폭구조 : S

문제 45 유체가 5[m/s]의 속도로 흐를 때 이 유체의 속도수두는 약 몇 [m]인가?(단, 중력가속도는 9.8[m/s²]이다.)

① 0.98
② 1.28
③ 12.2
④ 14.1

해설 $V = \dfrac{V^2}{2g} = \dfrac{5^2}{2 \times 9.8} = 1.275 = 1.28$

문제 46 다음 중 염소의 용도로 적당하지 않는 것은?

① 소독용으로 쓰인다.
② 염화비닐 제조의 원료이다.
③ 표백제로 쓰인다.
④ 냉매로 쓰인다.

해설 염소는 독성, 부식성 가스이다.

문제 47 아세틸렌충전시 첨가하는 다공질물의 구비조건이 아닌 것은?

① 화학적으로 안정할 것
② 기계적인 강도가 클 것
③ 가스의 충전이 쉬울 것
④ 다공도가 적을 것

해설 다공도 75~92[%]

해답

43. ②　44. ②　45. ②　46. ④　47. ④

문제 48 냄새가 나는 물질(부취제)의 구비조건이 아닌 것은?
① 독성이 없을 것
② 저농도에서도 냄새를 알 수 있을 것
③ 완전연소하고 연소 후에는 유해물질을 남기지 말 것
④ 일상생활의 냄새와 구분되지 않을 것

해설 구분될 것

문제 49 염화메탄의 특징에 대한 설명으로 틀린 것은?
① 무취이다.
② 공기보다 무겁다.
③ 수분존재시 금속과 반응한다.
④ 유독한 가스이다.

해설 염화메탄은 자극취가 있다.

문제 50 압력에 대한 설명으로 옳은 것은?
① 표준대기압이란 0[℃]에서 수은주 760[mmHg]에 해당하는 압력을 말한다.
② 진공압력이란 대기압보다 낮은 압력으로 대기압과 절대압력을 합한 것이다.
③ 용기 내벽에 가해지는 기체의 압력을 게이지 압력이라 하며 대기압과 압력계에 나타난 압력을 합한 것이다.
④ 절대압력이란 표준대기압 상태를 0으로 기준하여 측정한 압력을 말한다.

해설 표준대기압 : 760[mmHg]=30[inHg]

문제 51 화씨 86[°F]는 절대온도로 몇 [K]인가?
① 233
② 303
③ 490
④ 522

해설 [°K]=[℃]+273
$(86-32) \times \dfrac{5}{9} = 30[℃] = 303[°K]$

문제 52 산소의 성질에 대한 설명으로 틀린 것은?
① 자신은 연소하지 않고 연소를 돕는 가스이다.
② 물에 잘 녹으며 백금과 화합하여 산화물을 만든다.
③ 화학적으로 활성이 강하여 다른 원소와 반응하여 산화물을 만든다.
④ 무색, 무취의 기체이다.

해설 산소는 물에 약간 녹는다.

48. ④ 49. ① 50. ① 51. ② 52. ②

문제 53 이상기체에 대한 설명으로 옳은 것은?

① 일정온도에서 기체부피는 압력에 비례한다.
② 일정압력에서 부피는 온도에 반비례한다.
③ 일정부피에서 압력은 온도에 반비례한다.
④ 보일-샤를의 법칙을 따르는 기체를 말한다.

해설 **이상기체** = 이상기체 상태방정식 = 보일샬법칙 만족

문제 54 다음 중 불연성 가스는?

① 수소
② 헬륨
③ 아세틸렌
④ 히드라진

해설 **헬륨** : 비활성

문제 55 산소가스가 27[℃]에서 130[kgf/cm^2]의 압력으로 50[kg]이 충전되어 있다. 이때 부피는 몇 [m^3]인가?(단, 산소의 정수는 26.5[kgf·m/kg·K]이다.)

① 0.25
② 0.28
③ 0.30
④ 0.43

해설 $PV = GRT$ ∴ $V = \dfrac{GRT}{P} = \dfrac{50 \times 26.5 \times 300}{130 \times 10^4} = 0.305$

문제 56 프로판의 착화온도는 약 몇 [℃] 정도인가?

① 460~520
② 550~590
③ 600~660
④ 680~740

해설 착화온도(C_3H_8 : 460~520℃) (C_4H_{10} : 430~510℃)

문제 57 다음 중 가장 낮은 압력은?

① 1[bar]
② 0.99[atm]
③ 28.56[inHg]
④ 10.3[mH$_2$O]

해설 1[atm] = 1.013[Bar] = 10.33[mH$_2$O] = 30[inHg]

53. ④ 54. ② 55. ③ 56. ① 57. ③

문제 58 "가연성 가스"라 함은 폭발한계의 상한과 하한의 차가 몇 [%] 이상인 것을 말하는가?
① 5
② 10
③ 15
④ 20

문제 59 "어떠한 방법으로라도 어떤 계를 절대온도 0도에 이르게 할 수 없다."는 열역학 제 몇 법칙인가?
① 열역학 제0법칙
② 열역학 제1법칙
③ 열역학 제2법칙
④ 열역학 제3법칙

해설 **열역학 제3법칙**(The third law of thermodynamics)
어떠한 이상적인 방법으로도 어떤 계를 절대 0(-273℃)도에 이르게 할 수 없다.

문제 60 염소가스의 건조제로 사용되는 것은?
① 진한 황산
② 염화칼슘
③ 활성 알루미나
④ 진한 염산

해설 염소가스 건조제는 진한 황산이 사용된다.

58. ④ 59. ④ 60. ①

2020년 7월 CBT 시행

문제 01 프로판의 표준 상태에서의 이론적인 밀도는 몇 kg/m³인가?
① 1.52
② 1.96
③ 2.96
④ 3.52

해설 $\dfrac{44}{22.4} = 1.96\,[\text{g/}\ell,\ \text{kg/m}^3]$

문제 02 도시가스배관의 전기방식 전류가 흐르는 상태에서 자연 전위와의 전위 변화는 최소한 몇 mV 이하이어야 하는가?
① -100
② -200
③ -300
④ -500

해설 전위차가 크면 부식이 빨라진다.

문제 03 방폭지역의 0종인 장소에는 원칙적으로 어떤 방폭구조의 것을 사용하여야 하는가?
① 내압방폭구조
② 압력방폭구조
③ 본질안전방폭구조
④ 안전증방폭구조

해설 0종장소 : 항시 폭발하한 이상인 장소

문제 04 2005년 2월에 제조되어 신규검사를 득한 LPG 20kg 용접용기(내용적 47L)의 최초의 재검사 년 월은?
① 2007년 2월
② 2008년 2월
③ 2009년 2월
④ 2010년 2월

해설 용접용기 5000ℓ 미만 경과 연수 15년 미만은 재검사 주기가 3년
나 번이 정답임. 공단 가 답안 발표가 잘못되었음

해답 01. ② 02. ③ 03. ③ 04. ③

문제 05
저장탱크에 설치한 안전밸브에는 자연에서 몇 m 이상의 높이에 방출구가 있는 가스방출관을 설치하여야 하는가?

① 2 ② 3
③ 5 ④ 10

해설 탱크 정상부에서 2m 중 높은 위치

문제 06
고압가스판매 허가를 득하여 사업을 하려는 경우 각각의 용기 보관실 면적은 몇 m^2 이상이어야 하는가?

① 7 ② 10
③ 12 ④ 15

해설 시행규칙 별표 시설기준

문제 07
용기 보관 장소의 충전용기 보관기준으로 틀린 것은?

① 충전용기와 잔가스용기는 서로 넘어지지 않게 단단히 결속하여 놓는다.
② 가연성, 독성 및 산소용기는 각각 구분하여 용기보관 장소에 놓는다.
③ 용기는 항상 40℃ 이하의 온도를 유지하고, 직사광선을 받지 않게 한다.
④ 작업에 필요한 물건(계량기 등)이외에는 두지 않는다.

해설 충전용기와 잔가스용기는 구분하여 따로 보관한다.

문제 08
독성가스 배관은 2중관 구조로 하여야 한다. 이 때 외층관 내경은 내층관 외경의 몇 배 이상을 표준으로 하는가?

① 1.2 ② 1.5
③ 2 ④ 2.5

해설 이중배관의 기준. 직경비는 1 : 1.2

문제 09
차량에 고정된 탱크 중 독성가스는 내용적을 얼마 이하로 하여야 하는가?

① 12000L ② 15000L
③ 16000L ④ 18000L

해설 가연성 : 18000l
독성 : 12000l (NH_3 제외)

05. ③ 06. ② 07. ① 08. ① 09. ①

문제 10 가스누출경보기의 검지부를 설치할 수 있는 장소는?

① 증기, 물방울, 기름기 섞인 연기 등이 직접 접촉 될 우려가 있는 곳
② 주위온도 또는 복사열에 의한 온도가 섭씨 40℃ 미만이 되는 곳
③ 설비 등에 가려져 누출가스의 유동이 원활하지 못한 곳
④ 차량, 그 밖의 작업 등으로 인하여 경보기가 파손 될 우려가 있는 곳

해설 검지부 설치 장소
① 주위 온도 또는 복사열에 의한 온도가 섭씨 40℃ 미만인 장소에 설치
② 긴급 차단 장치 부분
③ 슬리브관 이중관 방호구조물 등에 의한 밀폐 설치된 곳
④ 누설가스가 체류하기 쉬운 곳

참고 검지부 설치 제외 장소
① 설비 등에 가려져 누출가스의 유동이 원활하지 못한 곳
② 증기, 물방울, 기름기 섞인 연기 등이 직접 접촉할 우려가 있는 곳
③ 차량, 그 밖의 작업 등으로 인하여 경보기가 파손될 우려가 있는 곳
④ 방호구조물에 의하여 개방되어 설치된 배관
⑤ 주위 온도 또는 복사열에 의한 온도가 섭씨 40℃ 이상인 장소에 설치

문제 11 도시가스 공급배관을 차량이 통행하는 폭 8m 이상인 도로에 매설할 때의 깊이는 몇 m 이상으로 하여야 하는가?

① 1.0
② 1.2
③ 1.5
④ 2.0

해설 일반 매설깊이는 1m

문제 12 다음 중 독성가스가 아닌 것은?

① 아크릴로니트릴
② 벤젠
③ 암모니아
④ 펜탄

해설 펜탄 : C_6H_{12} 가연성 액체상태이므로 LPG 취출시 분리기를 사용하여 제거한다.

문제 13 가스의 종류를 가연성에 따라 구분한 것이 아닌 것은?

① 가연성가스
② 조연성가스
③ 불연성가스
④ 압축가스

해설 압축 액화 등은 저장상태에 따라 구분 한 것이다.

해답

10. ② 11. ② 12. ④ 13. ④

문제 14 고압가스특정제조사업소의 고압가스설비 중 특수반응설비와 긴급차단장치를 설치한 고압 가스설비에서 이상사태가 발생하였을 때 그 설비 내의 내용물을 설비 밖으로 긴급하고 안전하여 이송하여 연소시키기 위한 것은?

① 내부반응감시장치
② 벤트스택
③ 인터록
④ 플레어스택

해설 **플레어 스텍** : 연소시켜 방출하는 장치

문제 15 특정고압가스사용시설 중 고압가스의 저장량이 몇 kg 이상인 용기 보관실의 벽을 방호벽으로 설치하여야 하는가?

① 100
② 200
③ 300
④ 500

해설 **고법** : 시설기준

문제 16 독성가스를 운반하는 차량에 반드시 갖추어야 할 용구나 물품에 해당되지 않는 것은?

① 방독면
② 제독제
③ 고무장갑
④ 소화장비

해설 **소화설비** : 가연성 운반차량에 구비

문제 17 아세틸렌가스 충전시 첨가하는 희석제가 아닌 것은?

① 메탄
② 일산화탄소
③ 에틸렌
④ 이산화황

해설 **희석제** : 메탄, 질소, 일산화탄소, 에틸렌

문제 18 액화석유가스 저장시설의 액면계 설치기준으로 틀린 것은?

① 액면계는 평형반사식 유리액면계 및 평형투시식 유리 액면계를 사용할 수 있다.
② 유리액면계에 사용되는 유리는 KS B 6208(보일러용 수면계유리)중 기호 B 또는 P의 것 또는 이와 동등 이상이어야 한다.
③ 유리를 사용한 액면계에는 액면의 확인을 명확하게 하기 위하여 덮개 등을 하지 않는다.
④ 액면계 상하에는 수동식 및 자동식 스톱밸브를 각각 설치한다.

해설 액면 보호장치가 필요하다.

해답 14. ④ 15. ③ 16. ④ 17. ④ 18. ③

문제 19 고압가스특정제조시설에서 안전구역을 설정하기 위한 연소열량의 계산공식을 옳게 나타낸 것은?

① $Q = K + W$
② $Q = W/K$
③ $Q = K/W$
④ $Q = K \times W$

해설 α : 연소 열량 kcal/kg
w : 저장설비에 따른 수치
k : 가스종류 및 온도에 따른 수치

문제 20 암모니아를 사용하는 냉동장치의 시운전에 사용할 수 없는 가스는?

① 질소
② 산소
③ 아르곤
④ 이산화탄소

해설 산소는 지연성이므로 폭발 우려가 있다.

문제 21 사업소 내에서 긴급사태 발생시 필요한 연락을 하기 위해 안전관리자가 상주하는 사업소와 현장 사업소간에 설치하는 통신설비가 아닌 것은?

① 구내전화
② 인터폰
③ 페이징 설비
④ 메가폰

해설 메가폰 : 사업소 면적 1500m² 미만인 곳만 적용

문제 22 고압가스 제조장치의 취급에 대한 설명으로 틀린 것은?

① 안전밸브는 천천히 작동하게 한다.
② 압력계의 밸브는 천천히 연다.
③ 액화 가스를 탱크에 처음 충전할 때 천천히 충전한다.
④ 제조장치의 압력을 상승시킬 때 천천히 상승시킨다.

해설 고압일 때 빨리 방출시켜야 한다.

문제 23 도시가스의 배관의 해저설치시의기준으로 틀린 것은?

① 배관은 원칙적으로 다른 배관과 교차하지 아니 하도록 한다.
② 배관의 입상부에는 방호 시설물을 설치한다.
③ 배관은 해저면 위에 설치한다.
④ 배관은 원칙적으로 다른 배관과 30m 이상의 수평거리를 유지한다.

해설 배관은 해저면 밑에 설치한다.

19. ④ 20. ② 21. ④ 22. ① 23. ③

문제 24

가연성가스 제조시설의 고압가스 설비는 그 외면으로부터 산소 제조시설의 고압가스 설비와 몇 m 이상의 거리를 유지하여야 하는가?

① 5   ② 8
③ 10   ④ 15

해설 같은 가연성시설과는 5m 유지

문제 25

액화질소 35톤을 저장하려고 할 때 사업소 밖의 제1종 보호시설과 유지하여야 하는 안전 거리는 최소 몇 m인가?

① 8   ② 9
③ 11   ④ 13

해설 35톤 : 4만 이하로 적용

문제 26

고압가스의 인허가 및 검사의 기준이 되는 "처리능력"을 산정함에 있어 기준이 되는 온도 및 압력은?

① 온도 : 섭씨 15도, 게이지압력 : 0파스칼
② 온도 : 섭씨 15도, 게이지압력 : 1파스칼
③ 온도 : 섭씨 0도, 게이지압력 : 0파스칼
④ 온도 : 섭씨 0도, 게이지압력 : 1파스칼

해설 처리능력 : 표준상태 0℃대기압

문제 27

의료용 가스용기의 도색 구분 표시로 틀린 것은?

① 산소 – 백색   ② 질소 – 청색
③ 헬륨 – 갈색   ④ 에틸렌 – 자색

해설 질소 : 흑색

문제 28

20kg LPG 용기의 내용적은 몇 L인가?

① 8.51   ② 20
③ 42.3   ④ 47

해설 $W = \dfrac{V}{C}$ ∴ $V = WC = 20 \times 2.35 = 47$

24. ③   25. ④   26. ③   27. ②   28. ④

문제 29
방류둑의 성토는 수평에 대하여 몇 도 이하의 기울기로 하여야 하는가?

① 15
② 30
③ 45
④ 60

해설 정상부폭 30 센티미터, 구배 45

문제 30
지상에 설치하는 액화석유가스 저장탱크의 외면에는 그 주위에서 보기 쉽도록 가스의 명칭을 표시해야 하는데 무슨 색으로 표시하여야 하는가?

① 은백색
② 황색
③ 흑색
④ 적색

해설 가스명칭문자색은 적색

문제 31
LP가스용 용기 밸브의 몸통에 사용되는 재료로 가장 적당한 것은?

① 단조용 황동
② 단조용 강재
③ 절삭용 주물
④ 인발용 구리

해설 **황동** : 내식성이 우수하다.

문제 32
배관 속을 흐르는 액체의 속도를 급격히 변화시키면 물이 관벽을 치는 현상이 일어나는데 이런 현상을 무엇이라고 하는가?

① 캐비테이션 현상
② 워터햄머링 현상
③ 서징 현상
④ 맥동 현상

해설 **수격작용**(워터햄머) : 유속변화시 물이 관벽을 치는 현상

문제 33
상용압력이 10MPa인 고압가스설비에 압력계를 설치하려고 한다. 압력계의 최고눈금 범위는?

① 11~15MPa
② 15~20MPa
③ 18~20MPa
④ 20~25MPa

해설 **압력계눈금범위**=상용압력의 1.5~2배

해답

29. ③   30. ④   31. ①   32. ②   33. ②

문제 34 가스히터펌프(GHP)는 다음 중 어떤 분야로 분류되는가?
① 냉동기
② 특정설비
③ 가스용품
④ 용기

해설 G.H.P : 가스냉난방설비

문제 35 유체 중에 인위적인 소용돌이를 일으켜 와류의 발생수, 즉 주파수가 유속에 비례한다는 사실을 응용하여 유량을 측정하는 유량계는?
① 볼텍스 유량계
② 전자 유량계
③ 초음파 유량계
④ 임펠러 유량계

해설 와류식 : 주파수는 유량에 비례한다.

문제 36 도시가스의 총발열량이 10400kcal/m³, 공기에 대한 비중이 0.55일 때 웨베지수는 얼마인가?
① 11023
② 12023
③ 13023
④ 14023

해설 $\dfrac{10400}{\sqrt{0.55}} = 14023$

문제 37 포화황산동 기준전극으로 매설 배관의 방식전위를 측정하는 경우 몇 V 이하이어야 하는가?
① -0.75V
② -0.85V
③ -0.95V
④ -2.5V

해설 전위차가 크면 부식속도가 빨라진다.

문제 38 가스 충전구에 따른 분류 중 가스 충전구에 나사에 없는 것은 무슨 형으로 표시하는가?
① A
② B
③ C
④ D

해설 A : 숫나사 B : 암나사 C : 나사없음

34. ① 35. ① 36. ④ 37. ② 38. ③

문제 39 로터리 압축기에 대한 설명으로 틀린 것은?

① 왕복식 압축기에 비해 부품수가 적고 구조가 간단하다.
② 압축이 단속적이므로 저진공에 적합하다.
③ 기름 윤활 방식으로 소용량이다.
④ 구조상 흡입기체에 기름이 혼입되기 쉽다.

해설 로터리(회전식) : 압축이 연속적이다.

문제 40 스크류 펌프는 어느 형식의 펌프에 해당하는가?

① 축류식　　　　　② 원심식
③ 회전식　　　　　④ 왕복식

해설 회전식 : 기어, 베인, 나사(스크류)

문제 41 다음 가스분석법 중 흡수분석법에 해당하지 않는 것은?

① 헴펠법　　　　　② 산화동법
③ 오르자트법　　　④ 게겔법

해설 흡수법 : 올쟛트, 헴펠, 게겔법

문제 42 초저온 저장탱크의 측정에 많이 사용되며 차압에 의해 액면을 측정하는 액면계는?

① 햄프슨식 액면계　　　② 전기저항식 액면계
③ 초음파식 액면계　　　④ 크링카식 액면계

해설 초저온탱크액면계 = 햄프슨식 = 차압식

문제 43 LP가스 자동차충전소에서 사용하는 디스펜서(Dispenser)에 대하여 옳게 설명한 것은?

① LP가스 충전소에서 용기에 일정량의 LP가스를 충전하는 충전기기이다.
② LP가스 충전소에서 용기에 충전하는 가스용적을 계량하는 기기이다.
③ 압축기를 이용하여 탱크로리에서 저장탱크로 LP가스를 이송하는 장치이다.
④ 펌프를 이용하여 LP가스를 저장탱크로 이송할 때 사용하는 안전장치이다.

해설 디스펜서 : 충전기

39. ②　40. ③　41. ②　42. ①　43. ①

문제 44
도시가스에서 사용하는 부취제의 종류가 아닌 것은?
① THT
② TBM
③ MMA
④ DMS

해설 **부취제** : 테트라 히드로 티오펜, 터시어리 부틸 메르갑탄, 디메틸 설파이드

문제 45
실린더 중에 피스톤과 보조 피스톤이 있고 상부에 팽창기, 하부에 압축기로 구성되어 있으며, 수소, 헬륨을 냉매로 하는 것이 특징인 공기액화 장치는?
① 카르노식 액화장치
② 필립스식 액화장치
③ 린데식 액화장치
④ 클라우드식 액화장치

해설 **필립스식** : 초저온 냉동기

문제 46
공기 중에 10vol% 존재 시 폭발의 위험성이 없는 것은?
① CH_3Br
② C_2H_6
③ C_2H_4O
④ H_2S

해설 CH_3Br : 13.5~14.5

문제 47
고압가스의 일반적 성질에 대한 설명으로 옳은 것은?
① 암모니아는 동을 부식하고 고온고압에서는 강재를 침식한다.
② 질소는 안정한 가스로서 불활성가스라고도 하고 고온에서도 금속과 화합하지 않는다.
③ 산소는 액체공기를 분류하여 제조하는 반응성이 강한 가스로 자신을 잘 연소한다.
④ 염소는 반응성이 강한 가스로 강재에 대하여 상온에서도 건조한 상태로 현저히 부식성을 갖는다.

문제 48
0℃, 1atm에서 5L인 기체가 273℃, 1atm에서 차지하는 부피는 약 몇 L인가? (단, 이상기체로 가정한다.)
① 2
② 5
③ 8
④ 10

해설 $\dfrac{2}{273} = \dfrac{V}{273+273}$ ∴ $V = 10$

샬의법칙 : 정압하에서 기체부피는 절대온도에 정비례한다.

해답 44. ③　45. ②　46. ①　47. ①　48. ④

문제 49 수소 20v%, 메탄 50v%, 에탄 30v% 조성의 혼합가스가 공기와 혼합된 경우 폭발하한계의 값은?(단, 폭발하한계값은 각각 수소는 4v%, 메탄은 5v%, 에탄은 3v%이다.)

① 3   ② 4
③ 5   ④ 6

해설 $\dfrac{100}{L} = \dfrac{20}{4} + \dfrac{50}{5} + \dfrac{30}{3}$ ∴ $L : 4$

문제 50 질소가스의 특징에 대한 설명으로 틀린 것은?

① 암모니아 합성원료이다.   ② 공기의 주성분이다.
③ 방전용으로 사용된다.   ④ 산화방지제로 사용된다.

해설 방전용은 희가스들이다.

문제 51 500Kcal/h의 열량을 일(kgf·m/s)로 환산하면 얼마가 되겠는가?

① 59.3   ② 500
③ 4215.5   ④ 213500

해설 $\dfrac{500}{3600} \times 427 = 59.3$

문제 52 도시가스의 주원료인 메탄(CH_4)의 비점은 약 얼마인가?

① -50℃   ② -82℃
③ -120℃   ④ -162℃

해설 메탄은 -162℃ 이하에서는 액체이다.

문제 53 액비중에 대한 설명으로 옳은 것은?

① 4℃ 물의 밀도와의 비를 말한다.
② 0℃ 물의 밀도와의 비를 말한다.
③ 절대 영도에서 물의 밀도와의 비를 말한다.
④ 어떤 물질이 끓기 시작한 온도에서의 질량을 말한다.

해설 액·고체의 비중기준은 물이다.

해답
49. ② 50. ③ 51. ① 52. ④ 53. ①

문제 54
다음 중 탄소와 수소의 중량비(C/H)가 가장 큰 것은?
① 에탄
② 프로필렌
③ 프로판
④ 메탄

해설
프로필렌 : $C_3H_6 = \frac{36}{6} = 6$ 에탄 : $C_2H_6 = \frac{24}{6} = 4$

$C_3H_8 = \frac{36}{8} = 4.5$ $CH_4 = \frac{12}{4} = 3$

문제 55
다음 중 공기 중에서 가장 무거운 가스는?
① C_4H_{10}
② SO_2
③ C_2H_4O
④ $COCl_2$

해설 $COCl_2$: 99

문제 56
액화는 무색 투명하고, 특유의 복숭아향을 가진 맹독성 가스는?
① 일산화탄소
② 포스겐
③ 시안화수소
④ 메탄

해설 시안화수소 : 10ppm

문제 57
단위 넓이에 수직으로 작용하는 힘을 무엇이라고 하는가?
① 압력
② 비중
③ 일률
④ 에너지

해설 $P(압력) = \frac{F(힘)}{A(면적)}$

문제 58
산소의 농도를 높임에 따라 일반적으로 감소하는 것은?
① 연소속도
② 폭발범위
③ 화염속도
④ 점화에너지

해설 산소가 풍부할 때 점화가 쉬워진다.

54. ② 55. ④ 56. ③ 57. ① 58. ④

문제 59 완전진공을 0으로 하여 측정한 압력을 의미하는 것은?

① 절대압력　　　　　　② 게이지압력
③ 표준대기압　　　　　④ 진공압력

해설　**절대압력** : 완전진공을 0으로 기준 한다.

문제 60 다음 중 1atm을 환산한 값으로 틀린 것은?

① 14.7psi　　　　　　　② 760mmHg
③ 10.332mH$_2$O　　　　④ 1.013kgf/m^2

해설　대기압 : 10332kg/m^2

59. ①　60. ④

2020년 9월 CBT 시행

문제 01 가스의 폭발범위에 영향을 주는 인자로서 가장 거리가 먼 것은?

① 비열 ② 압력
③ 온도 ④ 조성

해설 폭발인자 : 온도, 압력, 조성(가연성과 지연성의 혼합비율)
※ 비열은 온도상승에 필요한 열량

문제 02 액화석유가스 지상 저장탱크 주위에는 저장능력이 얼마 이상일 때 방류둑을 설치하여야 하는가?

① 300kg ② 1000kg
③ 300톤 ④ 1000톤

해설 가연성 1000톤 이상시 방류둑 설치

문제 03 산소가 충전되어 있는 용기의 온도가 15°C 일 때 압력은 15MPa이었다. 이 용기가 직사일광을 받아 온도가 40°C로 상승하였다면, 이때의 압력은 약 몇 MPa이 되겠는가?

① 5.6 ② 10.3
③ 16.3 ④ 40.0

해설 $\frac{15}{288} = \frac{x}{313}$ ∴ $x = 16.3$

문제 04 고압가스 충전용기의 운반기준으로 틀린 것은?

① 염소와 아세틸렌, 암모니아 또는 수소는 동일차량에 적재하여 운반하지 아니한다.
② 가연성가스와 산소를 동일차량에 적재하여 운반할 때에는 그 충전용기의 밸브가 서로 마주보도록 적재한다.
③ 충전용기와 소방기본법에서 정하는 위험물과는 동일차량에 적재하여 운반하지 아니한다.
④ 독성가스를 차량에 적재하여 운반할 때는 그 독성가스의 종류에 따른 방독면, 고무장갑, 고무장화 그 밖의 보호구를 갖춘다.

해답 01. ① 02. ④ 03. ③ 04. ②

해설 가연성과 산소는 동일차량에 적재할 때 밸브를 마주보지 않도록 해야 한다.

문제 05 고압가스 안전관리법상 "충전용기"라 함은 고압가스의 충전질량 또는 충전압력의 몇 분의 몇 이상의 충전되어 있는 상태의 용기를 말하는가?

① $\frac{1}{5}$ ② $\frac{1}{4}$
③ $\frac{1}{2}$ ④ $\frac{3}{4}$

해설 충전량의 1/2 미만은 잔가스용기

문제 06 액화석유가스의 안전관리에 필요한 안전관리자가 해임 또는 퇴직하였을 때에는 원칙적으로 그 날로부터 며칠 이내에 다른 안전관리자를 선임하여야 하는가?

① 10일   ② 15일
③ 20일   ④ 30일

해설 안전관리자 채용기준

문제 07 도시가스 배관의 설치장소나 구경에 따라 적절한 배관 재료와 접합방법을 선정하여야 한다. 다음 중 배관재료 선정기준으로 틀린 것은?

① 배관내의 가스흐름이 원활한 것으로 한다.
② 내부의 가스압력과 외부로부터 하중 및 충격하중 등에 견디는 강도를 갖는 것으로 한다.
③ 토양·지하수 등에 대하여 강한 부식성을 갖는 것으로 한다.
④ 절단가공이 용이한 것으로 한다.

해설 내식성이 우수해야 한다.

문제 08 내용적이 1천 L 이상인 초저온가스용 용기의 단열성능 시험결과 합격 기준은 몇 kcal/h·℃·L 이하 인가?

① 0.0005   ② 0.001
③ 0.002   ④ 0.005

해설 단열성능시험 1000l 이상은 0.002 1000l 미만은 0.0005 이하가 합격이다.

해답   05. ③ 06. ④ 07. ③ 08. ③

문제 09 고압가스 안전관리법시행규칙에서 정의한 "처리능력"이라 함은 처리설비 또는 감압·설비에 의하여 며칠에 처리할 수 있는 가스의 양을 말하는가?

① 1일
② 7일
③ 10일
④ 30일

해설 처리능력은 1일 기준

문제 10 다음 중 분해에 의한 폭발은 하지 않는 가스는?

① 시안화수소
② 아세틸렌
③ 히드라진
④ 산화에틸렌

해설 시안화수소는 중합폭발을 일으킨다.

문제 11 액화석유가스 공급시설 중 저장설비의 주위에는 경계책 높이를 몇 m 이상으로 설치하도록 하고 있는가?

① 0.5
② 1.0
③ 1.5
④ 2.0

해설 방호벽 높이는 2m, 경계책 높이는 1.5m

문제 12 다음 중 안전관리상 압축을 금지하는 경우가 아닌 것은?

① 수소 중 산소의 용량이 3% 함유되어 있는 경우
② 산소 중 에틸렌의 용량이 3% 함유되어 있는 경우
③ 아세틸렌 중 산소의 용량이 3% 함유되어 있는 경우
④ 산소 중 프로판의 용량이 3% 함유되어 있는 경우

해설 2%금지가스는 수소, 에틸렌, 아세틸렌 3가지이며 나머지 가연성과 산소의 상대적 혼합 비율은 4%이다.

문제 13 고압가스 안전관리법에서 정하고 있는 특정설비가 아닌 것은?

① 안전밸트
② 기화장치
③ 독성가스 배관용밸브
④ 도시가스용 압력조정기

해설 압력조정기는 가스용품이다.

해답 09. ① 10. ① 11. ③ 12. ④ 13. ④

문제 14 도시가스 중 유해성분 측정대상인 가스는?
① 일산화가스
② 시안화수소
③ 황화수소
④ 염소

해설 유해성분대상은 황, 암모니아, 황화수소이다.

문제 15 가스 중 음속보다 화염전파 속도가 큰 속도가 큰 경우 충격파가 발생하는데 이 때 가스의 연소 속도로써 옳은 것은?
① 0.3~100m/s
② 100~300m/s
③ 700~800m/s
④ 1000~3500m/s

해설 정상연소시 속도 0.03~10, 폭굉시 1000~3500m/sec

문제 16 후부취출식 탱크에서 탱크 주밸브 및 긴급차단장치에 속하는 밸브와 차량의 뒷 범퍼와의 수평거리는 얼마 이상 떨어져 있어야 하는가?
① 20cm
② 30cm
③ 40cm
④ 60cm

해설 후부취출식 이격거리 40. 후부취출식 이외는 30cm

문제 17 산소 또는 천연메탄을 수송하기 위한 배관과 이에 접속하는 압축기와의 사이에 반드시 설치하여야 하는 것은?
① 표시판
② 압력계
③ 수취기
④ 안전밸브

해설 산소압축기의 윤활유는 물이다.

문제 18 다음 중 같은 저장실에 혼합 저장이 가능한 것은?
① 수소와 염소가스
② 수소와 산소
③ 에세틸렌가스와 산소
④ 수소와 질소

해설 질소는 불활성가스

해답 14. ③ 15. ④ 16. ③ 17. ③ 18. ④

문제 19

LPG 용기보관소 경계표지의 "연" 자 표시의 색상은?

① 흑색
② 적색
③ 황색
④ 흰색

해설 독, 연, 문자색은 적색으로 표기한다.

문제 20

내부반응 감시장치를 설치하여야 할 특수반응 설비에 해당하지 않는 것은?

① 암모니아 2차 개질로
② 수소화 분해반응기
③ 싸이크로헥산 제조시설의 벤젠 수첨 반응기
④ 산화에틸렌 제조시설의 아세틸렌 중합기

해설 산화에틸렌 제조시설의 에틸렌과 산소(공기)와의 반응기

문제 21

다음 중 허용 농도 1ppb에 해당하는 것은?

① $\dfrac{1}{10^3}$
② $\dfrac{1}{10^6}$
③ $\dfrac{1}{10^9}$
④ $\dfrac{1}{10^{10}}$

해설 PPM : 100만분의 1   PPb : 십억분의 1

문제 22

노출된 도시가스배관의 보호를 위한 안전조치 시 노출 해 있는 배관부분의 길이가 몇 m를 넘을 때 점검자가 통행이 가능한 점검통로를 설치하여야 하는가?

① 10
② 15
③ 20
④ 30

해설 시행규칙 시설 기술기준

문제 23

다음 중 가스에 대한 정의가 잘못된 것은?

① 압축가스란 일정한 압력에 의하여 압축되어 있는 가스를 말한다.
② 액화가스란 가압·냉각 등의 방법으로 의하여 액체상태로 되어 있는 것으로서 대기압에서의 비점이 40℃ 이하 또는 상용온도 이하인 것을 말한다.
③ 독성가스란 인체에 유해한 독성을 가진 가스로서 허용 농도가 100만분의 3000 이하인 것을 말한다.
④ 가연성가스란 공기 중에서 연소하는 가스로서 폭발한계의 하한이 10% 이하인 것과 폭발한계의 상한과 하한의 차가 20% 이상인 것을 말한다.

해답   19. ②   20. ④   21. ③   22. ②   23. ③

해설 독성가스 허용농도가 200PPM 이하인 가스

문제 24 다음 [보기]의 가스 중 독성이 강한 순서부터 바르게 나열된 것은?

[보기] ① H_2S ② CO   ③ Cl_2 ④ $COCl_2$

① ④ > ③ > ① > ②
② ③ > ④ > ② > ①
③ ④ > ② > ① > ③
④ ④ > ③ > ② > ①

해설 포스겐 : 0.1 염소 : 1 황화수소 : 10 일산화탄소 : 50

문제 25 정압기실 주위에는 경계책을 설치하여야 한다. 이 때 경계책을 설치한 것으로 보지 않는 경우는?

① 철근콘크리트로 지상에 설치된 정압기실
② 도로의 지하에 설치되어 사람과 차량의 통행에 영향을 주는 장소로서 경계책 설치가 부득이한 정압기실
③ 정압기가 건축물 안에 설치되어 있어 경계책을 설치할 수 있는 공간이 없는 정압기실
④ 매몰형정압기

해설 **매몰형 정압기** : 지상원통형 탱크를 흙과 모래로 덮은 탱크

문제 26 다음 중 지연성(조연성) 가스가 아닌 것은?

① 네온
② 염소
③ 이산화질소
④ 오존

해설 **네온** : 비활성, 불활성이다.

문제 27 내압시험압력 및 기밀시험압력의 기준이 되는 압력으로서 사용 상태에서 해당 설비 등의 각부에 작용하는 최고사용 압력을 의미하는 것은?

① 작용압력
② 상용압력
③ 사용압력
④ 설정압력

해설 최고사용압력 = 상용압력

24. ① 25. ④ 26. ① 27. ②

문제 28 공기 중에서의 폭발범위가 가장 넓은 가스는?
① 황화수소
② 암모니아
③ 산화에틸렌
④ 프로판

해설 아세틸렌 2.5~81 제일 크며 다음이 산화에틸렌 3~80

문제 29 방폭 전기기기의 구조별 표시방법 중 내압방폭구조의 표시방법은?
① d
② o
③ p
④ e

해설 내압방폭구조 : d 압력방폭구조 : p

문제 30 고정식 압축 천연가스 자동차 충전의 시설기준에서 저장 설비, 처리설비, 압축가스설비 및 충전설비는 인화성 물질 또는 가연성물질 저장소로부터 얼마 이상의 거리를 유지하여야 하는가?
① 5m
② 8m
③ 12m
④ 20m

해설 시설기준

문제 31 관 도중에 조리개(교축기구)를 넣어 조리개 전후의 차압을 이용하여 유량을 측정하는 계측기기는?
① 오벌식 유량계
② 오리피스 유량계
③ 막식 유량계
④ 터빈 유량계

해설 **차압식유량계** : 오리피스

문제 32 원통형의 관을 흐르는 물의 중심부의 유속을 피토관으로 측정하였더니 수주의 높이가 10m이었다. 이 때 유속은 약 몇 m/s 인가?
① 10
② 14
③ 20
④ 26

해설 $V = \sqrt{2 \times 9.8 \times 10} = 14$

28. ③ 29. ① 30. ② 31. ② 32. ②

문제 33 오르자트 가스분석기에는 수산화칼륨(KOH)용액이 들어 있는 흡수피펫이 내장되어 있는데 이것은 어떤 가스를 측정하기 위한 것인가?

① CO_2
② C_2H_6
③ O_2
④ CO

해설 CO_2는 흡수액 KOH용액

문제 34 개방형온수기에 반드시 부착하지 않아도 되는 안전 장치는?

① 소화안전장치
② 전도안전장치
③ 과열방지장치
④ 불완전연소방지장치 또는 산소결핍안전장치

해설 **전도안전장치** : 넘어지면 가스를 차단하는 장치

문제 35 고압가스설비에 설치하는 벤트스택과 플레어스택에 대한 설명으로 틀린 것은?

① 플레어스택에는 긴급이송설비로부터 이송되는 가스를 연소시켜 대기로 안전하게 방출시킬 수 있는 파이롯트 버너 또는 항상 작동할 수 있는 자동점화장치를 설치한다.
② 플레어스택의 설치위치 및 높이는 플레어스택 바로 밑의 지표면에 미치는 복사열이 $4000 kcal/m^2 \cdot h$ 이하가 되도록 한다.
③ 가연성가스의 긴급용 벤트스택의 높이는 착지농도가 폭발하한계값 미만이 되도록 충분한 높이로 한다.
④ 벤트스택은 가능한 공기보다 무거운 가스를 방출해야 한다.

해설 **밴드스택** : 생가스방출이므로 공기보다 가벼운 가스방출시주로 사용한다.

문제 36 정압기를 평가·선정할 경우 고려해야 할 특성이 아닌 것은?

① 정특성
② 동특성
③ 유량특성
④ 압력특성

해설 압력특성은 없는 용어

해답

33. ①   34. ②   35. ④   36. ④

문제 37 LPG의 연소방식이 아닌 것은?

① 적화식 ② 세미분젠식
③ 분젠식 ④ 원지식

해설 **원지식** : 제품 한 대로 한곳만 온수를 사용토록 한 설치방법
선지식 : 제품 한 대로 여러곳에서 온수를 사용토록 한 설치방법

문제 38 회전펌프의 특징에 대한 설명으로 틀린 것은?

① 토출압력이 높다.
② 연속토출되어 맥동이 많다.
③ 점성이 있는 액체에 성능이 좋다.
④ 왕복펌프와 같은 흡입·토출밸브가 없다.

해설 회전식은 맥동이 없다.

문제 39 오리피스 미터로 유량을 측정하는 것은 어떤 원리를 이용한 것인가?

① 베르누이의 정리 ② 페러데이의 법칙
③ 아르키메데스의 원리 ④ 돌턴의 법칙

해설 **베느루이정리** : 유체의 속도, 압력, 높이를 나타낸 것으로 차압식 유량계에 유도된다.

문제 40 저온장치에 사용되고 있는 단열법 중 단열을 하는 공간에 분말, 섬유 등의 단열재를 충전하는 방법으로 일반적으로 사용되는 단열법은?

① 상압의 단열법 ② 고진공 단열법
③ 다층 진공단열법 ④ 린데식 단열법

해설 진공으로 하지 않는 단열법은 상압단열병이다.

문제 41 펌프의 회전수를 1000rpm에서 1200rpm으로 변화시키면 동력은 약 몇 배가 되는가?

① 1.3 ② 1.5
③ 1.7 ④ 2.0

해설 동력은 회전수의 3승에 비례 $\left(\dfrac{1200}{1000}\right)^3 = 1.72$

해답 37. ④ 38. ② 39. ① 40. ① 41. ③

문제 42 극저온저장탱크의 액면측정에 사용되며 고압부와 저압부의 차압을 이용하는 액면계는?

① 초음파식액면계
② 크린카식액면계
③ 슬립튜브식액면계
④ 햄프슨식액면계

해설 초저온탱크 액면계 : 차압식(햄프슨식)

문제 43 스테판-볼쯔만의 법칙을 이용하여 측정 물체에서 방사되는 전방사 에너지를 렌즈 또는 반사경을 이용하여 온도를 측정하는 온도계는?

① 색 온도계
② 방사 온도계
③ 열전대 온도계
④ 광전관 온도계

해설 방사온도계 : 스테판-볼쯔만의 법칙
방사에너지는 절대온도 4승에 비례한다.

문제 44 압력변화에 의한 탄성변위를 이용한 탄성압력계에 해당되지 않는 것은?

① 플로트식 압력계
② 부르돈관식 압력계
③ 다이어프램식 압력계
④ 벨로우즈식 압력계

해설 플로트식 : 부력이용

문제 45 자동제어계의 제어동작에 의한 분류시 연속동작에 해당되지 않는 것은?

① ON-OFF 제어
② 비례동작
③ 적분동작
④ 미분동작

해설 온오프는 불연속동작이다.

문제 46 대기압이 1.0332kgf/cm²이고, 계기압력이 10kgf/cm² 일 때 절대압력은 약 몇 kgf/cm²인가?

① 8.9668
② 10.332
③ 11.0332
④ 103.32

해설 절대압력 = 게이지 + 대기압
10 + 1.033 = 11.033

42. ④ 43. ② 44. ① 45. ① 46. ③

문제 47 다음 중 가연성가스 취급장소에서 사용 가능한 방폭공구가 아닌 것은?

① 알루미늄 합금공구 ② 베릴륨 합금공구
③ 고무공구 ④ 나무공구

해설 알루미늄 공구는 안전공구가 아니다.

문제 48 일기예보에서 주로 사용하는 1헥토파스칼은 약 몇 N/m² 에 해당하는가?

① 1 ② 10
③ 100 ④ 1000

해설 $he = 10^2 \quad k = 10^3$

문제 49 다음 중 헨리법칙이 잘 적용되지 않는 가스는?

① 수소 ② 산소
③ 이산화탄소 ④ 암모니아

해설 **헨리의 법칙** : 용해도. 암모니아는 물에 다량 용해된다.

문제 50 다음 중 임계압력(atm)이 가장 높은 가스는?

① CO ② C_2H_4
③ HCN ④ Cl_2

해설 염소가 76.1atm으로 가장 높다.

문제 51 천연가스의 성질에 대한 설명으로 틀린 것은?

① 주성분은 메탄이다.
② 독성이 없고 정결한 가스이다.
③ 공기보다 무거워 누출시 바닥에 고인다.
④ 발열량은 약 9500~10500kcal/m³ 정도이다.

해설 **천연가스** : 메탄이 주성분이므로 공기보다 가볍다.

47. ① 48. ③ 49. ④ 50. ④ 51. ③

문제 52
액화석유가스에 대한 설명으로 틀린 것은?

① 프로판, 부탄을 주성분으로 한 가스를 액화한 것이다.
② 물에 잘 녹으며 유지류 또는 천연고무를 잘 용해시킨다.
③ 기체의 경우 공기보다 무거우나 액체의 경우 물보다 가볍다.
④ 상온, 상압에서 기체이나 가압이나 냉각을 통해 액화가 가능하다.

해설 물에 녹지 않으며 유지류는 용해하지 못한다.

문제 53
도시가스의 주성분인 메탄가스가 표준상태에서 $1m^3$ 연소하는데 필요한 산소량은 약 몇 m^3인가?

① 2
② 2.8
③ 8.89
④ 9.6

해설 $CH_4 + 2O_2 \rightarrow CO_2 + 2H_2O$
메탄 1몰 연소시 산소 2몰, 즉 두 배가 필요하다.

문제 54
"열은 스스로 다른 물체에 아무런 변화도 주지 않고 저온 물체에서 고온 물체로 이동하지 않는다" 라고 표현되는 법칙은?

① 열역학 제0법칙
② 열역학 제1법칙
③ 열역학 제2법칙
④ 열역학 제3법칙

해설 **열역학2법칙** : 열은 고온에서 저온으로 이동한다.

문제 55
공기액화분리장치의 폭발원인으로 볼 수 없는 것은?

① 공기취입구로부터 O_2 혼입
② 공기취입구로부터 C_2H_2 혼입
③ 액체 공기 중에 O_3 혼입
④ 공기 중에 있는 NO_2의 혼입

해설 산소는 공기의 주성분이다.

문제 56
질소의 용도가 아닌 것은?

① 비료에 이용
② 질산제조에 이용
③ 연료용에 이용
④ 냉매로 이용

해설 질소는 불연성이다.

52. ② 53. ① 54. ③ 55. ① 56. ③

문제 57 섭씨온도와 화씨온도가 같은 경우는?

① $-40℃$
② $32°F$
③ $273℃$
④ $45°F$

해설 -40일 때 섭씨, 화씨 온도가 일치한다.

문제 58 10Joule의 일의 양을 cal 단위로 나타내면?

① 0.39
② 1.39
③ 2.39
④ 3.39

해설 $1cal = 4.2J$, $1J = 0.239cal$
$10 \times 0.239 = 2.39$

문제 59 표준상태(0℃, 1기압)에서 프로판의 가스밀도는 약 몇 g/L인가?

① 1.52
② 1.97
③ 2.52
④ 2.97

해설 $\frac{44}{22.4} = 1.97[g/l\ kg/m^3]$

문제 60 공기비(m)가 클 경우 연소에 미치는 영향에 대한 설명으로 가장 거리가 먼 것은?

① 미연소에 의한 열손실이 증가한다.
② 연소가스 중에 SO_3의 양이 증대한다.
③ 연소가스 중에 NO_2의 발생이 심해진다.
④ 통풍력이 강하여 배기가스에 의한 열손실이 커진다.

해설 열손실은 발생된 열이 손실되는 것

57. ①   58. ③   59. ②   60. ①

단기완성
가스기능사 필기

기출문제
2021

2021년 2월 CBT 시행

문제 01 아세틸렌이 은, 수은과 반응하여 폭발성의 금속 아세틸라이드를 형성하여 폭발하는 형태는?

① 분해폭발　　　　　　② 화합폭발
③ 산화폭발　　　　　　④ 압력폭발

해설 은, 수은뿐만 아니라 동합금을 사용 못하는 이유가 아세틸라이드를 생성하여 화합폭발을 일으키기 때문이다.

문제 02 일반도시가스사업자 정압기 입구측의 압력이 0.6MPa일 경우 안전밸브 분출부의 크기는 얼마 이상으로 해야 하는가?

① 20A 이상　　　　　　② 30A 이상
③ 50A 이상　　　　　　④ 100A 이상

해설 입구압력 0.5MPa 이상시 50A 이상
입구압력이 0.5MPa 미만시는 설계유량에 따라
　① 설계유량이 1000Nm^3/h 이상시 50A 이상
　② 설계유량이 1000Nm^3/h 미만시 25A 이상

문제 03 독성가스 배관은 안전한 구조를 갖도록 하기 위해 2중관구조로 하여야 한다. 다음 가스 중 2중관으로 하지 않아도 되는 가스는?

① 암모니아　　　　　　② 염화메탄
③ 시안화수소　　　　　④ 에틸렌

해설 에틸렌은 독성이 없으므로 이중관대상이 아니다.

문제 04 다음 가스의 일반적인 성질에 대한 설명 중 틀린 것은?

① 염산(HCl)은 암모니아와 접촉하면 흰연기를 낸다.
② 시안화수소(HCN)는 복숭아 냄새가 나는 맹독성 기체이다.
③ 염소(Cl_2)는 황녹색의 자극성 냄새가 나는 맹독성 기체이다.
④ 수소(H_2)는 저온·저압하에서 탄소강과 반응하여 수소취성을 일으킨다.

해설 수소는 고온, 고압하에서 수소 취성을 일으킨다.

01. ② 02. ③ 03. ④ 04. ④

문제 05 C₂H₂ 제조설비에서 제조된 C₂H₂를 충전용기에 충전시 위험한 경우는?
① 아세틸렌이 접촉되는 설비부분에 동함량 72%의 동합금을 사용하였다.
② 충전 중의 압력을 2.5MPa 이하로 하였다.
③ 충전 후에 압력이 15℃에서 1.5MPa 이하로 될 때까지 정지하였다.
④ 충전용 지관은 탄소함유량 0.1% 이하의 강을 사용하였다.

해설 아세틸렌은 동 함유량이 62% 미만의 강을 사용해야 한다.(1번 해설 참고)

문제 06 고압가스 용기의 어깨부분에 "FP : 15MPa"라고 표기되어 있다. 이 의미를 옳게 설명한 것은?
① 사용압력이 15MPa이다.   ② 설계압력이 15MPa이다.
③ 내압시험압력이 15MPa이다.   ④ 최고충전압력이 15MPa이다.

해설 F.P : 최고충전 압력
    T.P : 내압시험 압력

문제 07 부탄의 위험도는 약 얼마인가? (단, 폭발범위는 1.9~8.5%이다.)
① 1.23   ② 2.27
③ 3.47   ④ 4.58

해설 위험도 = $\dfrac{\text{상한} - \text{하한}}{\text{하한}}$

$\dfrac{8.5 - 1.9}{1.9} = 3.47$

문제 08 다음 방류둑의 구조에 대한 설명으로 틀린 것은?
① 방류둑의 재료는 철근콘크리트, 철골·철근콘크리트, 흙 또는 이들을 조합하여 만든다.
② 철근 콘크리트는 수밀성 콘크리트를 사용한다.
③ 성토는 수평에 대하여 45℃ 이하의 기울기로 하여 다져 쌓는다.
④ 방류둑은 액밀하지 않은 것으로 한다.

해설 방류둑은 액이 스며들지 않는 액밀한 구조이어야 한다.

05. ① 06. ④ 07. ③ 08. ④

문제 09
초저온 용기에 대한 정의로 옳은 것은?
① 임계온도가 50℃ 이하인 액화가스를 충전하기 위한 용기
② 강판과 동판으로 제조된 용기
③ -50℃ 이하인 액화가스를 충전하기 위한 용기로서 용기내의 가스온도가 상용의 온도를 초과하지 않도록 한 용기
④ 단열재로 피복하여 용기내의 가스온도가 상용의 온도를 초과하도록 조치된 용기

해설 초저온은 -50℃ 이하이다.

문제 10
가스계량기와 전기개폐기와의 이격거리는 최소 얼마 이상이어야 하는가?
① 10cm   ② 15cm
③ 30cm   ④ 60cm

해설 가스계량기[미터]와 전기계량기, 전기개폐기와는 60cm 이상 유지

문제 11
고압가스안전관리법에 정하고 있는 저장능력 산정기준에 대한 설명으로 옳은 것은?
① 압축가스와 액화가스의 자장탱크 능력 산정식은 동일하다.
② 저장능력 합산시에는 액화가스 10kg을 압축가스 $10m^3$로 본다.
③ 저장탱크 및 용기가 배관으로 연결된 경우에는 각각의 저장능력을 합산한다.
④ 액화가스 용기 저장능력 산정식은 W=0.9dVz이다.

해설 저장능력은 전체합산능력이다.

문제 12
가연성 물질을 취급하는 설비는 그 외면으로부터 몇 m 이내에 온도상승방지 설비를 하여야 하는가?
① 10m   ② 15m
③ 20m   ④ 30m

해설 온도상승 방지조치는 설비와 20m이상 유지
방류둑을 설치한 탱크는 10m 이내

해답 09. ③ 10. ④ 11. ③ 12. ③

문제 13 포스겐의 취급 사항에 대한 설명 중 틀린 것은?
① 포스겐을 함유한 폐기액은 산성물질로 충분히 처리한 후 처분할 것
② 취급시에는 반드시 방독마스크를 착용할 것
③ 환기시설을 갖출 것
④ 누설시 용기부식의 원인이 되므로 약간의 누설에도 주의할 것

[해설] 포스겐은 산성이므로 염기성 물질로 중화처리해야 한다.

문제 14 압축, 액화 그 밖의 방법으로 처리할 수 있는 가스의 용적이 1일 100m³ 이상인 사업소에는 표준이 되는 압력계를 몇 개 이상 비치하여야 하는가?
① 1개
② 2개
③ 3개
④ 4개

[해설] 고압가스 시설기준

문제 15 액화석유가스를 저장하는 저장능력 10000리터의 저장탱크가 있다. 긴급차단장치를 조작할 수 있는 위치는 해당 저장탱크로부터 몇 미터 이상에서 조작할 수 있어야 하는가?
① 3m
② 4m
③ 5m
④ 6m

[해설] 긴급차단장치 조작위치는 5m 이상

문제 16 엘피지의 충전용기와 잔가스 용기의 보관장소는 얼마 이상의 간격을 두어 구분이 되도록 해야 하는가?
① 1.5m 이상
② 2m 이상
③ 2.5m 이상
④ 3m 이상

문제 17 가연성가스 제조시설의 고압가스설비(저장탱크 및 배관은 제외한다.)에는 그 외면으로부터 다른 가연성가스 제조시설의 고압가스설비와 몇 m 이상의 거리를 유지하여야 하는가?
① 2m
② 3m
③ 5m
④ 10m

[해설] 가연성 제조설비 사이는 5m 이상 유지

해답
13. ① 14. ② 15. ③ 16. ① 17. ③

문제 18 공기 중의 산소 농도나 분압이 높아지는 경우의 연소에 대한 설명으로 틀린 것은?
① 연소속도 증가
② 발화온도 상승
③ 점화 에너지의 감소
④ 화염온도의 상승

해설 발화온도는 감소한다.

문제 19 독성가스의 저장탱크에는 과충전 방지장치를 설치하도록 규정되어 있다. 저장탱크의 내용적이 몇 %를 초과하여 충전되는 것을 방지하기 위한 것인가?
① 80%
② 85%
③ 90%
④ 95%

해설 10%의 안전공간이 있어야 한다.

문제 20 고압가스안전관리법에서 규정한 특정고압가스에 해당하지 않는 것은?
① 삼불화질소
② 시불화규소
③ 수소
④ 오불화비소

해설 모법을 무시하고 시행령만 보고 출제한 잘못된 문제임. 답이 없음. 가답안은 ③

문제 21 사업자등은 그의 시설이나 제품과 관련하여 가스사고가 발생한 때에는 한국가스안전공사에 통보하여야 한다. 사고의 통보시에는 통보내용에 포함되어야 하는 사항으로 규정하고 있지 않은 사항은?
① 피해현황(인명 및 재산)
② 시설현황
③ 사고내용
④ 사고원인

해설 **통보내용에 포함되어야 할 사항** : 통보자의 소속 직위 성명 및 연락처, 사고발생 일시, 사고발생 장소, 사고내용, 시설현황, 피해현황(인명 및 재산)

문제 22 압축천연가스자동차 충전의 저장설비 및 완충탱크 안전장치의 방출관 시설기준으로 옳은 것은?
① 방출관은 지상으로부터 20m 이상의 높이 또는 저장탱크 및 완충탱크의 정상부로부터 10m의 높이 중 높은 위치로 한다.
② 방출관은 지상으로부터 15m 이상의 높이 또는 저장탱크 및 완충탱크의 정상부로부터 5m의 높이 중 높은 위치로 한다.
③ 방출관은 지상으로부터 10m 이상의 높이 또는 저장탱크 및 완충탱크의 정상부로부터 3m의 높이 중 높은 위치로 한다.
④ 방출관은 지상으로부터 5m 이상의 높이 또는 저장탱크 및 완충탱크의 정상부로부터 2m의 높이 중 높은 위치로 한다.

해답 18. ② 19. ③ 20. 답이 없음 21. ④ 22. ④

문제 23 염소의 재해 방지용으로 사용되는 제독제가 될 수 없는 것은?
① 소석회
② 탄산소다 수용액
③ 가성소다 수용액
④ 물

해설 염소는 수분존재시 염산을 생성하여 심한 부식을 일으킨다.

문제 24 가연성가스의 정지경보장치 중 반드시 방폭성능을 갖지 않아도 되는 가스는?
① 수소
② 일산화탄소
③ 암모니아
④ 아세틸렌

해설 암모니아, 브름화메탄은 방폭성능에서 제외된다.

문제 25 액화석유가스 자동차용기 충전소에 설치하는 충전기의 충전호스 기준에 대한 설명으로 틀린 것은?
① 충전호스에 과도한 인장력이 가해졌을 때 충전기와 가스주입기가 분리될 수 있는 안전장치를 설치한다.
② 충전호스에 부착하는 가스주입기는 원터치형으로 한다.
③ 자동차 제조공정 중에 설치된 충전호스에 부착하는 가스주입기는 원터치형으로 하지 않을 수 있다.
④ 자동차 제조공정 중에 설치된 충전호스의 길이는 5m 이상으로 할 수 있다.

해설 주입기는 원터치형이다.

문제 26 가스보일러 설치기준에 따라 반밀폐식 가스보일러의 공통 배기방식에 대한 기준으로 틀린 것은?
① 공동배기구의 정상부에서 최상층 보일러의 역풍방지장치 개구부 하단까지의 거리가 5m일 경우 공동배기구에 연결시킬 수 있다.
② 공도배기구 유효단면적 계산식($A=Q \times 0.6 \times K \times F+P$)에서 P는 배기통의 수평투영면적($mm^2$)을 의미한다.
③ 공동배기구는 굴곡 없이 수직으로 설치하여야 한다.
④ 공동배기구는 화재에 의한 피해확산 방지를 위하여 방화 댐퍼(Damper)를 설치하여야 한다.

해설 공동배기구 가로, 세로비는 1 : 1.4, 동일층에는 2대 이하로 하고 방화 댐퍼를 설치하지 않을 것

해답 23. ④ 24. ③ 25. ③ 26. ④

참고 fire damper(방화 댐퍼) : 덕트의 개구부에 설치되어 화재가 발생되면 개구부를 차단시켜 화염과 연기의 유입이나 확산을 방지하는 판막이

문제 27 염소(Cl_2)가스의 위험성에 대한 설명으로 틀린 것은?

① 독성가스이다.
② 무색이고 자극적인 냄새가 난다.
③ 수분존재시 금속에 강한 부식성을 갖는다.
④ 유기화합물과 반응하여 폭발적인 화합물을 형성한다.

해설 염소는 자극취가 나는 황록색 기체이다.

문제 28 플리어스택의 높이는 지표면에 미치는 복사열이 얼마 이하가 되도록 설치하여야 하는가?

① 1000kcal/m^2 · hr ② 2000kcal/m^2 · hr
③ 3000kcal/m^2 · hr ④ 4000kcal/m^2 · hr

문제 29 저장탱크의 지하설치기준에 대한 설명으로 틀린 것은?

① 천정, 벽 및 바닥의 두께가 각각 30cm 이상인 방수조치를 한 철근콘크리트로 만든 곳에 설치한다.
② 지면으로부터 저장탱크의 정상부까지의 길이는 1m 이상으로 한다.
③ 저장탱크에 설치한 안전밸브에는 지면에서 5m 이상의 높이에 방출구가 있는 가스방출관을 설치한다.
④ 저장탱크를 매설한 곳의 주위에는 지상에 경계표시를 설치한다.

해설 탱크 정상부와 높이는 60cm 이상

문제 30 다음 중 1종 보호시설이 아닌 것은?

① 대지면적이 2000제곱미터에 신축한 주택
② 국보 제1호인 숭례문
③ 시장에 있는 공중목욕탕
④ 건축연면적이 300제곱미터인 유아원

해설 1종시설 : 건물 연면적이 1000m^2 이상인 건물

해답 27. ② 28. ④ 29. ② 30. ①

문제 31 오리피스, 벤투리관 및 플로노즐에 의하여 유량을 구할 때 가장 관계가 있는 것은?

① 유로의 교축기구 전후의 압력차
② 유로의 교축기구 전후의 성상차
③ 유로의 교축기구 전후의 온도차
④ 유로의 교축기구 전후의 비중차

해설 차압식유량계는 교축기구 전후의 압력차로 유량을 구한다.
유량은 차압의 제곱근에 비례한다.

문제 32 촉매를 사용하여 사용온도 400~800℃에서 탄화수소와 수증기를 반응시켜 메탄, 수소, 일산화탄소, 이산화탄소로 변환하는 방법은?

① 열분해공정
② 접촉분해공정
③ 부분연소공정
④ 수소화분해공정

해설 열분해공정은 800℃~900℃   접촉본해공정은 400℃~800℃

문제 33 압축천연가스(CNG) 자동차 충전소에 설치하는 압축가스설비의 설계압력이 25MPa인 경우 압축가스설비에 설치하는 압력계의 법적 최대지시눈금은 최소 얼마 이상으로 하여야 하는가?

① 25.0MPa
② 27.5MPa
③ 37.5MPa
④ 50.0MPa

해설 최대눈금은 설계압력의 1.5배 이상
25×1.5=37.5

문제 34 고압식 공기액화 분리장치에서 구조상 없는 부분은?

① 아세틸렌 흡착기
② 열교환기
③ 수소액화기
④ 팽창기

해설 공기액화장치는 수소분리장치가 없다.

문제 35 다음 ( )안에 알맞은 말은?

도시가스용 압력조정기의 유량시험은 조절스프링을 고정하고 표시된 입구압력 범위 안에서 (①)을 통과시킬 경우 출구압력은 제조자가 제시한 설정압력의 ±(②)% 이내로 한다.

① ① 최대표시유량, ② 10
② ① 최대표시유량, ② 20
③ ① 최대출구유량, ② 10
④ ① 최대출구유량, ② 20

31. ① 32. ② 33. ③ 34. ③ 35. ②

해설 정압기출구 압력범위는 최대유량 통과시 ± 20% 이내 이어야 한다.

문제 36 압축기에서 다단압축을 하는 주된 목적은?
① 압축일과 체적효율 증가
② 압축일 증가와 체적효율 감소
③ 압축일 감소와 체적효율 증가
④ 압축일과 체적효율 감소

해설 **다단압축** : 모든 효율증가와 과열방지. 소비동력방지

문제 37 배관용밸브 제조자가 안전관리규정에 따라 자체검사를 적정하게 수행하기 위해 갖추어야 하는 계측기기에 해당하는 것은?
① 내전압시험기
② 토크메타
③ 대기압계
④ 표면온도계

해설 토크메타는 회전구동력을 측정하는 것

문제 38 강의 표면에 타금속을 침투시켜 표면을 경화시키고 내식성, 내산화성을 향상시키는 것을 금속침투법이라 한다. 그 종류에 해당되지 않는 것은?
① 세라다이징(Sheradizing)
② 칼로라이징(Calorizing)
③ 크로마이징(Chromizing)
④ 도우라이징(Dowrizing)

해설 ① 크로마이징 : Cr침투　② 세라다이징 : Zm침두
③ 칼로라이징 : Al침투　④ 세라라이징 : Si침투

문제 39 침종식 압력계에서 사용하는 측정원리(법칙)는 무엇인가?
① 아르키메데스의 원리
② 파스칼의 원리
③ 뉴턴의 법칙
④ 몰턴의 법칙

해설 **침종식** : 부유기구. 확대지시(아르키메데스 원리)

문제 40 액체질소 순도가 99.999%이면 불순물은 몇 ppm인가?
① 1
② 10
③ 100
④ 1000

해설 불순물이 0.001%는 백만분의 10, 1ppm은 백만분의 1

36. ③　37. ②　38. ④　39. ①　40. ②

문제 41
다음 중 일체형 냉동기로 볼 수 없는 것은?

① 냉매설비 및 압축용 원동기가 하나의 프레임 위에 일체로 조립된 것
② 냉동설비를 사용할 때 스톱밸브 조작이 필요한 것
③ 응축기 유니트와 증발기 유니트가 냉매배관으로 연결된 것으로서 1일 냉동능력이 20톤 미만인 공조용 패키지 에어콘
④ 사용 장소에 분할·반입하는 경우에 냉매설비에 용접 또는 절단을 수반하는 공사를 하지 아니하고 재조립하여 냉동제조용으로 사용할 수 있는 것

해설 일체형은 전체가 연결되어 있다.

참고 일체형 냉동기 : 냉동설비를 사용할 때 스톱밸브 조작이 필요 없는 것. 냉동설비의 수리 등을 하는 경우에 냉매설비 부품의 종류, 설치개수, 부착위치 및 외형치수와 압축기용 원동기의 정격출력 등이 제조시와 동일하도록 설계, 수리될 수 있는 것.

문제 42
고온·고압의 가스 배관에 주로 쓰이며 분해, 보수 등이 용이하나 매설배관에는 부적당한 접합방법은?

① 플랜지 접합
② 나사 접합
③ 차임 접합
④ 용접 접합

해설 플랜지는 가스켓을 끼우고 볼트로 조립

문제 43
공기액화분리장치에 들어가는 공기 중에 아세틸렌가스가 혼입되면 안되는 주된 이유는?

① 질소와 산소의 분리에 방해가 되므로
② 산소의 순도가 나빠지기 때문에
③ 분리기내의 액체산소의 탱크 내에 들어가 폭발하기 때문에
④ 배관내에서 동결되어 막히므로

해설 액화산소 $5l$ 중 아세틸렌 5mg 초과 금지

문제 44
기어펌프로 10kg 용기에 LP가스를 충전하던 중 베이퍼록이 발생되었다면 그 원인으로 틀린 것은?

① 저장탱크의 긴급차단 밸브가 충분히 열려 있지 않았다.
② 스트레이너에 녹, 먼지가 끼었다.
③ 펌프의 회전수가 적었다.
④ 흡입측 배관의 지름이 가늘었다.

해설 유속이 클 때 베이퍼록이 발생한다.

41. ②　42. ①　43. ③　44. ③

문제 45 수소취성을 방지하기 위하여 첨가되는 원소가 아닌 것은?
① Mo
② W
③ Ti
④ Mn

해설 **내수소성** : Cr, Al, V, W, Ti, Mo 등이다.

문제 46 다음 온도의 환산식 중 틀린 것은?
① °F = 1.8℃ + 32
② ℃ = $\frac{5}{9}$(°F − 32)
③ °R = 460 + °F
④ °R = $\frac{5}{9}$K

해설 °R = 1.8 × °K

문제 47 다음 중 NH₃의 용도가 아닌 것은?
① 요소 제조
② 질산 제조
③ 유안 제조
④ 포스겐 제조

해설 포스겐원료는 CO와 Cl₂이다.

문제 48 기체상태의 가스를 액화시킬 수 있는 최고의 온도를 무엇이라고 하는가?
① 화씨온도
② 절대온도
③ 임계온도
④ 액화온도

해설 **임계온도** : 기체를 액화시킬수 있는 최고온도

문제 49 NG(천연가스), LPG(액화석유가스), LNG(액화천연가스) 등 기체연료의 특징에 대한 설명으로 틀린 것은?
① 공해가 거의 없다.
② 적은 공기비로 완전 연소한다.
③ 연소효율이 높다.
④ 저장이나 수송이 용이하다.

해설 액화천연가스 저장상태는 초저온이다.

문제 50 다음 중 부취제의 토양투과성의 크기가 순서대로 된 것은?
① DMS > TBM > THT
② CMS > THT > TBM
③ TGM > DMS > THT
④ THT > TBM > DMS

해답 45. ④ 46. ④ 47. ④ 48. ③ 49. ④ 50. ①

문제 51 도시가스의 유해성분 · 열량 · 압력 및 연소성 측정에 관한 설명으로 틀린 것은?

① 매일 2회 도시가스 제조소의 출구에서 자동열량측정기로 열량을 측정한다.
② 정압기 출 구 및 가스공급시설 끝부분의 배관(일반가정의 취사용)에서 측정한 가스압력은 0.5kPa 이상 1.5kPa 이내를 유지한다.
③ 도시가스 원료가 LNG 및 LPG+Air가 아닌 경우 황전량, 황화수소 및 암모니아 등 유해성분 측정을 매주 1회 검사한다.
④ 도시가스 성분 중 유해성분의 양은 0℃, 101,325Pa에서 건조한 도시가스 1m³당 황전량은 0.5g, 황화수소는 0.02g, 암모니아는 0.2g을 초과하지 못한다.

해설 정압기 출구압력은 0.1~2.5kPa 이내

문제 52 표준상태에서 프로판 22g을 완전연소시켰을 때 멀어지는 이산화탄소의 부피는 몇 L인가?

① 23.6   ② 33.6
③ 35.6   ④ 67.6

해설 $C_3H_8 + 5O_2 \rightarrow 3CO_2 + 4H_2O$
44g   3×22.4=67.2
44 : 67.2 = 22 : x
∴ x = 33.6

문제 53 다음 압력에 대한 설명으로 옳은 것은?

① 공기가 누르는 대기 압력은 지역이나 기후 조건에 관계 없이 일정하다.
② 고압가스 용기 내벽에 가해지는 기체의 압력은 절대 압력을 나타낸다.
③ 지구 표면에서 거리가 멀어질수록 공기가 누르는 힘은 커진다.
④ 표준기압보다 낮은 압력을 진공 압력이라 하며 진공도로 표시할 수 있다.

해설 진공압력 = 대기압보다 낮은 압력

문제 54 가연성가스이면서 독성가스인 것은?

① 일산화탄소   ② 프로판
③ 메탄   ④ 불소

해설 CO : 독성, 가연성이다.

해답 51. ② 52. ③ 53. ④ 54. ①

문제 55
가스의 정상연소 속도를 가장 옳게 나타낸 것은?
① 0.03~10m/s
② 30~100m/s
③ 350~500m/s
④ 1000~3500m/s

해설 폭굉시는 1000~3500m/sec

문제 56
암모니아 가스를 저장하는 용기에 대한 설명으로 틀린 것은?
① 용접용기로 재질은 탄소강으로 한다.
② 정지경보장치는 방폭성능을 가지지 않아도 된다.
③ 충전구의 나사형식은 왼나사로 한다.
④ 용기의 바탕색은 백색으로 한다.

해설 암모니아는 왼나사에서 제외된다.

문제 57
고온, 고압에서 질화작용과 수소취화 작용이 일어나는 가스는?
① NH_3
② SO_2
③ Cl_2
④ C_2H_2

해설 암모니아는 질소와 수소의 화합물

문제 58
메탄의 성질에 대한 설명으로 틀린 것은?
① 무색, 무취의 기체이다.
② 파란색 불꽃을 내며 탄다.
③ 공기 및 산소와의 혼합물에 불을 붙이면 폭발한다.
④ 불안정하여 격렬히 반응한다.

해설 메탄 : 안전된 화합물

문제 59
아세틸렌 중의 수분을 제거하는 건조제로 주로 사용되는 것은?
① 염화칼슘
② 사염화탄소
③ 진한 황산
④ 활성알루미나

해설 고압건조기, 저압건조기 내부에 염화칼슘충전

문제 60 1Pa는 몇 N/m²인가?

① 1
② 10^2
③ 10^3
④ 10^4

해설 $1Pa = 1N/m^2$

60. ①

2021년 4월 CBT 시행

문제 01 아세틸렌의 주된 연소 형식은?

① 확산연소
② 증발연소
③ 분해연소
④ 표면연소

해설 아세틸렌은 기체연료이므로 확산연소이다.

문제 02 독성가스 제조시설 식별표지의 글시 색상은? (단, 가스의 명칭은 제외한다.)

① 백색
② 적색
③ 황색
④ 흑색

해설 문자 : 흑색 가스명칭 : 적색

문제 03 운전 중의 제조설비에 대한 일일점검 항목이 아닌 것은?

① 회전기계의 진동, 이상음, 이상온도상승
② 인터록의 작동
③ 가스설비로부터의 누출
④ 가스설비의 조업조건의 변동상황

해설 인터록 설비는 정기검사시 점검한다.

문제 04 다음 중 상온에서 압축시 액화되지 않는 가스는?

① 염소
② 부탄
③ 메탄
④ 프로판

해설 메탄은 임계온도 −82.1℃이므로, 상온에서는 액화되지 않는다.

문제 05 처리능력이라 함은 처리설비 또는 감압설비에 의하여 며칠에 처리할 수 있는 가스량을 말하는가?

① 1일
② 3일
③ 5일
④ 7일

해설 처리능력 : 1일(24시간)에 처리할 수 있는 능력

해답 01. ① 02. ④ 03. ② 04. ③ 05. ①

문제 06
배관 내의 상용압력이 4MPa인 도시가스 배관의 압력이 상승하여 경보장치의 경보가 울리기 시작하는 압력은?

① 4MPa 초과시   ② 4.2MPa 초과시
③ 5MPa 초과시   ④ 5.2MPa 초과시

해설: 경보장치는 상용압력의 1.05배
4MPa 이상인 경우는 상용압력에 0.2MPa를 더한 압력

문제 07
액화가스 충전시설의 정전기 제거조치의 기준으로 옳은 것은?

① 탑류, 저장탱크, 열교환기 등은 단독으로 되어 있도록 한다.
② 밴트스택은 본딩용 접속으로 접속하여 공동접지한다.
③ 접지저항의 총합은 200오옴 이하로 한다.
④ 본딩용 접속선의 단면적은 3mm^2 이상의 것을 사용한다.

해설: 특정설비는 단독으로 설치해야 한다.

문제 08
용기에 충전하는 시안화수소의 순도는 몇 % 이상으로 규정되어 있는가?

① 90   ② 95
③ 98   ④ 99.5

문제 09
내용적이 300L인 용기에 액화암모니아를 저장하려고 한다. 이 저장설비의 저장능력은 얼마인가? (단, 액화암모니아의 충전정수는 1.86이다.)

① 161kg   ② 232kg
③ 279kg   ④ 558kg

해설: $\dfrac{300}{1.86} = 161$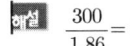

문제 10
LPG 용기 충전시설에 설치되는 긴급차단장치에 대한 기준으로 틀린 것은?

① 저장탱크 외면에서 5m 이상 떨어진 위치에서 조작하는 장치를 설치한다.
② 기상 가스배관 중 송출배관에는 반드시 설치한다.
③ 액상의 가스를 이입하기 위한 배관에는 역류방지밸브로 갈음할 수 있다.
④ 소형 저장탱크에는 의무적으로 설치할 필요가 없다.

해설: 긴급차단장치는 액체 이입상배관에 설치한다.

06. ②　07. ①　08. ③　09. ①　10. ②

문제 11 에어졸 제조시설에는 온수시험탱크를 갖추어야 한다. 에어졸 충전용기의 가스 누출시험 온수온도의 범위는?

① 26℃ 이상 30℃ 미만
② 36℃ 이상 40℃ 미만
③ 46℃ 이상 50℃ 미만
④ 56℃ 이상 60℃ 미만

해설 온수시험탱크수온 46-50℃

문제 12 다음 가스 중 위험도가 가장 큰 것은?

① 프로판
② 일산화탄소
③ 아세틸렌
④ 암모니아

해설 위험도 = $\dfrac{\text{상한} - \text{하한}}{\text{하한}} = \dfrac{81-2.5}{2.5} = 31.4$
C_2H_2이 가장 크다.

문제 13 어떤 고압설비의 상용압력이 1.6MPa일 때 이 설비의 내압시험 압력은 몇 MPa 이상으로 실시하여야 하는가?

① 1.6
② 2.0
③ 2.4
④ 2.7

해설 내압시험 = 상용압력 × 1.5
1.6 × 1.5 = 2.4

문제 14 다음 중 연소의 3요소에 해당되는 것은?

① 공기, 산소공급원, 열
② 가연물, 연료, 빛
③ 가연물, 산소공급원, 공기
④ 가연물, 공기, 점화원

해설 연소 = 가연성 + 지연성 + 점화원

문제 15 도시가스 배관의 굴착공사 작업에 대한 설명 중 틀린 것은?

① 가스 배관과 수평거리 1m 이내에서는 파일박기를 하지 아니한다.
② 항타기는 가스배관과 수평거리가 2m 이상 되는 곳에 설치한다.
③ 가스배관의 주위를 굴착하고자 할 때에는 가스배관의 좌우 1m 이내의 부분은 인력으로 굴착한다.
④ 줄파기 1일 시공량 결정은 시공속도가 가장 느린 천공작업에 맞추어 결정한다.

해설 30cm 이내에는 파일박기를 하지 말 것

11. ③ 12. ③ 13. ③ 14. ④ 15. ①

문제 16 다음 독성가스 중 제독제로 물을 사용할 수 없는 것은?
① 암모니아
② 아황산가스
③ 염화메탄
④ 황화수소

문제 17 인체용 에어졸 제품의 용기에 기재할 사항으로 틀린 것은?
① 특정부위에 계속하여 장시간 사용하지 말 것
② 가능한 한 인체에서 10cm 이상 떨어져서 사용할 것
③ 온도가 40℃ 이상 되는 장소에 보관하지 말 것
④ 불 속에 버리지 말 것

해설 인체에서 20cm 이상 떨어져서 사용할 것.

문제 18 차량이 통행하기 곤란한 지역의 경우 액화석유가스 충전용기를 오토바이에 적재하여 운반할 수 있다. 다음 중 오토바이에 적재하여 운반할 수 있는 충전용기 기준에 적합한 것은?
① 충전량이 10kg인 충전용기 - 적재 충전용기 2개
② 충전량이 13kg인 충전용기 - 적재 충전용기 3개
③ 충전량이 20kg인 충전용기 - 적재 충전용기 3개
④ 충전량이 20kg인 충전용기 - 적재 충전용기 4개

해설 10kg미만 LPG용기는 1단으로 쌓을 것

문제 19 도시가스에 대한 설명 중 틀린 것은?
① 국내에서 공급하는 대부분의 도시가스는 메탄을 주성분으로 하는 천연가스이다.
② 도시가스는 주로 배관을 통하여 수요가에게 공급된다.
③ 도시가스의 원료로 LPG를 사용할 수 있다.
④ 도시가스는 공기와 혼합만 되면 폭발한다.

해설 폭발범위 내에서만 연소한다.

16. ④ 17. ② 18. ① 19. ④

문제 20 일반도시가스 공급시설의 시설기준으로 틀린 것은?

① 가스공급 시설을 설치한 곳에는 누출된 가스가 머물지 아니하도록 환기설비를 설치한다.
② 공동구 안에는 환기장치를 설치하며 전기설비가 있는 공동구에는 그 전기설비를 방폭구조로 한다.
③ 저장탱크의 안전장치인 안전밸브나 파열판에는 가스 방출관을 설치한다.
④ 저장탱크의 안전밸브는 다이어프램식 안전밸브로 한다.

해설 스프링식 안전밸브를 사용해야 한다.

문제 21 다음 중 냄새로 누출여부를 쉽게 알 수 있는 가스는?

① 질소, 이산화탄소
② 일산화탄소, 아르곤
③ 염소, 암모니아
④ 에탄, 부탄

해설 염소, 암모니아는 자극취가 있다.

문제 22 고압가스용 재충전금지 용기는 안전성 및 호환성을 확보하기 위하여 일정 치수를 갖는 것으로 하여야 한다. 이에 대한 설명 중 틀린 것은?

① 납붙임 부분은 용기 몸체 두께의 4배 이상의 길이로 한다.
② 최고충전압력(MPa)의 수치와 내용적(L)의 수치와의 곱이 100 이하로 한다.
③ 최고충전압력이 35.5MPa 이하이고 내용적이 20리터 이하로 한다.
④ 최고충전압력이 3.5MPa 이상인 경우에는 내용적이 5리터 이하로 한다.

해설 최고충전압력 22.5MPa 이하, 내용적 25리터 이하일 때 적용

문제 23 도시가스의 배관에 표시하여야 할 사항이 아닌 것은?

① 사용가스명
② 최고사용압력
③ 가스의 흐름방향
④ 가스공급자명

해답 20. ④ 21. ③ 22. ③ 23. ④

문제 24 흡수식 냉동설비의 냉동능력 정의로 올바른 것은?

① 발생기를 가열하는 1시간의 입열량 3천 320kcal를 1일의 냉동능력 1톤으로 본다.
② 발생기를 가열하는 1시간의 입열량 6천 640kcal를 1일의 냉동능력 1톤으로 본다.
③ 발생기를 가열하는 24시간의 입열량 3천 320kcal를 1일의 냉동능력 1톤으로 본다.
④ 발생기를 가열하는 24시간의 입열량 6천 640kcal를 1일의 냉동능력 1톤으로 본다.

해설 흡수식은 발생기 입열량 6640kcal가 1RT

문제 25 고압가스 일반제조시설에서 아세틸렌가스를 용기에 충전하는 경우에 방호벽을 설치하지 않아도 되는 곳은?

① 압축기의 유분리기와 고압건조기 사이
② 압축기와 아세틸렌가스 충전장소 사이
③ 압축기와 아세틸렌가스 충전용기 보관장소 사이
④ 충전장소와 아세틸렌 충전용주관밸브 조작밸브 사이

해설 아세틸렌 유분리기와 고압건조기 사이에는 역류방지밸브를 설치한다.

문제 26 습식아세틸렌발생기의 표면온도는 몇 ℃ 이하를 유지하여야 하는가?

① 70 ② 90
③ 100 ④ 110

문제 27 운전 중인 액화석유가스 충전설비의 작동상황에 대하여 주기적으로 점검하여야 한다. 점검 주기는?

① 1일에 1회 이상 ② 1주일에 1회 이상
③ 3월에 1회 이상 ④ 6월에 1회 이상

문제 28 독성가스의 제독작업에 필요한 보호구 장착훈련의 주기는?

① 1개월마다 1회 이상 ② 2개월마다 1회 이상
③ 3개월마다 1회 이상 ④ 6개월마다 1회 이상

24. ② 25. ① 26. ① 27. ① 28. ③

문제 29

특정설비 재검사 면제대상이 아닌 것은?

① 차량에 고정된 탱크
② 초저온 압력용기
③ 역화방지장치
④ 독성가스배관용 밸브

해설 차량고정탱크는 정기적 검사를 받아야 한다.

문제 30

내용적 1L 이하의 일회용 용기로서 라이터충전용, 연료가스용 등으로 사용하는 용기는?

① 용접용기
② 이음매 없는 용기
③ 접합 또는 납붙임용기
④ 융착용기

해설 1회용 부탄용기는 접합 또는 납붙임용기이다.

문제 31

가연성가스의 제조설비 내에 설치하는 전기기기에 대한 설명으로 옳은 것은?

① 1종 장소에는 원칙적으로 전기설비를 설치해서는 안된다.
② 안전증 방폭구조는 전기기기의 불꽃이나 아크를 발생하여 착화원이 될 염려가 있는 부분을 기름 속에 넣은 것이다.
③ 2종 장소는 정상의 상태에서 폭발성 분위기가 연속하여 또는 장시간 생성되는 장소를 말한다.
④ 가연성가스가 존재할 수 있는 위험장소는 1종 장소, 2종 장소 및 0종 장소로 분류하고 위험장소에서는 방폭형 전기기기를 설치하여야 한다.

해설 **위험장소** : 0종, 1종, 2종으로 구분한다.

문제 32

발연황산시약을 사용한 오르자트법 또는 브롬시약을 사용한 뷰렛법에 의한 시험에서 순도가 98% 이상이고, 질산은 시약을 사용한 정성시험에서 합격한 것을 품질검사기준으로 하는 가스는?

① 시안화수소
② 산화에틸렌
③ 아세틸렌
④ 산소

해설 C_2H_2 순도는 98% 이상이어야 한다.

29. ①　30. ③　31. ④　32. ③

문제 33
진탕형 오토클레이브의 특징이 아닌 것은?
① 가스 누출의 가능성이 없다.
② 고압력에 사용할 수 있고 반응물의 오손이 없다.
③ 뚜껑판에 뚫어진 구멍에 촉매가 끼여 들어갈 염려가 있다.
④ 교반효과가 뛰어나며 교반형에 비하여 효과가 크다.

해설 진탕형보다 교반형이 효과가 크다.

문제 34
압축기에서 두압이란?
① 흡입 압력이다.
② 증발기내의 압력이다.
③ 크랭크 케이스내의 압력이다.
④ 피스톤 상부의 압력이다.

해설 두압 : 피스톤 상부압력

문제 35
저장탱크 및 가스홀더는 가스가 누출되지 않는 구조로하고 얼마 이상의 가스를 저장하는 것에는 가스방출장치를 설치하는가?
① $1m^3$
② $3m^3$
③ $5m^3$
④ $10m^3$

해설 가스방출장치대상 : $5000l$. 즉 $5m^3$ 이상 탱크 및 홀더

문제 36
탱크로리 충전작업 중 작업을 중단해야 하는 경우가 아닌 것은?
① 탱크 상부로 충전 시
② 과 충전시
③ 가스 누출 시
④ 안전밸브 작동 시

문제 37
다음 [그림]은 무슨 공기 액화장치인가?
① 클라우드식 액화장치
② 린데식 액화장치
③ 캐피자식 액화장치
④ 필립스식 액화장치

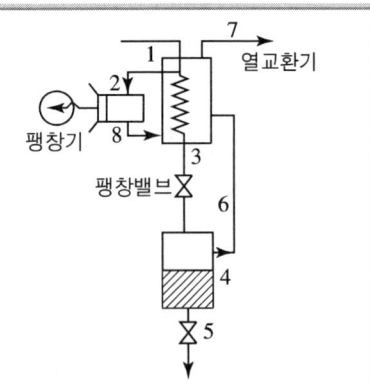

해설 팽창기가 없는 형식은 린데스식

33. ④ 34. ④ 35. ③ 36. ① 37. ①

문제 38 암모니아용 부르돈관 압력계의 재질로서 가장 적당한 것은?

① 황동
② Al강
③ 청동
④ 연강

해설 암모니아는 동이나 동합금을 사용할수 없다.

문제 39 증기 압축식 냉동기에서 냉매가 순환되는 경로로 옳은 것은?

① 압축기 → 증발기 → 응축기 → 팽창밸브
② 증발기 → 응축기 → 압축기 → 팽창밸브
③ 증발기 → 팽창밸브 → 응축기 → 압축기
④ 압축기 → 응축기 → 팽창밸브 → 증발기

해설 **냉동사이클** : 압축-응축-팽창-증발

문제 40 도시가스배관의 접합방법 중 강관의 접합방법으로 사용하지 않는 것은?

① 나사접합
② 용접접합
③ 플렌지접합
④ 압축접합

해설 강관의 압축접합법은 없다.

문제 41 터보식 펌프로서 비교적 저양정에 적합하며, 효율 변화가 비교적 급한 펌프는?

① 원심 펌프
② 축류 펌프
③ 왕복 펌프
④ 베인 펌프

해설 원심식(고양정), 사류식(중양정), 축류식(저양정)

문제 42 연료의 배기가스를 화학적으로 액속에 흡수시켜 그 용량의 감소로 가스의 농도를 분석하며 3개의 피펫과 1개의 뷰렛, 2개의 수준병으로 구성된 가스분석 방법은?

① 헴펠(Hempel)법
② 오르자트(Orsat)법
③ 게겔(Gockel)법
④ 직접법(Iodimetry)

해설 **오르자트(흡수식)법** : CO_2-O_2-CO

해답 38. ④ 39. ④ 40. ④ 41. ② 42. ②

문제 43 차압식 유량계의 계측 원리는?
① 베르누이의 정리를 이용
② 피스톤의 회전을 적산
③ 전열선의 저항값을 이용
④ 전자유도법칙을 이용

해설 **차압식유량계** : 유량은 차압의 제곱근에 비례한다. - 베르누이정리

문제 44 온도계의 선정방법에 대한 설명 중 틀린 것은?
① 지시 및 기록 등을 쉽게 행할 수 있을 것
② 견고하고 내구성이 있을 것
③ 취급하기가 쉽고 측정하기 간편할 것
④ 피측 온체의 화학반응 등으로 온도계에 영향이 있을 것

문제 45 아세틸렌 용기에 충전하는 다공성 물질이 아닌 것은?
① 석면
② 목탄
③ 폴리에틸렌
④ 다공성 플라스틱

해설 **다공물질** : 숯, 석면, 목탄, 다공성 플라스틱 등

문제 46 다음 중 압력 환산 값을 서로 옳게 나타낸 것은?
① $1lb/ft^2 ≒ 0.142kg/cm^2$
② $1kg/cm^2 ≒ 13.7lb/in^2$
③ $1atm ≒ 1033g/cm^2$
④ $76cmHg ≒ 1013dyne/cm^2$

해설 $1atm - 1.033kg/cm^2 - 1033g/cm^2$

문제 47 고압가스안전관리법령에 따라 "상용의 온도에서 압력이 1MPa 이상이 되는 압축가스로서 실제로 그 압력이 1MPa 이상이 되는 경우에는 고압가스에 해당한다." 여기에서 압력은 어떠한 압력을 말하는가?
① 대기압
② 게이지압력
③ 절대압력
④ 진공압력

해설 고·중·저압의 구분값은 게이지압력이다.

43. ①　44. ④　45. ③　46. ③　47. ②

문제 48 다음 중 유해한 유황 화합물 제거방법에서 건식법에 속하지 않는 것은?

① 활성탄 흡착법
② 산화철 접촉법
③ 몰리큘러시이브 흡착법
④ 시이볼트법

해설 몰리큘러서브, 활성탄, 산화철 등은 건식흡착법이다.

문제 49 표준 대기압에서 물의 동결(凍結) 온도로서 값이 틀린 하나는?

① 0°F
② 0℃
③ 273K
④ 492°R

해설 0℃ – 32°F

문제 50 포스겐에 대한 설명으로 옳은 것은?

① 순수한 것은 무색, 무취의 기체이다.
② 수산화나트륨에 빨리 흡수된다.
③ 폭발성과 인화성이 크다.
④ 화학식은 COCl 이다.

해설 포스겐($COCl_2$)
① 수산화나트륨(NaOH)에 빨리 흡수되어 탄산나트륨이 생성된다.
② 자극성 냄새가 난다.

문제 51 어떤 액체의 비중이 13.6이다. 액체 표면에서 수직으로 15m 깊이에서의 압력은?

① $2.04 kg/cm^2$
② $20.4 kg/cm^2$
③ $2.04 kg/m^2$
④ $20.4 kg/mm^2$

해설 ① 압력 : $P[kg/m^2][N/m^2]$ ② 비중량 : $r[kg/m^3][N/m^3]$
③ 물의 비중 : 1 ④ 수두 : $h[m]$
⑤ $P = \gamma h = \gamma o + w \times S \times h = 1000 kg/m^3 \times 13.6 \times 15m = 204000 kg/m^2$
⑥ $1m^2 = 10^4 cm^2$, $\frac{204000}{10000} = 20.4 kg/cm^2$

문제 52 아세틸렌의 성질에 대한 설명으로 옳은 것은?

① 분해 폭발성이 있는 가스이므로 단독으로 가압하여 충전할 수 없다.
② 염소와 반응하여 염화비닐을 만든다.
③ 염화수소와 반응하여 사염화에탄이 생성된다.
④ 융점은 약 82℃ 정도이다.

해답 48. ④ 49. ① 50. ② 51. ② 52. ①

해설 C_2H_2는 분해폭발을 방지하기위해 희석제를 첨가해야 한다.

문제 53 다음 중 냉매로 사용되며 무독성인 기체는?
① CCl_2F_2
② NH_3
③ CO
④ SO_2

해설 Cl_2F_2-후레온12(가정용 냉장고 냉매)

문제 54 에틸렌 제조의 원료로 사용되지 않는 것은?
① 나프타
② 에탄올
③ 프로판
④ 염화메탄

해설 에틸렌은 포화탄화수소를 분리해서 얻는다.

문제 55 공기 중 함유량이 큰 것부터 차례로 나열된 것은?
① 네온>아르곤>헬륨
② 네온>헬륨>아르곤
③ 아르곤>네온>헬륨
④ 아르곤>헬륨>네온

해설 희가스 중 알곤의 함유량이 제일 크다.

문제 56 가열로에서 20℃ 물 1000kg을 80℃ 온수로 만들려고 한다. 프로판 가스는 약 몇 kg이 필요한가? (단, 가열로의 열효율은 90%이며, 프로판가스의 열량은 12000kcal/kg이다.)
① 4.6
② 5.6
③ 6.6
④ 7.6

해설 $\dfrac{1000 \times (80-20)}{12000 \times 0.9} = 5.6$

문제 57 "기체 혼합물의 전 부피는 동일 온도 및 압력하에서 각 성분 기체의 부분부피의 합과 같다."는 혼합기체의 법칙은?
① Amagat의 법칙
② Boyle의 법칙
③ Charles의 법칙
④ Dalton의 법칙

해설 돌턴의 분압법칙과 아마겟의 분용법칙(부분부피법칙)이 있다.

해답 53. ① 54. ④ 55. ③ 56. ② 57. ①

문제 58 수소와 산소의 비가 얼마일 때 폭명기라고 하는가?

① 2 : 1
② 1 : 1
③ 1 : 2
④ 3 : 2

해설 $H_2 + O \rightarrow H_2O$
    2 : 1 $\rightarrow$ 2

문제 59 다음 ( )안의 ①~②에 각각 알맞은 것은?

천연가스의 주성분인 메탄(CH_4)은 1kg당 0℃ 1기압에서 기체상태로 1.4m³이며 이것을 (①)℃, 1기압으로 액화하면 체적이 0.0024m³으로 되어 약 (②)로 줄어든다.

① ① -42.1 ② 1/600
② ① -162 ② 1/250
③ ① -162 ② 1/600
④ ① -62 ② 1/250

해설 메탄비점 : -162℃
기체 : $\frac{22.4}{16} = 1.4$m³/kg, 액화시 부피 $\frac{1}{600}$

문제 60 고체연료인 석탄의 공업분석 항목으로 옳은 것은?

① 탄소
② 회분
③ 수소
④ 질소

해설 **공업분석** : 회분, 수분, 휘발분 등

해답 58. ① 59. ③ 60. ②

2021년 6월 CBT 시행

문제 01 액화석유가스 사용시설에서 저장능력이 2톤인 경우 저장설비가 화기 취급장소와 유지하여야 하는 우회거리는 얼마이상이어야 하는가?
① 2m
② 3m
③ 5m
④ 8m

문제 02 고압가스 운반책임자를 꼭 동승하여야 하는 경우로서 틀린 것은?
① 압축가스인 수소 500m^{3}를 적재하여 운반할 경우
② 압축가스인 산소 800m^{3}를 적재하여 운반할 경우
③ 액화석유가스를 충전한 납붙임용기 1,000kg을 적재하여 운반하는 경우
④ 액화천연가스를 충전한 탱크로리로서 3,000kg을 적재하여 운반하는 경우

해설 운반책임자 동승기준
① 압축가스인 수소인 경우 300m^3 이상 시
② 압축가스인 산소인 경우 600m^3 이상 시
③ 액화석유가스를 충전한 납붙임용기 2,000kg을 적재하여 운반하는 경우
④ 액화천연가스를 충전한 탱크로리로서 3,000kg을 적재하여 운반하는 경우

문제 03 고압가스 충전용기의 운반 기준으로 틀린 것은?
① 충전용기를 차량에 적재하여 운반할 때는 붉은 글씨로 "위험고압가스"라는 경계표시를 할 것
② 운반 중의 충전용기는 항상 50℃ 이하를 유지할 것
③ 하역 작업 시에는 완충판 위에서 취급하며 이를 항상 차량에 비치할 것
④ 충격을 방지하기 위하여 로프 등으로 결속할 것

해설 고압가스 충전용기의 운반 기준
① 운반 중의 충전용기는 항상 40℃ 이하를 유지할 것
② 충격을 방지하기 위하여 로프 등으로 결속할 것
③ 충전용기를 차량에 적재하여 운반할 때는 붉은 글씨로 "위험 고압가스"라는 경계표시를 할 것
④ 하역 작업 시에는 완충판 위에서 취급하며 이를 항상 차량에 비치

해답   01. ③ 02. ③ 03. ②

문제 04
배관용 탄소강관에 아연(Zn)을 도금하는 주된 이유는?
① 미관을 아름답게 하기 위해
② 보온성을 증대하기 위해
③ 내식성을 증대하기 위해
④ 부식성을 증대하기 위해

해설 아연을 도금하는 이유 : 내식성을 증대하기 위하여

문제 05
에어졸 제조설비 및 에어졸 충전용기 저장소는 화기 및 인화성물질과 얼마 이상의 우회거리를 유지하여야 하는가?
① 5m
② 8m
③ 12m
④ 20m

해설 에어졸 제조설비 및 에어졸 충전용기 저장소는 화기 및 인화성물질과 8m 이상의 우회거리를 유지

문제 06
도시가스의 유해성분 측정 대상이 아닌 것은?
① 황
② 황화수소
③ 이산화탄소
④ 암모니아

해설 유해성분의 측정(0℃ 1.013250bar)
① 황 : 0.5g 이하
② 암모니아 : 0.2g 이하
③ 황화수소 : 0.02g 이하

문제 07
고압가스안전관리법의 적용을 받는 가스는?
① 철도차량의 에어콘디셔너 안의 고압가스
② 냉동능력 3통 미만인 냉동설비 안의 고압가스
③ 용접용 아세틸렌가스
④ 액화브롬화메탄 제조설비외에 있는 액화브롬화메탄

해설 고압가스 안전관리법의 적용 제외
① 액화브롬화메탄 제조설비 외에 있는 액화브롬화메탄
② 냉동능력 3Ton 미만인 냉동설비 안의 고압가스
③ 철도차량의 에어콘디셔너 안의 고압가스

문제 08
다음 중 동일차량에 적재하여 운반할 수 없는 경우는?
① 산소와 질소
② 질소와 탄산가스
③ 탄산가스와 아세틸렌
④ 염소와 아세틸렌

해답 04. ③ 05. ② 06. ③ 07. ③ 08. ④

해설 **동일차량에 혼합적재 금지**
① 염소와 아세틸렌 ② 염소와 수소
③ 염소와 암모니아

문제 09 가연성가스의 발화도 범위가 85℃ 초과 100℃ 이하는 다음 발화도 범위에 따른 방폭전기기기의 온도등급 중 어디에 해당하는가?
① T3
② T4
③ T5
④ T6

해설 **방폭전기기기의 온도등급**

온도등급	T_1	T_2	T_3	T_4	T_5	T_6
최고표면온도	≦450	≦300	≦200	≦135	≦100	≦85

문제 10 고압가스를 차량으로 운반할 때 몇 km 이상의 거리를 운행하는 경우에 중간에 휴식을 취한 후 운행하도록 되어 있는가?
① 100
② 200
③ 300
④ 400

해설 고압가스를 차량으로 운반할 때 200km 이상의 거리를 운행하는 경우 중간에 휴식을 취한 후 운행

문제 11 가연성가스라 함은 공기 중에서 연소하는 가스로서 폭발한계의 하한과 폭발한계의 상한을 규정하고 있다. 하한값으로 옳은 것은?
① 10퍼센트 이하
② 20퍼센트 이하
③ 10퍼센트 이상
④ 20퍼센트 이상

해설 **가연성가스**란 : 폭발 하한이 10% 이하이거나 하한과 상한의 차가 20% 이상인 가스

문제 12 고압가스 배관에서 상용압력이 0.2MPa 이상 1MPa 미만인 경우 공지의 폭은 얼마로 정해져 있는가? (단, 전용 공업지역 이외의 경우이다.)
① 3m 이상
② 5m 이상
③ 9m 이상
④ 15m 이상

해설 **공지 폭**

압력	공지의 폭
2kg/cm² 미만(0.2MPa)	5m 이상
2kg/cm² 이상 10kg/cm² 미만(0.2~1MPa)	9m 이상
10kg/cm² 이상(1MPa 이상)	15m 이상

해답 09. ④ 10. ② 11. ① 12. ③

문제 13
액화석유가스를 자동차에 충전하는 충전호스의 길이는 몇 m 이내이어야 하는가? (단, 자동차 제조공정 중에 설치된 것을 제외한다.)
① 3
② 5
③ 8
④ 10

해설 액화석유가스를 자동차에 충전하는 충전호스의 길이는 5m 이내

문제 14
액화석유가스(LPG)의 기화장치의 액유출방지장치와 관련한 설명으로 틀린 것은?
① 액유출방지장치 작동여부는 기화장치의 압력계로 확인이 가능하다.
② 액유출 현상의 발생이 감지되면 신속히 기화장치의 입구밸브를 잠그어 더 이상의 액상가스 유입을 막아야 한다.
③ 액유출 현상이 발생되면 대부분 조정기 전단에서 결로 현상이나 성애가 끼는 현상이 발생한다.
④ 액유출 현상이 발생하면 액 팽창에 의해 조정기 및 계량기가 파손될 수 있다.

해설 기화장치의 액유출과 조정기의 전단에서의 결로, 성애 등의 현상은 무관하다.

문제 15
가스 난방기구가 보급되면서 급배기 불량으로 인명사고가 많이 발생한다. 그 이유로 가장 옳은 것은?
① N_2 발생
② CO_2 발생
③ CO 발생
④ 연소되지 않은 생가스 발생

해설 일산화탄소 발생(독성가스 50PPM 이하)

문제 16
부탄가스용 연소기의 명판에 기재할 사항이 아닌 것은?
① 연소기명
② 제조자의 형식호칭
③ 연소기 재질명
④ 제조(로트)번호

해설 부탄가스용 연소기 명판에 기재할 사항
① 제조번호 ② 제조자의 형식호칭 ③ 연소기명

문제 17
가스를 이용하려 하는데 밸브에 얼음이 얼어붙었다. 이 때 조치방법으로 가장 적절한 것은?
① 40℃ 이하의 더운물을 사용하여 녹인다.
② 80℃의 램프로 가열하여 녹인다.
③ 100℃의 뜨거운 물을 사용하여 녹인다.
④ 가스토치로 가열하여 녹인다.

해답
13. ② 14. ③ 15. ③ 16. ③ 17. ①

문제 18
아황산가스의 제독제로 갖추어야 할 것이 아닌 것은?

① 가성소다수용액　　② 소석회
③ 탄산소다수용액　　④ 물

해설 제독제
① 염소 : ㉠ 소석회　㉡ 가성소다　㉢ 탄산소다
② 포스겐 : ㉠ 가성소다　㉡ 소석회
③ 황화수소 : ㉠ 가성소다　㉡ 탄산소다
④ 아황산가스 : ㉠ 물　㉡ 가성소다　㉢ 탄산소다
⑤ 시안화수소 : ㉠ 가성소다
⑥ 암모니아, 산화에틸렌, 염화메탄 : 다량의 물

문제 19
수소 취급 시 주의사항 중 옳지 않은 것은?

① 수소용기의 안전밸브는 가용전식과 파열판식을 병용한다.
② 용기밸브는 오른나사이다.
③ 수소 가스는 피로카롤 시약을 사용한 오르자트법에 의한 시험법에서 순도가 98.5% 이상이어야 한다.
④ 공업용 용기 도색은 주황색이고, "연"자 표시는 백색이다.

해설 용기밸브는 왼나사이다.

문제 20
다음 중 같은 용기보관실에 저장이 가능한 가스는?

① 산소, 수소　　② 염소, 질소
③ 아세틸렌, 염소　　④ 암모니아, 산소

해설 염소(조연성가스)　┐
　　　　질소(불연성가스)　┘ 저장가능

문제 21
원심식 압축기를 사용하는 냉동설비는 원동기 정격출력 얼마를 1일의 냉동능력 1톤으로 하는가?

① 1.2kW　　② 2.4kW
③ 3.6kW　　④ 4.8kW

해설 1일의 냉동능력 1Ton = 1.2kW
　　　　1RT = 3,320kcal/h
　　흡수식냉동기(1RT) = 6,640kcal/h

18. ②　19. ②　20. ②　21. ①

문제 22 고압가스배관을 지하에 매설하는 경우의 설치기준으로 틀린 것은?

① 배관은 건축물과는 1.5m, 지하도로 및 터널과는 10m 이상의 거리를 유지한다.
② 독성가스의 배관은 그 가스가 혼입될 우려가 있는 수도시설과는 300m 이상의 거리를 유지한다.
③ 배관은 그 외면으로부터 지하의 다른 시설물과 0.3m 이상의 거리를 유지한다.
④ 지표면으로부터 배관의 외면까지 매설깊이는 산이나 들에서는 1.2m 이상, 그 밖의 지역에서는 1.0m 이상으로 한다.

해설 배관의 매설
① 산이나 들, 철도부지와 수평거리, 도로경계와 수평거리 : 1m 이상
② 도로폭이 8m 미만 : 1m 이상   ③ 도로폭이 8m 이상 : 1.2m 이상
④ 건축물 : 1.5m 이상   ⑤ 지하가 및 터널 : 10m 이상
⑥ 수도시설로서 독성가스가 혼입할 우려가 있는 곳 : 300m 이상
⑦ 배관은 외면으로부터 지하의 다른 시설물과 0.3m 이상유지

문제 23 고압가스에 대한 사고예방설비기준으로 옳지 않은 것은?

① 가연성가스의 가스설비 중 전기설비는 그 설치장소 및 그 가스의 종류에 따라 적절한 방폭성능을 가지는 것 일 것
② 고압가스설비에는 그 설비안의 압력이 내압압력을 초과하는 경우 즉시 그 압력을 내압압력 이하로 되돌릴 수 있는 안전장치를 설치하는 등 필요한 조치를 할 것
③ 폭발 등의 위해가 발생할 가능성이 큰 특수반응설비에는 그 위해의 발생을 방지하기 위하여 내부반응 감시설비 및 위험사태발생 방지설비의 설치 등 필요한 조치를 할 것
④ 저장탱크 및 배관에는 그 저장탱크 및 배관이 부식되는 것을 방지하기 위하여 필요한 조치를 할 것

해설 사용압력 이하로 되돌릴 수 있는 안전장치를 설치

문제 24 도시가스 사업소 내에서는 긴급사태 발생 시 필요한 연락을 신속히 할 수 있도록 통신시설을 갖추어야 한다. 이 때 인터폰을 설치하는 경우의 통신범위는 어느 것인가?

① 안전관리자가 상주하는 사업소와 현장 사업소와의 사이
② 사업소내 전체
③ 종업원 상호간
④ 사업소 책임자와 종업원 상호간

해답 22. ④ 23. ② 24. ①

해설 **통신범위**
① 사업소내 전체
ⓐ 사이렌 ⓑ 휴대용확성기 ⓒ 구내방송 설비 ⓓ 페이징설비 ⓔ 메가폰
② 사업소와 현장사업소
ⓐ 인터폰 ⓑ 구내전화 ⓒ 구내방송설비 ⓓ 페이징설비
③ 종업원상호간
ⓐ 페이징설비 ⓑ 휴대용확성기 ⓒ 메가폰 ⓓ 트란시바

문제 25 고압가스용기의 안전점검 기준에 해당되지 않는 것은?
① 용기의 부식, 도색 및 표시 확인
② 용기의 캡이 씌워져 있거나 프로텍터의 부착여부 확인
③ 재검사 기간의 도래 여부를 확인
④ 용기의 누출을 성냥불로 확인

해설 **고압가스용기의 안전점검 기준**
① 재검사 기간의 도래 여부 확인
② 용기의 부식, 도색 및 표시 확인
③ 용기의 캡이 씌워져 있거나 프로텍터의 부착여부 확인

문제 26 일반도시가스 사업자 정압기의 분해점검 실시 주기는?
① 3개월에 1회 이상
② 6개월에 1회 이상
③ 1년에 1회 이상
④ 2년에 1회 이상

해설 **정압기 분해점검** : 2년에 1회 이상
정압기 조도 : 150룩스 이상

문제 27 다음 중 폭발한계의 범위가 가장 좁은 것은?
① 프로판
② 암모니아
③ 수소
④ 아세틸렌

해설 ① 프로판 : 2.1~9.5% ② 암모니아 : 15~28%
③ 수소 : 4~75% ④ 아세틸렌 : 2.5~81%

문제 28 고압가스 특정제조시설의 배관시설에 검지경보장치의 검출부를 설치하여야 하는 장소가 아닌 것은?
① 긴급 차단장치의 부분
② 방호구조물 등에 의하여 개방되어 설치된 배관의 부분
③ 누출된 가스가 체류하기 쉬운 구조인 배관의 부분
④ 슬리이브관, 이중관 등에 의하여 밀폐되어 설치된 배관의 부분

해답 25. ④ 26. ④ 27. ① 28. ②

해설 고압가스 특정제조시설의 배관시설에 검지경보장치의 검출부 설치하여야 하는 장소
① 슬리브관, 2중관 등에 의하여 밀폐되어 설치된 배관의 부분
② 누출된 가스가 체류하기 쉬운 구조인 배관의 부분
③ 긴급 차단장치의 부분

문제 29 고압장치 운전 중 점검 사항으로 가장 거리가 먼 것은?
① 가스경보기의 상태
② 진동 및 소음 상태
③ 누출 상태
④ 벨트의 이완 상태

해설 운전 중 점검 사항
① 가스누설 경보장치 및 가스경보기 상태
② 저장탱크의 액면지시
③ 계기류의 지시 경보 제어 상태
④ 접지접속선의 단선 그 밖의 손상유무
⑤ 제조설비의 외부부식 마모 균열
⑥ 누출상태
⑦ 제조설비 등의 온도, 유량, 압력, 조업조건 변동 상황
⑧ 진동 및 소음상태

문제 30 0℃, 1atm에서 4L 인 기체는 273℃, 1atm일 때 몇 L 가 되는가?
① 2
② 4
③ 8
④ 12

해설
$$\frac{P_1 V_1}{T_1} = \frac{P_2 V_2}{T_2}$$
$$V_2 = \frac{P_1 \times V_1 \times T_2}{T_1 \times P_2} = \frac{1 \times 4 \times (273+273)}{(273+0) \times 1} = 8l$$

문제 31 수소취성을 방지하기 위해 강에 첨가하는 원소로서 옳은 것은?
① Cr
② Al
③ Mn
④ P

해설 수소취성 방지 원소
① V(바나듐) ② Mo(몰리브덴) ③ Ti(티탄) ④ W(텅스텐) ⑤ Cr(크롬)

문제 32 원심펌프를 직렬로 연결시켜 운전하면 무엇이 증가하는가?
① 양정
② 동력
③ 유량
④ 효율

해답 29. ④ 30. ③ 31. ① 32. ①

해설 직렬연결 : 양정증가, 유량일정
병렬연결 : 유량증가, 양정일정

문제 33 펌프가 운전 중에 한숨을 쉬는 것과 같은 상태가 되어 토출구 및 흡입구에서 압력계의 바늘이 흔들리며 동시에 유량이 변화하는 현상을 무엇이라고 하는가?
① 캐비테이션(공동현상)
② 워터햄머링(수격작용)
③ 바이브레이션(진동현상)
④ 서징(맥동현상)

해설 **서징현상** : 펌프 운전시 송출압력과 송출유량의 주기적인 변동으로 인하여 펌프입구 및 출구에 설치된 진공계 및 압력계 지침이 흔들리는 현상
수격작용(워터햄머) : 펌프에서 물압송시 정전 등으로 급히 펌프가 멈추거나 수량조절밸브를 급히 폐쇄할 때 관내유속이 급격히 변화 물에 의한 심한 압력 변화가 생겨 관벽을 치는 현상
캐비테이션(공동현상) : 유수중의 어느 부분의 정압이 그때 물의 온도에 해당하는 증기압 이하로 되어 물이 증발을 일으키고 수중에 용입되어 있던 공기가 낮은 압력으로 인하여 기포가 발생하는 현상

문제 34 수은을 이용한 U자관 압력계에서 액주높이(h) 600mm, 대기압(P_1)은 1kg/cm²일 때 P_2는 약 몇 kg/cm² 인가?
① 0.22
② 0.92
③ 1.82
④ 9.16

해설 $P_2 = P_1 + \gamma \times h = 1\,\text{kg/cm}^2 + 13.595\,\text{g/cm}^3 \times 60\,\text{cm} = 1\,\text{kg/cm}^2 + 815.7\,\text{g/cm}^2 = 1.82\,\text{kg/cm}^2$

문제 35 액면계로부터 가스가 방출되었을 때 인화 또는 중독의 우려가 없는 가스에만 사용할 수 있는 액면계가 아닌 것은?
① 고정 튜브식
② 회전 튜브식
③ 슬립 튜브식
④ 평형 튜브식

해설 인화 또는 중독의 우려가 없는 가스에만 사용
① 회전 튜브식 ② 고정 튜브식
③ 슬립 튜브식

문제 36 무급유압축기의 종류가 아닌 것은?
① 카본(Carbon)링식
② 테프론(Teflon)링식
③ 다이어프램(Diaphragm)식
④ 브론즈(Bronze)식

해설 무급유압축기의 종류
① 다이어프램식 ② 테프론링식 ③ 카본링식

33. ④ 34. ③ 35. ④ 36. ④

문제 37 계측과 제어의 목적이 아닌 것은?

① 조업조건의 안정화　② 고효율화
③ 작업인원의 증가　④ 안전위생관리

> **해설** 계측과 제어의 목적
> ① 고효율화　② 안전위생관리
> ③ 조업조건 안정화　④ 작업인원 감소

문제 38 공기액화 분리장치의 이산화탄소 흡수탑에서 가성소다로 이산화탄소를 제거한다. 이 반응식으로 옳은 것은?

① $2NaOH + CO_2 \rightarrow Na_2CO_3 + H_2O$
② $2NaOH + 3CO_2 \rightarrow Na_2CO_3 + 2CO + H_2O$
③ $NaOH + CO_2 \rightarrow Na_2CO_3 + H_2O$
④ $NaOH + 2CO_2 \rightarrow NaCO_3 + CO + H_2O$

> **해설** $2NaOH + CO_2 \rightarrow Na_2CO_3 + H_2O$
> 　(가성소다)　　　(탄산소다)

문제 39 다음 중 용기 파열사고의 원인으로 보기 어려운 것은?

① 용기의 내압력 부족
② 용기 내압의 상승
③ 안전밸브의 작동
④ 용기 내에서 폭발성 혼합가스에 의한 발화

> **해설** 용기의 파열사고 원인
> ① 용기 내압력 부족
> ② 용기 내압의 상승
> ③ 폭발성 혼합가스에 의한 발화

문제 40 고압가스 일반제조시설의 배관 중 압축가스 배관에 반드시 설치하여야 하는 계측기기는?

① 온도계　② 압력계
③ 풍향계　④ 가스분석계

> **해설** 압축가스 배관에 반드시 설치 : 압력계

해답 37. ③　38. ①　39. ③　40. ②

문제 41 가스액화 분리장치 중 원료 가스를 저온에서 분리, 정제하는 장치는?

① 한냉장치　　　　② 정류장치
③ 열교환장치　　　④ 불순물제거장치

해설 정류장치 : 원료 가스를 저온에서 분리, 정제하는 장치

문제 42 고압가스관련 설비에 해당되지 않은 시설은?

① 안전밸브　　　　　　　　② 긴급차단장치
③ 특정고압가스용 실린더캐비닛　④ 압력조정기

해설 고압가스관련 설비
① 특정고압가스용 실린더캐비닛　② 긴급차단장치
③ 안전밸브　　　　　　　　　　④ 저장탱크
⑤ 역류방지밸브　　　　　　　　⑥ 역화방지장치

문제 43 원심식 압축기의 회전속도를 1.2배로 증가시키면 약 몇 배의 동력이 필요한가?

① 1.2배　　　　② 1.4배
③ 1.7배　　　　④ 2.0배

해설
유량 $= Q \times \left(\dfrac{N_2}{N_1}\right)^1$

양정 $= H \times \left(\dfrac{N_2}{N_1}\right)^2$

동력 $= kW \times \left(\dfrac{N_2}{N_1}\right)^3 = (1.2)^3 = 1.728$

문제 44 저온 정밀 증류법을 이용하여 주로 분석할 수 있는 가스는?

① 탄화수소의 혼합가스　　② SO_2 가스
③ CO_2 가스　　　　　　④ O_2 가스

해설 저온 정밀 증류법을 이용하여 주로 분석할 수 있는 가스 : 탄화수소의 혼합가스

문제 45 다음 배관재료 중 사용온도 350℃ 이하, 압력 1MPa 이상 10MPa까지의 LPG 및 도시가스의 고압관에 사용되는 것은?

① SPP　　　　② SPW
③ SPPW　　　④ SPPS

해답　41. ②　42. ④　43. ③　44. ①　45. ④

해설 SPPS(압력배관용 탄소강관) : 사용온도 350℃ 이하 사용압력 10kg/cm² 이상(1MPa) 100kg/cm² (10MPa) 미만 사용
SPPH(고압배관용 탄소강관) : 압력이 100kg/cm² 이상시 사용
SPP(배관용 탄소강관) : 사용압력이 10kg/cm² 이하의 증기, 기름, 물 배관에 사용

문제 46 표준 대기압에서 1BTU의 의미는?
① 순수한 물 1kg을 1℃ 변화시키는데 필요한 열량
② 순수한 물 1lb을 1℃ 변화시키는데 필요한 열량
③ 순수한 물 1kg을 1℉ 변화시키는데 필요한 열량
④ 순수한 물 1lb을 1℉ 변화시키는데 필요한 열량

해설 1CHu/1b℃ : 순수한 물 1lb(파운드)를 1℃(14.5~15.5) 올리는데 필요한 열량
1BTu/1b℉ : 순수한 물 1lb(파운드)를 1℉(60.5~61.5) 올리는데 필요한 열량

문제 47 다음 중 가스와 그 용도가 옳게 짝지어진 것은?
① 수소 : 경화유제조, 산소 : 용접, 절단용
② 수소 : 경화유제조, 이산화탄소 : 포스겐제조
③ 산소 : 용접, 절단용, 이산화탄소 : 포스겐제조
④ 수소 : 경화유제조, 염소 : 청량음료

해설 **수소의 용도**
① 경화유제조용, 메탄올의 합성원료   ② 암모니아 합성의 원료 가스
③ 로켓트 추진원료   ④ 환원성을 이용한 금속제련용
⑤ 윤활유정제용, 나프타, 중유 등의 수소화 탈황
산소의 용도
① 용접, 절단용   ② 산소호흡에 의한 의학용
③ 로켓트 추진용   ④ 제철, 열처리용

문제 48 다음 중 독성이며 가연성의 가스는?
① 수소   ② 일산화탄소
③ 이산화탄소   ④ 헬륨

해설 **독성이며 가연성의 가스**
① 일산화탄소 : 50PPM 이하 : 12.5~74%
② 암모니아 : 25PPM 이하 : 15~28%
③ 벤젠 : 10PPM 이하 : 1.4~7.1%
④ 황화수소 : 10PPM 이하 : 4.3~45.5%
⑤ 시안화수소 : 10PPM 이하 : 6~41%
⑥ 아세트알데히드 : 100PPM 이하 : 4.1~55%
⑦ 메탄올 : 200PPM 이하 : 7.3~36%
⑧ 산화에틸렌 : 50PPM 이하 : 3~80%

해답 46. ④ 47. ① 48. ②

문제 49 산소의 일반적인 특징에 대한 설명으로 틀린 것은?

① 수소와 반응하여 격렬하게 폭발한다.
② 유지류와 접촉시 폭발의 위험이 있다.
③ 공기 중에서 무성 방전시키면 과산화수소(H_2O_2)가 발생된다.
④ 산소의 분압이 높아지면 폭굉범위가 넓어진다.

해설 산소의 특징
① 공기 중에서 무성 방전시키면 오존이 된다.
② 산소의 분압이 높아지면 폭굉범위가 넓어진다.
③ 수소와 반응하여 격렬하게 폭발한다.
④ 유지류와 접촉시 폭발의 위험이 있다.

문제 50 다음 화합물 중 탄소의 함유량이 가장 많은 것은?

① CO_2
② CH_4
③ C_2H_4
④ CO

해설
① CO_2 : C(12)
② CH_4 : C(12)
③ C_2H_4 : C_2(24)
④ CO : C(12)

문제 51 다음 중 저장소의 바닥 환기에 가장 중점을 두어야 하는 가스는?

① 메탄
② 에틸렌
③ 아세틸렌
④ 부탄

해설
① 메탄(CH_4) : $\frac{16}{29} = 0.55$
② 에틸렌(C_2H_4) : $\frac{28}{29} = 0.9655$ ⎤ 공기보다 가볍다
③ 아세틸렌(C_2H_2) : $\frac{26}{29} = 0.896$ ⎦
④ 부탄(C_4H_{10}) : $\frac{58}{29} = 2$ (공기보다 무겁다)

문제 52 염소의 특징에 대한 설명 중 틀린 것은?

① 염소 자체는 폭발성, 인화성은 없다.
② 상온에서 자극성의 냄새가 있는 맹독성 기체이다.
③ 염소와 산소의 1 : 1 혼합물을 염소폭명기라고 한다.
④ 수분이 있으면 염산이 생성되어 부식성이 강해진다.

해설 염소 폭명기
$H_2 + Cl_2 \rightarrow 2HCl + 44kcal$

해답 49. ③ 50. ③ 51. ④ 52. ③

문제 53 8kg의 물을 18℃에서 98℃까지 상승시키는데 표준상태에서 0.034m³의 LP가스를 연소시켰다. 프로판의 발열량이 24,000kcal/m³이라면 이 때의 열효율은 약 몇 % 인가?
① 48.6
② 59.3
③ 66.6
④ 78.4

해설 열효율 = $\dfrac{8 \times (98-18)}{0.034 \times 24{,}000} \times 100 = 78.43\%$

문제 54 천연가스의 주성분인 물질의 분자량은?
① 16
② 32
③ 44
④ 58

해설 천연가스 주성분 : $CH_4 (12+4=16)$

문제 55 1kW의 열량을 환산한 것으로 옳은 것은?
① 536kcal/h
② 632kcal/h
③ 720kcal/h
④ 860kcal/h

해설 $1kWh = 102 kg \cdot m/sec \times \dfrac{1 kcal}{427 kg \cdot m} \times 3{,}600 \sec/1h = 860 \, kcal/h$

문제 56 다음 중 1Nm³의 총발열량이 가장 큰 가스는?
① 프로판
② 부탄
③ 수소
④ 도시가스

해설
① 부탄 : 26691 kcal/Nm³
② 프로판 : 20780 kcal/Nm³
③ 수소 : 2420 kcal/Nm³
④ 메탄 : 8080 kcal/Nm³

문제 57 도시가스제조소의 페널에 의한 부취제의 농도측정 방법이 아닌 것은?
① 냄새주머니법
② 오더미터법
③ 주사기법
④ 가스분석기법

해설 부취제의 농도측정 방법
① 오더미터법
② 주사기법
③ 냄새주머니법

해답 53. ④ 54. ① 55. ④ 56. ② 57. ④

문제 58 화씨온도 86°F는 몇 ℃ 인가?
① 30
② 35
③ 40
④ 45

해설 $℃ = \frac{5}{9}(F-32) = \frac{5}{9}(86-32) = 30℃$

문제 59 아연, 구리, 은, 코발트 등과 같은 금속과 반응하여 착이온을 만드는 가스는?
① 암모니아
② 염소
③ 아세틸렌
④ 질소

해설 **암모니아** : 아연, 구리, 은, 코발트 등과 같은 금속과 반응하여 착이온을 만드는 가스

문제 60 LPG의 증기압력과 온도와의 관계로서 옳은 것은?
① 온도가 올라감에 따라 압력도 증가한다.
② 온도가 압력과는 관련이 없다.
③ 온도가 올라감에 따라 압력은 떨어진다.
④ 온도가 내려감에 따라 압력은 증가한다.

해설 온도가 증가하면 압력도 증가한다.

58. ① 59. ① 60. ①

2021년 10월 CBT 시행

문제 01 고압가스판매자가 실시하는 용기의 안전점검 및 유지관리의 기준으로 틀린 것은?

① 용기아래부분의 부식상태를 확인할 것
② 완성검사 도래 여부를 확인할 것
③ 밸브의 그랜드너트가 고정판으로 이탈방지를 위한 조치가 되어 있는지의 여부를 확인할 것
④ 용기캡이 씌워져 있거나 프로텍터가 부착되어 있는지의 여부를 확인할 것

해설 재검사 도래여부를 확인할 것

문제 02 LP가스의 특징에 대한 설명으로 틀린 것은?

① LP가스는 공기보다 무거워 낮은 곳에 체류하기 쉽다.
② 액체상태의 LP가스는 물보다 가볍고 증발잠열이 매우 작다.
③ 고무, 페인트, 윤활유를 용해시킬 수 있다.
④ 액체상태 LP가스를 기화하면 부피가 약 260배로 현저히 증가한다.

해설 액체상태의 LP가스는 물보다 가볍고(0.508kg/l), 증발잠열이 매우 크다.

문제 03 가연성 가스의 제조설비 중 전기설비는 방폭성능을 가진 구조로 하여야 한다. 이에 해당되지 않는 가스는?

① 수소
② 프로판
③ 일산화탄소
④ 암모니아

해설 방폭 성능 가진 구조
① 수소　　② 프로판
③ 부탄　　④ 일산화탄소
⑤ 아세틸렌　⑥ 메탄
⑦ 에탄　　⑧ 에틸렌 등

01. ②　02. ②　03. ④

문제 04 산소가스를 용기에 충전할 때의 주의사항에 대한 설명으로 옳은 것은?
① 충전압력은 용기내부의 산소가 30℃로 되었을 때의 상태로 규제된다.
② 용기 제조일자를 조사하여 유효기간이 경과한 미검용기는 절대로 충전하지 않는다.
③ 미량의 기름이라면 밸브 등에 묻어 있어도 상관없다.
④ 고압밸브를 개폐시에는 신속히 조작한다.

문제 05 공기액화분리장치에서의 액화산소통 내의 액화산소 5L 중 아세틸렌의 질량이 얼마를 초과할 때 폭발방지를 위하여 운전을 중지하고 액화산소를 방출시켜야 하는가?
① 0.1mg
② 5mg
③ 50mg
④ 500mg

해설 액화산소 5L 중 ① 아세틸렌의 질량 : 5mg
② 탄화수소의 탄소질량 : 500mg ┘ 초과시 운전정지 후 액화산소 방출

문제 06 가연성가스를 취급하는 장소에는 누출된 가스의 폭발사고를 방지하기 위하여 전기설비를 방폭구조로 한다. 다음 중 방폭구조가 아닌 것은?
① 안전증 방폭구조
② 내열 방폭구조
③ 압력 방폭구조
④ 내압 방폭구조

해설 **방폭구조의 종류**
① 내압방폭구조(d)
② 유입방폭구조(o)
③ 압력방폭구조(p)
④ 본질안전증방폭구조(ia 또는 ib)
⑤ 안전증방폭구조(e)
⑥ 특수방폭구조(s)

문제 07 도시가스사용시설 중 자연배기식 반밀폐식 보일러에서 배기통의 옥상돌출부는 지붕면으로부터 수직거리로 몇 cm 이상으로 하여야 하는가?
① 30
② 50
③ 90
④ 100

해설 자연배기식 반밀폐식 보일러에서 배기통의 옥상돌출부는 지붕면으로부터 수직거리로 90cm 이상유지

04. ② 05. ② 06. ② 07. ③

문제 08

도시가스용 가스계량기와 전기개폐기와의 이격거리는 몇 cm 이상으로 하여야 하는가?

① 15
② 30
③ 45
④ 60

해설 이격거리
① 전선 : 15cm 이상
② 접속기, 점멸기, 굴뚝 : 30cm 이상
③ 안전기, 계량기, 개폐기, 콘센트 : 60cm 이상

문제 09

용기 파열사고의 원인으로 가장 거리가 먼 것은?

① 용기의 내압력 부족
② 용기 내압의 상승
③ 용기내에서 폭발성 혼합가스에 의한 발화
④ 안전밸브의 작동

해설 용기 파열사고의 원인
① 용기내에서 폭발성 혼합가스에 의한 발화
② 용기 내압의 상승
③ 용기의 내압력 부족

문제 10

고압가스시설의 가스누출검지경보장치 중 검지부 설치 수량의 기준으로 틀린 것은?

① 건축물 내에 설치되어 있는 압축기, 펌프 및 열교환기 등 고압가스설비군의 바닥면 둘레가 22m인 시설에 검지부 2개 설치
② 에틸렌제조시설의 아세틸렌수첨탑으로서 그 주위에 누출한 가스가 체류하기 쉬운 장소의 바닥면 둘레가 30m 인 경우에 검지부 3개 설치
③ 가열로가 있는 제조설비의 주위에 가스가 체류하기 쉬운 장소의 바닥면 둘레가 18m인 경우에 검지부 1개 설치
④ 염소충전용 접속구 군의 주위에 검지부 2개 설치

해설 건축물 내에 설치되어 있는 압축기, 펌프 및 열교환기 등 고압가스설비군의 바닥면 둘레가 10m인 시설에 한하여 검지부 1개설치

문제 11

액화석유가스의 사용시설 중 관경이 33m 이상의 배관은 몇 m 마다 고정·부착하는 조치를 하여야 하는가?

① 1
② 2
③ 3
④ 4

해답 08. ④ 09. ④ 10. ① 11. ③

해설 배관의 고정
① 관경이 13mm 미만 : 1m 마다
② 관경이 13mm 이상 33mm 미만 : 2m 마다
③ 관경이 33mm 이상 : 3m 마다

문제 12 차량에 고정된 탱크 중 독성가스는 내용적을 얼마 이하로 하여야 하는가?
① 12,000L
② 15,000L
③ 16,000L
④ 18,000L

해설 내용적
① 가연성 산소 : 18,000l 이하
② 독성 : 12,000l 이하

문제 13 산소 압축기의 내부 윤활유로 사용되는 것은?
① 물 또는 10% 묽은 글리세린수
② 진한 황산
③ 양질의 광유
④ 디젤엔진유

해설 내부 윤활유
① 산소 : 물 또는 10% 이하의 묽은 글리세린수
② 공기, 수소, 아세틸렌 압축기 : 양질의 광유
③ 염소 : 농황산

문제 14 상온에서 압축하면 비교적 쉽게 액화되는 가스는?
① 수소
② 질소
③ 메탄
④ 프로판

해설 액화가스 : 프로판, 부탄, 시안화수소, 염소, 암모니아

문제 15 다음 중 가장 높은 압력은?
① 8.0mH$_2$O
② 0.82kg/cm^2
③ 9,000kg/m^2
④ 500mmHg

해설 ① 1kg/cm^2 = 10mH$_2$O
x = 8mH$_2$O
$$x = \frac{1\text{kg/cm}^2 \times 8\text{mH}_2\text{O}}{10\text{mH}_2\text{O}} = 0.8\text{kg/cm}^2$$
② 0.82kg/cm^2
③ 1kg/cm^2 = 10,000kg/m^2
x = 9,000kg/m^2

12. ① 13. ① 14. ④ 15. ③

$$x = \frac{1 \times 9{,}000}{10{,}000} = 0.9 \text{kg/cm}^2$$

④ $1\text{kg/cm}^2 = 735.5\text{mmHg}$
$x = 500\text{mmHg}$

$$x = \frac{1\text{kg/cm}^2 \times 500\text{mmHg}}{735.5\text{mmHg}} = 0.679\text{kg/cm}^2$$

문제 16

고압가스 용기 보관의 기준에 대한 설명으로 틀린 것은?

① 용기보관장소 주위 2m 이내에는 화기를 두지 말 것
② 가연성가스·독성가스 및 산소의 용기는 각각 구분하여 용기보관장소에 놓을 것
③ 가연성가스를 저장하는 곳에는 방폭형 휴대용 손전등 외의 등화를 휴대하지 말 것
④ 충전용기와 잔가스용기는 서로 단단히 결속하여 넘어지지 않도록 할 것

해설 충전용기와 잔가스용기는 각각 보관하여야 한다.

문제 17

LPG를 수송할 때의 주의사항으로 틀린 것은?

① 운전중이나 정차중에도 허가된 장소를 제외하고는 담배를 피워서는 안된다.
② 운전자는 운전기술 외에 LPG의 취급 및 소화기 사용 등에 관한 지식을 가져야 한다.
③ 누출됨을 알았을 때는 가까운 경찰서, 소방서까지 직접 운행하여 알린다.
④ 주차할 때는 안전한 장소에 주차하며, 운반책임자와 운전자는 동시에 차량에서 이탈하지 않는다.

문제 18

다음 중 용기보관 장소에 대한 설명으로 틀린 것은?

① 용기보관소 경계표지는 해당 용기보관소 또는 보관실의 출입구 등 외부로부터 보기 쉬운 곳에 게시한다.
② 수소 용기보관 장소에는 겨울철 실내온도가 내려가므로 상부의 통풍구를 막아야 한다.
③ 용기보관장소에는 계량기 등 작업에 필요한 물건 외에는 두지 않는다.
④ 가연성가스와 산소의 용기는 각각 구분하여 용기보관장소에 놓는다.

해설 상부의 통풍구를 막으면 안 된다.

해답 16. ④ 17. ③ 18. ②

문제 19 가연성가스와 산소의 혼합비가 완전 산화에 가까울수록 발화지연은 어떻게 되는가?

① 길어진다. ② 짧아진다.
③ 변함이 없다. ④ 일정치 않다.

해설 가연성가스와 산소의 혼합비가 완전 산화에 가까울수록 발화지연은 짧아진다.

문제 20 액화석유가스를 충전하는 충전용 주관의 압력계는 국가표준기준법에 의한 교정을 받은 압력계로 몇 개월마다 한번이상 그 기능을 검사하여야 하는가?

① 1개월 ② 2개월
③ 3개월 ④ 6개월

해설 **압력계 검사** : ① 충전용 주관의 압력계 : 매월 1회 이상
② 기타 압력계 : 3월에 1회 이상

문제 21 다음 중 가연성이며 독성인 가스는?

① 아세틸렌, 프로판 ② 수소, 이산화탄소
③ 암모니아, 산화에틸렌 ④ 아황산가스, 포스겐

해설 **가연성이며 독성가스**
① 산화에틸렌 ② 암모니아 ③ 아세트알데히드
④ 일산화탄소 ⑤ 벤젠 ⑥ 시안화수소
⑦ 황화수소 ⑧ 메탄올

문제 22 국내 일반가정에 공급되는 도시가스(LPG)의 발열량은 약 몇 kcal/m³ 인가? (단, 도시가스 월사용예정량의 산정기준에 따른다.)

① 9,000 ② 10,000
③ 11,000 ④ 12,000

문제 23 다음 중 아세틸렌, 암모니아 또는 수소와 동일 차량에 적재 운반할 수 없는 가스는?

① 염소 ② 액화석유가스
③ 질소 ④ 일산화탄소

해설 **운반 금지**
① 염소와 아세틸렌 ② 염소와 수소
③ 염소와 암모니아

19. ② 20. ① 21. ③ 22. ③ 23. ①

문제 24 저장설비나 가스설비를 수리 또는 청소 할 때 가스 치환작업을 생략할 수 있는 경우가 아닌 것은?

① 가스설비의 내용적이 $2m^3$ 이하일 경우
② 작업원이 설비 내부로 들어가지 않고 작업할 경우
③ 출입구의 밸브가 확실하게 폐지되어 있고 내용적 $5m^3$ 이상의 가스설비에 이르는 사이에 2개 이상의 밸브를 설치한 경우
④ 설비의 간단한 청소, 가스켓의 교환이나 이와 유사한 경미한 작업일 경우

해설 가스 치환을 생략할 수 있는 조건
① 가스설비의 내용적이 $1m^3$ 이하인 것
② 설비의 간단한 청소, 가스켓의 교환이나 이와 유사한 경미한 작업시
③ 작업원이 설비 내부로 들어가지 않고 작업할 경우
④ 출입구의 밸브가 확실히 폐지되어 있고 내용적 $5m^3$ 이상의 가스설비에 이르는 사이에 2개 이상의 밸브를 설치한 경우

문제 25 시안화수소의 충전시 사용되는 안정제가 아닌 것은?

① 암모니아
② 황산
③ 염화칼슘
④ 인산

해설 안정제 : ① 오산화인 ② 염화칼슘 ③ 인산 ④ 아황산가스 ⑤ 동 ⑥ 황산

문제 26 특정고압가스 사용시설의 시설기준 및 기술기준으로 틀린 것은?

① 저장시설의 주위에는 보기 쉽게 경계표지를 할 것
② 가스설비에는 그 설비의 안전을 확보하기 위하여 습기 등으로 인한 부식방지조치를 할 것
③ 독성가스의 감압설비와 그 가스의 반응설비간의 배관에는 일류장비장치를 할 것
④ 고압가스의 저장량이 300kg 이상인 용기 보간실의 벽은 방호벽으로 할 것

해설 독성가스 감압설비와 그 가스의 반응설비간의 배관에는 역류방지밸브 설치

문제 27 내용적이 $1m^3$인 밀폐된 공간에 프로판을 누출시켜 폭발시험을 하려고 한다. 이론적으로 최소 몇 L의 프로판을 누출시켜야 폭발이 이루어지겠는가? (단, 프로판의 폭발범위는 2.1~9.5% 이다.)

① 2.1
② 9.5
③ 21
④ 95

해설 $1,000l \times 0.021 = 21l$

24. ① 25. ① 26. ③ 27. ③

문제 28 프레온 냉매가 실수로 눈에 들어갔을 경우 눈세척에 사용되는 약품으로 가장 적당한 것은?

① 바세린
② 약한 붕산 용액
③ 농피크린산 용액
④ 유동 파라핀

해설 프레온 냉매가 실수로 눈에 들어갔을 경우 눈세척에 사용되는 약품 : 약한 붕산 용액

문제 29 액화가스를 충전하는 탱크는 그 내부에 액면요동을 방지하기 위하여 무엇을 설치하여야 하는가?

① 방파판
② 안전밸브
③ 액면계
④ 긴급차단장치

해설 방파판 : 액면요동 방지

문제 30 가스 검지시의 지시약과 그 반응색의 연결이 옳지 않은 것은?

① 산성가스-리트머스지 : 적색
② $COCl_2$-하리슨씨시약 : 심등색
③ CO-염화파라듐지 : 흑색
④ HCN-질산구리벤젠지 : 적색

해설 시험지명 및 변색상태

가스	시험지	변색
암모니아	적색리트머스시험지	청색변
염소	KI 전분지	청색변
시안화수소	질산구리벤젠지	청색변
일산화탄소	염화파라듐지	흑색변
황화수소	연당지	흑색변
포스겐	하리슨시험지 : 심등색(오렌지색)	
아세틸렌	염화제1동착염지 : 적색	
아황산가스	암모니아 적신 헝겊 : 흰연기	

문제 31 다음 중 고압가스 충전시설 시설기준에서 풍향계를 설치하여야 가스는?

① 액화석유가스
② 압축산소가스
③ 액화질소가스
④ 암모니아가스

해설 풍향계 설치해야 되는 가스 : 독성가스(NH_3)

28. ② 29. ① 30. ④ 31. ④

문제 32
LP 가스를 도시가스와 비교하여 사용시 장점으로 옳지 않은 것은?
① LP가스는 열용량이 크기 때문에 작은 배관경으로 공급할 수 있다.
② LP가스는 연소용 공기 또는 산소가 다량으로 필요하지 않는다.
③ LP가스는 입지적 제약이 없다.
④ LP가스는 조성이 일정하다.

해설 LP가스는 연소용 공기가 다량으로 필요하다.

문제 33
다음 정압기 중 고차압이 될수록 특성이 좋아지는 것은?
① Reynolds 식
② axial flow 식
③ Fisher 식
④ KRF 식

해설 고차압이 될수록 좋아지는 것 : 엑셀플로우식(axial flow)

문제 34
압축기가 과열 운전되는 원인으로 가장 거리가 먼 것은?
① 압축비 증대
② 윤활유 부족
③ 냉동부하의 감소
④ 냉매량 부족

해설 압축기의 과열 운전 원인
① 냉동부하의 증대   ② 냉매량 부족
③ 윤활유 부족   ④ 압축비 증대

문제 35
다음 중 아세틸렌 및 합성용 가스의 제조에 사용되는 반응장치는?
① 축열식 반응기
② 탑식 반응기
③ 유동층식 접촉반응기
④ 내부 연소식 반응기

해설 반응장치
① 내부 연소식 반응기 : 합성용가스의 제조, 아세틸렌의 제조
② 관식반응기 : 에틸렌의 제조, 염화비닐의 제조
③ 탑식반응기 : 에틸벤젠의 제조, 벤졸의 염소화
④ 탱크식반응기 : 아크릴클로라이드의 합성, 디클로로 에탄의 합성
⑤ 유동층식 접촉반응기 : 석유의 개질
⑥ 축열식 반응기 : 아세틸렌의 제조

문제 36
백금-백금로듐 열전대 온도계의 온도 측정 범위로 옳은 것은?
① -180~350℃
② -20~800℃
③ 0~1,600℃
④ 300~2,000℃

해답 32. ② 33. ② 34. ③ 35. ④ 36. ③

해설 열전대 온도계
① PR(백금-백금로듐) : 0~1,600℃
② CA(크로멜-알루멜) : 0~1,200℃
③ IC(철-콘스탄탄) : -20~800℃
④ CC(동-콘스탄탄) : -200~350℃

문제 37 한 쪽 조건이 충족되지 않으면 다른 제어는 정지되는 자동제어 방식은?
① 피드백
② 시퀀스
③ 인터록
④ 프로세스

해설 인터록 제어 : 한 쪽 조건이 충족되지 않으면 다른 제어는 정지

문제 38 압축기에 사용하는 윤활유 선택시 주의사항으로 틀린 것은?
① 사용가스와 화학반응을 일으키지 않을 것
② 인화점이 높을 것
③ 정제도가 높고 잔류탄소의 양이 적을 것
④ 점도가 적당하고 항유화성이 적을 것

해설 윤활유 선택시 주의사항
① 사용가스와 화학적으로 안정할 것
② 인화점이 높을 것
③ 점도가 적당할 것
④ 수분 및 산류 등 불순물이 적을 것
⑤ 정제도가 높아 잔류탄소의 양이 적을 것
⑥ 안정성이 있을 것

문제 39 다음 중 흡수 분석법의 종류가 아닌 것은?
① 헴펠법
② 활성알루미나겔법
③ 오르자트법
④ 게겔법

해설 흡수 분석법
① 오르자트법 : ㉠ CO_2 : KOH 30% 수용액 ㉡ O_2 : 알카리성 피롤카롤용액
　　　　　　㉢ CO : 암모니아성 염화 제1동용액
② 헴펠법 : ㉠ CO_2 : KOH 30% 수용액 ㉡ C_mH_n : 발연황산 25%
　　　　　㉢ O_2 : 알카리성 피롤카롤용액 ㉣ CO : 암모니아성 염화 제1동용액
③ 게겔법 : ㉠ CO_2 : KOH 30% 수용액 ㉡ 아세틸렌 : 옥소수은칼륨용액
　　　　　㉢ 프로필렌(부틸렌) : 87% 황산 ㉣ 에틸렌 : 취소수용액
　　　　　㉤ O_2 : 알카리성 피롤카롤용액 ㉥ CO : 암모니아성 염화 제1동용액

37. ③ 38. ④ 39. ②

문제 40 다음 중 2차 압력계이며 탄성을 이용하는 대표적인 압력계는?

① 브르동관식 압력계
② 수은주 압력계
③ 벨로우즈식 압력계
④ 자유피스톤형 압력계

해설 탄성식 압력계
① 브르돈관식 압력계(대표적)   ② 벨로우즈식 압력계
③ 다이어프램 압력계

문제 41 다음 중 초저온 저장탱크에 사용하는 재질로 적당하지 않는 것은?

① 탄소강
② 18-8 스테인리스강
③ 9% Ni강
④ 동합금

해설 초저온 저장탱크의 재질
① 9% 니켈강   ② 동 및 동합금   ③ 18-8 스테인리스강

문제 42 아세틸렌의 정성시험에 사용되는 시약은?

① 질산은
② 구리암모니아
③ 염산
④ 피로카롤

해설 아세틸렌의 정성시험에 사용되는 시약 : **질산은 시약**

문제 43 크로멜-알루멜(K형) 열전대에서 크로멜의 구성 성분은

① Ni-Cr
② Cu-Cr
③ Fe-Cr
④ Mn-Cr

해설 열전대
① 백금-백금로듐(PR) : 0~1,600℃
② 동-콘스탄탄(CC) (구리 55%+Ni 45%) : -200~350℃
③ 크로멜-알루멜(CA) : 0~1,200℃
    크로멜(Ni 90%+크롬 10%)
    알루멜(Ni 94%+Mn 2.5%+Al 2%+Fe 0.5%)
④ 철-콘스탄탄(IC) : -20~850℃
    콘스탄탄(구리 55%+니켈 45%)

문제 44 외경이 300mm이고, 두께가 30mm인 가스용폴리에틸렌(PE)관의 사용 압력범위는?

① 0.4MPa 이하
② 0.25MPa 이하
③ 0.2MPa 이하
④ 0.1MPa 이하

해답   40. ①   41. ①   42. ①   43. ①   44. ①

문제 **45** 액화가스 충전에는 액펌프와 압축기가 사용될 수 있다. 이 때 압축기를 사용하는 경우의 특징이 아닌 것은?

① 충전시간이 짧다.
② 베이퍼록 등 운전상 장애가 일어나기 쉽다.
③ 재액화현상이 일어날 수 있다.
④ 잔가스의 회수가 가능하다.

해설 압축기 사용시 특징
① 충전시간이 짧다.   ② 잔가스 회수가 가능하다.
③ 베이퍼록의 우려가 없다.   ④ 재액화의 우려가 있다.
⑤ 드레인우려가 있다.

문제 **46** 대기압이 1.033kgf/cm² 일 때 산소 용기에 달린 압력계의 읽음이 10kgf/cm² 이었다. 이 때의 계기압력은 몇 kgf/cm² 인가?

① 1.033
② 8.976
③ 10
④ 11.033

해설 절대압력 = 계기압력 + 대기압 = $10 + 1.0332 = 11.0332 kg/cm^2$
계기압력 = 절대압력 - 대기압 = $(11.0332 - 1.0332) kg/cm^2 = 10 kg/cm^2$

문제 **47** 다음 중 희(稀)가스가 아닌 것은?

① He
② Kr
③ Xe
④ O_3

해설 희가스
① He(헬륨)   ② Ne(네온)
③ Ar(아르곤)   ④ Kr(크립톤)
⑤ Xe(크세논)   ⑥ Rn(라돈)

문제 **48** 수돗물의 살균과 섬유의 표백용으로 주로 사용되는 가스는?

① F_2
② Cl_2
③ O_2
④ CO_2

해설 염소(Cl_2) : 수돗물의 살균과 섬유의 표백용

문제 **49** 1기압, 150°C에서의 가스상 탄화수소의 정도가 가장 높은 것은?

① 메탄
② 에탄
③ 프로필렌
④ n-부탄

45. ② 46. ③ 47. ④ 48. ② 49. ①

문제 50
다음 중 산화철이나 산화알루미늄에 의해 중합반응을 하는 가스는?

① 산화에틸렌　　　② 시안화수소
③ 에틸렌　　　　　④ 아세틸렌

해설 산화에틸렌 : 산화철이나 산화알루미늄에 의해 중합반응

문제 51
수분이 존재할 때 일반 강재를 부식시키는 가스는?

① 일산화탄소　　　② 수소
③ 황화수소　　　　④ 질소

해설 수분 존재시 강재를 부식시키는 가스
① 염소　② 황화수소
③ 탄산가스　④ 포스겐

문제 52
산화에틸렌에 대한 설명으로 틀린 것은?

① 산화에틸렌의 저장탱크에는 그 저장탱크 내용적의 90%를 초과하는 것을 방지하는 과충전 방지조치를 한다.
② 산화에틸렌 제조설비에는 그 설비로부터 독성가스가 누출될 경우 그 독성가스로 인한 중독을 방지하기 위하여 제독설비를 설치한다.
③ 산화에틸렌 저장탱크는 45℃에서 그 내부 가스의 압력이 0.4MPa 이상이 되도록 탄산가스를 충전한다.
④ 산화에틸렌을 충전한 용기는 충전 후 24시간 정차하고 용기에 충전 연월일을 명기한 표지를 붙인다.

해설 산화에틸렌
① 질소, 탄산가스로 치환하고 항상 5℃ 이하로 유지
② 용기에 충전시 그 내부를 질소, 탄산가스로 바꾼 후 충전
③ 충전 용기는 45℃에서 4kg/cm^2 이상 되도록 질소, 탄산가스를 충전
④ 산화에틸렌의 저장탱크에는 그 저장탱크 내용적의 90%를 초과하는 것을 방지하는 과충전 방지장치 조치
⑤ 산화에틸렌 제조설비는 독성가스가 누출될 경우 그 독성가스로 인한 중독을 방지하기 위하여 제독설비 설치

문제 53
이산화탄소에 대한 설명으로 틀린 것은?

① 공기보다 무겁다.
② 무색, 무취의 기체이다.
③ 상온에서 액화가 가능하다.
④ 물에 녹이면 강알칼리성을 나타낸다.

해답 50. ①　51. ③　52. ④　53. ④

해설 물에 녹이면 강산성이 된다.

문제 54 다음 중 착화온도가 가장 낮은 것은?

① 메탄 ② 일산화탄소
③ 프로판 ④ 수소

해설 **착화온도**
① 메탄 : 615~682℃   ② 일산화탄소 : 637~658℃
③ 프로판 : 460~520℃ ④ 수소 : 580~590℃
⑤ 부탄 : 430~510℃   ⑥ 아세틸렌 : 400~440℃
⑦ 에틸렌 : 500~519℃

문제 55 수소 가스와 등량·혼합시 폭발성이 있는 가스는?

① 질소 ② 염소
③ 아세틸렌 ④ 암모니아

해설 $H_2 + Cl_2 \rightarrow 2HCl + 44kcal$(염소폭명기)

문제 56 가스의 기초법칙에 대한 설명으로 옳은 것은?

① 열역학 제1법칙 : 100% 효율을 가지고 있는 열기관은 존재하지 않는다.
② 그라함(Graham)의 확산법칙 : 기체의 확산(유출)속도는 그 기체의 분자량(밀도)의 제곱근에 반비례한다.
③ 아마가트(Amagat)의 분압법칙 : 이상기체 혼합물의 전체압력은 각 성분 기체의 분압의 합과 같다.
④ 돌턴(Dalton)의 분용법칙 : 이상기체 혼합물의 전체 부피는 각 성분의 부피의 합과 같다.

해설 **열역학 제2법칙** : 100% 효율을 가지고 있는 열기관은 존재하지 않는다.
돌턴의 분압법칙 : 기체 혼합물의 전체 압력은 각 성분 기체의 분합의 합과 같다.
그라함의 확산법칙 : 기체의 확산속도는 그 기체의 분자량의 제곱근에 반비례

문제 57 가스의 연소와 관련하여 공기 중에서 점화원 없이 연소하기 시작하는 최저온도를 무엇이라 하는가?

① 인화점 ② 발화점
③ 끓는점 ④ 융해점

해설 **발화점**(착화점) : 공기 중에서 점화원 없이 연소하기 시작하는 최저온도

해답 54. ③ 55. ② 56. ② 57. ②

문제 58

내용적이 48m³인 LPG 저장탱크에 부탄 18톤을 충전한다면 저장탱크 내의 액체 부탄의 용적은 상용의 온도에서 저장탱크 내용적의 약 몇 %가 되겠는가? (단, 저장탱크의 상온온도게 있어서의 액체 부탄의 비중은 0.55로 한다.)

① 58
② 68
③ 78
④ 88

해설

$$\text{내용적} = \frac{\left(\frac{18}{0.55}\right)m^3}{48m^3} \times 100 = 68.18\%$$

문제 59

다음 LNG와 SNG에 대한 설명으로 옳은 것은?

① LNG는 액화석유가스를 말한다.
② SNG는 각종 도시가스의 총칭이다.
③ 액체 상태의 나프타를 LNG라 한다.
④ SNG는 대체 천연가스 또는 합성 천연가스를 말한다.

해설 SNG는 대체 천연가스 또는 합성 천연가스를 말한다.
LPG는 액화석유가스를 말한다.
LNG는 액화천연가스를 말한다.

문제 60

수소의 용도에 대한 설명으로 가장 거리가 먼 것은?

① 암모니아 합성가스의 원료로 이용
② 2,000℃ 이상의 고온을 얻어 인조보석, 유리제조 등에 이용
③ 산화력을 이용하여 니켈 등 금속의 산화에 사용
④ 기구나 풍선 등에 충전하여 부양용으로 사용

해설 **수소의 용도**
① 기구나 풍선 등에 충전하여 부양용으로 사용
② 2,000℃ 이상의 고온을 얻어 인조보석, 유리제조 등에 이용
③ 암모니아 합성가스의 원료
④ 로켓트 추진 연료
⑤ 경화유제조용
⑥ 중유 등의 수소화 탈황

58. ② 59. ④ 60. ③

단기완성
가스기능사 필기

기출문제
2022

2022년 1월 CBT 시행

문제 01 고압가스충전시설의 안전밸브 중 압축기의 최종단에 설치한 것은 내압시험압력의 8/10 이하의 압력에서 작동할 수 있도록 조정을 몇 년에 몇 회 이상 실시하여야 하는가?

① 2년에 1회 이상
② 1년에 1회 이상
③ 1년에 2회 이상
④ 2년에 3회 이상

해설 압축기용 안전변은 1년에 1회 이외는 2년에 1회 조정

문제 02 액화석유가스는 공기 중의 혼합비율의 용량이 얼마의 상태에서 감지할 수 있도록 냄새가 나는 물질을 섞어 용기에 충전하여야 하는가?

① $\frac{1}{10}$
② $\frac{1}{100}$
③ $\frac{1}{1000}$
④ $\frac{1}{10000}$

해설 반복출제

문제 03 인체용 에어졸 제품의 용기에 기재할 사항으로 옳지 않은 것은?

① 특정부위에 계속하여 장시간 사용하지 말 것.
② 가능한 한 인체에서 10cm 이상 떨어져서 사용할 것.
③ 온도가 40℃ 이상 되는 장소에 보관하지 말 것.
④ 불 속에 버리지 말 것.

해설 인체에서 20cm 이상 떨어져 사용할 것

문제 04 연소에 대한 일반적인 설명 중 옳지 않은 것은?

① 인화점이 낮을수록 위험성이 크다.
② 인화점보다 착화점의 온도가 낮다.
③ 발열량이 높을수록 착화온도는 낮아진다.
④ 가스의 온도가 높아지면 연소범위는 넓어진다.

해설 착화점이 인화점보다 높다.

해답 01. ② 02. ③ 03. ② 04. ②

문제 05 아세틸렌이 은, 수은과 반응하여 폭발성의 금속 아세틸라이드를 형성하여 폭발하는 형태는?

① 분해폭발　　② 화합폭발
③ 산화폭발　　④ 압력폭발

해설　$C_2H_2 + 2Cu \rightarrow Cu_2C_2 + H_2$ (화합폭발)
　　　동아세틸라이트

문제 06 염소(Cl_2)의 성질에 대한 설명 중 옳지 않은 것은?

① 상온에서 물에 용해하여 염산과 차아염소산을 생성한다.
② 암모니아와 반응하여 염화암모늄을 생성한다.
③ 소석회에 용이하게 흡수된다.
④ 완전히 건조된 염소는 철과 반응하므로 철강용기를 사용할 수 없다.

해설　염소는 수분과 반응시 부식을 일으킨다.
　　　$Cl_2 + H_2O \rightarrow HCl$ (염산) $+ HClO$

문제 07 배관 내의 상용압력이 4MPa인 도시가스 배관의 압력이 상승하여 경보장치의 경보가 울리기 시작하는 압력은?

① 4MPa 초과시　　② 4.2MPa 초과시
③ 5MPa 초과시　　④ 5.2MPa 초과시

해설　4MPa 이상은 +0.2MPa에서 경보
　　　이외는 상용압력의 1.05배

문제 08 다음 중 웨베지수(WI)의 계산식을 바르게 나타낸 것은? (단, H_g는 도시가스의 총발열량, d는 도시가스의 공기에 대한 비중을 나타낸다.)

① $WI = \dfrac{H_g}{\sqrt{d}}$　　② $WI = \dfrac{\sqrt{H_g}}{d}$
③ $WI = H_g \times \sqrt{d}$　　④ $WI = H_g \times d^2$

해설　**웨베지수** : 총발열량을 비중의 제곱근으로 나눈 값

문제 09 고압가스 설비에 장치하는 압력계의 최고눈금의 기준으로 옳은 것은?

① 상용압력의 1.0배 이하　　② 상용압력의 2.0배 이하
③ 상용압력의 1.5배 이상 2.0배 이하　　④ 상용압력의 2.0배 이상 2.5배 이하

해설　**압력계눈금** : 상용압력의 1.5~2배

해답　05. ②　06. ④　07. ②　08. ①　09. ③

문제 10
고압가스의 운반기준으로 옳지 않은 것은?
① 염소와 아세틸렌, 수소는 동일 차량에 적재하여 운반하지 못한다.
② 아세틸렌과 산소는 동일 차량에 적재하여 운반하지 못한다.
③ 독성가스 중 가연성 가스와 조연성 가스는 동일 차량에 적재하여 운반하지 못한다.
④ 충전용기와 휘발유는 동일 차량에 적재하여 운반하지 못한다.

해설 가연성과 산소는 적재시 밸브를 마주보지 않도록 해야 한다.

문제 11
폭발범위에 대한 설명 중 옳은 것은?
① 공기중의 아세틸렌 가스의 폭발범위는 약 4~71%이다.
② 공기중의 폭발범위는 산소중의 폭발범위보다 넓다.
③ 고온고압일 때 폭발범위는 대부분 넓어진다.
④ 한계산소 농도치 이하에서는 폭발성 혼합가스가 생성된다.

해설 고온고압일 때 폭발범위 넓어진다. 상한쪽이 커진다.

문제 12
가스계량기와 화기(그 시설 안에서 사용하는 자체 화기는 제외)와의 우회거리는 몇 m 이상 유지하여야 하는가?
① 1
② 2
③ 3
④ 5

해설 가스계량기와 화기는 2m 이상 우회거리

문제 13
내용적 100ℓ인 염소용기 제조시 부식 여유는 몇 mm 이상 주어야 하는가?
① 1
② 2
③ 3
④ 5

해설 염소 1000ℓ (이하 3, 초과 5mm)
암모니아 1000ℓ (이하 1, 초과 2mm) 여유

문제 14
다음 가스 중 고압가스의 제조장치에서 누설되고 있는 것을 그 냄새로 알 수 있는 것은?
① 일산화탄소
② 이산화탄소
③ 염소
④ 아르곤

해설 **염소** : 자극취의 황록색 기체

10. ② 11. ③ 12. ② 13. ③ 14. ③

문제 15 지상에 액화석유가스(LPG) 저장탱크를 설치하는 경우 냉각살수장치는 그 외면으로부터 몇 m 이상 떨어진 곳에서 조작할 수 있어야 하는가?

① 2 ② 3
③ 5 ④ 7

해설 살수장치 : 5m 이상   물분무장치 : 15m 이상에서 조작

문제 16 다음 중 에어졸이 충전된 용기에서 에어졸의 누출시험을 하기 위한 시설은?

① 자동충전기   ② 수압시험탱크
③ 가압시험탱크 ④ 온수시험탱크

해설 온수시험 (46~50℃ 수온유지)

문제 17 가스가 누출되었을 때 사용하는 가스누출 검지경보장치 중에서 독성가스용 가스누출 검지경보장치의 경보농도는 정하여져 있는가?

① 폭발한계의 $\frac{1}{2}$ 이하에서 경보   ② 폭발한계의 $\frac{1}{4}$ 이하에서 경보
③ 허용농도 이하에서 경보   ④ 허용농도의 2배 이하에서 경보

해설 **독성** : 허용농도 이하에서 경보
가연성 : 하한의 1/4에서 경보

문제 18 긴급용 벤트 스택 방출구의 위치는 작업원이 정상작업을 하는 데 필요한 장소 및 작업원이 항시 통행하는 장소로부터 몇 m 이상 떨어진 곳에 설치하여야 하는가?

① 5   ② 7
③ 10 ④ 15

해설 **긴급용** : 10m 이외는 5m 이상 떨어진 곳

문제 19 고압가스설비에서 폭발, 화재의 원인이 되는 정전기 발생을 방지하거나 억제하는 방법으로 옳지 않은 것은?

① 마찰을 적게 한다.   ② 유속을 크게 한다.
③ 주위를 이온화하여 중화한다.   ④ 습도를 높게 한다.

해설 유속은 줄여야 한다.

해답
15. ③   16. ④   17. ③   18. ③   19. ②

문제 20 가스가 누설될 경우 가스의 검지에 사용되는 시험지가 옳게 짝지어진 것은?

① 암모니아-하리슨 시약
② 황화수소-초산벤지딘지
③ 염소-염화 제1동 착염지
④ 일산화탄소-염화파라듐지

해설 CO : 염화파라듐제 (흑변) NH₃ : 적색리트머스 (청변)
염소 : KI 전분지 (청변) H₂S : 연당지 (흑변)

문제 21 독성가스의 저장탱크에는 과충전 방지장치를 설치하도록 규정되어 있다. 저장탱크의 내용적이 몇 %를 초과하여 충전되는 것을 방지하기 위한 것인가?

① 80%
② 85%
③ 90%
④ 95%

문제 22 도시가스 배관의 지하 매설시 사용하는 침상재료(Bedding)는 배관 하단에서 배관 상단 몇 cm까지 포설하는가?

① 10
② 20
③ 30
④ 50

해설 하단에서 상단 30cm까지 포설한다.

문제 23 고압가스 특정제조시설에서 지상에 배관을 설치하는 경우 상용압력이 1MPa 이상일 때 공지의 폭은 얼마 이상을 유지하여야 하는가? (단, 전용공업지역 이외의 경우이다.)

① 5m
② 9m
③ 15m
④ 20m

해설

2 미만. (0.2MPa)	2 이상~10kg/cm² 미만	10 이상. 1MPa
5m	9m	15m

문제 24 다음 ( ) 안의 ①과 ②에 들어갈 명칭은?

"아세틸렌을 용기에 충전하는 때에는 미리 용기에 다공물질을 고루 채워 다공도가 75% 이상, 92% 미만이 되도록 한 후 (㉠) 또는 (㉡)를(을) 고루 침윤시키고 충전하여야 한다."

① ㉠ 아세톤 ㉡ 알코올
② ㉠ 아세톤 ㉡ 물(H₂O)
③ ㉠ 아세톤 ㉡ 디메틸포름아미드
④ ㉠ 알코올 ㉡ 물(H₂O)

해설 용제 : 아세톤, DMF (디메틸포름아미드)

해답 20. ④ 21. ③ 22. ③ 23. ③ 24. ③

문제 25 탱크를 지상에 설치하고자 할 때 방류둑을 설치하지 않아도 되는 저장탱크는?

① 저장능력 1,000톤 이상의 질소탱크
② 저장능력 1,000톤 이상의 부탄탱크
③ 저장능력 1,000톤 이상의 산소탱크
④ 저장능력 5톤 이상의 염소탱크

해설 가연성, 산소 : 1000TON 이상시   독성 : 5TON 이상시 해당

문제 26 다음 중 연소의 3요소에 해당되는 것은?

① 공기, 산소공급원, 열
② 가연물, 연료, 빛
③ 가연물, 산소공급원, 공기
④ 가연물, 공기, 점화원

해설 연소=가연성+지연성+점화원

문제 27 용기 내부에 절연유를 주입하여 불꽃, 아크 또는 고온 발생부분이 기름 속에 잠기게 함으로써 기름면 위에 존재하는 가연성 가스에 인화되지 않도록 한 방폭구조는?

① 압력 방폭구조
② 유입 방폭구조
③ 내압 방폭구조
④ 안전증 방폭구조

해설 기름사용 : 유입구조   가스주입 : 압력구조

문제 28 액화염소가스 2,000kg을 운반시에 차량에 휴대하여야 하는 소석회의 양은 얼마 이상이어야 하는가?

① 20kg
② 40kg
③ 60kg
④ 80kg

해설 1000kg(이상 40kg, 미만 20kg 휴대)

문제 29 다음 중 독성이면서 가연성 가스가 아닌 것은?

① 포스겐
② 황화수소
③ 시안화수소
④ 일산화탄소

해설 포스겐은 독성만 있다.

25. ① 26. ④ 27. ② 28. ② 29. ①

문제 30
가스공급자는 안전유지를 위하여 안전관리자를 선임한다. 이 때 안전관리자의 업무가 아닌 것은?

① 용기 또는 작업과정의 안전 유지
② 안전관리규정의 시행 및 그 기록의 작성·보존
③ 종사자에 대한 안전관리를 위하여 필요한 지휘·감독
④ 공급시설의 정기검사

해설 시설정기검사 : 검사기관에서 한다.

문제 31
왕복펌프에 사용하는 밸브 중 점성액이나 고형물이 들어가 있는 액에 적합한 밸브는?

① 원판밸브
② 윤형밸브
③ 플레트 밸브
④ 구밸브

해설 점성액이나 고형 : 구형밸브 (볼밸브)

문제 32
양정 20m, 송수량 0.25m³/min, 펌프효율 65%인 터빈펌프의 축동력은 약 몇 kW인가?

① 1.26
② 1.36
③ 1.59
④ 1.69

해설 $kW = \dfrac{1000 \times 0.25 \times 20}{102 \times 60 \times 0.65} = 1.256$

문제 33
압축기에서 다단압축의 목적이 아닌 것은?

① 가스의 온도 상승을 방지하기 위하여
② 힘의 평형을 달리하기 위해서
③ 이용 효율을 증가시키기 위하여
④ 압축 일량의 절약을 위하여

해설 다단압축 : 힘의 평형유지

문제 34
배관 작업시 관 끝을 막을 때 주로 사용하는 부속품은?

① 캡
② 엘보
③ 플랜지
④ 니플

해설 관을 막을 때 : 캡, 또는 플러그를 사용한다.

30. ④　31. ④　32. ①　33. ②　34. ①

문제 35 "초저온 용기"라 함은 몇 ℃ 이하의 액화가스를 충전하기 위한 용기를 말하는가?
① -50
② -100
③ -150
④ -186

해설 -50℃ 이하를 초저온이라 한다.

문제 36 다음 보기와 같은 정압기의 종류는?

- Unloading형이다.
- 본체는 복좌밸브로 되어 있어 상부에 다이어프램을 가진다.
- 정특성은 아주 좋으나 안정성은 떨어진다.
- 다른 형식에 비하여 크기가 크다.

① 레이놀드 정압기
② 엠코 정압기
③ 피셔식 정압기
④ 엑셀 플로우식 정압기

해설 레이놀드식은 파이롯트형이다. (보조정압기가 있다)

문제 37 다음 열전대 중 측정온도가 가장 높은 것은?
① 백금-백금·로듐형
② 크로멜-알루멜형
③ 철-콘스탄탄형
④ 동-콘스탄탄형

해설 백금, 백금로듐형 1600℃까지 측정, 접촉식 중 가장 고온용이다.
동, 콘스탄탄이 열전대 중 350℃로 가장 저온용이다.

문제 38 스테판-볼츠만의 법칙을 이용하여 측정 물체에서 방사되는 전방사 에너지를 렌즈 또는 반사경을 이용하여 온도를 측정하는 온도계는?
① 색 온도계
② 방사 온도계
③ 열전대 온도계
④ 광전관 온도계

해설 방사에너지는 절대온도 4승에 비례한다. (복사온도계) 50~3000℃까지 측정

문제 39 다음 그림과 같이 깊이 10cm인 물탱크 출구에서의 물의 유속은 약 몇 m/s인가?
① 1.2
② 12
③ 1.4
④ 14

해설 $V = \sqrt{2 \times 9.8 \times 0.1} = 1.4 \text{m/sec}$

해답
35. ① 36. ① 37. ① 38. ② 39. ③

문제 40 도시가스 제조방식 중 접촉분해 공정에 해당하지 않는 것은?
① 수소화 분해 공정
② 고압 수증기 개질 공정
③ 저온 수증기 개질 공정
④ 사이클식 접촉분해 공정

해설 **접촉분해공정** : 고온수증기, 저온수증기, 사이클링식 공정으로 나눈다.

문제 41 공기액화분리장치용 구성기기 중 압축기에서 고압으로 압축된 공기를 저온저압으로 낮추는 역할을 하는 장치는?
① 응축기
② 유분리기
③ 팽창기
④ 열교환기

해설 **팽창기** : 고압에서 저압으로 감압시킨다.

문제 42 다음 중 공기액화사이클의 종류에 해당되지 않는 것은?
① 클라우드 공기액화사이클
② 캐피자 공기액화사이클
③ 뉴파우더 공기액화사이클
④ 필립스 공기액화사이클

해설 뉴파우더법은 암모니아 중압합성법이다.

문제 43 직동식 정압기의 기본 구성요소가 아닌 것은?
① 다이어프램
② 스프링
③ 메인밸브
④ 안전밸브

해설 안전밸브는 정압기 보조장치이다.

문제 44 반복하중에 의해 재료의 저항력이 저하하는 현상을 무엇이라고 하는가?
① 교축
② 크리프
③ 피로
④ 응력

해설 반복하중에 의한 피로파괴현상

문제 45 불꽃의 주위, 특히 불꽃의 기저부에 대한 공기의 움직임이 강해지면 불꽃이 노즐에 정착하지 않고 떨어지게 되어 꺼져 버리는 현상은?
① 옐로우 팁(yellow tip)
② 리프팅(lifting)
③ 블로우 오프(blow-off)
④ 백파이어(back fire)

해답　40. ①　41. ③　42. ③　43. ④　44. ③　45. ③

해설
- **블로우오프** : 불꽃이 꺼지는 현상
- **리프팅** : 염공을 떠나 연소되는 현상
- **백화이어** : 역화현상
- **엘로우팁** : 불완전연소의 황색 불꽃

문제 46
고온, 고압의 수소와 작용시키면 화합하여 암모니아를 생성하는 가스는?
① 질소　　　　② 탄소
③ 염소　　　　④ 메탄

해설
$N_2 + 3H_2 \rightarrow 2NH_3$
질소 + 수소 → 암모니아

문제 47
산소의 성질에 대한 설명 중 옳지 않은 것은?
① 그 자신은 폭발위험은 없으나 연소를 돕는 조연제이다.
② 액체산소는 무색, 무취이다.
③ 화학적으로 활성이 강하며, 많은 원소와 반응하며 산화물을 만든다.
④ 상자성을 가지고 있다.

해설 액체산소는 담청색이다.

문제 48
암모니아 누설 검사법으로 가장 적합한 방법은?
① 뷰렛법 검사　　　　② 타이록스법 검사
③ 네슬러 시약 검사　　④ 알카이드법 검사

해설 액체속의 암모니아 누설시 : 네슬러시약 사용하면 누설시 황색, 갈색으로 변한다.

문제 49
다음 설명 중 틀린 것은?
① 대기압보다 낮은 압력을 진공이라고 한다.
② 진공압은 mmHg · v로 나타낸다.
③ 절대압력 = 대기압 - 진공압이다.
④ 진공도의 단위는 %로 표시하며 대기압일 때 진공도 100%라고 한다.

해설 대기압은 진공도 0%, 완전진공일 때 진공도 100%

해답　46. ①　47. ②　48. ③　49. ④

문제 50

다음 온도관계식 중 옳은 것은? (단, 캘빈온도는 T_K, 섭씨온도는 t_c, 랭킨온도는 T_R, 화씨온도는 t_F이다.)

① $t_c = \dfrac{9}{5}(t_F - 32)$
② $T_K = t_c + 273.15$
③ $T_R = \dfrac{5}{9} T_K$
④ $t_F = T_R + 460$

해설 절대온도[°K] = 섭씨온도[℃] + 273

문제 51

천연가스를 연료화하기 위한 전처리 공정 중 제거 대상 물질이 아닌 것은?

① 수분
② 파라핀계 탄화수소
③ 탄산가스
④ 유황분

해설 파라핀계 성분은 많을수록 좋다.

문제 52

완전진공을 0으로 하여 측정한 압력을 의미하는 것은?

① 절대압력
② 게이지압력
③ 표준대기압
④ 진공압력

해설 완전진공 0으로 정한 압력 : 절대압력
대기압을 0으로 정한 압력 : 게이지압력

문제 53

다음 설명 중 틀린 것은?

① 비열의 단위는 kcal/℃이다.
② 1kcal란 물 1kg을 1℃ 올리는 데 필요한 열량을 말한다.
③ 1CHU란 물 1Lb를 1℃ 올리는 데 필요한 열량을 말한다.
④ 비열비(C_p/C_v)의 값은 언제나 1보다 크다.

해설 비열 : kcal/kg[℃]

문제 54

동합금제의 부르동관을 사용한 압력계가 있다. 다음 중 이 압력계를 사용할 수 없는 가스는?

① 수소
② 산소
③ 질소
④ 암모니아

해설 동합금을 쓸 수 없는 가스 : 아세틸렌, 암모니아, 황화수소

해답 50. ② 51. ② 52. ① 53. ① 54. ④

문제 55 염소폭명기에 대한 반응식은?

① $Cl_2 + CH_4 \rightarrow CH_3Cl + HCl$ ② $Cl_2 + CO \rightarrow COCl_2$
③ $Cl_2 + H_2O \rightarrow HClO + HCl$ ④ $Cl_2 + H_2 \rightarrow 2HCl$

해설 $Cl_2 + H_2 \rightarrow 2HCl$ (직사광선이 촉매이므로 촉매폭발이다)

문제 56 프로판 용기에 50kg의 가스가 충전되어 있다. 이 때 액상의 LP가스는 몇 l의 체적을 갖는가? (단, 프로판의 액 비중량은 0.5kg/l이다.)

① 25 ② 50
③ 100 ④ 150

해설 $\frac{50}{0.5} = 100$ ∴ 액부피 × 액비중 = 액질량

문제 57 절대온도 300K는 랭킨온도[°R]로 약 몇 도인가?

① 27 ② 167
③ 541 ④ 572

해설 [°K] × 1.8 = [°R], 300 × 1.8 = 540[°R]

문제 58 LP가스가 불완전연소되는 원인으로 가장 거리가 먼 것은?

① 공기 공급량 부족시
② 가스의 조성이 맞지 않을 때
③ 가스기구 및 연소기구가 맞지 않을 때
④ 산소 공급이 과잉일 때

해설 공기과잉시는 불완전연소가 일어난다.

문제 59 기체의 밀도를 이용해서 분자량을 구할 수 있는 법칙과 관계가 가장 깊은 것은?

① 아보가드로의 법칙 ② 헨리의 법칙
③ 반데르발스의 법칙 ④ 일정성분비의 법칙

해설 **아보가르드법칙** : 기체상태 방정식
헨리의 법칙 : 용해도
반데르발스법칙 : 실제기체 방정식

55. ④ 56. ③ 57. ③ 58. ④ 59. ①

문제 60 도시가스와 비교한 LP가스의 특성이 아닌 것은?

① 발열량이 높기 때문에 단시간에 온도를 높일 수 있다.
② 열용량이 크므로 작은 배관지름으로도 공급에 무리가 없다.
③ 자가공급이므로 Peak time이나 한가한 때는 일정한 공급을 할 수 없다.
④ 가스의 조성이 일정하고 소규모 또는 일시적으로 사용할 때는 경제적이다.

해설 안정된 공급이 가능하다.

해답 60. ③

2022년 3월 CBT 시행

문제 01 도시가스 사용시설의 월사용예정량[m³] 산출식으로 올바른 것은? (단, A는 산업용으로 사용하는 연소기의 명판에 기재된 가스소비량의 합계[kcal/h], B는 산업용이 아닌 연소기의 명판에 기재된 가스소비량의 합계[kcal/h]이다.)

① $\dfrac{(A \times 240)+(B \times 90)}{11,000}$
② $\dfrac{(A \times 240)+(B \times 90)}{10,500}$
③ $\dfrac{(A \times 220)+(B \times 80)}{11,000}$
④ $\dfrac{(A \times 220)+(B \times 80)}{10,500}$

해설 산업용 240시간 (1달 사용량)

문제 02 방폭 전기기기의 구조별 표시방법 중 "e"의 표시는?

① 안전증 방폭구조
② 내압 방폭구조
③ 유입 방폭구조
④ 압력 방폭구조

해설 내압 : d   유입 : O   압력 : p

문제 03 가연성 가스 제조시설의 고압가스 설비는 그 외면으로부터 산소 제조시설의 고압가스 설비와 몇 m 이상의 거리를 유지하여야 하는가?

① 5m
② 10m
③ 15m
④ 20m

해설 가연성과 가연성 제조설비는 5m 유지

문제 04 차량에 고정된 산소 탱크는 내용적이 몇 l를 초과해서는 안 되는가?

① 12,000
② 15,000
③ 18,000
④ 20,000

해설 독성 12000l, 가연성 산소 18000l 초과 금지

문제 05 다음 중 가연성이며 독성 가스인 것은?

① NH_3
② H_2
③ CH_4
④ N_2

해설 NH_3 : 25ppm(독성), 가연성 15~28%

해답 01. ① 02. ① 03. ② 04. ③ 05. ①

문제 06 공기액화분리장치에 들어가는 공기 중에 아세틸렌 가스가 혼입되면 안 되는 이유로서 가장 옳은 것은?

① 산소의 순도가 나빠지기 때문에
② 분리기 내의 액화산소 탱크 내에 들어가 폭발하기 때문에
③ 배관 내에서 동결되어 막히므로
④ 질소와 산소의 분리에 방해가 되므로

해설 액화산소 $5l$ 중 5mg 초과시 압축중지 후 방출해야 한다.

문제 07 초저온 용기의 단열성능시험용 저온액화가스가 아닌 것은?

① 액화아르곤　　② 액화산소
③ 액화공기　　　④ 액화질소

해설 액화공기는 분리 후 사용한다.

문제 08 일반용 고압가스 용기의 도색이 옳게 짝지어진 것은?

① 액화암모니아-백색　　② 수소-회색
③ 아세틸렌-흑색　　　　④ 액화염소-황색

해설 **수소** : 주황색
아세틸렌 : 황색
염소 : 갈색

문제 09 다음 중 기체 연료의 연소 형태로서 가장 옳은 것은?

① 증발연소　　② 표면연소
③ 분해연소　　④ 확산연소

해설 **기체연료** : 확산연소, 발염연소

문제 10 다음 중 특정고압가스에 해당되지 않는 것은?

① 이산화탄소　　② 수소
③ 산소　　　　　④ 천연가스

해설 **이산화탄소** : 불연성, 비독성

06. ②　07. ③　08. ①　09. ④　10. ①

문제 11 | 공기 중에서 가연성 물질을 연소시킬 때 공기 중의 산소농도를 증가시키면 연소속도와 발화온도는 각각 어떻게 되는가?
① 연소속도는 빨라지고, 발화온도는 높아진다.
② 연소속도는 빨라지고, 발화온도는 낮아진다.
③ 연소속도는 느려지고, 발화온도는 높아진다.
④ 연소속도는 느려지고, 발화온도는 낮아진다.

해설 산소농도가 클수록 연소가 쉬워진다.

문제 12 | 도시가스 사용시설은 최고사용압력의 1.1배 또는 얼마의 압력 중 높은 압력으로 실시하는 기밀시험에 이상이 없어야 하는가?
① 5.4kPa
② 6.4kPa
③ 7.4kPa
④ 8.4kPa

해설 $840mmH_2O \rightarrow 8.4kPa$

문제 13 | 액화석유가스를 저장하기 위하여 지상 또는 지하에 고정 설치된 저장탱크는 그 저장능력이 몇 톤 이상인 탱크를 말하는가?
① 3
② 5
③ 10
④ 100

해설 3TON 미만은 소형탱크

문제 14 | LPG 사용시설의 저압배관은 얼마 이상의 압력으로 실시하는 내압시험에서 이상이 없어야 하는 것으로 규정되어 있는가?
① 0.2MPa
② 0.5MPa
③ 0.8MPa
④ 1.0MPa

해설 LPG 저압배관 내압시험 압력 $0.8MPa(8kg/cm^2)$

문제 15 | 다음 중 도시가스 매설배관 보호용 보호포에 표시하지 않아도 되는 사항은?
① 가스명
② 사용압력
③ 공급자명
④ 배관매설 년도

해설 **보호포** : 매설년도는 표시하지 않는다.

해답

11. ② 12. ④ 13. ① 14. ③ 15. ④

문제 16 가스사용자가 소유하거나 점유하고 있는 토지의 경계에 가스사용자가 구분하여 소유하거나 점유하는 건축물의 외벽에 설치된 계량기의 전단밸브까지에 이르는 배관을 무엇이라고 하는가?

① 본관
② 저압관
③ 사용자 공급관
④ 내관

해설 내관 : 가스메타에서 연소기까지

문제 17 고압가스 운반시 밸브가 돌출한 충전용기에는 밸브의 손상을 방지하기 위하여 무엇을 설치하여 운반하여야 하는가?

① 고무판
② 프로텍터 또는 캡
③ 스커트
④ 목재 칸막이

해설 스커트 : 저부 부식방지

문제 18 5,000kg의 R-12를 내용적 50ℓ 용기에 충전하려 할 때 필요한 용기는 몇 개인가? (단, 가스정수 C는 0.86이다.)

① 5
② 7
③ 9
④ 11

해설 $550 \div (50/0.86) = 8.6 = 9$

문제 19 LPG에 대한 설명 중 옳지 않은 것은?

① 액화석유가스의 약자이다.
② 고급 탄화수소의 혼합물이다.
③ 탄소수 3 및 4의 탄화수소 또는 이를 주성분으로 하는 혼합물이다.
④ 무색, 투명하고 물에 난용이다.

해설 LPG 저급탄화수소

문제 20 암모니아 냉매의 누설시험법으로 틀린 것은?

① 적색 리트머스 시험지가 푸른 색으로 변화
② 자극성 냄새로 발견
③ 진한 염산에 접촉시키면 흰 연기가 남
④ 네슬러 시약에 접촉하면 백색으로 변화

해설 네슬러시약 : 황색 또는 갈색으로 변한다.

16. ③ 17. ② 18. ③ 19. ② 20. ④

문제 21
고압가스 저장에 대한 설명 중 옳지 않은 것은?

① 충전용기는 넘어짐 및 충격을 방지하는 조치를 할 것.
② 가연성 가스의 저장실은 누출된 가스가 체류하지 아니하도록 할 것.
③ 가연성 가스를 저장하는 곳에는 방폭형 휴대용 손전등 외의 등화를 휴대하지 아니할 것.
④ 충전용기와 잔가스용기는 서로 단단히 결속하여 넘어지지 않도록 할 것.

해설 충전용기와 잔가스용기는 구분하여 보관한다.

문제 22
LPG 충전소에는 시설의 안전확보상 "충전 중 엔진 정지"를 주위의 보기 쉬운 곳에 설치해야 한다. 이 표지판의 바탕색과 문자색은?

① 흑색 바탕에 백색 글씨
② 흑색 바탕에 황색 글씨
③ 백색 바탕에 흑색 글씨
④ 황색 바탕에 흑색 글씨

해설 충전 중 엔진정지 : 황색 바탕에 흑색, 화기엄금 : 백색 바탕에 적색

문제 23
아세틸렌 제조설비에서 충전용 지관은 탄소 함유량이 얼마 이하인 강을 사용하여야 하는가?

① 0.1%
② 2.1%
③ 4.3%
④ 6.7%

해설 지관의 탄소 함유량 0.1% 이하

문제 24
액화석유가스 용기에 가장 적합한 안전밸브는?

① 가용전식
② 스프링식
③ 중추식
④ 파열판식

해설 아세틸렌, 염소 용기 등은 가용전식

문제 25
산소에 대한 설명 중 옳지 않은 것은?

① 고압의 산소와 유지류의 접촉은 위험하다.
② 과잉 산소는 인체에 해롭다.
③ 내산화성 재료로서는 주로 납(Pb)이 사용된다.
④ 산소의 화학반응에서 과산화물은 위험성이 있다.

해설 내산성 금속으오는 크롬이 우수하다.

해답 21. ④ 22. ④ 23. ① 24. ② 25. ③

문제 26 제조소에 설치하는 긴급차단장치에 대한 설명으로 옳지 않은 것은?

① 긴급차단장치는 저장탱크 주밸브의 외측에 가능한 한 저장탱크의 가까운 위치에 설치해야 한다.
② 긴급차단장치는 저장탱크 주밸브와 겸용으로 하여 신속하게 차단할 수 있어야 한다.
③ 긴급차단장치의 동력원은 그 구조에 따라 액압, 기압, 전기 또는 스프링 등으로 할 수 있다.
④ 긴급차단장치는 당해 저장탱크 외면으로부터 5m 이상 떨어진 곳에서 조작할 수 있어야 한다.

해설 주밸브와 겸용해서는 안된다.

문제 27 아세틸렌 가스를 제조하기 위한 설비를 설치하고자 할 때 아세틸렌 가스가 통하는 부분은 동 함유량이 몇 % 이하의 것을 사용해야 하는가?

① 62 ② 72
③ 75 ④ 85

해설 동함유량 62% 미만의 강을 사용해야 한다.

문제 28 천연가스로 도시가스를 공급하고 있다. 이 천연가스의 주성분은?

① CH_4 ② C_2H_6
③ C_3H_8 ④ C_4H_{10}

해설 LNG 주성분 : CH_4(메탄)

문제 29 지하에 매설된 도시가스 배관의 전기방식 방법이 아닌 것은?

① 희생양극법 ② 직류법
③ 배류법 ④ 외부전원법

해설 직류법은 전기방식법이 아니다.

문제 30 액화석유가스 자동차충전소에서 이·충전작업을 위하여 저장탱크와 탱크로리를 연결하는 가스용품의 명칭은?

① 역화방지장치 ② 로딩암
③ 퀵 카플러 ④ 긴급차단밸브

해설 퀵가플러 : 호스연결기구

해답
26. ② 27. ① 28. ① 29. ② 30. ②

문제 31 용기의 원통부로부터 길이방향으로 잘라내어 탄성한도, 연신율, 항복점, 단면수축률 등을 측정하는 검사 방법은?

① 외관 검사 ② 인장시험
③ 충격시험 ④ 내압시험

해설 인장시험시 항복점, 연신율 등이 측정된다.

문제 32 펌프의 성능을 표시하는 특성곡선에서 일반적으로 표시되어 있지 않은 것은?

① 양정 ② 축동력
③ 토출량 ④ 임펠러 재질

문제 33 공기를 공기액화분리법으로 액화시킬 때 가장 먼저 액화되는 것은?

① N_2 ② O_2
③ Ar ④ He

해설 산소비점 -183℃ 제일 높다.

문제 34 고압식 액체산소분리장치의 주요 구성이 아닌 것은?

① 공기압축기 ② 기화기
③ 액화산소탱크 ④ 저온열교환기

해설 펌프선도는 양정, 유량, 소비동력, 효율 등을 나타낸다.

문제 35 헴펠법에 의한 가스 분석시 가장 먼저 흡수되는 가스는?

① C_2H_6 ② CO_2
③ O_2 ④ CO

해설 헴펠법 흡수순서 : CO_2-C_2H_6-O_2-CO

문제 36 LP 가스 용기의 재질로서 가장 적절한 것은?

① 주철 ② 탄소강
③ 내산강 ④ 두랄루민

해설 비점이 높은 산소가 먼저 액화된다. (-183℃)
액화순서 : 산소-알곤-질소-헬륨

해답 31. ② 32. ④ 33. ② 34. ② 35. ② 36. ②

문제 37 암모니아용 부르돈관 압력계의 재질로서 가장 적당한 것은?

① 황동　　② Al강
③ 청동　　④ 연강

해설 암모니아는 동 및 동합금 사용금지.

문제 38 캐피자(Kapiza) 공기액화사이클에서 공기의 압축압력은 약 얼마 정도인가?

① 3atm　　② 7atm
③ 29atm　　④ 40atm

해설 캐피자 공기사이클 (저압식) : 7atm

문제 39 20RT의 냉동능력을 갖는 냉동기에서 응축온도가 +30℃, 증발온도가 -25℃일 때 냉동기를 운전하는 데 필요한 냉동기의 성적계수(COP)는 얼마인가?

① 4.51　　② 7.46
③ 14.51　　④ 17.46

해설 $\dfrac{248}{303-248} = 4.509$

문제 40 차압을 측정하여 유량을 계측하는 유량계가 아닌 것은?

① 오리피스미터　　② 피토관
③ 벤투리미터　　④ 플로노즐

해설 피토관은 유속계이다.

문제 41 흡입압력이 대기압과 같으며 최종압력이 15kgf/cm² · g인 4단 공기 압축기의 압축비는? (단, 대기압은 1kgf/cm²로 한다.)

① 2　　② 4
③ 8　　④ 16

해설 $\sqrt[4]{\dfrac{16}{1}} = 2$

37. ④　38. ②　39. ①　40. ②　41. ①

문제 42 아세틸렌 제조시설에서 가스발생기의 종류에 해당하지 않는 것은?

① 주수식 ② 침지식
③ 투입식 ④ 사관식

해설 사관식은 열교환기 종류

문제 43 정압기의 특성에 대한 설명 중 틀린 것은?

① 정특성은 정상상태에서의 유량과 2차 압력과의 관계를 말한다.
② 동특성은 부하변동에 대한 응답의 신속성과 안정성이 요구된다.
③ 유량 특성은 메인 밸브의 열림과 점도와의 관계를 말한다.
④ 사용최대 차압은 실용적으로 사용할 수 있는 범위에서 최대로 되었을 때의 차압을 말한다.

해설 **유량특성** : 밸브열림과 유량과의 관계

문제 44 액체 주입식 부취제 설비의 종류에 해당되지 않는 것은?

① 위크증발식 ② 적하주입식
③ 펌프주입식 ④ 미터연결바이패스식

해설 **위크식** : 기체흡입방법이다.

문제 45 다음 중 터보(Turbo)형 펌프가 아닌 것은?

① 원심 펌프 ② 사류 펌프
③ 축류 펌프 ④ 플런저 펌프

해설 **플랜저** : 왕복펌프

문제 46 질소와 수소를 원료로 하여 암모니아를 합성한다. 표준상태에서 수소 $5m^3$가 반응하였을 때 암모니아는 약 몇 kg이 생성되는가?

① 1.52 ② 2.53
③ 3.54 ④ 4.55

해설
$N_2 + 3H_2 \rightarrow 2NH_3$
$22.4m^3 \quad 67.2m^3 \quad 34kg$
$67.2 : 34 = 5 : x \quad \therefore x = 2.529$

해답
42. ④ 43. ③ 44. ① 45. ④ 46. ②

문제 47 국내 도시가스 연료로 사용되고 있는 LNG와 LPG(+Air)의 특성에 대한 설명 중 틀린 것은?

① 모두 무색 무취이나 누출할 경우 쉽게 알 수 있도록 냄새 첨가제(부취제)를 넣고 있다.
② LNG는 냉열 이용이 가능하나, LPG(+Air)는 냉열 이용이 가능하지 않다.
③ LNG는 천연고무에 대한 용해성이 있으나, LPG(+Air)는 천연고무에 대한 용해성이 없다.
④ 연소시 필요한 공기량은 LNG가 LPG보다 적다.

해설 LPG 천연 고무용해 시킨다. 패킹재료 실리콘 고무 사용.

문제 48 다음 설명 중 옳지 않은 것은?

① 1J은 1N·m와 같다.
② 등엔트로피 과정이란 가역단열 과정을 말한다.
③ 1kcal는 427kgf·m와 같다.
④ 카르노 사이클은 2개의 등온과정과 2개의 등압과정으로 구성된 사이클이다.

해설 두 개의 단열과정, 두 개의 등압과정

문제 49 프로판의 완전연소 반응식으로 옳은 것은?

① $C_3H_8 + 4O_2 \rightarrow 3CO_2 + 2H_2O$
② $C_3H_8 + 5O_2 \rightarrow 3CO_2 + 4H_2O$
③ $C_3H_8 + 2O_2 \rightarrow 3CO_2 + H_2O$
④ $C_3H_8 + O_2 \rightarrow CO_2 + H_2O$

해설 프로판은 5배의 산소가 필요하다.(약 25배 공기)

문제 50 임계온도에 대한 설명으로 옳은 것은?

① 기체를 액화할 수 있는 최저의 온도
② 기체를 액화할 수 있는 절대온도
③ 기체를 액화할 수 있는 최고의 온도
④ 기체를 액화할 수 있는 평균온도

해설 액화시 임계온도 이하 유지.

47. ③ 48. ④ 49. ② 50. ③

문제 51 다음 중 표준대기압(1atm)이 아닌 것은?
① 76mmHg
② 1.013bar
③ 101302.7N/m²
④ 10.332psi

해설 대기압=0PSI=14.7PSIa

문제 52 암모니아 가스의 특성에 대한 설명 중 옳은 것은?
① 물에 잘 녹지 않는다.
② 무색의 기체이다.
③ 상온에서 아주 불안정하다.
④ 물에 녹으면 산성이 된다.

해설 암모니아는 염기성이다.

문제 53 다음 중 가장 높은 온도는?
① 25℃
② 250K
③ 41°F
④ 460°R

해설 25℃=298°K
$\frac{9}{5} \times 25 + 32 = 77°F = 537°R$

문제 54 물을 전기분해하여 수소를 얻고자 할 때 주로 사용되는 전해액은 무엇인가?
① 1% 정도의 묽은 염산
② 20% 정도의 수산화나트륨 용액
③ 10% 정도의 탄산칼슘 용액
④ 25% 정도의 황산 용액

해설 20% NaOH 수용액을 전해액으로 사용한다.

문제 55 다음 화합물 중 탄소의 함유량이 가장 많은 것은?
① CO_2
② CH_4
③ C_2H_4
④ CO

해설 $C_2H_4 = 24/28$

문제 56 다음 중 수성가스는 어느 것인가?
① $CO_2 + H_2O$
② $CO_2 + H_2$
③ $CO + H_2$
④ $CO + H_2O$

해설 $C + H_2O \rightarrow CO + H_2$

해답
51. ④ 52. ② 53. ① 54. ② 55. ③ 56. ③

문제 57
다음 중 헨리의 법칙에 잘 적용되지 않는 가스는?
① 암모니아　　　　② 수소
③ 산소　　　　　　④ 이산화탄소

해설 기체의 용해도(헨리의 법칙)

문제 58
이상기체의 정압비열(C_p)과 정적비열(C_v)에 대한 설명 중 틀린 것은? (단, k는 비열비이고, R은 이상기체 상수이다.)
① 정적비열과 R의 합은 정압비열이다.
② 비열비(k)는 $\dfrac{C_p}{C_v}$로 표현된다.
③ 정적비열은 $\dfrac{R}{k-1}$로 표현된다.
④ 정압비열은 $\dfrac{k-1}{k}$으로 표현된다.

해설 정압비열 $\dfrac{k}{k-1}$

문제 59
메탄가스의 특성에 대한 설명 중 틀린 것은?
① 메탄은 프로판에 비해 연소에 필요한 산소량이 많다.
② 폭발하한농도가 프로판보다 높다.
③ 무색, 무취이다.
④ 폭발상한농도가 부탄보다 높다.

해설 메탄은 프로판에 비해 40%의 공기가 필요하다.

문제 60
상온의 물 1Lb를 1°F 올리는 데 필요한 열량을 의미하는 것은?
① 1cal　　　　　　② 1Btu
③ 1Chu　　　　　 ④ 1erg

해설 **1cal** : 물 1g 1℃
erg(일량) : 1dyne · cm

57. ①　58. ④　59. ①　60. ②

2022년 7월 CBT 시행

문제 01 암모니아 취급시 피부에 닿았을 때 조치사항으로 가장 적당한 것은?

① 열습포로 감싸준다.
② 다량의 물로 세척후 붕산수를 바른다.
③ 산으로 중화시키고 붕대로 감는다.
④ 아연화 연고를 바른다.

[해설] 암모니아는 물에 용해가 잘 된다.

문제 02 도시가스 배관의 설치기준 중 옥외 공동구 벽을 관통하는 배관의 손상 방지 조치로 옳은 것은?

① 지반의 부동침하에 대한 영향을 줄이는 조치
② 보호관과 배관 사이에 일정한 공간을 비워두는 조치
③ 공동구의 내외에서 배관에 작용하는 응력의 촉진 조치
④ 배관의 바깥지름에 3cm를 더한 지름의 보호관 설치 조치

[해설] 벽관통부는 방식조치를 해야 한다.

문제 03 다음 중 마찰, 타격 등으로 격렬히 폭발하는 예민한 폭발 물질로서 가장 거리가 먼 것은?

① AgN_2
② H_2S
③ Ag_2C_2
④ N_4S_4

[해설] 황화수소는 독성 가연성 기체이다.

문제 04 내용적 94l인 액화프로판 용기의 저장능력은 몇 kg인가?(단, 충전상수 C는 2.35이다.)

① 20
② 40
③ 60
④ 80

[해설] $\dfrac{94}{2.35} = 40$

해답

01. ② 02. ① 03. ② 04. ②

문제 05
아세틸렌가스 또는 압력이 9.8MPa 이상인 압축가스를 용기에 충전하는 경우 방호벽을 설치하지 않아도 되는 경우는?

① 압축기와 충전장소 사이
② 압축기와 그 가스충전용기 보관장소 사이
③ 압축가스를 운반하는 차량과 충전용기 사이
④ 압축가스 충전장소와 그 가스충전용기보관장소 사이

해설 운반차량과 보관장소 사이에는 필요없다.

문제 06
액화 천연가스 저장설비의 안전거리 산정식으로 옳은 것은?(단, L : 유지거리, C : 상수, W : 저장능력 제곱근 또는 질량이다.)

① $L = C\sqrt[3]{143000\,W}$
② $L = W\sqrt{143000\,C}$
③ $L = C\sqrt{143000\,W}$
④ $W = L\sqrt[3]{14300\,C\,W}$

해설 ① 계산식에서 50m 미만 시는 50m 유지

문제 07
저장탱크를 지하에 매설하는 경우의 기준 중 틀린 것은?

① 저장탱크의 주위에 마른 모래를 채울 것
② 저장탱크의 정상부와 지면과의 거리는 40cm 이상으로 할 것
③ 저장탱크를 2개 이상 인접하여 설치하는 경우에는 상호간에 1m 이상의 거리를 유지할 것
④ 저장탱크를 묻은 곳의 주위에는 지상에 경계를 표시할 것

해설 탱크정상부와 지면과의 거리는 60cm 이상

문제 08
도시가스사업자는 가스공급시설을 효율적으로 관리하기 위하여 배관·정압기에 대하여 도시가스배관망을 전산화 하여야 한다. 이때 전산관리 대상이 아닌 것은?

① 설치도면
② 시방서
③ 시공자
④ 배관제조자

해설 **배관, 정압기 전산관리항목** : 시공자, 설치도면, 시방서

문제 09
독성가스의 가스 설비에 관한 배관 중 2중관으로 하여야 하는 가스는?

① 아황산가스
② 이황화탄소가스
③ 수소가스
④ 불소가스

해설 이중관의 내관의 외경과 외관의 내경비는 1 : 1.2

05. ③ 06. ① 07. ② 08. ④ 09. ①

문제 10 고압가스 운반기준에 대한 안전기준 중 틀린 것은?

① 밸브돌출 용기는 고정식 프로텍터나 캡 등을 부착하여 손상을 방지한다.
② 운반시 넘어짐 등으로 인한 충격을 방지하기 위하여 와이어로프 등으로 결속한다.
③ 위험물 안전관리법이 정하는 위험물과 충전용기를 동일 차량에 적재시는 1m 정도 이격시킨 후 운반한다.
④ 독성가스 중 가연성과 조연성 가스는 동일 차량 적재함에 적재하여 운반하지 않는다.

해설 위험물과는 동일차량에 적재할 수 없다.

문제 11 아황산가스의 제독제로 갖추어야 할 것이 아닌 것은?

① 가성소다 수용액　　② 소석회
③ 탄산소다 수용액　　④ 물

해설 아황산가스의 경우에는 소석회는 제외된다.

문제 12 고압가스 용기 보관 장소에 충전용기를 보관할 때의 기준 중 틀린 것은?

① 충전용기와 잔가스용기는 각각 구분하여 용기보관 장소에 놓을 것
② 용기보관 장소의 주위 5m 이내에는 화기 또는 인화성 물질이나 발화성 물질을 두지 아니할 것
③ 충전 용기는 항상 40℃ 이하의 온도를 유지하고, 직사광선을 받지 않도록 조치할 것
④ 가연성 가스 용기보관 장소에는 방폭형 휴대용 손전등 외의 등화를 휴대하고 들어가지 아니할 것

해설 2m 이내에 발화성, 인화성 물질을 두지 말 것.

문제 13 액화석유가스를 저장하는 시설의 강제통풍구조에 대한 기준 중 틀린 것은?

① 통풍능력이 바닥면적 $1m^2$마다 $0.5m^3$/분 이상으로 한다.
② 흡입구는 바닥면 가까이에 설치한다.
③ 배기가스 방출구를 지면에서 5m 이상의 높이에 설치한다.
④ 배기구는 천장면에서 30cm 이내에 설치한다.

해설 강제통풍배기구는 배출구상부와 직접 연결되게 한다.

10. ③　11. ②　12. ②　13. ④

문제 14

다음 가스 중 독성이 가장 강한 것은?

① 암모니아
② 디메틸아민
③ 브롬화메틸
④ 아크릴로니트릴

해설 아크릴로니트릴 : 2ppm   암모니아 : 25ppm
디메틸아민 : 10ppm   브롬화메탄 : 5ppm

문제 15

가스 중의 음속보다도 화염 전파속도가 큰 경우로서 충격파라고 하는 솟구치는 압력파가 생기는 현상을 무엇이라 하는가?

① 폭발
② 폭굉
③ 폭연
④ 연소

해설 음속 340m/sec. 폭굉 시 화염 전파속도 1000~3500m/sec

문제 16

다음 가스 중 발화온도와 폭발등급에 의한 위험성을 비교하였을 때 위험도가 가장 큰 것은?

① 부탄
② 암모니아
③ 아세트알데히드
④ 메탄

해설 착화온도
부탄 430~510℃   메탄 615~682℃
아세트알데히드 185℃(폭발범위 4.1~55%)   암모니아 651℃

문제 17

LPG 충전집단공급저장시설의 공기 내압시험시 상용압력의 일정 압력 이상 승압 후 단계적으로 승압시킬 때 몇 % 씩 증가시키는가?

① 상용압력의 5% 씩
② 상용압력의 10% 씩
③ 상용압력의 15% 씩
④ 상용압력의 20% 씩

해설 단계적으로 10%씩 승압시킨다.

문제 18

독성가스를 용기에 의하여 운반시 구비하여야할 보호장비 중 반드시 휴대하지 않아도 되는 것은?

① 방독면
② 제독제
③ 고무장갑 및 고무장화
④ 산소마스크

해설 독성 운반시 산소마스크는 제외

해답 14. ④ 15. ② 16. ③ 17. ② 18. ④

문제 19 | 도시가스 사용시설의 기밀시험 기준으로 옳은 것은?(단, 연소기는 제외한다.)

① 최고 사용압력의 1.1배 또는 8.40kPa 중 높은 압력 이상의 압력으로 실시하여 이상이 없을 것
② 최고 사용압력의 1.2배 또는 10.00kPa 중 높은 압력 이상의 압력으로 실시하여 이상이 없을 것
③ 최고 사용압력의 1.1배 또는 10.00kPa 중 높은 압력 이상의 압력으로 실시하여 이상이 없을 것
④ 최고 사용압력의 1.2배 또는 8.40kPa 중 높은 압력 이상의 압력으로 실시하여 이상이 없을 것

해설 사용시설 기밀시험은 최고사용압력의 1.1배 8.4kPa 중 높은 압력.

문제 20 | LPG 연소기의 명판에 기재할 사항이 아닌 것은?

① 연소기명
② 가스소비량
③ 연소기 재질명
④ 제조(롯드) 번호

해설 연소기 명판에 재질은 기재사항이 아니다.

문제 21 | 고압가스 설비에 장치하는 압력계의 최고 눈금의 기준은?

① 내압시험 압력의 1배 이상 2배 이하
② 상용압력의 1.5배 이상 2배 이하
③ 상용압력의 2배 이상 3배 이하
④ 내압시험 압력의 1.5배 이상 2배 이하

해설 반복출제

문제 22 | 저온저장 탱크에는 그 저장탱크의 내부압력이 외부압력보다 저하함에 따라 그 저장탱크가 파괴되는 것을 방지하기 위한 조치로서 갖추지 않아도 되는 설비는?

① 진공 안전밸브
② 다른 저장탱크 또는 시설로부터의 가스도입 배관(균압관)
③ 압력과 연동하는 긴급차단장치를 설치한 송액설비
④ 물분무설비

해설 물분무장치는 온도상승 방지 목적이다.

19. ①   20. ③   21. ②   22. ④

문제 23 가연성 액화가스를 충전하여 200km를 초과하여 운반할 때 운반책임자를 동승시켜야 하는 기준은?(단, 납붙임 및 접합용기는 제외한다.)

① 1000kg 이상
② 2000kg 이상
③ 3000kg 이상
④ 6000kg 이상

해설 **운반책임자 동승** : 가연성 $300m^3$, 3000kg 이상 시 해당

문제 24 수소의 특징에 대한 설명으로 옳은 것은?

① 조연성기체이다.
② 폭발범위가 넓다.
③ 가스의 비중이 커서 확산이 느리다.
④ 저온에서 탄소와 수소취성을 일으킨다.

해설 수소폭발범위 4~75%

문제 25 가스 공급시설의 임시 사용 기준 항목이 아닌 것은?

① 도시가스 공급이 가능한지의 여부
② 당해 지역의 도시가스의 수급상 도시가스의 공급이 필요한지의 여부
③ 공급의 이익 여부
④ 가스공급 시설을 사용함에 따른 안전저해의 우려가 있는지의 여부

해설 임시합격 기준에서 공급자의 이익은 제외된다.

문제 26 가연성가스를 취급하는 장소에는 누출된 가스의 폭발 사고를 방지하기 위하여 전기설비를 방폭구조로 한다. 다음 중 방폭구조가 아닌 것은?

① 안전증 방폭구조
② 내열 방폭구조
③ 압력 방폭구조
④ 내압 방폭구조

해설 내열방폭구조는 없다.

문제 27 일반도시가스 사업자 정압기의 가스방출관 방출구는 지면으로부터 몇 m 이상의 높이에 설치하여야 하는가?(단, 전기시설물과의 접촉 등으로 사고의 우려가 없는 장소임)

① 1
② 2
③ 3
④ 5

해설 **가스방출관** : 지상에서 5m 이상 높이

23. ③　24. ②　25. ③　26. ②　27. ④

문제 28 수소와 염소에 일광을 비추었을 때 일어나는 폭발의 형태로서 가장 옳은 것은?

① 분해폭발 ② 중합폭발
③ 촉매폭발 ④ 산화폭발

해설 수소와 염소가 부피로 1 : 1 혼합 시 직사광선(촉매역활)에 의해 폭발한다.

문제 29 가스사용시설의 지하매설배관이 저압인 경우 배관 색상은?

① 황색 ② 적색
③ 백색 ④ 청색

해설 고압배관은 적색

문제 30 LPG 충전시설의 충전소에 기재한 "화기엄금"이라고 표시한 게시판의 색깔로 옳은 것은?

① 황색바탕에 적색글씨 ② 황색바탕에 흑색글씨
③ 백색바탕에 적색글씨 ④ 백색바탕에 흑색글씨

해설 화기엄금 바탕 : 백색 문자 : 적색

문제 31 LNG, 액화산소 등을 저장하는 탱크에 사용되는 단열재 선정시 고려해야 할 사항으로 옳은 것은?

① 밀도가 크고 경량일 것 ② 저온에 있어서의 강도는 적을 것
③ 열전도율이 클 것 ④ 안전 사용온도 범위가 넓을 것

해설 단열재 : 열전도율이 적고 밀도도 적을 것.

문제 32 연소의 이상현상 중 불꽃의 주위, 특히 불꽃의 기저부에 대한 공기의 움직임이 세어지면 불꽃이 노즐에서 정착하지 않고 떨어지게 되어 꺼져 버리는 현상은?

① 선화 ② 역화
③ 블로우오프 ④ 불완전 연소

해설 블로우오프 : 바람으로 불꽃이 꺼지는 현상

28. ③ 29. ① 30. ③ 31. ④ 32. ③

문제 33
원심펌프를 병렬연결 운전할 때의 일반적인 특성으로 옳은 것은?
① 유량은 불변이다.　　② 양정은 증가한다.
③ 유량은 감소한다.　　④ 양정은 일정하다.

해설 **병렬 운전 시**: 유량증가, 양정일정

문제 34
왕복펌프의 밸브로서 구비해야 할 조건이 아닌 것은?
① 누출물을 막기 위하여 밸브의 중량이 클 것
② 내구성이 있을 것
③ 밸브의 개폐가 정확할 것
④ 유체가 밸브를 지날 때의 저항을 최소한으로 할 것

해설 밸브중량은 가벼울수록 좋다.

문제 35
부취제의 주입설비에서 액체주입법에 해당되지 않는 것은?
① 위크증발식　　② 펌프주입식
③ 미터연결 바이패스식　　④ 적하주입방식

해설 위크증발식은 기체주입방법.

문제 36
암모니아 합성공정 중 중압합성에 해당되지 않는 것은?
① IG법　　② 뉴파우더법
③ 케미크법　　④ 케로그법

해설 케로그은 저압 합성법($150kg/cm^2$ 전후)이다.

문제 37
고온·고압의 가스 배관에 주로 쓰이며 분해, 보수 등이 용이하나 매설배관에는 부적당한 접합방법은?
① 플랜지 접합　　② 나사 접합
③ 차입 접합　　④ 용접 접합

해설 플랜지는 수시로 분해점검이 용이해야 한다.

해답　33. ④　34. ①　35. ①　36. ④　37. ①

문제 38
저온 배관용 탄소강관의 표시기호는?

① SPPS ② SPLT
③ SPPH ④ SPHT

해설 SPHT : 고온용

문제 39
열기전력을 이용한 온도계가 아닌 것은?

① 백금-백금 로듐 온도계 ② 동-콘스탄탄 온도계
③ 철-콘스탄탄 온도계 ④ 백금-콘스탄탄 온도계

문제 40
염화파라듐지로 검지할 수 있는 가스는?

① 아세틸렌 ② 황화수소
③ 염소 ④ 일산화탄소

해설 염화파라듐지가 일산화탄소 접촉 시 흑색으로 변한다.

문제 41
왕복식 압축기의 구성 부품이 아닌 것은?

① 피스톤 ② 임펠러
③ 커넥팅 로드 ④ 크랭크축

해설 임펠러는 터보식의 구성부품.

문제 42
탄소강 중에 저온취성을 일으키는 원소로 옳은 것은?

① P ② S
③ Mo ④ Cu

해설 P(인) : 상온, 저온취성의 원인
S(황) : 적열취성

문제 43
유체가 5m/s의 속도로 흐를 때 이 유체의 속도수두는 약 몇 m인가?(단, 중력 가속도는 9.8m/s²이다.)

① 0.98 ② 1.28
③ 12.2 ④ 14.1

해설 $h = \dfrac{V^2}{2g} = \dfrac{5^2}{2 \times 9.8} = 1.28$

해답
38. ② 39. ④ 40. ④ 41. ② 42. ① 43. ②

문제 44
다음 [보기]와 관련있는 분석법은?

- 쌍극자모멘트의 알짜변화
- Nernst 백열등
- 진동 짝지움
- Fourier 변환 분광계

① 질량분석법 ② 흡광광도법
③ 적외선 분광분석법 ④ 킬레이트 적정법

해설 **적외선 분광법** : 분광계로 빛의 파장을 측정한다.

문제 45
가늘고 긴 수직형 반응기로 유체가 순환됨으로서 교반이 행하여지는 방식으로 주로 대형 화학공장 등에 채택되는 오토클레이브는?

① 진탕형 ② 교반형
③ 회전형 ④ 가스교반형

해설 **가스교반형** : 입형이다.

문제 46
물 1g을 1℃ 올리는데 필요한 열량은 얼마인가?

① 1cal ② 1J
③ 1btu ④ 1erg

해설 1J = 1Nm   BTH : 물 1Lb를 1°F 올리는데 드는 열량

문제 47
메탄가스에 대한 설명 중 틀린 것은?

① 무색, 무취의 기체이다. ② 공기보다 무거운 기체이다.
③ 천연가스의 주성분이다. ④ 폭발범위는 약 5~15% 정도이다.

해설 메탄분자량 16 공기보다 가볍다.

문제 48
아세틸렌(C_2H_2)에 대한 설명 중 틀린 것은?

① 카바이트(CaC_2)에 물을 넣어 제조한다.
② 동과 접촉하여 동아세틸라이드를 만들므로 동함유량이 62% 이상을 설비로 사용한다.
③ 흡열화합물이므로 압축하면 분해폭발을 일으킬 수 있다.
④ 공기 중 폭발범위는 약 2.5~80.5%이다.

해설 구리와 접촉 시 동아세틸라이트를 만든다.

44. ③ 45. ④ 46. ① 47. ② 48. ②

문제 49 산소에 대한 설명으로 옳은 것은?

① 가연성가스이다.
② 자성(磁性)을 가지고 있다.
③ 수소와는 반응하지 않는다.
④ 폭발범위가 비교적 큰 가스이다.

해설 산소는 강 자성체이다.

문제 50 수소폭명기(Detonation Gas)에 대한 설명으로 옳은 것은?

① 수소와 산소가 부피비 1 : 1로 혼합된 기체이다.
② 수소와 산소가 부피비 2 : 1로 혼합된 기체이다.
③ 수소와 염소가 부피비 1 : 1로 혼합된 기체이다.
④ 수소와 염소가 부피비 2 : 1로 혼합된 기체이다.

해설 $H_2 + O \rightarrow H_2O$. 부피=수소2, 산소1

문제 51 다음 압력 중 표준대기압이 아닌 것은?

① $10.332mH_2O$
② 1atm
③ 14.7inchHg
④ 76cmHg

해설 표준대기압 : 30inHg

문제 52 산화에틸렌의 성질에 대한 설명 중 틀린 것은?

① 무색의 유독한 기체이다.
② 알코올과 반응하여 글리콜에테르를 생성한다.
③ 암모니아와 반응하여 에탄올아민을 생성한다.
④ 물, 아세톤, 사염화탄소 등에 불용이다.

해설 물, 아세톤 등에 잘 용해한다.

문제 53 아세틸렌의 가스발생기 중 다량의 물속에 CaC_2를 투입하는 방법으로서 주로 공업적으로 대량생산에 적합한 가스발생 방법은?

① 주수식
② 침지식
③ 접촉식
④ 투입식

해설 물을 뿌리는 형식은 주수식.

49. ② 50. ② 51. ③ 52. ④ 53. ④

문제 54 도시가스 제조방식 중 촉매를 사용하는 사용온도 400~800℃에서 탄화수소와 수증기를 반응시켜 수소, 메탄, 일산화탄소, 탄산가스 등의 저급 탄화수소로 변환시키는 프로세스는?

① 열분해 프로세스
② 접촉분해 프로세스
③ 부분연소 프로세스
④ 수소화분해 프로세스

해설) 열분해공정은 800~900℃

문제 55 다음 중 냄새가 나는 물질(부취제)의 구비조건이 아닌 것은?

① 독성이 없을 것
② 저농도에 있어서도 냄새를 알 수 있을 것
③ 완전연소하고 연소 후에는 유해물질을 남기지 말 것
④ 일상생활의 냄새와 구분되지 않을 것

해설) 일상생활 냄새와 구분 될 것.

문제 56 도시가스에 사용되는 부취제 중 DMS의 냄새는?

① 석탄가스 냄새
② 마늘 냄새
③ 양파 썩는 냄새
④ 암모니아 냄새

해설) DMS (데미텔설파이드) : 마늘냄새
THT (데트라히드로티오팬) : 석탄가스
TBM (더시어리부틸메르갑탄) : 양파

문제 57 다음 ( ) 안에 알맞은 것은?

절대압력 =( ) + 게이지 압력

① 진공압
② 수두압
③ 대기압
④ 동압

해설) 게이지 압력 = 절대압력 - 대기압

문제 58 표준상태에서 아세틸렌 가스의 밀도는 약 몇 g/L인가?

① 0.86
② 1.16
③ 1.34
④ 2.24

해설) $\dfrac{26}{22.4} = 1.16$

54. ② 55. ④ 56. ② 57. ③ 58. ②

문제 59 다음 중 엔트로피의 단위로 옳은 것은?
① W/m ℃
② W/m^3
③ J/K
④ kcal/kg

해설 열량을 절대온도 나눈 값 : 엔트로피

문제 60 밀폐된 용기 내의 압력이 20기압 일 때 O_2의 분압은?(단, 용기 내에는 N_2가 80%, O_2가 20%있다.)
① 3기압
② 4기압
③ 5기압
④ 6기압

해설 $20 \times 0.2 = 4$

59. ③ 60. ②

2022년 10월 CBT 시행

문제 01 에틸렌 공업용 가스용기에 사용하는 문자의 색상은?
① 적색　　　　　　　　　② 녹색
③ 흑색　　　　　　　　　④ 백색

해설 용기문자는 백색(암모니아, 아세틸렌 : 흑색 LPG : 적색)

문제 02 공기 중에서 폭발범위가 가장 넓은 가스는?
① C_2H_4O　　　　　　　② CH_4
③ C_2H_4　　　　　　　　④ C_3H_8

해설 C_2H_4O : 3~80%, 아세틸렌 다음으로 넓다.

문제 03 초저온 용기에 대한 정의로 옳은 것은?
① 임계온도가 50℃ 이하인 액화가스를 충전하기 위한 용기
② 강판과 동판으로 제조된 용기
③ −50℃ 이하인 액화가스를 충전하기 위한 용기로서 용기내의 가스온도가 상용의 온도를 초과하지 않도록 한 용기
④ 단열재로 피복하여 용기내의 가스온도가 상용의 온도를 초과하여 조치된 용기

해설 초저온은 −50℃ 이하

문제 04 다음 중 가연성 가스 제조공장에서 착화의 원인으로 가장 거리가 먼 것은?
① 정전기　　　　　　　　② 사용촉매의 접촉작용
③ 밸브의 급격한 조작　　④ 베릴륨 합금제 공구에 의한 충격

해설 반복출제

문제 05 가스 배관 주위에 매설물을 부설하고자 할 때 이격거리 기준은 몇 cm 이상인가?
① 20　　　　　　　　　　② 30
③ 50　　　　　　　　　　④ 60

해설 배관주위 매설물 30cm 이상 이격거리

해답　01. ④　02. ①　03. ③　04. ④　05. ②

문제 06 일반도시가스사업의 가스공급 시설의 정압기에 대한 분해점검 시기로서 옳은 것은?

① 6개월에 1회 이상
② 1년에 1회 이상
③ 2년에 1회 이상
④ 3년에 1회 이상

[해설] 정압기 : 분해점검 2년에 1회, 작동상황 6개월에 1회

문제 07 아세틸렌을 용기에 충전시, 미리 용기에 다공질물을 고루 채운 후 침윤 및 충전을 해야 하는데 이 때 다공도는 얼마로 해야 하는가?

① 75% 이상 92% 미만
② 70% 이상 95% 미만
③ 62% 이상 75% 미만
④ 92% 이상

[해설] 다공도 75% 이상 92% 미만

문제 08 독성가스의 저장설비에서 가스누출에 대비하여 설치하여야 하는 것은?

① 액화방지장치
② 액화수장치
③ 살수장치
④ 흡수장치

[해설] 독성가스 누출시를 대비하여 흡수장치나 중화장치를 설치한다.

문제 09 고압가스설비를 수리할 경우 가스설비 내를 대기압 이하까지 가스 치환을 생략할 수 없는 것은?

① 사람이 그 설비의 밖에서 작업하는 것
② 당해 가스설비의 내용적이 $1m^3$ 이하인 것
③ 화기를 사용하지 아니하는 작업인 것
④ 출입구의 밸브가 확실히 폐지되어 있고 내용적이 $10m^3$ 이상의 가스설비에 이르는 사이에 1개 이상의 밸브를 설치할 것

[해설] $5m^3$ 이상 설비는 두개 이상 밸브를 설치한다.

문제 10 산소 압축기의 내부 윤활유로 사용되는 것은?

① 물 또는 10% 묽은 글리세린수
② 진한 황산
③ 양질의 광유
④ 디젤엔진유

[해설] 윤활유 (공기 : 양질의 광유, 산소 : 물, 10% 글리세린수, 염소 : 농황산, LPG : 식물성유)

해답 06. ③ 07. ① 08. ④ 09. ④ 10. ①

문제 11
가스누출경보기의 기능에 대한 설명으로 옳은 것은?

① 전원의 전압등 변동이 ±3% 정도일 때에도 경보밀도가 저하되지 않을 것
② 가연성가스의 경보농도는 폭발하한계의 $\frac{1}{2}$ 이하일 것
③ 경보를 울린 후 가스 농도가 변하면 원칙적으로 경보를 중지시키는 구조일 것
④ 지시계의 눈금은 가연성가스용은 0~폭발하한계값일 것

[해설] 가스누설경보기 눈금범위 : 가연성(0~폭발하한), 독성(0~허용농도 3배), NH_3 실내사용시 150ppm
경보 : 가연성은 하한의 1/4, 독성 허용농도 이하, NH_3 실내사용 경우는 50ppm
경보농도 1.6배에서 30초 (NH_3, CO는 1분)

문제 12
특정고압가스사용시설에 대한 설명으로 옳은 것은?

① 산소의 저장설비 주위 5m 이내에서는 화기를 취급하지 않도록 할 것
② 가연성 가스의 사용시설 설치실은 누설된 가스가 체류될 수 있도록 할 것
③ 고압가스 설비는 상용 압력의 1.5배 이상의 압력에서 항복을 일으키지 않는 두께일 것
④ 고압가스 설비에는 저장 능력에 관계없이 안전밸브를 설치할 것

[해설] 상용압력의 두 배에서 항복을 일으키지 말 것

문제 13
액화가스를 충전하는 탱크는 그 내부에 액면요동을 방지하기 위하여 무엇을 설치해야 하는가?

① 방파판   ② 안전밸브
③ 액면계   ④ 긴급차단장치

[해설] 방파판 : 액면 요동방지, 5000l 이상시 해당

문제 14
고압가스용기의 안전점검 기준에 해당되지 않는 것은?

① 용기의 부식, 도색 및 표시 확인
② 용기의 캡이 씌워져 있거나 프로텍터의 부착여부 확인
③ 재검사 기간의 도래 여부를 확인
④ 용기의 누설을 성냥불로 확인

[해설] 용기누설 검사는 비눗물을 사용한다.

해답 11. ④   12. ①   13. ①   14. ④

문제 15 고압가스 일반제조시설에서 밸브가 돌출한 충전용기에는 충전한 후 넘어짐 방지조치를 하지 않아도 되는 용량은 내용적 몇 l 미만인가?

① 5
② 10
③ 20
④ 50

해설 전도, 전락방지 5l 미만은 제외한다.

문제 16 가스의 폭발범위에 영향을 주는 인자로서 가장 거리가 먼 것은?

① 비열
② 압력
③ 온도
④ 가스의 양

해설 폭발인자 : 온도, 압력, 조성(가스량, 농도)

문제 17 포스겐의 취급 사항에 대한 설명 중 틀린 것은?

① 포스겐을 함유한 폐기액은 산성물질로 충분히 처리한 후 처분할 것
② 취급시에는 반드시 방독마스크를 착용할 것
③ 환기시설을 갖출 것
④ 누설시 용기부식의 원인이 되므로 약간의 누설에도 주의할 것

해설 포스겐은 산성이므로 염기성으로 중화시킨다.

문제 18 다음 ( )안에 알맞은 것은?

"시안화수소를 충전한 용기는 충전한 후 ( )일이 경과되기 전에 다른 용기에 옮겨 충전할 것. 다만, 순도 ( )% 이상으로서 착색되지 아니한 것은 다른 용기에 옮겨 충전하지 아니할 수 있다."

① 30, 90
② 30, 95
③ 60, 90
④ 60, 98

해설 60일전 다른 용기로 옮긴다. 순도 98% 이상은 제외

문제 19 상용압력이 10MPa인 고압가스설비의 내압시험 압력은 몇 MPa 이상으로 하여야 하는가?

① 8
② 10
③ 12
④ 15

해설 내압시험은 상용압력의 1.5배 $10 \times 1.5 = 15$

해답　15. ①　16. ①　17. ①　18. ④　19. ④

문제 20 다음 착화온도에 대한 설명 중 틀린 것은?
① 탄화수소에서 탄소수가 많은 분자일수록 착화온도는 낮아진다.
② 산소농도가 클수록, 압력이 클수록 착화온도는 낮아진다.
③ 화학적으로 발열량이 높을수록 착화온도는 낮아진다.
④ 반응활성도가 작을수록 착화온도는 낮아진다.

해설 반응활성도가 크게 되면 착화온도는 낮아진다.

문제 21 고압가스 저장탱크 2개를 지하에 인접하여 설치하는 경우 상호 간에 유지하여야 할 최소거리의 기준은?
① 30cm
② 60cm
③ 1m
④ 3m

해설 지하탱크 간의 거리는 1m 이상 유지

문제 22 아세틸렌에 대한 설명 중 틀린 것은?
① 액체 아세틸렌은 비교적 안정하다.
② 접촉적으로 수소화하면 에틸렌, 에탄이 된다.
③ 압축하면 탄소와 수소로 자기분해한다.
④ 구리, 은, 수은 등의 금속과 화합시 아세틸라이드를 생성한다.

해설 반복출제

문제 23 인화점이 약 $-30°C$로 전구 표면이나 증기파이프에 닿기만 해도 발화하는 것은?
① CS_2
② C_2H_2
③ C_2H_4
④ C_3H_8

해설 CS_2 : 인화점이 낮은 독성가스이다. (20ppm)

문제 24 다음 중 가성소다를 제독제로 사용하지 않는 가스는?
① 염소가스
② 염화메탄
③ 아황산가스
④ 시안화수소

해설 염화메탄은 물이 제독제이다.

해답   20. ④   21. ③   22. ①   23. ①   24. ②

문제 25
다음 중 아세틸렌의 분석에 사용되는 시약은?

① 동암모니아 ② 파라듐블랙
③ 발연황산 ④ 피로갈롤

해설 발연황산을 사용하여 아세틸렌은 순도가 98% 이상이어야 한다.

문제 26
고압가스 안전관리상 제1종 보호시설이 아닌 것은?

① 학교 ② 여관
③ 주택 ④ 시장

해설 **1종시설** : 연면적 $1000m^2$ 이상, 300인 극장, 공연장 등 30인 이상 아동복지시설, 유형문화재

문제 27
다음 가스 검지시의 지시약과 반응색이 맞지 않는 것은?

① 산성가스-리트머스지 : 적색 ② $COCl_2$-하리슨씨시약 : 심등색
③ CO-염화파라듐지 : 흑색 ④ HCN-질산구리벤젠지 : 적색

해설 HCN : 질산구리벤젠지 (초산벤젠지) 가 청변

문제 28
도시가스배관의 외부전원법에 이한 전기방식 설비의 계기류 확인은 몇 개월에 1회 이상 하여야 하는가?

① 1 ② 3
③ 6 ④ 12

해설 **관대지전위** : 연회 1회 이상 점검
외부전원법, 배류법 : 3개월에 1회 이상 점검
절연부속품, 결선 등 : 6개월에 1회 이상 점검

문제 29
고압가스특정제조에서 지하매설 배관은 그 외면으로부터 지하의 다른 시설물과 몇 m 이상 거리를 유지해야 하는가?

① 0.3 ② 0.5
③ 1 ④ 1.2

해설 매설배관 다른 시설물과 0.3m 이격

해답 25. ③ 26. ③ 27. ④ 28. ② 29. ①

문제 30 다음 중 가스에 대한 정의가 잘못된 것은?
① 압축가스 – 일정한 압력에 의하여 압축되어 있는 가스
② 액화가스 – 가압·냉각 등의 방법에 의하여 액체상태로 되어 있는 것으로서 대기압에서의 비점이 40℃ 이하 또는 상용의 온도 이하인 것
③ 독성가스 – 인체에 유해한 독성을 가진 가스로서 허용 농도가 100만분의 300 이하인 것
④ 가연성가스 – 공기 중에서 연소하는 가스로서 폭발한계의 하한이 10% 이하인 것과 폭발한계의 상한과 하한의 차가 20% 이상인 것

해설 독성 : 허용농도 200ppm 이하인 가스

문제 31 저온장치의 단열법 중 일반적으로 사용되는 단열법으로 단열 공간에 분말, 섬유 등의 단열재를 충전하는 방법은?
① 상압 단열법
② 진공 단열법
③ 고진공 단열법
④ 다층진공 단열법

해설 상압단열법은 초저온진공법이 아니다.

문제 32 펌프의 유량이 100m³/s, 전양정 50m, 효율이 75% 일 때 회전수를 20% 증가시키면 소요동력은 몇 배가 되는가?
① 1.73
② 2.36
③ 3.73
④ 4.36

해설 동력은 회전수 3승에 비례한다. $(1.2)^3 = 1.728$

문제 33 내용적 35ℓ에 압력 0.2MPa의 수압을 걸었더니 내용적이 35.34ℓ로 증가되었다. 이 용기의 항구증가율은 얼마인가?(단, 대기압으로 하였더니 35.03ℓ이었다.)
① 6.8%
② 7.4%
③ 8.1%
④ 8.8%

해설 $\frac{0.03}{0.34} \times 100 = 8.8\%$ (10% 이하 합격)

문제 34 다음 가스 분석법 중 흡수분석법에 해당하지 않는 것은?
① 헴펠법
② 산화동법
③ 오르사트법
④ 게겔법

해설 흡수법 : 액체에 기체를 흡수시켜 정성, 정량하는 방법

30. ③ 31. ① 32. ① 33. ④ 34. ②

문제 35
가스액화분리장치의 주요 구성 부분이 아닌 것은?

① 기화장치　　　　　　② 정류장치
③ 한냉발생장치　　　　④ 불순물제거장치

해설　액화장치 : 불순물 제거-한냉발생-정류장치

문제 36
2단 감압조정기 사용시의 장점에 대한 설명으로 가장 거리가 먼 것은?

① 공급 압력이 안정하다.
② 용기 교환주기의 폭을 넓힐 수 있다.
③ 중간 배관이 가늘어도 된다.
④ 입상에 의한 압력손실을 보정할 수 있다.

해설　교환주기폭을 넓힐 수 있는 것은 자동교체식의 장점이다.

문제 37
LPG나 액화가스와 같이 저비점이고 내압이 0.4~0.5MPa 이상인 액체에 주로 사용되는 펌프의 메카니컬 시일의 형식은?

① 더블 시일형　　　　　② 인사이드 시일형
③ 아웃사이드 시일형　　④ 밸런스 시일형

해설　**더블시일** : 독성, 고진공
　　인사이드 : 고정면이 펌프측, 일반적
　　아웃사이드 : 회전면이 펌프측
　　밸런스 : $4kg/cm^2$ 이상

문제 38
다음 중 충전구가 오른 나사인 가연성 가스는?

① LPG　　　　　　　　② 수소
③ 액화 암모니아　　　　④ 시안화수소

해설　가연성은 왼나사 (NH_3, CH_3Br은 제외)

문제 39
기어펌프의 특징에 대한 설명 중 틀린 것은?

① 저압력에 적합하다.
② 토출압력이 바뀌어도 토출량은 크게 바뀌지 않는다.
③ 고점도액의 이송에 적합하다.
④ 흡입양정이 크다.

해설　**기어펌프** : $100kg/cm^2$ 이상 고압에도 사용된다.

해답

35. ①　36. ②　37. ④　38. ③　39. ①

문제 40 강관의 스케줄(schedule) 번호가 의미하는 것은?

① 파이프의 길이
② 파이프의 바깥지름
③ 파이프의 무게
④ 파이프의 두께

해설 S.C.H NO(관두께) = $10 \times \dfrac{P}{S}$

P : 사용압력[kg/cm^2]　　S : 허용응력[kg/mm^2]

문제 41 액화석유가스 이송용 펌프에서 발생하는 이상현상으로 가장 거리가 먼 것은?

① 케비테이션
② 수격작용
③ 오일포밍
④ 베이퍼록

해설 **오일포밍현상** : 후레온 가스냉동기의 압축기에서 거품이 일어나는 현상

문제 42 다음은 저압식 공기액화분리장치의 작동개요의 일부이다. ( ) 안에 각각 알맞은 수치를 옳게 나열한 것은?

"저압식 공기액화분리장치의 복식정류탑에서는 하부탑에서 약 5atm의 압력하에서 원료공기가 정류되고, 동탑 상부에서는 (㉠)% 정도의 액체질소가, 탑하부에서는 (㉡)% 정도의 액체공기가 분리된다."

① ㉠ 98　㉡ 40
② ㉠ 40　㉡ 98
③ ㉠ 78　㉡ 30
④ ㉠ 30　㉡ 78

해설 **복식정류탑 하부탑** : 상부는 질소액, 하부는 액체공기
　　　복식정류탑 상부탑 : 상부는 질소기체, 하부는 액체산소

문제 43 열전대 온도계의 원리를 옳게 설명한 것은?

① 금속의 열전도를 이용한다.
② 2종 금속의 열기전력을 이용한다.
③ 금속과 비금속 사이의 유도 기전력을 이용한다.
④ 금속의 전기저항이 온도에 의해 변화하는 것을 이용한다.

해설 두 점점 사이에 온도차가 생기면 전기가 발생된다. "제어베크효과" 열기전력이다.

문제 44 액주식 압력계에 사용되는 액체의 구비조건으로 틀린 것은?

① 화학적으로 안정되어야 한다.
② 모세관 현상이 없어야 한다.
③ 점도와 팽창계수가 작아야 한다.
④ 온도변화에 의한 밀도가 커야 한다.

해설 온도변화에 따른 밀도변화가 적어야 한다.

---

40. ④　41. ③　42. ①　43. ②　44. ④

문제 45 도시가스제조 공정 중 가열방식에 의한 분류에서 산화나 수첨반응에 의한 발열반응을 이용하는 방식은?

① 외열식
② 자열식
③ 축열식
④ 부분연소식

해설 발열반응(자열식), 축열식(열저장), 부분연소식(일부태운열 이용), 외열식(외부에서 가열)

문제 46 내용적 40ℓ의 용기에 아세틸렌가스 6kg(액비중 0.613)을 충전할 때 다공성물질의 다공도를 90%라 하면 표준상태에서 안전공간은 약 몇 %인가?(단, 아세톤의 비중은 0.8이고, 주입된 아세톤량은 13.9kg이다.)

① 12
② 18
③ 22
④ 31

해설
다공물질 부피 $40 \times 0.1 = 4$
아세틸렌 부피 $\dfrac{6}{0.613} = 9.787$
아세톤 부피 $\dfrac{13.9}{0.8} = 17.375$, $4 + 9.787 + 17.375 = 31.16$
$\dfrac{40 - 31.16}{40} \times 100 = 22.1$

문제 47 다음 [보기]에서 염소가스의 성질에 대한 것으로 모두 나열한 것은?

㉠ 상온에서 기체이다.
㉡ 상압에서 -40~-50°C으로 냉각하면 쉽게 액화한다.
㉢ 인체에 대하여 극히 유독하다.

① ㉠, ㉡
② ㉡, ㉢
③ ㉠, ㉢
④ ㉠, ㉡, ㉢

해설 염소 : 비점 -34°C, 1ppm

문제 48 다음 중 압력이 가장 높은 것은?

① 1atm
② 1kg/cm²
③ 8Lb/in²
④ 700mmHg

해설 $1atm = 1.033 kg/cm^2 = 14.7 Lb/in^2 = 760 mmHg$

45. ② 46. ③ 47. ④ 48. ①

문제 49 다음 중 수성가스(water gas)의 조성에 해당하는 것은?

① $CO + H_2$
② $CO_2 + H_2$
③ $CO + N_2$
④ $CO_2 + N_2$

해설 $C + H_2O \rightarrow CO + H_2$
탄소 + 수증기 → 수성가스

문제 50 다음 중 물의 비등점을 °F로 나타내면?

① 32
② 100
③ 180
④ 212

해설 물이 끓는 온도 : 100°C, 32°F

문제 51 암모니아 합성공정 중 중압법이 아닌 것은?

① 뉴파우더법
② 동공시법
③ IG법
④ 케로그법

해설 **저압**($150kg/cm^2$ 전후) : 케로그법, 구우데법
중압($300kg/cm^2$ 전후) : 뉴우파우더법, 케미크법
고압($600 \sim 1000kg/cm^2$) : 클로우드법, 카자레법

문제 52 일산화탄소의 성질에 대한 설명 중 틀린 것은?

① 산화성이 강한 가스이다.
② 공기보다 약간 가벼우므로 수상치환으로 포집한다.
③ 개미산에 진한 황산을 작용시켜 만든다.
④ 혈액 속의 헤모글로빈과 반응하여 산소의 운반력을 저하시킨다.

해설 CO는 환원성이 강하다.
$HCOOH$(개미산) $\rightarrow CO + H_2O$ (황산촉매)

문제 53 프로판을 완전연소시켰을 때 주로 생성되는 물질은?

① CO_2, H_2
② CO_2, H_2O
③ C_2H_2, H_2O
④ C_4H_{10}, CO

해설 $C_3H_8 + 5O_2 \rightarrow 3CO_2 + 4H_2O$

49. ① 50. ④ 51. ④ 52. ① 53. ②

문제 54 다음 에너지에 대한 설명 중 틀린 것은?

① 열역학 제0법칙은 열평형에 관한 법칙이다.
② 열역학 제1법칙은 열과 일사이의 방향성을 제시한다.
③ 이상기체를 정압 하에서 가열하면 체적은 증가하고 온도는 상승한다.
④ 혼합 기체의 압력은 각 성분의 분압의 합과 같다는 것은 돌턴의 법칙이다.

해설 **열역학 1법칙** : 에너지보존의 법칙
열역학 2법칙 : 열은 고온에서 저온으로 흐른다.

문제 55 다음 중 수돗물의 살균과 섬유의 표백용으로 주로 사용되는 가스는?

① F_2
② Cl_2
③ O_2
④ CO_2

해설 $Cl_2 + H_2O \rightarrow HCl + HClO$
염소　　　　　차아염소산 : 살균

문제 56 임계온도(critical temperature)에 대하여 옳게 설명한 것은?

① 액체를 기화시킬 수 있는 최고의 온도
② 가스를 기화시킬 수 있는 최저의 온도
③ 가스를 액화시킬 수 있는 최고의 온도
④ 가스를 액화시킬 수 있는 최저의 온도

해설 **임계온도** : 액화시킬 수 있는 최고의 온도(이 때 가할 최소한의 압력을 임계압력이라 한다)

문제 57 다음 중 드라이아이스의 제조에 사용되는 가스는?

① 일산화탄소
② 이산화탄소
③ 아황산가스
④ 염화수소

해설 **드라이아이스**(고체 이산화탄소) : $-78.5\,℃$

문제 58 LPG에 대한 설명 중 틀린 것은?

① 액체상태는 물(비중 1)보다 가볍다.
② 기화열이 커서 액체가 피부에 닿으면 동상의 우려가 있다.
③ 공기와 혼합시켜 도시가스 원료로도 사용된다.
④ 가정에서 연료용으로 사용하는 LPG는 올레핀계 탄화수소이다.

해설 LPG는 파라핀계(C_nH_{2n+2}) 탄화수소이다.

54. ②　55. ②　56. ③　57. ②　58. ④

문제 59 낮은 압력에서 방전시킬 때 붉은색을 방출하는 비활성 기체는?
① He
② Kr
③ Ar
④ Xe

해설 He : 황백색   Kr : 녹자색   Ne : 주황색
Ar : 적색   Rm : 청녹색   Xe : 청자색

문제 60 아세틸렌의 폭발하한은 부피로 2.5%이다. 가로 2m, 세로 2.5m, 높이 2m인 공간에서 아세틸렌이 약 몇 g이 누출되면 폭발할 수 있는가?(단, 표준상태라고 가정하고, 아세틸렌의 분자량은 26이다.)
① 25
② 29
③ 250
④ 290

해설 $(2 \times 2.5 \times 2) \times 0.025 = 0.25 m^3 = 250 l$
$\frac{250}{22.4} \times 268 = 290.1 g$

59. ③ 60. ④

단기완성
가스기능사 필기

기출문제
2023

2023년 1월 CBT 시행

문제 01 액화석유가스 또는 도시가스용으로 사용되는 가스용 염화비닐호스는 그 호스의 안전성, 편리성 및 호환성을 확보하기 위하여 안지름 치수를 규정하고 있는데 그 치수에 해당하지 않는 것은?

① 4.8mm
② 6.3mm
③ 9.5mm
④ 12.7mm

해설 가스용 염화비닐호스
① 1종 : 6.3mm 2종 : 9.5mm 3종 : 12.7mm
② 허용차 : ±0.7mm
③ 기밀시험 : 0.2MPa

문제 02 가스 누출 자동차단장치의 검지부 설치 금지 장소에 해당하지 않는 것은?

① 출입구 부근 등으로서 외부의 기류가 통하는 곳
② 가스가 체류하기 좋은 곳
③ 환기구 등 공기가 들어오는 곳으로부터 1.5m 이내의 곳
④ 연소기의 폐가스에 접촉하기 쉬운 곳

해설 가스 누출 자동차단장치 검지부 설치 제외 장소
① 출입구 부근용으로 외부의 기류가 통하는 곳
② 환기구 공기가 들어오는 곳으로부터 1.5m 이내의 곳
③ 연소기의 폐가스에 접촉하기 쉬운 곳

문제 03 가연성 고압가스 제조소에서 다음 중 착화원인이 될 수 없는 것은?

① 정전기
② 베릴륨 합금제 공구에 의한 타격
③ 사용 촉매의 접촉
④ 밸브의 급격한 조작

해설 불꽃이 나지 않는 안전용 공구이며 착화 방지 용도로 사용한다.

문제 04 LP가스의 일반적인 성질에 대한 설명 중 옳은 것은?

① 공기보다 무거워 바닥에 고인다.
② 액의 체적 팽창률이 적다.
③ 증발잠열이 적다.
④ 기화 및 액화가 어렵다.

해답 01. ① 02. ② 03. ② 04. ①

해설 LP가스의 성질
① 액의 체적 팽창률이 크다.　② 기화잠열(증발)이 크다.
③ 기화 및 액화가 쉽다.　　　④ 공기보다 무겁다.
⑤ 무색, 무미, 무취이다.

문제 05
도시가스 사용시설에서 배관의 호칭지름이 25mm인 배관은 몇 m 간격으로 고정하여야 하는가?

① 1m마다
② 2m마다
③ 3m마다
④ 4마다

해설 배관의 고정장치 설치 기준
① 배관은 움직이지 아니하도록 건축물에 고정부착하는 조치를 한다.
② 관경(호칭지름) 13mm 미만 : 1m마다
③ 관경(호칭지름) 13mm 이상 33mm 미만 : 2m마다
④ 관경(호칭지름) 33mm 이상 : 3m마다
⑤ 고정장치 사이에는 절연조치를 한다.

문제 06
액화석유가스는 공기 중의 혼합비율의 용량이 얼마인 상태에서 감지할 수 있도록 냄새가 나는 물질을 섞어 용기에 충전하여야 하는가?

① $\frac{1}{10}$
② $\frac{1}{100}$
③ $\frac{1}{1000}$
④ $\frac{1}{10000}$

해설 부취제 주입설비

공기중의 혼합비율이 $\frac{1}{1000}$ 상태에서 감지할 수 있도록 냄새가 나는 물질을 혼합하여야 하고 이를 위한 장치를 설치한다.

문제 07
다음 중 천연가스(LNG)의 주성분은?

① CO
② CH_4
③ C_2H_4
④ C_2H_2

해설 천연가스(LNG) 주성분 : 메탄(CH_4)

문제 08
건축물 안에 매설할 수 없는 도시가스 배관의 재료는?

① 스테인리스강관
② 동관
③ 가스용 금속플렉시블호스
④ 가스용 탄소강관

해답　　05. ②　06. ③　07. ②　08. ④

해설 배관설비 기준
① 건축물 안의 배관은 노출하여 시공하며, 환기가 잘 되지 않는 천정, 벽, 바닥, 공동구 등에는 설치하지 아니한다.
② 스테인레스강관
③ 금속제의 보호관이나 보호판으로 보호조치를 한 동관
④ 가스용 금속플렉시블호스를 이음매(용접이음매는 제외)없이 설치한 경우

문제 09 고압가스용 용접용기 동판의 최대 두께와 최소 두께와의 차이는?
① 평균두께의 5% 이하
② 평균두께의 10% 이하
③ 평균두께의 20% 이하
④ 평균두께의 25% 이하

해설 용접용기 : 10% 이하

문제 10 공기 중에서 폭발범위가 가장 넓은 가스는?
① 메탄
② 프로판
③ 에탄
④ 일산화탄소

해설 폭발범위(연소 범위)
① 메탄 : 5~15%
② 프로판 : 2.2~9.5%
③ 에탄 : 3.0~12.5%
④ 일산화탄소 : 12.5~74%

문제 11 다음 중 마찰, 타격 등으로 격렬히 폭발하는 예민한 폭발물질로서 가장 거리가 먼 것은?
① AgN_2
② H_2S
③ Ag_2C_2
④ N_4S_4

해설 마찰, 타격 등으로 격렬히 폭발하는 예민한 폭발물질
아지화은(AgN_2), 질화수은(HgN_2), 아세틸드(Ag_2C_2), 황화질소(N_4S_4), 옥화질소, 테트라젠, 염화질소 등이 있다.

문제 12 독성 가스 용기 운반기준에 대한 설명으로 틀린 것은?
① 차량의 최대 적재량을 초과하여 적재하지 아니한다.
② 충전 용기는 자전거나 오토바이에 적재하여 운반하지 아니한다.
③ 독성 가스 중 가연성 가스와 조연성 가스는 같은 차량의 적재함으로 운반하지 아니한다.
④ 충전 용기를 차량에 적재하여 운반할 때에는 적재함에 넘어지지 않게 뉘어서 운반한다.

해설 충전용기를 차량에 적재하여 운반할 때에는 적재함에 넘어지지 않게 세워서 운반한다.

09. ② 10. ④ 11. ② 12. ④

문제 13
도시가스 계량기와 화기 사이에 유지하여야 하는 거리는?

① 2m 이상
② 4m 이상
③ 5m 이상
④ 8m 이상

해설 **화기와의 거리**(도시가스 사용시설)
① 계량기와 화기사이의 거리 : 우회거리 2m 이상으로 한다.
   (그 시설안에서 사용하는 자체화기 제외)
② 입상관과 화기사이의 거리 : 우회거리 2m 이상으로 한다.
   (그 시설안에서 사용하는 자체화기 제외)

문제 14
용기 밸브 그랜드너트의 6각 모서리에 V형의 홈을 낸 것은 무엇을 표시하기 위한 것인가?

① 왼나사임을 표시
② 오른나사임을 표시
③ 암나사임을 표시
④ 수나사임을 표시

해설 ①그랜드 너트의 육각 모서리 V자 형 홈 : 왼나사임을 표시 한다.
②육각 모서리 V자 형 홈에 의해 오른나사와 왼나사로 구분한다.

문제 15
부탄가스용 연소기의 명판에 기재할 사항이 아닌 것은?

① 연소기명
② 제조자의 형식호칭
③ 연소기 재질
④ 제조(로트)번호

해설
① 연소기명
② 제조자의 형식호칭(모델번호)
③ 사용가스명(도시가스용은 사용가능한 가스그룹) 및 사용가스압력
④ 가스소비량(액화석유가스는 kg/h, 도시가스는 kcal/h)
⑤ 제조번호 및 제조연월 또는 그 약호(수입품은 수입년월)
⑥ 품질보증기간 및 용도
⑦ 제조자명 또는 그 약호(수입품은 수입판매자명)
⑧ 정격전압(V) 및 소비전력(W)(전기를 사용하는 연소기에 한한다)

문제 16
도시가스 도매사업자가 제조소에 다음 시설을 설치하고자 한다. 다음 중 내진 설계를 하지 않아도 되는 시설은?

① 저장능력이 2톤인 지상식 액화천연가스 저장탱크의 지지구조물
② 저장능력이 300m^3인 천연가스 홀더의 지지구조물
③ 처리능력이 10m^3인 압축기의 지지구조물
④ 처리능력이 15m^3인 펌프의 지지구조물

해답   13. ①   14. ①   15. ③   16. ①

해설 내진 설계 제외 대상
① 건축법령에 따라 내진설계를 하여야 하는 것으로서 같은 법령이 정하는 바에 따라 내진설계한 시설
② 저장능력이 3톤 미만인 저장탱크 또는 가스홀더(압축가스 300m³ 미만)
③ 지하에 설치된 시설

문제 17 저장탱크의 지하설치기준에 대한 설명으로 틀린 것은?

① 천장, 벽 및 바닥의 두께가 각각 30cm 이상인 방수조치를 한 철근콘크리트로 만든 곳에 설치한다.
② 지면으로부터 저장탱크의 정상부까지의 깊이는 1m 이상으로 한다.
③ 저장탱크에 설치한 안전밸브에는 지면에서 5m 이상의 높이에 방출구가 있는 가스방출관을 설치한다.
④ 저장탱크의 매설한 곳의 주위에는 지상에 경계표지를 설치한다.

해설 저장탱크 지하설치 기준
① 지면으로부터 저장탱크의 정상부까지의 깊이는 60cm 이상으로 한다.
② 저장탱크의 주위에 마른 모래를 채울 것
③ 저장탱크를 2개 이상 인접하여 설치하는 경우 상호간 거리는 1m 이상의 거리를 유지한다.

문제 18 가스 중 음속보다 화염전파 속도가 큰 경우 충격파가 발생하는데 이때 가스의 연소 속도로서 옳은 것은?

① 0.3~100m/s   ② 100~300m/s
③ 700~800m/s   ④ 1000~3500m/s

해설 폭굉
① 연소속도가 음속보다 빠르다.
② 연소 속도 : 1000~3500m/s

문제 19 도시가스 사용시설의 가스계량기 설치기준에 대한 설명으로 옳은 것은?

① 시설 안에서 사용하는 자체 화기를 제외한 화기와 가스계량기와의 유지하여야 하는 거리는 3m 이상이어야 한다.
② 시설 안에서 사용하는 자체 화기를 제외한 화기와 입상관과 유지하여야 하는 거리는 3m 이상이어야 한다.
③ 가스계량기와 단열조치를 하지 아니한 굴뚝과의 거리는 10cm 이상 유지하여야 한다.
④ 가스계량기와 전기개폐기와의 거리는 60cm 이상 유지하여야 한다.

해답 17. ② 18. ④ 19. ④

해설 **도시가스 사용시설의 가스 계량기 설치기준**
① 시설 안에서 사용하는 자제 화기를 제외한 화기와 가스계량기와의 유지하여야 하는 거리는 2m 이상이어야 한다.
② 시설 안에서 사용하는 자체 화기를 제외한 화기와 입상관과 유지하여야 하는 거리는 2m 이상이어야 한다.
③ 가스계량기와 단열조치를 하지 아니한 굴뚝과의 거리는 30cm 이상 유지하여야 한다.

문제 20 비등액체팽창증기폭발(BLEVE)이 일어날 가능성이 가장 낮은 곳은?
① LPG 저장탱크
② 액화가스 탱크로리
③ 천연가스 지구정압기
④ LNG 저장탱크

해설 **비등액체팽창증기폭발(BLEVE)이 일어날 가능성이 높은 구조**
① 가연성 액체가 들어있는 탱크 주위에서 화재가 발생하는 경우
② 화재시 열에 의하여 탱크벽이 가열되는 경우
③ 액면이하의 탱크벽은 액에의해 냉각되나 액의 온도는 올라가고, 액면위 공간의 압력이 증가한다.
④ 열을 제거시킬 액이 없고 증기만 존재하는 탱크의 벽이나 천정까지 화염이 도달하면 화염과 접촉하는 부위 금속의 온도가 상승하여 구조적 강도를 잃게 된다.
⑤ 약해진 탱크부위가 내부의 고압에 의해 파열되어 내부의 고압액체의 일부가 누출되면서 급격히 기화하여 증기운을 형성하고 여기에 착화되어 폭발한다.

문제 21 액화석유가스를 탱크로리로부터 이·충전할 때 정전기를 제거하는 조치로 접지하는 접지접속선의 규격은?
① $5.5mm^2$ 이상
② $6.7mm^2$ 이상
③ $9.6mm^2$ 이상
④ $10.5mm^2$ 이상

해설 본딩용 접속선 및 접지 접속선의 단면적은 $5.5mm^2$ 이상인 것을 사용한다.

문제 22 가연성 가스, 독성 가스 및 산소설비의 수리 시 설비 내의 가스 치환용으로 주로 사용되는 가스는?
① 질소
② 수소
③ 일산화탄소
④ 염소

해설 **질소** : 불연성이고 상온에서 안정된 가스이다.

문제 23 다음 중 지연성 가스에 해당되지 않는 것은?
① 염소
② 불소
③ 이산화질소
④ 이황화탄소

해설 이황화탄소(CS_2)는 가연성 가스이다.

20. ③ 21. ① 22. ① 23. ④

문제 24

내용적이 300L인 용기에 액화암모니아를 저장하려고 한다. 이 저장설비의 저장능력은 얼마인가? (단, 액화암모니아의 충전정수는 1.86이다.)

① 161kg
② 232kg
③ 279kg
④ 558kg

해설

$W[\text{kg}] = \dfrac{V[\text{L}]}{C} = \dfrac{300}{1.86} = 161.290\text{kg}$ 여기서, C: 충전상수

문제 25

다음 중 방류둑을 설치하여야 할 기준으로 옳지 않은 것은?

① 저장능력이 5톤 이상인 독성 가스 저장탱크
② 저장능력이 300톤 이상인 가연성 가스 저장탱크
③ 저장능력이 1000톤 이상인 액화석유가스 저장탱크
④ 저장능력이 1000톤 이상인 액화산소 저장탱크

해설 방류둑 설치 대상
① 고압가스 특정제조 저장탱크
  ㉠ 가연성 가스 : 저장능력 500ton 이상
  ㉡ 독성가스 : 저장능력 5ton 이상
  ㉢ 산소 : 저장능력 1000ton 이상
② 고압가스 일반제조 저장탱크
  ㉠ 고압가스 일반 제조시설 : 가연성 및 산소의 액화가스 저장능력이 1000톤 이상일 때 방류둑을 설치한다.
  ㉡ 저장능력이 5톤 이상의 독성가스 저장탱크 주위에 방류둑을 설치한다.
③ 냉동제조시설 : 독성가스를 냉매로 하는 수액기의 내용적이 10000L 이상일 때 방류둑을 설치한다.
④ 액화석유가스 저장시설 : 1000ton 이상

문제 26

다음은 도시가스 사용시설의 월사용예정량을 산출하는 식이다. 이 중 기호 "A"가 의미하는 것은?

$$Q = \dfrac{(A \times 240) + (B \times 90)}{11000}$$

① 월사용예정량
② 산업용으로 사용하는 연소기의 명판에 기재된 가스소비량의 합계
③ 산업용이 아닌 연소기의 명판에 기재된 가스소비량의 합계
④ 가정용 연소기의 가스소비량 합계

해설 도시가스 사용 시설의 월 사용예정량 산출식

$Q = \dfrac{(A \times 240) + (B \times 90)}{11000}$

여기서, A : 산업용 가스 소비량의 합계[kcal/h]
B : 비산업용 가스 소비량의 합계[kcal/h]

해답 24. ① 25. ② 26. ②

문제 27 LPG 용 압력조정기 중 1단 감압식 저압조정기의 조정압력의 범위는?

① 2.3~3.3kPa
② 2.55~3.3kPa
③ 57~83kPa
④ 5.0~30kPa 이내에서 제조자가 설정한 기준압력의 ±20%

해설

종류	입구압력(MPa)	조정압력(kPa)
1단감압식저압조정기	0.07~1.56	2.30~3.30
1단감압식준저압조정기	0.1~1.56	5.0~30.0 이내에서 제조자가 설정한 기준압력의 ±20%
2단감압식1차용조정기 (용량 100kg/h 이하)	0.1~1.56	57.0~83.0
2단감압식1차용조정기 (용량 100kg/h 초과)	0.3~1.56	57~83.0
2단감압식2차용저압조정기	0.01~0.1 또는 0.025~0.1	2.30~3.30
2단감압식2차용준저압조정기	조정압력 이상~0.1	5.0~30.0 내에서 제조자가 설정한 기준압력의 ±20%
자동절체식일체형저압조정기	0.1~1.56	2.55~3.30
자동절체식일체형준저압조정기	0.1~1.56	5.0~30.0 내에서 제조자가 설정한 기준압력의 ±20%
그 밖의 압력조정기	조정압력 이상~1.56	5kPa를 초과하는 압력범위에서 상기 압력조정기의 종류에 따른 조정압력에 해당하지 않는 것에 한하며, 제조자가 설정한 기준압력의 ±20%일 것

문제 28 용기의 내용적 40L에 내압시험 압력의 수압을 걸었더니 내용적이 40.24L로 증가하였고, 압력을 제거하여 대기압으로 하였더니 용적은 40.02L가 되었다. 이 용기의 항구증가량과 또 이 용기의 내압시험에 대한 합격 여부는?

① 1.6%, 합격
② 1.6%, 불합격
③ 8.3%, 합격
④ 8.3%, 불합격

해설 항구 증가율

① 항구 증가량 = 40.02L − 40L = 0.02L
② 전 증가량 = 40.24L − 40L = 0.24L
③ 합격 : 항구 증가율 10% 이하 일 것
④ 항구 증가률 = $\dfrac{\text{항구 증가량}}{\text{전 증가량}} \times 100\% = \dfrac{0.02}{0.24} \times 100 = 8.333\%$

27. ① 28. ③

문제 29 산소가스 설비의 수리를 위한 저장탱크 내의 산소를 치환할 때 산소측정기 등으로 치환 결과를 수시로 측정하여 산소의 농도가 원칙적으로 몇 % 이하가 될 때까지 치환하여야 하는가?

① 18% ② 20%
③ 22% ④ 24%

해설 치환 농도
① 독성가스 : 허용농도 이하
② 가연성 : 폭발범위 하한의 1/4 이하
③ 산소의 농도 22% 이하(산소설비 개방검사)
④ 산소농도 : 18%이상~22% 이하(설비내부에 사람이 있을 때)

문제 30 최근 시내버스 및 청소차량 연료로 사용되는 CNG충전소 설계 시 고려하여야 할 사항으로 틀린 것은?

① 압축장치와 충전설비 사이에는 방호벽을 설치한다.
② 충전기에는 90 kgf 미만의 힘에서 분리되는 긴급분리장치를 설치한다.
③ 자동차 충전기(디스펜서)의 충전호스 길이는 8m 이하로 한다.
④ 펌프 주변에는 1개 이상 가스 누출검지 경보장치를 설치한다.

해설 긴급분리장치
① 각 충전기마다 설치한다.
② 충전기는 60kgf(666.4N)미만의 힘에서 분리되는 긴급분리장치를 설치한다.

문제 31 다이어프램식 압력계의 특징에 대한 설명 중 틀린 것은?

① 정확성이 높다. ② 반응속도가 빠르다.
③ 온도에 따른 영향이 적다. ④ 미소압력을 측정할 때 유리하다.

해설 다이어프램식 압력계의 특징
① 온도의 영향을 받으며 대기압차가 작은 미소 압력을 측정시 유리하다.
② 감도가 좋고 정확성이 높다.

문제 32 어떤 도시가스의 발열량이 15000kcal/Sm³일 때 웨버지수는 얼마인가? (단, 가스의 비중은 0.5로 한다.)

① 12121 ② 20000
③ 21213 ④ 30000

해설 $WI = \dfrac{H_g}{\sqrt{d}} = \dfrac{15000}{\sqrt{0.5}} = 21213.203$

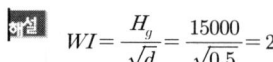

29. ③ 30. ② 31. ③ 32. ③

문제 33 염화팔라듐지로 검지할 수 있는 가스는?
① 아세틸렌   ② 황화수소
③ 염소   ④ 일산화탄소

해설 가스 누설 검색지의 변색

가스명	검색지	색깔(변색)
암모니아(NH₃)	붉은 리트머스 시험지	청색
염소(Cl₂)	KI 전분지	청색
포스겐(COCl₂)	하리슨 시약	오렌지색
아세틸렌(C₂H₂)	염화제1동 착염지	적색
일산화탄소(CO)	염화 파라듐지	검정색
황화수소(H₂S)	연당지(초산납 시험지)	검정색
시안화수소(HCN)	질산구리벤제시(초산벤젠)	청색
아황산가스(SO₂)	암모니아 형겊	흰연기 발생
프로판(C₃H₈)	비눗물	기포 발생

문제 34 전위측정기로 관대지전위(pipe to soil potential)측정 시 측정방법으로 적합하지 않은 것은? (단, 기준전극은 포화황산동 전극이다.)
① 측정선 말단의 부식부분을 연마 후에 측정한다.
② 전위측정기의 (+)는 T/B(test box), (−)는 기준전극에 연결한다.
③ 콘크리트 등으로 기준전극을 토양에 접지할 수 없을 경우에는 물에 적신 스펀지 등을 사용하여 측정한다.
④ 전위 측정은 가능한 한 배관에서 먼 위치에서 측정한다.

해설 전위 측정은 가능한 한 배관에서 가까운 위치에서 측정한다.

문제 35 주로 탄광 내에서 CH₄의 발생을 검출하는 데 사용되며 청염(푸른 불꽃)의 길이로써 그 농도를 알 수 있는 가스 검지기는?
① 안전등형   ② 간섭계형
③ 열선형   ④ 흡광 광도형

해설 안전등형
탄광 내에서 메탄의 발생을 검출하는 데 있어서 가스검출기에서 청색불꽃의 길이로 농도를 알 수 있는 가스 검지기이다.

문제 36 다음 중 용적식 유량계에 해당하는 것은?
① 오리피스 유량계   ② 플로노즐 유량계
③ 벤투리관 유량계   ④ 오벌 기어식 유량계

33. ④ 34. ④ 35. ① 36. ④

해설 용적식 유량계 : 오벌(oval)기어식 유량계, 루츠(roots)유량계, 로터리 피스톤식, 원판형 유량계, 가스미터

문제 37

가스난방기의 명판에 기재하지 않아도 되는 것은?
① 제조자의 형식호칭(모델번호) ② 제조자명이나 그 약호
③ 품질보증기관과 용도 ④ 열효율

해설 가스난방기 명판 기재 사항
① 연소기명(난방기)
② 제조자의 형식호칭
③ 사용 가스명 및 사용 가스압력
④ 가스소비량
⑤ 제조번호 및 제조연월 또는 그 약호
⑥ 품질보증기간과 용도
⑦ 제조자명이나 그 약호
⑧ 정격전압 및 소비전력

문제 38

진탕형 오토클레이브의 특징에 대한 설명으로 틀린 것은?
① 가스 누출의 가능성이 적다.
② 고압력에 사용할 수 있고 반응물의 오손이 적다.
③ 장치 전체가 진동하므로 압력계는 본체로부터 떨어져 설치한다.
④ 뚜껑판에 뚫어진 구멍에 촉매가 끼어들어갈 염려가 없다.

해설 진탕형 오토클레이브
① 고압력에 사용할 수 없다.
② 가스누설의 가능성이 없다.
③ 반응물의 오손이 많다.
④ 뚜껑판에 뚫어진 구멍에 촉매가 끼어들어 갈 염려가 있다.

문제 39

송수량 12000L/min, 전양정 45m인 벌류트 펌프의 회전수 1000rpm에서 1100rpm으로 변화시 경우 펌프의 축동력은 약 몇 PS인가? (단, 펌프의 효율은 80%이다.)
① 165 ② 180
③ 200 ④ 250

해설 ① 축동력 $PS = \dfrac{\gamma \times Q \times H}{75 \times \eta \times 60} = \dfrac{1000 \times (12000 \times 10^{-3}) \times 45}{75 \times 0.8 \times 60} = 150 PS$

② 회전수 변화후 축동력 계산 $L_2 = L_1 \times \left(\dfrac{N_2}{N_1}\right)^3 = 150 \times \left(\dfrac{1100}{1000}\right)^3 = 199.65 PS$

해답 37. ④ 38. ④ 39. ③

문제 40 펌프의 실제 송출유량을 Q, 펌프 내부에서의 누설유량을 ΔQ, 임펠러 속을 지나는 유량을 $Q+\Delta Q$라 할 때 펌프의 체적효율(η_v)을 구하는 식은?

① $\eta_v = \dfrac{Q}{Q+\Delta Q}$ ② $\eta_v = \dfrac{Q+\Delta Q}{Q}$

③ $\eta_v = \dfrac{Q-\Delta Q}{Q+\Delta Q}$ ④ $\eta_v = \dfrac{Q+\Delta Q}{Q-\Delta Q}$

해설 펌프의 체적효율

$$\eta_v = \frac{\text{실제 송출유량}}{\text{이론적 송출유량}} = \frac{Q}{Q+\Delta Q}$$

문제 41 염화메탄을 사용하는 배관에 사용하지 못하는 금속은?

① 주강   ② 강
③ 동합금   ④ 알루미늄 합금

해설 사용제한 냉매
① 동 및 동합금 : 암모니아 (동함유 62% 미만 제외)
② 알루미늄 합금 : 염화메탄
③ 알루미늄 합금(마그네슘2% 이상 함유) : 프레온

문제 42 고압가스 용기의 관리에 대한 설명으로 틀린 것은?

① 충전 용기는 항상 40℃ 이하를 유지하도록 한다.
② 충전 용기는 넘어짐 등으로 인한 충격을 방지하는 조치를 하여야 하며, 사용한 후에는 밸브를 열어둔다.
③ 충전 용기 밸브는 서서히 개폐한다.
④ 충전 용기 밸브 또는 배관을 가열하는 때에는 열습포나 40℃ 이하의 더운물을 사용한다.

해설 고압가스 용기 관리 : 충전 용기는 넘어짐 등으로 인한 충격을 방지하는 조치를 하여야 하며, 사용한 후에는 밸브를 잠가 둔다.

문제 43 저온장치의 분말진공 단열법에서 충진용 분말로 사용되지 않는 것은?

① 펄라이트   ② 알루미늄분말
③ 글라스울   ④ 규조토

해설 분말진공 단열법
① 내부충진물질 : 펄라이트, 규조토, 알루미늄분말

해답 40. ① 41. ④ 42. ② 43. ③

문제 44
다음 중 저온을 얻는 기본적인 원리는?
① 등압 팽창
② 단열 팽창
③ 등온 팽창
④ 등적 팽창

해설 줄 톰슨 효과의 단열 팽창 : 스스로 온도가 낮아지는 효과를 말한다.

문제 45
압축기를 이용한 LP가스 이·충전 작업에 대한 설명으로 옳은 것은?
① 충전시간이 길다.
② 잔류가스를 회수하기 어렵다.
③ 베이퍼 로크 현상이 일어난다.
④ 드레인 현상이 일어난다.

해설 압축기 이용방식의 장점
① 펌프에 비해 충전시간이 짧다.
② 잔류가스 회수가 가능하다.
③ 베이퍼록 현상이 발생되지 않는다.
④ 압축기 오일이 탱크에 유입되어드레인 현상이 일어난다.

문제 46
다음 중 가장 높은 압력은?
① 1atm
② 100kPa
③ $10mH_2O$
④ 0.2MPa

해설 ① 1atm=0.101325MPa
② 100kPa=100×10^{-3}=0.1MPa
③ $10mH_2O = \frac{10}{10.332} \times 0.101325 = 0.098MPa$
④ $0.2MPa = \frac{0.2}{0.101325} \times 1.0332 = 2.0934 kgf/cm^2$

문제 47
다음 중 비점이 가장 낮은 것은?
① 수소
② 헬륨
③ 산소
④ 네온

해설 비점
① 수소 : -252.2℃
② 헬륨 : -269℃
③ 산소 : -183℃
④ 네온 : -246℃

문제 48
공기 중에 10vol% 존재 시 폭발의 위험성이 없는 가스는?
① CH_3Br
② C_2H_6
③ C_2H_4O
④ H_2S

해답 44. ② 45. ④ 46. ④ 47. ② 48. ①

해설 폭발범위
① 브롬화메탄(CH_3Br) : 10~16% ② 에탄(C_2H_6) : 3.0~12.5%
③ 산화에틸렌(C_2H_4O) : 3~80% ④ 황화수소(H_2S) : 4.3~45%

문제 49 다음 중 LP가스의 일반적인 연소 특성이 아닌 것은?
① 연소 시 다량의 공기가 필요하다. ② 발열량이 크다.
③ 연소속도가 늦다. ④ 착화온도가 낮다.

해설 LP가스의 특징
① 연소시 발열량이 크다.
② 연소범위가 좁다.
③ 착화온도가 타연료에 비해서 높다.
④ 연소속도가 다른가스에 비해 느리다.
⑤ 연소시 공기량이 많이 필요하다.

문제 50 LNG의 특징에 대한 설명 중 틀린 것은?
① 냉열을 이용할 수 있다.
② 천연에서 산출한 천연가스를 약 −162℃까지 냉각하여 액화시킨 것이다.
③ LNG는 도시가스, 발전용 이외에 일반 공업용으로도 사용된다.
④ LNG로부터 기화한 가스는 부탄이 주성분이다.

해설 ① LNG 주성분 : 메탄
② LPG 주성분 : 프로판, 부탄

문제 51 가정용 가스보일러에서 발생하는 가스중독사고의 원인은 배기가스의 어떤 성분에 의하여 주로 발생하는가?
① CH_4 ② CO_2
③ CO ④ C_3H_8

해설 **가스보일러 가스 중독 사고 원인** : 일산화탄소 가스보일러 배기가스 중독사고의 원인이며 산소공급이 원활치 않을 경우 발생하며 주위 환기에 관심을 가져야 한다.

문제 52 순수한 물 1g을 온도 14.5℃에서 15.4℃까지 높이는 데 필요한 열량을 의미하는 것은?
① 1cal ② 1BTU
③ 1J ④ 1CHU

해설 **1cal** : 표준대기압에서 순수한 물 1g을 15.5℃에서 15.5℃로 1℃ 올리는데 필요한 열량이다.

해답

49. ④ 50. ④ 51. ③ 52. ①

문제 53
물질이 융해, 응고, 증발, 응축 등과 같은 상의 변화를 일으킬 때 발생 또는 흡수하는 열을 무엇이라 하는가?
① 비열
② 현열
③ 잠열
④ 반응열

해설 잠열 : 물질의 온도는 변화하지 않고 상태만 변화시키는데 필요한 열량이다.

문제 54
에틸렌(C_2H_4)의 용도가 아닌 것은?
① 폴리에틸렌의 제조
② 산화에틸렌의 원료
④ 초산비닐의 제조
④ 메탄올 합성의 원료

해설 에틸렌
① 합성수지, 합성섬유, 합성고무 등이 기초원료로 사용한다.
② 합성수지인 폴리에틸렌 제조의 원료로 많이 사용된다.
③ 초산비닐의 제조, 산화에틸렌의 원료로 사용한다.

문제 55
공기 100kg 중에는 산소가 약 몇 kg 포함되어 있는가?
① 12.3kg
② 23.2kg
③ 31.5kg
④ 43.7kg

해설 ① 공기중의 산소의 체적 : 21%
② 공기중의 산소의 질량 : 23.2%
③ 100kg×0.232=23.2kg

문제 56
100°F를 섭씨온도로 환산하면 약 몇 ℃인가?
① 20.8
② 27.8
③ 37.8
④ 50.8

해설 ① F=1.8℃+32   ② ℃ = $\frac{100° - 32}{1.8}$ = 37.77

문제 57
0℃, 2기압 하에서 1L의 산소와 0℃, 3기압 2L의 질소를 혼합하여 2L로 하면 압력은 몇 기압이 되는가?
① 2기압
② 4기압
③ 6기압
④ 8기압

해설 $P = \frac{P_1 V_1}{V} + \frac{P_2 V_2}{V} = \frac{2 \times 1}{2} + \frac{3 \times 2}{2} = 4$

해답　53. ③　54. ④　55. ②　56. ③　57. ②

문제 58 다음 중 상온에서 비교적 낮은 압력으로 가장 쉽게 액화되는 가스는?

① CH_4
② C_3H_8
③ O_2
④ H_2

해설 **액화가스** : 액화가스 프로판, 염소, 암모니아, 탄산가스, 산화에틸렌 등과 같이 상온에서 압축하면 쉽게 액화되는 가스이다.

문제 59 완전연소 시 공기량이 가장 많이 필요로 하는 가스는?

① 아세틸렌
② 메탄
③ 프로판
④ 부탄

해설 **탄화수소**(C_mH_n)**의 완전연소 반응식**

① $C_mH_n + \left(m + \dfrac{n}{4}\right)O_2 \rightarrow mCO_2 + \dfrac{n}{2}H_2O$

② $C_4H_{10} + \left(4 + \dfrac{10}{4}\right)CO_2 \rightarrow 4CO_2 + \left(\dfrac{10}{2}\right)H_2O$

문제 60 산소의 물리적 성질에 대한 설명 중 틀린 것은?

① 물에 녹지 않으며 액화산소는 담녹색이다.
② 기체, 액체, 고체 모두 자성이 있다.
③ 무색무취, 무미의 기체이다.
④ 강력한 조연성 가스로서 자신은 연소하지 않는다.

해설 **산소의 물리적 성질** : 물에 잘 녹지 않으나 약간은 물에 녹으며 액화산소는 담녹색(담청색) 이다.

해답 58. ② 59. ④ 60. ①

2023년 4월 CBT 시행

문제 01 LPG 충전시설의 충전소에 기재한 "화기엄금"이라고 표시한 게시판의 색깔로 옳은 것은?

① 황색 바탕에 흑색 글씨
② 황색 바탕에 적색 글씨
③ 흰색 바탕에 흑색 글씨
④ 흰색 바탕에 적색 글씨

해설 LPG 자동차 충전소 게시판
① 충전중 엔진 정지 : 황색 바탕에 흑색 글씨
② 화기엄금 : 백색 바탕에 적색 글씨

문제 02 특정고압가스 사용시설 중 고압가스 저장량이 몇 kg이상인 용기보관실에 있는 벽을 방호벽으로 설치하여야 하는가?

① 100
② 200
③ 300
④ 500

해설 특정고압가스사용시설의시설기준및기술기준(시행규칙 별표 29, 제47조관련)
① 고압가스의 저장량이 300kg 이상인 용기보관실의 벽은 방호벽으로 한다.
② 압축가스의 경우에는 $1m^3$를 5kg으로 본다.

문제 03 도시가스 중 음식물 쓰레기, 가축·분뇨, 하수슬러지 등 유기성 폐기물로부터 생성된 기체를 정제한 가스로서 메탄이 주성분인 가스를 무엇이라 하는가?

① 천연가스
② 나프타부생가스
③ 석유가스
④ 바이오가스

해설 도시가스의 종류
① 천연가스(액화한 것을 포함한다. 이하 같다) : 지하에서 자연적으로 생성되는 가연성 가스로서 메탄을 주성분으로 하는 가스
② 천연가스와 일정량을 혼합하거나 이를 대체하여도 가스공급시설 및 가스사용시설의 성능과 안전에 영향을 미치지 않는 것으로서 산업통상자원부장관이 정하여 고시하는 품질기준에 적합한 다음 각 목의 가스 중 배관(配管)을 통하여 공급되는 가스
  가. 석유가스 : 「액화석유가스의 안전관리 및 사업법」 액화석유가스 및 석유가스를 공기와 혼합하여 제조한 가스
  나. 나프타부생(副生)가스 : 나프타 분해공정을 통해 에틸렌, 프로필렌 등을 제조하는 과정에서 부산물로 생성되는 가스로서 메탄이 주성분인 가스 및 이를 다른 도시가스와 혼합하여 제조한 가스
  다. 바이오가스 : 유기성(有機性) 폐기물 등 바이오매스로부터 생성된 기체를 정제한 가스로서 메탄이 주성분인 가스 및 이를 다른 도시가스와 혼합하여 제조한 가스

해답 01. ④ 02. ③ 03. ④

라. 그 밖에 메탄이 주성분인 가스로서 도시가스 수급 안정과 에너지 이용 효율 향상을 위해 보급할 필요가 있다고 인정하여 산업통상자원부령으로 정하는 가스

문제 04 방폭전기기기의 용기 내부에서 가연성 가스의 폭발이 발생할 경우 그 용기가 폭발압력에 견디고, 접합면, 개구부 등을 통해 외부의 가연성 가스에 인화되지 않도록 한 방폭구조는?

① 내압(耐壓) 방폭구조
② 유입(油入) 방폭구조
③ 압력(壓力) 방폭구조
④ 본질안전 방폭구조

해설 방폭구조의 종류
① 내압방폭구조 : d
② 유입방폭구조 : o
③ 압력방폭구조 : p
④ 본질안전 방폭구조 : I
⑤ 특수방폭구조 : s

문제 05 독성 가스 여부를 판정할 때 기준이 되는 "허용농도"를 바르게 설명한 것은?

① 해당 가스를 성숙한 흰쥐 집단에게 대기 중에서 1시간 동안 계속하여 노출시킨 경우 7일 이내에 그 흰쥐의 1/2 이상이 죽게 되는 가스의 농도를 말한다.
② 해당 가스를 성숙한 흰쥐 집단에게 대기 중에서 24시간 동안 계속하여 노출시킨 경우 7일 이내에 그 흰쥐의 1/2 이상이 죽게 되는 가스의 농도를 말한다.
③ 해당 가스를 성숙한 흰쥐 집단에게 대기 중에서 1시간 동안 계속하여 노출시킨 경우 14일 이내에 그 흰쥐의 1/2 이상이 죽게 되는 가스의 농도를 말한다.
④ 해당 가스를 성숙한 흰쥐 집단에게 대기 중에서 24시간 동안 계속하여 노출시킨 경우 14일 이내에 그 흰쥐의 1/2 이상이 죽게 되는 가스의 농도를 말한다.

해설 독성가스
① 아크릴로니트릴·아크릴알데히드·아황산가스·암모니아·일산화탄소·이황화탄소·불소·염소·브롬화메탄·염화메탄·염화프렌·산화에틸렌·시안화수소·황화수소·모노메틸아민·디메틸아민·트리메틸아민·벤젠·포스겐·요오드화수소·브롬화수소·염화수소·불화수소·겨자가스·알진·모노실란·디실란·디보레인·세렌화수소·포스핀·모노게르만 및 그 밖에 공기 중에 일정량 이상 존재하는 경우 인체에 유해한 독성을 가진 가스이다.
② 허용농도(해당 가스를 성숙한 흰쥐 집단에게 대기 중에서 1시간 동안 계속하여 노출시킨 경우 14일 이내에 그 흰쥐의 2분의 1 이상이 죽게 되는 가스의 농도를 말한다. 이하 같다)가 100만분의 5000 이하인 것을 말한다.

해답   04. ① 05. ③

문제 06 다음 〈보기〉의 독성 가스 중 독성(LC₅₀)이 가장 강한 것과 가장 약한 것을 바르게 나열한 것은?

[보기] ㉠ 염화수소 ㉡ 암모니아 ㉢ 황화수소 ㉣ 일산화탄소

① ㉠, ㉡   ② ㉠, ㉣
③ ㉢, ㉡   ④ ㉢, ㉣

해설 독성가스 허용 농도 TLV-TWA(LC_{50}기준)
① 염화수소 : 2(3120)   ② 암모니아 : 25(7338)
③ 황화수소 : 10(444)   ④ 일산화탄소 : 50(3760)

문제 07 다음 가연성 가스 중 공기 중에서 폭발범위가 가장 좁은 것은?

① 아세틸렌   ② 프로판
③ 수소   ④ 일산화탄소

해설 폭발범위
① 아세틸렌 : 2.5~81%   ② 프로판 : 2.2~9.5%
③ 수소 : 4~75%   ④ 일산화탄소 : 12.5~74%

문제 08 산소 가스설비의 수리 및 청소를 위한 저장탱크 내의 산소를 치환할 때 산소측정기 등으로 치환결과를 측정하여 산소의 농도가 최대 몇 %이하가 될 때까지 계속하여 치환작업을 하여야 하는가?

① 18%   ② 20%
③ 22%   ④ 24%

해설 치환 농도
① 독성가스 : 허용농도 이하
② 가연성 : 폭발범위 하한의 1/4 이하
③ 산소의 농도 22% 이하 (산소설비 개방검사)
④ 산소농도 : 18% 이상~22% 이하 (설비내부에 사람이 있을 때)

문제 09 원심압축기를 사용하는 냉동설비는 그 압축기의 원동기 정격출력 몇 kW를 1일의 냉동능력 1톤으로 산정하는가?

① 1.0   ② 1.2
③ 1.5   ④ 2.0

해설 냉동능력의 산정기준(별표3)
① 원심식 압축기 : 압축기의 원동기 정격출력 1.2kW를 1일의 냉동능력 1톤으로 한다.
② 흡수식 냉동설비 : 발생기를 가열하는 1시간의 입열량 6천640kcal를 1일의 냉동능

해답 06. ③ 07. ② 08. ③ 09. ②

력 1톤으로 한다.
③ 그 밖의 것은 다음 산식에 의한다.

$$R = \frac{V}{C}$$

위의 산식에서 R, V 및 C는 각각 다음의 수치를 표시한다.
R : 1일의 냉동능력(단위 : 톤)
V : 그 밖의 것은 압축기의 표준회전속도에 있어서의 1시간의 피스톤압출량 (단위 : m^3)

문제 10

다음의 고압가스의 용량을 차량에 적재하여 운반할 때 운반책임자를 동승시키지 않아도 되는 것은?

① 아세틸렌 : $400m^3$
② 일산화탄소 : $700m^3$
③ 액화염소 : 6500kg
④ 액화석유가스 : 2000kg

[해설] 운반 책임자 동승 기준(비독성 가스)

가스의 종류		기준
압축가스	가연성 가스	$300m^3$ 이상
	조연성 가스	$6000m^3$ 이상
액화가스	가연성 가스	3000kg 이상(납붙임 및 접합용기 2000kg 이상)
	조연성가스	6000kg 이상

문제 11

고압가스 제조시설에 설치되는 피해저감설비로 방호벽을 설치해야 하는 경우가 아닌 것은?

① 압축기와 충전장소 사이
② 압축기와 가스충전용기 보관장소 사이
③ 충전장소와 충전용 주관밸브 조작밸브 사이
④ 압축기와 저장탱크 사이

[해설] 방호벽 설치 장소
고압가스 제조시설에서 아세틸렌가스 또는 압력이 9.8MPa이상인 압축가스를 용기에 압축하는 경우
① 당해 충전장소와 당해 가스충전용기 보관장소 사이
② 압축기와 당해 가스충전용기 보관장소 사이
③ 압축기와 당해 충전장소 사이방호벽의 적용시설
④ 압축기 충전장소 와 충전용기 보관장소 충전용 주관밸브 사이

문제 12

고압가스의 제조시설에서 실시하는 가스설비의 점검 중 사용개시 전에 점검할 사항이 아닌 것은?

① 기초의 경사 및 침하
② 인터록, 자동제어장치의 기능
③ 가스설비의 전반적인 누출 유무
④ 배관 계통의 밸브 개폐 상황

해답　　　　　　　　　　　　　　　　　　　　　　　10. ④　11. ④　12. ①

해설 **제조설비 등의 사용개시 전 점검사항**
① 제조설비 등에 있는 내용물의 상황
② 계기류의 기능 특히 경보 및 자동제어장치의 기능
③ 안전설비의 기능
④ 각 배관계통에 부착된 밸브 등의 개폐상황 및 맹판의 탈착·부착 상황
⑤ 회전기계의 윤활유 보급상황 및 회전구동상황
⑥ 제조설비 등 당해 설비의 전반적인 누출유무
⑦ 가연성가스 및 독성가스가 체류하기 쉬운 곳의 해당 가스농도
⑧ 전기·물·증기·공기 등 유틸리티 시설의 준비상황
⑨ 안전용 불활성가스 등의 준비상황
⑩ 그밖에 필요한 사항의 이상 유무

문제 13 액화가스를 운반하는 탱크로리(차량에 고정된 탱크)의 내부에 설치하는 것으로서 탱크 내 액화가스 액면요동을 방지하기 위해 설치하는 것은?
① 폭발방지장치
② 방파판
③ 압력방출장치
④ 다공성 충진제

해설 **방파판**
① 액화가스를 수송할 때 차량에 고정된 탱크내의 액면이 요동하는 것을 방지하기 위하여 탱크내에 설치한다.
② 탱크 횡단면적의 40% 이상
③ 탱크의 내용적 $5m^3$ 이하에 1개소씩 설치한다.

문제 14 가스공급 배관 용접 후 검사하는 비파괴 검사방법이 아닌 것은?
① 방사선투과검사
② 초음파탐상검사
③ 자분탐상검사
④ 주사전자현미경검사

해설 **비파괴 검사** : 음향검사, 침투검사, 자분검사, 방사선 투과 검사, 초음파검사, 와류검사, 전위차법, 설퍼프린트(sulphur print)법

문제 15 산소 저장설비에서 저장능력이 $9000m^3$일 경우 1종 보호시설 및 2종 보호시설과의 안전거리는?
① 8m, 5m
② 10m, 7m
③ 12m, 8m
④ 14m, 9m

해설 **보호시설별 안전거리**

구분	처리능력 및 저장능력	제1종보호시설	제2종보호시설
산소의 처리설비 및 저장설비	1만 이하	12m	8m
	1만 초과 2만 이하	14m	9m
	2만 초과 3만 이하	16m	11m
	3만 초과 4만 이하	18m	13m
	4만 초과	20m	14m

13. ② 14. ④ 15. ③

문제 16
액화석유가스의 시설기준 중 저장탱크의 설치 방법으로 틀린 것은?

① 천장, 벽 및 바닥의 두께가 각각 30cm 이상의 방수조치를 한 철근콘크리트를 구조로 한다.
② 저장탱크실 상부 윗면으로부터 저장탱크 상부까지의 깊이는 60cm 이상으로 한다.
③ 저장탱크에 설치한 안전밸브에는 지면으로부터 5m 이상의 방출관을 설치한다.
④ 저장탱크 주위 빈 공간에는 세립분을 25% 이상 함유한 마른 모래를 채운다.

해설 액화석유 가스 저장탱크 설치 방법
① 저장탱크 주위 빈공간에는 세립분을 함유하지 않은 마른 모래를 채운다.
② 저장탱크를 묻는 장소에는 주위의 지상에 경계표지를 설치한다.
③ 저장탱크를 2개 이상 인접하여 설치하는 경우 상호간의 유지거리를 1m 이상 이다.

문제 17
다음 중 고압가스의 성질에 따른 분류에 속하지 않는 것은?

① 가연성 가스
② 액화 가스
③ 조연성 가스
④ 불연성 가스

해설 **고압가스 충전상태에 따른 분류** : 압축가스, 액화가스, 용해가스
연소성에 따른 분류 : 가연성 가스, 조연성 가스, 불연성 가스
독성에 의한 분류 : 독성가스, 비독성가스

문제 18
다음 중 화학적 폭발로 볼 수 없는 것은?

① 증기폭발
② 중합폭발
③ 분해폭발
④ 산화폭발

해설 **화학적 폭발** : 산화폭발, 분해폭발, 중합폭발, 촉매폭발
물리적 폭발 : 증기폭발, 금속선 폭발, 고체 상전이 폭발, 압력폭발

문제 19
가연성 가스의 위험성에 대한 설명으로 틀린 것은?

① 누출 시 산소결핍에 의한 질식의 위험성이 있다.
② 가스의 온도 및 압력이 높을수록 위험성이 커진다.
③ 폭발한계가 넓을수록 위험하다.
④ 폭발하한이 높을수록 위험하다.

해설 **연소범위**(폭발범위)
① 폭발하한계 값이 낮을수록 위험하다.
② 폭발상한계 값이 클수록 위험하다.
③ 연소 범위가 넓을수록 위험하다.

16. ④ 17. ② 18. ① 19. ④

문제 20 시안화수소의 중합폭발을 방지할 수 있는 안정제로 옳은 것은?

① 수증기, 질소
② 수증기, 탄산가스
③ 질소, 탄산가스
④ 아황산가스, 황산

해설 시안화수소 안정제 : 아황산가스, 황산, 염화칼슘, 인산, 동망, 오산화인

문제 21 LPG를 수송할 때의 주의사항으로 틀린 것은?

① 운전 중이나 정차 중에도 허가된 장소를 제외하고는 담배를 피워서는 안된다.
② 운전자는 운전기술 외에 LPG의 취급 및 소화기사용 등에 관한 지식을 가져야 한다.
③ 주차할 때는 안전한 장소에 주차하며, 운반책임자와 운전자는 동시에 차량에서 이탈하지 않는다.
④ 누출됨을 알았을 때는 가까운 경찰서, 소방서까지 직접 운행하여 알린다.

해설 LPG 수송시 주의 사항
① 누출됨을 알았을 때는 즉시 운행을 정지하고 그 누출부분의 확인 하고 수리하여야 한다.
② 즉시 운행을 정지하고 가까운 경찰서, 소방서에 알려 조치를 받아야 한다.

문제 22 염소의 성질에 대한 설명으로 틀린 것은?

① 상온, 상압에서 황록색의 기체이다.
② 수분 존재 시 철을 부식시킨다.
③ 피부에 닿으면 손상의 위험이 있다.
④ 암모니아와 반응하여 푸른 연기를 생성한다.

해설 암모니아와 반응하여 백색 연기가 발생되므로 염소 검출법으로 쓰인다.

문제 23 수소에 대한 설명 중 틀린 것은?

① 수소용기의 안전밸브는 가용전식과 파열판식을 병용한다.
② 용기 밸브는 오른나사이다.
③ 수소 가스는 피로카롤 시약을 사용한 오르사트법 에 의한 시험법에서 순도가 98.5% 이상이어야 한다.
④ 공업용 용기의 도색은 주황색으로 하고 문자의 표시는 백색으로 한다.

해설 충전구의 나사 방향
① 가연성 가스 : 왼나사(단, 암모니아, 브롬화메탄은 오른나사)
② 이외의 것 : 오른나사
③ 수소 충전 용기 밸브 : 왼나사

해답 20. ④ 21. ④ 22. ④ 23. ②

문제 24
다음 중 폭발성이 예민하므로 마찰 및 타격으로 격렬히 폭발하는 물질에 해당되지 않는 것은?

① 황화질소
② 메틸아민
③ 염화질소
④ 아세틸라이드

해설 마찰, 타격 등으로 격렬히 폭발하는 예민한 폭발물질
아지화은(AgN_2), 질화수은(HgN_2), 아세틸드(Ag_2C_2), 황화질소(N_4S_4), 옥화질소, 테트라젠, 염화질소 등이 있다.

문제 25
고압가스 특정제조시설 중 철도부지 밑에 매설하는 배관에 대한 설명으로 틀린 것은?

① 배관의 외면으로부터 그 철도부지의 경계까지는 1m 이상의 거리를 유지한다.
② 지표면으로부터 배관의 외면까지의 깊이를 60cm 이상 유지한다.
③ 배관은 그 외면으로부터 궤도 중심과 4m 이상 유지한다.
④ 지하철도 등을 횡단하여 매설하는 배관에는 전기방식조치를 강구한다.

해설 철도 부지 매설 배관 기준
① 배관의 외면고 지면과의 거리는 1.2m 이상의 거리를 유지한다.
② 배관은 그 외면으로부터 다른 시설물과는 30cm 이상의 거리를 유지하다.

문제 26
다음 중 같은 저장실에 혼합 저장이 가능한 것은?

① 수소와 염소가스
② 수소와 산소
③ 아세틸렌가스와 산소
④ 수소와 질소

해설 가연성 가스(수소)와 불연성 가스(질소)는 혼합 저장이 가능하다.

문제 27
용기 부속품에 각인하는 문자 중 질량을 나타내는 것은?

① TP
② W
③ AG
④ V

해설 용기의 각인 기호
① V : 내용적[L]
② W : 용기의 무게[kg]
③ TP : 내압시험압력[MPa]
④ FP : 최고 충전압력[MPa]
⑤ TW : 다공 물질, 용제 및 밸브의 질량을 합한 총질량[kg]

해답 24. ② 25. ② 26. ④ 27. ②

문제 28 고압가스 특정제조시설에서 지하매설 배관은 그 외면으로부터 지하의 다른 시설물과 몇 m 이상 거리를 유지하여야 하는가?

① 0.1
② 0.2
③ 0.3
④ 0.5

해설 배관 ⇔ 지하 시설물 : 유지거리 0.3m 이상

문제 29 도시가스 사용시설 중 가스계량기와 다음 설비와의 안전거리의 기준으로 옳은 것은?

① 전기계량기와는 60cm 이상
② 전기접속기와는 60cm 이상
③ 전기점멸기와는 60cm 이상
④ 절연조치를 하지 않는 전선과는 30cm 이상

해설
① 가스계량기 ⇔ 전기계량기 및 전기개폐기 : 60cm 이상
② 가스계량기 ⇔ 굴뚝, 전기점멸기 및 전기접속기 : 30cm 이상
③ 가스계량기 ⇔ 절연조치를 하지 않는 전선 : 15cm 이상

문제 30 고압가스 제조설비에서 누출된 가스의 확산을 방지할 수 있는 제해조치를 하여야 하는 가스가 아닌 것은?

① 이산화탄소
② 암모니아
③ 염소
④ 염화메틸

해설 확산방지 및 제해조치 가스
① 암모니아 ② 염소 ③ 염화메틸 ④ 포스겐 ⑤ 아황산가스
⑥ 시안화수소 ⑦ 황화수소 ⑧ 산화에틸렌

문제 31 흡수식 냉동기에서 냉매로 물을 사용할 경우 흡수제로 사용하는 것은?

① 암모니아
② 사염화에탄
③ 리듐브로마이드
④ 파라핀유

해설 흡수식 냉동기의 냉매 및 흡수제

냉매	흡수제
암모니아	물
물	LiBr(리듐브로마이드)
염화메틸	사염화에탄
톨루엔	파라핀유

28. ③ 29. ① 30. ① 31. ③

문제 32 다음 중 이음매 없는 용기의 특징이 아닌 것은?

① 독성 가스를 충전하는 데 사용한다.
② 내압에 대한 응력 분포가 균일하다.
③ 고압에 견디기 어려운 구조이다.
④ 용접용기에 비해 값이 비싸다.

해설 이음매 없는 용기(seamless)
① 이음매가 없어 고압에 강한 구조 이다.
② 이음매가 없어 내압에 대한 응력 분포가 균일하다.

문제 33 부유 피스톤형 압력계에서 실린더 지름 5cm, 추와 피스톤의 무게가 130kg일 때 이 압력계에 접속된 부르동관의 압력계 눈금이 7kgf/cm²를 나타내었다. 이 부르동관 압력계의 오차는 약 몇 %인가?

① 5.7   ② 6.6
③ 9.7   ④ 10.5

해설 ① 오차 $= \dfrac{측정값 - 참값}{참값} \times 100\% = \dfrac{7 - 6.62}{6.62} \times 100\% = 5.74\%$

② 참값 : 부유 피스톤형 압력계 압력
$P = \dfrac{W + W'}{A} = \dfrac{130}{\dfrac{\pi}{4} \times d^2} = \dfrac{130}{\dfrac{\pi}{4} \times 5^2} = 6.620 \, kgf/m^2$

문제 34 다음 고압가스 설비 중 축열식 반응기를 사용하여 제조하는 것은?

① 아크릴 클로라이드   ② 염화비닐
③ 아세틸렌   ④ 에틸벤젠

해설 고압가스 설비 반응기
① 조식 반응기 : 아크릴클로라이드의 합성, 디클로에탄의 합성
② 탑식 반응기 : 에틸벤젠의 제조, 벤졸의 염소화
③ 관식 반응기 : 에틸렌의 제조, 염화비닐의 제조
④ 내부 연소식 반응기 : 아세틸렌의 제조, 합성용가스의 제조
⑤ 축열식 반응기 : 아세틸렌조의 제조, 합성용 가스의 제조
⑥ 고정촉매 사용기상 접촉 반응기 : 석유의 접촉개질, 에틸알코올 제조
⑦ 유동층식 접촉반응기 : 석유개질
⑧ 이동상식 반응기 : 에틸렌의 제조

문제 35 열기전력을 이용한 온도계가 아닌 것은?

① 백금- 백금·로듐 온도계   ② 동- 콘스탄탄 온도계
③ 철- 콘스탄탄 온도계   ④ 백금- 콘스탄탄 온도계

32. ③ 33. ① 34. ③ 35. ④

해설 열전대의 종류 및 특성

종류	약호	측정범위	(+)극	(−)극
백금–백금로듐	PR	0~1600℃	Rh : 13%, Pt : 87%	순백금
크로멜–알루멜	CA	−20~1200℃	크로멜 (Ni : 90%, Cr : 10%)	알루멜 (Ni : 94%, Mn : 2%, Al : 3%, Si : 1%)
철 – 콘스탄탄	IC	−20~1200℃	순철	콘스탄탄 (Cu : 55%, Ni : 45%)
구리 – 콘스탄탄	CC	−180~360℃	순동	콘스탄탄

문제 36 다음 중 유체의 흐름 방향을 한 방향으로만 흐르게 하는 밸브는?

① 글로브 밸브
② 체크 밸브
③ 앵글 밸브
④ 게이트 밸브

해설 체크밸브(check valve) : 유체를 한쪽 방향으로 만 흐르게 하는 역류 방지 밸브이다.

문제 37 다음 가스 분석 중 화학분석법에 속하지 않는 방법은?

① 가스크로마토그래피법
② 중량법
③ 분광광도법
④ 요오드적정법

해설 가스 크로마토그래피(gas chromatography)
① 전처리한 시료를 운반가스에 의하여 크로마토관내에서 분리시켜 각 성분을 크로마토그램을 사용하여 목적성분을 분석한다.
② 물리적 분석법이다.

문제 38 다음 고압장치의 금속재료 사용에 대한 설명으로 옳은 것은?

① LNG 저장탱크 – 고장력강
② 아세틸렌 압축기 실린더 – 주철
③ 암모니아 압력계 도관 – 동
④ 액화산소 저장탱크 – 탄소강

해설 ① LNG 저장탱크, 액화산소 저장탱크, 암모니아 합성통 : 18-8스테인레스강
② 암모니아 압력계 도관 : 연강
③ 아세틸렌 충전용 지관 : 연강(탄소 함량 0.1% 이하)

문제 39 고압가스 설비의 안전장치에 관한 설명 중 옳지 않은 것은?

① 고압가스 용기에 사용되는 가용전은 열을 받으면 가용합금이 용해되어 내부의 가스를 방출한다.
② 액화가스용 안전밸브의 토출량은 저장탱크 등의 내부의 액화가스가 가열될 때의 증발량 이상이 필요하다.
③ 급격한 압력 상승이 있는 경우에는 파열판은 부적당하다.
④ 펌프 및 배관에는 압력 상승 방지를 위해 릴리프밸브가 사용된다.

36. ② 37. ① 38. ② 39. ③

해설 파열판
급격한 압력상승, 독성가스의 누출, 유체의 부식성 또는 반응생성물의 성상 등에 따라 안전밸브를 설치하는 것이 부적당한 경우에 설치하는 것이 파열판이다.

문제 40 다음 중 압력계 사용 시 주의사항으로 틀린 것은?
① 정기적으로 점검한다.
② 압력계의 눈금판은 조작자가 보기 쉽도록 안면을 향하게 한다.
③ 가스의 종류에 적합한 압력계를 선정한다.
④ 압력의 도입이나 배출은 서서히 행한다.

해설 압력계의 눈금판은 눈금이 잘 보이는 위치에 설치한다.

문제 41 LPG(C_4H_{10}) 공급방식에서 공기를 3배 희석했다면 발열량은 약 몇 kcal/Sm³이 되는가? (단, C_4H_{10}의 발열량은 30000kcal/Sm³으로 가정한다.)
① 5000   ② 7500
③ 10000   ④ 11000

해설 $Q_2 = \dfrac{Q_1}{1+X} = \dfrac{30000}{1+3} = 7500$

문제 42 고압가스 제조소의 작업원은 얼마의 기간 이내에 1회 이상 보호구의 사용훈련을 받아 사용방법을 숙지하여야 하는가?
① 1개월   ② 3개월
③ 6개월   ④ 12개월

해설 제독작업에 필요한 보호구의 장착훈련
3개월마다 1회 이상 작업원에게 사용훈련 실시한다.

문제 43 고점도 액체나 부유 현탁액의 유체 압력 측정에 가장 적당한 압력계는?
① 벨로스   ② 다이어프램
③ 부르동관   ④ 피스톤

해설 다이아프램 압력계(박막식 압력계)
① 대기압차가 작은 미소압력을 측정한다.
② 감도가 좋고 정확성이 높다.

해답 40. ②   41. ②   42. ②   43. ②

문제 44

내산화성이 우수하고 양파 썩는 냄새가 나는 부취제는?

① T.H.T
② T.B.M
③ D.M.S
④ NAPHTHA

해설 부취제의 종류
① TBM : ㉠ 양파썩는 냄새 강함
  ㉡ 내산화성이 좋다
  ㉢ 토양 투과성이 좋다
  ㉣ 배관(강철, 동합금)부식 이 일어난다.
② DMS : ㉠ 마늘 냄새 약간 약함
  ㉡ 안정 화합물 이다.
  ㉢ 토양투과성이 좋다
  ㉣ H_2O, O_2가 부재시 부식이 안 일어난다.
③ THT : ㉠석탄가스 냄새
  ㉡ 안정 화합물 이다.
  ㉢ 가스 중 H_2O가 존재시 부식이 일어난다.
④ 부취제의 목적 : 도시가스가 누설시 폭발 및 중독사고를 미리 방지하기 위하여 공기 중의 $\frac{1}{100}$ 상태에서 위험농도를 냄새로서 감지할 수 있도록 한다.

문제 45

계측기기의 구비조건으로 틀린 것은?

① 설치장소 및 주위조건에 대한 내구성이 클 것
② 설비비 및 유지비가 적게 들 것
③ 구조가 간단하고 정도(精度)가 낮을 것
④ 원거리 지시 및 기록이 가능할 것

해설 계측기기의 구비조건
① 구조가 간단하고 유지, 보수가 용이할 것
② 정밀도가 높을 것
③ 가격이 저렴할 것
④ 연속적인 측정이 가능 할 것
⑤ 원격지시가 가능 할 것

문제 46

다음 중 화씨온도와 가장 관계가 깊은 것은?

① 표준대기압에서 물의 어는점을 0으로 한다.
② 표준대기압에서 물의 어는점은 12로 한다.
③ 표준대기압에서 물의 끓는점을 100으로 한다.
④ 표준대기압에서 물의 끓는점을 212로 한다.

해설 ① **화씨온도**(fahrenheit) : 1기압(760mmHg)에서 물의 어는점을 32°F, 끓는점을 212°F로 하여 어는점과 끓는점 사이를 180등분한 온도이다.

44. ② 45. ③ 46. ④

② **섭씨온도**(centi grade) : 1기압(760mmHg)에서 물의 어는점을 0℃, 끓는점을 100℃로 하여 어는점과 끓는점 사이를 100등분한 온도 이다.

문제 47 다음 중 부탄가스의 완전연소 반응식은?

① $C_3H_8 + 4O_2 \rightarrow 3CO_2 + 5H_2O$
② $C_3H_8 + 5O_2 \rightarrow 3CO_2 + 4H_2O$
③ $C_4H_{10} + 6O_2 \rightarrow 4CO_2 + 5H_2O$
④ $2C_4H_{10} + 13O_2 \rightarrow 8CO_2 + 10H_2O$

해설 탄화수소(C_mH_n)의 완전연소 반응식

① $C_mH_n + \left(m + \dfrac{n}{4}\right)O_2 \rightarrow mCO_2 + \dfrac{n}{2}H_2O$

② 1mol 반응식 : $C_4H_{10} + \left(4 + \dfrac{10}{4}\right)CO_2 \rightarrow 4CO_2 + \left(\dfrac{10}{2}\right)H_2O$

③ 2mol 반응식 : $2 \times C_4H_{10} + 2 \times \left(4 + \dfrac{10}{4}\right)CO_2 \rightarrow 2 \times 4CO_2 + 2 \times \left(\dfrac{10}{2}\right)H_2O$

$2C_4H_{10} + 13CO_2 \rightarrow 8CO_2 + 10H_2O$

문제 48 LP가스의 성질에 대한 설명으로 틀린 것은?

① 온도 변화에 따른 액 팽창률이 크다.
② 석유류 또는 동, 식물유나 천연고무를 잘 용해시킨다.
③ 물에 잘 녹으며 알코올과 에테르에 용해된다.
④ 액체는 물보다 가볍고, 기체는 공기보다 무겁다.

해설 LP가스의 성질
① 상온상압에서 기체이다.
② 비중은 공기의 1.5~2배가 된다.
③ 무색 투명하다.
④ 물에 녹지 않으며 에테르, 알코올에 용해된다.

문제 49 가스배관 내 잔류물질을 제거할 때 사용하는 것이 아닌 것은?

① 피그   ② 거버너
③ 압력계   ④ 컴프레서

해설 거버너 : 컴프레서(compresor)의 공기압축기를 이용 피그(pig)를 통과시켜 배관내의 불순물을 제거한다.

해답 47. ④ 48. ③ 49. ②

문제 50 염소에 대한 설명 중 틀린 것은?
① 황록색을 띠며 독성이 강하다.
② 표백작용이 있다.
③ 액상은 물보다 무겁고, 기상은 공기보다 가볍다.
④ 비교적 쉽게 액화한다.

해설 염소(Cl)의 성질
① 액상은 물보다 무겁다.
② 액체의 비중 1.557(−34℃)이다.

문제 51 도시가스 제조공정 중 접촉분해 공정에 해당하는 것은?
① 저온수증기 개질법   ② 열분해 공정
③ 부분연소 공정   ④ 수소화분해 공정

해설 접촉 분해 공정
① 400~800℃에서 촉매를 사용하여 수증기와 탄화수소를 반응시킨다.
② 반응시 H_2, CO, CO_2, CH_4 등 저급 탄화수소가 발생 한다.

문제 52 −10℃ 인 얼음 10kg을 1기압에서 증기로 변화시킬 때 필요한 열량은 약 몇 kcal 인가? (단, 얼음의 비열은 0.5kcal/kg · ℃, 얼음의 융해열은 80kcal/kg, 물의 기화열은 539kcal/kg이다.)
① 5400   ② 6000
③ 6240   ④ 7240

해설
① −10℃ 얼음 → 0℃ 얼음 : 현열
   $Q = mc\Delta t = 10 \times 0.5 \times (0-(-10)) = 50$kcal
② 0℃ 얼음 → 0℃ 물 : 잠열
   $Q = mr = 10 \times 80 = 800$kcal
③ 0℃ 물 → 100℃ 물 : 현열
   $Q = mc\Delta t = 10 \times 1 \times (100-0) = 1000$kcal
④ 100℃ 물 → 100℃ 증기 : 잠열
   $Q = mr = 10 \times 539 = 5390$kcal
⑤ $Q = 50 + 800 + 1000 + 5390 = 7240$

문제 53 다음 중 1atm과 다른 것은?
① $9.8N/m^2$ ② 101325Pa
③ $14.7lb/in^2$ ④ $10.332mH_2O$

해설 ① 1atm = 760mmHg = $1.0332kg/cm^2$ = $10332kg/m^2$ = 10.332mAq

50. ③ 51. ① 52. ④ 53. ①

$= 10.332 mH_2O = 101325 N/m^2 = 101325 Pa$

② $9.8 N/m^2 = 9.8 Pa$

문제 54 산소 가스의 품질검사에 사용되는 시약은?

① 동·암모니아 시약　　　② 피로갈롤 시약
③ 브롬 시약　　　　　　　④ 하이드로설파이드 시약

해설 가스 품질검사 시약
① 산소 : 동암모니아 시약(오르자트법)
② 수소 : 피로갈롤, 하이드로 설파이드(오르자트법)
③ 아세틸렌 : 발연황산(오르자트법), 브롬시약(뷰렛법), 질산은시약(정성시험)

문제 55 표준상태에서 산소의 밀도는 몇 g/L인가?

① 1.33　　　　　　　　　② 1.43
③ 1.53　　　　　　　　　④ 1.63

해설 밀도(density)

① 기체의 밀도 $= \dfrac{\text{가스 분자량}[g]}{22.4[L]} = \dfrac{32}{22.4} = 1.4285 [g/L]$

② 밀도의 단위 : g/cm^3, kg/m^3

문제 56 공기 중에 누출 시 폭발 위험이 가장 큰 가스는?

① C_3H_8　　　　　　　② C_4H_{10}
③ CH_4　　　　　　　　④ C_2H_2

해설 폭발 범위
① 프로판 : 2.2~9.5%　　② 부탄 : 1.9~8.5%
③ 메탄 : 5~15%　　　　④ 아세틸렌 : 2.5~81%
⑤ 연소 범위 즉 폭발범위가 넓을수록 위험하다.

문제 57 표준물질에 대한 어떤 물질의 밀도의 비를 무엇이라고 하는가?

① 비중　　　　　　　　　② 비중량
③ 비용　　　　　　　　　④ 비열

해설 비중(specific gravity)
① 0℃ 1기압인 표준 상태에서 공기와 같은 부피에 대한 무게비이다.

② 기체 비중 $= \dfrac{\text{기체분자량}}{\text{공기의 평균 분자량}(29)}$

③ 액체의 비중 $= \dfrac{\text{액체의 밀도}}{4℃ \text{물의 밀도}}$

54. ①　55. ②　56. ④　57. ①

문제 58 LP가스가 증발할 때 흡수하는 열을 무엇이라 하는가?
① 현열 ② 비열
③ 잠열 ④ 융해열

해설 ① 잠열(latent heat) : 물질이 온도 변화 없이 상태가 변화될 때 필요한 열량이다.
② 현열(sensible heat) : 물질의 상태 변화없이 온도 변화가 일어날 때 필요한 열이다.

문제 59 LP가스를 자동차연료로 사용할 때의 장점이 아닌 것은?
① 배기가스의 독성이 가솔린보다 적다.
② 완전연소로 발열량이 높고 청결하다.
③ 옥탄가가 높아서 녹킹현상이 없다.
④ 균일하게 연소되므로 엔진수명이 연장된다.

해설 LP가스의 특징
① 노킹 현상은 엔진의 출력을 저하시킨다.
② LP 가스 연료 공급 순서 : LPG탱크→ 필터 → 전자밸브 → 기화기 → 카브레터 → 엔진

문제 60 다음 중 염소의 주된 용도가 아닌 것은?
① 표백 ② 살균
③ 염화비닐 합성 ④ 강재의 녹 제거용

해설 염소의 용도
① 수돗물 살균 및 섬유표백 ② 염화비닐 원료.
③ 펄프의 제조 ④ 염산의 합성
⑤ 포스겐의 제조

58. ③ 59. ③ 60. ④

2023년 6월 CBT 시행

문제 01 용기에 의한 고압가스 판매시설 저장실 설치기준으로 틀린 것은?

① 고압가스의 용적이 $300m^3$을 넘는 저장설비는 보호시설과 안전거리를 유지하여야 한다
② 용기보관실 및 사무실을 동일 부지 내에 구분하여 설치한다.
③ 사업소의 부지는 한 면이 폭 5m 이상의 도로에 접하여야 한다.
④ 가연성 가스 및 독성 가스를 보관하는 용기보관실의 면적은 각 고압가스별로 $10m^3$ 이상으로 한다.

해설 고압가스 운반 차량의 통행을 위해 사업소의 부지는 한 면이 폭4m 이상의 도로에 접하여야 한다.

문제 02 가연성 가스의 제조설비 또는 저장설비 중 전기설비 방폭구조를 하지 않아도 되는 가스는?

① 암모니아, 시안화수소
② 암모니아, 염화메탄
③ 브롬화메탄, 일산화탄소
④ 암모니아, 브롬화메탄

해설 가연성가스 저장설비 중 전기설비는 그 설치장소 및 그 가스의 종류에 따라 적절한 방폭성능을 가진 것으로 하여야 하나, 암모니아, 브롬화메탄 및 공기 중에서 자기발화성 가스는 적용하지 않는다.

문제 03 재검사 용기에 대한 파기방법의 기준으로 틀린 것은?

① 절단 등의 방법으로 파기하여 원형으로 가공할 수 없도록 할 것
② 허가관청에 파기의 사유, 일시, 장소 및 인수시한 등에 대한 신고를 하고 파기를할 것
③ 잔가스를 전부 제거한 후 절단할 것
④ 파기하는 때에는 검사원이 검사 장소에서 직접 실시할 것

해설 파기는 파기예정일 전가지 파기의 사유, 일시, 장소 및 인수시한 등에 대한 통지를 하고 파기할 것

해답 01. ③ 02. ④ 03. ②

문제 04
LP가스가 누출될 때 감지할 수 있도록 첨가하는 냄새가 나는 물질의 측정방법이 아닌 것은?

① 유취실법　　　　　　　② 주사기법
③ 냄새주머니법　　　　　④ 오더(odor)미터법

해설 부취제 측정방법 : 주사기법, 냄새주머니법, 오더(odor)미터법, 무취실법

문제 05
고압가스 공급자 안전 점검 시 가스누출검지기를 갖추어야 할 대상은?

① 산소　　　　　　　　　② 가연성 가스
③ 불연성 가스　　　　　④ 독성 가스

해설 ① 가연성 가스 : 가스누출 검지기, 가스누출 검지액
② 독성가스 : 가스누출 시험지, 가스누출 검지액
③ 불연성가스 : 가스누출검지액,
④ 산소 : 가스누출검지액

문제 06
신규검사에 합격된 용기의 각인사항과 그 기호의 연결이 틀린 것은?

① 내용적 : V　　　　　　② 최고충전압력 : FP
③ 내압시험압력 : TP　　④ 용기의 질량 : M

해설 용기의 각인 기호
① V : 내용적[L]
② W : 용기의 무게[kg]
③ TP : 내압시험압력[MPa]
④ FP : 최고 충전압력[MPa]
⑤ TW : 다공 물질, 용제 및 밸브의 질량을 합한 총질량[kg]

문제 07
독성 가스의 저장탱크에는 그 가스의 용량이 탱크 내용적의 몇 %까지 채워야 하는가?

① 80%　　　　　　　　　② 85%
③ 90%　　　　　　　　　④ 95%

해설 독성 가스 저장탱크 용량
① 저장탱크 내용적이 90%를 초과 할 수 없다.
② 안전공간을 10% 까지 확보한다.
③ 과충전 방지 장치를 설치한다.

해답 04. ①　05. ②　06. ④　07. ③

문제 08 역화방지장치를 설치하지 않아도 되는 곳은?

① 가연성 가스 압축기와 충전용 주관 사이의 배관
② 가연성 가스 압축기와 오토클레이브 사이의 배관
③ 아세틸렌 충전용 지관
④ 아세틸렌 고압건조기와 충전용 교체밸브 사이의 배관

해설 역화방지장치 설치 장소
① 가연성 가스 압축기와 오토클레이브 사이
② 아세틸렌 충전용 지관
③ 아세틸렌 고압건조기와 충전용 교체밸브 사이

문제 09 독성가스 허용농도의 종류가 아닌 것은?

① 시간가중 평균농도(TLV-TWA)
② 단시간 노출허용농도(TLV-STEL)
③ 최고허용농도(TVLV-C)
④ 순간 사망허용농도(TLV-D)

해설 독성가스 허용농도의 종류
① 시간가중 평균농도(Time Weighted Average concentration)
② 단시간 노출허용농도 (Short Term Exposure Limit)
③ 최고허용농도(Ceiling 농도)

문제 10 고압가스 설비에 설치하는 압력계의 최고눈금의 범위는?

① 상용압력의 1배 이상, 1.5배 이하
② 상용압력의 1.5배 이상, 2배 이하
③ 상용압력의 2배 이상, 3배 이하
④ 상용압력의 3배 이상, 5배 이하

해설 압력계의 최고 눈금 : 사용압력의 1.5배 이상 2배 이하

문제 11 가스의 폭발에 대한 설명 중 틀린 것은?

① 폭발범위가 넓은 것은 위험하다.
② 폭굉은 화염전파속도가 음속보다 크다
③ 안전간격이 큰 것일수록 위험하다
④ 가스의 비중이 큰 것은 낮은 곳에 체류할 위험이 있다.

해설 안전간격이 작은 가스일수록 폭발하기 쉽다.

해답 08. ① 09. ④ 10. ② 11. ③

문제 12
내용적 94L인 액화프로판 용기의 저장능력의 몇 kg인가? (단, 충전상수 C는 2.35이다.)
① 30
② 40
③ 60
④ 80

해설

$W[\text{kg}] = \dfrac{V[\text{L}]}{C}$ 여기서, C : 충전상수

$W[\text{kg}] = \dfrac{V[\text{L}]}{C} = \dfrac{94}{2.35} = 40\text{kg}$

문제 13
액화석유가스 충전사업장에서 가스충전준비 및 충전상버에 대한 설명으로 틀린 것은?
① 자동차에 고정된 탱크는 저장탱크의 외면으로부터 3m 이상 떨어져 정지한다.
② 안전밸브에 설비된 스톱밸브는 항상 열어둔다
③ 자동차에 고정된 탱크(내용적이 1만L 이상의 것에 한한다.)로부터 가스를 이입받을 때에는 자동차가 고정되도록 자동차정지목 등을 설치한다
④ 자동차에 고정된 탱크로부터 저장탱크에 액화석유가스를 이입받을 때에는 5시간 이상 연속하여 자동차에 고정된 탱크를 저장탱크에 접속하지 아니한다.

해설 **자동차 정지목** : 내용적이 5000L 이상의 것에 한 한다.

문제 14
저장량이 10000kg인 산소저장설비는 제 1종 보호시설과의 거리가 얼마 이상이면 방호벽을 설치하지 아니할 수 있는가?
① 9m
② 10m
③ 11m
④ 12m

해설 **특정 고압가스 사용시설 방호벽 설치**
① 피해저감설비기준 : 고압가스의 저장량이 300kg(압축가스의 경우에는 1m^3를 5kg으로 본다) 이상인 용기보관실의 벽은 방호벽으로 할 것. 다만, 용기보관실의 외면으로부터 보호시설(사업소 안에 있는 보호시설 및 전용공업지역 안에 있는 보호시설은 제외한다)까지 다음 표에서 정한 거리(시장·군수 또는 구청장이 필요하다고 인정하는 지역은 보호시설과의 거리에 일정 거리를 더한 거리)를 유지할 경우에는 방호벽을 설치하지 아니할 수 있다.
② 안전거리

구분	제1종보호시설	제2종보호시설
산소저장설비	12m	8m
독성(가연성)가스 저장설비	17m	12m
그 밖의 가스 저장설비	8m	5m

[비고] 한 사업소 안에 2개 이상의 저장설비가 있는 경우에는 각각 안전거리를 유지한다.

해답 12. ② 13. ③ 14. ④

문제 15 고압가스 특정제조시설에서 고압가스설비의 설치기준에 대한 설명으로 틀린 것은?

① 아세틸렌의 충전용 교체밸브는 충전하는 장소에 직접 설치한다.
② 에어로졸 제조시설에는 정량을 충전할 수 있는 자동충전기를 설치한다.
③ 공기액화 분리기로 처리하는 완료공기의 흡입구는 공기가 맑은 곳에 설치한다.
④ 공기액화 분리에 설치하는 피트는 양호한 환기구조로 한다.

[해설] 아세틸렌의 충전용 교체밸브는 충전하는 장소에서 격리하여 설치한다.

문제 16 고압가스 특정제조시설에서 상용압력 0.2MPa 미만의 가연성 가스 배관을 지상에 노출하여 설치 시 유지하여야 할 고지의 폭 기준은?

① 2m 이상   ② 5m 이상
③ 9m 이상   ④ 15m 이상

[해설] 상용압력에 따른 공지의 폭 이상

상용압력	공지의 폭
0.2MPa 미만	5m
0.2MPa 이상 1MPa 미만	9m
1MPa 이상	15m
공지의 폭은 배관 양쪽 외면으로부터 계산하되 전용공업지역 또는 일반공업지역, 산업통상자원부장관이 지정하는 지역은 위표에서 정한 폭의 1/3로 할 수 있다.	

문제 17 액화석유가스 용기를 실외저장소에 보관하는 기준으로 틀린 것은?

① 용기보관장소의 경계 안에서 용기를 보관할 것
② 용기는 눕혀서 보관할 것
③ 충전용기는 항상 40℃ 이하를 유지할 것
④ 충전용기는 눈, 비를 피할 수 있도록 할 것

[해설] 액화석유가스 저장소의 기술기준
① 용기보관장소의 경계 내에서 용기를 보관한다.
② 용기는 세워서 보관한다.
③ 충전용기는 항상 40℃ 이하를 유지 하여야 하며 눈, 비를 피할 수 있도록 한다.

문제 18 수소와 다음 중 어떤 가스를 동일 차량에 적재하여 운반하는 때에 그 충전용기와 밸브가 서로 마주보지않도록 적재하여야 하는가?

① 산소   ② 아세틸렌
③ 브롬화메탄   ④ 염소

15. ① 16. ② 17. ② 18. ①

해설 혼합적재 금지 가스
① 염소와 아세틸렌, 암모니아, 수소는 동일 차량에 적재 운반하지 않는다.
② 충전용기와 소방법이 정하는 위험물 이다.
③ 가연성가스와 산소를 동일 차량에 적재 운반시 충전용기의 밸브가 서로 마주보지 않도록 적재한다.
④ 독성가스 중 가연성가스와 조연성 가스는 동일 차량에 적재운반 금지이다.

문제 19 아세틸렌 용접용기의 내압시험압력으로 옳은 것은?
① 최고충전압력의 1.5배
② 최고충전압력의 1.8배
③ 최고충전압력의 5.3배
④ 최고충전압력의 3배

해설 아세틸렌 용접용기
① 최고충전압력 : 1.5MPa
② 기밀시험압력 : 최고 충전압력의 1.8배
③ 내압시험압력 : 최고 충전압력의 3배

문제 20 고압가스 특정제조시설에서 안전구역 설정 시 사용하는 안전구역 안의 고압가스설비 연소열량수치(Q)의 값은 얼마 이하로 정해져 있는가?
① 6×10^8
② 6×10^9
③ 7×10^5
④ 7×10^3

해설 연소열량수치 : 6×10^8

문제 21 도시가스 사용시설에 정압기를 2013년에 설치하였다. 다음 중 이 정압기의 분해점검 만료시기로 옳은 것은?
① 2015년
② 2016년
③ 2017년
④ 2018년

해설 분해점검 주기
① 일반 도시가스 사업의 정압기 : ㉠ 설치 후 2년에 2회 이상 분해점검
　　　　　　　　　　　　　　　　㉡ 1주일 1회 이상 작동점검
② 도시가스 사용시설의 정압기 필터 : 설치 후 3년까지는 1회 이상 분해점검 이후에는 4년에 1회 이상 분해점검
③ 일반 도시가스 사업의 정압기 필터 : 가스공급개시 후 1개월 이내 및 가스공급개시 후 매년1회 이상 분해점검을 실시하도록 규정하고 있다.

문제 22 운전 중인 액화석유가스 충전설비의 작동상황에 대하여 주기적으로 점검하여야 한다. 점검주기는?
① 1일에 1회 이상
② 1주일에 1회 이상
③ 3월에 1회 이상
④ 6월에 1회 이상

해답 19. ④　20. ①　21. ②　22. ①

해설 ① 운전 중인 액화석유가스 충전설비 작동상황 점검 : 1일 1회 이상
② 주거용 가스 사용자 : 3월에 1회 이상 자율적 시설 점검

문제 23
가스계량기와 전기계량기와는 최소 몇 cm 이상의 거리를 유지하여야 하는가?
① 15cm ② 20cm
③ 60cm ④ 80cm

해설 ① 가스계량기 ⇔ 전기계량기 및 전기개폐기 : 60cm 이상
② 가스계량기 ⇔ 굴뚝, 전기점멸기 및 전기접속기 : 30cm 이상
③ 가스계량기 ⇔ 절연조치를 하지 않는 전선 : 15cm 이상

문제 24
시내버스의 연료로 사용되고 있는 CNG의 주용 성분은?
① 메탄(CH_4) ② 프로판(C_3H_8)
③ 부탄(C_4H_{10}) ④ 수소(H_2)

해설 **압축천연가스**(Compressed Natural Gas ; 압축천연가스)
메탄을 주성분으로 하는 천연가스로 200기압 이상의 고압으로 압축한 것이다.

문제 25
액상의 염소가 피부에 닿았을 경우의 조치로서 가장 적절한 것은?
① 암모니아로 씻어낸다. ② 이산화탄소로 씻어낸다.
③ 소금물로 씻어낸다. ④ 맑은 물로 씻어낸다.

해설 염소가 피부에 닿았을 경우 응급조치
① 맑은 물로 씻어 낸다.
② 노출 지역을 벗어난다.

문제 26
아세틸렌 용기에 다공질 물질을 고루 채운 후 아세틸렌을 충전하기 전에 침윤시키는 물질은?
① 알코올 ② 아세톤
③ 규조토 ④ 탄산마그네슘

해설 ① 아세틸렌 용기 충전시 용제 : 아세톤, 디메틸포름아미드
② 아세틸렌을 용기에 충전하는 때에는 미리 용기에 다공물질을 고루 채워 다공도가 75% 이상, 92% 미만이 되도록 한 후 아세톤 또는 디메틸포름아미드를 고루 침윤시키고 충전하여야 한다.

해답 23. ③ 24. ① 25. ④ 26. ②

문제 27 가연성 가스의 제조설비 중 1종 장소에서의 변압기 방폭구조는?

① 내압 방폭구조
② 안전증 방폭구조
③ 유입 방폭구조
④ 압력 방폭구조

해설 ① **1종 장소** : 내압 방폭구조(건식)
② **2종 장소** : 유입 방폭구조(유입), 내압 방폭구조(건식), 안전증 방폭구조(건식)

문제 28 액화석유가스의 냄새측정 기준에서 사용하는 용어에 대한 설명으로 옳지 않은 것은?

① 시험가스란 냄새를 측정할 수 있도록 액화석유가스를 기화시킨 가스를 말한다
② 시험자란 미리 선정한 정상적인 후각을 가진 사람으로서 냄새를 판정하는 자를 말한다
③ 시료기체란 시험가스를 청전한 공기로 희석한 판정용 기체를 말한다
④ 희석배수란 시료기체의 양을 시험가스의 양으로 나눈 값을 말한다.

해설 ① **패널(panel)** : 시험자란 미리 선정한 정상적인 후각을 가진 사람으로서 냄새를 판정하는 자를 말한다.
② **시험자** : 냄새농도 측정에 있어서 희석조작을 하여 냄새농도를 측정하는 자

문제 29 산소에 대한 설명 중 옳지 않은 것은?

① 고압의 산소와 유지류의 접촉은 위험하다.
② 과잉의 산소는 인체에 유해하다.
③ 내산화성 재료로는 주로 납(Pb)이 사용된다
④ 산소의 화학반응에서 과산화물은 위험성이 있다.

해설 내산화성 재료로는 주로 크롬(Cr)이 사용된다.

문제 30 LP가스사용시설에서 호스의 길이는 연소기까지 몇 m 이내로 하여야 하는가?

① 3m
② 5m
③ 7m
④ 9m

해설 **LP 가스 사용시설** : 호스는 가스 사용시설의 안전을 위해 연소기 등의 연결을 목적으로만 사용하며 길이는 3m 이내로 한다.

27. ① 28. ② 29. ③ 30. ①

문제 31
오리피스미터로 유량을 측정할 때 갖추지 않아도 되는 조건은?
① 관로가 수평일 것
② 정상류 흐름일 것
③ 관속에 유체가 충만되어 있을 것
④ 유체의 전도 및 압축의 영향이 클 것

해설 **오리피스미터로 유량 측정** : 유체의 전도 및 압축의 영향이 적어야 한다.

문제 32
액화천연가스(LNG)저장탱크의 지붕 시공 시 지붕에 대한 좌굴강도(Buckling strength)를 검토하는 경우 반드시 고려하여야 할 사항이 아닌 것은?
① 가스압력
② 탱크의 지붕판 및 지붕뼈대의 중량
③ 지붕부의 단열재의 중량
④ 내부탱크 재료 및 중량

해설 **좌굴강도 검토 사항**
① 가스압력
② 탱크의 지붕판 및 지붕뼈대의 중량
③ 지붕부의 단열재의 중량

문제 33
압력계의 측정 방법에는 탄성을 이용하는 것과 전기적 변화를 이용하는 방법 등이 있다. 다음 중 전기적 변화를 이용하는 압력계는?
① 부르동관 압력계
② 벨로스 압력계
③ 스트레인 게이지
④ 다이어프램 압력계

해설 **전기식 압력계**
① 물리적 변화를 이용한 방법이다.
② 전기저항 압력계, 피에조 전기 압력계, 스트레인 게이지

문제 34
염화메탄을 사용하는 배관에 사용해서는 안 되는 금속은?
① 철
② 강
③ 동합금
④ 알루미늄

해설 **사용제한 냉매**
① 동 및 동합금 : 암모니아(동함유 62% 미만 제외)
② 알루미늄 합금 : 염화메탄
③ 알루미늄 합금(마그네슘2% 이상 함유) : 프레온

31. ④ 32. ④ 33. ③ 34. ④

문제 35 회전펌프의 특징에 대한 설명으로 틀린 것은?

① 고압에 적당하다.
② 점성이 있는 액체에 성능이 좋다.
③ 송출량의 맥동이 거의 없다.
④ 왕복펌프와 같은 흡입, 토출밸브가 있다.

해설 회전 펌프
① 흡입, 토출 밸브가 없다.
② 맥동현상이 적다.
③ 고압의 유압펌프로 많이 사용된다.

문제 36 고압식 액화산소분리 장치의 원료공기에 대한 설명 중 틀린 것은?

① 탄산가스가 제거된 후 압축기에서 압축된다.
② 압축된 원료공기는 예랭기에서 열교환하여 냉각 된다.
③ 건조기에서 수분이 제거된 후에는 팽창기와 정류탑의 하부로 열교환하며 들어간다.
④ 압축기로 압축한 후 물로 냉각한 다음 축랭기에 보내진다.

해설 저압식 공기 액화 분리장치(저압식 액체 산소분리장치)에서 압축기로 압축한 후 물로 냉각한 다음 축냉기에 보내진다.

문제 37 연소기의 설치방법에 대한 설명으로 틀린 것은?

① 가스온수기나 가스보일러는 목욕탕에 설치할 수 있다.
② 배기통이 가연성 물질로 된 벽 또는 천장 등을 통과하는 때에는 금속 외의 불연성 재료로 단열조치를 한다.
③ 배기팬이 있는 밀폐형 또는 반밀폐형의 연소기를 설치한 경우 그 배기팬의 배기가스와 접촉하는 부분은 불연성재료로 한다.
④ 개방형 연소기를 설치한 실에는 환풍기 또는 환기구를 설치한다.

해설 가스 온수기, 가스 보일러는 환기가 잘되는 장소에 설치해야 안전하다.

문제 38 관내를 흐르는 유체의 압력강하에 대한 설명으로 틀린 것은?

① 가스 비중에 비례한다.   ② 관 길이에 비례한다.
③ 관 안지름의 5승에 반비례한다.   ④ 압력에 비례한다.

해답

35. ④   36. ④   37. ①   38. ④

문제 39 공기액화 분리기에서 이산화탄소 7.2kg을 제거하기 위해 필요한 건조제(NaOH)의 양은 약 몇 kg인가?

① 6
② 9
③ 13
④ 15

해설
① 2NaOH + CO₂ → NaCO + H₂O
   (2×44) : 44 = (X) : 7.2
② $X = \dfrac{(2 \times 40) \times 7.2}{44} = 13.090$ [kg]

문제 40 LP가스 수송관의 이음부분에 사용할 수 있는 패킹재료로 적합한 것은?

① 종이
② 천연고무
③ 구리
④ 실리콘 고무

해설 LP가스 패킹재료 : LP가스는 천연고무를 녹게 하므로 내열성이 뛰어난 실리콘(규소) 고무 재료가 적합하다.

문제 41 금속재료에서 고온일 때 가스에 의한 부식으로 틀린 것은?

① 산소 및 탄산가스에 의한 산화
② 암모니아에 의한 강의 질화
③ 수소가스에 의한 탈탄작용
④ 아세틸렌에 의한 황화

해설 가스 고온 부식
① 수소에 의한 탈탄
② 암모니아에 의한 강의 질화
③ 일산화탄소에 의한 금속 카아보닐화
④ 황화수소에 의한 황화
⑤ 오산화바나듐에 의한 바나듐어택
⑥ 산소 및 탄산가스에 의한 산화

문제 42 액화석유가스용 강제용기란 액화석유가스를 충전하기 위한 내용적이 얼마 미만인 용기를 말하는가?

① 30L
② 50L
③ 100L
④ 125L

해설 액화석유 가스용 용접 강제용 기준 : 내용적이 20L 이상 125L 미만이다.

39. ③ 40. ④ 41. ④ 42. ④

문제 43 저온장치에 사용하는 금속재료로 적합하지 않은 것은?

① 탄소강　　　　　　　　② 18-8 스테인리스강
③ 알루미늄　　　　　　　④ 크롬-망간강

해설 **탄소강의 저온특성** : 탄소강은 저온의 온도 이하에서 충격치가 급격히 감소되어 재질이 약해지는 저온 취성이 나타나 저온장치에 부적합 하다.

문제 44 고압가스설비는 그 고압가스의 취급에 적합한 기계적 성질을 가져야 한다. 충전용 지관에는 탄소 함유량이 얼마 이하의 강을 사용하여야 하는가?

① 0.1%　　　　　　　　② 0.33%
③ 0.5%　　　　　　　　④ 1%

해설 **아세틸렌 제조설비**
① 충전용 지관은 탄소함유량 0.1% 이하의 강을 사용하였다.
② 아세틸렌이 접촉되는 부분에 동함량이 62% 이상의 동합금 사용을 금한다.
③ 충전 중의 압력을 2.5MPa 이하로 한다.

문제 45 나사압축기에서 숫로터의 지름 150mm, 로터 길이 100mm, 회전수가 350rpm 이라고 할 때 이론적 토출량은 약 몇 m³/min인가?(단, 로터 형상의 의한 계수 (C_u)는 0.476이다.)

① 0.11　　　　　　　　② 0.21
③ 0.37　　　　　　　　④ 0.47

해설 **토출량**
① $Q = W \times D^2 \times L \times N$
② $Q = 0.476 \times (0.15)^2 \times 0.1 \times 350 = 0.375 \, m^3/min$

문제 46 다음 중 액화 석유가스의 주성분이 아닌 것은?

① 부탄　　　　　　　　② 헵탄
③ 프로판　　　　　　　④ 프로필렌

해설 **액화 석유 가스 성분** : 프로판, 부탄, 프로필렌, 부틸렌 등으로 구성되어 있다.

문제 47 도시가스에 사용되는 부취제 중 DMS의 냄새는?

① 석탄가스 냄새　　　　② 마늘 냄새
③ 양파 썩는 냄새　　　　④ 암모니아 냄새

43. ①　44. ①　45. ③　46. ②　47. ②

해설 부취제의 종류
① TBM : ㉠ 양파썩는 냄새 강함
㉡ 내산화성이 좋다
㉢ 토양 투과성이 좋다
㉣ 배관(강철, 동합금)부식 이 일어난다.
② DMS : ㉠ 마늘 냄새 약간 약함
㉡ 안정 화합물이다.
㉢ 토양투과성이 좋다
㉣ H_2O, O_2가 부재시 부식이 안 일어난다.
③ THT : ㉠ 석탄가스 냄새
㉡ 안정 화합물 이다.
㉢ 가스 중 H_2O가 존재시 부식이 일어난다.
④ 부취제의 목적 : 도시가스가 누설시 폭발 및 중독사고를 미리 방지하기 위하여 공기 중의 $\frac{1}{100}$ 상태에서 위험농도를 냄새로서 감지 할 수 있도록 한다.

문제 48
'자연계에 아무런 변화도 남기지 않고 어느 열원의 열을 계속해서 일로 바꿀 수 없다. 즉 고온물체의 열을 계속해서 일로 바꾸려면 저온물체로 열을 버려야만 한다.'라고 표현되는 법칙은?

① 열역학 제0법칙 ② 열역학 제1법칙
③ 열역학 제2법칙 ④ 열역학 제3법칙

해설 ① 열역학 제2법칙 : 에너지 방향성의 법칙
열은 스스로 다른 물체에 아무런 변화도 주지 않고 저온 물체에서 고온 물체로 이동하지 않는다.
② 열역학 제1법칙 : 에너지 보존의 법칙
에너지의 한 형태의 열과 일은 서로 같고 열은 일과 열로 서로 전환이 가능하다.
③ 열역학 제3법칙 : 어떠한 방법이라도 어떤 계를 절대온도 0도에 이르게 할 수 없다.
④ 열역학 제0법칙 : 열평형의 법칙
온도가 높은 물질과 낮은 물질인 서로 다른 물체를 접촉시키면 열의 흡수량 과 발열량이 같게 되어 온도차가 없어지면 온도가 같게 되어 평형을 이룬다.

문제 49
브로민화수소의 성질에 대한 설명으로 틀린 것은?

① 독성 가스이다. ② 기체는 공기보다 가볍다.
③ 유기물 등과 격렬하게 반응한다. ④ 가열 시 폭발 위험성이 있다.

해설 브로민화수소(HBr)
① 녹는점 $-86.8℃$, 비점 $-66.7℃$, 비중 2.8이다.
② 불연성 무색 기체이며 자극성 냄새가 발생한다.
③ 부식성이 있고 공기 중 습기와 반응하여 흰 연기를 발생한다.
④ 기체는 공기보다 무겁다.
⑤ 산호와 반응하여 물과 브로민이 생성된다.
⑥ 오존과는 폭발적으로 반응하여 수소가 생성된다.
⑦ 환원제, 촉매(유기합성), 의약품의 재료로 쓰인다.

48. ③ 49. ②

문제 50

압력에 대한 설명으로 옳은 것은?

① 절대압력=게이지압력+대기압이다. ② 절대압력=대기와+진공압이다.
③ 대기압은 진공압보다 낮다. ④ 1atm은 1033.2kgf/m²이다.

해설 압력(pressure)
① 대기압 : 지구가 대기를 잡아당기는 힘을 압력이라하며 공기의 무게에 의해 생긴다.
② 계기압력(gauge pressure) : 압력계로 측정한 압력이다.
③ 절대압력(absolute pressure) : 완전진공상태를 0으로 측정한 압력이다.
④ 진공압(vaccum) : 대기압 이하의 압력이다.
⑤ 절대압력＝대기압 ＋ 게이지압력
⑥ 절대압력＝대기압 － 진공압력

문제 51

천연가스(NG)를 공급하는 도시가스의 주요 특성이 아닌 것은?

① 공기보다 가볍다.
② 메탄이 주성분이다.
③ 발전용, 일반공업용 연료로도 널리 사용된다.
④ LPG보다 발열량이 높아 최근 사용량이 급격히 많아졌다.

해설 발열량
① 천연가스(NG) 발열량 : 9000kcal/m³
② LPG 발열량 : 22000~24000kcal/m³
③ LPG ＞ 천연가스(NG)

문제 52

0℃, 1atm인 표준상태에서 공기와의 같은 부피에 대한 무게비를 무엇이라고 하는가?

① 비중   ② 비체적
③ 밀도   ④ 비열

해설 비중(specific gravity)
① 0℃ 1기압인 표준 상태에서 공기와 같은 부피에 대한 무게비이다.
② 기체 비중＝$\dfrac{기체\ 분자량}{공기의\ 평균\ 분자량(29)}$
③ 액체의 비중＝$\dfrac{액체의\ 밀도}{4℃물의\ 밀도}$

문제 53

절대온도 40K를 랭킨온도로 환산하면 몇 °R인가?

① 36   ② 54
③ 72   ④ 90

해설 랭킨온도(degree-Rankine)
$R = 1.8K = 1.8 \times 40 = 72°R$

50. ① 51. ④ 52. ① 53. ③

문제 54 수분이 존재할 때 일반 강재를 부식시키는 가스는?

① 황화수소 ② 수소
③ 일산화탄소 ④ 질소

해설 강재 부식 가스
화학적으로 안정된 금속은 부식 되지 않지만 수분 존재시 산이 발생하여 강재를 부식 시킨다.
[예] 황화수소, 아황산가스, 염소, 포스겐, 탄산가스 등이 있다.

문제 55 다음 중 엔트로피의 단위는?

① kcal/h ② kcal/kg
③ kcal/kg.m ④ kcal/kg.K

해설 엔트로피
① 더 이상 사용 할 수 없게 된 무효에너지라 하며 미소 열량을 절대온도로 나눈 값이다.
$$ds = \frac{dQ}{T}$$
여기서, ds : 변화된 엔트로피 양[kcal/kgK], dQ : 변화된 열량[kcal/kg]
② 엔트로피 단위 : [kcal/kgK], [kJ/kgK]

문제 56 공기 중에서의 프로판 폭발범위(하한과 상한)를 바르게 나타낸 것은?

① 1.8~8.4% ② 2.2~9.5%
③ 2.1~8.4% ④ 1.8~9.5%

해설 프로판(C_3H_8) 연소 범위 : 2.2~9.5[vol%]

문제 57 고압가스 안전관리법령에 따라 "상용의 온도에서 압력이 1MPa 이상이 되는 압축가스로서 실제로 그 압력이 1MPa 이상이 되는 경우에는 고압가스에 해당한다." 여기에서 압력은 어떠한 압력을 말하는가?

① 대기압 ② 게이지압력
③ 절대압력 ④ 진공압력

해설 고압가스 안전관리법령 압력 기준 : 게이지 압력이다.

문제 58 증기압이 낮고 비점이 높은 가스는 기화가 쉽게 되지 않는다. 다음 가스 중 기화가 가장 안 되는 가스는?

① CH_4 ② C_2H_4
③ C_3H_8 ④ C_4H_{10}

54. ① 55. ④ 56. ② 57. ② 58. ④

해설 가스의 비점
① 메탄(CH_4) 끓는점 : -162℃
② 에틸렌(C_2H_4) 끓는점 : -103.7℃
③ 프로판(C_3H_8) 끓는점 : -42.07℃
④ 부탄(C_4H_{10}) 끓는점 : -0.5℃

문제 59 가스를 그대로 대기 중에 분출식 연소에 필요한 공기를 전부 불꽃의 주변에 취하는 연소방식은?
① 적화식
② 세미분젠식
③ 분젠식
④ 전1차 공기식

해설 연소시 1차 공기와 2차 공기의 혼합비율에 따른 분류
① 적화식 : 연소에 필요한 공기를 2차 공기만을 사용하며 가스를 그래로 대기 중에 분출식 연소에 필요한 공기를 전부 불꽃의 주변에 취하는 연소 방식이다.
② 세미분젠식 : 연소범위에 도달하지 않는 1차 공기만을 제한하여 연소시키는 방법으로 적화식과 분젠식의 중간 형태이다.
③ 분젠식 : 가스를 노즐로부터 분출시켜 그 제트(jet)에 의하여 주위의 공기를 연소한계 내에서 1차 공기로 흡인하여 연소에 사용하며 안전되면 외염이 만들어진다.
④ 전1차 공기식 : 완전연소 하기 위하여 모든 공기를 1차 공기로 연소시키는 것으로 분젠식보다는 연소속도가 빠르며 특수한 버너가 사용된다.

문제 60 비중병의 무게가 비었을 때는 0.2kg이고, 액체로 충만되어 있을 때에는 0.8kg이었다. 액체의 체적이 0.4L이라면 비중량(kgf/m³)은 얼마인가?
① 120
② 150
③ 1200
④ 1500

해설
① $\gamma = \dfrac{W}{V} = \dfrac{W_2 - W_1}{V} = \dfrac{0.8 - 0.2}{0.4} = 1.5 \text{kg}/l = 1.5 \times 1000 = 1500 \text{kg/m}^3$
② $1\text{m}^3 = 1000 l$

해답 59. ① 60. ④

2023년 9월 CBT 시행

문제 01 다음 가스 저장시설 중 환기구를 갖추는 등의 조치를 반드시 하여야 하는 곳은?

① 산소 저장소
② 질소 저장소
③ 헬륨 저장소
④ 부탄 저장소

해설 가스설비실 및 저장실에 누출된 가연성가스가 체류하는 것을 방지하기 위하여 환기설비를 하여야 한다.

문제 02 다음 중 폭발범위의 상한 값이 가장 낮은 가스는?

① 암모니아
② 프로판
③ 메탄
④ 일산화탄소

해설 ① 암모니아(NH_3) : 15~28vol% ② 프로판(C_3H_8) : 2.2~9.5vol%
③ 메탄(CH_4) : 5~15vol% ④ 일산화탄소(CO) : 12.5~74vol%

문제 03 고압가스 냉매설비의 기밀시험 시 압축공기를 공급 할 때 공기의 온도는 몇 ℃ 이하로 할 수 있는가?

① 40℃ 이하
② 70℃ 이하
③ 100℃ 이하
④ 140℃ 이하

해설 기밀시험시 공기의 온도는 140℃ 이하로 유지한다.

문제 04 C_2H_2 제조설비에서 제조된 C_2H_2를 충전용기에 충천시 위험한 경우는?

① 아세틴렌이 접촉되는 설비 부분에 동함량 72%의 동합금을 사용하였다.
② 충전 중의 압력을 2.5MPa 이하로 하였다.
③ 충전 후에 압력이 15℃에서 1.5MPa 이하로 될 때 까지 정치하였다.
④ 충전용 지관은 탄소함유량 0.1% 이하의 강을 사용하였다.

해설 **아세틸렌 가스 제조설비**
동과 접촉하여 동아세틸라이드를 만드므로 동 함유량이 62% 이상은 사용할 수 없다.

해답 01. ④ 02. ② 03. ④ 04. ①

문제 05

고압가스 특정제조시설에서 안전구역 안의 고압가스설비는 그 외면으로부터 다른 안전구역 안에 있는 고압가스설비의 외면까지 몇 m 이상의 거리를 유지하여야 하는가?

① 5m
② 10m
③ 20m
④ 30m

해설 고압가스 특정제조시설 안전구역 유지거리
안전구역 내의 가스공시설 외면 ↔ 다른 안전구역 고압가스 공급 시설 외면 : 30m 이상

문제 06

일반 도시가스 배관의 설치기준 중 하천 등을 횡단하여 매설하는 경우 적합하지 않는 것은?

① 하천을 횡단하여 배관을 설치하는 경우에는 배관의 외면과 계획하상(河床 : 하천의 바닥)높이와의 거리는 원칙적으로 4.0m 이상으로 한다.
② 소화천, 수로를 횡단하여 배관을 매설하는 경우 배관의 외면과 계획하상(河床 : 하천의 바닥)높이와의 거리는 원칙적으로 2.5m 이상으로 한다.
③ 그 밖의 좁은 수로를 횡단하여 배관을 매설하는 경우 배관의 외면과 계획하상(河床 : 하천의 바닥)높이와의 거리는 원칙적으로 1.5m 이상으로 한다.
④ 하상변동, 패임, 닻내림 등의 영향을 받지 아니하는 깊이에 매설한다.

해설 일반 도시가스 하천 횡단 매설 배관 설치 기준
좁은 수로를 횡단하여 배관을 매설하는 경우 배관의 외면과 계획하상 높이와의 거리는 원칙적으로 1.2m 이상으로 한다.

문제 07

염소의 일반적인 성질에 대한 설명으로 틀린 것은?

① 암모니아와 반응하여 염화암모늄을 생성한다.
② 무색의 자극적인 냄새를 가진 독성, 가연성가스이다.
③ 수분과 작용하면 염산을 생성하여 철강을 심하게 부식 시킨다.
④ 수돗물의 살균 소독제, 표백분 제조에 이용된다.

해설 염소(Cl_2)의 성질
① 강한 자극성 냄새를 가진 맹독성이며서 조연성 가스이다.
② 상온 상압에서는 황록색 이며 액화염소는 담황색을 나타낸다.

문제 08

차량에 고정된 탱크로서 고압가스를 운반할 때 그 내용적의 기준으로 틀인 것은?

① 수소 : 18000L
② 액화 암모니아 : 12000L
③ 산소 : 18000L
④ 액화 염소 : 12000L

해답 05. ④ 06. ③ 07. ② 08. ②

해설 차량에 고정된 탱크에 의한 운반 기준
① 경계표시 : 차량의 앞뒤 보기 쉬운 곳에 각각 붉은 글씨로 위험고압가스라는 경계표시를 한다.
② 탱크의 내용적
  ㉠ 가연성 가스(액화석유가스 제외) 및 산소탱크의 내용적 : 18000L
  ㉡ 독성 가스(액화암모니아 제외)의 탱크의 내용적 : 12000L
  ㉢ 다만, 철도차량 또는 견인되어 운반되는 차량에 고정하며 운반하는 탱크를 제외한다.

문제 09 가연성가스 제조설비 중 전기설비는 방폭성능을 가지는 구조이어야 한다. 다음 중 반드시 방폭성능을 가지는 구조로 하지 않아도 되는 가연성 가스는?
① 수소
② 프로판
③ 아세틸렌
④ 암모니아

해설 전기설비 방폭구조
① 가연성가스 저장설비 중 전기설비는 그 설치장소 및 그 가스의 종류에 따라 적절한 방폭성능을 가진 것으로 하여야 하나, 암모니아, 브롬화메탄 및 공기 중에서 자기발화성가스는 적용하지 않는다.
② 전기설비 방폭구조 : 에탄, 염화메틸, 프로필렌, 수소, 에틸아민, 아세트알데히드, 프로판, 아세틸렌

문제 10 저장탱크에 의한 LPG 사용시설에서 가스계량의 설치 기준에 대한 설명으로 틀린 것은?
① 가스계량기와 화기와의 우회거리 확인은 계량기의 외면과 화기를 취급하는 설비의 외면을 실측하여 확인한다.
② 가스계량기는 화기와 3m 이상의 우회거리를 유지하는 곳에 설치한다.
③ 가스계량기의 설치높이는 1.6m 이상, 2m 이내에 설치하여 고정한다.
④ 가스계량기와 굴뚝 및 전기점멸기와의 거리는 30cm 이상의 거리를 유지한다.

해설 화기와의 거리(도시가스 사용시설)
① 계량기와 화기사이의 거리 : 우회거리 2m 이상으로 한다.
  (그 시설안에서 사용하는 자체화기 제외)
② 입상관과 화기사이의 거리 : 우회거리 2m 이상으로 한다.
  (그 시설안에서 사용하는 자체화기 제외)

문제 11 LP가스 저장탱크를 수리할 때 작업원이 저장탱크 속으로 들어가서는 아니되는 탱크 내의 산소농도는?
① 16%
② 19%
③ 20%
④ 21%

09. ④ 10. ② 11. ①

해설 **치환 농도**
① 독성가스 : 허용농도 이하
② 가연성 : 폭발범위 하한의 1/4 이하
③ 산소의 농도 22% 이하(산소설비 개방검사)
④ 산소농도 : 18% 이상~22% 이하(설비내부에 사람이 있을 때)

문제 12 가스보일러의 공통 설치기준에 대한 설명으로 틀린 것은?
① 가스보일러는 전용보일러실에 설치한다.
② 가스보일러는 지하실 또는 반지하실에 설치하지 아니한다.
③ 전용보일러실에는 반드시 환기팬을 설치한다.
④ 전용보일러실에는 배기 덕트를 설치하지 아니한다.

해설 전용 보일러실에는 대기압보다 낮은 압력인 부압이 형성되어 불완전 연소가 발생하므로 환기팬설치를 금지한다.

문제 13 LP가스 저온 저장탱크에 반드시 설치하지 않아도 되는 장치는?
① 압력계
② 진공안전밸브
③ 감압밸브
④ 압력경보설비

해설 **부압 방지 조치**
압력계, 압력경보설비, 진공안전밸브, 균압관, 냉동제어설비, 송액설비(긴급차단장치 기능)

문제 14 다음 중 독성가스에 해당하지 않는 것은?
① 아황산가스
② 암모니아
③ 일산화탄소
④ 이산화탄소

해설 이산화탄소(CO_2) : 독성은 없고 질식성이 존재하는 불연성 가스 이다.

문제 15 무색, 무미, 무취의 폭발범위가 넓은 가연성가스로서 할로겐원소와 격렬하게 반응하여 폭발반응을 일으키는 가스는?
① H_2
② Cl_2
③ HCl
④ C_6H_6

해설 ① **수소 염소 폭명기** : 상온에서 할로겐 원소와 특히 염소 혼합가스와 빛에 의해 격렬하게 반응한다.
② 화학적 특성
㉠ 수소폭명기 : 공기중에서 온도가 530 C 이상이 되면 산소와 체적비 2 : 1로 반응하여 물을 생성하는 현상이다.

12. ③ 13. ③ 14. ④ 15. ①

ⓒ 염소폭명기 : 염소와의 혼합가스 열, 빛과 같은 촉매에 의해 격렬히 반응한다.
ⓒ 수소취명 : 고온, 고압 조건에서 탄소강 중의 탄소와 반응하여 탈탄작용으로 강재를 약화시킨다.

문제 16 포스겐의 취급 방법에 대한 설명 중 틀린 것은?
① 환기시설을 갖추어 작업한다.
② 취급 시에는 반드시 방독마스크를 착용한다.
③ 누출 시 용기가 부식되는 원인이 되므로 약간의 누출에도 주의한다.
④ 포스겐을 함유한 폐기액은 염화수소로 충분히 처리한 후 처분한다.

해설 포스겐을 함유한 폐기액은 알카리성 물질로 충분히 처리한 후 처분한다.

문제 17 가스 사용시설의 연소기 각각에 대하여 퓨즈 콕을 설치하여야 하나, 연소기 용량이 몇 kcal/h를 초과할 때 배관용 밸브로 대응할 수 있는가?
① 12500
② 15500
③ 19400
④ 25500

해설 가스소비량이 19400kcal/hr 를 초과하는 연소기가 연결된 배관 또는 연소기 사용압력이 3.3kPa을 초과하는 배관에는 배관용 밸브를 설치 할 수 있다

문제 18 특성가스인 염소를 운반하는 차량에 반드시 갖추어야 할 용구나 물품에 해당되지 않는 것은?
① 소화장비
② 제독제
③ 내산장갑
④ 누출검지기

해설 #

문제 19 다음 중 연소기구에서 발생할 수 있는 역화(back fire)의 원인이 아닌 것은?
① 염공이 적게 되었을 때
② 가스의 압력이 너무 낮을 때
③ 콕이 충분히 열리지 않았을 때
④ 버너 위에 큰 용이를 올려서 장시간 사용할 경우

해설 역화(back fire)의 원인
① 염공이 크게 되었을 때
② 가스의 압력이 너무 낮을 때
③ 콕이 충분히 열리지 않았을 때
④ 버너 위에 큰 용이를 올려서 장시간 사용할 경우

16. ④ 17. ③ 18. ① 19. ①

문제 20 고압가스 설비의 내압 및 기밀시험에 대한 설명으로 옳은 것은?
① 내압시험은 상용압력의 1.1배 이상의 압력으로 실시한다.
② 기체로 내압시험을 하는 것은 위험하므로 어떠한 경우라도 금지된다.
③ 내압시험을 할 경우에는 기밀시험을 생략할 수 있다.
④ 기밀시험은 상용압력 이상으로 하되 0.7MPa을 초과하는 경우 0.7MPa 이상으로 한다.

해설 고압가스 설비의 내압 및 기밀시험
① 내압시험은 상용압력의 1.5배 이상의 압력으로 실시한다.
② 기밀시험은 상용압력 이상으로 하되 0.7MPa을 초과하는 경우 0.7MPa 이상으로 한다.

문제 21 고압가스 용기를 내압시험한 결과 전 증가량은 400mL, 영구 증가량이 20mL이었다. 영구 증가율은 얼마인가?
① 0.2%   ② 0.5%
③ 5%   ④ 20%

해설 영구 증가율
① 영구 증가율 = $\dfrac{\text{영구 증가량}}{\text{전 증가량}} \times 100\%$
② $\dfrac{20}{400} \times 100 = 5\%$

문제 22 다음 중 제독제로 다량의 물을 사용하는 가스는?
① 일산화탄소   ② 이황화탄소
③ 황화수소   ④ 암모니아

해설 제독제
① 염소 : 소석회, 가성소다, 탄산소다 수용액
② 포스겐 : 소석회, 가성소다 수용액
③ 황화수소 : 가성소다, 탄산소다 수용액
④ 시안화수소 : 가성소다 수용액
⑤ 암모니아, 산화에틸렌, 염화메탄 : 물(다량)

참고 암기법
① 염소 가탄 ② 포석 가수 ③ 황가 탄수 ④ 시성수

해답 20. ④ 21. ③ 22. ④

문제 23 고압가스용기 등에서 실시하는 재검사 대상이 아닌 것은?

① 충전할 고압가스 종류가 변경된 경우
② 합격표시가 훼손된 경우
③ 용기밸브를 교체한 경우
④ 손상이 발생된 경우

해설
① 법에서 정하는 일정 기간이 경과된 경우
② 충전할 고압가스 종류가 변경된 경우
③ 합격표시가 훼손된 경우
④ 손상이 발생된 경우

문제 24 도시가스 품질검사 시 허용기준 중 틀린 것은?

① 전유황 : 30mg/m^3 이하
② 암모니아 : 10mg/m^3 이하
③ 할로겐 총량 : 10mg/m^3 이하
④ 실록산 : 10mg/m^3 이하

해설 도시가스 품질 검사 기준

검사항목	단위	허용기준
열량	MJ/m^3 (0℃, 101.3kPa)	법 제20조제1항에 따라 지식경제부장관 또는 시·도지사의 승인을 받은 공급규정에서 정하는 열량 (다만, 가스도매사업자 또는 일반도시가스사업자가 공급하는 천연가스와 혼합되지 않은 상태로 공급·운송·판매하는 도시가스의 열량은 도시가스사업자를 포함한 해당 도시가스 수요자와 협의하여 정할 수 있다.)
웨버지수	MJ/m^3 (0℃, 101.3kPa)	51.50~56.52(12,300~13,500kcal/m^3) (다만, 자동차 연료용 도시가스는 제외한다.)
전유황	mg/m^3 (0℃, 101.3kPa)	30 이하
부취농도	mg/m^3 (0℃, 101.3kPa)	4~30(TBM+THT) 3~13(MES+DMS+TBM+THT)
이산화탄소	mol-%	2.5 이하
산소	mol-%	0.03 이하(LPG+Air : 10 이하)
질소	mol-%	1.0 이하(LPG+Air : 35 이하)
탄화수소 이슬점	-	-5℃ 이하, up to 7MPa (LPG+Air : -5℃ 이하, up to 7MPa)
수분 이슬점	-	-12℃ 이하, up to 7MPa (LPG+Air : -12℃ 이하, up to 7MPa)
암모니아	mg/m^3 (0℃, 101.3kPa)	검출되지 않음
할로겐 총량	mg/m^3 (0℃, 101.3kPa)	10 이하
실록산	mg/m^3 (0℃, 101.3kPa)	10 이하
기타(수소, 아르곤, 일산화탄소 등)	mol-%	1.0 이하(다만, 수소의 경우 고압의 가스공급시설에서는 '검출되지 않음'을 원칙으로 한다.)

해답 23. ③ 24. ②

문제 25
다음 중 특정고압가스에 해당되지 않는 것은?
① 이산화탄소
② 수소
③ 산소
④ 천연가스

해설 **특정고압 가스** 〈고압가스 안전관리법 20조〉
수소 · 산소 · 액화암모니아 · 아세틸렌 · 액화염소 · 천연가스 · 압축모노실란 · 압축 디보레인 · 액화알진, 그 밖에 대통령령으로 정하는 고압가스라 한다.

문제 26
일반 공업지역의 암모니아를 사용하는 A 공장에서 저장능력 25톤의 저장탱크를 지상에 설치하고자 한다. 저장설비 외면으로부터 사업소 외의 주택까지 몇 m 이상의 안전거리를 유지하여야 하는가?
① 12m
② 14m
③ 16m
④ 18m

해설 **액화석유가스 저장소의 시설기준 안전 유지 거리**

저장 능력	제1종 보호 시설	제2종 보호시설
10톤 이하	17m	12m
10톤 초과 20톤 이하	21m	14m
20톤 초과 30톤 이하	24m	16m
30톤 초과 40톤 이하	27m	18m
40톤 초과	30m	20m

문제 27
독성가스 용기 운반차량의 경계표지를 정사각형으로 할 경우 그 면적의 기준은?
① 500cm² 이상
② 600cm² 이상
③ 700cm² 이상
④ 800cm² 이상

해설 **차량의 경계표시**
① 차량의 전후에서 명료하게 볼 수 있도록 "위험 고압가스"라 표시한다.
② 경계표시의 크기
 ㉠ 가로 치수 : 차세폭의 30% 이상
 ㉡ 세로치수 : 가로치수의 20% 이상의 직사각형으로 표시
 ㉢ 정사각형의 경우 : 면적을 600cm² 이상의 크기로 표시한다.

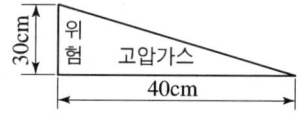

해답 25. ① 26. ③ 27. ②

문제 28
가스가 누출되었을 때 조치로써 가장 적당한 것은?

① 용기 밸브가 열려서 누출 시 부근 화기를 멀리하고 즉시 밸브를 잠근다.
② 용기 밸브 파손으로 누출 시 전부 대피한다.
③ 용기 안전밸브 누출 시 그 부위를 열습포로 감싸 준다.
④ 가스 누출로 실내에 가스 채류 시 그냥 놔두고 밖으로 대피한다.

해설 가스 누출시 조치법
화기를 멀리하고 즉시 밸브를 잠그고 창문과 출입문등을 활짝 열어 환기를 시킨다.

문제 29
액화석유가스 용기충전시설의 저장탱크에 폭발방지장치를 의무적으로 설치하여야 하는 경우는?

① 상업지역에 저장능력 15톤 저장탱크를 지상에 설치하는 경우
② 녹지지역에 저장능력 20톤 저장탱크를 지상에 설치하는 경우
③ 주거지역에 저장능력 5톤 저장탱크를 지상에 설치하는 경우
④ 녹지지역에 저장능력 30톤 저장탱크를 지상에 설치하는 경우

해설 용기충전시설의 저장탱크의 폭발 방지 장치
주거지역 또는 상업지역에 설치하는 저장능력 10톤이상의 저장탱크에는 폭발방지장치를 설치한다.

문제 30
수소 가스의 위험도(H)는 약 얼마인가?

① 13.5 ② 17.8
③ 19.5 ④ 21.3

해설 위험도
① $H = \dfrac{\text{상한}-\text{하한}}{\text{하한}} = \dfrac{75-4}{4} = 17.75$
② 수소의 연소 범위 : 4~75%

문제 31
다음 유량 측정방법 중 직접법은?

① 습식가스미터 ② 벤투리미터
③ 오리피스미터 ④ 피토튜브

해설 유량계측
① 직접식 : 습식 가스미터, 루츠형, 오벌형, 격막식 가스미터
② 간접식 : 피토관, 오리피스, 벤튜리, 플로노즐, 전자 유량계, 부자식 로터미터

28. ① 29. ① 30. ② 31. ①

문제 32
산소용기의 최고 충전압력이 15MPa일 때 이용기의 내압시험압력은 얼마인가?
① 15MPa ② 20MPa
③ 22.5MPa ④ 25MPa

해설 $T_P = F_P \times \dfrac{5}{3} = 15 \times \dfrac{5}{3} = 25\text{MPa}$

여기서, T_P : 내압시험압력, F_P : 최고충전압력

문제 33
긴급차단장치의 동력원으로 가장 부적당한 것은?
① 스프링 ② X선
③ 기압 ④ 전기

해설 긴급차단 장치 동력원 : 유압, 공기압, 전기, 스프링

문제 34
초저온용기의 단열성능 감시 시 측정하는 침입열량의 단위는?
① kcal/h · L · ℃ ② kcal/m² · h · ℃
③ kcal/m · h · ℃ ④ kcal/m · h · bar

해설 초저온 용기 침입열량의 계산

$Q = \dfrac{Wq}{H \Delta t V}$ [kcal/hL℃]

여기서, Q : 침입열량(kcal/h℃l) W : 기화된 가스량(kg)
q : 시험용 가스의 기화잠열(kcal/kg) H : 측정기간(hr)
Δt : 시험용 가스의 비점과 대기온도와의 온도차(℃)
V : 초저온용기의 내용적(l)

문제 35
펌프에서 유량을 Q[m³/min], 양정을 H[m], 회전수 N[rpm]이라 할 때 1단 펌프에서 비교회전도 η_s를 구하는 식은?

① $\eta_s = \dfrac{Q^2\sqrt{N}}{H^{3/4}}$ ② $\eta_s = \dfrac{N^2\sqrt{Q}}{H^{3/4}}$

③ $\eta_s = \dfrac{N\sqrt{Q}}{H^{3/4}}$ ④ $\eta_s = \dfrac{\sqrt{NQ}}{H^{3/4}}$

해설 비속도

$N_S = \dfrac{N\sqrt{Q}}{\left(\dfrac{H}{n}\right)^{3/4}}$

여기서, N : 임펠러 회전수[rpm] Q : 토출량[m³/min]
H : 양정 [m] n : 단수

32. ④ 33. ② 34. ① 35. ③

문제 36

다음〈보기〉의 특징을 가지는 펌프는?

[보기]
- 고압, 소유량에 적당하다.
- 토출량이 일정하다.
- 송수량의 가감이 가능하다.
- 맥동이 일어나기 쉽다.

① 원심 펌프
② 왕복 펌프
③ 축류 펌프
④ 사류 펌프

해설 왕복 펌프(reciprocasting pump)
① 송수량을 조절 할 수 있으며 흡입양정이 크다.
② 진동이 있고 설치 면적이 크다.
③ 토출량이 일정하다.

문제 37

내용적 47L인 LP가스 용기의 최대 충전량은 몇 kg인가? (단, LP가스는 정수는 2.35이다.)

① 20
② 42
③ 50
④ 110

해설 충전량
① $W = \dfrac{V}{C}$ [kg] C : 충전상수
② $W = \dfrac{V}{C} = \dfrac{47}{2.35} = 20\,\mathrm{kg}$

문제 38

기화기에 대한 설명으로 틀린 것은?

① 기화기 사용 시 장점은 LP가스 종류에 관계없이 한랭 시에도 충분히 기화시킨다.
② 기화 장치의 구성요소 중에는 기화부, 제어부, 조압부 등이 있다.
③ 감압가열 방식은 열교환기에 의해 액상의 가스를 기화 시킨 후 조정기로 감압시켜 공급하는 방식이다.
④ 기화기를 증발형식에 의해 분류하던 순간 증발식과 유입 증발식이 있다.

해설 기화기
① 가온 감압방식 : 열교환기에 의해 LP가스를 이송하고 가스를 기화 시킨 후 조정기로 감압시켜 공급하는 방식이다.
② 감압 가온 방식 : 액체 상태의 LP가스를 액체 조정기 또는 팽창밸브를 통하여 온도와 압력을 감압후 열교환기에 대기 또는 온수등으로 가온하여 기화를 시켜 공급하는 방식이다.

해답 36. ② 37. ① 38. ③

문제 39

다음 중 1차 압력계는?

① 부르동관 압력계
② 전기저항식 압력계
③ U자관형 마노미터
④ 벨로스 압력계

해설 ① 1차 압력계
  ㉠ 직접 압력을 측정하는 원리 이다.
  ㉡ 액주계(U자관형, 단관식, 경사관식, 호루탑형, 폐관식), 피스톤식 압력계
② 2차 압력계
  ㉠ 측정 물체의 성질이 압력에 의해서 변화하는 것을 측정하는 원리이다.
  ㉡ 탄성식, 전기저항식, 피에조 전기 압력계

문제 40

터보식 펌프로서 비교적 저양정에 적합하며, 효율적 변화가 비교적 급한 펌프는?

① 원심 펌프
② 측류 펌프
③ 왕복 펌프
④ 베인 펌프

해설 축류 펌프 : 10m 이하의 저양정, 대용량에 적합하다.

문제 41

고압식 공기액화 분리장치의 복식정류탑 하부에서 분리되어 액체산소 저장탱크에 저장되는 액체 산소의 순도는 약 얼마인가?

① 99.6~99.8%
② 96~98%
③ 90~92%
④ 88~90%

해설 고압식, 저압식 공기 액화 분리장치 액체 산소의 순도 99.6~99.8% 상부탑에서 정류되고 하부에서 순도99.6~99.8% 의 액화산소가 분리되어 액화산소 탱크에 저장된다.

문제 42

압축기의 윤활에 대한 설명으로 옳은 것은?

① 산소 압축기의 윤활유로는 물을 사용한다.
② 염소 압축기의 윤활유로는 양질의 광유가 사용된다.
③ 수소 압축기의 윤활유로는 식물성유가 사용된다.
④ 공기 압축기의 윤활유로는 식물성유가 사용된다.

해설 가스 압축기의 내부 윤활유
① 산소 압축기 : 물 또는 10% 정도의 묽은 글리세린수를 사용한다.
② 염소 압축기 : 진한 황산
③ 아세틸렌압축기 : 양질의 광유
④ 수소압축기 : 양질의 광유
⑤ 염화메탄압축기 : 화이트유
⑥ 아황산가스압축기 : 화이트유, 정제된 용제 터빈유
⑦ LP가스 압축기 : 식물성유
⑧ 공기 압축기 : 양질의 광유(디젤엔진유)

해답 39. ③ 40. ② 41. ① 42. ①

문제 43
저장능력 10톤 이상의 저장탱크에는 폭발방지장치를 설치한다. 이때 사용되는 폭발방지제의 재질로서 가장 적당한 것은?

① 탄소강
② 구리
③ 스테인리스
④ 알루미늄

해설 **폭발방지장치의 열전달 매체**: 다공성 알루미늄판 폭발방지제을 사용한다.

문제 44
다음 중 정압기의 부속설비가 아닌 것은?

① 불순물 제거장치
② 이상압력상승 방지장치
③ 검사용 맨홀
④ 압력기록장치

해설 **정압기 부속설비**
① 불순물 제거장치(필터)
② 이상압력상승 방지장치
③ 압력기록장치
④ 안전밸브
⑤ 원격감시장치
⑥ 가스누출검지통보설비

문제 45
다음 금속재료 중 저온재료로 가장 부적당한 것은?

① 탄소강
② 니켈강
③ 스테인리스강
④ 황동

해설 **저온재료**: 일반적으로 탄소강은 온도의 저하와 함께 강도가 증가하고 연신율, 단면수축율 등이 감소하지만 특히 충격치의 저하가 심하다.

문제 46
다음 중 압력단위가 아닌 것은?

① Pa
② atm
③ bar
④ N

해설 **압력의 단위**
① $1atm = 760mmHg = 1.0332kg/cm^2 = 10332kg/m^2 = 10332mAq$
$= 10332mH_2O = 101325N/m^2 = 101325Pa = 1013.25mbar$
$= 1.01325bar = 29.92inHg = 14.7ps = 14.7lb/in^2$
② SI 힘의 단위 : N, dyne

문제 47
압력 환산 값을 서로 가장 바르게 나타낸 것은?

① $1lb/ft^2 ≒ 0.142kgf/cm^2$
② $1kgf/cm^2 ≒ 13.7lb/in^2$
③ $1atm ≒ 1033kgf/cm^2$
④ $76cmHg ≒ 1013dyn/cm^2$

해설 ① $1atm = 1.0332kg/cm^2 = 1.0332 × 10^3 g/cm^2$

43. ④ 44. ③ 45. ① 46. ④ 47. ③

② $1kg = 10^3 g$
③ $1atm = 760mmHg = 1.0332kg/m^2 = 10332kg/m^2 = 10.332mAq$
   $= 10.332mH_2O = 101325N/m^2 = 101325Pa = 1013.25mbar$
   $= 1.01325bar = 29.92inHg = 14.7ps = 14.7lb/in^2$

문제 48

LPG에 대한 설명 중 틀린 것은?

① 액체 상태는 물(비중 1)보다 가볍다.
② 기화열이 커서 액체가 피부에 닿으면 동상의 우려가 있다.
③ 공기와 혼합시켜 도시가스 원료로도 사용된다.
④ 가정에서 연료용으로 사용하는 LPG는 올레핀계탄화수소이다.

해설 파라핀계 탄화수소
① 가정에서 연료용으로 사용하는 LPG는 파라핀계 탄화수소 이다.
② 가스효율이 높아지려면 파라핀계 탄화수소가 많은 것이 좋다.

문제 49

27℃ 1기압 하에서 메탄가스 80g이 차지하는 부피는 약 몇 L인가?

① 112　　② 123
③ 224　　④ 246

해설
① $PV = \dfrac{W}{M}RT$
② $V = \dfrac{WRT}{PM} = \dfrac{80 \times 0.082 \times (273+27)}{1 \times 16} = 123L$

문제 50

다음 중 보관 시 유리를 사용할 수 없는 것은?

① HF　　② C_6H_6
③ $NaHCO_3$　　④ KBr

해설 불화수소(HF)
① 불화수소는 맹독성 물질이며 유리는 녹인다.
② 사람이나 동물, 식물 중에는 특히 뽕나무, 소나무 등에 피해가 많이 발생한다.

문제 51

다음 〈보기〉에서 설명하는 가스는?

[보기] - 독성이 강하다.　　- 연소시키면 잘 탄다.
　　　 - 물에 매우 잘 녹는다.　　- 각종 금속에 작용한다.
　　　 - 가압, 냉각에 의해 액화가 쉽다.

① HCl　　② NH_3
③ CO　　④ C_2H_2

48. ④　49. ②　50. ①　51. ②

해설 **암모니아**(NH_3)
① 자극성을 가진 무색의 기체이다.
② 물에 잘 녹으며 냉동기의 냉매로 사용된다.

문제 52 공기비를 클 경우 나타나는 현상이 아닌 것은?
① 동풍력이 강하여 배기가스에 의한 열손실 증대
② 불완전연소에 의한 매연발생이 심함
③ 연소가스 중 SO_3의 양이 증대되어 저온부식 촉진
④ 연소가스 중 NO_2의 발생이 심하여 대기오염 유발

해설 공기비가 작을 경우 : 불완전연소에 따른 연료손실 및 매연이 발생한다.

문제 53 산소 농도의 증가에 대한 설명으로 틀린 것은?
① 연소속도가 빨라진다.
② 발화온도가 올라간다.
③ 화염온도가 올라간다.
④ 폭발력이 세어진다.

해설 산소의 농도 증가
① 발화온도가 내려간다.
② 연소속도가 빨라진다.

문제 54 절대온도 0K는 섭씨온도로 약 몇 ℃인가?
① -273
② 0
③ 32
④ 27

해설 섭씨온도
① K = ℃ + 273
② 섭씨온도 = 절대온도 = 절대온도 - 273 = 0 - 273 = -273℃

문제 55 질소의 용도가 아닌 것은?
① 비료에 이용
② 질산제조에 이용
③ 연료용에 이용
④ 냉매로 이용

해설 질소의 특징
① 무색, 무취, 무미의 상온에서 다른 원소와 반응하지 않은 안정된 불연성 기체이다.
② 암모니아 및 석회질소의 합성원료
③ 액체 질소는 식품 보존 저장용의 냉동 등에 사용한다.
④ 저온, 급속냉동기 냉매로 사용한다.
⑤ 가스 배관 친환 및 기밀시험용으로 사용한다.
⑥ 에어졸 분사제로 사용한다.
⑦ 공기의 주성분 이다.

52. ② 53. ② 54. ① 55. ③

문제 56 액체 산소의 색깔은?
① 담황색　　　　② 담적색
③ 회백색　　　　④ 담청색

해설 산소의 특징 : 무색, 무미, 무취의 조연성 기체이지만 액화산소는 담청색을 띤다.

문제 57 수소와 산소 또는 공기와의 혼합기체에 점화하면 급격히 화합하여 폭발하므로 위험하다. 이 혼합기체를 무엇이라고 하는가?
① 연소 폭명기　　　　② 수소폭명기
③ 산소폭명기　　　　④ 공기 폭명기

해설 **수소의 화학적 특성**
① 수소폭명기 : 공기중에서 온도가 530 C 이상이 되면 산소와 체적비 2 : 1로 반응하여 물을 생성하는 현상이다.
② 염소폭명기 : 염소와의 혼합가스 열, 빛과 같은 촉매에 의해 격렬히 반응한다.
③ 수소취명 : 고온, 고압 조건에서 탄소강 중의 탄소와 반응하여 탈탄작용으로 강제를 약화시킨다.

문제 58 "기체의 온도를 일정하게 유지할 때 기체가 차지하는 부피는 절대 압력에 반비례한다."라는 법칙은?
① 보일의 법칙　　　　② 샤를의 법칙
③ 헨리의 법칙　　　　④ 아보가드로의 법칙

해설 **보일의 법칙** : 온도가 일정할 때 기체의 부피는 압력에 반비례한다.
샤를의 법칙 : 일정한 압력에서 가스의 비체적은 그 온도에 비례한다.
보일-샤를의 법칙 : 일정량의 기체의 부피는 압력에 반비례하고 절대 온도에 비례한다.

문제 59 표준상태에서 1몰의 아세틸렌이 완전 연소될 때 필요한 산소의 몰수는?
① 1몰　　　　② 1.5몰
③ 2몰　　　　④ 2.5몰

해설 **아세틸렌의 완전 연소 반응식**
① $2C_2H_2 + 5O_2 \rightarrow 4CO_2 + 2H_2O$
　　2mol　5mol
② $2 : 5 = 1 : X$
③ 이론 산소량 : $\frac{5}{2} = 2.5 mol$

56. ④　57. ②　58. ①　59. ④

문제 60 기체연료의 일반적인 특징에 대한 설명으로 틀린 것은?

① 완전 연소가 가능하다.   ② 고온을 얻을 수 있다.
③ 화재 및 폭발의 위험성이 적다.   ④ 연소조절 및 점화, 소화가 용이하다.

해설 **기체연료의 특징**
① 초기 시설비용이 고가 이다.
② 누출하기 쉽고 화재 및 폭발의 위험성이 크다.
③ 연소 효율이 높아 완전 연소가 가능하다.
④ 연료를 고온으로 얻을 수 있다.
⑤ 연소조절 및 점화, 소화가 용이 하다.

해답

60. ③

단기완성 가스기능사 필기

초판 인쇄	2022년 1월 5일
초판 발행	2022년 1월 10일
개정2판 발행	2023년 1월 10일
개정2판 2쇄 발행	2023년 2월 15일
개정3판 발행	2024년 1월 5일

우수회원인증

| 닉네임 | |
| 신청일 | |

필히 **(파랑, 빨강)**볼펜 사용, **화이트** 사용 금지

지은이 ▪ 가스연구회
펴낸이 ▪ 홍세진
펴낸곳 ▪ 세진북스

주소 ▪ (우)10207 경기도 고양시 일산서구 산율길 56(구산동 145-1)
전화 ▪ 031-924-3092
팩스 ▪ 031-924-3093
홈페이지 ▪ http://www.sejinbooks.kr

출판등록 ▪ 제 315-2008-042호(2008.12.9)
ISBN ▪ 979-11-5745-592-8 13570

값 ▪ 25,000원

- 이 책의 출판권은 도서출판 세진북스가 가지고 있습니다.
- 이 책의 일부 또는 전체에 대한 무단 복제와 전재를 금합니다.

세진북스에는 당신과 나
그리고 우리의 미래가 있습니다.

코레일 한국철도공사
모의고사
정답 및 해설

끝까지 책임진다! 시대에듀!

QR코드를 통해 도서 출간 이후 발견된 오류나 개정법령, 변경된 시험 정보, 최신기출문제, 도서 업데이트 자료 등이 있는지 확인해 보세요! **시대에듀 합격 스마트 앱**을 통해서도 알려 드리고 있으니 구글 플레이나 앱 스토어에서 다운받아 사용하세요. 또한, 파본 도서인 경우에는 구입하신 곳에서 교환해 드립니다.

코레일 한국철도공사 신입사원 필기시험

제1회 기출복원 모의고사 정답 및 해설

01	02	03	04	05	06	07	08	09	10
④	②	④	⑤	⑤	⑤	④	①	②	①
11	12	13	14	15	16	17	18	19	20
⑤	③	④	①	④	⑤	④	④	⑤	②
21	22	23	24	25	26	27	28	29	30
①	⑤	③	③	③	⑤	②	④	③	④

01 정답 ④

제시문의 두 번째 문단에 따르면 CCTV는 열차 종류에 따라 운전실에서 실시간으로 상황을 파악할 수 있는 네트워크 방식과 각 객실에서의 영상을 저장하는 개별 독립 방식으로 설치된다고 하였다. 따라서 개별 독립 방식으로 설치된 일부 열차에서는 각 객실의 상황을 실시간으로 파악하지 못할 수 있다.

오답분석
① 첫 번째 문단에 따르면 2023년까지 현재 운행하고 있는 열차의 모든 객실에 CCTV를 설치하겠다는 내용으로 보아, 현재 모든 열차의 모든 객실에 CCTV가 설치되지 않았음을 유추할 수 있다.
② 첫 번째 문단에 따르면 2023년까지 모든 열차 승무원에게 바디 캠을 지급하겠다고 하였다. 이에 따라 승객이 승무원을 폭행하는 등의 범죄 발생 시 해당 상황을 녹화한 바디 캠 영상이 있어 수사의 증거자료로 사용할 수 있게 되었다.
③ 두 번째 문단에 따르면 CCTV는 사각지대 없이 설치되며 일부는 휴대 물품 보관대 주변에도 설치된다고 하였다. 따라서 인적 피해와 물적 피해 모두 예방할 수 있게 되었다.
⑤ 세 번째 문단에 따르면 CCTV 품평회와 시험을 통해 제품의 형태와 색상, 재질, 진동과 충격 등에 대한 적합성을 고려한다고 하였다.

02 정답 ②

- (가)를 기준으로 앞의 문장과 뒤의 문장이 상반되는 내용을 담고 있으므로 가장 적절한 접속사는 '하지만'이다.
- (나)를 기준으로 앞의 문장은 기차의 냉난방시설을, 뒤의 문장은 지하철의 냉난방시설을 다루고 있으므로 가장 적절한 접속사는 '반면'이다.
- (다)의 앞뒤 내용을 살펴보면, 앞선 내용의 과정들이 끝나고 난 이후의 내용이 이어지므로 가장 적절한 접속사는 이를 이어주는 '마침내'이다.

03 정답 ④

작년 K대학교의 재학생 수는 6,800명이고 남학생 수와 여학생 수의 비가 8 : 9이므로, 남학생 수는 $6,800 \times \frac{8}{8+9} = 3,200$명이고, 여학생 수는 $6,800 \times \frac{9}{8+9} = 3,600$명이다.

올해 줄어든 남학생 수와 여학생 수의 비가 12 : 13이므로, 올해 K대학교에 재학 중인 남학생 수와 여학생 수의 비는 $(3,200-12k) : (3,600-13k) = 7 : 8$이다.
$7 \times (3,600-13k) = 8 \times (3,200-12k)$
→ $25,200 - 91k = 25,600 - 96k$
→ $5k = 400$
∴ $k = 80$

따라서 올해 K대학교에 재학 중인 남학생 수는 $3,200 - 12 \times 80 = 2,240$명이고, 여학생 수는 $3,600 - 13 \times 80 = 2,560$명이므로 올해 K대학교의 전체 재학생 수는 $2,240 + 2,560 = 4,800$명이다.

04 정답 ⑤

제시문의 세 번째 문단에 따르면 스마트글라스 내부 센서를 통해 충격과 기울기를 감지할 수 있어 작업자에게 위험한 상황이 발생할 경우 통보 시스템을 통해 바로 파악할 수 있게 되었음을 알 수 있다.

오답분석
① 첫 번째 문단에 따르면 스마트글라스를 통한 작업자의 음성인식만으로 철도시설물 점검이 가능해졌음을 알 수 있지만, 다섯 번째 문단에 따르면 아직 철도시설물 유지보수 작업은 가능하지 않음을 알 수 있다.
② 첫 번째 문단에 따르면 스마트글라스의 도입 이후에도 사람의 작업이 필요함을 알 수 있다.
③ 세 번째 문단에 따르면 스마트글라스의 도입으로 추락 사고나 그 밖의 위험한 상황을 미리 예측할 수 있어 이를 방지할 수 있게 되었음을 알 수 있지만, 실제로 안전사고 발생 횟수가 감소하였는지는 알 수 없다.

④ 두 번째 문단에 따르면 여러 단계를 거치던 기존 작업 방식에서 스마트글라스의 도입으로 작업을 한번에 처리할 수 있게 된 것을 통해 작업 시간이 단축되었음을 알 수 있지만, 필요한 작업 인력의 감소 여부는 알 수 없다.

05 정답 ⑤

네 번째 문단에 따르면 인공지능 등의 스마트 기술 도입으로 까치집 검출 정확도는 95%까지 상승하였으므로 까치집 제거율 또한 상승할 것임을 예측할 수 있으나, 근본적인 문제인 까치집 생성의 감소를 기대할 수는 없다.

오답분석

① 세 번째와 네 번째 문단에 따르면 정확도가 65%에 불과했던 인공지능의 까치집 식별 능력이 딥러닝 방식의 도입으로 95%까지 상승했음을 알 수 있다.
② 세 번째 문단에서 시속 150km로 빠르게 달리는 열차에서의 까치집 식별 정확도는 65%에 불과하다는 내용으로 보아, 빠른 속도에서 인공지능의 사물 식별 정확도는 낮음을 알 수 있다.
③ 네 번째 문단에 따르면 작업자의 접근이 어려운 곳에는 드론을 띄워 까치집을 발견 및 제거하는 기술도 시범 운영하고 있다고 하였다.
④ 세 번째 문단에 따르면 실시간 까치집 자동 검출 시스템 개발로 실시간으로 위험 요인의 위치와 이미지를 작업자에게 전달할 수 있게 되었다.

06 정답 ⑤

K공사를 통한 예약 접수는 온라인 쇼핑몰 홈페이지를 통해서만 가능하며, 오프라인(방문) 접수는 우리·농협은행의 창구를 통해서만 이루어진다.

오답분석

① 구매자를 대한민국 국적자로 제한한다는 내용은 없다.
② 단품으로 구매 시 1인당 화종별 최대 3장으로 총 9장, 세트로 구매할 때도 1인당 최대 3세트로 총 9장까지 신청이 가능하며, 세트와 단품은 중복 신청이 가능하므로 1인당 구매 가능한 최대 개수는 18장이다.
③ 우리·농협은행의 계좌가 없다면, K공사 온라인 쇼핑몰을 이용하거나 우리·농협은행에 직접 방문하여 구입할 수 있다.
④ 총 발행량은 예약 주문 이전부터 화종별 10,000장으로 미리 정해져 있다.

07 정답 ④

우리·농협은행 계좌 미보유자인 외국인 A씨가 예약 신청을 할 수 있는 방법은 두 가지이다. 하나는 신분증인 외국인등록증을 지참하고 우리·농협은행의 지점을 방문하여 신청하는 것이고, 다른 하나는 K공사 온라인 쇼핑몰에서 가상계좌 방식으로 신청하는 것이다.

오답분석

① A씨는 외국인이므로 창구 접수 시 지참해야 하는 신분증은 외국인등록증이다.
② K공사 온라인 쇼핑몰에서는 가상계좌 방식을 통해서만 예약 신청이 가능하다.
③ 홈페이지를 통한 신청이 가능한 은행은 우리은행과 농협은행뿐이다.
⑤ 우리·농협은행의 홈페이지를 통해 예약 접수를 하려면 해당 은행에 미리 계좌가 개설되어 있어야 한다.

08 정답 ①

3종 세트는 186,000원, 단품은 각각 63,000원이므로 5명의 구매 금액을 계산하면 다음과 같다.
- A : $(186,000 \times 2) + 63,000 = 435,000$원
- B : $63,000 \times 8 = 504,000$원
- C : $(186,000 \times 2) + (63,000 \times 2) = 498,000$원
- D : $186,000 \times 3 = 558,000$원
- E : $186,000 + (63,000 \times 4) = 438,000$원

따라서 가장 많은 금액을 지불한 사람은 D이며, 구매 금액은 558,000원이다.

09 정답 ②

마일리지 적립 규정에 회원 등급과 관련된 내용은 없으며, 마일리지 적립은 지불한 운임의 액수, 더블적립 열차 탑승 여부, 선불형 교통카드 Rail+ 사용 여부에 따라서만 결정된다.

오답분석

① KTX 마일리지는 KTX 열차 이용 시에만 적립된다.
③ 비즈니스 등급은 기업회원 여부와 관계없이 최근 1년간의 활동내역을 기준으로 부여된다.
④ 반기 동안 추석 및 설 명절 특별수송기간 탑승 건을 제외하고 4만 점을 적립하면 VIP 등급을 부여받는다.
⑤ VVIP 등급과 VIP 등급 고객은 한정된 횟수 내에서 무료 업그레이드 쿠폰으로 KTX 특실을 KTX 일반실 가격에 구매할 수 있다.

10 정답 ①

A씨는 장애의 정도가 심하지 않으므로 KTX 이용 시 평일 이용에 대해서만 30% 할인을 받으며, 동반 보호자에 대한 할인은 적용되지 않는다. 그러므로 3월 11일(토) 서울 → 부산 구간 이용 시에는 할인이 적용되지 않고, 3월 13일(월) 부산 → 서울 구간 이용 시에는 A씨만 운임의 30%를 할인받는다. 따라서 한 사람의 편도 운임을 x원이라 할 때, 두 사람의 왕복 운임($4x$원)을 기준으로 $0.3x \div 4x = 0.075$, 즉 7.5% 할인받았음을 알 수 있다.

11
정답 ⑤

마지막 문단의 '정부도 규제와 의무보다는 사업자의 자율적인 부분을 인정해주고 사업자 노력을 드라이브 걸 수 있는 지원책을 마련하여야 한다.'라는 내용을 통해 정부는 OTT 플랫폼에 장애인 편의 기능과 관련한 규제와 의무를 줬지만, 이에 대한 지원책은 부족했음을 유추할 수 있다.

오답분석

① 세 번째 문단의 '재생 버튼에 대한 설명이 제공되는 넷플릭스도 영상 재생 시점을 10초 앞으로 또는 뒤로 이동하는 버튼은 이용하기 어렵다.'라는 내용을 통해 국내 OTT 플랫폼보다는 장애인을 위한 서비스 기능이 더 제공되고 있지만, 여전히 충분히 제공되고 있지 않음을 알 수 있다.
② 세 번째 문단을 통해 장애인들의 국내 OTT 플랫폼의 이용이 어려움을 짐작할 수는 있지만, 서비스를 제공하는지의 유무는 확인하기 어렵다.
③ 외국 OTT 플랫폼은 국내 OTT 플랫폼보다 상대적으로 장애인 편의 기능을 더 제공하고 있는 것으로 보아 장애인을 수동적인 시혜자가 아닌 능동적인 소비자로 보고 있음을 알 수 있다.
④ 제시문에서는 우리나라 장애인이 외국 장애인보다 OTT 플랫폼의 이용이 어렵다기보다는 우리나라 OTT 플랫폼이 외국 OTT 플랫폼보다 장애인이 이용하기 어렵다고 말하고 있다.

12
정답 ③

제시문의 중심 내용은 나이 계산법 방식이 세 가지로 혼재되어 있어 '나이 불일치'로 인한 행정서비스 및 계약상의 혼선과 법적 다툼이 발생해 이를 해소하고자 나이 계산 방식을 하나로 통합하자는 것이다. 또한 나이 방식이 통합되어도 일상에는 변화가 없으며 일부 법에 대해서는 기존 방식이 유지될 수 있다고 하였다. 따라서 제시문의 주제로 가장 적절한 것은 ③이다.

오답분석

① 마지막 문단의 '연 나이를 채택해 또래 집단과 동일한 기준을 적용하는 것이 오히려 혼선을 막을 수 있고 법 집행의 효율성이 담보'라는 내용에서 일부 법령에 대해서는 연 나이 계산법을 유지한다는 것을 알 수 있으나, 해당 내용이 전체 글을 다루고 있다고 보기는 어렵다.
② 세 번째 문단에서는 나이 불일치가 야기한 혼선과 법적 다툼은 우리나라 나이 계산법으로 인한 문제가 아니라 나이 계산법 방식이 세 가지로 혼재되어 있어 발생하는 문제라고 하였다.
④ 제시문은 나이 계산법 혼용에 따른 분쟁 해결 방안을 다루기보다는 이러한 분쟁이 발생하지 않도록 나이 계산법을 하나로 통일하자는 내용을 다루고 있다.
⑤ 다섯 번째 문단의 '법적·사회적 분쟁이 크게 줄어들 것으로 기대하고 있지만, 국민 전체가 일상적으로 체감하는 변화는 크지 않을 것'이라는 내용으로 보아 나이 계산법의 변화로 달라지는 행정서비스는 크게 없을 것으로 보이며, 글의 전체적인 주제로 보기에도 적절하지 않다.

13
정답 ④

빈칸 앞의 '기증 전 단계의 고민은 물론이고 막상 기증한 뒤에'라는 내용을 통해 이는 공여자의 고민에 해당함을 알 수 있다. 따라서 빈칸 ㉢은 공여자가 기증 후 공여를 받는 사람, 즉 수혜자와의 관계에 대한 우려를 다루고 있다.

오답분석

① ㉠: 생체 – 두 번째 문단에서 '신장이나 간을 기증한 공여자에게서 만성 신·간 부전의 위험이 확인됐다.'라고 하였다. 따라서 제시문은 살아있는 상태에서 기증한 생체 기증자에 대해 다루고 있음을 알 수 있다.
② ㉡: 상한액 – 빈칸은 앞서 말한 '진료비를 지원하는 제도'를 이용하는 데 제한을 다루고 있음을 짐작할 수 있다. 따라서 하한액보다는 상한액이 들어가는 것이 문맥상 적절하다.
③ ㉢: 불특정인 – 빈칸 앞의 '아무 조건 없이'라는 말로 볼 때, 문맥상 특정인보다는 불특정인이 들어가는 것이 적절하다.
⑤ ㉤: 수요 – 빈칸 앞 문장의 '해마다 늘어가는 장기 이식 대기 문제'라는 내용을 통해 공급이 아닌 수요를 감당하기 어려운 상황임을 알 수 있다. 따라서 빈칸에 들어갈 내용으로 적절한 것은 공급이 아닌 수요이다.

14
정답 ①

세현이의 체지방량을 $x$kg, 근육량을 $y$kg이라 하자.
$x+y=65 \cdots ㉠$
$-0.2x+0.25y=-4 \cdots ㉡$
㉡×20을 하면 $-4x+5y=-80 \cdots ㉢$
㉠×4+㉢을 풀면 $9y=180$, $y=20$이고, 이 값을 ㉠에 대입하면 $x=45$이다.
따라서 운동을 한 후 체지방량은 운동 전에 비해 20%인 9kg이 줄어 36kg이고, 근육량은 운동 전에 비해 25%인 5kg이 늘어 25kg이다.

15
정답 ④

둘레에 심는 꽃의 수가 최소가 되려면 꽃 사이의 간격이 최대가 되어야 하므로 꽃 사이의 간격은 $140=2^2 \times 5 \times 7$, $100=2^2 \times 5^2$의 최대공약수인 $2^2 \times 5=20$m가 된다. 따라서 이때 심어야 하는 꽃은 $2 \times \{(140+100) \div 20\}=24$송이다.

16
정답 ⑤

제품 50개 중 1개가 불량품일 확률은 $\frac{1}{50}$이다.
따라서 제품 2개를 고를 때 2개 모두 불량품일 확률은 $\frac{1}{50} \times \frac{1}{50} = \frac{1}{2,500}$이다.

17
정답 ④

처음 A비커에 들어 있는 소금의 양은 $\frac{6}{100} \times 300 = 18$g이고, 처음 B비커에 들어 있는 소금의 양은 $\frac{8}{100} \times 300 = 24$g이다.
A비커에서 소금물 100g을 퍼서 B비커에 옮겨 담았으므로 옮겨진 소금의 양은 $\frac{6}{100} \times 100 = 6$g이므로 A비커에 남아 있는 소금의 양은 12g이다. 따라서 B비커에 들어 있는 소금물은 400g이고, 소금의 양은 $24+6=30$g이다.
다시 B비커에서 소금물 80g을 퍼서 A비커에 옮겨 담았으므로 옮겨진 소금의 양은 $30 \times \frac{1}{5} = 6$g이다. 따라서 A비커의 소금물은 280g이 되고, 소금의 양은 $12+6=18$g이 되므로 농도는 $\frac{18}{280} \times 100 ≒ 6.4\%$가 된다.

18
정답 ④

다섯 번째 문단의 '특히 임신과 출산을 경험하는 경우 따가운 시선을 감수해야 한다.'라는 내용으로 볼 때, 임신으로 인한 공백 문제 등이 발생하지 않도록 법적으로 공백 기간을 규제하는 것이 아니라 적절한 공백 기간을 제공하는 것은 물론 임신과 출산으로 인해 퇴직하는 등 경력이 단절되지 않도록 규제하여야 한다.

오답분석
① 세 번째 문단의 '결혼과 출산, 임신을 한 여성 노동자는 조직 전체에 부정적인 영향을 준다고 인식하는 경향이 강한데'라는 내용으로 볼 때 결혼과 출산, 임신과 같은 가족 계획을 지지하는 환경으로 만들어 여성 노동자에 대한 인식을 개선하여야 한다.
② 네 번째 문단의 '여성 노동자가 많이 근무하는 서비스업 등의 직업군의 경우 임금 자체가 상당히 낮게 책정되어 있어 남성에 비하여 많은 임금을 받지 못하는 구조'라는 내용으로 볼 때, 여성 노동자가 주로 종사하는 직종의 임금체계를 합리적으로 변화시켜야 한다.
③ 네 번째 문단의 '여성 노동자를 차별한 결과 여성들은 남성 노동자들보다 저임금을 받아야 하고 비교적 질이 좋지 않은 일자리에서 일해야 하며 고위직으로 올라가는 것 역시 힘들고 임금 차별이 나타나게 된다.'라는 내용으로 볼 때, 여성들 또한 남성과 마찬가지의 권리를 가질 수 있도록 양질의 정규직 일자리를 만들어야 한다.
⑤ 다섯 번째 문단의 '여성 노동자들을 노동자 그 자체로 보기보다는 여성으로 바라보는 남성들의 잘못된 시선으로 인해 여성 노동자는 신성한 노동의 현장에서 성희롱을 당하고 있으며'라는 내용으로 볼 때, 남성이 여성을 대하는 인식을 개선해야 한다.

19
정답 ⑤

1, 2, 3, 4, 5가 각각 적힌 카드에서 3장을 뽑아 만들 수 있는 세 자리 정수는 $5 \times 4 \times 3 = 60$가지이다.
이 중에서 216 이하의 정수는 백의 자리가 1일 때 $4 \times 3 = 12$가지, 백의 자리가 2일 때 213, 214, 215 3가지이다.
따라서 216보다 큰 정수는 $60-(12+3)=45$가지이다.

20
정답 ②

제품 20개 중 3개를 꺼낼 때 불량품이 1개도 나오지 않을 확률은 $\frac{_{18}C_3}{_{20}C_3} = \frac{816}{1,140} = \frac{68}{95}$이다. 따라서 제품 3개를 꺼낼 때 적어도 1개가 불량품일 확률은 $1 - \frac{68}{95} = \frac{27}{95}$이 된다.

21
정답 ①

첫 번째 문단의 '특히 해당 건물은 조립식 샌드위치 패널로 지어져 있어 이번 화재는 자칫 대형 산불로 이어져'라는 내용과 빈칸 앞뒤의 '빠르게 진화되었지만', '불이 삽시간에 번져'라는 내용을 미루어 볼 때, 해당 건물의 화재가 빠르게 진화되었음에도 사상자가 발생한 것은 조립식 샌드위치 패널로 이루어진 화재에 취약한 구조이기 때문으로 볼 수 있다. 따라서 빈칸에 들어갈 내용으로 가장 적절한 것은 ①이다.

오답분석
② 건조한 기후와 관련한 내용은 제시문에서 찾을 수 없다.
③ 해당 건물이 불법 가건물에 해당되지만, 해당 건물의 안정성과 관련한 내용은 제시문에서 찾을 수 없다.
④ 소방시설과 관련한 내용은 제시문에서 찾을 수 없으며, 두 번째 문단의 '화재는 30여 분 만에 빠르게 진화되었지만'이라는 내용으로 보아 소방 대처가 화재에 영향을 줬다고 보기는 어렵다.
⑤ 인적이 드문 지역에 있어 해당 건물의 존재를 파악하기는 어려웠지만, 화재로 인한 피해를 더 크게 했다고 보기에도 어렵다.

22
정답 ⑤

먼저 서두에는 흥미를 유도하거나 환기시킬 수 있는 내용이 오는 것이 적절하다. 따라서 영국의 보고서 내용인 (나) 또는 OECD 조사 내용인 (다)가 서두에 오는 것이 적절하다. 하지만 (나)의 경우 첫 문장에서의 '또한'이라는 접속사를 통해 앞선 글이 있었음을 알 수 있어 서두에 오는 것이 가장 적절한 문단은 (다)이고 이어서 (나)가 오는 것이 적절하다. 그리고 다음으로 앞선 문단에서 다룬 성별 간 임금 격차의 이유에 해당하는 (라)가 이어지고 이에 대한 구체적 내용인 (가)가 오는 것이 가장 적절하다.

23
정답 ③

문장의 형태소 중에서 조사나 선어말어미, 어말어미 등으로 쓰인 문법적 형태소의 개수를 파악해야 한다.
이, 니, 과, 에, 이, 었, 다 → 총 7개

오답분석
① 이, 을, 었, 다 → 총 4개
② 는, 가, 았, 다 → 총 4개
④ 는, 에서, 과, 를, 았, 다 → 총 6개
⑤ 에, 이, 었, 다 → 총 4개

24 정답 ③

'피상적(皮相的)'은 '사물의 판단이나 파악 등이 본질에 이르지 못하고 겉으로 나타나 보이는 현상에만 관계하는 것'을 의미한다. 제시된 문장에서는 '표면적(表面的)'과 반대되는 뜻의 단어를 써야 하므로 '본질적(本質的)'이 적절하다.

오답분석
① 정례화(定例化) : 어떤 일이 일정하게 정하여진 규칙이나 관례에 따르도록 하게 하는 것
② 중장기적(中長期的) : 길지도 짧지도 않은 중간쯤 되는 기간에 걸치거나 오랜 기간에 걸치는 긴 것
④ 친환경(親環境) : 자연환경을 오염하지 않고 자연 그대로의 환경과 잘 어울리는 일. 또는 그런 행위나 철학
⑤ 숙려(熟慮) : 곰곰이 잘 생각하는 것

25 정답 ③

'서슴다'는 '행동이 선뜻 결정되지 않고 머뭇대며 망설이다. 또는 선뜻 결정하지 못하고 머뭇대다'는 뜻으로, '서슴치 않다'가 아닌 '서슴지 않다'가 어법상 옳다.

오답분석
① '잠거라'가 아닌 '잠가라'가 되어야 어법상 옳은 문장이다.
② '담궈'가 아니라 '담가'가 되어야 어법상 옳은 문장이다.
④ '염치 불구하고'가 아니라 '염치 불고하고'가 되어야 어법상 옳은 문장이다.
⑤ '뒷뜰'이 아니라 '뒤뜰'이 되어야 어법상 옳은 문장이다.

26 정답 ⑤

제시문에서 지하철역 주변, 대학교, 공원 등을 이용한 현장 홍보와 방송, SNS 등을 이용한 온라인 홍보를 진행한다고 하였으며, 이러한 홍보 방식은 특정한 계층군이 아닌 일반인들을 대상으로 하는 홍보 방식이다.

오답분석
① 제시문에 등장하는 협의체에는 산업부가 포함되어 있지 않다. 포함된 기관은 국무조정실, 국토부, 행안부, 교육부, 경찰청이다.
② 전동킥보드인지 여부에 관계없이 안전기준을 충족한 개인형 이동장치여야 자전거도로 운행이 허용된다.
③ 개인형 이동장치로 인한 사망사고는 최근 3년간 지속적으로 증가하였다.
④ 13세 이상인 사람 중 원동기 면허 이상의 운전면허를 소지한 사람에 한해 개인형 이동장치 운전이 허가된다.

27 정답 ②

제시문의 첫 문단은 '2022 K - 농산어촌 한마당'에 대해 처음 언급하며 화두를 던지는 (가)가 적절하다. 이후 K - 농산어촌 한마당 행사에 대해 자세히 설명하는 (다)가 오고, 행사에서 소개된 천일염과 관련 있는 음식인 김치에 대해 언급하는 (나)가 오는 것이 자연스럽다.

28 정답 ④

실험실의 수를 x개라 하면, 학생의 수는 $20x+30$명이다. 실험실 한 곳에 25명씩 입실시킬 경우 $x-3$개의 실험실은 모두 채워지고 2개의 실험실에는 아무도 들어가지 않는다. 그리고 나머지 실험실 한 곳에는 최소 1명에서 최대 25명이 들어간다. 이를 식으로 정리하면 다음과 같다.
$25(x-3)+1 \leq 20x+30 \leq 25(x-2)$
∴ $16 \leq x \leq 20.8$
위의 식을 만족하는 범위 내에서 가장 작은 홀수는 17이므로 최소한의 실험실은 17개이다.

29 정답 ③

A공장에서 45시간 동안 생산된 제품은 총 45,000개이고, B공장에서 20시간 동안 생산된 제품은 총 30,000개로 두 공장에서 생산된 제품은 총 75,000개이다. 또한, 두 공장에서 생산된 불량품은 총 $(45+20) \times 45 = 2,925$개이다. 따라서 생산된 제품 중 불량품의 비율은 $2,925 \div 75,000 \times 100 = 3.9\%$이다.

30 정답 ④

기존 사원증은 가로와 세로의 길이 비율이 1 : 2이므로 가로 길이를 $x$cm, 세로 길이를 $2x$cm라 하자. 기존 사원증 대비 새 사원증의 가로 길이 증가폭은 $(6-x)$cm, 세로 길이 증가폭은 $(9-2x)$cm이다. 문제에 주어진 디자인 변경 비용을 적용하여 식으로 정리하면 다음과 같다.
$2,800+\{(6-x) \times 12 \div 0.1\}+\{(9-2x) \times 22 \div 0.1\}=2,420$
→ $2,800+720-120x+1,980-440x=2,420$
→ $560x=3,080$
∴ $x=5.5$
따라서 기존 사원증의 가로 길이는 5.5cm, 세로 길이는 11cm이며, 둘레는 $(5.5 \times 2)+(11 \times 2)=33$cm이다.

코레일 한국철도공사 신입사원 필기시험
제2회 기출복원 모의고사 정답 및 해설

01	02	03	04	05	06	07	08	09	10
④	②	③	④	①	③	④	②	②	③
11	12	13	14	15	16	17	18	19	20
②	④	①	③	④	⑤	④	⑤	③	⑤
21	22	23	24	25	26	27	28	29	30
①	②	④	④	④	③	③	③	⑤	④

01 정답 ④

연속교육은 하루 안에 진행되어야 하므로 4시간 연속교육으로 진행되어야 하는 문제해결능력 수업은 하루 전체를 사용해야 한다. 따라서 5일 중 1일은 문제해결능력 수업만 진행되며, 나머지 4일에 걸쳐 나머지 세 과목의 수업을 진행한다. 수리능력 수업은 3시간 연속교육, 자원관리능력 수업은 2시간 연속교육이며, 하루 수업은 총 4교시로 구성되므로 수리능력 수업과 자원관리능력 수업은 같은 날 진행되지 않는다. 수리능력 수업의 총 교육시간은 9시간으로, 최소 3일이 필요하므로 자원관리능력 수업은 하루에 몰아서 진행해야 한다. 그러므로 문제해결능력 수업과 수리능력 수업을 배정하는 경우의 수는 5×4=20가지이다. 문제해결능력 수업과 자원관리능력 수업이 진행되는 이틀을 제외한 나머지 3일간은 매일 수리능력 수업 3시간과 의사소통능력 수업 1시간이 진행되며, 수리능력 수업 후에 의사소통능력 수업을 진행하는 경우와 의사소통능력 수업을 먼저 진행하고 수리능력 수업을 진행하는 경우로 나뉜다. 따라서 이에 대한 경우의 수는 $2^3=8$가지이다. 그러므로 주어진 규칙을 만족하는 경우의 수는 모두 $5×4×2^3=160$가지이다.

02 정답 ②

제시된 공연장의 주말 매표가격은 평일 매표가격의 1.5배이므로, 지난주 1층 평일 매표가격은 6÷1.5=4만 원이 된다. 따라서 지난주 1층 매표수익은 $(4×200×5)+(6×200×2)=6,400$만 원이고, 2층 매표수익은 $8,800-6,400=2,400$만 원이다. 이때, 2층 평일 매표가격을 x원이라고 한다면, 2층 주말 매표가격은 $1.5x$원이 되므로 다음 식이 성립한다.
$(x×5)+(1.5x×2)=2,400$
따라서 $x=300$이므로, 이 공연장의 평일 매표가격은 3만 원이다.

03 정답 ③

보기의 정부 관계자들은 향후 청년의 공급이 줄어들게 되는 인구구조의 변화가 문제해결에 유리한 조건을 형성한다고 말하였다. 그러나 기사에 따르면 이러한 인구구조의 변화가 곧 문제해결이나 완화로 이어지지 않는다고 설명하고 있으므로, 정부 관계자의 태도로 ③이 가장 적절하다.

오답분석
① · ② 올해부터 3~4년간 인구 문제가 부정적으로 작용할 것이라고 말하였으나, 올해가 가장 좋지 않다거나 현재 문제가 해결 중에 있다는 언급은 없다.
④ 에코세대의 노동시장 진입으로 인한 청년 공급 증가에 대응해야 함을 인식하고 있다.
⑤ 일본의 상황을 참고하여 한국도 점차 좋아질 것이라고 예측하고 있을 뿐, 한국의 상황이 일본보다 낫다고 평가하는지는 알 수 없다.

04 정답 ④

첫 번째 조건에서 전체 지원자 120명 중 신입직은 경력직의 2배이므로, 신입직 지원자는 80명, 경력직 지원자는 40명이다. 이어서 두 번째 조건에서 신입직 중 기획부서에 지원한 사람이 30%라고 했으므로 $80×0.3=24$명이 되므로 신입직 중 영업부서와 회계부서에 지원한 사람은 $80-24=56$명이 된다. 또한 세 번째 조건에서 신입직 중 영업부서와 회계부서에 지원한 사람의 비율이 3 : 1이므로, 영업부서에 지원한 신입직은 $56×\frac{3}{3+1}=42$명, 회계부서에 지원한 신입직은 $56×\frac{1}{3+1}=14$명이 된다. 다음 네 번째 조건에 따라 기획부서에 지원한 경력직 지원자는 $120×0.05=6$명이다. 마지막 다섯 번째 조건에 따라 전체 지원자 120명 중 50%에 해당하는 60명이 영업부서에 지원했다고 했으므로, 영업부서 지원자 중 경력직 지원자는 세 번째 조건에서 구한 신입직 지원자 42명을 제외한 $60-42=18$명이 되고, 회계부서에 지원한 경력직 지원자는 전체 경력직 지원자 중 기획부서와 영업부서의 지원자를 제외한 $40-(6+18)=16$명이 된다. 따라서 전체 회계부서 지원자는 $14+16=30$명이다.

05
정답 ①

조건에 따르면 A팀의 남자 직원이 여자 직원의 두 배라고 했으므로, 남자 직원은 6명, 여자 직원은 3명이 된다. 이에 동일한 성별의 2명을 뽑는 경우의 수는 다음과 같다.

- 남자 직원 2명을 뽑을 경우 : $_6C_2 = \dfrac{6 \times 5}{2 \times 1} = 15$가지
- 여자 직원 2명을 뽑을 경우 : $_3C_2 \dfrac{3 \times 2}{2 \times 1} = 3$가지

따라서 가능한 전체 경우의 수는 18가지이다.

06
정답 ③

먼저 장마전선이 강원도에서 인천으로 이동하기까지 소요된 시간을 구하면 (시간)=$\dfrac{(거리)}{(속도)} = \dfrac{304}{32} = 9.5$시간, 즉 9시간 30분에 해당한다. 따라서 강원도에서 장마전선이 시작된 시간은 장마전선이 인천에 도달한 시간인 오후 9시 5분에서 9시간 30분을 거슬러 올라간 오전 11시 35분이다.

07
정답 ④

먼저 가장 많은 수업 시간을 할애하는 고등학생의 배치 가능한 경우는 다른 학생의 배치 시간과 조건 1의 첫 수업의 시작시간을 고려하여 1~4시, 3~6시의 2가지 경우만 가능하다. 따라서 고등학생의 수업 배치 경우의 수를 구하면 다음과 같다.
$2 \times 2 \times {}_4P_2 = 48$가지
다음으로 중학생의 수업 배치가 가능한 경우는 고등학생이 배치된 요일을 제외한 두 요일 중 조건 1의 첫 수업의 시작시간과 조건 4의 휴게시간을 고려하여 하루는 2명이 각각 1~3시와 4~6시, 다른 하루는 남은 한 명이 1~3시 또는 3~5시 중에 배치될 수 있다. 따라서 중학생의 수업 배치 경우의 수를 구하면 다음과 같다.

- 경우 1
  A요일에 1~3시, 4~6시, B요일에 1~3시 배치
  : $3! = 3 \times 2 \times 1 = 6$가지
- 경우 2
  A요일에 1~3시, 4~6시, B요일에 4~6시 배치
  : $3! = 3 \times 2 \times 1 = 6$가지

마지막으로 초등학생 수업의 배치가 가능한 경우는 고등학생이 배치된 요일인 이틀과 중학생이 한 명만 배치된 요일에 진행된다. 따라서 가능한 경우의 수를 구하면 다음과 같다.
$3! = 3 \times 2 \times 1 = 6$가지
그러므로 가능한 총 경우의 수는 모두 $48 \times 6 \times 6 \times 2 = 3,456$가지이다.

08
정답 ②

기계 A와 기계 B의 생산량 비율이 2 : 3이므로, 총 생산량인 1,000개 중 기계 A가 $1,000 \times \dfrac{2}{2+3} = 400$개, 기계 B가 $1,000 \times \dfrac{3}{2+3} = 600$개를 생산하였다. 이때 기계 A의 불량률이 3%이므로 기계 A로 인해 발생한 불량품의 개수는 $400 \times 0.03 = 12$개이다. 따라서 기계 B로 인해 발생한 불량품의 개수는 $39-12=27$개이므로, 기계 B의 불량률은 $\dfrac{27}{600} \times 100 = 4.5\%$이다.

09
정답 ②

의자의 개수를 x개, 10인용 의자에서 비어있는 의자 2개를 제외한 가장 적은 인원이 앉아있는 의자의 인원을 y명이라고 할 때, 다음 식이 성립한다(단, $0 < y < 10$).
$(7 \times x) + 4 = \{10 \times (x-3)\} + y$
→ $7x + 4 = 10x - 30 + y$
∴ $3x + y = 34$
가능한 x, y의 값과 전체 인원은 다음과 같다.
1) $x=9$, $y=7$ → (전체 인원)=$7x+4=67$명
2) $x=10$, $y=4$ → (전체 인원)=74명
3) $x=11$, $y=1$ → (전체 인원)=81명

따라서 가능한 최대 인원과 최소 인원의 차이는 $81-67=14$명이다.

10
정답 ③

오전 9시에 B과 진료를 본다면 10시에 진료가 끝나고, 셔틀을 타고 이동하면 10시 30분이 된다. 이후 C과 진료를 이어보면 12시 30분이 되고, 점심시간 이후 바로 A과 진료를 본다면 오후 2시에 진료를 다 받을 수 있다. 따라서 가장 빠른 경로는 B-C-A이다.

11
정답 ②

TV의 화면 비율이 4 : 3일 때, 가로와 세로의 크기를 각각 a, $b$cm라고 하면 $a=4z$이고 $b=3z$이고(z는 비례상수), 대각선의 길이를 A라고 하면 피타고라스 정리에 의해 $A^2 = 4^2z^2 + 3^2z^2$이다. 이를 정리하면 $z^2 = \dfrac{A^2}{5^2} = \left(\dfrac{A}{5}\right)^2$, $z = \dfrac{A}{5}$이다. 이때 대각선의 길이가 $40 \times 2.5 = 100$cm이므로 $A=100$cm이다. 그러므로 $z = \dfrac{100}{5} = 20$cm이며, a는 80cm, b는 60cm이다. 따라서 가로와 세로 길이의 차이는 $80-60=20$cm이다.

12 정답 ④

제시문의 두 번째 문단에서 전기자동차 산업이 확충되고 있음을 언급하면서 구리가 전기자동차의 배터리를 만드는 데 핵심 재료임을 언급하고 있기 때문에 전기자동차 확증에 따른 구리 수요의 증가 상황이 핵심 내용으로 적절하다.

오답분석

① · ⑤ 제시문에서 언급하고 있는 내용이나 핵심 내용으로 보기는 어렵다.
② 제시문에서 '그린 열풍'을 언급하고 있으나 그 이유는 제시되어 있지 않다.
③ 제시문에서 산업금속 공급난이 우려된다고 언급하고 있으나, 그로 인한 문제가 제시되어 있지는 않다.

13 정답 ①

제시문에서는 천재가 선천적인 재능뿐만 아니라 후천적인 노력에 의해서 만들어지는 존재라는 주장을 하고 있기 때문에 ①은 적절하지 않다.

오답분석

② · ③ · ④ 제시문에서 언급된 절충적 천재(선천적 재능과 후천적 노력이 결합한 천재)에 대한 내용이다.
⑤ 영감을 가져다주는 것은 신적인 힘보다도 연습이라는 논지이므로 제시문과 같은 입장이다.

14 정답 ③

치안 불안 해소를 위해 CCTV를 설치하는 것은 정부가 사회간접자본인 치안 서비스를 제공하는 것이지, 공공재 · 공공자원 실패의 해결책이라고 보기는 어렵다.

오답분석

① · ② 공공재 · 공공자원 실패의 해결책 중에서 사용 할당을 위한 정책이라고 볼 수 있다.
④ · ⑤ 공공재 · 공공자원 실패의 해결책 중에서 사용 제한을 위한 정책이라고 볼 수 있다.

15 정답 ④

(라)의 빈칸에는 문맥상 보편화된 언어 사용은 적절하지 않다.

오답분석

① 표준어를 사용하는 이유에 대한 상세한 설명이 들어가야 하므로 적절하다.
② · ③ 제시문에서 개정안에 대한 부정적인 입장을 취하고 있으므로 적절하다.
⑤ '다만' 이후로 언론이 지양해야 할 방향을 제시하는 것이 자연스러우므로 적절하다.

16 정답 ⑤

(마) 문단에서 ASMR 콘텐츠들은 공감각인 콘텐츠로 대체될 것이라는 내용을 담고 있다.

오답분석

① 자주 접하는 사람들에 대한 내용을 찾을 수 없다.
② 트리거로 작용하는 소리는 사람에 따라 다를 수 있다.
③ 청각적 혹은 인지적 자극에 반응한 뇌가 신체 뒷부분에 분포하는 자율 신경계에 신경 전달 물질을 촉진하며 심리적 안정감을 느끼게 된다.
④ 연예인이 일반인보다 ASMR을 많이 하는지는 제시문에서 알 수 없다.

17 정답 ④

장피에르 교수 외 고대 그리스 수학자들의 학문에 대한 공통적 입장은 수학이 새로운 진리를 찾는 기쁨이라는 것이다.

오답분석

① · ③ 제시문과 반대되는 내용이므로 적절하지 않다.
② · ⑤ 제시문에 언급되어 있지 않아 알 수 없다.

18 정답 ⑤

기타를 제외한 통합시청점유율과 기존시청점유율의 차이는 C방송사가 20.5%p로 가장 크다. A방송사는 17%p이다.

오답분석

① B는 2위, J는 10위, K는 11위로 순위가 같다.
② 기존시청점유율은 D가 20%로 가장 높다.
③ F의 기존시청점유율은 10.5%로 다섯 번째로 높다.
④ G의 차이는 6%로 기타를 제외하면 차이가 가장 작다.

19 정답 ③

N스크린 영향력은 다음과 같다.

방송사	A	B	C	D	E	F	G
N스크린영향력	1.1	0.9	2.7	0.4	1.6	1.2	0.4
구분	다	나	마	가	라	다	가

방송사	H	I	J	K	L	기타
N스크린영향력	0.8	0.7	1.7	1.6	4.3	1.8
구분	나	나	라	라	마	라

따라서 바르게 짝지어진 것은 (다)=F이다.

20 정답 ④

박쥐가 많은 바이러스를 보유하고 있는 것은 밀도 높은 군집 생활을 하기 때문이다. 박쥐는 많은 바이러스를 보유하여 그에 대항하는 면역도 갖추었기 때문에 긴 수명을 가질 수 있었다.

오답분석
① 박쥐의 수명이 대다수의 포유동물보다 길다는 것은 맞지만, 평균적인 포유류 수명보다는 짧은지는 알 수 없다.
② 박쥐는 뛰어난 비행 능력으로 긴 거리를 비행해 다닐 수 있다.
③ 박쥐는 현재 강력한 바이러스 대항 능력을 갖추었다.
⑤ 박쥐의 면역력을 연구하여 치료제를 개발할 수 있다.

21 정답 ①

제시문은 고대 그리스, 헬레니즘, 로마 시대를 순서대로 나열하여 역사적 순서대로 주제의 변천에 대해 서술하고 있다.

22 정답 ②

호실에 있는 환자를 정리하면 다음과 같다.

101호	102호	103호	104호
A·F환자	C환자	E환자	
105호	106호	107호	108호
	D환자	B환자	

방 이동 시 소요되는 행동 수치가 가장 적은 순서는 '101호 - 102호 - 103호 - 107호 - 106호' 순서이다.
환자 회진 순서는 다음과 같다.
A(09:40 ~ 09:50) - F(09:50 ~ 10:00) - C(10:00 ~ 10:10) - E(10:30 ~ 10:40) - B(10:40 ~ 10:50) - D(11:00 ~ 11:10)
회진규칙에 따라 101호부터 회진을 시작하고, 같은 방에 있는 환자는 연속으로 회진하기 때문에 A환자와 F환자를 회진한다. 따라서 의사가 세 번째로 회진하는 환자는 C환자이다.

23 정답 ④

회진 순서는 A - F - C - E - B - D이므로 E환자의 회진 순서는 B환자보다 먼저이다.

오답분석
① 마지막 회진환자는 D이다.
② 네 번째 회진환자는 E이다.
③ 회진은 11시 10분에 마칠 수 있다.
⑤ 10시부터 회진을 하여도 마지막에 회진받는 환자는 바뀌지 않는다.

24 정답 ④

K는 400mg의 카페인 중 200mg의 카페인을 이미 섭취했으므로 200mg의 카페인을 추가적으로 섭취가 가능하다. 200mg를 넘지 않는 선에서 최소한 한 가지 종류의 커피만을 마시는 경우를 포함한 각각의 경우의 수를 계산하면 다음과 같다.

인스턴트 커피	핸드드립 커피	총 카페인
4회	0회	$4 \times 50 + 0 \times 75 = 200$mg
3회	0회	$3 \times 50 + 0 \times 75 = 150$mg
2회	1회	$2 \times 50 + 1 \times 75 = 175$mg
2회	0회	$2 \times 50 + 0 \times 75 = 100$mg
1회	2회	$1 \times 50 + 2 \times 75 = 200$mg
1회	1회	$1 \times 50 + 1 \times 75 = 125$mg
1회	0회	$1 \times 50 + 0 \times 75 = 50$mg
0회	2회	$0 \times 50 + 2 \times 75 = 150$mg
0회	1회	$0 \times 50 + 1 \times 75 = 75$mg

따라서 K가 마실 수 있는 커피의 경우의 수는 9가지이다.

25 정답 ④

ㄴ. A지역에 사는 차상위계층으로, 출장 진료와 진료비를 지원받을 수 있다.
ㄹ. A지역에 사는 기초생활 수급자로, 진료비를 지원받을 수 있다.

오답분석
ㄱ. 지원사업은 A지역 대상자만 해당되므로 B지역으로 거주지를 옮겨 지원을 받을 수 없다.
ㄷ. 지원내역 중 입원비는 제외되므로 지원받을 수 없다.

26 정답 ③

- (1일 평균임금) = (4 ~ 6월 임금총액) ÷ (근무일수)
  → $\dfrac{(160만 + 25만) + [(160만 \div 16) \times 6] + (160만 + 160만 + 25만)}{(22 + 6 + 22)}$
  = 118,000원
- (총 근무일수) = 31 + 28 + 31 + 22 + 6 + 22 = 140일
- (퇴직금) = $118,000 \times 30 \times \dfrac{140}{360} ≒ 1,376,667$
  → 1,376,000원(∵ 1,000원 미만 절사)

따라서 A의 퇴직금은 1,376,000원이다.

27 정답 ③

신입사원일 사건을 A, 남자일 사건을 B라고 할 때, $P(A) = 0.80$, $P(A \cap B) = 0.8 \times 0.4 = 0.32$이다.
∴ $P(B|A) = \dfrac{P(A \cap B)}{P(A)} = \dfrac{0.32}{0.80} = 0.4$

따라서 신입사원이면서 남자일 확률은 40%이다.

28
정답 ③

총 6시간 30분 중 30분은 정상에서 휴식을 취했으므로 오르막길과 내리막길의 실제 이동시간은 6시간이다. 총 14km의 거리를 이동할 때 a는 오르막길에서 걸린 시간, b는 내리막길에서 걸린 시간이라고 하면 다음과 같은 식으로 나타낼 수 있다.
$a+b=6$ … ㉠
$1.5a+4b=14$ … ㉡
두 식을 연립하면 a는 4시간, b는 2시간이 소요된다. 따라서 오르막길 A의 거리는 $1.5 \times 4 = 6$km이다.

29
정답 ⑤

민속문화는 특정 시기에 장소마다 다양하게 나타나는 경향이 있지만, 대중문화는 특정 장소에서 시기에 따라 달라지는 경향이 크다.

오답분석
① 민속문화는 고립된 촌락 지역에 거주하는 규모가 작고 동질적인 집단에 의해 전통적으로 공유된다.
② 대중문화는 대부분이 선진국, 특히 북아메리카, 서부 유럽, 일본의 산물이다.
③ 민속문화는 흔히 확인되지 않은 기원자를 통해서, 잘 알려지지 않은 시기에, 출처가 밝혀지지 않은 미상의 발상지로부터 발생한다.
④ 스포츠는 민속문화로 시작되었지만, 현대의 스포츠는 대중문화의 특징을 보여준다.

30
정답 ④

서양의 자연관은 인간이 자연보다 우월한 자연지배관이며, 동양의 자연관은 인간과 자연을 동일선상에 놓거나 조화를 중요시한다고 설명한다. 따라서 제시문의 중심 내용으로는 '서양의 자연관과 동양의 자연관의 차이'가 가장 적절하다.

코레일 한국철도공사 신입사원 필기시험
제3회 기출복원 모의고사 정답 및 해설

01	02	03	04	05	06	07	08	09	10
③	④	①	③	⑤	③	③	④	④	⑤
11	12	13	14	15	16	17	18	19	20
④	②	②	③	③	②	⑤	②	③	②
21	22	23	24	25	26	27	28	29	30
②	⑤	⑤	③	②	⑤	⑤	③	④	①

01　　　　　　　　　　　　　　　　정답 ③
PRT는 무인운전을 통해 운행되므로 인건비를 절감할 수 있지만, 무인 경량전철 역시 무인으로 운전되기 때문에 무인 경량전철 대비 PRT가 인건비를 절감할 수 있는지는 알 수 없다.

오답분석
① PRT는 원하는 장소까지 논스톱으로 주행한다.
② 설치비는 경량전철에 비하여 2분의 1에서 4분의 1가량으로 크게 낮은 수준이다.
④ PRT는 크기는 지하철 및 무인 경량전철보다 작으므로 복잡한 도심 속에서도 공간을 확보하기 쉽고, 저소음인 동시에 배기가스 배출이 없다.
⑤ PRT는 2층 높이이고, 경량전철은 3층 높이여서 탑승자의 접근성이 경량전철에 비해 용이하다.

02　　　　　　　　　　　　　　　　정답 ④
밑줄 친 '이런 미학'은 사진을 통해 인간의 눈으로는 확인할 수 없는 부분의 아름다움을 느끼는 것으로, 기존 예술의 틈으로 파고들어갈 것이라고 주장하고 있다.

03　　　　　　　　　　　　　　　　정답 ①
일반적인 의미와 다른 나라의 사례를 통해 대체의학의 정의를 설명하고, 또한 크게 세 가지 유형으로 대체의학의 종류를 설명하고 있기 때문에 '대체의학의 의미와 종류'가 제목으로 가장 적절하다.

오답분석
② 대체의학의 문제점은 언급되지 않았다.
③ 대체의학으로 인한 부작용 사례는 언급되지 않았다.
④ 대체의학이 무엇인지 설명하고 있지 개선방향에 대해 언급하지 않았다.
⑤ 대체의학의 종류에 대해 설명하고 있지만 연구 현황과 미래를 언급하지 않았다.

04　　　　　　　　　　　　　　　　정답 ③
선택에 따른 스트레스를 줄여주는 원산지 표시 제품의 경우 다른 제품들보다 10% 비싸지만 보통 판매량은 더 높은 것으로 집계된다.

오답분석
① 사람들마다 먹거리를 선택하는 기준도 다르고 같은 개인들이라도 처해있는 상황이 다르기 때문에 고려해야 될 요소가 복잡해진다.
② 최선의 선택을 할지라도 남아 있는 대안들에 대한 미련으로 후회감이 남게 된다.
④ 소비자들은 원산지 표시제품을 구매함으로써 선택의 스트레스를 줄인다.
⑤ 원산지 표시제는 익명성을 탈피시켜 궁극적으로 사회적 태만을 줄일 수 있는 방안 중의 하나이다.

05　　　　　　　　　　　　　　　　정답 ⑤
스마트 시티의 성공은 인공지능과의 접목을 통한 기술 향상이 아니라 시민이 행복을 느끼는 것이다.

오답분석
① 컨베이어 벨트 체계는 2차 산업혁명 시기부터 도입되었다.
② 과거에는 컴퓨터, 휴대전화만 연결 대상이었으나 현재 자동차, 세탁기로까지 확대되었다.
③ 정보 공유형은 3차 산업혁명 시대의 도시인 '유 시티'의 특성이다.
④ 빅데이터는 속도, 규모, 다양성으로 정의할 수 있다.

06　　　　　　　　　　　　　　　　정답 ③
올더스 헉슬리에 대한 내용이다. 올더스 헉슬리는 오히려 사람들이 너무 많은 정보를 접하는 상황에 대해 두려워했지만 조지 오웰은 정보가 통제당하는 상황을 두려워했다.

오답분석
① 조지 오웰은 서적이 금지당하고 정보가 통제 당하는 등 자유를 억압받는 상황을 두려워했다.

② 올더스 헉슬리는 스스로가 압제를 받아들인다고 생각했다.
④ 올더스 헉슬리는 즐길 거리 등을 통해 사람들을 통제할 수 있다고 보았다.
⑤ 조지 오웰은 우리가 증오하는 것이, 올더스 헉슬리는 우리가 좋아하는 것이 자신을 파멸시킬 상황을 두려워했다.

07 정답 ③

경덕왕 시기 통일된 석탑 양식은 지방으로까지 파급되지 못하고 경주에 밀집된 모습을 보였다.

오답분석
① 문화가 부흥할 수 있었던 배경에는 안정된 왕권과 정치제도가 바탕이 되었기 때문이다.
② 장항리 오층석탑 역시 통일 신라 경덕왕 시기 유행했던 통일된 석탑 양식으로 주조되었다.
④ 통일된 양식 이전에는 시원 양식과 전형기가 유행했다.
⑤ 1층의 탑신에 비해 2층과 3층을 낮게 만들어 체감율에 있어 안정감을 추구하였다.

08 정답 ④

ㄴ. 2019년, 2020년 모두 30대 이상의 여성이 남성보다 비중이 더 높다.
ㄷ. 2020년 40대 남성의 비중은 22.1%로 다른 연령대보다 비중이 높다.

오답분석
ㄱ. 2019년에는 20대 남성이 30대 남성보다 1인 가구 비중이 더 높지만, 2020년에는 20대 남성이 30대 남성보다 1인 가구의 비중이 더 낮다. 따라서 20대 남성이 30대 남성보다 1인 가구의 비중이 더 높은지는 알 수 없다.
ㄹ. 2년 이내 1인 생활을 종료하는 1인 가구의 비중은 2019년에는 증가하였으나, 2020년에는 감소하였다.

09 정답 ④

면 같은 천연섬유는 운동량이 약할 때에는 적합하지만, 운동량이 클 때는 폴리에스테르나 나일론 같은 합성섬유가 더 좋다. 합성섬유는 면보다 흡습성이 낮지만 오히려 모세관 현상으로 운동할 때 생기는 땀이 쉽게 제거되기 때문이다.

오답분석
① 능직법으로 짠 천은 물에 젖더라도 면섬유들이 횡축 방향으로 팽윤해 천의 세공 크기를 줄여 물이 쉽게 투과하지 못해 방수력이 늘어나며, 이에 해당하는 직물로는 벤타일이 있다.
② 수지 코팅 천을 코팅하는 막은 미세 동공막 모양을 가지고 있는 소수성 수지나 동공막을 지니지 않는 친수성 막을 사용하여 미세 동공의 크기는 수증기 분자는 통과할 수 있지만, 아주 작은 물방울은 통과할 수 없을 정도로 조절한다.
③ 마이크로 세공막의 세공 크기는 작은 물방울 크기의 20,000분의 1 정도로 작아 물방울은 통과하지 못하지만, 수증기 분자는 쉽게 통과하며, 대표적인 천으로 고어-텍스가 있다.
⑤ 나일론을 기초 직물로 한 섬유는 폴리에스테르보다 수분에 더 빨리 젖지만, 극세사로 천을 짜면 공기투과성이 낮아 체온보호 성능이 우수하다. 이런 이유 때문에 등산복보다는 수영복, 사이클링복에 많이 쓰인다.

10 정답 ⑤

모두 최소 1개 이상의 알파벳, 숫자, 특수문자로 구성이 되었기 때문에 다른 조건인 비밀번호로 사용된 숫자들이 소수인지를 확인하여야 한다. ①~⑤의 숫자는 2, 3, 5, 7, 17, 31, 41, 59, 73, 91이 있으며, 이 중 91은 7과 13으로 약분이 되어 소수가 아니다. 따라서 비밀번호로 사용될 수 없다.

11 정답 ④

원콜 서비스를 이용하기 위해서는 사전등록된 신용카드가 있어야 결제가 가능하다.

오답분석
① 상이등급이 있는 국가유공자만 이용가능하다.
② 원콜 서비스를 이용하면 전화로 맞춤형 우대예약 서비스를 이용할 수 있다.
③ 신분증 외 유공자증을 대신 지참하여도 신청이 가능하다.
⑤ 휴대폰을 이용한 승차권 발권을 원하지 않는 경우, 전화 예약을 통해 역창구 발권을 받을 수 있으므로 선택권이 존재한다.

12 정답 ②

ㄱ. 전화를 통한 예약의 경우, 승차권 예약은 ARS가 아닌 상담원을 통해 이루어진다.
ㄷ. 예약된 승차권은 본인 외 사용은 무임승차로 간주되며, 양도가 가능한지는 자료에서 확인할 수 없다.

오답분석
ㄴ. 경우에 따라 승차권 대용문자 혹은 승차권 대용문자+스마트폰 티켓으로 복수의 방식으로 발급받을 수 있다.
ㄹ. 반기별 예약 부도 실적이 3회 이상인 경우 다음 산정일까지 우대서비스가 제한된다.

13 정답 ②

플라톤 시기는 이제 막 알파벳이 보급되고, 문자문화가 전래의 구술적 신화문화를 대체하기 시작한 시기였다.

오답분석
① 타무스 왕은 문자를 죽었다고 표현하며, 생동감 있고 살아있는 기억력을 퇴보시킬 것이라 보았다.
③ 문자와 글쓰기는 콘텍스트를 떠나 비현실적이고 비자연적인 세계 속에서 수동적으로 이뤄진다고 보았다.

④ 물리적인 강제의 억압에 의해 말살되어질 위기에 처한 진리의 소리는 기념비적인 언술행위의 문자화를 통해서 저장되어야 한다고 보는 입장이 있으므로 적절하지 않다.
⑤ 문화적 기억력에 대한 성찰과 가치 판단이 부재하다면 새로운 매체는 단지 댓글 파노라마에 불과할 것이라고 보았다.

14 정답 ③

부모의 학력이 자녀의 소득에 영향을 미치는 것은 환경적 요인에 의한 결정이다. 이러한 현상이 심화될 경우 빈부격차의 대물림 현상이 심해질 것으로 바라보고 있다.

오답분석
① 개인의 학력과 능력은 노력뿐만 아니라 환경적 요인, 운 등 다양한 요소에 의해 결정된다.
② 분배정의론의 관점에서는 환경적 요인에 의해 나타난 불리함에 대해서 개인에게 책임을 묻는 것이 정당하지 않다고 주장하고 있다.
④ 사회민주주의 국가는 조세 정책을 통해 기회균등화 효과를 거두고 있다.
⑤ 세율을 보다 높이고 대신 이전지출의 크기를 늘리는 것이 세율을 낮추고 이전지출을 줄이는 것에 비해 재분배효과가 더욱 있을 것으로 전망된다.

15 정답 ③

ㄴ. 자동차 1대당 차의 가격은 $\frac{(수출액)}{(수출\ 대수)}$으로 계산할 수 있다.

- A사 : $\frac{1,630,000}{532} ≒ 3,064$만 달러
- B사 : $\frac{1,530,000}{904} ≒ 1,692$만 달러
- C사 : $\frac{3,220,000}{153} ≒ 21,046$만 달러
- D사 : $\frac{2,530,000}{963} ≒ 2,627$만 달러
- E사 : $\frac{2,620,000}{2,201} ≒ 1,190$만 달러

따라서 2020년 1분기에 가장 고가의 차를 수출한 회사는 C사이다.
ㄷ. C사의 자동차 수출 대수는 계속 감소하다가 2020년 3분기에 증가하였다.

오답분석
ㄱ. 2019년 3분기 전체 자동차 수출액은 1,200백만 달러로 2020년 3분기 전체 자동차 수출액인 1,335백만 달러보다 적다.
ㄹ. E사의 자동차 수출액은 2019년 3분기 이후 계속 증가하였다.

16 정답 ②

- ㉠ : $532+904+153+963+2,201=4,753$
- ㉡ : $2×(342+452)=1,588$
- ㉢ : $2,201+2,365×2+2,707=9,638$
- ∴ ㉠+㉡+㉢$=4,753+1,588+9,638=15,979$

17 정답 ⑤

주어진 조건에 따라 시각별 고객 수의 변화 및 각 함께 온 일행들이 앉은 테이블을 정리하면 다음과 같다.

시각	새로운 고객	기존 고객
09:20	2(2인용)	0
10:10	1(4인용)	2(2인용)
12:40	3(4인용)	0
13:30	5(6인용)	3(4인용)
14:20	4(4인용)	5(6인용)
15:10	5(6인용)	4(4인용)
16:45	2(2인용)	0
17:50	5(6인용)	0
18:40	6(입장×)	5(6인용)
19:50	1(2인용)	0

오후 3시 15분에는 오후 3시 10분에 입장하여 6인용 원탁에 앉은 5명의 고객과 오후 2시 20분에 입장하여 4인용 원탁에 앉은 4명의 고객까지 총 9명의 고객이 있을 것이다.

18 정답 ④

ㄴ. 오후 6시 40분에 입장한 일행은 6인용 원탁에만 앉을 수 있으나, 5시 50분에 입장한 일행이 사용 중이어서 입장이 불가하였다.
ㄹ. 오후 2시 정각에는 6인용 원탁에만 고객이 앉아 있었다.

오답분석
ㄱ. 오후 6시에는 오후 5시 50분에 입장한 고객 5명이 있다.
ㄷ. 오전 9시 20분에 2명, 오전 10시 10분에 1명, 총 3명이 방문하였다.

19 정답 ③

주어진 조건을 고려하면 1순위인 B를 하루 중 가장 이른 식후 시간대인 아침 식후에 복용해야 한다. 2순위이며 B와 혼용 불가능한 C는 점심 식전에 복용하며, 3순위인 A는 혼용 불가능 약을 피해 저녁 식후에 복용해야 한다. 4순위인 E는 남은 시간 중 가장 빠른 식후인 점심 식후에 복용을 시작하며, 5순위인 D는 가장 빠른 시간인 아침 식전에 복용한다.

식사	시간	1일 차	2일 차	3일 차	4일 차	5일 차
아침	식전	D	D	D	D	D
	식후	B	B	B	B	
점심	식전	C	C	C		
	식후	E	E	E	E	
저녁	식전					
	식후	A	A	A	A	

따라서 모든 약의 복용이 완료되는 시점은 5일 차 아침이다.

20 정답 ②
ㄱ. 혼용이 불가능한 약들을 서로 피해 복용하더라도 하루에 A ~ E를 모두 복용할 수 있다.
ㄷ. 최단 시일 내에 모든 약을 복용하기 위해서는 A는 혼용이 불가능한 약들을 피해 저녁에만 복용하여야 한다.

오답분석
ㄴ. D는 아침에만 복용한다.
ㄹ. A와 C를 동시에 복용하는 날은 총 3일이다.

21 정답 ②
ㄱ. 특수택배를 먼저 배송한 후에 보통택배 배송을 시작할 수 있으므로 2개까지 가능하다.
ㄴ. 특수택배 상품 배송 시 가 창고에 있는 특01을 배송하고, 나 창고에 있는 물품 특02, 특03을 한 번에 배송하면 최소 10+10(휴식)+(15+10−5)=40분이 소요된다.

오답분석
ㄷ. 3개의 상품(보03, 보04, 보05)을 한 번에 배송하면, 총 시간에서 10분이 감소하므로 20+10+25−10=45분이 소요된다. 따라서 50분을 넘지 않아 가능하다.

22 정답 ⑤
주어진 조건에 따라 최소 배송소요시간을 계산하면 특수택배 배송 완료까지 소요되는 최소 시간은 40분이다. 보통택배의 배송 소요시간을 최소화하기 위해서는 같은 창고에 있는 택배를 최대한 한 번에 배송하여야 한다. 가 창고의 보통택배 배송 소요시간은 10+10−5=15분이고, 휴식 시간은 10분이다. 나 창고의 보통택배 배송 소요시간은 15분이며, 휴식 시간은 10분이다. 다 창고의 보통택배 배송 소요시간은 20+10+25−10=45분이다. 이를 모두 합치면 배송 소요시간이 최소가 되는 총 소요시간은 40+15+10+15+10+45=135분이다. 따라서 9시에 근무를 시작하므로, 11시 15분에 모든 택배의 배송이 완료된다.

23 정답 ⑤
공적마스크를 구매할 수 있는 날은 7일마다 돌아온다. 이때, 36일은 (7×5)+1이므로 2차 마스크 구매 요일은 1차 마스크 구매 요일과 하루 차이임을 알 수 있다. 이때, 1차 마스크 구매는 평일에 이루어졌다고 하였으므로, A씨가 2차로 마스크를 구매한 요일은 토요일임을 알 수 있다. 따라서 1차로 구매한 요일은 금요일이고, 출생 연도 끝자리는 5이거나 0이다. 또한, A씨의 1차 마스크 구매 날짜는 3월 13일이며, 36일 이후는 4월 18일이다. 따라서 주말을 제외하고 공적마스크를 구매할 수 있는 날짜는 3/13, 3/20, 3/27, 4/3, 4/10, 4/17, 4/24, 5/1, 5/8, 5/15, … 이다.

24 정답 ③
ㄱ. • 인천에서 중국을 경유해서 베트남으로 가는 경우
  : (210,000+310,000)×0.8=416,000원
  • 인천에서 싱가포르로 직항하는 경우 : 580,000원
  따라서 580,000−416,000=164,000원이 저렴하다.
ㄷ. 1) 출국 시
  • 인천 − 베트남 : 341,000원
  • 인천 − 중국 − 베트남
   : (210,000+310,000)×0.8=416,000원
  그러므로 직항으로 가는 것이 더 저렴하다.
  2) 입국 시
  • 베트남 − 인천 : 195,000원
  • 베트남 − 중국 − 인천
   : (211,000+222,000)×0.8=346,400원
  그러므로 직항으로 가는 것이 더 저렴하다.
  따라서 왕복 항공편 최소비용은 341,000+195,000=536,000원으로 60만 원 미만이다.

오답분석
ㄴ. • 태국 : 298,000+203,000=501,000원
  • 싱가포르 : 580,000+304,000=884,000원
  • 베트남 : 341,000+195,000=536,000원
  따라서 가장 비용이 적게 드는 태국을 선택할 것이다.

25 정답 ②
직항이 중국을 경유하는 것보다 소요시간이 적으므로 직항 경로별 소요시간을 도출하면 다음과 같다.

여행지	경로	소요시간
베트남	인천 → 베트남(5시간 20분) 베트남 → 인천(2시간 50분)	8시간 10분
태국	인천 → 태국(5시간) 태국 → 인천(3시간 10분)	8시간 10분
싱가포르	인천 → 싱가포르(4시간 50분) 싱가포르 → 인천(3시간)	7시간 50분

따라서 소요시간이 가장 짧은 싱가포르로 여행을 갈 것이며, 7시간 50분이 소요될 것이다.

26 정답 ⑤

ⅰ) 7명이 조건에 따라서 앉는 경우의 수
운전석에 앉을 수 있는 사람은 3명이고 조수석에는 부장님이 앉지 않으므로 가능한 경우의 수는 $3 \times 5 \times 5! = 1,800$가지이다.

ⅱ) A씨가 부장님 옆에 앉지 않을 경우의 수
전체 경우의 수에서 부장님과 옆에 앉는 경우를 빼면 A씨가 부장님 옆에 앉지 않는 경우가 되므로 A씨가 부장님 옆에 앉는 경우의 수를 구하면 다음과 같다.
A씨가 운전석에 앉거나 조수석에 앉으면 부장님은 운전을 하지 못하고 조수석에 앉지 않으므로 부장님 옆에 앉지 않는다. 즉, A씨가 부장님 옆에 앉을 수 있는 경우는 가운데 줄에서의 2가지 경우와 마지막 줄에서 1가지 경우가 있다. A씨가 부장님 옆에 앉는 경우는 총 3가지이고, 서로 자리를 바꿔서 앉는 경우까지 2×3가지이다. 운전석에는 A를 제외한 2명이 앉을 수 있고, 조수석을 포함한 나머지 4자리에 4명이 앉는 경우의 수는 4!가지이다. 그러므로 A씨가 부장님 옆에 앉는 경우의 수는 $2 \times 3 \times 2 \times 4! = 288$가지이다.

따라서 A씨가 부장님 옆에 앉지 않을 경우의 수는 $1,800 - 288 = 1,512$가지이므로 A씨가 부장님의 옆자리에 앉지 않을 확률은 $\frac{1,512}{1,800} = 0.84$이다.

27 정답 ⑤

15일에는 준공식이 예정되어 있으나, 첫 운행이 언제부터인지에 대한 정보는 제시되고 있지 않다.

오답분석
① 코엑스 아셈볼룸에서 철도종합시험선로의 준공을 기념하는 국제 심포지엄이 열렸다.
② 시험용 철도선로가 아닌 영업선로를 사용했기 때문에 실제 운행 중인 열차와의 사고 위험성이 존재했다.
③ 세계 최초로 고속·일반철도 차량용 교류전력(AC)과 도시철도 전동차용 직류전력(DC)을 모두 공급할 수 있도록 설비했다.
④ 기존에는 해외 수출을 위해 성능시험을 현지에서 실시하곤 했다.

28 정답 ③

올해는 보조금 지급 기준을 낮춘다는 내용으로 미루어 짐작할 수 있다.

오답분석
① 대상자 선정은 4월 중에 이루어진다.
② 우수물류기업의 경우 예산의 50% 내에서 이루어지며, 중소기업이 예산의 20% 내에서 우선 선정된다.
④ 전체가 아닌 증가 물량의 100%이다.
⑤ 2010년부터 시작된 사업으로 작년까지 감소한 탄소 배출량이 약 194만 톤이다.

29 정답 ④

시골개, 떠돌이개 등이 지속적으로 유입되었다는 내용으로 미루어 짐작할 수 있는 사실이다.

오답분석
① 2018년 이후부터의 수치를 제시하고 있기 때문에 이전에도 그랬는지는 알 수가 없다.
② 지난해 경기 지역이 가장 많은 유기견 수를 기록했다는 내용만 알 수 있을 뿐, 항상 그랬는지는 알 수가 없다.
③ 2016년부터 2019년까지는 꾸준히 증가하는 추세였으나, 작년에는 12만 8,719마리로 감소했음을 알 수 있다.
⑤ 유기견 번식장에 대한 규제가 필요하다는 말을 미루어 봤을 때 적절한 규제가 이루어지지 않음을 짐작할 수 있다.

30 정답 ①

A, B, C팀이 사원 수를 각각 a명, b명, c명으로 가정하자. 이때 A, B, C의 총 근무 만족도 점수는 각각 $80a$, $90b$, $40c$이다. A팀과 B팀의 근무 만족도, B팀과 C팀의 근무 만족도에 대한 평균 점수가 제공되었으므로 해당 식을 이용하여 방정식을 세운다.
A팀과 B팀의 근무 만족도 평균이 88인 것을 이용하면 다음 식이 성립한다.

$\frac{80a+90b}{a+b}=88$

→ $80a+90b=88a+88b$
→ $2b=8a$
∴ $b=4a$

B팀과 C팀의 근무 만족도 평균이 70인 것을 이용하면 다음 식이 성립한다.

$\frac{90b+40c}{b+c}=70$

→ $90b+40c=70b+70c$
→ $20b=30c$
∴ $2b=3c$

따라서 $2b=3c$이므로 식을 만족하기 위해서 c는 짝수여야 한다.

오답분석
② 근무 만족도 평균이 가장 낮은 팀은 C팀이다.
③ B팀의 사원 수는 A팀의 사원 수의 4배이다.
④ C팀의 사원 수는 A팀 사원 수의 $\frac{8}{3}$배이다.
⑤ A, B, C팀의 근무 만족도 점수는 $80a+90b+40c$이며, 총 사원 수는 $a+b+c$이다. 이때, b와 c를 a로 정리하여 표현하면 세 팀의 총 근무 만족도 점수 평균은

$\frac{80a+90b+40c}{a+b+c} = \frac{80a+360a+\frac{320}{3}a}{a+4a+\frac{8}{3}a}$

$= \frac{240a+1,080a+320a}{3a+12a+8a} = \frac{1,640a}{23a} ≒ 71.3$이다.

코레일 한국철도공사 신입사원 필기시험
제4회 기출복원 모의고사 정답 및 해설

01	02	03	04	05	06	07	08	09	10
④	④	③	⑤	④	④	④	⑤	⑤	②
11	12	13	14	15	16	17	18	19	20
③	③	⑤	③	⑤	④	②	②	③	④
21	22	23	24	25	26	27	28	29	30
④	④	②	③	⑤	⑤	⑤	④	②	③

01　　　　　　　　　　　　　　　　　　　정답 ④
외국인이 마스크를 구매할 경우 외국인등록증뿐만 아니라 건강보험증도 함께 보여줘야 한다.

오답분석
① 4월 27일부터 마스크를 3장까지 구매할 수 있게 된 건 맞지만, 지정된 날에만 구입이 가능하다.
② 만 10살 이하 동거인의 마스크를 구매하기 위해선 주민등록등본 혹은 가족관계증명서와 함께 대리 구매자의 신분증을 제시해야 한다.
③ 지정된 날에만 마스크 구매가 가능하며, 별도의 추가 구매는 불가능하다.
⑤ 대리 구매자의 신분증, 주민등록등본, 임신확인서 3개를 지참해야 대리 구매가 가능하다.

02　　　　　　　　　　　　　　　　　　　정답 ④
기타수입은 방송사 매출액의 $\frac{10,568}{942,790} \times 100 ≒ 1.1\%$이다.

오답분석
① 방송사 매출액은 전체 매출액의 $\frac{942,790}{1,531,422} \times 100 ≒ 61.6\%$이다.
② 라이선스 수입은 전체 매출액의 $\frac{7,577}{1,531,422} \times 100 ≒ 0.5\%$이다.
③ 방송사 이외 매출액은 전체 매출액의 $\frac{588,632}{1,531,422} \times 100 ≒ 38.4\%$이다.
⑤ 연도별 매출액 추이를 보면 2013년이 가장 낮다.

03　　　　　　　　　　　　　　　　　　　정답 ③
(가) ~ (마) 중 계산이 가능한 매출을 주어진 정보를 이용하여 구한다. 먼저 (가)는 2015년 총매출액으로, 방송사 매출액과 방송사 이외 매출액을 더한 값인 1,143,498십억 원이다. (다)는 방송사 매출액을 모두 더한 값으로 855,874십억 원임을 알 수 있으며, (나)는 2016년 총매출액으로, 방송사 매출액과 방송사 이외 매출액을 더한 값인 1,428,813십억 원이 된다. (마)는 방송사 이외 매출액의 소계 정보에서 판매수입을 제한 값인 212,341십억 원이다. 이때, 주어진 정보만으로는 (라)의 매출액을 알 수 없다.

오답분석
① (가)는 1,143,498십억 원으로 (나)의 1,428,813십억 원보다 작다.
② (다)는 855,874십억 원으로 2015년 방송사 매출액과의 차이는 100,000십억 원 이상이다.
④ (마)는 212,341십억 원으로 2017년 방송사 이외 판매수입보다 작다.
⑤ 2016년 방송사 매출액 판매수입은 819,351십억 원으로 212,341십억 원의 3배 이상이다.

04　　　　　　　　　　　　　　　　　　　정답 ⑤
한국의 자동차 1대당 인구 수는 2.9로 러시아와 스페인 전체 인구에서의 자동차 1대당 인구 수인 2.8보다 많다.

오답분석
① 중국의 자동차 1대당 인구 수는 28.3으로 멕시코의 자동차 1대당 인구 수의 $\frac{28.3}{4.2} ≒ 6.7$배이다.
② 폴란드의 자동차 1대당 인구 수는 2이다.
③ 러시아와 스페인 전체 인구에서의 자동차 1대당 인구 수는 $\frac{14,190+4,582}{3,835+2,864} = \frac{18,772}{6,699} ≒ 2.8$이므로 폴란드의 자동차 1대당 인구 수인 2보다 많다.
④ 한국의 자동차 1대당 인구 수는 2.9로 미국과 일본의 자동차 1대당 인구 수의 합인 1.2+1.7=2.9와 같다.

제4회 정답 및 해설　17

05
정답 ④

4×6 사이즈는 x장, 5×7 사이즈는 y장, 8×10 사이즈는 z장을 인화한다고 하면 $150x+300y+1,000z=21,000$이다. 모든 사이즈를 최소 1장씩은 인화해야 하므로 $x+1=x'$, $y+1=y'$, $z+1=z'$라고 하면 $150x'+300y'+1,000z'=19,550$원이다. 십 원 단위는 300원과 1,000원으로 나올 수 없는 금액이므로 4×6 사이즈 1장을 더 인화한 것으로 보고, 나머지 금액을 300원과 1,000원으로 인화할 수 있는지 확인한다. 19,400원에서 백 원 단위는 1,000원으로 인화할 수 없으므로 300원으로 인화해야 한다. 5×7 사이즈인 $300\times8=2,400$원을 제외하면 $19,400-2,400=17,000$원이 남는데 나머지는 1,000원으로 인화할 수 있으나, 5×7 사이즈를 최대로 인화해야 하므로 300의 배수인 $300\times50=15,000$원을 추가로 인화한다. 나머지 2,000원은 8×10 사이즈로 인화한다. 따라서 5×7 사이즈는 최대 $1+8+50=59$장을 인화할 수 있다.

06
정답 ④

오전 8시에 좌회전 신호가 켜졌으므로 다음 좌회전 신호가 켜질 때까지 20초+100초+70초=190초가 걸린다. 1시간 후인 오전 9시 정각의 신호를 물었으므로 오전 8시부터 $60\times60=3,600$초 후이다.
3,600초=190×18+180이므로 좌회전, 직진, 정지 신호가 순서대로 18번 반복되고 180초 후에는 정지 신호가 켜져 있을 것이다.
180초(남은 시간)-20초(좌회전 신호)-100초(직진 신호)=60초(정지 신호 70초 켜져 있는 중)

07
정답 ④

2번 이상 같은 지역을 신청할 수 없으므로, D는 1년 차와 2년 차 수도권 지역에서 근무하였으므로 3년 차에는 지방으로 가야 한다. 따라서 신청지로 배정받지 못할 것이다.

오답분석
① B는 1년 차 근무를 마친 A가 신청한 종로를 제외한 어느 곳이나 갈 수 있으므로 신청지인 영등포로 이동하게 될 것이다.
② C보다 E가 전년도 평가가 높으므로 E는 여의도로, C는 지방으로 이동할 것이다.
③ 1년 차 신입은 전년도 평가 점수가 100점이므로 신청한 근무지에서 근무할 수 있다. 따라서 A는 입사 시 1년 차 근무지로 대구를 선택했음을 알 수 있다.
⑤ D는 규정에 부합하지 않게 신청했으므로 C가 제주로 이동한다면, 남은 지역인 광주나 대구로 이동하게 된다.

08
정답 ⑤

이곡의 『차마설』은 말을 빌려 탄 개인적인 경험을 통해 소유에 대한 보편적인 깨달음을 제시하고 올바른 삶의 태도를 촉구하는 교훈적 수필로, 개인적 일상의 경험을 먼저 제시하고 이에 대한 자신의 의견을 제시하고 있다.

오답분석
① 말을 빌려 탄 개인의 경험을 소유에 대한 욕망이라는 추상적 대상으로 확장하는 유추의 방법을 사용하고 있다.
② 말을 빌려 탄 개인적 경험의 예화를 통해 소유에 대한 반성의 교훈을 제시하는 2단 구성 방식을 취하고 있다.
③ 주관적인 개인 경험을 통해 소유에 대한 보편적인 의견을 제시하고 있다.
④ 맹자의 말을 인용하여 사람들의 그릇된 소유 관념을 비판하고 있다.

09
정답 ⑤

'경위'를 A, '파출소장'을 B, '30대'를 C라고 하면, 첫 번째 명제와 마지막 명제는 다음과 같은 벤다이어그램으로 나타낼 수 있다.
1) 첫 번째 명제

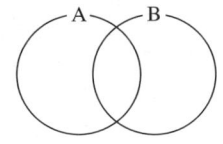

2) 마지막 명제

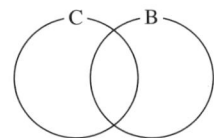

마지막 명제가 참이 되기 위해서는 B와 공통되는 부분의 A와 C가 연결되어야 하므로 A를 C에 모두 포함시켜야 한다. 즉, 다음과 같은 벤다이어그램이 성립할 때 마지막 명제가 참이 될 수 있으므로 빈칸에 들어갈 명제는 '모든 경위는 30대이다.'이다.

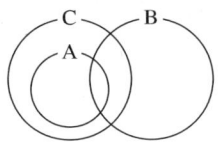

오답분석
①·② 다음과 같은 경우 성립하지 않는다.

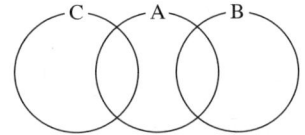

③ 다음과 같은 경우 성립하지 않는다.

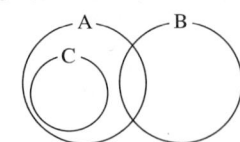

10 정답 ②

제시문에 따르면 플레밍은 전구의 내부가 탄화되어 효율이 떨어지는 '에디슨 효과'의 해결책을 찾기 위해 연구를 진행하였고, 연구에서 발견한 원리를 바탕으로 2극 진공관을 발명하였다. 따라서 제시문을 통해 에디슨이 발명한 전구의 문제점은 알 수 있지만, 플레밍의 2극 진공관 발명 과정에서의 문제점은 알 수 없다.

오답분석
① 플레밍의 기초연구는 1889년에 이루어졌고, 2극 진공관은 1904년에 발명되었다.
③ 플레밍이 발견한 전극과 전구의 필라멘트 사이에 전류가 항상 일정한 방향으로 흐른다는 원리를 통해 2극 진공관이 발명되었다.
④ 국가는 과학의 과학문화로서의 가치와 학생들의 창의적 교육을 위해 기초과학 연구를 지원해야 한다.
⑤ 기초과학과 기초연구는 창의적 기술, 문화, 교육의 토대가 되므로 중요하다.

11 정답 ③

신영복의 『당신이 나무를 더 사랑하는 까닭』은 글쓴이가 소나무 숲의 장엄한 모습을 보고 그에 대한 감상과 깨달음을 적은 수필이다. 글쓴이는 가상의 청자인 '당신'을 설정하여 엽서의 형식으로 서술하고 있으며, 이를 통해 독자들은 '당신'의 입장에서 글쓴이의 메시지를 전달받는 것 같은 효과와 친근감을 느낄 수 있다. 즉, '당신'은 소나무를 사랑하는 사람이자 나무의 가치를 이해할 수 있는 독자를 의미하며, 글쓴이는 그러한 '당신'과 뜻을 같이하고 있음을 알 수 있다. 따라서 소나무에 대한 독자의 의견을 비판한다는 ③은 적절하지 않다.

오답분석
①·②·④·⑤ 이기적이고 소비적인 인간과 대조적인 존재로 소나무를 설정하여 무차별적인 소비와 무한 경쟁의 논리가 지배하는 현대 사회를 비판하고, 소나무처럼 살아가는 바람직한 삶의 태도를 제시한다.

12 정답 ③

순환성의 원리에 따르면 화자와 청자의 역할은 원활하게 교대되어 정보가 순환될 수 있어야 한다. 그러나 대화의 상황에 맞게 원활한 교대가 이루어져야 하므로 대화의 흐름을 살펴 순서에 유의하여 말하는 것이 좋으며, 상대방의 말을 가로채는 것은 바람직하지 않다.

오답분석
① 공손성의 원리에 해당한다.
② 적절성의 원리에 해당한다.
④ 순환성의 원리에 해당한다.
⑤ 관련성의 원리에 해당한다.

13 정답 ⑤

제시문에 따르면 작업으로서의 일과 고역으로서의 일의 구별은 단순히 지적 노고와 육체적 노고의 차이에 의해 결정되지 않는다. 구별의 근본적 기준은 인간의 존엄성과 관련되므로 작업으로서의 일은 자의적·창조적 활동이 되며, 고역으로서의 일은 타의적·기계적 활동이 된다. 따라서 작업과 고역을 지적 노동과 육체적 노동으로 구분한 ⑤는 적절하지 않다.

오답분석
① 고역은 상품 생산만을 목적으로 하며, 작업은 상품 생산을 통한 작품 창작을 목적으로 한다. 즉, 작업과 고역 모두 생산 활동이라는 목적을 지닌다.
② 작업은 자의적인 활동이며, 고역은 타의에 의해 강요된 활동이다.
③ 작업은 창조적인 활동이며, 고역은 기계적인 활동이다.
④ 작업과 고역을 구별하는 근본적 기준은 그것이 인간의 존엄성을 높이는 것이냐, 아니면 타락시키는 것이냐에 있다.

14 정답 ③

먼저 진구가 장학생으로 선정되지 않으면 광수가 장학생으로 선정된다는 전제(~진구 → 광수)에 따라 광수가 장학생으로 선정될 것이라고 하였으므로 '진구가 장학생으로 선정되지 않는다(~진구).'는 내용의 전제가 추가되어야 함을 알 수 있다. 따라서 보기 중 진구와 관련된 내용의 전제인 ㄴ이 반드시 추가되어야 한다. 이때, 지은이가 선정되면 진구는 선정되지 않는다고(지은 → ~진구) 하였으므로 지은이가 선정된다(지은)는 전제 ㄷ도 함께 필요한 것을 알 수 있다. 결국 ㄴ과 ㄷ이 전제로 추가되면 '지은이가 선정됨에 따라 진구는 선정되지 않으며, 진구가 선정되지 않으므로 광수가 선정된다(지은 → ~진구 → 광수).'가 성립한다.

15 정답 ⑤

조선시대의 미(未)시는 오후 1~3시를, 유(酉)시는 오후 5~7시를 나타낸다. 오후 2시부터 4시 30분까지 운동을 하였다면, 조선시대 시간으로 미(未)시 정(正)부터 신(申)시 정(正)까지 운동을 한 것이므로 옳지 않다.

오답분석
① 초등학교의 점심 시간이 오후 1시부터 2시까지라면, 조선시대 시간으로 미(未)시(1~3시)에 해당한다.
② 조선시대의 인(寅)시는 현대 시간으로 오전 3~5시를 나타낸다.
③ 조선시대의 술(戌)시는 오후 7~9시를 나타내므로 오후 8시 30분은 술(戌)시에 해당한다.
④ 축구 경기가 전반전 45분과 후반전 45분으로 총 90분 동안 진행되었다면 조선시대 시간으로 한시진(2시간)이 되지 않는다.

16 정답 ④

적용 대상의 범위인 외연의 관점에서 보면 상의어가 지시하는 부류는 하의어가 지시하는 부류를 포함하므로 상의어의 외연이 하의어보다 더 넓은 것을 알 수 있다. 그러나 내포의 관점에서는 하의어가 상의어를 포함하면서 더 많은 의미 자질을 가지므로 하의어의 내포가 상의어보다 더 넓은 것을 알 수 있다. 따라서 ㉣에는 '상의어는 의미의 외연이 넓고 내포가 좁은 반면, 하의어는 의미의 외연이 좁고 내포가 넓다.'는 내용의 문장이 들어가야 한다.

17 정답 ②

박완서의 『트럭 아저씨』는 채소 장사를 하는 트럭 아저씨를 소재로 삼아 사람과 자연에 대한 따뜻한 시선을 지닌 글쓴이의 인생관을 담고 있는 수필이다. 마당의 화초와 흙에 대한 내용으로 시작하여 (나) 문단에서는 야채와 과일을 파는 트럭 아저씨에 대한 이야기로 자연스럽게 연결되고 있다. (나) 문단에서 글쓴이는 흙을 통해 과거의 시골 계집애부터 현재까지 이어지고 있는 자신의 정체성과 채소를 다듬으면서 느끼는 즐거움을 드러내고 있다.

18 정답 ②

이범선의 『오발탄』은 한 가족의 불행한 삶을 통해 1950년대 전후 사회의 궁핍한 모습과 구조적 모순을 형상화한 전후 소설이다. 해방촌, 삼팔선, 6·25 사변 등을 통해 일제 강점기가 아닌 6·25 전쟁 직후의 해방촌을 배경으로 하고 있음을 알 수 있다.

19 정답 ③

불만족을 선택한 고객을 x명, 만족을 선택한 고객을 $(100-x)$명이라 하자.
80점 이상을 받으려면 x의 최댓값은 다음과 같다.
$3\times(100-x)-4x \geq 80$
$\rightarrow 300-80 \geq 7x$
$\therefore x \leq 31.4$
따라서 최대 31명까지 허용된다.

20 정답 ④

지구력이 월등히 높은 1반 학생들과 그렇지 않은 2반 학생들을 비교하여 그들의 차이점인 달리기의 여부를 지구력 향상의 원인으로 추론하였으므로 차이법이 적용된 사례로 볼 수 있다.

오답분석

① 시력이 1.5 이상인 사람들의 공통점인 토마토의 잦은 섭취를 시력 증진의 원인으로 간주하였으므로 일치법이 적용되었다.
② 전염병에 감염된 사람들은 모두 돼지 농장에서 근무했다는 점을 통해 돼지를 전염병의 원인으로 간주하였으므로 일치법이 적용되었다.
③ 사고 다발 구간에서 시속 40km/h 이하로 지나간 차량은 사고가 발생하지 않았다는 점을 통해 시속 40km/h 이하의 운행 속도를 교통사고 발생률 0의 원인으로 간주하였으므로 일치법이 적용되었다.
⑤ 손 씻기를 생활화한 아이들은 감기에 걸리지 않았다는 내용을 통해 손 씻기를 감기 예방의 원인으로 간주하였으므로 일치법이 적용되었다.

21 정답 ④

제시문에 따르면 노엄 촘스키는 선험적인 지식의 역할을 강조하는 선험론자에 해당한다. 선험론자들은 아이들이 언어 구조적 지식을 선험적으로 가지고 태어나며, 이러한 선험적 지식을 통해 언어를 습득한다고 보았다.

오답분석

①·② 경험론자인 레너드 블룸필드에 따르면 인간의 지식은 거의 모두 경험 자료에서 비롯되며, 아동은 언어를 습득하는 과정에서 어른의 말을 모방하거나 반복한다.
③ 선험론자인 노엄 촘스키에 따르면 인간은 체계적인 가르침을 받지 않고도 언어 규칙을 무의식적으로 내면화할 수 있는 능력을 갖고 있으므로 아이는 문법을 학습하지 않아도 자연스럽게 언어를 습득할 수 있다.
⑤ 빌헬름 폰 훔볼트에 따르면 개인의 사고방식이나 세계관은 언어 구조에 의해 결정되므로 아이가 언어를 습득하는 과정에서 언어를 통해 중재된 세계관을 함께 습득할 수 있다.

22 정답 ④

안전속도 5030 정책에 대한 연령대별 인지도의 평균은
$\dfrac{59.7+66.6+70.2+72.1+77.3}{5}=69.18\%$이다.

오답분석

① 운전자를 대상으로 안전속도 5030 정책 인지도를 조사한 결과 68.1%의 운전자가 정책을 알고 있다고 하였으므로 10명 중 6명 이상은 정책을 알고 있다.
② 안전속도 5030 정책에 대한 20대 이하 운전자의 인지도는 59.7%로 가장 낮다.
③ 20대는 59.7%, 30대는 66.6%, 40대는 70.2%, 50대는 72.1%, 60대 이상은 77.3%로 연령대가 높을수록 정책에 대한 인지도가 높다.
⑤ 안전속도 5030 정책은 일반도로의 제한속도를 시속 50km로, 주택가 등의 이면도로는 시속 30km 이하로 하향 조정하는 정책이다.

23 정답 ②

A트럭의 적재량을 a톤이라 하자. 하루에 두 번 옮기므로 $2a$톤씩 12일 동안 192톤을 옮긴다. 즉, A트럭의 적재량은 $2a\times 12=192$
$\rightarrow a=\dfrac{192}{24}=8$이므로 8톤이 된다. A트럭과 B트럭이 동시에 운행했을 때는 8일이 걸렸으므로 A트럭이 옮긴 양은 $8\times 2\times 8=128$톤이며, B트럭은 8일 동안 $192-128=64$톤을 옮기므로 B트럭의

적재량은 $\frac{64}{2\times 8}=4$톤이다. B트럭과 C트럭을 같이 운행했을 때 16일 걸렸다면 B트럭이 옮긴 양은 $16\times 2\times 4=128$톤이며, C트럭은 64톤을 옮겼다. 따라서 C트럭의 적재량은 $\frac{64}{2\times 16}=2$톤이다.

24 정답 ③

세 번째 열에서 B+C+D=44이고, A의 값을 구하기 위해 첫 번째 열(㉠)과 세 번째 행(㉡)의 식을 연립한다.
2A+B=34 … ㉠
A+2B=44 … ㉡
㉠×2-㉡을 하면
3A=24
∴ A=8
따라서 A+B+C+D=8+44=52이다.

25 정답 ⑤

첫 번째 숫자묶음에서 가장자리의 4가지 숫자 중 가장 작은 수가 가운데 숫자가 되고, 두 번째 묶음에서는 두 번째로 작은 수, 세 번째 묶음에서는 세 번째로 작은 수가 가운데 숫자이다. 따라서 네 번째 묶음에서는 가장자리의 숫자 중 네 번째로 작은 수인 8이 빈칸에 들어간다.

26 정답 ⑤

제시문에서는 다양한 비유적 표현을 통해 퇴고의 중요성과 그 방법에 대하여 이야기하고 있다. ⓜ에서는 퇴고를 옷감에 바느질하는 일로 비유하였는데, 바느질 자국이 도드라지지 않게 하라는 것은 고쳐 썼다는 것이 드러나지 않을 정도로 자연스럽게 퇴고해야 한다는 것을 의미한다. 따라서 새로운 단어나 문장을 추가하지 않는다는 것은 적절하지 않다.

27 정답 ⑤

ㄷ에 따라 확진자가 C를 만난 경우와 E를 만난 경우를 나누어 볼 수 있다.
1) C를 만난 경우
   ㄱ에 따라 A와 B를 만났으며, ㄴ에 따라 F도 만났음을 알 수 있다.
2) E를 만난 경우
   ㄴ에 따라 F를 만났음을 알 수 있다.
따라서 확진자는 두 경우 모두 F를 만났으므로 항상 참이 되는 것은 ⑤이다.

28 정답 ④

먼저 첫 번째 조건에 따라 A위원이 발언하면 B위원도 발언하므로 A위원 또는 B위원은 발언하지 않는다는 두 번째 조건이 성립하지 않는다. 따라서 A위원은 발언자에서 제외되는 것을 알 수 있다. 두 번째 조건에 따라 B위원이 발언하는 경우와 발언하지 않는 경우를 나누어 볼 수 있다.
1) B위원이 발언하는 경우
   세 번째 조건에 따라 C위원이 발언하며, 네 번째 조건에 따라 D위원과 E위원이 발언한다. D위원이 발언하면 세 번째 조건에 따라 F위원도 발언한다. 결국 A위원을 제외한 나머지 위원 모두가 발언하는 것을 알 수 있다.
2) B위원이 발언하지 않는 경우
   네 번째 조건에 따라 D위원과 E위원이 발언하고, 세 번째 조건에 따라 F위원도 발언한다. 그러나 주어진 조건만으로는 C위원의 발언 여부를 알 수 없다.
따라서 항상 참이 되는 것은 ④이다.

오답분석
① A위원은 항상 발언하지 않는다.
② B위원은 발언하거나 발언하지 않는다.
③ C위원은 1)의 경우 발언하지만, 2)의 경우 발언 여부를 알 수 없다.
⑤ A위원은 항상 발언하지 않는다.

29 정답 ②

보행자의 시인성을 증진시키기 위한 보행 활성화를 통해 보행사고를 감소시킬 수 있으나, 자동차 주행 경로 등에 보행자가 직접 노출되면 보행자 사고가 발생할 가능성이 커지므로 자동차 주행 경로에서의 보행 활성화 방안은 적절하지 않다.

오답분석
① 도로에서의 사람의 이동은 사회적·경제적·정치적으로 필수 불가결하지만, 이러한 이동은 교통사고로 이어질 수 있으므로 자동차에 노출되는 보행자를 감소시켜야 한다.
③ 기존의 차량 소통 위주의 도로 운영 전략과 달리 보행 안전 우선의 시설물 설치 전략 등을 제시한다고 하였으므로 기존의 도로 운영 전략에서는 원활한 차량의 소통을 강조하였음을 알 수 있다.
④ 차량의 속도는 보행사고의 심각도에 결정적인 역할을 하므로 차량 속도 저감 기법을 통해 보행사고의 심각도를 감소시킬 수 있다.
⑤ 운전자와 보행자 모두 법규를 지켰을 때 안전한 도로가 만들어질 수 있다.

30 정답 ③

Target의 발음은 [ta：rgɪt]이므로 외래어 표기법에 따라 '타깃'이 올바른 표기이다. Collaboration[kəlaebəreɪʃn] 역시 발음에 따라 '컬래버레이션'으로 표기하며, Symbol[símbl]과 Mania[méɪniə]는 각각 '심벌'과 '마니아'로 표기한다.

코레일 한국철도공사 신입사원 필기시험
제5회 기출복원 모의고사 정답 및 해설

01	02	03	04	05	06	07	08	09	10
⑤	⑤	③	⑤	④	③	③	④	②	⑤
11	12	13	14	15	16	17	18	19	20
③	⑤	③	④	⑤	③	⑤	③	③	③
21	22	23	24	25	26	27	28	29	30
③	⑤	①	③	①	②	④	③	③	④

01　　정답 ⑤
유·무상 수리 기준에 따르면 K전자 서비스센터 외에서 수리한 후 고장이 발생한 경우 고객 부주의에 해당하므로 무상 수리를 받을 수 없다. 따라서 해당 고객이 수리를 요청할 경우 유상 수리 건으로 접수해야 한다.

02　　정답 ⑤
서비스 요금 안내에 따르면 서비스 요금은 부품비, 수리비, 출장비의 합계액으로 구성된다. 전자레인지 부품 마그네트론의 가격은 20,000원이고, 출장비는 평일 18시 이전에 방문하였으므로 18,000원이 적용된다. 따라서 수리비는 53,000−(20,000+18,000)=15,000원이다.

03　　정답 ③
예외사항에 따르면 제품사용 빈도가 높은 기숙사 등에 설치하여 사용한 경우 제품의 보증기간이 $\frac{1}{2}$로 단축 적용된다. 따라서 기숙사 내 정수기의 보증기간은 6개월이므로 8개월 전 구매한 정수기는 무상 수리 서비스를 받을 수 없다.

오답분석
①·②·④ 보증기간인 6개월이 지나지 않았으므로 무상으로 수리가 가능하다.
⑤ 휴대폰 소모성 액세서리의 경우 유상 수리 후 2개월간 품질이 보증되므로 무상으로 수리가 가능하다.

04　　정답 ⑤
먼저 첫 번째 조건에 따라 감염대책위원장과 백신수급위원장은 함께 뽑힐 수 없으므로 감염대책위원장이 뽑히는 경우와 백신수급위원장이 뽑히는 경우로 나누어 볼 수 있다.
1) 감염대책위원장이 뽑히는 경우
　첫 번째 조건에 따라 백신수급위원장은 뽑히지 않으며, 두 번째 조건에 따라 위생관리위원장 2명이 모두 뽑힌다. 이때, 위원회는 총 4명으로 구성되므로 나머지 후보 중 생활방역위원장 1명이 뽑힌다.
2) 백신수급위원장이 뽑히는 경우
　첫 번째 조건에 따라 감염대책위원장은 뽑히지 않으며, 세 번째 조건에 따라 생활방역위원장은 3명 이상이 뽑힐 수 없으므로 1명 또는 2명이 뽑힐 수 있다. 따라서 생활방역위원장 2명이 뽑히면 위생관리위원장은 1명이 뽑히고, 생활방역위원장 1명이 뽑히면 위생관리위원장은 2명이 뽑힌다.

이를 표로 정리하면 다음과 같다.

구분	감염병관리위원회 구성원
경우 1	감염대책위원장 1명, 위생관리위원장 2명, 생활방역위원장 1명
경우 2	백신수급위원장 1명, 위생관리위원장 1명, 생활방역위원장 2명
경우 3	백신수급위원장 1명, 위생관리위원장 2명, 생활방역위원장 1명

따라서 항상 참이 되는 것은 '생활방역위원장이 뽑히면 위생관리위원장도 뽑힌다.'이다.

오답분석
① 경우 3에서는 위생관리위원장 2명이 뽑힌다.
② 경우 2에서는 생활방역위원장 2명이 뽑힌다.
③ 어떤 경우에도 감염대책위원장과 백신수급위원장은 함께 뽑히지 않는다.
④ 감염대책위원장이 뽑히면 생활방역위원장은 1명이 뽑힌다.

05　　정답 ④
'음악을 좋아한다.'를 p, '상상력이 풍부하다'를 q, '노란색을 좋아한다.'를 r이라고 하면, 첫 번째 명제는 $p \rightarrow q$, 두 번째 명제는 $\sim p \rightarrow \sim r$이다. 이때, 두 번째 명제의 대우 $r \rightarrow p$에 따라 $r \rightarrow p \rightarrow q$가 성립한다. 따라서 $r \rightarrow q$이므로 '노란색을 좋아하는 사람은 상상력이 풍부하다.'는 결론을 도출할 수 있다.

06 정답 ③

제시문에 따르면 철도는 여러 가지 측면에서 사회·경제적으로 많은 영향을 미쳤다. 그러나 해외 수출의 증가와 관련된 내용은 제시문에 나타나 있지 않다.

오답분석

① 지역 간 이동 속도, 국토 공간 구조의 변화 등 사회·경제적으로 많은 영향을 미쳤다.
② 철도망을 통한 도시 발전에 따라 상주와 김천 등의 도시 인구 수 변화에 많은 영향을 미쳤다.
④·⑤ 철도에 대한 다양한 학문적 연구가 진행됨에 따라 교통학, 역사학 등에 많은 영향을 미치고 있으며, 이와 관련한 도서가 출판되고 있다.

07 정답 ③

한글 맞춤법에 따르면 단어 첫머리의 '량'은 두음 법칙에 따라 '양'으로 표기하지만, 단어 첫머리 이외의 '량'은 '량'으로 표기한다. 그러나 고유어나 외래어 뒤에 결합한 한자어는 독립적인 한 단어로 인식되기 때문에 두음 법칙이 적용되어 '양'으로 표기해야 한다. 즉, '량'이 한자와 결합하면 '량'으로 표기하고, 고유어와 결합하면 '양'으로 표기한다. 따라서 '수송량'의 '수송(輸送)'은 한자어이므로 '수송량'이 옳은 표기이며, 이와 동일한 규칙이 적용된 단어는 '독서(讀書)-량'과 '강수(降水)-량'이다.

오답분석

'구름'은 고유어이므로 '구름양'이 옳은 표기이다.

08 정답 ④

각국의 철도박물관에 대한 내용은 제시문에 나타나 있지 않다.

오답분석

① 사회에 미친 로마 시대 도로의 영향과 고속철도의 영향을 비교하는 내용을 뒷받침하는 자료로 적절하다.
② 서울 ~ 부산 간의 이동 시간과 노선을 철도 개통 이전과 개통 이후로 비교하는 내용을 뒷받침하는 자료로 적절하다.
③ 경부선의 개통 전후 상주와 김천의 인구 수를 비교하는 내용을 뒷받침하는 자료로 적절하다.
⑤ 철도(고속철도) 개통을 통해 철도와 관련된 다양한 책이 출판되고 있다는 내용을 뒷받침하는 자료로 적절하다.

09 정답 ②

제시된 논문에서는 '교통안전사업'을 시설개선, '교통 단속', 교육홍보연구라는 3가지 범주로 나누어 '비용감소효과'를 분석하였고, 그 결과 사망자 사고비용 감소를 위해 가장 유효한 사업은 '교통단속'이며, 중상자 및 경상자 사고비용 감소를 위해 가장 유효한 사업은 '보행환경조성'으로 나타났다고 이야기한다. 따라서 논문의 내용을 주요 단어로 요약하였을 때 적절하지 않은 것은 '사회적 비용'이다.

10 정답 ⑤

최근 5년간 최저기온이 0℃ 이하이면서 일교차가 9℃를 초과하는 일수가 1일 증가할 때마다 하루 평균 59건의 사고가 증가하였다는 내용과 온도가 급격히 떨어질 때 블랙아이스가 생성된다는 내용을 통해 블랙아이스(결빙) 교통사고는 기온과 상관관계가 높은 것을 알 수 있다. 또한, 마지막 문단의 겨울철 급격한 일교차 변화에 따른 블랙아이스가 대형사고로 이어질 위험성이 크다는 수석연구원의 의견을 통해서도 이를 확인할 수 있다.

오답분석

① 인천광역시의 결빙교통사고율이 평균보다 높다는 것은 알 수 있지만, 교통사고 사망자 수에 대한 정보는 알 수 없다.
② 최근 5년간 결빙으로 인한 교통사고 건수는 6,548건이고, 사망자 수는 199명이므로 사고 100건당 사망자 수는 $\frac{199}{6,548} \times 100 \fallingdotseq 3.0$명이다.
③ 블랙아이스 사고가 많은 겨울철 새벽에는 노면 결빙에 주의해 안전운전을 해야 한다.
④ 충남 지역의 경우 통과 교통량이 많은 편에 속하지만, 전체사고 대비 결빙사고 사망자 비율은 충북 지역이 7.0%로 가장 높다.

11 정답 ③

'가정의 행복'의 '의'는 조사이므로 표준 발음법 제5항에 따라 [의]로 발음하는 것이 원칙이지만, '다만 4'에 따라 [에]로도 발음할 수 있다. 따라서 '가정의'는 [가정의], [가정에]가 표준 발음에 해당한다.

12 정답 ⑤

등락률은 전일 대비 주식 가격에 대한 비율이다. 1월 7일의 1월 2일 가격 대비 증감율은 $1.1 \times 1.2 \times 0.9 \times 0.8 \times 1.1 = 1.04544$이므로 매도 시 주식가격은 $100,000 \times 1.04544 = 104,544$원이다.

오답분석

① 1월 2일 대비 1월 5일 주식가격 증감율은 $1.1 \times 1.2 \times 0.9 = 1.188$이며, 매도할 경우 $100,000 \times 1.188 = 118,800$원에 매도 가능하므로 18,800원 이익이다.
②·④ 1월 6일에 주식을 매도할 경우 등락률을 고려하여 가격을 구하면 $100,000 \times (1.1 \times 1.2 \times 0.9 \times 0.8) = 95,040$원이다. 따라서 $100,000 - 95,040 = 4,960$원 손실이며, 1월 2일 대비 주식가격 감소율(이익률)을 구하면 $\frac{100,000 - 95,040}{100,000} \times 100 = 4.96\%$이다.
③ 1월 4일에 주식을 매도할 경우 등락률을 고려하여 가격을 구하면 $100,000 \times (1.1 \times 1.2) = 132,000$원이다. 따라서 이익률은 $\frac{132,000 - 100,000}{100,000} \times 100 = 32\%$이다.

13
정답 ③

김대리는 시속 80km로 대전에서 200km 떨어진 K지점으로 이동했으므로 소요시간은 $\frac{200}{80}=2.5$시간이다. 이때, K지점의 위치는 두 가지 경우로 나눌 수 있다.

1) K지점이 대전과 부산 사이에 있어 부산에서 300km 떨어진 지점인 경우
   이대리가 이동한 거리는 300km, 소요시간은 김대리보다 4시간 30분(=4.5시간) 늦게 도착하여 2.5+4.5=7시간이다. 이대리의 속력은 시속 $\frac{300}{7}$≒42.9km로 김대리의 속력보다 느리므로 네 번째 조건과 맞지 않는다.

2) K지점이 대전에서 부산방향의 반대 방향으로 200km 떨어진 지점인 경우
   부산에서 K지점까지는 200+500=700km 거리이다. 따라서 이대리는 시속 $\frac{700}{7}=100$km로 이동했다.

14
정답 ④

먼저 네 번째 조건에 따라 마 지사장은 D지사에 근무하며 다섯 번째 조건에 따라 바 지사장은 본사와 두 번째로 가까운 B지사에 근무하는 것을 알 수 있다. 다 지사장은 D지사에 근무하는 마 지사장 바로 옆 지사에 근무하지 않는다는 두 번째 조건에 따라 C 또는 E지사에 근무할 수 없다. 이때, 다 지사장은 나 지사장과 나란히 근무해야 하므로 F지사에 다 지사장이, E지사에 나 지사장이 근무하는 것을 알 수 있다. 마지막으로 라 지사장이 가 지사장보다 본사에 가깝게 근무한다는 세 번째 조건에 따라 라 지사장이 A지사에, 가 지사장이 C지사에 근무하게 된다.

본사	A	B	C	D	E	F
	라	바	가	마	나	다

따라서 A~F지사로 발령받은 지사장을 순서대로 나열하면 라 - 바 - 가 - 마 - 나 - 다이다.

15
정답 ⑤

먼저 두 번째 조건에 따라 사장은 은지에게 '상'을 주었으므로 나머지 지현과 영희에게 '중' 또는 '하'를 주었음을 알 수 있다. 이때, 인사팀장은 영희에게 사장이 준 점수보다 낮은 점수를 주었다는 네 번째 조건에 따라 사장은 영희에게 '중'을 주었음을 알 수 있다. 따라서 사장은 은지에게 '상', 영희에게 '중', 지현에게 '하'를 주었고, 세 번째 조건에 따라 이사 역시 같은 점수를 주었다. 한편, 사장이 영희 또는 지현에게 회장보다 낮거나 같은 점수를 주었다는 두 번째 조건에 따라 회장이 은지, 영희, 지현에게 줄 수 있는 경우는 다음과 같다.

구분	은지	지현	영희
경우 1	중	하	상
경우 2	하	상	중

또한 인사팀장은 '하'를 준 영희를 제외한 은지와 지현에게 '상' 또는 '중'을 줄 수 있다. 따라서 은지, 영희, 지현이 회장, 사장, 이사, 인사팀장에게 받을 수 있는 점수를 정리하면 다음과 같다.

구분	은지	지현	영희
회장	중	하	상
	하	상	중
사장	상	하	중
이사	상	하	중
인사팀장	상	중	하
	중	상	하

따라서 인사팀장이 은지에게 '상'을 주었다면, 은지는 사장, 이사, 인사팀장 3명에게 '상'을 받으므로 은지가 최종 합격하게 된다.

16
정답 ③

오답분석
- 웬지 → 왠지
- 어떡게 → 어떻게
- 말씀드리던지 → 말씀드리든지
- 바램 → 바람

17
정답 ⑤

ⓒ의 전화해 보겠다는 이대리의 대답에는 오주임이 출근하지 않았다는 사실이 함축적으로 담겨 있지만, ㉠·㉡·㉢의 대화에서는 함축적인 의미를 담은 표현이 사용되지 않았다.

18
정답 ③

가격 변화에 따른 판매량 변화를 고려하여 매출액을 계산하면 다음과 같다.
① 4,000×3,000=12,000,000원
② 3,500×3,750=13,125,000원
③ 3,000×4,500=13,500,000원
④ 2,500×5,250=13,125,000원
⑤ 2,000×6,000=12,000,000원

따라서 가격을 3,000원으로 책정할 때 매출액이 가장 크다.

19 정답 ③

A와 D의 진술이 모순되므로, A의 진술이 참인 경우와 거짓인 경우를 구한다.
ⅰ) A의 진술이 참인 경우
A의 진술에 따라 D가 부정행위를 하였으며, 거짓을 말하고 있다. B는 A의 진술이 참이므로 B의 진술도 참이며, B의 진술이 참이므로 C의 진술은 거짓이 되고, E의 진술은 참이 된다. 따라서 부정행위를 한 사람은 C, D이다.
ⅱ) A의 진술이 거짓인 경우
A의 진술에 따라 D는 참을 말하고 있고, B는 A의 진술이 거짓이므로 B의 진술도 거짓이 된다. B의 진술이 거짓이므로 C의 진술은 참이 되고, E의 진술은 거짓이 된다. 부정행위를 한 사람은 A, B, E이지만 부정행위를 한 사람은 두 명이므로 모순이 된다.

20 정답 ③

배차간격은 동양역에서 20분, 서양역에서 15분이며, 두 기차의 속력은 같다. 그러므로 배차시간의 최소공배수를 구하면 5×4×3=60으로 60분마다 같은 시간에 각각의 역에서 출발하여 10시 다음 출발시각은 11시가 된다. 동양역과 서양역의 편도 시간은 1시간이므로 50km 지점은 출발 후 30분에 도달한다. 따라서 두 번째로 50km 지점에서 두 기차가 만나는 시각은 11시 30분이다.

21 정답 ③

영희는 누적방수액의 유무와 상관없이 재충전 횟수가 200회 이상이면 충분하다고 하였으므로 100회 이상 300회 미만으로 충전이 가능한 리튬이온배터리를 구매한다. 누적방수액을 바르지 않은 것이 더 저렴하므로 영희가 가장 저렴하게 구매하는 가격은 5,000원이다.

오답분석
① • 철수가 가장 저렴하게 구매하는 가격 : 20,000원
   • 영희가 가장 저렴하게 구매하는 가격 : 5,000원
   • 상수가 가장 저렴하게 구매하는 가격 : 5,000원
   따라서 철수, 영희, 상수가 리튬이온배터리를 가장 저렴하게 구매하는 가격은 20,000+5,000+5,000=30,000원이다.
② • 철수가 가장 비싸게 구매하는 가격 : 50,000원
   • 영희가 가장 비싸게 구매하는 가격 : 10,000원
   • 상수가 가장 비싸게 구매하는 가격 : 50,000원
   따라서 철수, 영희, 상수가 리튬이온배터리를 가장 비싸게 구매하는 가격은 50,000+10,000+50,000=110,000원이다.
④ 영희가 가장 비싸게 구매하는 가격은 10,000원, 상수가 가장 비싸게 구매하는 가격은 50,000원이다. 두 가격의 차이는 40,000원으로 30,000원 이상이다.
⑤ 상수가 가장 비싸게 구매하는 가격은 50,000원, 가장 저렴하게 구매하는 가격은 5,000원이므로 두 가격의 차이는 45,000원이다.

22 정답 ⑤

마지막 문단을 통해 바퀴가 인류의 생활상을 변화시켜왔음을 알 수 있다.

23 정답 ①

제시된 상황에서 메살라는 바퀴에 붙은 칼날을 이용하여 상대 전차의 바퀴를 공격하였다는 것을 알 수 있으며, 제시문을 통해 공격받은 바퀴가 전차의 하중을 견디지 못해 넘어졌다는 것을 추론할 수 있다.

24 정답 ③

오답분석
① 삼강령과 팔조목은 『대학』이 『예기』의 편명으로 있었을 때에는 사용되지 않았으나, 『대학』이 사서의 하나로 격상되면서부터 사용되기 시작했다고 하였다.
② 삼강령과 팔조목은 종적으로 서로 밀접한 관계를 형성하고 있어 한 항목이라도 없으면 과정에 차질이 생기는 것은 옳으나, 횡적으로는 서로 독립된 항목이라 보고 있다.
④ 백성의 명덕을 밝혀 백성과 한마음이 되는 것은 제가·치국·평천하이다.
⑤ 팔조목은 반드시 순서에 따라 이루어지는 것은 아니며, 서로 유기적으로 연관되어 있는 것이므로 함께 또는 동시에 갖추어야 할 실천 항목이라 볼 수 있다고 하였다.

25 정답 ①

오답분석
② 입원료[이붠뇨]
③ 물난리[물랄리]
④ 광한루[광ː할루]
⑤ 이원론[이ː원논]

26 정답 ②

'혼돈'은 온갖 대상들이 마구 뒤섞여 어지럽고 복잡할 때 사용되며, '혼동'은 어떤 대상과 다른 대상을 구별하지 못하고 헷갈리는 경우에 사용된다.
• 혼돈 : 마구 뒤섞여 있어 갈피를 잡을 수 없음. 또는 그런 상태
• 혼동 : 구별하지 못하고 뒤섞어서 생각함

27
정답 ④

두 번째 문단의 산받이에 대한 설명을 통해, 주로 박첨지와의 대화를 통해 극을 이끌어 가며 사건을 해설해 주고, 무대에 드러나지 않은 사실들을 보완하는 등 놀이 전체의 해설자 역할을 하는 것을 알 수 있다.

오답분석
① 중국, 일본과 우리나라의 꼭두각시놀음은 무대의 구조나 연출 방식, 인형조종법 등이 많이 흡사함을 알 수 있으나, 각각의 차별되는 특징에 대한 언급은 없다.
② 꼭두각시놀음이 남사당패가 행하는 6종목 중 하나의 놀이임을 알 수 있으나, 비중이 어떤지는 알 수 없다.
③ 놀이 전체의 해설자 역할을 하는 대잡이는 재담과 노래, 대사 전달 등을 담당한다.
⑤ 꼭두각시놀음은 여러 시대를 지나오면서 시대상을 반영하여 하나둘씩 막이 추가되면서 변화되어 왔다.

28
정답 ③

제시문의 첫 번째 문단은 꼭두각시놀음의 정의 및 유래, 두 번째와 세 번째 문단은 꼭두각시놀음의 무대와 공연 구성, 네 번째 문단은 꼭두각시놀음의 특징과 의의로 전개되고 있다. 따라서 제시문의 주제로 가장 적절한 것은 ③이다.

29
정답 ③

ⅰ) 집 – 도서관 : $3 \times 2 = 6$가지
　　도서관 – 영화관 : $4 \times 1 = 4$가지
　　→ $6 \times 4 = 24$가지
ⅱ) 집 – 도서관 : $3 \times 1 = 3$가지
　　도서관 – 영화관 : $4 \times 3 = 12$가지
　　→ $3 \times 12 = 36$가지
∴ $24 + 36 = 60$가지

30
정답 ④

채권에 투자하는 금액을 x억 원이라고 할 때, 예금에 투자하는 금액은 $(100-x)$억 원이다.
- 예금 이익 : $(100-x) \times 0.1 = 10 - 0.1x$
- 채권 이익 : $0.14x$

이때 예금과 채권 이익의 합은 $10 - 0.1x + 0.14x = 10 + 0.04x$이다. 세금으로 20%를 낸 후의 이익이 10억 원이므로
$(10 + 0.04x) \times 0.8 = 10$
→ $0.032x = 2$
∴ $x = 62.5$
따라서 채권에 투자해야 하는 금액은 62억 5천만 원이다.

코레일 한국철도공사 신입사원 필기시험

제6회 고난도 모의고사 정답 및 해설

01	02	03	04	05	06	07	08	09	10
⑤	⑤	⑤	①	②	①	⑤	②	②	⑤
11	12	13	14	15	16	17	18	19	20
⑤	②	②	①	①	②	④	③	②	②
21	22	23	24	25	26	27	28	29	30
③	④	⑤	①	④	②	③	②	④	⑤

01　정답 ⑤

제시문에서는 의견을 통한 합의나 설득은 일시적으로 옳은 것을 옳다고 믿게 할 수는 있지만, 절대적이고 영원한 기준을 찾을 수는 없으므로 절대적 진리를 궁구할 수 있는 철학자가 통치해야 한다고 하였다. 하지만 합의를 통해 사회 갈등이 완전히 해소될 수 있다면 꼭 절대적 진리가 필요한 것만은 아니라고 볼 수 있으므로 제시문에 대한 비판으로 ⑤가 가장 적절하다.

오답분석

① · ③ 제시문의 내용과는 무관하다.
② 개별 상황 판단보다 높은 차원의 판단 능력과 기준은 철학자만이 제시할 수 있다고 하였으므로 제시문의 의견과 동일하다고 볼 수 있다.
④ 철학자는 진리와 의견의 차이점을 분명히 파악할 수 있으며 절대적 진리를 궁구할 수 있다고 하였으므로 제시문의 의견과 동일하다고 볼 수 있다.

02　정답 ⑤

제시문에서는 일상적 행위의 대부분이 무의식으로 연결되어 있는데, 구체적으로는 언어 사용과 사유 모두가 무의식, 즉 자동화된 프로그램에 의해 나타난다고 하였다.

오답분석

① 인간의 사고 능력과 언어 능력의 연관성을 입증하는 글이 아니다.
② 사례로 든 내용에 불과할 뿐이므로 중심 내용이라고 보기는 어렵다.
③ 정보가 인간의 우뇌에 저장되어 있는 것과 좌뇌에 저장되어 있는 것이 서로 독립적임을 입증하는 내용이 아니다.
④ 인간의 언어 사용 역시 무의식, 즉 자동화된 프로그램의 비중이 크다고 하였다.

03　정답 ⑤

독립운동가들은 조소앙이 기초한 대한민국임시헌장을 채택했는데 대한민국임시헌장 제1조에 "대한민국은 민주공화제로 함."이라는 문구가 담겨 있었다.

오답분석

① 대한민국임시헌장은 3 · 1운동 직후 상하이에 모여든 독립운동가들이 임시정부를 만들기 위한 첫걸음으로 채택하였다.
② 대한민국 임시정부가 만들어진 것은 3 · 1운동 이후임을 알 수 있고, 두 번째 문단에서 '조소앙은 3 · 1운동이 일어나기 전 대한제국 황제가 국민의 동의 없이 마음대로 국권을 일제에 넘겼다고 말하면서 국민은 국권을 포기한 적이 없다고 밝힌 대동단결선언을 발표한 적이 있다.'고 하고 있다.
③ 대한민국임시헌장을 기초할 때 조소앙은 국호를 '대한민국'으로 하고 정부 명칭도 '대한민국 임시정부'로 하자고 하였다.
④ 제헌국회는 제헌헌법을 만들었는데, 이 헌법에 우리나라의 명칭을 '대한민국'이라고 한 내용이 있다고 하였다.

04　정답 ①

조출생률은 '인구 1천 명당 출생아 수'를 의미하므로 이를 계산하는 과정에서 전체 인구 대비 여성의 비율은 고려하지 않는다.

오답분석

ㄴ. 인구수와 조출생률이 같다고 하더라도 마지막 갑의 의견에서 언급한 것처럼 '전체 인구 대비 젊은 여성의 비율'이 다르면 합계 출산율 또한 다르게 나타날 수 있다.
ㄷ. 한 명의 여성을 기준으로 한 것이 아니라 연령대별로 출산율을 계산하고 이를 합하여 얻는 것이다.

05　정답 ②

실험 결과에 따르면 학습 위주 경험을 하도록 훈련시킨 실험군 1의 쥐는 뇌 신경세포 한 개당 시냅스의 수가, 운동 위주 경험을 하도록 훈련시킨 실험군 2의 쥐는 모세혈관의 수가 크게 증가했다.

오답분석

① 실험 결과에 따르면 실험군 1의 쥐는 대뇌 피질의 지각 영역에서, 실험군 2의 쥐는 대뇌 피질의 운동 영역에서 구조 변화가 나타났지만 어느 구조 변화가 더 크게 나타났는지는 알 수 없다.

③ 실험 결과에 따르면 대뇌 피질과 소뇌의 구조 변화는 나타났지만 신경세포의 수에 대한 정보는 알 수 없다.
④·⑤ 실험군 1과 2의 쥐에서 뇌 신경세포 한 개당 시냅스 혹은 모세혈관의 수가 증가했고 대뇌 피질 혹은 소뇌의 구조 변화가 나타났지만 둘 사이의 인과관계는 알 수 없다.

06 정답 ①

㉠ B학파는 다른 모든 종류의 상품과 마찬가지로 토지 문제 역시 수요·공급의 법칙에 따라 시장이 자율적으로 조정하도록 맡겨 두면 된다고 주장하므로 토지에 대한 투자는 상품 투자의 일종으로 본다고 할 수 있다.
㉡ A학파는 B학파와 달리 상품 투자와 토지 투자를 엄격히 구분하며 상품 투자는 상품 공급을 증가시키고 공급 증가는 다시 상품 투자의 억제 요인으로 작용하기 때문에 상품 투자에는 내재적 한계가 있는 반면 토지의 경우 토지 공급은 한정되어 있으므로 토지 투자는 상품 투자의 경우와는 달리 제어장치가 없다고 보았다.

07 정답 ⑤

매일 커피와 흡연을 하는 정순이 치석을 제거하지 않는 경우 그의 치아가 노랄 확률은 90% 이상이다.

오답분석
① 갑돌이 매년 치석을 제거하는 경우 치아가 노랄 확률은 20% 미만이다.
② 을순은 매년 치석을 제거하므로 치아가 노랄 확률은 20% 미만이고 노랗지 않을 확률은 반대 해석상 80% 이상이다.
③ 병돌은 흡연자이지만 매년 치석을 제거하므로 치아가 노랄 확률은 20% 미만이다.
④ 병돌이 매일 커피를 마신다 해도 매년 치석을 제거하므로 치아가 노랄 확률은 20% 미만이다.

08 정답 ②

주어진 네 가지 조건을 모두 만족시키는 것이 선택되므로 제시문에 나타나지 않은 '기회 균등과 교육의 수월성' 항목에서 '고교 평준화 강화'가 선정된다면 최종 안건으로 선정 가능함을 알 수 있다.

09 정답 ②

현황 분석의 두 번째 항목에서 연말정산 기간 중 세무서에 프로그램 사용 방법에 대한 문의가 폭증한다고 하였으므로 ㄷ은 이를 구체화한 것이라고 할 수 있다.

오답분석
ㄱ. 'Ⅲ. 결론 : 예상되는 효과 전망'에 들어가야 할 내용이다.
ㄴ. 보고서에서 다루고 있는 내용은 연말정산 자동계산 프로그램 사용법이 복잡하다는 것이며, 연말정산 기간에 대한 것이 아니니다.

10 정답 ⑤

제시문에서 주어진 조건들을 만족하는 원형 판의 형태는 다음과 같다. 비율만 같다면 아래의 수치가 아니라 어떠한 수치일지라도 상관없다.

구분	지름	두께
A	2	1
B	1	1
C	2	2

다음으로 B의 진동수를 1로 놓고 나머지 A와 C의 진동수를 계산해보면 다음과 같다.

구분	지름	두께	진동수
A	2	1	1/4
B	1	1	1
C	2	2	1/2

이를 정리하면 B의 진동수는 A의 4배이며, C의 진동수는 A의 2배임을 알 수 있다. 따라서 제시문의 마지막 문장을 활용하면 B는 A보다 두 옥타브 높은 음을 내고, C는 A보다 한 옥타브 높은 음을 낸다는 것을 추론할 수 있다.

11 정답 ⑤

50대 이상은 현수막을 통해 정보를 획득한 관람객 수가 가장 많았다고 되어 있으나, 50대 이상이 TV를 통해 가장 많은 정보를 획득한다고 나타나고 있다.

12 정답 ②

ㄱ. 2019년의 비중은 $\frac{96}{322}$, 2021년은 $\frac{90}{258}$인데 분자의 경우 2019년이 2021년에 비해 10%에 미치지 못하게 크지만, 분모는 10%를 훨씬 넘게 크다. 따라서 2021년의 비중이 더 높다.
ㄷ. 2020년과 2021년은 전년에 비해 접수 건수가 감소하였으므로 제외하고 2022년과 2023년을 비교한다. 2022년의 전년 대비 증가율은 $\frac{36}{168}$이고, 2023년은 $\frac{48}{204}$인데 2023년의 분자는 2022년에 비해 $\frac{1}{3}$만큼 크지만 2023년의 분모는 $\frac{1}{3}$보다 작게 크다. 따라서 증가율은 2023년이 더 크다.

오답분석
ㄴ. 2021년의 전년 이월 건수가 90건이고 2022년이 71건이므로 2021년이 답이 될 것으로 착각하기 쉬우나 마지막 2023년의 차년도 이월 건수가 131건임을 놓쳐서는 안 된다. 따라서 2023년이 가장 많다.
ㄹ. 재결 건수가 가장 적은 연도는 2022년인데 해당 연도 접수 건수가 가장 적은 것은 2021년이다.

13 정답 ②

C의 경우 2021년 Total-N이 0.68로 등급 외에 해당한다.

오답분석

① '감소 → 증가 → 감소 → 감소'로 동일하다.
③ 2023년에는 해양 저서동물 출현종수가 가장 많은 지역은 D지역이며 D지역의 2023년 총질소(Total-N)는 0.07로 가장 낮다.
④ 2019년 COD 부분에서 1등급 기준인 1.00mg/L 이하인 것은 D지역밖에 없다.
⑤ 2020년 B지역의 전년 대비 해조류 군집 출현종수의 증감율은 약 25%이고, 2020년 B지역의 전년 대비 해양 저서동물 출현종수의 증감율은 약 18.8%이다.

14 정답 ①

먼저 세 번째 조건을 살펴보면, 세 기업의 영업이익을 합한 것보다도 더 많은 영업이익을 기록한 것은 '가'이다. 따라서 가를 D로 먼저 확정지어 놓도록 하자.
이제 첫 번째 조건을 살펴보면, 직원 수는 (영업이익)÷(직원 1인당 영업이익)으로 구할 수 있는데 나~마 중 이 수치가 가장 큰 것은 '라'이므로 A와 연결됨을 알 수 있다. 여기까지만 판단하면 선택지 소거법을 이용해 정답을 찾을 수 있다.
따라서 나에는 B, 라에는 A가 해당된다.

15 정답 ①

ㄱ. 공급자 취급부주의의 경우 2023년과 2019년의 발생건수 차이는 6건이며, 시설미비의 경우도 2023년과 2019년의 발생건수 차이는 6건으로 동일하다. 이때 분자값이 같으므로 계산 없이 분모값이 작은 시설미비의 경우가 증가율이 더 큼을 알 수 있다.
ㄴ. 주택의 연도별 사고건수 증감방향은 '증가 → 감소 → 증가 → 증가'이고 차량의 연도별 사고건수 증감방향도 '증가 → 감소 → 증가 → 증가'이다.

오답분석

ㄷ. 2020년 사고건수 상위 2가지는 사용자 취급부주의(41건)와 시설미비(20건)이며 전체 발생건수는 120건이므로 상위 2가지 사고건수의 합(61건)은 나머지 발생건수의 합보다 크다.
ㄹ. 전체 사고건수에서 주택이 차지하는 비중이 35% 이상인지를 판단하려면 '(전체 사고건수)×0.35<(주택 사고건수)'인지를 판별하면 된다. 이를 정리하면 다음과 같다.

구분	2019년	2020년	2021년	2022년	2023년
전체 사고건수	121	120	118	122	121
(전체)×0.35	42.35	42	41.3	42.7	42.35
주택	48	50	39	42	47

따라서 2021년과 2022년은 35% 미만이므로 옳지 않다.

16 정답 ①

ㄱ. 2023년 상위 10개 스포츠 구단 중 전년보다 순위가 상승한 구단은 C, D, E, I로 4개이며 순위가 하락한 구단은 F, J, H로 3개이다.
ㄴ. 2023년 상위 10개 스포츠 구단 중 미식축구 구단은 A, G, I이며 구단 가치액 합은 58+40+37=135억 달러이다. 농구 구단은 C, D, E이며 구단 가치액 합은 45+44+42=131억 달러이다.

오답분석

ㄷ. 2023년 상위 10개 스포츠 구단 중 전년 대비 가치액 상승률이 가장 큰 구단은 E구단으로 (9÷33)×100≒27.27% 상승했으며, 종목은 농구이다.
ㄹ. 제시된 표는 2023년 가치액 기준 상위 10개 구단에 대한 자료이므로 2022년 가치액 10위의 구단에 대한 정보는 알 수 없다. 2022년 9위인 E구단의 가치액이 33억 달러, 11위인 I구단의 가치액이 31억 달러이므로 2022년 10위 구단의 가치액은 31억 달러보다 많고 33억 달러보다 적을 것이다. 이를 고려하면 2023년 상위 10개 스포츠 구단의 가치액 합이 2022년 상위 10개 스포츠 구단의 가치액 합보다 크다.

17 정답 ④

부서별로 총 투입시간을 계산해 보면 다음과 같다.

부서	인원	개인별 총 투입시간	총 투입시간
A	2	41+(3×1)=44	88
B	3	30+(2×2)=34	102
C	4	22+(1×4)=26	104
D	3	27+(2×1)=29	87
E	5	17+(3×2)=23	115

따라서 표준 업무시간은 80시간으로 동일하므로 업무효율이 가장 높은 부서는 총 투입시간이 가장 낮은 부서인 D가 된다.

18 정답 ③

ㄱ. '2023년 한국은 중국을 밀어내고 수주량 1위를 차지했는데, 이는 2018년 중국에 1위 자리를 내어준 후 6년 만이다.'의 부분을 위해 필요하다.
ㄹ. '2023년 국내 대형 조선사는 해양플랜트 수주량 증가에 힘입어 실적이 개선되고 있다. 그러나 국내 중소형 조선사는 여전히 부진에서 벗어나지 못하고 있으며 국내 조선기자재업체의 실적 회복도 어려울 것으로 전망된다.'의 부분을 위해 필요하다.

19
정답 ②

ㄴ. 2020년 대비 2021년은 220만 톤 감소했으므로 −20% 정도이고 2021년 대비 2022년은 840만 톤 감소하여 약 80% 감소했으며, 2022년 대비 2023년은 약 400만 톤 증가했고 이는 약 200% 증가한 것이므로 2020년 이후 국내 조선업 수주량의 전년 대비 증감률이 가장 큰 해는 2023년이다.

ㄷ. 2020년 이자보상배율이 1 미만인 중형업체 수는 전체 35개 중 25.7%이고 이는 약 9개이다. 이 시기 대형업체는 전체 20개 중 15%로, 3개이므로 2020년 이자보상배율이 1 미만인 국내 조선기자재업체 수는 중형이 대형의 3배이다.

오답분석

ㄱ. '(해당연도 국내 조선업 건조량)=(전년도 수주잔량)+(해당연도 수주량)−(해당연도 수주잔량)'이므로 2022년 건조량은 1,342만 톤이고, 2021년 건조량은 1,204만 톤이지만 2023년 건조량 901만 톤보다 크기 때문에 2020년 건조량을 구하지 않더라도 옳지 않음을 알 수 있다.

ㄹ. 어림으로 계산해 보면, 대형업체의 경우 2021년 전체 20개 업체 중 20%에서 2022년 25%로 증가했고, 20개의 20%는 4개이며 25%는 5개이므로 1개 업체가 증가했다. 중형업체의 경우 35개의 17.1%는 35×0.17=5.95, 35개의 34.3%는 35×0.34=11.9로 약 6개 증가했다. 마지막으로 소형업체의 경우 96개의 19.8%는 96×0.2=19.2, 96개의 38.5%는 96×0.38=36.4로 약 16개 증가했다. 따라서 이자보상배율이 1 미만인 국내 조선기자재업체 수의 2021년 대비 2022년 증감폭이 가장 큰 기업규모는 소형이다.

20
정답 ②

ㄱ. 0~6km의 소요 시간을 더해 보면 출발 후 6km 지점을 먼저 통과한 선수는 A, C, D, B 순이다.

ㄷ. 0~3km 구간까지 오는 데 B는 17분 16초가 소요되었고 C는 17분 25초가 소요되어 B가 3km 지점에 먼저 도착했다. 하지만 3~4km 구간을 지나 4km에 도달한 누적 시간은 B가 23분 34초이고 C가 22분 40초이다. 따라서 4km 지점에는 C가 먼저 도착했다.

오답분석

ㄴ. B의 10km 완주기록은 57분 54초이다.

ㄹ. A가 10km 지점을 통과한 순간은 51분 52초이며, D가 7km 지점을 지나는 시간은 D가 10km를 완주한 시간에서 7~10km 통과시간(5분 24초+5분 11초+5분 15초=15분 50초)을 뺀 41분 33초이다. 이 시간에 D는 7km를 통과하므로 옳지 않다.

21
정답 ③

- 1단계 : 1순위 최다 투표자는 A(350표)인데, 이는 과반수에 미치지 못하므로 다음 단계로 넘어간다.
- 2단계 : 1단계의 최소득표자는 E(100표)인데, 이는 그 투표용지에 2순위로 기표된 C에 합산된다. 따라서 A(350표), C(300표), B(200표), D(150표)가 되는데 여전히 A의 득표수가 과반수에 미치지 못하므로 다음 단계로 넘어간다.
- 3단계 : 2단계의 최소득표자는 D(150표)인데, 이는 그 투표용지에 2순위로 기표된 C에 합산된다. 따라서 C(450표), A(350표), B(200표)가 되는데 여전히 C의 득표수가 과반수에 미치지 못하므로 다음 단계로 넘어간다.
- 4단계 : 3단계의 최소득표자는 B(200표)인데, 이는 그 투표용지에 2순위로 기표된 C에 합산된다.

따라서 C(650표), A(350표)가 되어 과반수를 획득한 C가 당선된다.

22
정답 ④

2025년 60억 원의 총 사업비에 대해 전년과 동일한 국고지원인 25%를 요구하는 경우 해당 금액은 12억 원이다. 따라서 국고지원비율이 총 사업비의 20%(12억 원) 이내인 경우라면 타당성조사를 전문위원회의 검토로 대체할 수 있다.

오답분석

① 250만 명의 3%는 7만 5천명이므로 국제행사가 아니다.
② 2025년에 K박람회가 개최된다면 제6회이고 2026년에는 제7회가 된다. 따라서 2027년 8회부터는 국고지원대상에서 제외된다.
③ 2025년 총 사업비가 52억 원이라면 타당성조사의 대상이며 국고지원비율이 20% 이내(10.4억 원인 경우)라면 타당성조사를 전문위원회의 검토로 대체할 수 있다.
⑤ 국고지원의 타당성조사 대상은 국제행사의 개최에 소요되는 총 사업비 50억 이상인 국제행사이므로 대상이 아니다.

23
정답 ⑤

대한민국의 국적을 보유하였던 자로서 외국국적을 취득한 자를 외국국적동포라고 규정하고 있다.

오답분석

① '대한민국의 국민으로서' 외국의 영주권을 취득한 자 또는 영주할 목적으로 외국에 거주하고 있는 자를 재외동포로 규정하고 있다.
② 재외국민이 되기 위해서는 외국의 영주권을 취득했거나 영주할 목적으로 외국에 거주하고 있어야 한다고 하였다.
③ 조부모의 일방이 대한민국의 국적을 보유하였던 자로서 외국국적을 취득한 자를 외국국적동포라고 하였다.
④ 외국국적동포는 대한민국의 국적을 보유하였던 자 중 일정한 조건을 충족시키는 경우에 해당한다고 규정하고 있다. 하지만 업무를 위해 출장 중인 사람은 현재 대한민국의 국적을 보유하고 있는 상황이므로 이에 해당하지 않는다.

24
정답 ①

- 을 : 월요일 12시간, 화요일 12시간, 목요일 12시간, 금요일 4시간으로 총 40시간이다.

오답분석
- 갑 : 수요일 근무는 09～13시까지로 4시간이나 12～13시까지는 점심시간이므로 인정 근무는 3시간이어서 총 근무시간은 39시간이다.
- 병 : 월요일 근무는 08～24시까지로 16시간이며 점심과 저녁 시간 2시간을 제외한 인정근무 시간은 14시간이지만 1일 근무시간은 12시간을 넘을 수 없다.
- 정 : 월요일 9시간, 화요일 12시간, 목요일 10시간, 금요일 8시간으로 총 39시간이다.

25
정답 ④

대안별 평가점수의 합계를 구하면 다음과 같다.

(단위 : 점)

ㄱ	ㄴ	ㄷ	ㄹ	ㅁ
33	19	19	33	18

따라서 2순위는 ㄱ과 ㄹ, 4순위는 ㄴ과 ㄷ 중 하나가 차지하게 된다.
이때 ㄱ과 ㄹ은 총점은 동일하지만 법적 실현가능성 점수에서 ㄱ이 앞서므로 1순위는 ㄱ, 2순위는 ㄹ이 되며, ㄴ과 ㄷ은 총점뿐만 아니라 법적 실현가능성 점수, 효과성 점수까지 동일하므로 행정적 실현가능성에서 앞서는 ㄴ이 3순위, ㄷ이 4순위가 된다.
따라서 2순위와 4순위를 바르게 짝지은 것은 ④이다.

26
정답 ②

ㄱ. 이조는 주로 인사를 담당하였지만 예조에서는 과거 관리의 업무를 담당하고 있었다.
ㄷ. 당상관은 정3품 이상의 판서, 참판, 참의를 지칭하는데 각 조마다 정2품의 판서 1인, 종2품의 참판 1인, 정3품의 참의 1인 등으로 구성되었다고 하였으므로 육조에 속한 당상관은 18명이다. 또한 육관은 육조의 별칭이고, 육조의 서열은 1418년까지는 이, 병, 호, 예, 형, 공조의 순서였고, 이후에는 이, 호, 예, 병, 형, 공조의 순서가 되었다고 하였다.

오답분석
ㄴ. 병조의 정랑・좌랑은 문관만 재직할 수 있도록 되어 있었다.
ㄹ. 조선 후기에 호조의 역할이 강화된 것은 맞지만 실학사상의 영향인지는 알 수 없다.
ㅁ. 육조의 정랑과 좌랑은 임기제로 운영되었으나 당상관이 어떠했는지는 알 수 없다.

27
정답 ③

1라운드와 2라운드의 결과를 토대로 각 참여자가 얻을 수 있는 점수를 정리하면 다음과 같다.

(단위 : 점)

구분	1라운드	2라운드	총점
갑	−3, 0	−3, 0	−6, −3, 0
을	2	−3, 0	−1, 2
병	2	2	4
정	5	−3, 0	2, 5

ㄱ. 정(5점), 병(4점), 갑(0점), 을(−1점)의 경우가 가능하다.
ㄹ. 병이 4점을 얻은 것이 확정되어 있으므로 정이 우승할 수 있는 경우는 5점을 얻는 경우뿐이다.

오답분석
ㄴ. 정이 5점을 얻었다면 병(4점)이 2위로 확정되므로 을과 정이 모두 2점을 얻은 경우를 살펴보자. 이 경우에는 병이 4점으로 1위가 되고 을과 정이 2점으로 동점이 되지만, 동점인 경우는 1라운드 고득점 순으로 순위를 결정한다고 하였으므로 정(1라운드 5점)이 을(1라운드 2점)에 앞서게 된다. 따라서 을이 준우승을 할 수 있는 경우는 없다.
ㄷ. ㄴ에서 살펴본 것처럼 병이 우승했다면 정이 2점을 얻어야 하는데 이렇게 되기 위해서는 정이 2라운드에서 공을 넣지 못해야 한다. 따라서 이 경우 가능한 최솟값은 갑(0개), 을(1개), 병(2개), 정(1개)의 합인 4개이다.

28
정답 ②

K시가 광역자치단체이든 기초자치단체이든 '처음 두 자리'는 10으로 고정되므로 나머지 세 자리를 판단해 보자.
i) K시가 광역자치단체인 경우
A구와 B구는 기초자치단체에 해당하므로 마지막 자리는 0이어야 한다. 여기서 ③을 소거한다. 다음으로 기초자치단체들은 '그 다음 두 자리'에 각각의 고유한 값을 가져야 한다. B구가 03이므로 A구는 03이 아닌 숫자가 들어가야 한다. 그러므로 ⑤를 소거한다.
ii) K시가 기초자치단체인 경우
A구와 B구는 같은 기초자치단체에 속해 있으므로 '그 다음 두 자리'가 03으로 같아야 하는데 남은 선택지에서 이를 만족하는 것은 ②뿐이다.

29

정답 ④

먼저 두 사람은 자신만의 일정한 속력으로 걷는다고 하였으므로 동일한 거리를 왕복하는 데 걸리는 시간은 동일하다. 따라서 갑이 예상했던 시각보다 2분 일찍 사무실로 복귀했다는 것은 가는 데 1분, 오는 데 1분의 시간이 빨랐다는 것을 의미한다.

다음으로 만약 갑이 예상했던 시각에 맞추어 사무실로 복귀했다고 가정하자. 그렇다면 실제 소요시간과 예상 소요시간이 같으므로 갑은 4분 일찍 자신의 사무실을 떠났을 것이다(예상 소요시간이 4분이므로 4분 전에 나가야 한다). 그런데 2분 일찍(편도로는 1분) 일찍 도착하였으므로, 갑은 원래 5분이 걸릴 것을 예상했는데 실제로는 4분밖에 걸리지 않았다는 결론이 나오게 된다.

30

정답 ⑤

ㄱ. K국이 B국과 FTA를 체결하는 경우 A국에서 수입하는 1톤당 비용과 B국에서 수입하는 1톤당 비용은 15달러로 동일하다. 따라서 K국이 B국과 FTA를 체결한다면, 기존에 A국에서 수입하던 것과 동일한 비용으로 X를 수입할 수 있다.

ㄷ. A국에서 수입하는 1톤당 비용은 21달러이고, ·B국에서 수입하는 1톤당 비용은 20달러이다.

오답분석

ㄴ. C국에서 수입하는 1톤당 비용은 15.4달러인데 A국에서 수입하는 1톤당 비용은 15달러이다.

코레일 한국철도공사 신입사원 필기시험

제7회 고난도 모의고사 정답 및 해설

01	02	03	04	05	06	07	08	09	10
①	③	④	③	⑤	③	③	①	④	④
11	12	13	14	15	16	17	18	19	20
②	⑤	②	③	⑤	②	⑤	②	②	③
21	22	23	24	25	26	27	28	29	30
①	④	③	④	②	④	②	②	①	④

01　　　　　　　　　　　　　　　　　정답 ①

H는 자신의 연구 결과를 토대로 가족 구성원이 많은 집에 사는 아이들은 가족 구성원들이 집안으로 끌고 들어오는 병균들에 의한 잦은 감염 덕분에 장기적으로 알레르기 예방에 유리하다고 주장하고 있다. 즉, 알레르기에 걸릴 확률은 병균들에 얼마나 많이 노출되었는지에 달려 있다는 것이므로 이와 의미가 가장 유사한 ①이 가장 적절하다.

02　　　　　　　　　　　　　　　　　정답 ③

척화론을 주장한 김상헌은 청에 항복하는 것은 있을 수 없는 일이라며 끝까지 저항하자고 했고, 중화인 명을 버리고 오랑캐와 화의를 맺는 일은 군신의 의리를 버리는 것이라고 했다.

오답분석

① 최명길은 "나아가 싸워 이길 수도 없고 물러나 지킬 수도 없으면 타협하는 수밖에 없다."라고 하였다.
② 청에 항복한 것은 인조 때의 일이다. 인조의 뒤를 이은 효종은 청에 복수하겠다는 북벌론을 내세우고, 예전에 척화론을 주장했던 자들을 중용하였다.
④ 인조 때에는 척화론을 주장했던 사람들이 정국을 주도하지 못했기 때문에 주화론을 내세웠던 사람들이 정계에서 쫓겨 나가는 일은 벌어지지 않았다.
⑤ '송시열 사후에 나타난 노론 세력은 최명길의 주장에 동조했던 사람들의 후손이 요직에 오르지 못하게 막았다.'에서 노론 세력은 척화론자임을 알 수 있다.

03　　　　　　　　　　　　　　　　　정답 ④

해당 키즈 카페에 대해 K시의 시장이 충전시설의 설치를 권고하고, 이 권고에 따를 경우 지원금을 받을 수 있다.

오답분석

①·②·③·⑤ 해당 규정들이 신설되더라도 키즈 카페의 주차단위구획이 50여 구획에 불과하므로 지원금을 받을 수 없다.

04　　　　　　　　　　　　　　　　　정답 ③

ㄱ. 방 1은 음탐지 방해가 없고 방 2는 같은 소리 음탐지 방해가 있는 환경이다. 실험 결과에 따르면 음탐지 방해가 없는 방 1에서는 A와 B 공격 시간에 유의미한 차이가 없었지만 음탐지 방해가 있는 방 2에서는 A만을 공격했다. 따라서 실험 결과는 음탐지 방해가 있는 환경에서 X가 초음파탐지 방법을 사용한다는 가설을 강화한다.

ㄴ. 방 2와 방 3은 둘 다 음탐지 방해가 있는 환경이지만 방 2는 같은 소리 음탐지 방해, 방 3은 다른 소리 음탐지 방해가 존재한다. 실험 결과에 따르면 같은 소리 음탐지 방해가 존재한 방 2에서는 A만 공격했지만, 다른 소리 음탐지 방해가 존재하는 방 3은 그 결과에 있어 방해가 없었던 방 1과 차이가 없었다. 즉, 다른 소리 음탐지 방해는 음탐지 방법에 큰 영향을 미치지 않음을 알 수 있다. 따라서 X가 소리의 종류를 구별할 수 있다는 가설을 강화한다.

오답분석

ㄷ. 음탐지 방해가 없는 방 1과 다른 소리 음탐지 방해가 있는 방 3의 실험 결과는 같고 둘 다 로봇의 종류에 따른 유의미한 차이를 보이지 않는다. 따라서 다른 소리가 들리는 환경에서 X가 초음파탐지 방법을 사용한다는 가설을 강화한다고 할 수 없다.

05 정답 ⑤

유전자가 화석화되었다는 것은 해당 유전자가 더 이상 사용되지 않아 퇴화된 것인데, 이는 해당 유전자의 대사기능을 숙주세포에 의존하기 때문에 일어나는 현상이다.

오답분석
① 나균은 결핵균과 달리 숙주세포 안에서만 살 수 있다고 하였고, 화석화된 유전자가 존재한다는 것은 해당 유전자의 기능을 숙주세포에 의존하면서 필요성이 없어졌다는 것을 의미한다. 따라서 화석화된 유전자의 수가 많을수록 숙주세포에 의존하는 정도가 심하다는 것이고, 반대로 적을수록 숙주세포 의존도가 낮아 독자적인 생존이 수월해진다는 것을 의미한다. 결핵균은 4,000개의 정상유전자와 6개의 화석화 된 유전자를 가지고 있다고 하였으므로 후자에 속한다. 따라서 결핵균은 숙주세포가 없더라도 독자적인 생존이 가능했을 것이다.
② 기생충 역시 숙주세포의 대사과정에 의존하므로 해당 대사과정과 관련된 유전자들은 화석화가 진행될 것이다.
③ 숙주세포 유전자의 화석화에 대한 내용은 언급하고 있지 않다.
④ 어떤 균이 화석화되었다면 해당 유전자가 가지고 있던 기능은 회복이 불가능하며 이후 새로운 환경에 적응하기 위해서 해당 기능이 필요하다고 하더라도 회복이 불가능하게 된다. 따라서 새로운 환경에 적응하는 데 걸림돌이 될 것이다.

06 정답 ③

각 구의 입장을 순서대로 ①, ②, ③이라 하자.
① A가 찬성하면 B, C도 찬성한다(A → B∩C).
② C는 반대한다(~C).
③ D가 찬성한다면 A와 E 중 한 개 이상은 찬성한다(D → A∪E).
②에서 C는 반대하므로 ①에서 A도 반대한다.
ㄱ. A, C가 반대하므로 B, D, E 모두 찬성해야 안건이 승인된다.
ㄷ. 'D가 찬성한다면 A와 E 중 한 개 이상의 구는 찬성한다.'가 참이므로 대우명제 역시 참이다.

오답분석
ㄴ. C가 반대하므로 A도 반대하며 남은 B, D, E 중 B, E가 찬성하고 D가 반대하는 경우도 있으므로 반드시 안건이 승인된다고 볼 수는 없다.

07 정답 ③

ㄱ. 'B그룹 쥐의 뇌보다 A그룹 쥐(자극 X에 노출)의 뇌에서는 크기가 큰 신경세포뿐만 아니라 신경교세포도 더 많이 발견되었다.'와 'A그룹의 쥐의 뇌에서는 신경전달물질 α가 더 많이 분비되었는데'를 통해 알 수 있다.
ㄴ. 'A그룹 쥐(자극 X에 노출)의 대뇌피질은 B그룹 쥐의 대뇌피질보다 더 무겁고 더 치밀했지만, 뇌의 나머지 부위의 무게에는 차이가 없었다.'를 통해 알 수 있다.

오답분석
ㄷ. B그룹 쥐의 뇌보다 A그룹(자극 X에 노출) 쥐의 뇌에서는 크기가 큰 신경세포뿐만 아니라 신경교세포도 더 많이 발견되었다고 하였다.

08 정답 ①

정은 보고서의 형식이나 내용은 누구에게 보고하느냐에 따라 크게 달라지며, 보고 대상이 명시적으로 드러날 수 있도록 주제를 더 구체적으로 표현하면 좋겠다고 하였다.

오답분석
② 을은 특강을 평일에 개최하되 참석 시간을 근무시간으로 인정해 준다면 참석률이 높아질 것 같다고 하였다.
③·④ 병은 K공기업 소속 직원에게는 광주광역시가 접근성이 더 좋으며, 특강 참석 대상이 누구인가에 따라 장소를 조정할 필요가 있다고 하였다.
⑤ 무는 강의에 관심이 있는 사람이라면 별도 비용이 있는지, 있다면 구체적으로 금액은 어떠한지 등이 궁금할 것이라고 하였다.

09 정답 ④

제시문은 '어떤 질병의 성격을 파악할 때 질병의 발생이 개인적 요인뿐만 아니라 계층이나 직업 등의 요인과도 관련될 수 있음을 고려해야 한다. → 질병에 대처할 때도 사회적 요인을 고려해야 한다. → 질병의 치료가 개인적 영역을 넘어서서 사회적 영역과 관련될 수밖에 없으므로 질병의 대처 과정에서 사회적 요인을 반드시 고려해야 한다.'로 요약할 수 있다.

10 정답 ④

B는 은하들이 우리 은하로부터 점점 더 멀어지고 있다고 하였으므로 은하들 사이의 평균 거리가 커진다는 것을 받아들인다고 볼 수 있으나 A는 은하가 멀어질 때 그 사이에서 물질이 연속적으로 생성되어 새로운 은하들이 계속 형성된다고 하였으므로 은하들 사이의 평균 거리가 오히려 작아질 수도 있다.

오답분석
① A는 은하와 은하가 멀어질 때 그 사이에서 물질이 연속적으로 생성되어 새로운 은하들이 계속 형성되며, 우주 전체의 평균 밀도가 일정하게 유지된다고 하였다. 따라서 물질의 총 질량이 늘어나고 있는 것을 알 수 있다.
② A는 우주가 자그마한 씨앗으로부터 대폭발에 의해 생겨났다는 주장이 터무니없다고 한 반면, B는 팽창하는 우주를 거꾸로 돌린다면 우주가 시공간적으로 한 점에서 시작되었다는 결론을 얻을 수 있다고 하였다.
③ A는 '비록 우주는 약간씩 변화가 있겠지만, 우주 전체의 평균 밀도는 일정하게 유지된다.'고 하였다.
⑤ A는 은하 사이에서 새로 생성되는 은하를 관측한다면 자신들의 가설을 입증할 수 있다고 하였고, B는 대폭발 이후 방대한 전자기파가 방출되었는데 이를 관측한다면 자신들의 견해가 옳은지를 입증할 수 있다고 하였다.

11 정답 ②

ㄱ. 전체 경쟁력점수는 E국(460점)이 D국(459점)보다 높다.
ㄷ. C국을 제외하고 각 부문에서 경쟁력점수가 가장 높은 국가와 가장 낮은 국가의 차이가 가장 큰 부문은 변속감(19점)이고, 가장 작은 부문은 연비(9점)이다.
ㄹ. 내구성 부문에서 경쟁력점수가 가장 높은 국가는 B(109점)이고, 경량화 부문에서 경쟁력점수가 가장 낮은 국가는 D(85점)이다.

오답분석

ㄴ. 경쟁력점수가 가장 높은 부문과 가장 낮은 부문의 차이가 가장 큰 국가는 D(22점)이고, 가장 작은 국가는 C(8점)이다.
ㅁ. 전체 경쟁력점수가 가장 높은 국가는 A국(519점)이다.

12 정답 ⑤

재임기간이 1년 6개월 미만인 현감의 수는 109명인데, 무과와 음사 출신 현감을 다 더해도 87명에 그치므로 적어도 22명의 문과 출신자가 포함되어야 한다.

오답분석

① 함평 현감 중 재임기간이 1년 미만인 현감의 인원은 79명이므로 전체 인원인 171명의 50% 이하이다.
② 재임기간이 6개월 미만인 현감의 수는 29명인데, 모두가 문과 출신자라고 해도 남은 문과 출신자는 55명이 되어, 무과(50명)와 음사(37명)보다 많게 된다.
③ 함평 현감 중 음사 출신자의 비율은 약 21.6%이다.
④ 재임기간이 3년 미만인 현감은 총 152명인데, 이 모두가 문과나 무과 출신이라고 하더라도 문과와 무과 출신 현감의 수가 134명밖에 되지 않으므로 반드시 음사 출신 현감이 포함되어야 한다.

13 정답 ②

ㄱ. AI가 돼지로 식별한 동물 중 실제 돼지가 아닌 비율은 $\frac{408-350}{408} \times 100 = \frac{58}{408} \times 100 ≒ 14.2\%$이므로 10% 이상이다.
ㄷ. 전체 동물 중 AI가 실제와 동일하게 식별한 비율은 $\frac{1,605}{1,766} \times 100 ≒ 90.9\%$이므로 85% 이상이다.

오답분석

ㄴ. 실제 여우 중 AI가 여우로 식별한 비율은 $\frac{600}{635} \times 100 ≒ 94.5\%$로, 실제 돼지 중 AI가 돼지로 식별한 비율인 $\frac{350}{399} \times 100 ≒ 87.7\%$보다 높다.
ㄹ. 실제 염소를 AI가 고양이로 식별한 수(2마리)가 양으로 식별한 수(1마리)보다 많다.

14 정답 ③

'메뉴 가격에 변동이 없는 경우 일반식 이용자와 특선식 이용자의 수가 모두 2024년 12월에 비해 감소'라고 했는데 ①은 일반식이 1,220으로 1,210보다 증가했으므로 제외된다.
'특선식 가격만을 1,000원 인상하여 7,000원으로 할 경우, 특선식 이용자 수는 2024년 7월 이후 최저치 이하로 감소하지만, 가격 인상의 영향 등으로 총매출액은 2024년 10월 이상으로 증가할 것으로 예측된다.'고 했으므로 2024년 7월 이후 최저치는 8월이며 885명 이하여야 한다. 따라서 ②는 특선식만 1,000원 인상한 경우 890명이므로 제외된다.
마지막 조건에서 '일반식 가격만을 1,000원 인상하여 5,000원으로 할 경우, 일반식 이용자 수는 2024년 12월 대비 10% 이상 감소하며, 특선식 이용자 수는 2024년 10월보다 증가하지는 않으리라 예측'된다고 했으므로 2024년 12월 대비 10% 감소한 인원은 1,210−121=1,089명 이하여야 한다. 따라서 ⑤는 제외된다.
두 번째 조건에서 '특선식 가격만을 1,000원 인상하여 7,000원으로 할 경우, 특선식 이용자 수는 2024년 7월 이후 최저치 이하로 감소하지만, 가격 인상의 영향 등으로 총매출액은 2024년 10월 이상으로 증가할 것으로 예측'된다고 하였다. 즉, 총매출액이 2024년 10월 매출액인 '10,850'보다 증가한다고 했으므로 ③, ④ 중 하나가 답이다.
이때 ③은 특식 이용인원과 일반식 이용인원이 ④에 비해 각각 많으므로 당연히 매출 증가도 ③이 ④보다 크다. 그러므로 옳은 그래프는 ③이다.

15 정답 ⑤

조건에서 a, b, c의 나이를 식으로 표현하면 $a \times b \times c=2,450$, $a+b+c=46$이다.
세 명의 나이의 곱을 소인수분해하면 $a \times b \times c=2,450=2 \times 5^2 \times 7^2$이다. 이때 2,450의 약수 중에서 19~34세에 해당하는 나이를 구하면 25세이므로 甲의 동생 a는 25세가 된다.
그러므로 아들과 딸 나이의 합은 $b+c=21$이다.
따라서 甲과 乙 나이의 합은 $21 \times 4=84$가 되며, 甲은 乙보다 연상이거나 동갑이라고 했으므로 乙의 나이는 42세 이하이다.

16 정답 ②

먼저 단일 항목을 언급하고 있는 세 번째 조건을 살펴보면, 명절인사를 할 때 B를 1차 선택한 사람이 461명이라고 하였으므로 x는 45.6이다.
다음으로 마지막 조건을 살펴보면 사과할 때 문자메시지의 사용비율이 모든 매체와 상황의 조합 중에서 가장 낮다(3.0)고 하였으므로 E는 사과, A는 문자메시지임을 알 수 있다.
이제 두 번째 조건을 살펴보면, D와 F 중 2차 선택에서 문자메시지(A)를 가장 많이 이용하는 것은 F이므로 F를 약속변경과 연결시킬 수 있으며, 약속변경을 할 때 1차 선택에서 전화를 가장 많이 이용한다고 하였으므로 B를 전화로 연결시킬 수 있다.
따라서 남은 D는 부탁, C는 면 대 면이 된다.

17 정답 ⑤

ㄱ. 미생물 종류에 관계없이 평상시 미생물 밀도가 가장 낮은 지역은 B이고, 황사 발생 시 미생물 밀도가 가장 낮은 지역도 B이다.
ㄷ. 황사 발생 시 미생물 Y의 밀도를 평상시와 비교해 볼 때, 증가율이 가장 큰 곳은 B지역(26.4배 증가)이다.
ㄹ. 황사 발생 시에는 지역과 미생물의 종류에 관계없이 평상시보다 미생물 밀도가 높다.

오답분석

ㄴ. 지역에 관계없이 미생물 X는 다른 미생물에 비해 평상시와 황사 발생 시 밀도 차이가 가장 작다.

18 정답 ②

A도의 호수는 '(A도의 리수)×(A도의 리 평균호수)'로 구할 수 있다. 이에 따르면 1759년 A도의 호수는 55,510호(=910×61)이고, 1789년 A도의 호수는 56,345호(=955×59)이다.

오답분석

① 1759년 대비 1789년에 각 도의 리 평균호수 감소율을 비교해 보면 A의 감소율이 약 3.2%로 가장 작다.
③ 1759년과 1789년 모두 군의 리 평균호수가 90호 이상인 군이 가장 많은 도는 D도이다.
④ 1759년 D도의 호당 인구를 4명으로 가정하면, 전체 인구는 477,180명(=1,205×99×4)이다.
⑤ 1789년 C도에서 군의 리 평균호수가 50호 미만인 군은 11개(=3+4+4)이다.

19 정답 ②

주어진 내용을 표로 나타내면 다음과 같다.

구분	A	B	C	D	E	합계
가	48	(9)	0	1	7	65
나	2	(3)	(23)	0	0	(28)
기타	55	98	2	1	4	160
전체	105	110	25	2	11	253

ㄱ. E정당은 전체 11명이 당선되었고 그중 가권역에서는 7명이 당선되었으므로 약 64%이다.
ㄷ. C정당 전체 당선자 중 나권역 당선자가 차지하는 비중은 (23÷25)×100=92%이고 A정당 전체 당선자 중 가권역 당선자가 차지하는 비중은 (48÷105)×100≒45.7%이므로 2배 이상이다.

오답분석

ㄴ. 가권역의 당선자 수의 합은 65명이고 나권역의 당선자 수의 합은 28명이므로 당선자 수의 합은 가권역이 나권역의 3배 미만이다.
ㄹ. B정당의 당선자 수 중 나권역은 3명이고 가권역은 9명이므로 가권역이 더 많다.

20 정답 ③

1일 구입량을 x개, 1일 판매량을 y개, 현재 보유량을 A개라 하면 다음과 같다.
$A+60x=60y \cdots \text{㉠}$
$A+0.8x\times40=40y \rightarrow A+32x=40y \cdots \text{㉡}$
㉠-㉡을 하면
$28x=20y \rightarrow 7x=5y \cdots \text{㉢}$
60일 동안 판매하기 위한 감소 비율을 k라 하면
$A+0.8x\times60=(1-k)\times y\times60$
$\rightarrow 60y-60x+48x=(1-k)\times y\times60(\because \text{㉠})$
$\rightarrow 12x=60ky$
$\rightarrow \dfrac{60}{7}y=60ky(\because \text{㉢})$
$\therefore k=\dfrac{1}{7}$

21 정답 ①

조건을 반영하여 B의 판매량을 기준으로 표를 정리하면 다음과 같다.

간편식	A	B	C	D	E	F	평균
판매량	95	b	95	b	b-23	43	70

이를 토대로 평균을 통해 B의 판매량을 구하면 70개이고, E의 판매량은 47개이다.

22 정답 ④

재적의원 4분의 1 이상의 조사 요구가 있는 때에 위원회 활동을 위하여 국회를 개회할 수 있으므로 야당들의 의석점유율이 25%를 넘는 상황을 찾으면 된다. 따라서 상황 1과 2가 이에 해당한다.

오답분석

① 국정조사위원회가 구성되기 위해서는 재적의원 4분의 1 이상의 조사 요구가 있어야 한다. 그런데 여당만 반대하는 경우 국정조사위원회가 구성될 수 없다면 여당의 의석점유율이 75%를 넘는 상황을 찾으면 되며, 상황 3이 이에 해당한다.
② 본회의에서 조사계획서가 통과되기 위해서는 재적의원 과반수의 출석과 출석의원 과반수의 찬성이 필요하다. 따라서 제1야당만 찬성할 때 조사계획서가 반려되는 경우는 제1야당의 의석점유율이 과반수가 되지 않는 상황을 찾으면 되며, 상황 1과 3이 이에 해당한다.
③ '나'와 같은 논리로 여당의 의석점유율이 과반수를 넘는 상황 1과 3이 이에 해당한다.
⑤ 서류제출요구를 위해서는 재적의원 3분의 1 이상의 요구가 있어야 하는데 제1야당의 요구만으로 요구하기 위해서는 제1야당의 의석점유율이 33% 이상이 되어야 한다. 이에 해당하는 것은 상황 2이다.

23 정답 ③

대가를 받지 아니하고 청소년이 포함되지 아니한 특정인에 한하여 상영하는 단편영화에 대해서는 상영 전까지 상영등급을 분류받지 않아도 된다.

오답분석
① 예고편영화는 전체관람가 또는 청소년 관람불가로 분류된다.
② 누구든지 청소년 관람불가 영화의 경우에는 청소년을 입장시켜서는 안 되며, 이에 대한 단서가 없기 때문에 부모와 함께 입장하여 관람하는 것은 허용되지 않는다.
④ 청소년 관람불가 예고편영화는 청소년 관람불가 영화의 상영 전후에만 상영할 수 있다.
⑤ 영화진흥위원회가 추천하는 영화제에서 상영하는 영화에 대해서는 상영등급을 분류받지 않아도 된다.

24 정답 ④

D는 부양능력이 있는 며느리와 함께 살고 있으므로 기초생활수급자 선정기준에 해당되지 않는다.

오답분석
① A의 소득인정액은 (100만 원-20만 원)+12만 원=92만 원인데, 이는 3인 가구의 최저생계비인 94만 원보다 적으므로 기초생활수급자에 해당한다.
② B의 소득인정액은 (0원-30만 원)+36만 원=6만 원인데, 이는 1인 가구의 최저생계비인 42만 원보다 적으므로 기초생활수급자에 해당한다.
③ C의 소득인정액은 (80만 원-22만 원)+24만 원=82만 원인데, 이는 3인 가구의 최저생계비인 94만 원보다 적으므로 기초수급자에 해당한다.
⑤ E의 소득인정액은 (60만 원-30만 원)+36만 원=66만 원인데, 이는 2인 가구의 최저생계비인 70만 원보다 적으므로 기초수급자에 해당한다.

25 정답 ②

지방자치단체가 동일한 공립 박물관 설립에 대해서 3회 연속으로 사전평가 부적정 판정을 받은 경우, 그 박물관 설립에 대해 향후 1년간 사전평가 신청이 불가능하므로 C는 병박물관에 대한 2025년 상반기 사전평가를 신청할 수 없다.

오답분석
ㄱ. 국비 지원 여부와 관계없이 지방자치단체가 공립 미술관을 설립하려는 경우 사전평가를 받아야 한다.
ㄴ. 사전평가에서 적정으로 판정되는 경우, 지방자치단체는 부지매입비를 제외한 건립비의 최대 40%를 국비로 지원받을 수 있으므로 B는 건물건축비 40억 원에 대해 최대 16억 원까지 국비를 지원받을 수 있다.

26 정답 ④

i) 두 번째 조건이 거짓인 경우
이 경우는 A, C, D 모두 뇌물을 받지 않아야 하는데 이렇게 될 경우 첫 번째 조건과 세 번째 조건이 모두 참이 되게 되어 문제의 전제조건인 '하나만 참'이라는 조건을 위배한다. 따라서 두 번째 조건이 유일한 참인 조건임을 알 수 있다.

ii) 두 번째 조건만이 참인 경우
이 경우는 세 번째 조건이 거짓이 되어 B와 C 모두 뇌물을 받아야 하며, 네 번째 조건에서 B와 C 모두 뇌물을 받았기 때문에 이것이 거짓이 되기 위해서는 D가 뇌물을 받아서는 안 된다. 또한 첫 번째 조건이 거짓이 되기 위해서는 A, B가 뇌물을 받아야 한다. 따라서 뇌물을 받은 사람은 A, B, C 3명임을 알 수 있다.

27 정답 ②

올바른 다섯 자리의 우편번호를 X라고 가정하자.
갑이 잘못 표기한 우편번호는 $10 \times X + 2$이고,
을이 잘못 표기한 우편번호는 $200,000 + X$이다.
갑이 잘못 표기한 우편번호 여섯 자리 수는 을이 잘못 표기한 우편번호 여섯 자리 수의 3배이므로 다음 식이 성립한다.
$3(200,000 + X) = 10 \times X + 2$
$\therefore X = 85,714$
따라서 올바른 우편번호의 첫자리와 끝자리 숫자의 합은 12이다.

28 정답 ②

ㄴ. '모든 숫자를 붙여 쓰기 때문에 상당히 길지만 네 자리씩 끊어 읽으면 된다.'를 통해 W-K 암호체계에서 한글 단어를 변환한 암호문의 자릿수는 4의 배수라는 것을 알 수 있다.
ㄷ. 1830/0015/2400에서 다음과 같다.

18〈자음〉	30〈모음〉	0015〈받침〉	24〈자음〉	00〈모음〉
ㅇ	ㅏ	ㅁ	ㅎ	없음

모음은 '30~50'에 순서대로 대응하며 '24' 뒤에는 모음이 와야 하는데 '00'이 왔으므로 한글 단어로 대응되지 않아 해독할 수 없다.

오답분석
ㄱ. 1945년 3월 중국에서는 광복군과 함께 특수훈련을 하고 있었으며 이 시기에 김우전 선생은 한글 암호인 W-K(우전킴) 암호를 만들었다고 하였다.
ㄹ. W-K 암호체계에서 한글 '궤'는 '11363239'가 아니라 '1148'이다.

11〈자음〉	48〈모음〉	3239
ㄱ	ㅞ	x

29
정답 ①

'3·1운동!' 중 마지막 부호는 느낌표이고 느낌표는 '6600'이라고 했으므로 보기 중 6600으로 끝나는 경우는 ①, ②, ④이다. 또한 '3·1'에서 가운뎃점은 8000이므로 이를 포함하고 있는 ①, ②가 후보가 된다. 두 수를 비교할 때 차이가 나는 부분은 '동'의 모음인 'ㅗ'(34)이다. 따라서 바르게 변환한 것은 ①이다.

30
정답 ④

위원의 수가 8명이면 최소 6명 이상이 되어야 개의할 수 있는데 이 경우에도 4명 이상이 찬성해야 의결될 수 있다.

오답분석

① 외부 위원의 임기는 2년이나 2회에 한해 연임할 수 있으므로 최대 6년까지 가능하다.
② 전체 인원이 5명이라면 내부 위원 4명과 외부 위원 1명으로 구성된 경우인데 이는 외부 위원을 총 위원수의 3분의 1이상 위촉하여야 한다는 규정에 위배된다. 하지만 전체 인원이 6명이라면 내부 위원 4명과 외부 위원 2명으로 구성되게 되어 규정에 부합한다.
③ 내부 위원 4명이 모두 여성인 경우 남성 위원은 2명 이하가 되어서는 안 되므로 최소 3명의 남성 위원이 있어야 한다. 따라서 7명으로 구성될 수 있다.
⑤ 출석 인원이 7명이므로 이의 3분의 2 이상인 5명 이상이 찬성하면 해당 안건이 통과된다. 이미 직접 출석한 5명이 찬성한 상태이므로 2명의 서면 의견에 상관없이 해당 안건은 찬성으로 의결된다.

코레일 한국철도공사 신입사원 필기시험
제8회 고난도 모의고사 정답 및 해설

01	02	03	04	05	06	07	08	09	10
④	②	⑤	⑤	①	②	②	④	④	④
11	12	13	14	15	16	17	18	19	20
③	①	③	④	⑤	①	②	⑤	①	④
21	22	23	24	25	26	27	28	29	30
⑤	②	⑤	⑤	③	⑤	④	③	②	②

01 정답 ④
제시문에서는 역사적 사건의 경과 과정이 의미를 지닐 수 있도록 서술하는 양식을 이야기식 서술이라 한다. 이에 따르면 역사적 서술의 타당성은 결코 논증에 의해 결정되지 않으며 사건은 원래 가지고 있지 않던 발단 – 중간 – 결말이라는 성격을 부여받는다고 하였다. 즉, 이야기식 서술을 통해 역사적 사건의 경과 과정에 특정한 문학적 형식을 부여할 뿐만 아니라 의미도 함께 부여한다는 것을 알 수 있다. 따라서 제시문의 중심 내용으로 가장 적절한 것은 ④임을 알 수 있다.

02 정답 ②
완성된 최종적 결과물이 '작품'이라는 것은 전통적인 예술 관념에 따른 것이며, 생성예술에서는 작품이 자동적으로 만들어져가는 과정 자체를 창작활동의 핵심적 요소로 보고 있다. 또한 창작과정에서 무작위적 우연이 배제될 수 없기 때문에 생성예술에서는 작가 개인의 미학적 의도를 해석해 낼 수 없다고 하였다.

오답분석
① 작품이 만들어지는 과정 자체는 무작위적인 우연의 연속이라고 하였다.
③ 생성예술에서는 작품이 자동적으로 만들어져가는 과정 자체가 창작활동의 핵심적 요소이다.
④ 생성예술에서 작품이 만들어지는 과정은 작가가 설계한 생성 시스템에서 시작되지만, 그것이 작동하면 스스로 작품요소가 선택되고, 선택된 작품요소들이 창발적으로 새로운 작품요소를 만들어낸다고 하였다.
⑤ 선택된 작품요소들이 혼성·개선되면서 창발적으로 새로운 작품요소를 만들어낸다고 하였고 이런 과정은 생명체가 발생하고 진화하는 과정과 유사하다고 하였다.

03 정답 ⑤
과학기술을 모든 문제에 대한 유일한 해결책으로 여기는 것이 허세이며, 여러 해결책의 하나로 보는 것은 허세가 아니다.

오답분석
① 과학기술에서는 할 수 있거나 할 수 없거나 둘 중 하나라고 하였다.
② 과학기술은 허세가 허용되지 않는 영역이라는 생각이 일반적이라고 하였다.
③ 'Technology'라는 말이 '기술에 대한 담론'으로 쓰일 때 과학기술의 허세가 나타난다고 하였다.
④ 과학기술에 대한 담론에서의 허세는 그것의 엄청난 힘을 맹신하여 보편적 적용 가능성과 무오류성을 과시하는 것이라고 하였다.

04 정답 ⑤
제시문은 크게 유럽연합(EU)의 성립과정과 이를 토대로 한 유럽 정치공동체가 지향하는 바를 서술하고 있다. 따라서 제시문을 가장 잘 요약한 것은 ⑤이다.

05 정답 ①
- (가), (나) : 바로 다음의 내용이 흑인이 과대평가되었고, 반대로 백인은 과소평가되었다는 것이므로 이곳에는 재범을 저지르지 않은 사람을 고위험군으로 잘못 분류했다는 내용이 들어가야 한다.
- (다), (라) : 위와 반대로 바로 다음의 내용이 흑인은 과소평가되었고, 반대로 백인은 과대평가 되었다는 것이므로 이곳에는 재범을 저지른 사람을 저위험군으로 잘못 분류했다는 내용이 들어가야 한다.

06 정답 ②

기저재범률이 동종 범죄에 기반한 것이든 이종 범죄에 기반한 것이든 문제가 되는 것은 자신과 상관없는 흑인들의 재범률이라는 것이다. 따라서 동종 범죄를 저지른 사람들로부터 얻은 기저재범률이라고 할지라도 이 한계를 벗어나지 못하므로 ⓒ을 강화하지 못한다.

오답분석

ㄱ. 흑인의 위험 지수는 1부터 10까지 고르게 분포된 반면, 백인은 1부터 10까지 그 비율이 감소했다는 것이 문제이므로 10으로 평가된 사람의 비율이 같다고 해도 ⓙ을 강화하지 못한다.
ㄴ. 예측의 오류 차이가 발생하는 것은 흑인과 백인의 기저재범률 간 차이로 인한 것이지 어느 하나의 기저재범률의 높고 낮음으로 판단하는 것이 아니므로 ⓒ을 약화하지 못한다.

07 정답 ②

(나)는 풍요와 함께 격차가 발생하는 것을 인정하는 입장이지만 그중에서도 풍요를 더 중시하는 입장이다. 그런데 결국 기술의 발전에 따른 풍요가 모든 사람들에게 그 혜택을 돌아가게 한다는 점에서 (나)와 일맥상통한다고 볼 수 있으므로 논지를 강화한다고 볼 수 있다.

오답분석

ㄱ. 숙련된 노동자, 자본가에 유리한 방향으로 진행된다는 것은 결국 기술의 발전으로 인해 경제적 격차가 더 커진다는 의미이므로 디지털 기술의 발전이 경제적 풍요와 격차를 모두 가져온다는 (가)의 논지를 강화한다고 볼 수 있다.
ㄷ. (다)는 풍요보다 격차를 더 중시하는 입장이다. 그런데 풍요로 인한 긍정적 효과가 격차에 의해 발생하는 부정적 효과를 상쇄할 수 없기에 격차를 더 중시해야 한다는 의미를 내포하고 있으므로 논지를 강화한다고 볼 수 있다.

08 정답 ④

K구 건강관리센터 운영규정에 따르면 '출산일을 기준으로 6개월 전부터 계속하여 K구에 주민등록을 두고 실제로 K구에 거주하고 있는 산모'에 한해 산모·신생아 건강관리 서비스를 이용할 수 있다. 따라서 사례의 갑은 2024년 6월 28일 아이를 출산했으므로 6개월 전인 2023년 12월 28일 이전에 K구에 주민등록이 되고 실제 거주해야 한다. 따라서 변경 전 규정에 의하면 갑은 2024년 1월 1일에 K구에 주민등록이 되었으므로 산모·신생아 건강관리 서비스를 이용할 수 없다. 만약 K구 건강관리센터 운영규정의 '출산일'을 모두 '출산 예정일 또는 출산일'로 개정한다면 갑은 출산 예정일인 2024년 7월 2일을 기준으로 6개월 전인 2024년 1월 2일 이전인 2024년 1월 1일에 K구에 주민등록을 했고 실거주했으므로 해당 서비스를 이용할 수 있다.

09 정답 ④

'공범 원리'를 받아들이는 사람들은 타인의 악행에 가담한 경우 결과에 얼마나 영향을 주었는지와 무관하게 '도덕적 책임'이 있다고 주장하므로 '갑훈에게 도덕적 책임이 있다는 점에서 첫 번째 약탈과 두 번째 약탈은 차이가 없다.'는 결론이 도출된다.

10 정답 ④

통계자료에서 가장 많이 사용된 알파벳이 E이므로, 철수가 사용한 규칙 α에서는 E를 A로 변경하게 된다. 따라서 암호문에 가장 많이 사용된 알파벳은 A일 가능성이 높으므로 ④는 적절하게 수정되었다.

11 정답 ③

ㄱ. 이륙 중에 인적오류로 추락한 항공기 수는 55대이고(1블록을 비행기 1대로 계산한다) 착륙 중에 원인불명으로 추락한 항공기 수는 4.5대이므로 12배(54대) 이상이다.
ㄹ. 기계결함으로 추락한 항공기 수는 이륙 중, 비행 중, 착륙 중 추락한 경우 각각 $3 \times 5 + 5 \times 5 + 3 = 43$대이며, 이는 전체 추락사고 발생건수 200대 중 20% 이상이다.

오답분석

ㄴ. 비행 중에 원인불명으로 추락한 항공기 수는 10.5대이고, 착륙 중에 기계결함으로 추락한 항공기 수인 10.5대와 같다.
ㄷ. 비행 중에 인적오류로 추락한 항공기 수는 $8 \times 3 + 4 = 28$대이므로 이륙 중에 기계결함으로 추락한 항공기 수는 $5 \times 3 = 15$대보다 13대 많다.

12 정답 ①

ㄱ. 해외연수 경험이 있는 지원자의 합격률은 $\frac{53}{53+414+16} \times 100 ≒ 11\%$로, 해외연수 경험이 없는 지원자의 합격률인 $\frac{11+4}{11+37+4+139} \times 100 ≒ 7.9\%$보다 높다.
ㄴ. 인턴 경험이 있는 지원자의 합격률은 $\frac{53+11}{53+414+11+37} \times 100 = \frac{64}{515} \times 100 ≒ 12.4\%$로, 인턴 경험이 없는 지원자의 합격률인 $\frac{4}{16+4+139} \times 100 = \frac{4}{159} \times 100 ≒ 2.5\%$보다 높다.

오답분석

ㄷ. 인턴 경험과 해외연수 경험이 모두 있는 지원자 합격률(11.3%)의 2배는 22.6%로, 인턴 경험만 있는 지원자 합격률(22.9%)보다 낮다.
ㄹ. 인턴 경험과 해외연수 경험이 모두 없는 지원자와 인턴 경험만 있는 지원자 간 합격률 차이는 $22.9 - 2.8 = 20.1\%p$이다.

13 정답 ③

2023년 공기업 여성 합격자 수는 2,087명인데 해당 자료는 전체의 25%로 나타나 있다. 그래프에 나타난 대로 2023년 전체 공기업 합격자 수인 9,070명의 25%를 계산해 보면 2267.5명이다.

14 정답 ④

먼저 두 번째 조건을 살펴보면, 2022년에 비해 2023년에 국방비와 연구개발비가 모두 증가한 국가는 미국과 B이므로 B와 러시아를 연결할 수 있다.
다음으로 세 번째 조건을 살펴보면, 연구개발비율이 다른 네 개 국가들보다 낮은 것은 A와 E이므로 A와 E가 각각 스위스 또는 독일과 연결됨을 알 수 있다. 이를 통해 C와 D는 각각 영국 또는 프랑스임을 알 수 있다.
다음으로 마지막 조건을 살펴보면, 2022년에 비해 2023년에 연구개발비가 감소했으나, 연구개발비율이 증가한 것은 C와 E인데, 세 번째 조건과 결합하면 E가 독일과 연결되어 A는 스위스가 됨을 알 수 있으며, 차례로 C는 영국, D는 프랑스와 연결할 수 있다. 또한 첫 번째 조건을 추가로 확인해 보면 C와 D가 조건을 만족하고 있음을 알 수 있다.

15 정답 ⑤

최대수요와 최소수요의 차이는 구체적으로 계산하지 않아도 그래프의 상한과 하한의 거리차이를 통해 구할 수 있다. 따라서 2022년이 2023년보다 작다는 것을 알 수 있다.

오답분석

① 공급예비력은 '(전력공급능력)−(최대전력수요)'이다. 따라서 2022년은 914만 kW이고, 2023년은 722만 kW이므로 2022년이 더 크다.
② 대략적인 크기 비교를 하면 2022년은 분자(91,400)가 분모(7,879)보다 10배 초과이고 2023년 분자(72,200)가 분모(8,518)보다 10배 미만이다. 따라서 2022년이 더 크다.
③ 2023년과 2022년 1월에서 2월 사이만 비교해 봐도 2023년은 감소방향이지만 2022년은 증가방향이다.
④ 전년 동월 대비 증가율이 가장 높은 달은 해당 월의 두 연도별 그래프 사이의 폭이 가장 큰 달이다. 따라서 8월이 가장 증가율이 크다.

16 정답 ①

발전원은 원자력, 화력, 수력, 신재생 에너지로만 구성되므로 2023년 프랑스의 전체 발전량 중 원자력 발전량의 비중은 전체에서 각 발전원의 비중을 뺀 77%이다.

17 정답 ②

ㄱ. 2014 ~ 2018년 중 Y선수의 장타율이 높은 순서와 4사구수가 많은 순서는 2014년, 2015년, 2017년, 2018년, 2019년으로 동일하다.
ㄷ. Y선수가 C구단에 소속된 기간은 2016년과 2017년인데 이 기간 동안 기록한 평균 타점은 92점이다. 그런데 나머지 기간 동안의 타점을 살펴보면 2013년(98점), 2015년(105점), 2019년(92점), 2020년(103점)이고 나머지 기간은 모두 92점에 미치지 못하므로 직접 계산하지 않고도 92점보다는 작을 것이라는 것을 알 수 있다.

오답분석

ㄴ. 2013 ~ 2023년 중 Y선수의 타율이 0.310 이하인 해는 2018년, 2021년, 2022년으로 3번이다.
ㄹ. 2009 ~ 2015년 중 Y선수의 출전경기 수가 가장 많은 해는 2015년(131경기)이고 가장 많은 타점을 기록한 해도 2015년(105점)이다. 그러나 가장 많은 홈런수를 기록한 해는 2013년(30개)이다.

18 정답 ⑤

일본의 활용 영역 원점수가 중국의 활용 영역 원점수인 73.6점(가중치 반영 점수는 18.4점)으로 변경되는 경우 가중치 반영 총점은 4.1점 높아져 45.58점이 되며, 기존의 3위였던 점수보다는 높아지지만 종전 1위, 2위의 점수보다는 낮으므로 순위는 유지된다.

오답분석

① 한국의 종합순위는 10위이며 성과 영역 원점수는 6.7점이고 이의 8배는 53.6점이다. 성과 영역 2위인 미국의 성과 영역 원점수는 54.8점이므로 성과 영역 1위는 종합순위 10위 안에 없다.
② 자료에 주어지지 않은 국가들의 종합점수를 구하면 다음과 같다.

순위	4	5	8	9	10
국가	호주	캐나다	프랑스	핀란드	한국
종합점수	40.68	38.68	37.03	36.71	36.59

따라서 3 ~ 10위 국가의 종합점수 합은 320점 이하이다.
③ 영역별 순위가 가장 낮은 국가의 순위는 28위이므로 소프트웨어 경쟁력 평가대상 국가는 28개국 이상이다.
④ 한국의 혁신 영역점수는 10.375점, 환경 영역점수는 9.435점, 인력 영역점수는 5.5점, 성과 영역점수는 1.005점, 활용 영역점수는 10.275점이다.

19 정답 ①

3월의 남성 고객 개통 건수를 x건, 3월의 여성 고객 개통 건수를 y건이라고 하자.
• 3월 전체 개통 건수 : $x+y=400$ ⋯ ㉠
• 4월 전체 개통 건수 : $(1-0.1)x+(1+0.15)y=400(1+0.05)$
  → $0.9x+1.15y=420$ ⋯ ㉡
㉠과 ㉡을 연립하면 $x=160$, $y=240$이다.
따라서 4월 여성 고객의 개통 건수는 $1.15y=276$건이다.

20 정답 ④

각주의 산식을 조합하여 풀이할 수도 있으나 그럴 경우 1인당 국내총생산이 분모에 위치하는 등 숫자의 구성이 매우 복잡해진다. 따라서 첫 번째 각주를 통해 총 인구를 구하고, 이를 이용해 이산화탄소 총배출량을 구해보자(계산의 편의를 위해 국내총생산의 억 단위는 무시한다).
첫 번째 각주를 통해 총 인구를 어림하면 A는 약 3.2, B는 약 1.2, C는 약 0.5, D는 약 14로 계산된다. 그리고 두 번째 각주를 통해 역시 이산화탄소 총배출량을 계산해 보면 A는 약 50, B는 약 10, C는 약 6, D는 약 100이다.
따라서 이산화탄소 총배출량이 적은 국가부터 나열하면 C - B - A - D이다.

21 정답 ⑤

ㄱ. 보물에 해당하는 문화재 중 인류문화의 관점에서 볼 때, 그 가치가 크고 유례가 드문 것을 문화재위원회의 심의를 거쳐 국보로 지정할 수 있다.
ㄴ. 보호구역의 지정은 보물 및 국보로 지정하는 경우에 한하는 것이라고 하였다.
ㄷ. 전수교육을 정상적으로 실시하기 어려운 경우 문화재위원회의 심의를 거쳐 명예보유자로 인정할 수 있다.
ㄹ. 문화재청장은 인정한 보유자 외에 해당 중요무형문화재의 보유자를 추가로 인정할 수 있다.

22 정답 ②

지역별 산사태 위험점수를 정리하면 다음과 같다.

(단위 : 점)

위험인자 \ 지역	A	B	C	D	E
경사길이(m)	20	30	20	10	0
모암	10	0	30	20	30
경사위치	10	20	10	30	20
사면형	0	30	20	30	10
토심(cm)	30	20	10	20	10
경사도(°)	10	30	20	10	0
합계 점수	80	130	110	120	70

따라서 합계 점수가 가장 높은 지역은 B이고, 가장 낮은 지역은 E이다.

23 정답 ⑤

100만 원의 진흥기금과 3만 원의 가산금을 합한 금액을 납부한 영화상영관 경영자가 받을 수 있는 위탁수수료 상한은 3만 원이다.

오답분석

① 직전 연도에 애니메이션영화에 해당하는 영화를 연간 상영일수의 100분의 60 이상 상영한 영화상영관에 입장하는 관람객에 대해서는 진흥기금을 징수하지 않는다.
② 8월분 진흥기금 60만 원은 다음 달인 9월 20일까지 납부하면 가산금을 부과받지 않는다.
③ 진흥기금은 입장권의 5%이다. 따라서 입장권 가액에는 진흥기금이 포함되어 있다.
④ 연간 상영일수가 200일인 경우 직전 연도에 120일 이상 앞의 영화들을 상연한 경우에 면제되는 것이므로 직전 연도에 단편영화를 40일, 독립영화를 60일 상영했다고 하여 진흥기금을 징수하지 않는 것은 아니다.

24 정답 ⑤

다섯 번째 조건을 토대로 나타낼 수 있는 경우는 다음과 같다.

구분	1순위	2순위	3순위
경우 1	A	B	C
경우 2	B	A	C
경우 3	A	C	B
경우 4	B	C	A

- 두 번째 조건 : 경우 1+경우 3=11명
- 세 번째 조건 : 경우 1+경우 2+경우 4=14명
- 네 번째 조건 : 경우 4=6명

따라서 C에 3순위를 부여한 사람의 수는 14-6=8명이다.

25 정답 ③

ㄱ. '각기'는 ㄱ이 3회 사용되어 단어점수는 $2^3 \div 1 = 8$점이며, '논리'는 ㄴ이 2회 사용되었고 ㄹ이 1회 사용되어 $(2^2+2^1) \div 2 = 3$점이다.
ㄴ. '글자'의 단어점수는 $(2^1+2^1+2^1) \div 3 = 2$점이며, '곳'의 단어점수 역시 $(2^1+2^1) \div 2 = 2$점이다. 즉, 단어의 글자 수와 자음 점수가 달라도 단어점수가 같을 수 있다.

오답분석

ㄷ. 글자 수가 4개인 단어 중 단어점수가 최대로 나오는 경우는 '난난난난'과 같이 하나의 자음이 총 8회 나오는 경우이다. 이때의 단어점수는 $2^8=256$점이므로 250점을 넘을 수 있다.

26
정답 ⑤

주어진 조건에 따라 첫째 돼지의 집의 면적은 $6m^2$, 둘째 돼지의 집의 면적은 $3m^2$, 셋째 돼지의 집의 면적은 $2m^2$이다. 지지대를 제외하고 소요되는 비용은 $1m^2$당 벽돌집은 9만 원, 나무집은 6만 원, 지푸라기집은 3만 원이다. 이를 바탕으로 아기 돼지의 집 종류별 총 소요비용을 구하면 다음과 같다.

(단위 : 만 원)

집의 종류	첫째	둘째	셋째
벽돌집	54	27	18
나무집	56	38	32
지푸라기집	23	14	11

마지막 조건에 따라 둘째 돼지 집을 짓는 재료 비용이 가장 커야 하므로 첫째 돼지는 지푸라기집, 둘째 돼지는 나무집, 셋째 돼지는 벽돌집을 짓는다.

27
정답 ④

후보자와 유권자 각각의 입장을 정리하면 다음과 같다.

-5	-4	-3	-2	-1	0	1	2	3	4	5
	B					A				
병				정					갑	을

따라서 관점 Ⅰ에 의하면 A는 정을, B는 병을 선택하고, 관점 Ⅱ에 의하면 A는 을을, B는 병을 선택할 것이다.

28
정답 ③

K팀의 최종성적이 5승 7패이고, 나머지 팀들 간의 경기는 모두 무승부였다고 하였으므로 이를 토대로 팀들의 최종전적을 정리한 후 승점을 계산하면 다음과 같다.

구분	최종전적	기존승점	새로운 승점
K팀	5승 0무 7패	10	15
7팀	1승 11무 0패	13	14
5팀	0승 11무 1패	11	11

따라서 K팀은 기존의 승점제를 적용하면 최하위인 13위이며, 새로운 승점제를 적용하면 1위를 차지한다.

29
정답 ②

먼저 E가 참석할 수 없고 두 번째 조건에서 D 또는 E는 반드시 참석해야 해야 한다고 하였으므로 D는 반드시 참석한다.
다음으로 첫 번째 조건에서 A와 B가 함께 참석할 수는 없지만 둘 중 한 명은 반드시 참석해야 한다고 하였으므로 (A, D)와 (B, D)의 조합이 가능하다. 그리고 세 번째 조건을 대우명제로 바꾸면 'D가 참석한다면 C도 참석한다.'가 되므로 (A, D, C)와 (B, D, C)의 조합이 가능하다.
그런데 마지막 조건에서 B가 참석하지 않으면 F도 참석하지 못한다고 하였으므로 세 명으로 구성된 (A, D, C)의 조합은 가능하지 않다. 따라서 가능한 팀의 조합은 (B, D, C, F)의 1개이다.

30
정답 ②

네 번째와 다섯 번째의 조합에서 D+F=82만 원, B+D+F=127만 원이므로 두 식을 차감하면 B는 45만 원이다. 이때 B업체는 정가에서 10% 할인한 가격이므로 원래의 가격은 50만 원이다.

오답분석

ㄱ. 첫 번째와 두 번째의 조합에서 A업체의 가격이 26만 원이라면 C+E=76만 원, C+F=58만 원이며 두 식을 차감하면 E-F=18만 원이다.
ㄷ. 두 번째의 조합에서 C업체의 가격이 30만 원이라면 F업체의 가격은 28만 원이다. 그런데 각 업체의 가격이 모두 상이하다고 하였으므로 E업체의 가격은 28만 원이 될 수 없다.
ㄹ. 첫 번째와 세 번째의 조합에서 A+C+E=76만 원, A+D+E=100만 원이며 두 식을 차감하면 C-D=-24만 원이다.

코레일 한국철도공사 신입사원 필기시험
제9회 고난도 모의고사 정답 및 해설

01	02	03	04	05	06	07	08	09	10
⑤	⑤	④	③	⑤	①	①	⑤	⑤	②
11	12	13	14	15	16	17	18	19	20
③	①	④	①	①	①	①	④	②	③
21	22	23	24	25	26	27	28	29	30
⑤	③	③	①	②	⑤	④	⑤	④	②

기준＼종류	뼈대근육	내장근육	심장근육
A (수의근)	㉠ ○ 줄무늬근	㉡ ×	㉢ × 줄무늬근
B (불수의근)	㉣ ×	㉤ ○ 민무늬근	㉥ ○

오답분석

ㄱ. ㉡ 내장근육은 (불수의근, 민무늬근)이고, ㉢ 심장근육은 (불수의근, 줄무늬근)이므로 '㉡, ㉢이 같은 성질을 갖는다.'함은 '불수의근'이라는 점이다. 따라서 A에는 '근육의 움직임을 우리가 의식적으로 통제할 수 있는지의 여부'가 들어가야 한다.

01 정답 ⑤
흄이 가장 중요하게 생각하는 것은 '당사자 간의 합의 여부'이다. 즉, 아무리 그러한 작업이 필요했더라도 합의가 있지 않았다면 그에 대한 대가를 지불할 필요가 없다는 것이다. ⑤는 제시문에 등장하는 수리업자의 논리이며, 흄은 그의 논리를 반대하고 있다.

02 정답 ⑤
해주 앞바다에 나타난 왜구가 조선군과 교전을 벌인 후 요동반도 방향으로 북상하자 태종의 명령으로 이종무가 대마도 정벌에 나섰다.

오답분석
① 대마도주를 사로잡아 항복을 받아내기로 했던 곳은 니로이며, 여기서 패배한 군사들이 돌아온 곳이 견내량이다.
② 명의 군대가 대마도 정벌에 나섰다는 내용은 찾을 수 없다.
③ 세종은 이종무에게 내린 출진 명령을 취소하고, 측근 중 적임자를 골라 대마도주에게 귀순을 요구하는 사신으로 보냈다.
④ 태종은 이종무를 통해 실제 대마도 정벌을 실행하였으며, 더 나아가 세종이 이를 반대하였다는 내용은 찾을 수 없다.

03 정답 ④
ㄴ. ㉣ 뼈대근육은 (수의근, 줄무늬근)이고, ㉥ 심장근육은 (불수의근, 줄무늬근)이므로 '수의근'인지 여부가 다르다. 따라서 B에는 근육의 움직임을 의식적으로 통제할 수 있는지를 따지는 기준이 들어간다.
ㄷ. 우선 ㉠에 수의근이 들어가면 대립되는 기준인 B에는 '불수의근'이 들어가야 한다. 이 기준에 민무늬근, 줄무늬근의 조건을 대입해 보면 다음과 같다.

04 정답 ③
조선통어장정에 따르면 어업준단을 발급받고자 하는 일본인은 소정의 어업세를 먼저 내야 했으며 이 장정 체결 직후에 조선해통어조합연합회가 만들어졌다.

오답분석
① '어업에 관한 협정'에 따라 일본인의 어업 면허 신청을 대행하는 일을 한 곳은 조선해수산조합이다.
② 조일통어장정에 일본인의 어업 활동에 대한 어업준단 발급 내용이 담겨있음을 알 수 있지만 조선인의 어업 활동 금지에 대해 규정하고 있는지는 알 수 없다.
④ 조선해통어조합연합회가 조일통상장정에 근거하여 조직되었거나 이를 근거로 일본인의 한반도 연해 조업을 지원했는지는 알 수 없다.
⑤ 한반도 해역에서 조업하는 일본인은 조일통어장정에 따라 어업준단을 발급받거나 어업에 관한 협정에 따라 어업법에 따른 어업 면허를 발급받아야 했다.

05 정답 ⑤
ㄱ. 을은 난자와 같은 신체의 일부를 상업적인 대상으로 삼는 것에 반대하고 있으며, 갑 역시 상업적인 이유로 난자 등을 거래하는 것에 반대하고 있다.
ㄴ. 정의 주장은 양면적인 의미를 지닌다고 볼 수 있다. 즉, 난자의 채취가 매우 어렵고 위험하기 때문에 상업적인 목적을 가지는 거래를 반대하는 것으로 볼 수도 있는 반면, 한편으로는

그렇기 때문에 그에 대한 보상으로 금전적인 대가가 있어야 한다고 주장하는 것으로 볼 수도 있다. 병은 후자의 경우와 내용상 유사한 측면이 있다.
ㄷ. 을은 난자와 같은 신체의 일부를 금전적인 대가를 지불하는 대상으로 하는 것 자체에 반대하는 반면, 병은 현실적인 문제로 인해 상업화를 지지하는 입장이다.

06 정답 ①

먼저 가인과 라연은 서로 병천이 영업팀, 기획팀에 배치된다고 하므로 모순관계에 있다. 따라서 가인과 라연은 동시에 참일 수 없고 둘 중 한 명의 예측은 틀린 예측이다.

경우 1) 만일 가인이 틀린 예측이라면 자동적으로 라연은 옳은 예측이다.

갑진	재무팀
을현	영업팀
병천	기획팀

경우 2) 만일 라연이 틀린 예측이라면 자동적으로 가인은 옳은 예측이다.

갑진	재무팀
을현	기획팀
병천	영업팀

ㄱ. 경우 1과 2에서 '갑진은 재무팀에 배치된다.'는 언제나 참임을 알 수 있다.

오답분석
ㄴ. 경우 1에서 '을현은 기획팀에 배치된다.'는 거짓임을 알 수 있다.
ㄷ. 가인 또는 라연의 예측이 틀린 경우가 가능하므로 '라연의 예측은 틀렸다.'는 거짓임을 알 수 있다.

07 정답 ①

A는 '종 차별주의가 옳지 않다는 주장은 모든 종을 동등하게 대우해야 한다는 종 평등주의가 옳다는 말과 같다.'라고 하면서 종 차별주의를 인정하면 당연히 종 평등주의를 부정하게 되며 반대의 경우도 마찬가지이므로 양자가 동시에 인정될 수 없는 모순관계에 있다고 본다. 반대로 B는 '종 차별주의를 거부하는 것과 종 평등주의를 받아들이는 것은 별개이다.'라고 하면서 양자를 양립불가의 모순관계로 보지 않는다.

오답분석
ㄴ. C는 모든 인간이 동일한 존엄성과 무한한 생명 가치를 가진다는 견해에 동의하지 않는다.
ㄷ. C는 인간과 인간이 아닌 것 사이의 차별적 대우를 정당화하는 근거가 있다는 것에 동의한다. 다만 그 차별이 '의식'일 순 없다는 것이다. A 역시 종 차별주의로 인간과 인간이 아닌 것 사이의 차별적 대우를 정당화하는 근거가 있다는 것에 동의한다.

08 정답 ⑤

병은 K시 공식 어플리케이션을 통한 신청만으로 변경하자는 것이 아니라 기존의 신청 게시판을 통한 신청 방법에 더해 어플리케이션을 이용하는 방법도 가능하게 하자는 것이다.

오답분석
① 을은 K시의 유명 공공 건축물을 활용하여 K시를 홍보하고 관심을 끌 수 있는 주제의 강의가 있었으면 좋겠다고 하였다.
② 을은 편안한 시간에 접속하여 수강하게 하고, 수강 가능한 기간을 명시해야 한다고 하였다.
③ 을은 코로나19 상황을 고려해 대면 교육보다 온라인 교육이 좋겠다고 하였다.
④ 을은 온라인으로 진행하되 교육 대상을 K시 시민만이 아니라 모든 희망자로 확대하자고 하였다.

09 정답 ⑤

집합금지 및 집합제한업종에 속하지 않더라도 연 매출 4억 원 이하라는 사실을 증명할 수 있는 자료와 함께 코로나19 확산으로 매출이 감소했음을 증빙하는 자료를 제출하면 지원금을 받을 수 있다.

10 정답 ②

제시된 논증에서는 주어진 속성에 대한 평균값은 그 속성에 대한 집단의 실상을 드러내는 데 한계가 있다고 하였다. 사례는 평균값이 C지역 소득의 실상을 나타내는 데 한계가 있음을 잘 보여주고 있으므로 밑줄 친 주장을 강화하는 사례에 해당한다.

오답분석
①·③·④·⑤ 제시된 논증에 영향을 주기 위해서는 먼저 동일한 집단에 대한 판단이 이루어져야 하며, 다음으로 동일한 속성에 대한 평가가 있어야 한다. 하지만 ①과 ④는 집단이 서로 다르고 ③은 신장과 몸무게, ⑤는 기온과 수영 가능 여부를 비교하고 있어 제시된 논증에 아무런 영향을 주지 못한다.

11 정답 ③

(좋아하는 색이 다를 확률)=1−(좋아하는 색이 같을 확률)

i) 선택한 2명 모두 빨간색을 좋아할 확률 : $\left(\dfrac{2}{10}\right)^2$

ii) 선택한 2명 모두 파란색을 좋아할 확률 : $\left(\dfrac{3}{10}\right)^2$

iii) 선택한 2명 모두 검은색을 좋아할 확률 : $\left(\dfrac{5}{10}\right)^2$

따라서 학생 2명을 임의로 선택할 때, 좋아하는 색이 다를 확률은 $1-\left(\dfrac{4}{100}+\dfrac{9}{100}+\dfrac{25}{100}\right)=1-\dfrac{38}{100}=\dfrac{62}{100}=\dfrac{31}{50}$ 이다.

12 정답 ①

선택지의 수치가 맞기 위해서는 2022년 국적항공사와 외국적항공사의 피해구제 접수 건수가 거의 같은 수치여야 한다. 하지만 세 번째 표에서 국적항공사는 602건, 외국적항공사는 479건으로 차이가 크게 나는 상황이므로 계산할 필요 없이 옳지 않은 것으로 판단할 수 있다.

13 정답 ④

ㄱ. 1일 하수처리용량이 500m³ 이상인 곳 중 지역등급이 Ⅰ, Ⅱ인 곳을 찾으면 총 5개이다.
ㄷ. 해당되는 곳은 2곳이므로 이들의 1일 하수처리용량의 합은 최소 1,000m³이다.
ㄹ. 전자는 26곳이고 후자는 5곳이므로 5배 이상이다.

오답분석

ㄴ. 1일 하수처리용량이 500m³ 이상인 하수처리장 수는 14곳이며, 50m³ 미만인 하수처리장 수는 10곳이므로 1.5배에 미치지 못한다.

14 정답 ①

먼저 첫 번째 조건을 살펴보면 두 개의 국가의 제조업 생산액 비중을 더한 것이 다른 국가의 제조업 생산액 비중이 되는 것은 A와 (D, E)의 관계뿐이므로 A가 헝가리, D, E가 각각 루마니아 또는 세르비아임을 알 수 있다.
다음으로 두 번째 조건을 살펴보면, 세르비아와 B, C 중 하나를 더해 남은 하나의 값이 되는 것은 B와 (C, E)의 관계뿐이므로 E는 세르비아, C는 불가리아, B는 체코가 된다.

15 정답 ①

ㄱ. 산업용 전기요금은 일본이 160으로 가장 높고 가정용 전기요금은 독일이 203으로 가장 높다.
ㄴ. 한국의 경우 가정용, 산업용 전기요금 지수는 (75, 95)이다. 2023년 한국의 가정용, 산업용 전기요금은 100kw당 각각 $120, $95이므로 공식에 대입하여 가정용, 산업용 OECD 평균 전기요금을 구할 수 있다. OECD 평균 가정용 전기요금을 x, OECD 산업용 전기요금을 y라고 하면 $x=160$이고, $y=100$이므로 x는 y보다 1.5배 이상이다.

오답분석

ㄷ. 가정용 전기요금이 한국보다 비싼 미국의 경우 산업용 전기요금지수는 한국보다 싸다.
ㄹ. 일본은 산업용 전기요금이 가정용 전기요금보다 비싸다. 일본의 가정용, 산업용 전기요금 지수는 138과 160이다. 이를 공식에 대입하여 일본의 가정용 전기요금과 산업용 전기요금을 구해 보자. 가정용 전기요금을 x라 하고 산업용 전기요금을 y라고 하면, $x=220.8$, $y=160$이므로 가정용 전기요금이 산업용 전기요금보다 비싸다.

16 정답 ①

ㄱ. 춘궁농가 비율이 가장 높은 도는 충청남도(69.7%)이고 가장 낮은 도는 함경북도(20.5%)이다.
ㄴ. 모든 도에서 소작농의 경작유형별 춘궁농가 비율이 가장 높았다.
ㄷ. 경상북도의 농가 호수를 구하면 약 344,169호(=144,895÷0.421)이고, 전라남도는 약 302,015호(=170,337÷0.564)이다.

오답분석

ㄹ. 직접 계산할 필요 없이 (전라북도, 경상남도)와 (전라남도, 경상북도)로 짝지어 비교해 보면 각각 전라북도와 전라남도가 크다.
ㅁ. 전국의 춘궁농가 비율은 48.3%이다.

17 정답 ①

해당 기간 동안의 특허 출원건수 합은 식물기원이 58건, 동물기원이 42건, 미생물효소가 40건이므로 미생물효소가 가장 작다.

오답분석

ㄴ. 연도별로는 분모가 되는 전체 특허 출원건수가 동일하므로 유형별 특허 출원건수의 대소만 비교하면 된다. 이에 따르면 2021년은 동물기원이 가장 높다.
ㄷ. 식물기원과 미생물효소가 전년 대비 2배 이상 증가하였으므로 이 둘만 비교하면 된다. 그런데 두 유형 모두 2023년의 출원건수가 2022년의 2배보다 1만큼 더 많은 상황이다. 따라서 2022년의 출원건수가 더 작은 미생물효소의 증가율이 더 높을 것임을 알 수 있다.

18 정답 ④

ⅰ) E의 재정자립도는 58.5와 65.7 사이에 위치해야 하므로 ⑤를 소거한다.
ⅱ) 주택노후화율이 가장 높은 지역이 I이므로 I의 시가화 면적 비율이 가장 낮아야 한다. 그러기 위해서는 (나)에 20.7보다 작은 수치가 들어가야 하므로 ①을 소거한다.
ⅲ) 10만 명당 문화시설수가 가장 적은 지역이 B이다. 따라서 (다)에는 114.0과 119.2 사이의 숫자가 들어가야 하므로 ②를 소거한다.
ⅳ) H의 주택보급률은 도로포장률보다 높아야 한다. 따라서 (라)에는 92.5보다 큰 수치가 들어가야 하므로 ③을 소거한다.

19 정답 ②

제품 1개를 판매했을 때 얻는 이익은 2,000×0.15=300원이므로 정가는 2,300원이다. 판매이익은 160×300=48,000원이고, 하자 제품에 대한 보상금액은 8×2×2,300=36,800원이다. 따라서 얻은 이익은 48,000-36,800=11,200원이다.

20 정답 ③

(필수생활비)=(주거비)+(식비)+(의복비)이다. 주거비가 40만 원 이하인 가구는 A, B, C이고 정리하면 다음과 같다.
- A : 주거비=30, 식비=90, 필수생활비=?
- B : 주거비=30, 식비=60, 필수생활비=100, 따라서 의복비 =10
- C : 주거비=40, 식비=70, 필수생활비=140, 따라서 의복비 =30

A는 그림 2의 5개 ( ) 구간 중 하나이며 그중 필수생활비가 가장 적은 것은 130만 원이다. 따라서 A의 필수생활비를 130만 원이라 가정하면 의복비는 10만 원이 된다. 이때 필수생활비가 올라가면 주거비와 식비는 고정되어 있으므로 의복비가 올라간다. 따라서 주거비가 40만 원 이하인 가구의 의복비는 각각 10만 원 이상이다.

오답분석
① A가구의 의복비가 10만 원일 때(최솟값) 같고 나머지 경우는 A가구의 의복비가 더 많다.
② J는 주거비 70, 식비 100, 필수생활비 170이므로 의복비는 0 이며, I는 주거비 60, 식비 70, 필수생활비 130이므로 의복비는 0이다.
④ 식비 하위 3개 가구는 B, G, L이며, 의복비는 각각 10, 10, 30이다. 따라서 의복비의 합은 50이다.
⑤ 식비가 80인 가구는 F, H, K이다. 이때 K는 식비 80, 주거비 70이므로 의복비를 제외한 합이 150만 원이다.

21 정답 ⑤

B청구는 소송물가액이 1억 원이고 원고는 갑, 피고는 을이다. 피고 을은 양산시를 주소로 하고 있으며 양산시를 관할구역으로 하는 것은 양산시법원과 울산지방법원이다. 시·군법원은 지방법원 또는 그 지원이 재판하는 사건 중에서 소송물가액이 3,000만 원 이하인 금전지급청구소송을 전담하여 재판하므로 B청구처럼 물건인도청구는 그 대상이 아니다. 또한 B사건은 금전지급청구소송이 아니므로 원고의 주소지를 관할하는 법원은 재판을 할 수 없다. 따라서 B사건은 울산지방법원에서 관할한다.

오답분석
①·② A청구는 금전지급청구이며 소송물가액이 3,000만 원 이하이므로 원고, 피고의 시·군법원이 전담한다. 원고 갑은 주소가 김포이고 피고 을은 주소가 양산이므로 김포시법원, 양산시 법원에 관할권이 있다.
③·④ B청구는 소송물가액이 1억 원이므로 시·군법원 관할 사건이 아니다.

22 정답 ③

ㄴ. 비영리법인이 재산을 무상으로 받은 경우 납세의무가 있다.
ㄷ. 수증자가 국외거주자인 경우 증여자는 연대납세의무를 진다.

오답분석
ㄱ. 증여세 납세의무자는 원칙적으로 수증자이므로 갑은 원칙적으로는 납세의무가 없다.

ㄹ. 수증자가 증여세를 납부할 능력이 없다고 인정되는 상황에서는 수증자와 함께 증여자가 연대납세의무를 진다. 따라서 기가 납부능력이 없다고 하여 납세의무가 사라지는 것이 아니고 그 납세의무에 보충적으로 무가 연대납세의무를 지는 것이다.

23 정답 ③

제시문의 내용을 정리하면 다음과 같다.
ⅰ) 갑수>정희
ⅱ) 을수≤정희
ⅲ) 을수≤철희
ⅳ) 갑수≤병수
ⅴ) (철희+1=병수) or (병수+1=철희)

이를 정리하면, '을수≤정희<갑수'의 관계를 알 수 있으며 병수가 갑수보다 어리지는 않다고 하였으므로 병수는 가장 나이가 적은 사람은 아니다. 그리고 철희의 나이가 병수보다 한 살 더 많은 경우를 생각해 보면, 철희의 나이가 갑수의 나이보다 더 많게 되어 철희는 갑수보다 반드시 나이가 적은 사람은 아니게 된다. 따라서 어떠한 경우에도 갑수보다 나이가 어린 사람은 정희와 을수임을 알 수 있다.

24 정답 ①

장관이 필요하다고 인정하여 해당 지방자치단체의 장에게 주민투표를 요구하여 실시한 경우에는 지방의회의 의견을 듣지 않아도 된다.

오답분석
② 지방의회가 위원회에 통합을 건의할 때에는 통합대상 지방자치단체를 관할하는 특별시장·광역시장 또는 도지사(시·도지사)를 경유해야 한다.
③ 주민투표권자 총수의 50분의 1이므로 2,000명의 연서가 있어야 가능하다.
④ 통합추진공동위원회의 위원은 관계지방자치단체의 장 및 그 지방의회가 추천하는 자로 한다.
⑤ 지방자치단체의 장이 건의하는 경우 지방의회의 의결이 필요하다는 규정은 없다.

25 정답 ②

ⅰ) 통합대상 지방자치단체 수 : 4(A군, B군, C군, D군)
ⅱ) 통합대상 지방자치단체를 관할하는 특별시·광역시 또는 도의 수 : 3(갑도, 을도, 병도)
ⅲ) 관계지방자치단체 수 : 4+3=7
ⅳ) 각 관계지방자치단체 위원 수 : {(4×6)+(3×2)+1}÷7≒4.42 → 5명
∴ 전체 위원 수 : 5×7=35명

26
정답 ⑤

ⅰ) 기준에 따라 전어는 제외된다.
ⅱ) 4월 1일~7월 31일은 제외된다(대구, 전어, 꽃게, 소라의 금지기간과 소비촉진기간 중 일부가 중첩된다).
ⅲ) 지역경제활성화지역인 C, D, E, F가 제외된다.
따라서 아무런 제외 사유가 없는 것은 새조개이다.

27
정답 ④

5명으로 구성된 소조직이 a개, 6명으로 구성된 소조직이 b개 있다고 할 때 7명으로 구성된 소조직은 $(10-a-b)$개이다.
$5a+6b+7(10-a-b)=57$
→ $2a+b=13$
∴ $(a, b)=(4, 5), (5, 3), (6, 1)$ (단, $a+b<10$)
따라서 5명으로 구성되는 소조직은 최소 4개, 최대 6개가 가능하다.

28
정답 ⑤

ㄴ. 갑과 을이 펼치는 쪽 번호는 (1, 2, 0)과 (1, 2, 1)로 동일하여 무승부가 된다.
ㄹ. 을이 100쪽을 펼쳤다면 나오는 쪽은 100쪽과 101쪽이 되므로 을의 점수는 2점(1+1)이 된다. 이 상황에서 을이 승리하기 위해서는 갑이 1점을 얻어야 하는데 각 자리의 숫자를 더하거나 곱한 것이 1점이 되는 경우는 1쪽뿐이다.

오답분석

ㄱ. 갑의 경우 98쪽은 각 자리 숫자의 합이 17이고, 곱이 72인 반면, 99쪽은 합이 18이고, 곱이 81이므로 81을 본인의 점수로 할 것이다. 을의 경우 198쪽은 각 자리의 숫자의 합이 18이고, 곱이 72인 반면, 199쪽은 합이 19, 곱이 81이므로 역시 81을 본인의 점수로 할 것이다.
ㄷ. 갑이 369쪽을 펼치면 나오는 쪽은 368쪽과 369쪽인데, 이 경우 갑의 점수는 369의 각 자리 숫자의 곱인 162가 된다. 그런데 예를 들어 을이 298쪽과 299쪽을 펼친다면 을의 점수는 162점이 되어 갑보다 크다.

29
정답 ④

먼저 국가 및 지방자치단체 소유 건물은 지원 대상에서 제외한다고 하였으므로 병은 지원대상에서 제외되며, 전월 전력사용량이 450kwh 이상인 건물은 태양열 설비 지원 대상에서 제외되므로 을 역시 제외된다. 마지막으로 용량(성능)이 지원 기준의 범위를 벗어나는 신청은 지원 대상에서 제외된다고 하였으므로 무도 제외된다. 따라서 지원금을 받을 수 있는 신청자는 갑과 정이며 이들의 지원금을 계산하면 다음과 같다.
- 갑 : 8kW×80만 원=640만 원
- 정 : 15kW×50만 원=750만 원

따라서 가장 많은 지원금을 받는 신청자는 정이다.

30
정답 ②

- A사업 : 창호(내부)는 지원하지 않으므로 쉼터 수리비용만 해당된다. 따라서 900만 원에서 본인부담 10%를 제외한 810만 원을 지원받을 수 있다.
- B사업 : 쉼터 수리비용은 50만 원 한도 내에 지원 가능하므로 한도액인 50만 원을 지원받을 수 있으며, 창호 수리비용은 500만 원에서 본인부담 50%를 제외한 250만 원을 지원받을 수 있다. 따라서 총 300만 원을 지원받을 수 있다.

갑은 둘 중 지원금이 더 많은 사업을 선택하여 신청한다고 하였으므로 A사업을 신청하게 되며, 이때 지원받게 되는 금액은 810만 원이다.

코레일 한국철도공사 신입사원 필기시험

제10회 고난도 모의고사 정답 및 해설

01	02	03	04	05	06	07	08	09	10
③	③	②	④	③	③	③	③	②	②
11	12	13	14	15	16	17	18	19	20
⑤	④	②	⑤	②	②	②	①	③	④
21	22	23	24	25	26	27	28	29	30
①	④	④	④	③	④	④	③	②	③

01 정답 ③

기분조정 이론은 기분관리 이론이 현재 시점에만 초점을 맞추고 있다는 점을 지적하고 이를 보완하려고 하므로 적절한 내용이다.

오답분석
① 집단 2의 경우 처음에 흥겨운 음악을 선택하여 감상하였지만 이후에는 기분을 가라앉히는 음악을 선택하였으므로 적절하지 않은 내용이다.
② 집단 2의 경우 다음에 올 상황을 고려하기는 하였지만 그들이 선택한 것은 기분을 가라앉히는 음악이므로 적절하지 않은 내용이다.
④ 집단 2의 경우 현재의 기분이 흥겨운 상태라는 점을 감안하여 음악을 선택하였으므로 적절하지 않은 내용이다.
⑤ 현재의 기분에 따라 음악을 선택하는 것은 기분관리 이론에 대한 내용이므로 적절하지 않은 내용이다.

02 정답 ③

안확은 양반관료층을 중심으로 한 정당이 공론과 쟁의를 일으키는 기풍을 가지고 있었기 때문에 군주권이 무한으로 신장하지 못했다고 보았다.

오답분석
① 서구학계에서는 조선 사회가 국왕과 양반 관료층이 권력을 분점하여 세력 균형을 이루는 중앙집권적 관료제를 유지함으로써 500여 년 동안 장기적으로 지속할 수 있었다는 해석을 내놓았다.
② 안확은 조선 사회가 오랫동안 지속된 원인으로 정당의 형성과 공론정치를 들었다.
④ 안확은 조선의 공론정치가 군주권의 무제한적 성장을 제한한다고 보았다.
⑤ 정조 이후 120년간은 실상 독재 정치의 전성기인 동시에 공론의 쇠퇴를 가져왔다고 하였다.

03 정답 ②

양인인 여자는 역을 부담하지 않았다.

오답분석
① '상놈'은 상민을 천하게 부르는 것인데 상민은 법제적, 역의 편제상으로도 모두 양인이다.
③ 조선후기 상민의 인구가 전기에 비해 더 많은 인구를 포괄하는 것인지에 대해서는 알 수 없다.
④ 제시문을 통해서는 알 수 없는 내용이다.
⑤ 양인에 속한 상민은 법적으로는 양반과 동등한 권리를 가지고 있었으나 현실적으로는 경제적 여건으로 인해 그 권리를 제대로 누리지 못하였다고 하였다.

04 정답 ④

납세자들은 의도적으로 낮은 시세의 백동화로 세금을 납부하려 했는데 이는 결국 정부의 재정손실이 가중되는 결과를 초래했으므로 엽전 유통지역에서는 엽전으로 세금을 납부하게 하였다.

오답분석
① 당오전, 백동화, 제일은행권으로 이어지는 과정에서 통화정책이 일관되지 않아 인플레이션 등의 부작용이 있었다.
② 신식화폐발행장정은 과세의 금납화와 은본위제를 표방한 것이지 국제금은시세의 변동에 대처하기 위함이 아니었다.
③ 제시문을 통해서는 알 수 없는 내용이다.
⑤ 백동화 유통지역에서는 백동화로 세금을 납부하게 하고, 엽전 유통지역에서는 엽전으로 세금을 납부하게 하였다.

05   정답 ③

ㄱ. 갑은 A가 이미 위원직을 한 차례 연임하였으므로 이의 임기가 종료됨과 동시에 위원과 위원장직의 지위가 모두 사라졌다고 생각한다. 반면 을은 위원과 위원장의 임기나 연임 제한이 서로 별개이므로 A의 위원장직은 문제가 없다는 입장이다.
ㄴ. 갑은 B가 위원장직을 한 차례 연임한 상태이므로 더 이상 위원장의 직위에 오를 수 없다고 생각하는 반면, 을은 직위가 해제된 두 번째의 임기는 연임에 해당하지 않으므로 문제가 없다는 입장이다.

오답분석

ㄷ. 세 차례 연속하여 위원장이 되는 것만을 막는 것이라면 C의 출마는 규정에 위반되는 것이 아니므로 갑의 주장은 그르고, 을의 주장은 옳다.

06   정답 ③

경아의 첫 번째 발언과 다른 사람들의 첫 번째 발언은 양립할 수 없다. 따라서 경아의 두 번째 발언이 참인 경우와 거짓인 경우로 나누어 판단한다.
 i) 경아의 첫 번째 발언이 참인 경우
    각각 참만을 말하거나 거짓만을 말하므로 경아를 제외한 나머지는 모두 거짓을 말한다. 이 경우에 범인이 여러 명이 되어 모순이 생긴다.
 ii) 경아의 첫 번째 발언이 거짓인 경우
    경아는 거짓을 말하고 나머지는 모두 참을 말한다. 따라서 바다, 다은, 경아는 범인이 아니고 은경이 범인이다.
따라서 경아만 거짓을 말하고 나머지는 모두 참을 말한 경우 은경이 범인이므로 ㄱ과 ㄷ은 반드시 참이다.

오답분석

ㄴ. 경아가 거짓을 말하는 경우 다은과 은경 모두 참을 말하는 것이 된다.

07   정답 ③

먼저 ㉠에 의하면 카나리아가 종 특유의 소리를 내는 이유는 물질 B 때문인데, 이 물질 B가 수컷의 몸에만 있는 기관 A에서 분비되기 때문에 결과적으로 수컷만 종 특유의 소리를 내게 될 것이다.
ㄱ. ㉠의 결론에서 중요한 것은 수컷 카나리아 종 특유의 소리는 성별이 원인이 아니라 카나리아의 기관 A에서 분비되는 물질 B때문이다. 따라서 암컷 카나리아에 물질 B가 주입되어 결국 종 특유의 소리로 지저귀게 되었다면 이는 ㉠을 지지하는 것이 된다.
ㄴ. 수컷이라고 하더라도 물질 B의 효과를 억제하는 조치를 취하였을 때 종 특유의 울음소리를 내지 못했다면 이는 ㉠을 지지하는 것이 된다.

오답분석

ㄷ. ㉠이 옳다면 기관 A가 제거되면 물질 B도 분비되지 않을 것이므로 수컷이든 암컷이든 상관없이 종 특유의 소리로 지저귀지 못하게 될 것이다. 그런데 ㄷ은 기관 A 내지는 물질 B가 종 특유의 소리를 내는 것과 무관함을 나타내므로 ㉠을 반박하는 것이 된다.

08   정답 ③

(가) • 첫 번째 전제 : 어떤 수단이 우리가 원하는 이익을 얻는 최선의 수단이다.
    • 두 번째 전제 : (어떤 수단이 우리가 원하는 이익을 얻는 최선의 수단이라면 우리에게는 그것을 실행할 의무와 필요성이 있다.)
    • 결론 : 우리에게 어떤 수단(생물 다양성 보존)을 보존할 의무와 필요성이 있다.
(나) • 첫 번째 전제 : 내재적 가치를 지니는 것은 모두 보존되어야 한다.
    • 두 번째 전제 : (모든 종은 내재적 가치를 지닌다.)
    • 결론 : 모든 종은 보존되어야 한다.

09   정답 ②

A는 생명체가 도구적 가치를 가진다고 하였고, C는 생명체가 도구적 가치에 더해 내재적 가치도 가진다고 하였다. 따라서 A, C 모두 생명체가 도구적 가치를 가진다는 점에서는 일치된 견해를 가지고 있다.

오답분석

ㄱ. A는 우리에게 생물 다양성을 보존해야 할 의무와 필요성이 있다고 하였다. 또한, B는 생물 다양성 보존이 최선의 수단은 아니라고 하였을 뿐 보존의 필요성 자체를 부정한 것은 아니다.
ㄴ. B는 A의 두 전제 중 첫 번째 전제가 참이 아니기 때문에 생물 다양성을 보존하는 것이 필연적이 아니라고 하였다.

10   정답 ②

얼음은 물속 삼각형 모양의 입자들이 결합하여 만들어지며, 둥근 모양의 물 입자가 삼각형 모양의 물 입자로 모양이 변화하여 진행되는 것은 아니다. 더구나 날씨가 추워지는 것과 얼음의 생성이 서로 연관이 있는지에 대해서는 언급하고 있지 않다.

오답분석

① '구름이 바람에 의해 강력하고 지속적으로 압축될 때'라는 부분과 '구름들이 옆에 나란히 놓여서 서로 압박할 때'라는 부분을 통해 알 수 있는 내용이다.
③ '얼음은 물에 있던 둥근 모양의 입자가 밀려나가고 이미 물 안에 있던 삼각형 모양의 입자들이 함께 결합하여 만들어진다.'고 하였다.
④ '구름은 물을 응고시켜서 우박을 만드는데, 특히 봄에 이런 현상이 빈번하게 생긴다.'고 하였다.
⑤ 얼음은 이미 물 안에 있던 삼각형 모양의 입자들이 함께 결합하여 만들어지거나, 밖으로부터 들어온 삼각형 모양의 물 입자가 함께 결합하여 생성되는 것이다.

11 정답 ⑤

제시된 표에 따르면 수출 부문에서 동남권은 '감소', 제주권은 '보합'이며, 나머지 권역은 '증가'이다. 하지만 보고서에서는 수출 부문은 동남권을 제외한 모든 권역이 '증가'였다고 되어 있으므로 수출 부문이 자료와 부합하지 않다.

12 정답 ④

ㄱ. 2차산업 인구구성비가 두 번째로 큰 지역은 D지역인데, 수거된 재활용품 중 고철류 비율이 두 번째로 큰 지역은 G지역이다.
ㄴ. 3차산업 인구구성비가 가장 높은 지역은 B지역인데, 재활용품 수거량이 가장 많은 지역은 A지역이다.
ㄹ. 1인당 재활용품 수거량이 가장 적은 지역은 G지역인데, 수거된 재활용품 중 종이류 비율이 가장 높은 지역은 A지역이다.

오답분석

ㄷ. 인구밀도가 높은 상위 3개 지역은 A, B, D이고 수거된 재활용품 중 종이류 비율이 높은 상위 3개 지역도 A, B, D이다.

13 정답 ②

그래프에서 A는 기타 민원인이 전체의 10.2%를 차지한다. 자료에서 기타가 합계의 약 10%를 차지하는 것은 사전검증이므로 A는 사전검증이다. 반면 B는 기타 민원인이 전체의 21.7%를 차지한다. 자료에서 기타가 합계의 약 20% 이상을 차지하는 것은 화물이므로 B는 화물이다.

14 정답 ⑤

ㄷ. B국은 소선거구제를 채택한 국가이며 분권화지표는 0.19인데 반해, G국은 대선거구제를 채택한 국가이며 분권화지표는 0.18로, 오히려 G국의 분권화지표가 더 작다.
ㄹ. J국은 단일정부형태이며 분권화지표는 0.28인데 반해, B국, E국, F국, I국은 연방정부형태임에도 분권화지표는 0.28보다 작다.
ㅁ. 주어진 분권화지표로는 중앙과 지방정부의 지출액의 합에서 지방정부의 지출액이 차지하는 비중만을 알 수 있을 뿐, 실제 지출액의 수치는 알 수 없다.

15 정답 ②

ㄱ. K국의 2017년 국가채무는 $1,323 \times 0.297 ≒ 392.93$조 원이고, 2023년의 국가채무는 $1,741 \times 0.36 ≒ 626.76$조 원이다. 따라서 2023년의 국가채무는 2017년의 1.5배 이상이다.
ㄷ. K국의 2022년 적자성채무는 $1,658 \times 0.20 ≒ 331.6$조 원이고, 2023년의 적자성채무는 $1,741 \times 0.207 ≒ 360.39$조 원이다. 반면 2021년의 적자성채무는 $1,563 \times 0.183 ≒ 286.03$조 원이므로 2022년부터 300조 원 이상임을 알 수 있다.

오답분석

ㄴ. 금융성채무는 국가채무에서 적자성채무를 뺀 값이다. 따라서 GDP 대비 국가채무 비율의 연도별 증가폭이 GDP 대비 적자성채무 비율의 증가폭보다 매년 크다면 GDP 대비 금융성채무는 매년 증가한다고 할 수 있다. 이때 2022년에 국가채무 비율은 1.6% 증가했지만 적자성채무 비율은 1.7% 증가했으므로 금융성채무 비율은 감소했다.
ㄹ. 금융성채무가 국가채무의 50% 이상인지 알기 위해서는 GDP 대비 국가채무 비율과 GDP 대비 적자성채무 비율을 비교하여 적자성채무 비율이 국가채무 비율의 50% 이하인지 확인하면 된다. 2020년에 국가채무 비율은 32.6%, 적자성채무 비율은 16.9%로 적자성채무 비율이 50%를 넘기 때문에 금융성채무는 50% 미만이다.

16 정답 ②

2023년 41~60세의 여자 연구책임자 수는 1,277명이고, 이학 또는 인문사회를 전공한 여자 연구책임자 수는 1,245명이므로 이 두 그룹이 서로 중첩되지 않기 위해서는 전체 여자 연구책임자 수가 2,522명 이상이 되어야 한다. 그런데 전체 여자 연구책임자 수가 2,339명이므로 적어도 183명(=2,522−2,339)은 이학 또는 인문사회를 전공한 41~60세의 여자 연구책임자여야 한다.

오답분석

① 31~40세의 연구책임자 수와 51~60세의 연구책임자 수의 차이는 2021년이 626명이고, 2023년이 417명이다.
③ 2021~2023년 사이 전체 연구책임자 수는 19,633명, 21,227명, 21,473명으로 지속적으로 증가하였다.
④ 2022~2023년 사이 21~30세의 연구책임자 수의 증가폭을 계산해 보면 여자가 161명으로 남자의 67명보다 더 많이 증가하였다.
⑤ 2023년 41~50세 남자 연구책임자 수는 9,813명이고, 공학 전공인 남자 연구책임자 수는 11,680명이므로 두 그룹이 서로 중첩되지 않기 위해서는 전체 남자 연구책임자 수가 21,493명 이상이 되어야 한다. 그런데 전체 남자 연구책임자 수가 19,134명이므로 적어도 2,359명(=21,493−19,134)은 공학을 전공한 41~50세의 남자 연구책임자여야 한다.

17 정답 ②

ㄱ. 을의 경우 평가자 A, C, D의 평균점수가 89점이므로 평가자 E의 점수가 최댓값이 되어야 한다.
ㄹ. ㄱ에서 B가, ㄷ에서 C와 E가 제외된 상태이다. 하지만 ㄴ의 병은 경우의 수를 따지는 상황이어서 명확하게 제외되는 평가자를 찾기 어렵다. 이제 정을 살펴보면 평가자 B, C, D의 평균점수가 77점이므로 A를 제외할 수 있다. 마지막으로 남은 무를 살펴보면 D의 평가점수인 85점은 최댓값이 되어서 제외되거나 2번째로 큰 점수가 되어 E의 점수가 제외되고 D의 점수는 종합점수 계산에 반영되어야 한다. 그런데 85점을 포함하여 계산해 보면 어떤 경우에도 78이라는 평균을 얻을 수 없다. 따라서 D의 평가점수는 최댓값이 되어 제외된다. 결과적으로 모든 평가자의 점수는 한 번씩은 모두 제외된다.

오답분석

ㄴ. 3가지 경우가 가능하다.
   ⅰ) 68<C<78 : 최댓값과 최솟값을 제외하면 74점, C, 76점이 남는다.
   ⅱ) C<68 : 68점, 74점, 76점이 남는다.
   ⅲ) C>78 : 74점, 76점, 78점이 남는다.
   그런데 3가지 경우 모두 74점과 76점은 공통적으로 들어있으므로 이를 제외한 68점, C, 78점을 통해 판단할 수 있다. 이에 따르면 최솟값과 최댓값의 총점 차이는 10점이므로 평균으로 계산된 종합점수의 차이는 약 3.33점이므로 5점에 미치지 못한다.

ㄷ. 평가자 A, B, D의 평균이 89점이므로 C의 평가점수는 87점보다 작은 값이 되어야 한다.

18 정답 ①

구간단속구간의 제한 속도를 x km/h라고 할 때, 시간에 대한 식을 정리하면 다음과 같다.

$$\frac{390-30}{80} + \frac{30}{x} = 5$$

→ $4.5 + \frac{30}{x} = 5$

→ $\frac{30}{x} = 0.5$

∴ $x = 60$

따라서 구간단속구간의 제한 속도는 60km/h이다.

19 정답 ③

ⅰ) 마기관이 나기관보다 민간소비 증가율이 0.5%p 더 높다고 하였는데 제시된 자료에서 민간소비 증가율의 차이가 0.5%p인 것은 E와 A 또는 B이다. 따라서 E가 나임을 먼저 확정할 수 있다.

ⅱ) 첫 번째 조건에서 가와 나가 실업률이 동일하다고 하였으므로 E(나)의 실업률(3.5%)과 동일한 실업률을 전망한 기관은 A뿐임을 알 수 있으며 A가 가임을 확정할 수 있다.

ⅲ) ⅰ)에서 미확정이었던 A가 가로 확정되었으므로 남은 B가 마임을 알 수 있다.

ⅳ) 다음으로 다기관이 경제 성장률을 가장 높게 전망하였다고 하였으므로 F를 다로 연결지을 수 있다.

ⅴ) 마지막 조건에서 설비투자 증가율을 7% 이상으로 전망한 기관이 다, 라, 마 3개라고 하였는데 이미 다는 F와, 마는 B와 연결된 상태이므로 남은 라는 C로 확정지을 수 있다.

ⅵ) 남은 것은 어느 조건에서도 언급하지 않았던 D인데 남아 있는 기관이 바뿐이므로 D는 바로 연결지을 수 있다.

20 정답 ④

2021년의 경우 SOC 투자규모는 전년 대비 감소한 반면, 총지출 대비 SOC 투자규모 비중은 증가하였으므로 두 항목의 전년 대비 증감방향은 동일하지 않다.

오답분석

① 2023년 총지출 대비 SOC 투자규모 비중이 6.9%이므로 총 지출은 $\frac{23.1}{6.9} \times 100 ≒ 334.8$이므로 300조 원 이상이다.

② 2020년 'SOC 투자규모'의 전년 대비 증가율은 $\frac{25.4-20.5}{20.5} \times 100 ≒ 23.9\%$이므로 30% 이하이다.

③ 2020 ~ 2023년 동안 'SOC 투자규모'가 전년에 비해 가장 큰 비율로 감소한 해는 전년 대비 감소폭이 1.3조 원으로 가장 큰 2021년이다.

⑤ 2023년 'SOC 투자규모'의 전년 대비 감소율은 $\frac{24.4-23.1}{24.4} \times 100 ≒ 5.3\%$이므로 2024년 'SOC 투자규모'는 $23.1 \times (1-0.053) ≒ 21.9$조 원으로 20조 원 이상이다.

21 정답 ①

부문별 업무역량 값을 구하기 위해 해당 업무역량 재능에 4를 곱한 값을 구하면 다음과 같다.

기획력	창의력	추진력	통합력
360	400	440	240

통합력의 업무역량 값을 다른 어떤 부문의 값보다 크게 만들기 위해서는 [(통합력)×3]이 200보다 커야 한다. 따라서 통합력에 투입해야 하는 노력의 최솟값은 67이다. 이때 노력 100에서 남은 33으로 통합력을 최대로 만들 수 있는지 확인해야 한다.
기획력과 추진력, 창의력과 추진력의 차이는 각각 80, 40이며 그 합 120을 3으로 나눈 40은 잔여하고 있는 노력 33보다 크므로 남은 노력이 추진력을 제외한 기획력과 창의력에 적절히 배분된다면 통합력의 업무역량은 최대가 될 수 있다.

22 정답 ④

ㄱ. 비행에 적합한 날은 총 6일이다.
ㄷ. 항공촬영에 적합한 기준은 비행 및 촬영 허가 기준을 모두 충족하고 허가신청결과가 모두 허가인 때이다. 기상상황 항목별 드론 비행 및 촬영 기준을 동시에 만족하려면 지자기지수는 5 미만이어야 하고 풍속은 5 미만이어야 한다. 해당 기준을 만족시키는 경우를 살펴보면 총 4일이다.

오답분석

ㄴ. 촬영에 적합한 날은 총 4일이다.

23
정답 ④

(나)에 의하면 '해당 국민이 구금되었다는 사실을 파견국의 영사기관에 통보할 것을 접수국에게 요청하면 접수국의 권한 있는 당국은 지체 없이 통보하여야 한다.'고 하였으므로 절차 위반에 해당하지 않는다.

오답분석

① (다)에 의하면 '영사관원은 구금, 유치 또는 구속되어 있는 파견국 국민의 법적 대리를 주선할 권리를 가진다.'고 하였으므로 절차 위반에 해당한다.
② (나)에 의하면 '동 당국은 본 규정에 따른 영사를 만날 수 있는 권리를 포함한 그의 권리를 당사자에게 지체 없이 통보하여야 한다.'고 하였으므로 절차 위반에 해당한다.
③ (다)에 의하면 '영사관원은 구금, 유치 또는 구속되어 있는 파견국의 국민을 방문하고 동 국민과 면담하고 교신할 권리를 가진다.'고 하였으므로 절차 위반에 해당한다.
⑤ (나)에 의하면 '구금되어 있는 자가 영사기관에 보내는 모든 통신은 동 당국에 의하여 지체 없이 전달되어야 한다.'고 하였으므로 절차 위반에 해당한다.

24
정답 ④

갑의 주민등록번호가 변경된 경우 운전면허증에 기재된 주민등록번호를 변경하기 위해서는 변경신청을 해야 한다.

오답분석

① 주민등록번호 변경 여부에 관한 결정 청구의 주체는 B구청장이다.
② 주민등록번호 변경 주체는 변경위원회가 아닌 주민등록지의 시장 등이다.
③ 주민등록번호를 변경하는 경우에도 번호의 앞 6자리 및 뒤 7자리 중 첫째 자리는 변경할 수 없으므로 갑의 주민등록번호 중 980101-2는 변경될 수 없다.
⑤ 주민등록번호 변경 기각결정에 대한 이의신청은 위원회가 아닌 B구청장에게 해야 한다.

25
정답 ③

(가) 포인트 적립제도가 없는 C, D, F를 제외하면 A, B, E가 남는데 이 중에서 판매자의 귀책사유가 있을 때에 환불수수료가 없는 곳은 E뿐이다.
(나) 배송비가 없는 A와 무게에 따라 배송비가 부과되는 F를 제외하면 B, C, D가 남으며 현재의 상태에서는 더 이상 판단할 수 없다.
(다) 이미 확정된 E를 제외하고 주문 취소가 불가능한 것은 F뿐이므로 (다)는 F와 연결된다.
(라) 10만 원 어치의 물건을 구매하는 경우 A와 D는 배송비가 무료이므로 이를 제외한 B와 C가 가능하다.
따라서 이를 만족하는 것은 ③뿐이다.

26
정답 ④

ㄴ. B의 허가가 취소되지 않으려면 최종심사 점수가 60점 이상이어야 한다. B의 감점 점수는 15.5점, ㉣를 제외한 기본심사 점수는 57점이므로 다음과 같은 식이 성립한다.
$57 + ㉣ - 15.5 \geq 60$
∴ ㉣ ≥ 18.5 (단, ㉣는 자연수)
그러므로 ㉣는 19점 이상이어야 한다.
ㄷ. C의 최종점수는 64점으로 허가정지이다. 만약 C가 2023년에 과태료를 부과받은 적이 없다면 C의 최종점수는 8점 상승하여 72점이 되고 재허가로 판정 결과가 달라진다.

오답분석

ㄱ. A의 ㉣ 항목 점수가 15점이라면 A의 최종심사 점수는 $75 - 9 = 66$점이 되고 A는 이에 따라 허가 정지를 받는다.
ㄹ. 기본심사 점수와 최종심사 점수 간의 차이는 감점 점수의 크기와 같으므로 각 사업자의 감점 점수를 비교해야 한다. 각 사업자의 감점 점수를 구하면 A는 9점, B는 15.5점, C는 14점이므로 둘 간의 차이가 가장 큰 사업자는 B이다.

27
정답 ④

자음 ㅇ은 물소리, 즉 水에 해당하므로 겨울에 해당하나 모음 ㅓ는 가을 소리라고 하였다.

오답분석

① 기본 자음을 각각 오행에 대입하여 오음이 나온다고 하면서 ㄱ, ㄴ, ㅁ, ㅅ, ㅇ을 기본 자음으로 소개하였다.
② 중성의 기본 모음자 'ㆍ'은 하늘의 둥근 모양을, 'ㅡ'는 땅의 평평한 모양을, 'ㅣ'는 사람이 서 있는 모양을 본뜬 것이라고 하면서 천지인의 삼재와 연결시켰다.
③ 오음은 오행의 상생순서에 따라 나온다고 하였는데 물소리[水] → 나무소리[木] → 불소리[火] → 흙소리[土] → 쇳소리[金]의 순서로 설명하였다.
⑤ 한글 자음은 기본 자음을 각각 오행에 대입한 후 나머지 자음은 이 기본자에 획을 더하여 만든 것이라고 하였다.

28
정답 ③

주어진 내용을 표로 정리하면 다음과 같다.

날짜	7/1	7/2	7/3	7/4	7/5	7/6
수확한 수박 (개)	100	100	100	100	100	0
판매된 수박 (개)	80	100 7/1 20	110 7/2 20	100 7/3 10	100 7/4 10	10 7/5 10
	7/1 80	7/2 80	7/3 90	7/4 90	7/5 90	

만약 모든 수박을 수확한 당일에 다 판매했다면 500×1=500만 원의 판매액을 얻었겠지만 수확 다음 날 판매된 수박은 20% 할인된 가격인 8,000원에 판매되었으므로 갑에게 개당 0.2만 원의 손해가 생긴다. 따라서 수박 총 판매액은 500만 원에서 (20+20+10+10+10)×0.2=14만 원을 뺀 486만 원이다.

29
정답 ②

주어진 대화를 통해 알 수 있는 사실을 정리하면 다음과 같다.
ⅰ) 을 이후에 갑
ⅱ)

구분	월	화	수
점심	을 × 병 ×	을 ×	을 ×
저녁	병 ×	병 ×	병 ×

을 – 갑(점심) – 병의 순서로 방문하였으며 을이 월요일 저녁, 갑이 화요일 점심, 병이 수요일 점심에 방문하였다.
따라서 빈칸에 들어갈 내용으로 가장 적절한 것은 ②이다.

오답분석
① 갑 – 을 – 병의 순서로 방문했으나, 갑이 월요일 점심, 저녁, 화요일 점심에 방문하는 3가지의 경우가 가능하여 방문시점을 확정할 수 없다.
③ (을, 병) – 갑의 순서로 방문했으나, 을과 병의 순서를 확정할 수 없다.
④ 병이 맨 처음에 방문했는지, 중간에 방문했는지를 확정할 수 없다.
⑤ 을 – 갑 – 병의 순서로 방문했으나, 갑이 화요일 점심에 방문했는지 저녁에 방문했는지를 확정할 수 없다.

30
정답 ③

만약 대화 중인 날이 7월 3일이라고 하자. 그렇다면 어제는 7월 2일이고 그저께는 7월 1일이 되는데, 7월 1일의 만 나이가 21살이고, 같은 해의 어느 날의 만 나이가 23살이 되는 것은 불가능하다. 이는 대화 중인 날이 7월 3일 이후 어느 날이 되었든 마찬가지이므로 이번에는 앞으로 날짜를 당겨보자.
대화 중인 날이 1월 2일이라고 하자(1월 3일은 7월 3일과 같은 현상이 발생하므로 제외된다). 그렇다면 어제는 1월 1일이고, 그저께는 12월 31일이 되는데, 1월 1일과 1월 2일, 그리고 같은 해의 어느 날의 만나이가 모두 다르게 되는 것은 불가능하다.
이번에는 대화 중인 날이 1월 1일이라고 하자. 그렇다면 어제는 12월 31일이고 그저께는 12월 30일이 되는데 만약 12월 31일이 생일이라면 대화의 조건을 모두 충족한다.
따라서 갑의 생일은 12월 31일이며, 만 나이를 고려한 출생연도는 1999년이다. 그러므로 갑의 주민등록번호 앞 6자리는 991231이 되어 각 숫자를 모두 곱하면 486이 된다.

제11회 고난도 모의고사 정답 및 해설

코레일 한국철도공사 신입사원 필기시험

01	02	03	04	05	06	07	08	09	10
③	①	②	①	⑤	①	②	⑤	⑤	⑤
11	12	13	14	15	16	17	18	19	20
⑤	③	⑤	①	⑤	④	⑤	⑤	②	③
21	22	23	24	25	26	27	28	29	30
⑤	②	①	③	③	①	②	③	④	①

01 정답 ③

제시문의 첫 번째 문단에서는 다도해 지역이 개방성의 측면과 고립성의 측면에서 모두 조명될 수 있다는 점을 언급하였고, 두 번째 문단에서는 그중 고립성의 측면이 강조되는 사례들을 서술하였다. 그러나 마지막 문단에서는 고립성을 나타내는 것으로 여겨지는 사례들도 육지와의 연결 속에서 발전한 것이라는 주장을 하면서 다도해의 문화적 특징을 일방적인 관점에서 접근해서는 안 된다고 하였다. 따라서 제시문의 논지는 개방성의 측면을 간과해서는 안 된다는 내용의 ③이 가장 적절하다.

02 정답 ①

제시문에 따르면 긱 노동자들은 고용주가 누구든 간에 자신의 직업을 독립적인 프리랜서 또는 개인 사업자 형태로 인식한다.

03 정답 ②

㉠은 공기와 접하고 있는 가장 위쪽 부분에만 세균이 살고 있으므로 '절대 호기성 세균'이다.
㉡은 공기가 맞닿은 부분에는 세균이 전혀 없고 아래쪽으로 갈수록 세균이 많아지므로 '절대 혐기성 세균'이다.
㉢은 산소농도가 높은 쪽에 더 많은 세균이 있으므로 '통성 세균'이다.
㉣은 '절대 호기성 세균'이 살아가는 환경의 산소 농도보다 낮은 농도의 산소에서만 살 수 있는 '미세 호기성 세균'이다.
㉤은 산소 농도와 무관하게 생존 가능한 '내기 혐기성 세균'이다.
따라서 ㉡은 산소 호흡을 할 수 없는 '절대 혐기성 세균'으로, 발효 과정만을 통해 에너지를 만들어 낸다.

오답분석
① ㉠은 '절대 호기성 세균'이다.
③ ㉢은 '통성 세균'이며 산소에 대한 내성이 있다.
④ ㉣은 '미세 호기성 세균'으로, 산소 호흡을 할 수 있다.
⑤ ㉤만 혐기성 세균이다.

04 정답 ①

제시문에서 히틀러가 유대인을 혐오스러운 적대자로 설정했던 것은 혐오가 정치적 선동의 도구로 이용된 사례이다.

오답분석
② 혐오의 감정이 특정 개인과 집단을 배척하기 위한 무기로 이용되었다.
③ 유대인을 암세포, 종양, 세균 등으로 묘사하면서 이들을 비인간적 존재로 전락시켰다.
④ 혐오의 감정을 사회 안정의 도구 내지는 법적 판단의 근거로 삼아야 한다는 주장이 있어 왔다.
⑤ 혐오는 특정 집단을 오염물인 것처럼 취급하고 자신은 그렇지 않은 쪽에 위치시켜 얻게 되는 심리적인 우월감 및 만족감과 연결되어 있다.

05 정답 ⑤

부모의 도움 없이 오직 신의 힘만으로 사람을 만들어낼 수 없다고 하였는데 시험관 아기의 탄생은 결국 부모의 도움이 필요한 것이고, 이것이 논리적으로 불가능한 일도 아니다.

오답분석
① 자기 자신과 키를 비교하는 것은 논리적으로 불가능하다.
② 논리적으로 불가능한 일은 절대적으로 불가능하다고 하였다. 또한 충분히 많은 사람들이 믿는다고 해서 자명하게 참인 것이 아니고, 그런 참으로부터 입증될 수 있는 것도 아니므로 둥근 삼각형이 존재한다고 믿을 수 없다.
③ 아무 것도 없는 상태에서는 어떤 것도 생겨날 수 없으므로 빅뱅을 통한다고 하더라도 아무 것도 없는 상태에서는 그 무엇도 생겨날 수 없다.
④ 신이라도 여러 개의 세계를 만들 수 없다고 하였으므로 설사 전체적으로 비슷하다고 할지라도 세부 특징이 조금 다른 세계를 여러 개 만들 수는 없다.

06   정답 ①

대한민국 정부는 울릉도와 우산도를 별개의 섬으로, 우산도와 독도를 같은 섬으로 인정하며, 일본 정부는 우산국과 울릉도, 우산과 울릉은 모두 하나라고 하여 울릉도와 우산도, 독도 이 3개의 명칭이 모두 같은 섬이라고 하고 있다.

07   정답 ②

'지점에 두어야 하는 손해사정사가 비상근이어도 무방하다.'고 생각하는 을에 의하면 법인 B의 지점은 제○○조 제2항을 어긴 것이 아니다. 반대로 '지점에 두어야 하는 손해사정사는 상근이어야 한다.'고 생각하는 갑에 의하면 법인 B의 지점은 제○○조 제2항을 어긴 것이 된다.

오답분석

ㄱ. 쟁점 1에서 법인 A는 총 8명의 손해사정사가 있다. 그런데 비상근 손해사정사 2명이 각각 다른 종류의 업무를 담당한다면 2개 종류에서 (비상근, 상근) 손해사정사가 업무를 담당하게 되어 이는 결과적으로 한 종류에서 한 명 이상의 상근손해사정사를 둔 경우이므로 제○○조 제1항을 위반하는 것이 아니다.

ㄷ. 법인과 그 지점에서 근무하는 손해사정사가 모두 상근이라면 쟁점 1과 쟁점 2의 을의 주장은 모두 옳다.

08   정답 ⑤

제시문의 ⓜ 앞 문장은 타이핑 속도가 빠른 사람들은 대체로 타이핑 실력이 뛰어난 편이며 오타 수는 적을 수밖에 없다고 이야기하고 있다. 또한 ⓜ 뒤에 연결되는 문장은 이를 통해 도출되는 평균치를 근거로 내려진 처방은 적절하지 않을 가능성이 높다는 내용이다. 따라서 ⓜ은 '타이핑 실력이라는 요인이 통제되지 않은 상태에서'로 수정되는 것이 적절하다.

09   정답 ⑤

최초에 부정 청탁을 받았을 때는 명확히 거절 의사를 표현하는 것으로 족하고, 이를 신고할 의무가 생기는 경우는 다시 동일한 부정 청탁을 해 오는 경우이다.

오답분석

① 대가성이 있는 접대도 아니고 직무 관련성도 없으며, 금액 기준을 초과하지도 않는다.
② 직무 관련성이 있는 청탁이므로 청탁금지법상의 금품에 해당한다.
③ A와 C는 X회사라는 공통분모는 있으나 A로부터의 접대는 직무 관련성이 없다고 하였다.
④ 직무 관련성이 없는 경우에도 1회 100만 원 혹은 매 회계연도에 300만 원을 초과하는 경우라면 허용 한도를 벗어나게 된다.

10   정답 ⑤

아홉 자리까지 계산한 값이 11의 배수인 상태에서 추가로 0과 9 사이의 어떤 수를 더해 여전히 11의 배수로 만들기 위해서는 확인 숫자가 0인 경우 이외에는 존재하지 않는다.

오답분석

① 첫 번째 부분은 책이 출판된 국가 뿐만 아니라 언어 권역도 나타낸다.
② ISBN-13을 어떻게 부여하는지는 제시문을 통해 알 수 없다.
③ 세 번째 부분은 출판사에서 임의로 붙인 번호일뿐 출판 순서를 나타내는 것이 아니다.
④ 첫 번째 부분이 다르다면 다른 나라 또는 다른 언어권의 출판사에서 출판한 책이 된다.

11   정답 ⑤

ㄱ. 사업비가 부산의 사업비 240억 원을 초과하는 지역은 경기, 강원, 충북, 충남, 전북, 전남, 경북, 경남으로 총 8개이다.
ㄴ. 사업비 상위 2개 지역은 경남과 강원이고 사업비 합은 440+420=860억 원이다. 하위 4개 지역은 세종, 인천, 울산, 제주이며 사업비 합은 0+80+120+120=320억 원이다. 따라서 상위 2개 지역의 사업비 합이 하위 4개 지역의 사업비 합의 2배 이상이다.
ㄷ. 전체 사업비는 4,000억 원이므로 400억 원 이상인 지역을 찾으면 강원, 경남 2개이다.

12   정답 ③

보고서의 첫 번째 문단은 전공계열별 희망직업 취업률에 대한 정보이며 이는 표를 이용해 작성할 수 있다. 두 번째 문단의 첫 번째 문장은 전공계열별 희망직업 선택 동기에 대한 정보이며 이는 ㄷ을 통해 작성할 수 있다. 또한 두 번째 문단의 두 번째 문장은 전공계열별 희망직업의 선호도 분포에 대한 정보이며 이는 ㄴ을 통해 작성할 수 있다.

오답분석

마지막 문단은 희망직업 취업여부에 따른 직장 만족도에 대한 정보이지만 ㄹ과 달리 계열에 따른 차이를 설명하고 있으므로 ㄹ은 활용할 수 없다.

13   정답 ⑤

먼저 첫 번째 조건에 의하면 2024년 5월에 전년 동월에 비해 생산과 내수 모두 증가한 것은 A, B, D이므로 이들이 각각 냉장고 또는 세탁기 또는 TV와 연결됨을 알 수 있다.
남은 C와 E를 판단하기 위해 두 번째 조건을 살펴보면, 2024년 5월에 전년 동월에 비해 생산은 감소하였으나 내수는 증가한 것은 C이므로 C와 에어컨이 연결됨을 알 수 있다. 여기서 남은 E는 오디오인 것으로 확정된다.
그리고 한 가지 항목만 다루고 있는 마지막 조건을 살펴보면, 전년 동월 대비 생산 증가율이 가장 높은 제품은 A(14.4%)이므로 A와 TV를 연결시킬 수 있다.

마지막으로 B와 D를 판단하기 위해 세 번째 조건을 살펴보면 B의 비율은 1인 반면, D의 비율은 1에 미치지 못하므로 D를 세탁기와 연결시킬 수 있으며, 남은 B는 냉장고가 됨을 알 수 있다.

14 정답 ①

ㄱ. 매년 불법체류외국인 수가 체류외국인 수의 10% 이상이다.
ㄹ. 80%를 구하기보다는 20%를 이용해서 판단하는 것이 효율적이다. 즉, 선택지의 내용이 옳게 되기 위해서는 체류외국인 범죄건수에서 불법체류외국인 범죄건수가 차지하는 비중이 20% 이하가 되어야 하는데 제시된 자료를 어림해 보면 모두 성립하고 있음을 알 수 있다.

오답분석

ㄴ. 불법체류외국인 범죄건수가 전년 대비 증가한 것은 2022년과 2023년인데 굳이 어림산을 하지 않아도 2023년의 증가율이 훨씬 크다는 것을 알 수 있다. 반면, 합법체류외국인의 범죄건수가 증가한 해는 2021년과 2023년인데 단순히 눈대중으로 보아도 2021년의 증가율이 훨씬 크다는 것을 알 수 있다.
ㄷ. 체류외국인 범죄건수가 전년에 비해 감소한 해는 2020년과 2022년이며, 2020년의 경우는 합법체류외국인 범죄건수와 불법체류외국인 범죄건수도 전년에 비해 감소하였다. 그러나 2022년의 경우 불법체류외국인 범죄건수는 전년에 비해 증가하였다.

15 정답 ⑤

ㄴ. 가구수는 [(총자산)÷(가구당 총자산)]으로 구할 수 있는데, 이촌동의 총자산은 14.4조 원을 넘을 수 없으므로 이촌동의 가구수는 (14.4조 원÷7.4억 원), 즉 2만을 넘을 수 없다.
ㄹ. 여의도동의 부동산자산액이 주어져 있지 않으나 12.3조 원을 넘을 수는 없으므로 여의도동의 증권자산은 최소 3조 원(=24.9-12.3-9.6) 이상이다.
ㅁ. 총자산 대비 부동산 자산의 비율은 도곡동이 약 0.82(=12.3÷15.0)이고, 목동이 약 0.88(=13.7÷15.5)이다.

오답분석

ㄱ. 가구수는 [(총자산)÷(가구당 총자산)]으로 구할 수 있으므로 단위를 생략하고 여의도동의 가구수를 구하면 (24.9÷26.7)이고, 압구정동의 가구수는 (14.4÷12.8)로 나타낼 수 있다. 직접 계산할 필요 없이 압구정동의 가구수가 1보다 큰 반면, 여의도동의 가구수는 1보다 작으므로 압구정동의 가구수가 더 많다.
ㄷ. 대치동의 증권 자산은 2.2조 원(=23.0-17.7-3.1)이고, 서초동의 증권자산은 1.5조 원(=22.6-16.8-4.3)이다.

16 정답 ④

각 급 학교의 수는 교장의 수와 같으므로 [(여성 교장 수)÷(비율)]을 구하면 전체 학교의 수를 구할 수 있다. 그런데 중학교의 비율을 2로 나누면 나머지 학교들과 같은 3.8이 되므로 모두 분모를 같게 만들 수 있다. 분모가 같다면 굳이 분수식을 계산할 필요 없이 분자의 수치만으로 판단하면 된다. 따라서 초등학교는 222, 중학교는 90.5, 고등학교는 66이 되어 중학교와 고등학교의 합보다 초등학교가 더 크게 된다.

오답분석

① 제시된 표는 5년마다 조사한 자료이므로 매년 증가했는지 여부는 알 수 없다.
② 각 학교의 교장은 1명이므로 교장 수를 구하면 곧바로 학교의 수를 알 수 있다. 2020년의 여성 교장 수 비율이 40.3%이므로 전체 교장 수는 대략 6,000명으로 판단할 수 있는데, 6,000명의 1.8%는 108명에 불과하므로 1980의 여성 교장 수에 미치지 못한다. 따라서 1980년의 전체 교장 수는 6,000명보다는 많을 것이다.
③ 두 해 모두 여성 교장의 비율이 같은 반면 여성 교장 수는 1990년이 더 많으므로 전체 교장 수도 1990년이 더 많다. 그런데 여성 교장의 비율이 같다면 남성 교장의 비율도 같을 것이므로 이 비율에 더 많은 전체 교장의 수가 곱해진 1990년의 남성 교장 수가 더 많을 것이다.
⑤ 2000년의 초등학교 여성 교장 수는 490명이고 이의 5배는 2,450인데 이는 2020년에 비해 크다. 따라서 5배에 미치지 못한다.

17 정답 ⑤

ㄱ. 500건 근처에 있는 2017년과 2021년을 제외한 나머지 연도를 살펴보자. 2014~2016, 2019년의 산불 건수가 500건에 미치지 못하고 있으며 500건과의 차이도 큰 반면, 나머지 4개 연도의 산불 건수는 500건을 넘고는 있으나 대략 150건 정도의 차이만을 보이고 있으므로 전체 연평균 산불 건수는 500건에 미치지 못한다.
ㄴ. 산불 건수가 가장 많은 2020년의 검거율은 305÷692인 반면, 가장 적은 2015년은 73÷197이다. 이를 분수비교하면 전자의 분자는 후자의 4배 이상인 반면, 분모는 전자가 후자의 4배에 미치지 못한다. 따라서 전자, 즉 2020년의 검거율이 더 높다.
ㄹ. 2023년 전체 산불 건수는 620건이고, 이의 35%는 217건으로 빈칸에 들어갈 숫자와 일치한다.

오답분석

ㄷ. 논밭두렁 소각(49건)의 검거율은 90%를 넘고, 성묘객 실화(9건)의 검거율은 66.7%이므로 후자의 건수와 검거율이 모두 작다.

18 정답 ⑤

ㄱ. 2023년 인공지능반도체의 비중은 약 12%이므로 매년 증가한다.
ㄴ. 2027년 시스템반도체 시장규모가 2021년보다 1,000억 달러 증가한 3,500억 달러라면 2027년 인공지능반도체의 비중은 33%를 초과해야 한다. 하지만 2027년 인공지능반도체의 비중은 31.3%에 불과하므로 시스템반도체 시장규모는 1,000억 달러 이상 증가했음을 알 수 있다.
ㄷ. 2025년 시스템반도체 시장규모는 약 3,300억 달러이다. 이를 바탕으로 2022년 대비 2025년 시스템반도체, 인공지능반도체 증가율을 각각 구하면 약 43%, 약 255%이므로 인공지능반도체 증가율이 시스템반도체 증가율의 5배 이상이다.

19 정답 ②

보기에 제시된 내용 순서대로 지역을 판단해 보면 다음과 같다.
ⅰ) TV 토론회 전에 B후보자에 대한 지지율이 A후보자보다 10%p 이상 높음: 마 제외
ⅱ) TV 토론회 후 지지율 양상에 변화: 라 제외
ⅲ) TV 토론회 후 '지지 후보자 없음' 비율 감소: 다 제외
ⅳ) TV 토론회 후 두 후보자 간 지지율 차이가 3%p 이내: 가 제외
따라서 보고서 내용에 해당하는 지역은 나 지역이다.

20 정답 ③

고정원가와 변동원가율[=1-(고정원가율)]을 통해 제품별 제조원가를 구하고, 구해진 제조원가와 제조원가율을 통해 매출액을 구하면 다음과 같다(대소비교만 하면 되므로 천 단위 이하는 소수점으로 표시하였다).

구분	고정원가율	제조원가	매출액
A	60	100	400
B	40	90	300
C	60	55	약 180
D	80	62.5	625
E	50	20	200

따라서 C의 매출액이 가장 적다.

21 정답 ⑤

갑, 을, 병 중 가장 빨리 특허신청을 한 병이 특허권을 취득하는가가 관건이다. 우선 병은 2023년 7월 1일에 발명을 완수했고 그날 특허신청을 했으나 2023년 6월 1일 을이 학술지에 병이 발명한 내용을 먼저 논문 게재했으므로 병은 신규성을 인정받을 수 없어 특허권을 취득하지 못한다. 을은 신규성을 훼손한 당사자이며 1년 이내에 등록하는 경우 신규성의 간주를 받을 수 있는가를 검토해 보면 병이 먼저 특허를 제출했기에 요건에 따라서 갑의 출원도 특허를 얻지 못한다. 따라서 갑, 을, 병 모두 특허를 얻지 못한다.

22 정답 ②

개발부담금을 징수할 수 있는 날로부터 5년이 경과하지 않았기 때문에 소멸시효는 완성되지 않은 상태이며, 납부고지는 개발부담금 징수권 소멸시효의 중단사유이므로 납부고지와 함께 소멸시효는 중단된다.

오답분석

ㄱ. 고지한 납부기간이 지난 시점부터 중단되었던 시효가 다시 진행되는 것이지 중단되는 것이 아니다.
ㄴ. 징수권의 소멸시효는 5년이다.
ㄹ. 환급청구권은 행사할 수 있는 시점부터 5년간 행사하지 않으면 소멸시효가 완성된다.

23 정답 ①

도농교류 활성화 점수가 50점 미만인 농가는 선정하지 않으므로 D는 제외된다. 제외대상을 고려해서 높은 점수부터 나열하면 A(120점), F(110점), E(105점), C(104.5점), B(100점)이며, E와 F는 동일한 (라)지역이므로 F만이 선정되고 그다음 최고점수인 C가 선정되어 상위 3개 농가는 A, C, F이다.

24 정답 ③

쌀의 무게가 무거운 순서대로 나열하면 A, B, C, D이고 갑이 구매하려는 상품은 B와 C이다. A+B=54kg, A+C=50kg, B+D=39kg, C+D=35kg를 통해 B와 C의 무게 차이는 4kg이라는 것을 알 수 있다. 또한 차이가 짝수이므로 B와 C의 무게 합 또한 짝수일 것이고, B+C=44kg이다. 따라서 C=20kg, B=24kg이다.

25 정답 ③

제1항 제1호 나목에 따르면 정수장에서의 일반세균에 관한 수질검사는 매주 1회 이상 실시하여야 하고 검사빈도를 매월 1회 이상으로 할 수 있는 단서 규정에서 일반세균은 제외된다. 그러나 정수장 C는 일반세균을 대상으로 한 검사빈도를 매월 1회로 하고 있으므로 수질검사빈도를 충족하지 못했다. 또한 제2항에 따르면 질산성 질소에 대한 수질기준은 10mg/L 이하이지만 정수장 B는 검사결과 11mg/L이므로 수질기준을 충족하지 못했다. 따라서 수질검사빈도와 수질기준을 둘 다 충족한 검사지점은 A, D, E이다.

26 정답 ①

빈칸 뒤 내용을 보면 종전에는 연장근로를 소정근로의 연장으로 보았고, 1주의 최대 소정근로시간을 정할 때 기준이 되는 1주를 5일에 입각하여 보았다. 그리고 1주 중 소정근로일을 월요일부터 금요일까지의 5일로 보았기에 이 기간에 하는 근로만이 근로기준법상 소정근로시간의 한도에 포함된다고 해석하였다. 즉, 기존에는 왜 휴일근로를 연장근로가 아니라고 보았는지에 대한 설명이 이어지고 있으므로 빈칸에 들어갈 내용으로 가장 적절한 것은 ①이다.

27
정답 ②

- 을 : 개정 근로기준법에 의하면, 월요일부터 목요일까지 매일 10시간씩 일한 사람의 경우는 하루 소정근로시간 8시간에 매일 2시간씩 연장근로를 한 경우이고 월요일~목요일까지 총 8시간을 연장근로했다. 따라서 월요일부터 목요일까지 총 40시간을 근로했고 주당 근로가능한 시간은 총 52시간이어서 남은 시간은 12시간이므로 금요일에 허용되는 최대근로시간은 12시간이다.

오답분석

- 갑 : 개정 근로기준법에 의하면 연장근로는 1주일에 총 12시간을 넘을 수 없으므로 1주 중 3일 동안 하루 15시간씩 일한 경우는 1일 소정근로시간 8시간을 제외하면 연장근로는 7시간이 된다. 그리고 3일을 연속 연장근로 7시간씩 했으므로 총 21시간 연장근로가 되어 1주일에 12시간의 연장근로시간을 초과하게 된다.
- 병 : 기존 근로기준법에서도 연장근로가 아닌 한 1일의 근로시간은 8시간을 초과할 수 없다고 법에 규정되어 있기 때문에, 이미 52시간을 근로한 근로자에게 휴일에 1일 8시간을 넘는 근로를 시킬 수 없다. 따라서 근로자가 일요일에 12시간을 일한 경우 그 근로자의 종전 1주일 연장근로가 12시간을 넘지 않는다면 일요일 근무한 12시간 중 8시간을 초과한 4시간은 연장근로시간이 된다.

28
정답 ③

ㄱ. 전기와 도시가스 요금이 각각 1만 2천 원으로 같을 때 월 CO_2 배출량은 다음과 같다.
전기 : {(12,000÷20)÷5}÷2=240kg
도시가스 : (12,000÷60)÷2=400kg
따라서 전기 사용으로 인한 월 CO_2 배출량이 도시가스 사용으로 인한 CO_2 배출량보다 적다.

ㄴ. 주어진 전기요금과 도시가스 요금에 따른 CO_2 배출량은 다음과 같다.
전기 : {(50,000÷20)÷5}×2=1,000kg
도시가스 : (30,000÷60)×2=1,000kg
따라서 전기 요금 5만 원, 도시가스 요금 3만 원인 경우 월 CO_2 배출량은 동일하다.

오답분석

ㄷ. 포인트는 배출 감소량에 비례하여 지급된다. 전기는 5kWh 사용할 때마다 2kg의 CO_2가 배출되므로 1kWh당 0.4kg이 배출됨을 알 수 있다. 따라서 전기 1kWh보다 도시가스 $1m^3$를 절약했을 때 더 많은 포인트를 지급받는다.

29
정답 ④

제시된 조건을 기호화하면 다음과 같다.
ⅰ) [A(×) ∨ D(×)] → [C ∧ E(×)]
ⅰ)의 대우 [C(×) ∨ E] → (A ∧ D)
ⅱ) B(×) → [A ∧ D(×)]
ⅱ)의 대우 [A(×) ∨ D] → B
ⅲ) D(×) → C(×)
ⅲ)의 대우 C → D
ⅳ) E(×) → B(×)
ⅳ)의 대우 B → E

먼저 ⅰ)의 대우와 ⅲ)의 대우를 결합하면 D는 무조건 찬성함을 알 수 있으며, 이를 ⅱ)의 대우에 대입하면 B도 찬성함을 알 수 있다. 그리고 이를 ⅳ)의 대우에 대입하면 E도 찬성함을 알 수 있고, 이를 ⅰ)의 대우에 개입하면 A도 찬성함을 알 수 있다. 따라서 A, B, D, E가 찬성하며, 마지막 조건에서 적어도 한 사람이 반대한다고 하였으므로 C는 반대한다는 것을 알 수 있다. 따라서 ④가 옳다.

30
정답 ①

먼저 청소 횟수가 가장 많은 C구역을 살펴보면, 이틀을 연달아 같은 구역을 청소하지 않는다고 하였으므로 다음의 경우만 가능함을 알 수 있다.

일	월	화	수	목	금	토
C		C	×		C	

다음으로 B구역을 살펴보면, B구역은 청소를 한 후 이틀 간은 청소를 할 수 없다고 하였으므로 토요일은 불가능함을 알 수 있다. 만약 토요일에 B구역을 청소하면 남은 1회는 월요일 혹은 목요일에 진행해야 하는데 어떤 경우이든 다음 청소일과의 사이에 이틀을 비우는 것이 불가능하기 때문이다.

일	월	화	수	목	금	토
C	B	C	×	B	C	

그렇다면 남은 A구역은 토요일에 청소하는 것으로 확정되어 다음과 같은 일정표가 만들어지게 된다.

일	월	화	수	목	금	토
C	B	C	×	B	C	A

따라서 B구역 청소를 하는 요일은 월요일과 목요일이다.

코레일 한국철도공사 신입사원 필기시험

제12회 고난도 모의고사 정답 및 해설

01	02	03	04	05	06	07	08	09	10
②	③	①	①	③	④	④	②	⑤	①
11	12	13	14	15	16	17	18	19	20
⑤	④	④	②	⑤	③	⑤	①	⑤	②
21	22	23	24	25	26	27	28	29	30
④	①	④	⑤	④	④	③	②	③	③

01 정답 ②

계획적 진부화를 통해 신제품을 출시하면 중고품 시장에서 판매되는 기존 제품이 진부화되고 경쟁력도 하락한다.

오답분석
① 기존 제품을 사용하는 소비자 입장에서는 크게 다를 것 없는 신제품 구입으로 불필요한 지출을 할 수 있다.
③ 소비자들의 취향이 급속히 변화하는 상황에서 계획적 진부화를 통해 소비자들의 만족도를 높일 수 있다.
④ 기존 제품의 가격을 인상하기 곤란한 경우 신제품을 출시해 인상된 가격을 매길 수 있다.
⑤ 계획적 진부화는 기존 제품이 사용 가능한 상황에서 소비자들의 수요 욕구를 자극하는 것이므로 물리적으로 사용 가능한 수명보다 실제 사용 기간이 짧아지게 된다.

02 정답 ③

제시문은 어떠한 사고 과정을 가지느냐가 사회적 권력에 영향을 준다는 내용의 글이다. 따라서 이 사고 과정이라는 것이 결국은 문자체계의 이해방식과 연결되는 만큼 글을 읽고 이해하는 능력이 사회적 권력에 영향을 미친다는 전제가 추가되어야 자연스럽다.

오답분석
ㄱ. 제시문에서는 그림문자와 표음문자가 서로 상반된 특성을 가진다고 볼 수 있으므로, 그림문자를 쓰는 사회에서 남성의 사회적 권력이 여성보다 우월하였다면 반대로 표음문자 체계가 보편화될 경우에는 여성의 사회적 권력이 남성보다 우월하다는 결론을 추론할 수 있다. 그런데 제시문의 결론은 이와 반대로 여성의 권력이 약화되는 결과를 초래한다고 하였으므로 추가해야 할 전제로 적절하지 않다.

ㄴ. 제시문에 따르면 그림문자와 표음문자를 해석하는 방식의 차이가 성별에 따른 사고 과정의 차이를 가져오고 그것이 사회적 권력에도 영향을 준다. 하지만 사고 과정의 차이가 있다고 해서 그것이 의사소통에 영향을 준다고 판단하는 것은 적절하지 않다.

03 정답 ①

A형 응집원만을 선택적으로 제거한 적혈구를 B형인 사람에게 수혈하는 경우 B형 혈장 속의 응집소 α와 반응할 A형 응집원이 없으므로 응집 반응이 일어나지 않는다.

오답분석
② B형 응집원만을 선택적으로 제거한 AB형 적혈구에는 A형 응집원만 남아 있으므로 이를 A형인 사람에게 수혈해도 A형 혈장에는 응집소 β만 있으므로 응집 반응이 일어나지 않는다.
③ 응집소 β를 선택적으로 제거한 O형 혈장에는 응집소 α가 있으므로 이를 A형에게 수혈하면 응집 반응이 일어난다.
④ AB형인 사람은 A형 응집원 및 B형 응집원이 둘 다 있으므로 A, B, O형 혈액을 수혈받는 경우에는 응집 반응이 일어나고 AB형 혈액을 수혈받는 경우에만 응집반응이 일어나지 않는다.
⑤ O형인 사람은 응집소 α 및 응집소 β가 있으므로 A, B, AB형 적혈구를 수혈받으면 응집 반응이 일어난다.

04 정답 ①

A가 공연 예술단에 참가하는 것이 분명하므로 빈칸에는 갑이나 을이 수석대표를 맡는다는 것을 뒷받침할 내용이 들어가야 한다. 국제 예술 공연이 민간 문화 교류 증진을 목적으로 열리기 때문에 공연 예술단의 수석대표는 정부 관료가 맡아서는 안 되고, 수석대표는 전체 세대를 아우를 수 있는 지휘자나 제작사가 맡아야 한다.

05 정답 ③

ㄱ. (가)에 따르면 가능한 모든 결과의 목록을 완전하게 작성한다면, 그 결과들 중 하나는 반드시 나타난다고 할 수 있다. 그러므로 로또 복권 구매시 모든 가능한 숫자의 조합을 모조리 산다면 무조건 당첨된다는 사례는 (가)로 설명할 수 있다.

ㄴ. (나)에 따르면 개인의 확률이 매우 낮더라도 집단의 확률은 매우 높을 수 있다. 따라서 어떤 사람이 교통사고를 당할 확률은 매우 낮지만 대한민국이라는 집단에서 교통사고가 거의 매일 발생한다는 사례는 (나)로 설명할 수 있다.

오답분석

ㄷ. 주사위를 수십 번 던졌을 때 1이 연속으로 여섯 번 나올 확률과 수십만 번 던졌을 때 1이 연속으로 여섯 번 나올 확률을 비교하는 것은 (가)가 아닌 (나)와 관련 있는 사례이다.

06 정답 ④

르베리에는 관찰을 통해 얻은 천왕성의 궤도와 뉴턴의 중력 법칙에 따라 산출한 궤도의 차이를 수학적으로 계산하여 해왕성의 위치를 정확하게 예측했지만 이 과정에서 뉴턴의 중력 법칙을 대신할 다른 법칙이 필요했는지는 알 수 없다.

오답분석

① · ⑤ 르베리에는 해왕성을 예측하는 데 사용한 방식과 동일한 방식으로 불칸을 예측하려고 했다.
② 르베리에는 관찰을 통해 얻은 천왕성의 궤도와 뉴턴의 중력 법칙에 따라 산출한 궤도 사이의 차이를 수학적으로 계산하여 해왕성의 위치를 예측하였다.
③ 수성의 궤도에 대한 르베리에의 가설은 미지의 행성인 불칸이 존재한다는 것이다. 불칸의 존재를 확신하고 첫 번째 관찰자가 되기 위해 노력한 천문학자들이 존재했으며 불칸을 발견했다고 주장하는 천문학자가 존재했다고 한 부분을 통해 알 수 있다.

07 정답 ④

제시문을 기호화하면 다음과 같다.
ⅰ) 개인건강정보 → 보건정보 ≡ ~보건정보 → ~개인건강정보
ⅱ) 팀 재편 → (개인건강정보∧보건정보) ≡ (~개인건강정보∨~보건정보) → ~팀 재편
ⅲ) (개인건강정보∧최팀장) → 손공정 ≡ ~손공정 → ~개인건강정보∨~최팀장
ⅳ) 보건정보 → (팀 재편∨보도자료 수정) ≡ (~팀 재편∧~보도자료 수정) → ~보건정보
ⅴ) ~(최팀장 → 손공정) ≡ 최팀장∧~손공정

ㄴ. 다섯 번째 조건에 따라 최팀장이 정책 브리핑을 총괄하고 손공정씨가 프레젠테이션을 맡지 않기 때문에 개인건강정보 관리 방식 변경에 관한 가안이 정책제안에 포함되지 않고, 국민건강 2025팀은 재편되지 않는다.
ㄷ. 보건정보의 공적 관리에 관한 가안이 정책제안에 포함된다면, 국민건강 2025팀이 재편되지 않기 때문에 보도자료가 대폭 수정될 것이다.

오답분석

ㄱ. 개인건강정보 관리 방식 변경에 관한 가안은 정책제안에 포함되지 않지만 보건정보의 공적 관리에 관한 가안이 정책제안에 포함되는지 여부는 알 수 없다.

08 정답 ②

A의 발언에 따르면 연구 성과를 원칙으로 한 공공 자원의 배분은 부작용을 가져올 우려가 있다. 반면 B의 발언에 따르면 연구 성과를 원칙으로 한 공공 자원의 배분은 공정하고 효율적이며 연구 성과 측면에서도 일관적인 배분 방식이다.

오답분석

ㄱ. A의 주장은 연구 성과에 따라서만 공공 자원을 배분하는 것은 적절하지 않다는 것이므로 A의 주장을 강화하지 않는다.
ㄴ. B의 주장은 연구 성과가 공공 자원 분배에 대한 일관성 있는 기준이 될 수 있다는 것이므로 B의 주장을 강화하지 않는다.

09 정답 ⑤

독재자가 국가의 발전에 기여했다는 것은 어디까지나 자신들이 주장일 뿐이며, 제시문은 독재에 대해 비판적인 입장이다.

오답분석

① 지지 기반을 잃었던 사례를 제시하고 그 과정을 기술하면 글의 논지가 훨씬 정확해진다.
② 직면했던 국내문제가 무엇인지를 구체적으로 언급하는 것은 글의 논지를 더욱 분명하게 한다.
③ 구체적인 사례를 들어 뒷받침하는 경우 글의 논지를 보다 뚜렷하게 할 수 있다.
④ 구체적인 사실을 논거로 제시하면 논지의 신뢰도와 정확도를 높일 수 있다.

10 정답 ①

제시문의 내용은 20세기 중반 정보의 생산 및 분배 메커니즘이 우리들을 영원한 정보처리 결손 상태로 남겨두었는데, 이를 데이터 스모그라 하며, 이에 대처하는 강력한 처방을 고안할 필요가 있다는 것이다. 따라서 제시문의 결론으로 가장 적절한 것은 ①이다.

11 정답 ⑤

ㄷ. 비율만 주어진 자료에서는 같은 연도 내에서의 비교는 가능하지만 다른 연도와의 비교는 불가능하다.
ㄹ. 비율만 주어진 자료에서는 같은 지역(도시 혹은 농촌) 내에서의 비교는 가능하지만 다른 지역 간의 비교는 불가능하다.
ㅁ. 2020년의 경우 남성가구주의 혼인상태 중 사별의 비율은 2010년 대비 감소하였다.

오답분석

ㄱ. 55세 이상 인구에서는 연도와 지역에 관계없이 여성가구주의 비율이 남성가구주의 비율보다 항상 높다.
ㄴ. 2000년에 비해 2020년에는 도시 여성가구주 중에서 가장 높은 비율을 차지하는 연령대가 45~54세에서 35~44세로 낮아졌으나, 농촌 여성가구주 중에서 가장 높은 비율을 차지하는 연령대는 45~54세에서 65세 이상으로 높아졌다.

12
정답 ④

A, B, E구의 1인당 돼지고기 소비량을 각각 a, b, e kg이라고 하고, 제시된 조건을 식으로 나타내면 다음과 같다.
- 첫 번째 조건 : $a+b=30$ … ㉠
- 두 번째 조건 : $a+12=2e$ … ㉡
- 세 번째 조건 : $e=b+6$ … ㉢

㉢을 ㉡에 대입하여 식을 정리하면
$a+12=2(b+6) \rightarrow a-2b=0$ … ㉣
㉠-㉣을 하면
$3b=30$
$\therefore b=10, a=20, e=16$

A~E구의 변동계수를 구하면 다음과 같다.
- A구 : $\dfrac{5}{20} \times 100 = 25\%$
- B구 : $\dfrac{4}{10} \times 100 = 40\%$
- C구 : $\dfrac{6}{30} \times 100 = 20\%$
- D구 : $\dfrac{4}{12} \times 100 ≒ 33.33\%$
- E구 : $\dfrac{8}{16} \times 100 = 50\%$

따라서 변동계수가 세 번째로 큰 구는 D구이다.

13
정답 ④

예식장의 경우 2022년의 사업자수가 2021년에 비해 증가하였다.

14
정답 ②

먼저 단수의 항목을 언급하고 있는 마지막 조건을 살펴보면, 두 번째 표에서 1인당 건강비용 지출비율이 5개국 중에서 가장 낮은 것은 E이므로 독일을 E와 연결시킬 수 있다.
두 번째 조건에서 미국의 1인당 건강비용 지출액이 그리스의 2배 이상이라고 하였는데, A~D 중 이 같은 조건을 만족하기 위해서는 A가 미국이 되어야 한다. 또한 미국의 1인당 건강비용 지출액이 그리스의 2배 이상이라고 하였으므로 C와 D 중 하나가 그리스가 된다는 것을 알 수 있다. 여기서 B는 그리스가 될 수 없다는 것을 염두에 두어야 한다.
또한 세 번째 조건에서 독일(E)과 룩셈부르크의 1인당 건강비용 지출액의 합이 미국보다 작으므로 C와 D 중 하나가 룩셈부르크라는 것을 알 수 있다. 여기서도 B는 룩셈부르크가 될 수 없으므로 B는 일본이 될 수밖에 없다.
이제 첫 번째 조건을 살펴보면 일본의 휴대전화 이용률이 그리스보다 낮다고 하였으므로 D는 그리스가 되며, 남은 C는 룩셈부르크가 됨을 알 수 있다.

15
정답 ⑤

정책대상자의 적절성에 대한 만족비율은 52.7%이고, 전문가의 적절성에 대한 만족비율은 63.6%로 타 항목에 비해 높다.

오답분석
① 의견수렴도는 만족비율과 불만족비율이 동일하고 체감만족도는 불만족비율이 조금 높지만 적절성과 효과성은 모두 만족비율이 더 높다.
② 효과성 항목에서 '약간 불만족'으로 응답한 전문가 수는 약 12명($=33\times0.364$)이고 '매우 불만족'으로 응답한 정책대상자 수는 약 14명($=294\times0.051$)이다.
③ 체감만족도 항목에서 만족비율은 정책대상자(31.0%)가 전문가(30.3%)보다 높다.
④ 의견수렴도 항목에서 만족비율은 전문가(27.2%)가 정책대상자(33.0%)보다 낮다.

16
정답 ③

ㄱ. 국민총소득 대비 공적개발원조액 비율이 UN 권고 비율인 0.70%보다 큰 국가는 룩셈부르크, 노르웨이, 스페인, 덴마크, 영국이다. 룩셈부르크의 공적개발원조액은 제시된 자료에서 알 수 없지만 이를 제외한 노르웨이, 스페인, 덴마크, 영국의 공적개발원조액 합이 289억 달러이므로 250억 달러 이상이다.
ㄴ. 공적개발원조액 상위 5개국은 미국, 독일, 영국, 프랑스, 일본이고 이들의 공적개발원조액 합은 1,002억 달러이며, 6~15위 국가의 공적개발원조액 합을 구하면 373억 달러이다. 공적개발원조액을 알 수 있는 15개국을 제외한 14개국의 공적개발원조액은 15위국의 것보다 같거나 작을 것이므로 14개국의 공적개발원조액 합의 최댓값은 $25\times14=350$억 달러이다. 따라서 개발원조위원회 29개 회원국 공적개발원조액 합은 $1,002+373+350=1,725$억 달러보다 작거나 같을 것이다. 그러므로 공적개발원조액 상위 5개국의 공적개발원조액 합은 50% 이상이다.

오답분석
ㄷ. 독일의 공적개발원조액은 현재 241억 달러이다. 공적개발원조액만 30억 달러 증액하므로 국민총소득 대비 공적개발원조액 비율은 $(30\div241) ≒ \dfrac{1}{8}$배 더 커질 것이다. 따라서 $0.61\times\{1+(1\div8)\} ≒ 0.6886$이므로 UN 권고비율인 0.70%보다 낮다.

17 정답 ⑤

논과 밭의 결수 차이가 가장 큰 지역은 전라도인데 전라도의 전답 결수의 비율은 25.2%로 가장 크고, 전답 결수의 비율과 전세의 비율 차이도 7.4%p로 가장 크다.

오답분석
① 황해도와 평안도를 비교해 보면 논의 결수는 평안도가 더 큰 반면, 전세액은 황해도가 더 크다.
② 논의 결수보다 밭의 결수가 큰 지역은 전라도를 제외한 8개이다.
③ 황해도와 평안도를 비교해 보면 전답 결수는 평안도가 더 큰 반면, 전세액은 황해도가 더 크다.
④ 평균 전세가 1냥이 넘는다는 것은 전세액이 전답 결수보다 크다는 것을 의미하는데, 이에 해당하는 지역은 전라도와 강원도뿐이다. 이때 전라도는 논 결수가 밭보다 크지만 강원도는 밭 결수가 더 크다.

18 정답 ①

주어진 식을 토대로 자료의 빈칸을 채우면 다음과 같다.

방송사	유형	전체 시간대 만족도 지수	전체 시간대 질평가 지수	주시청 시간대 만족도 지수	주시청 시간대 질평가 지수
지상파	A	7.37	7.33	(7.26)	7.20
지상파	B	7.22	7.05	7.23	(7.01)
지상파	C	7.14	6.97	7.11	6.93
지상파	D	7.32	7.16	(7.41)	7.23
종합편성	E	6.94	6.90	7.10	7.02
종합편성	F	7.75	7.67	(7.94)	7.88
종합편성	G	7.14	7.04	7.20	(7.06)
종합편성	H	7.03	6.95	7.08	7.00

ㄱ. 각 지상파 방송사는 전체 시간대와 주시청 시간대 모두 만족도지수가 질평가지수보다 높다.
ㄴ. 각 종합편성 방송사의 질평가지수는 주시청 시간대가 전체 시간대보다 높다.

19 정답 ⑤

처음 퍼낸 설탕물의 양을 xg이라 하면 다음과 같다.
(4% 설탕물의 양)=$400-(300-x)+x=100$g
(설탕의 양)=$\frac{(농도)}{100}\times$(설탕물의 양)이므로

$\frac{8}{100}\times(300-x)+\frac{4}{100}\times100=\frac{6}{100}\times400$

→ $2,400-8x+400=2,400$
→ $8x=400$
∴ $x=50$

따라서 처음 퍼낸 설탕물의 양은 50g이다.

20 정답 ②

주어진 자료를 토대로 연립방정식을 세우면 다음과 같다.
 i) A+D=750
 ii) A+B=500
 iii) C+D=500
 iv) A+C=450
 v) B+D=550

이때 iv)에서 i)을 차감하면 C−D=−300을 도출할 수 있으며 이 식과 iii)을 결합하면 C=100, D=400을 구할 수 있다. 따라서 구해진 D를 식 v)에 대입하면 B는 150임을 알 수 있다.

21 정답 ④

ㄱ. 경운기는 제2호에 의해 차에 해당한다.
ㄴ. 자전거는 제1호 라목에 의해 차에 해당한다.
ㅁ. 50cc 스쿠터는 제3호 가목에 의해 차에 해당한다.

오답분석
ㄷ. 유모차는 제1호 마목에 의해 차에 해당하지 않는다.
ㄹ. 기차는 제1호 마목에 의해 차에 해당하지 않는다.

22 정답 ①

물품출납공무원은 물품관리관의 명령이 없으면 물품을 출납할 수 없다.

오답분석
② 필요한 경우 다른 중앙관서의 소속 공무원에게 위임할 수 있다.
③ 계약담당공무원이 아닌 물품관리관이 부적당하다고 인정하는 경우에 국가 외의 자의 시설에 보관할 수 있다.
④ 물품출납공무원이 아닌 계약담당공무원에게 물품의 취득에 관한 필요한 조치를 할 것을 청구해야 한다.
⑤ 물품출납공무원이 아닌 물품관리관이 수선에 필요한 조치를 할 것을 청구해야 한다.

23 정답 ④

각 공정 후 잔존 세균량을 정리하면 다음과 같다.

구분	A균	B균
공정 진행 전	1,000마리	1,000마리
공정 (1) 후	100마리	200마리
공정 (2-1) 후	10마리	−
공정 (2-2) 후	−	40마리
공정 (3) 후	10마리	44마리(10% 증식)

공정 (3)을 거친 물의 양은 2L이므로 1L당 A균은 5마리, B균은 22마리가 존재하고 있음을 알 수 있다.

24 정답 ⑤

희망 인원을 기준으로 제시된 자료를 정리하면 다음과 같다.

남자 700명		여자 300명	
희망 280명		희망 150명	
A지역	B지역	A지역	B지역
168명(60%)	112명(40%)	30명(20%)	120명(80%)

ㄱ. 전체 직원 중 남자 직원의 비율은 70%이다.
ㄷ. A지역 연수를 희망하는 직원은 198명이다.
ㄹ. B지역 연수를 희망하는 남자 직원은 112명이다.

오답분석

ㄴ. 전체 연수 희망인원은 430명이므로 이의 40%는 172명이다. 여자 희망인원은 150명에 불과하므로 40%를 넘지 않는다.

25 정답 ④

ㄱ. 월요일에 발표되는 주간예보는 일일예보를 포함하여 일일예보가 예보한 기간(월요일에 발표된 일일예보는 월요일 당일, 화요일, 수요일까지 예보한다)인 수요일 다음 날(목요일)부터 5일간을 예보하므로 예보의 종점은 다음 주 월요일이다.
ㄴ. 3시간 예보는 매일 0시부터 시작하여 3시간 간격으로 8회 발표하므로 0, 3, 6, 9, 12, 15, 18, 21, 24시 정각에 발표하며, 일일예보는 매일 5, 11, 17, 23시에 발표하므로 서로 겹치지 않는다.
ㄹ. 대도시 A의 대설경보 예보 기준은 24시간 신적설량이 대도시일 때 20cm 이상이며 대설주의보의 예보 기준은 24시간 신적설량이 울릉도일 때 20cm 이상으로 서로 같다.

오답분석

ㄷ. 일일예보는 매일 5시, 11시, 17시, 23시에 발표하며 1일 단위로 예보한다. 따라서 23시에 발표하는 예보 역시 5시에 발표하는 예보와 같은 내용이며 새로운 내용의 예보는 다음 날 5시에 새롭게 발표된다.

26 정답 ④

(마)에 의해 대호는 B팀에 가고, (바)에 의해 A팀은 외야수를 선택해야 한다. 또한 (라)에 의해 민한이는 투수만 가능하고, C팀이 투수만 스카우트한다고 했으므로 나머지 B, D팀은 포수와 내야수 중 선택해야 한다. (사)에 의해 성훈이가 외야수(A팀)에 간다면 주찬이는 D팀에 갈 수밖에 없으며, 이는 (아)에 어긋난다. 따라서 성훈이는 포수를 선택하여 D팀으로 가고, (자)에 의해 주찬이는 외야수로 A팀으로 간다.

27 정답 ③

캐럴 음원 이용료가 최대로 산출되기 위해서는 11월 네 번째 목요일이 캐럴을 틀어 놓는 마지막 날인 크리스마스와 최대한 멀리 떨어져 있어야 한다. 따라서 11월 1일을 목요일로 가정하면 네 번째 목요일은 11월 22일이 되고, 이후 돌아오는 월요일은 11월 26일이 된다. 즉, K백화점은 11월 26일부터 12월 25일까지 캐럴을 틀어 놓는다. 그런데 이때 11월의 네 번째 수요일인 28일은 백화점 휴점일이므로 캐럴을 틀어 놓는 날에서 제외된다. 따라서 K백화점은 총 29일 동안 캐럴을 틀어 놓으며 $29 \times 20,000 = 58$만 원의 캐럴 음원 이용료를 지불해야 한다.

28 정답 ②

국민참여예산사업은 국무회의에서 정부예산안에 반영된 후 국회에 제출된다.

오답분석

① 국민제안제도에서는 국민들이 제안을 할 수 있을 뿐이며 우선순위 결정과정에는 참여하지 못한다.
③ 국민참여예산제도는 정부의 예산편성권 내에서 운영된다.
④ 결정된 참여예산 후보사업이 재정정책자문회의 논의를 거쳐 국무회의에서 정부예산안에 반영되므로 순서가 반대로 되었다.
⑤ 예산국민참여단의 사업선호도는 오프라인 투표를 통해 조사한다.

29 정답 ③

제시된 자료를 토대로 자료를 정리하면 다음과 같다.

2023년도			2024년도		
생활밀착형사업	취약계층지원사업	합계	생활밀착형사업	취약계층지원사업	합계
688억 원	112억 원	800억 원	870억 원	130억 원	1,000억 원

따라서 2023년도와 2024년도의 국민참여예산사업에서 취약계층지원사업이 차지한 비율은 각각 $14\%(=112 \div 800 \times 100)$, $13\%(=130 \div 1,000 \times 100)$이다.

30 정답 ③

총액의 차이가 9,300원이므로 이를 만족하는 경우를 찾으면 된다. 따라서 딸기 한 상자가 더 계산되고, 복숭아 한 상자가 덜 계산된 경우가 이에 해당한다.

코레일 한국철도공사 신입사원 필기시험
제13회 고난도 모의고사 정답 및 해설

01	02	03	04	05	06	07	08	09	10
⑤	⑤	②	⑤	⑤	③	③	①	⑤	④
11	12	13	14	15	16	17	18	19	20
②	②	②	⑤	④	⑤	④	②	①	④
21	22	23	24	25	26	27	28	29	30
②	③	①	⑤	④	③	②	④	⑤	④

01　　　　　　　　　　　　　　　　　　　정답 ⑤
제시문 후반부의 '기다리지 못함도 삼가고 아무것도 안함도 삼가야 한다.'라는 문장이 글의 주제라고 할 수 있다. 여기서 기다리지 못한다는 것은 의도적인 개입을 의미하며, 아무것도 안한다는 것은 방관적인 태도를 뜻하므로 제시문의 주제로 ⑤가 가장 적절하다.

오답분석
① 제시문에서는 개입하고 힘을 쏟고자 하는 대신에 이 잠재력을 발휘할 수 있도록 하는 것이 중요하다고 하였으므로 '인위적 노력'과는 거리가 멀다.
② 싹을 잡아당겨서도 안 되지만 그렇다고 단지 싹이 자라는 것을 지켜만 봐서도 안 된다고 하였으므로 적절하지 않은 내용이다.
③ 명확한 목적성을 설정하는 것과 제시문의 내용과는 크게 관계가 없다.
④ 기다리지 못함도 삼가고 아무것도 안 함도 삼가야 한다고 하면서 작동 중에 있는 자연스런 성향이 발휘되도록 기다리면서도 전력을 다할 수 있도록 돕는 노력, 즉 어느 정도의 개입도 해야 한다고 하였으므로 적절하지 않은 내용이다.

02　　　　　　　　　　　　　　　　　　　정답 ⑤
한자는 양반들이 일반 백성들로부터 스스로를 차별화시킬 수 있는 강력한 정치적 수단으로서 기능하고 있었던 것이다.

오답분석
① 백성들이 한글을 선호한 이유는 배우기 쉬운 글자이기 때문이지, 한글의 정치적·문화적 성격 때문이 아니다.
② 양반들은 한자가 한글보다 더욱 유용한 문자로 인식하고 있었을 뿐 한글이 과학적인 문자라는 것에 대해서는 알지 못했다.
③ 양반들에게 한자는 중국의 선진 문명을 받아들이는 데 필수라는 생각과 더불어 지식과 정보를 통제·독점함으로써 특권을 유지하는 수단이었다.
④ 사회 전체의 저항이 아닌 양반들의 저항이었다.

03　　　　　　　　　　　　　　　　　　　정답 ②
동학과 최치원 사상의 연관 관계는 최치원의 도교 사상을 최제우가 직·간접적으로 계승했다는 점에서 찾을 수 있는 것이며, 최제우의 종교체험은 이와 무관하다.

오답분석
① 동학은 유불선의 좋은 부분을 짜깁기 한 조잡한 사상이 아니라고 하였고, 최제우는 견줄만한 것도 없다고 하여 동학의 독자성에 대한 자부심을 드러냈다.
③ 동학의 독자적 성격이 어떻게 형성되었는가를 제대로 알려면 동양의 전통 사상과 우리의 고유 사상, 서학과 종교체험 등을 복합적으로 살펴보아야 한다고 하였다.
④ 동학의 한울님 관념에서도 몸 바깥에 초월적으로 존재하는 인격적인 유일신 관념이 여전히 남아있다고 하였다.
⑤ 동학은 당시 민중 사상으로 기능했다는 점에서 유불선과 다른 우리 민족 고유의 정신을 내포하고 있다고 하였다.

04　　　　　　　　　　　　　　　　　　　정답 ⑤
제시문에 따르면 기술은 가치중립적이고, 엔지니어는 기술을 생산하고 운용만 한다고 생각하는 경향이 강하며, 가치와 관련된 판단은 엔지니어들의 영역 바깥에서 이루어진다고 보는 경향이 있다.

오답분석
① 엔지니어들이 많이 존재함에도 불구하고 엔지니어들은 이전 시대보다 대중들에게 덜 드러나 있다고 하였다.
② 기술적 원칙들은 전문 영역에 속하기 때문에 상사가 이해하기 힘든 경우가 많은데 이로 인해 엔지니어들이 딜레마에 빠지게 된다고 하였다.
③ 엔지니어가 딜레마에 빠지는 상황은 대부분 윤리적 문제로 인한 것이다.
④ 기술과 관련된 중요한 문제들은 이를 전혀 알지 못하는 정치가나 사업가들에 의해 잘못 판단되는 경우가 많기 때문이지 전문직에 윤리적 주제와 관련된 교육 프로그램이 부재하기 때문은 아니다.

05 정답 ⑤

X에 따라 A1, A2, A3 중 도덕적으로 올바른 행위가 무엇인지 적절하게 판단할 수 없어야 한다. 먼저 A1은 가장 많은 행복을 제공하지만 가장 많은 고통을 산출한다. 반면 가장 적은 고통을 산출하는 A3의 경우 가장 적은 행복을 산출하므로 모든 행위가 도덕적으로 올바르지 않다.

오답분석

①·③ A1, A2, A3 모두 도덕적으로 올바르다.
②·④ A1, A3가 도덕적으로 올바르다.

06 정답 ③

- 갑 : A1의 유용성은 40, A2의 유용성은 40, A3의 유용성은 40이므로 제시문의 X와 마찬가지로 도덕적으로 올바른 선택을 할 수 없다.
- 을 : Y의 판단 기준이 되는 유용성이 선택 이후에도 유지되는 절대적인 기준이 아니라는 주장이라고 할 수 있으므로 올바른 선택을 하지 못하는 경우가 있을 수 있다.

오답분석

- 병 : 유용성이 음수가 나오더라도 가장 큰 값이라면 도덕적으로 올바른 행위이므로 적절한 반박이 아니다.

07 정답 ③

C팀의 전산 시스템에 오류가 발생하기 위해서는 다음의 두 가지 중 최소한 한 가지가 충족되어야 한다.
ⅰ) C팀의 보안 시스템에 오류가 있는 경우
ⅱ) B팀의 전원 공급 장치에 결함이 있는 경우
먼저 첫 번째 조건이 충족되기 위해서는 A팀이 제작하는 운영체제를 C팀의 전산 시스템에 설치하여야 하며, 두 번째 조건이 충족되기 위해서는 5%의 결함률을 가지는 B팀의 전원 공급 장치가 C팀에 제공되어야 한다.

08 정답 ①

제시문에서는 핵력이나 전기력과 같은 근본적인 힘이 현재보다 조금이라도 달랐더라면 탄소나 산소가 합성되지 않고 생명 탄생의 가능성도 사라질 수밖에 없었다고 하였다.

오답분석

②·③ 근본적인 물리법칙이 현재와 조금이라도 달라진다면 행성도 존재하지 않고 생명도 존재할 수 없다는 내용과 일맥상통한다.
④ 골디락스 영역에 행성이 존재하고 있어야 생명체가 존재할 수 있다고 하였는데 실제 지구는 이 영역 안에 위치하고 있으며, 생명이 존재하고 있다.
⑤ 핵력이 조금만 달랐다면 별의 내부에서 탄소처럼 무거운 원소가 만들어질 수 없었을 것이라고 언급하고 있다.

09 정답 ⑤

IMF의 자금 지원 전후로 결핵 발생률이 다르게 나타난다는 결과가 나와야 하므로 '실시 이전'부터를 '실시 이후'로 수정해야 한다.

10 정답 ④

제시문은 서구사회의 기독교적 전통이 이에 속하는 이들은 정상적인 존재, 그렇지 않은 이들은 비정상적인 존재로 구분한다고 하였다. 빈칸 앞의 내용은 기독교인들이 적그리스도와 이교도들, 나병과 흑사병에 걸린 환자들을 실제 여부와 무관하게 뒤틀어지고 흉측한 모습으로 형상화시켰다는 것이다. 따라서 빈칸에 들어갈 내용으로는 이를 요약한 ④가 가장 적절하다.

11 정답 ②

보고서의 첫 번째 문장은 표를 통해 작성할 수 있다. 또한 보고서 두 번째 문단은 ㄱ과 ㄷ을 활용하여 작성할 수 있다. 반면 보고서 첫 번째 문단 두 번째 문장을 작성하기 위해서는 2023년 지역별·규모별 안전체험관 수에 대한 자료가 필요하지만 ㄹ은 2022년 지역별 안전체험관 수에 대한 자료이므로 활용할 수 없다. 마지막 문단을 작성하기 위해 2023년 분야별 지역안전지수 1등급 지역에 대한 자료가 필요하지만 ㄴ은 분야별 지역안전지수 4년 연속(2019~2022년) 1등급, 5등급 지역에 대한 자료이므로 활용할 수 없다. 따라서 보고서를 작성하기 위해 추가로 필요한 자료는 ㄱ과 ㄷ이다.

12 정답 ②

ⅰ) 을의 첫 번째 대답에 따르면 세종을 제외한 3개 지자체에서 전일보다 자가격리자가 늘어났으므로 신규 인원이 해제 인원보다 많아야 한다. B를 제외한 A, C, D는 신규 인원이 해제 인원보다 많으므로 B가 세종이다.
ⅱ) 을의 두 번째 대답에 따르면 대전, 세종, 충북의 모니터링 요원 대비 자가격리자 비율이 1.8 이상이다. B인 세종을 제외한 A, C, D 중 모니터링 요원 대비 자가격리자 비율이 약 1.7인 A는 충남, C 또는 D가 대전 또는 충북이다.
ⅲ) 갑의 마지막 말에 따르면 대전이 4개 지자체 가운데 자가격리자 중 외국인이 차지하는 비중이 가장 높다. C와 D의 비율을 직접 구하지 않아도 D가 C에 비해 수치가 월등히 크므로 D가 대전, C가 충북이다.

13 정답 ②

2017년 비수도권의 지가변동률은 1.47%로 수도권의 0.37%에 비해 높으며, 2018년 비수도권은 1.30%로 수도권의 1.20%에 비해 높다. 마지막으로 2020년 비수도권은 2.77%로 수도권의 1.90%에 비해 높으므로 총 3개 연도에서 비수도권의 지가변동률이 수도권의 지가변동률보다 높다.

오답분석

ㄱ. 2018년 비수도권의 지가변동률은 1.30%로 2017년 1.47%에 비해 하락하였다.

ㄷ. 수도권의 경우는 2023년이 전년에 비해 1.80%p 높아 전년 대비 지가변동률 차이가 가장 크지만, 비수도권은 2022년이 전년에 비해 1.00%p 높아 차이가 가장 크다.

14   정답 ⑤

운전자별 정지시거를 계산하면 다음과 같다.

운전자	반응거리	맑은 날	
		제동거리	정지시거
A	40	$\frac{20^2}{2\times 0.4 \times 10}=50$	90
B	40	$\frac{20^2}{2\times 0.4 \times 10}=50$	90
C	32	$\frac{20^2}{2\times 0.8 \times 10}=25$	57
D	48	$\frac{20^2}{2\times 0.4 \times 10}=50$	98
E	28	$\frac{20^2}{2\times 0.4 \times 10}=50$	78

운전자	반응거리	비 오는 날	
		제동거리	정지시거
A	40	$\frac{20^2}{2\times 0.1 \times 10}=200$	240
B	40	$\frac{20^2}{2\times 0.2 \times 10}=100$	140
C	32	$\frac{20^2}{2\times 0.4 \times 10}=50$	82
D	48	$\frac{20^2}{2\times 0.2 \times 10}=100$	148
E	28	$\frac{20^2}{2\times 0.2 \times 10}=100$	128

따라서 바르게 연결한 것은 ⑤이다.

15   정답 ④

ㄱ. 각주의 식을 살펴보면, 분모인 환자 수가 10% 증가한 상태에서 투여율에 변화가 없게 하기 위해서는 분자인 줄기세포 치료제를 투여한 환자 수도 10% 증가해야 한다.
ㄴ. 모든 치료분야에서 줄기세포 치료제를 투여한 환자 1명당 투여비용이 동일하다고 하였다. 따라서 환자 5,000명의 투여율이 1%라면 투여한 환자 수는 50명이므로 환자 1인당 투여비용은 (125,000,000÷50)=2,500,000달러이다.
ㄹ. 유전자 분야와 신경 분야만 따로 살펴보면, 기존의 투여자 수는 600명[=(500×20%)+(5,000×10%)]이었고, 환자 수와 투여율의 변화한 후의 투여자 수 역시 600명[=(2,500× 10%)+(7,000×5%)]이므로 전체 줄기세포 치료제 시장규모는 변화가 없다.

오답분석

ㄷ. 투여율에 변화가 없다고 할 때, 각 치료분야의 환자 수가 10% 증가하면 전체 줄기세포 치료제 시장규모도 10% 증가하게 된다. 따라서 기존의 4,975백만 달러에서 5,472.5백만 달러로 증가하여 55억 달러에 미치지 못한다.

16   정답 ⑤

성능지표는 기준시간을 수행시간으로 나눈 것이다. 내비게이션의 성능지표를 구하면 (7,020÷500)=14.04이므로, 가장 낮은 성능지표를 가지는 프로그램은 내비게이션이다.

오답분석

① 명령어 수가 두 번째로 많은 유전체 분석은 수행시간이 세 번째로 길다.
② CPI가 가장 낮은 프로그램은 양자 컴퓨팅이고, 기준시간이 가장 긴 프로그램은 영상 압축이다.
③ 내비게이션의 수행시간은 500초이다. 만약 인공지능 바둑의 수행시간이 내비게이션 수행시간인 500초와 같다면 인공지능 바둑의 성능지표는 20을 넘어야 한다. 하지만 인공지능 바둑의 성능지표는 18.7이므로 수행시간은 500초보다 길어야 한다.
④ 클럭 사이클 수는 '(CPI)×(명령어 수)'로 구할 수 있다. 기준시간이 가장 짧은 프로그램인 내비게이션의 클럭 사이클 수는 1,250으로 문서 편집의 클럭 사이클 수인 587.86보다 많다.

17   정답 ④

첫 번째 조건에서 주전자의 용량은 1.7L라고 하였고, 세 번째 조건에서 주전자의 $\frac{1}{5}$은 비워 둔다고 하였으므로 K씨가 담는 물의 양은 $1.7\times\frac{4}{5}=1.36L(1,360mL)$이다. 두 번째 조건에서 개수대의 수돗물은 1초에 34mL가 나온다고 하였으므로 물을 담는 데 걸리는 시간은 $\frac{1,360}{34}=40$초이다.

18   정답 ②

ㄱ. 습도가 70%일 때 연간소비전력량이 가장 적은 제습기는 A(790kwh)이므로 옳은 내용이다.
ㄷ. 습도가 40%일 때 제습기 E의 연간소비전력량은 660kwh이고, 습도가 50%일 때 제습기 B의 연간소비전력량은 640kwh이므로 옳은 내용이다.

오답분석

ㄴ. 제습기 D와 E를 비교하면, 60%일 때 D(810kwh)가 E(800kwh)보다 소비전력량이 더 많은 반면, 70%일 때에는 E(920kwh)가 D(880kwh)보다 더 많아 순서가 다르므로 옳지 않은 내용이다.
ㄹ. 제습기 E의 경우 습도가 40%일 때의 연간전력소비량은 660kwh이고, 이의 1.5배는 990kwh인 반면 습도가 80%일 때의 연간전력소비량은 970kwh이므로 전자가 후자보다 크다. 따라서 옳지 않은 내용이다.

19 정답 ①

자살자는 1910년 500명을 넘지 않았으나 1915년에는 1,000명을 넘었으며 1935년 3,000명을 초과했다. 연령별 자살자 수를 5년마다 조사한 결과, 1910년을 제외하고는 30세 이상 60세 미만의 자살자가 가장 많았다. 따라서 이를 바르게 나타낸 것은 ①이다.

오답분석

② 성별에 따른 자살자의 비율은 매년 남자가 여자보다 높았으나 1915년의 경우는 여자가 남자보다 높다.
③ 외국인 변사자는 지속적으로 늘어났으나 1925년의 경우 전년에 비해 외국인 변사자의 수가 감소하였다.
④ 남녀의 격차가 매년 증가하였으나 1915년의 경우는 격차가 감소하였다.
⑤ 기아는 1910년 이후 매년 증가하였으나 1914년의 경우는 1913년에 비해 감소하였다.

20 정답 ④

주어진 정보를 토대로 자료를 정리하면 다음과 같다.

구분	상반기	하반기	합계
일반상담가	48	72	120
전문상담가	6	54	60
합계	54	126	180

따라서 2023년 하반기 전문상담가에 의한 가족상담 건수는 54건이다.

21 정답 ②

K괘종시계가 6시 정각을 알리기 위한 마지막 6번째 종을 치는 시각이 6시 6초라는 것은 5번의 종을 치는 데 총 6초가 걸렸다는 말과 동일하다. 따라서 종을 1회 치는 데 걸리는 시간은 $6 \div 5 = 1.2$초이다.
11시 정각을 알리기 위해서는 총 11번의 종을 칠 것이고 마지막 11번째 종을 치기 위해 10번의 종을 쳐야 하므로 $1.2 \times 10 = 12$초가 걸린다. 따라서 K괘종시계가 11시 정각을 알리기 위한 마지막 종을 치는 시각은 11시 12초이다.

22 정답 ③

ㄱ. 갑은 한도액 3억 원 중 50%인 1억 5천만 원 범위 내에서 '해당 주택의 임차인에게 임대차보증금을 반환하는 용도'와 동조 동항 1호의 방식을 결합한 방식을 선택할 수 있다.
ㄷ. 갑은 한도액 3억 원 중 50%인 1억 5천만 원 범위 내에서 '해당 주택을 담보로 대출받은 금액 중 잔액을 상환하는 용도'와 동조 동항 제2호의 방식을 결합한 방식을 선택할 수 있다.

오답분석

ㄴ. 갑 또는 배우자의 연령이 60세 이상이면 주택담보노후연금보증을 통해 노후생활자금을 대출받을 수 있다.

23 정답 ①

일단 가장 짧은 루틴을 가지는 경우가 처리비용이 가장 적다. A와 E의 경우는 모두 오염도가 10 이상이므로 처리단계가 1번씩이며 최소비용 5가 든다. 따라서 비용이 가장 적은 제품은 A 또는 E인데 이를 만족하는 선택지는 ①, ②이다. 따라서 B와 C의 비용만 비교하면 해결된다. B, C의 처리비용 역시 많은 단계를 거치는 쪽으로 판단하면 되고 계산하지 않아도 어느 쪽이 큰지 알 수 있다.
B는 오염(2), 강도(3), 치수(3), 세척(1), 열가공(2), 치수확대기계가공(2)이고, C는 오염(1), 강도(1), 치수(4), 치수확대기계가공(3)이다. 중복요소를 제거해 보면 B는 오염(1), 강도(2), 세척(1), 열가공(2)=5+20+5+100이다. C는 치수(1), 치수확대기계가공(1)=2+20=22이다. 따라서 B의 처리 비용이 가장 많다.

24 정답 ⑤

먼저 12명의 위원이 1인당 2표씩 투표하므로 총 투표 수는 24표가 되며, 위원 1인이 얻을 수 있는 최대 득표 수는 11표라는 것을 확정하고 선택지를 분석해 보자.

ㄴ. 득표자가 총 3명이고 그중 1명이 7표를 얻었다면, 잔여 투표 수는 17표(=24-7)가 되는데, 17표는 홀수이므로 동일한 수의 합으로 구할 수 없다. 따라서 나머지 2명은 다른 득표 수를 가질 수밖에 없으므로 누가 몇 표로 최다 득표자가 되느냐에 상관없이 추첨은 이루어지지 않는다. 만약 7표를 가진 사람이 2명이라고 하더라도 나머지 한 사람이 10표를 얻은 것이 되므로 이들을 위한 추첨이 이루어지지 않는다.
ㄷ. 최다 득표자가 8표를 얻었다면, 잔여 투표 수는 16표가 되는데, 추첨이 없으면서 8표 득표자가 최다 득표자가 되기 위해서는 나머지 위원들이 7표 이하를 얻어야 한다. 이때 7표 이하의 득표만으로 16표를 만들기 위해서는 최소 3명이 필요하게 되므로 전체 득표자는 4명 이상이 되게 된다

위원 1	위원 2	위원 3	위원 4
8표	7표	7표	2표
위원장	최소 3명 이상 필요		

오답분석

ㄱ. 득표자가 4명 이상인 경우를 찾으면 옳지 않은 것이 된다. 먼저 한 명의 위원이 5표를 얻었다고 하였으므로 잔여 투표 수는 19표(=24-5)인데, 두 명의 위원이 9표씩 얻고 남은 1명이 1표를 얻는 경우가 이에 해당한다.

위원 1	위원 2	위원 3	위원 4
9표	9표	5표	1표
추첨을 통해 결정		-	-

25
정답 ④

갑이 을과 병 사이의 우편물을 불법으로 검열한 경우 2년의 징역과 3년의 자격정지에 처해질 수 있다.

오답분석
① 불법검열에 의하여 취득한 우편물은 징계절차에서 증거로 사용할 수 없다.
② 재판에서 증거로 사용할 수 없는 것은 공개되지 아니한 타인 상호 간의 대화를 녹음 또는 청취한 내용이므로 갑이 자신과 을의 대화를 녹음한 것은 이에 해당하지 않는다.
③ 타인 상호 간의 공개되지 않은 대화를 녹음하여 공개한 경우 1년 이상 10년 이하의 징역과 5년 이하의 자격정지에 처하며, 벌금에 처하진 않는다.
⑤ 이동통신사업자가 단말기의 개통처리를 위해 단말기기 고유번호를 제공받는 경우는 처벌받지 않는다.

26
정답 ③

ㄱ. (나)의 점수는 13점으로 (가)와 동점이나 (가)는 입법부 항목의 점수가 1점이므로 '개정안의 개별 평가항목 점수 중 어느 하나라도 2점 미만인 경우, 해당 개정안은 채택하지 않는다.'는 규칙에 따라 채택될 수 없다. 따라서 추가 절차를 진행하지 않는 경우 (나)가 채택된다.
ㄴ. 3개 개정안 모두를 대상으로 입법부 수용가능성을 높이는 절차를 최대로 진행하는 경우 입법부 수용가능성은 최대 2회 진행할 수 있고 이 경우 총 1점의 가점을 받게 된다. 3개의 개정안에 대해 입법부 수용가능성 절차를 최대로 진행하면, (가)와 (나)가 총 14점으로 동점이나 국정과제 관련도가 높은 (가)가 채택된다.

오답분석
ㄷ. (나)에 대한 부처 간 회의를 1회 진행 시 (나)는 총 15점이며, (다)에 대한 관계자간담회를 2회 진행 시 (다)는 총 14점이므로 (나)가 채택된다.

27
정답 ②

출발지부터 대안경로의 시점까지의 평균속력은 모든 경우에서 동일하므로 대안 경로에서의 평균속력[거리(A)÷시간(B)]으로 판단해보자.
ㄱ. 분자가 커지고 분모가 작아지므로 전체 값은 커진다. 따라서 대안경로를 선택한다.
ㄷ. 분자와 분모가 모두 작아지는 경우 분모의 감소율이 분자의 감소율보다 더 클 경우 전체 값은 증가한다. 이 경우에 해당한다면 대안경로를 선택한다.

오답분석
ㄴ. 분자와 분모가 모두 커진다면 전체 값의 방향을 알 수 없으므로 대안경로를 선택할지의 여부를 알 수 없다.
ㄹ. 분자가 작아지고 분모가 커진다면 전체 값은 작아지므로 대안경로를 선택하지 않는다.

28
정답 ④

주어진 조건에 따라 연구실 번호와 연구원, 책 제목을 연결하면 다음과 같다.

연구실 번호	311	312	313	314	315
연구원	E	D	B	A	C
책 제목	『전환이론』	『공공정책』	『연구개발』	『사회혁신』	『복지실천』

따라서 바르게 짝지어진 것은 ④이다.

29
정답 ⑤

ㄱ. 종묘의 정전에는 19위의 왕과 30위의 왕후 신주가 모셔졌다고 하였으므로 총 49위의 신주가 모셔져 있을 것이다.
ㄷ. 처음 종묘를 건축했을 당시 서쪽을 상석으로 하는 구조였으며 이후 건물을 일렬로 잇대어 증축하였다고 하였다. 제1실에 태조의 신위를 봉안한 이후에도 그 신위는 옮겨지지 않았다고 하였으므로 서쪽이 상석인 구조는 그대로 유지되었음을 알 수 있으며 따라서 증축의 방향은 동쪽이 되었을 것이다.
ㄹ. 서쪽을 상석으로 하여 제1실에 목조를, 제2실에 익조의 신위를 모셨다고 하였으므로 그 다음 제3실에는 탁조의 신위를 모셨을 것이다.

오답분석
ㄴ. 영녕전에는 추존조인 4왕의 신위를 정중앙에 모시고 정전과 마찬가지로 서쪽으로 상석으로 하여 차례대로 모셨다고 하였으므로 서쪽 1실에는 목조의 신위를 모셨을 것이다.

30
정답 ④

지원대상 선정 및 지원금 산정 방법을 순서대로 조건 1~4라고 하자.
i) 조건 1에 따라 총매출이 500억 원 미만인 기업만 지원하므로 A, B는 제외되며 우선 지원대상 기업은 D, E, G이다.
ii) 조건 3에 따라 F는 최대 2억 4천만 원, G는 최대 2억 원까지 지원받을 수 있다.
iii) 조건 2에 따라 우선 지원대상 기업의 우선순위는 G-E-D이고, 우선 지원대상이 아닌 기업의 우선순위는 F-C이다.
iv) 조건 4에 따라 예산 6억 원을 배정하면 다음과 같다.
G : 2억 원
E : 1억 2천만 원
D : 1억 2천만 원
F : 1억 6천만 원
따라서 기업 F가 받는 지원금은 1억 6천만 원이다.

코레일 한국철도공사 신입사원 필기시험
제14회 고난도 모의고사 정답 및 해설

01	02	03	04	05	06	07	08	09	10
④	①	③	④	⑤	④	③	⑤	⑤	②
11	12	13	14	15	16	17	18	19	20
⑤	③	③	③	④	③	⑤	③	③	⑤
21	22	23	24	25	26	27	28	29	30
④	②	③	④	③	②	③	⑤	④	③

01 정답 ④

신경교 세포가 전체 뉴런을 조정하면서 기억력과 사고력을 향상시킨다는 가설하에, 인간의 신경교 세포를 갓 태어난 생쥐의 두뇌에 주입하는 실험을 하였다. 그리고 그 실험 결과는 이와 같은 가설을 뒷받침해 주는 결과를 가져왔으므로 적절한 내용이라고 할 수 있다.

오답분석
① 인간의 신경교 세포를 생쥐의 두뇌에 주입하였더니 쥐가 자라면서 주입된 인간의 신경교 세포도 성장했고, 이 세포들이 주위의 뉴런들과 완벽하게 결합되어 쥐의 두뇌 전체에 걸쳐 퍼지게 되었다고 하였다. 그러나 이 과정에서 쥐의 뉴런에 어떠한 영향을 주는지에 대해서는 언급하고 있지 않다.
② · ③ 제시문의 실험은 인간의 신경교 세포를 쥐의 두뇌에 주입했을 때의 변화를 살펴본 것이지 인간의 뉴런 세포를 주입한 것이 아니므로 추론할 수 없는 내용이다.
⑤ 쥐에 주입된 인간의 신경교 세포는 그 기능을 그대로 간직한다고 하였으므로 적절하지 않은 내용이다.

02 정답 ①

도시재생 사업의 목표는 지역 역량의 강화와 지역 가치의 제고를 모두 달성하는 것이다. 첫 번째 단계는 공동체 역량 강화 과정으로, 지역 강화와 지역 가치가 모두 낮은 상태에서 지역 역량을 키우는 것이다. 따라서 A에서 C로 가는 과정인 ⓒ이 공동체 역량 강화 과정이 되고 ⑨이 지역 역량이 됨을 알 수 있다. 두 번째 단계는 전문화 과정으로, 강화된 지역 역량의 토대에서 지역 가치 제고를 이끌어 내는 것이다. 따라서 C에서 A'로 가는 과정인 ⓔ이 전문화 과정이 되고 ⓒ이 지역 가치가 됨을 알 수 있다. 또한 A에서 B로 가는 젠트리피케이션은 지역 역량이 강화되지 않은 채 지역 가치만 상승되는 현상으로 ⓒ이 지역 가치임을 확인할 수 있다.

03 정답 ③

ㄱ. 할인 기회를 제공한 경우는 (E, F)와 (G, H)의 경우이며 각각 구매율은 b로 할인 기회를 제공하지 않은 경우의 구매율(c, d)보다 높다.
ㄴ. 광고를 할 때 사후 서비스를 한 경우와 안 한 경우를 비교한 집단은 (C, D)와 (G, H)인데 각각 사후 서비스를 한 경우의 만족도는 안 한 경우보다 높았다.

오답분석
ㄷ. (C, D)의 경우 광고를 했음에도 사후 서비스를 안 한 경우 만족도는 c였다. 또한 (E, F)의 경우 광고를 안 한 경우로, 사후 서비스도 안했을 때 만족도는 b였으므로 사후 서비스를 하지 않을 때, 광고를 한 경우가 하지 않은 경우보다 마케팅 만족도가 높다고 볼 수 없다.

04 정답 ④

국방 서비스에 대한 비용을 지불하지 않았더라도 누군가의 소비가 다른 사람의 소비 가능성을 줄어들게 하지 않으므로 비경합적으로 소비될 수 있다.

오답분석
① 라디오 방송 서비스는 누군가의 소비가 다른 사람의 소비 가능성을 줄어들게 하지 않으므로 비경합적으로 소비할 수 있다.
② 국방 서비스의 사례를 통해 무임승차가 가능한 재화 또는 용역이 과소 생산되는 문제가 발생함을 알 수 있다.
③ 여객기 좌석 수가 한정되어 있다면 원하는 모든 사람들이 그 여객기를 이용할 수 없으므로 경합적으로 소비될 수 있다.
⑤ 배제적이라는 것은 재화나 용역의 이용 가능 여부를 대가의 지불 여부에 따라 달리하는 것이다.

05 정답 ⑤

학도의 주장은 정확한 과학적 조사가 선행된 뒤에 상업적 포경 여부와 수준이 결정되어야 한다는 것이므로 중립적 주장을 한 것으로 볼 수 있다.

오답분석
① 춘향은 고래의 개체 수가 충분히 늘었으므로 포경을 재개하자는 입장이며, 향단은 개체 수가 충분하지 않으므로 포경을 재개하면 안 된다는 입장이다.

② 몽룡은 포경 금지에 관해 IWC 내부적으로 국제합의가 이루어져 있다고 주장하는데 반해 방자는 IWC 회원국 중에도 일본, 노르웨이 등의 국가는 포경을 재개할 것을 주장하고 있다는 주장을 하고 있다.
③ 향단은 고래의 개체 수가 충분하지 않으므로 포경을 재개하면 안 된다는 입장인데 반해 길동은 개체 수는 상업적 포경 금지 후 계속 증가하고 있으므로 포경을 재개하자는 입장이다.
④ 길동은 1997년 고래류의 먹이양이 5억 2,000만 톤에 이르렀으며 이 양은 전세계 어업 생산의 약 4~5배에 달하는 수준이라고 하였는데 이는 포경을 재개하여 재산 피해 및 인명사고를 줄이자는 춘향의 견해를 지지하는 사례이다.

06 정답 ④

ㄴ. (2)를 '전통적 인식론은 첫째 목표를 달성할 수 없거나 둘째 목표를 달성할 수 없다.'로 바꾸어도 (3)의 전건인 '만약 전통적 인식론이 이 두 가지 목표 중 어느 하나라도 달성할 수가 없다면'을 충족하기 때문에 위 논증에서 (6)은 도출된다.
ㄷ. (4)는 (2)와 (3)으로부터 도출되는 결론이자 (6)의 전제이다.

오답분석
ㄱ. 전통적 인식론의 목표에 새로운 목표가 추가된다고 해도 논증의 지지관계에는 영향을 끼치지 않으므로 (6)은 도출된다.

07 정답 ③

ㄱ. 고병원성 AI 바이러스는 경기도에서 3건, 충남에서 2건이 발표되어 총 5건이 검출되었으므로 수정해야 한다.
ㄷ. 바이러스 미분리는 야생 조류 AI 바이러스 검출 현황에 포함하지 않는다고 하였으므로 삭제해야 한다.

오답분석
ㄴ. 제시문에서 검사 중인 사례가 9건이라고 하였으므로 수정할 필요가 없다.

08 정답 ⑤

갑과 을의 대화에 따르면 외부용 PC에서 자료를 받아 내부용 PC로 보내기 위해서는 자료 공유 프로그램을 이용해야 한다. 또한 외부용 PC에서 자료를 받기 위해서 사용 가능한 이메일 계정은 예외적으로 보안부서에 승인을 받기 전까지는 원칙적으로 ○○메일 뿐이다. 따라서 외부 자문위원의 자료를 전달받아 내부용 PC에 저장하기 위해서는 외부 자문위원의 PC에서 ○○메일 계정으로 자료를 보낸 뒤, 외부용 PC로 ○○메일 계정에 접속해 자료를 내려받아 자료 공유 프로그램을 이용하여 내부용 PC로 보내야 한다.

09 정답 ⑤

제시문은 공화제적 원리가 1948년 제정된 대한민국 헌법에 의해서 갑작스럽게 등장한 것이 아니라 19세기 후반부터 공공 영역의 담론 및 정치적 실천 차원에서 표명되고 있었다고 하였다. 그리고 이를 독립협회, 만민공동회, 관민공동회의 구체적인 사례를 들어 설명하고 있다. 따라서 제시문의 핵심 내용으로 가장 적절한 것은 ⑤이다.

10 정답 ②

제시문은 현재의 정치, 경제적 구조로는 제로섬적인 요소를 지니는 경제 문제에 전혀 대처할 수 없다고 하였다. 또한 이러한 특성 때문에 평균적으로는 사회를 더 잘살게 해주는 해결책이라고 할지라도 사람들은 자신이 패자가 될 경우에 줄어들 수입을 보호하기 위해 경제적 변화가 일어나는 것을 막거나 이러한 정책이 시행되는 것을 막기 위해 싸울 것이라는 내용을 담고 있다. 따라서 제시문이 비판의 대상으로 삼는 주장은 앞서 언급한 '평균적으로 사회를 더 잘살게 해주는 해결책'을 지지하는 것이 되어야 하므로 ②가 가장 적절하다.

11 정답 ⑤

2009년 10월 기준 평화유지활동을 수행 중이었던 임무단은 수단 임무단, 소말리아 임무단, 코모로 치안 지원 임무단, 다르푸르 지역 임무단으로 총 4개였다.

12 정답 ③

ㄱ. G국의 인구는 1913년(35.1백만 명)에 비해 1920년(37.7백만 명)에 증가하였다.
ㄷ. B국의 산업잠재력은 1928년(533.0)에 비해 1938년(528.0)에 감소하였다.
ㅁ. 산업잠재력의 합은 직접 계산하지 않아도 승전동맹이 더 크다는 것을 어림으로도 확인할 수 있다.

오답분석
ㄴ. 1920년에 비해 1938년에 주요참전국의 인구는 모두 증가하였다.
ㄹ. 1930년 대비 1938년의 각국의 군사비지출 증가율을 계산해 보면 C국로 약 45배로 가장 높고, B국이 약 1.6배로 가장 낮다.

13 정답 ③

첫 번째 조건에서 강원도의 (가)종교인 비율과 충청도의 (다)종교인 비율을 합하면 경기도의 (나)종교인 비율과 같다고 하였으므로 이를 만족하는 조합은 C(강원) - D(경기) - B(충청)와 E(강원) - A(경기) - B(충청)이다. 따라서 B는 충청으로 확정된다.
다음으로 두 번째 조건을 살펴보면 강원도의 (가)종교인 비율과 경기도의 (가)종교인 비율을 합하면, 전라도의 (다)종교인 비율과 같다고 하였으므로 이를 첫 번째 조건에서의 결과와 결합하면, E(강원) - A(경기) - B(충청)의 경우만이 이를 만족한다. 따라서 C는 전라도, E는 강원도와 연결된다.

14 정답 ③

ㄱ. 2019년 이후 전체 향기 관련 내국인의 특허출원 건수(249건)는 외국인의 특허출원 건수(173건)보다 많다.
ㄴ. 향기지속기술 특허출원에서 방향제코팅기술의 특허출원 건수(59건)는 전체 향기지속기술 특허출원 건수(163건)의 약 36%이다.
ㄷ. 2019년의 경우 전체 향기 관련 특허출원 건수(59건)가 전년(26건) 대비 100% 이상 증가하였다.

오답분석

ㄹ. 2018년 이후 향기 관련 응용제품의 전년 대비 특허출원 건수의 증가율은 2018년(4배)이 가장 높다.

15 정답 ④

ⅰ) B지역에서 타워크레인 작업제한 조치가 한 번도 시행되지 않은 월은 1월, 2월, 12월이다. 따라서 (가)는 15 미만이어야 한다.
ⅱ) 매월 C지역의 최대 순간 풍속은 A지역보다 높고 D지역보다 낮으므로 (나)는 21.5 초과 32.7 미만이어야 한다.
ⅲ) E지역에서 설치 작업제한 조치는 매월 시행되었으므로 (다)는 15 초과이다. 또한 운전 작업제한 조치는 2월과 11월을 제외한 모든 월에 시행되었으므로 (다)는 20 미만이어야 한다.
따라서 큰 순서대로 나열하면 (나) - (다) - (가)이다.

16 정답 ③

먼저 E와 F의 종합점수를 비교하면, E의 1차 점수는 F보다 4점 높고, E의 2차 점수는 F보다 2점 낮다. 이를 토대로 하면 종합점수는 $0.3 \times 4 + 0.7 \times (-2) = -0.2$이므로 E의 종합점수는 F보다 0.2점 낮다. 따라서 E, F 순으로 시작하는 ①, ②, ④가 소거된다. 다음으로 B와 C의 종합점수를 비교하면, B의 1차 점수는 C보다 4점 높고, B의 2차 점수는 C보다 2점 낮다. 이를 토대로 하면 종합점수는 $0.3 \times 4 + 0.7 \times (-2) = -0.2$이므로 B의 종합점수는 C보다 0.2점 낮다. 이에 따라 ⑤가 소거된다.

17 정답 ⑤

ㄷ. B의 경우 면접 결과가 '합격'이고, D의 경우 1차 면접 2번 문항에서 1점을 더 받았다면 1차 면접 점수 합계는 119점이다. 이때 D는 B보다 1차 면접에서 5점 높고, 2차 면접에서 2점 낮게 된다. $0.3 \times 5 + 0.7 \times (-2) = 0.1$이므로 D가 B보다 종합점수가 0.1점 높아지기 때문에 D는 합격할 수 있다.
ㄹ. 2차 면접 문항별 실질 반영률은 1, 2번이 둘 다 0.2이므로, 실질 반영률이 명목 반영률보다 높은 항목은 '인성'이다. '인성' 문항에서 지원자 중 가장 낮은 점수를 받은 지원자는 D이고, D는 2차 합계 점수도 가장 낮다.

오답분석

ㄱ. 1차수의 1번과 3번의 명목 반영률과 실질 반영률을 비교해 보면 명목반영률이 높다고 실질 반영률이 높은 것은 아니다.
ㄴ. 문항별 실질 반영률의 합은 '교양'과 '전문성'이 동일하다.

18 정답 ③

주문할 달력의 수를 x권이라 하자.
· A업체의 비용 : $(1,650x + 3,000)$원
· B업체의 비용 : $1,800x$원
A업체에서 주문하는 것이 B업체에서 주문하는 것보다 유리해야 하므로 다음 식이 성립한다.
$1,650x + 3,000 < 1,800x$
$\therefore x > 20$
따라서 달력을 21권 이상 주문한다면, A업체에서 주문하는 것이 더 유리하다.

19 정답 ③

ⅰ) 매년 기본 연봉이 동일하므로 지급된 성과급의 차이가 4배인 것을 찾으면 그것이 각각 S와 B등급이 된다. 이에 따르면 갑의 경우 2021년에 S등급, 2023년에 B등급이 되므로 2023년의 2배인 2022년은 A등급으로 확정할 수 있다. 같은 논리로 을의 경우는 2022년에 S등급, 2021년과 2023년은 B등급이다.
ⅱ) 2021년은 이미 갑이 S등급을 받은 상태이므로 병~기는 S등급이 될 수 없다. 그러므로 병은 A-B-A 순서가 된다.
ⅲ) 2023년은 이미 갑과 을이 B등급을 받은 상태이므로 정~기 중 한 명이 B등급을 받아야 한다. 그런데 정과 기는 2023년에 2021~2023년 중 가장 많은 성과급을 받았으므로 B등급을 받을 수 없다. 따라서 남은 무가 B등급을 받은 것이 되며 2021년과 2022년 역시 모두 B등급으로 확정된다.
ⅳ) 2023년은 아직 S등급이 없는 상태이다. 따라서 편의상 정이 S등급이라고 두면 정은 2021년과 2022년에 A등급을 받은 것이 되며, 마지막으로 남은 기는 B-B-A 순서가 됨을 알 수 있다(2023년의 S등급을 기에게 할당해도 결과는 같다).
이를 정리한 후 실제 기본 연봉을 구하면 다음과 같다.

구분	2021년	2022년	2023년	기본 연봉
갑	S	A	B	60백만 원
을	B	S	B	100백만 원
병	A	B	A	60백만 원
정	A	A	S	60백만 원
무	B	B	B	90백만 원
기	B	B	A	120백만 원

따라서 2023년 기본 연봉의 합은 490백만 원이다.

20 정답 ⑤

ㄱ. 2021년 청구인이 내국인인 특허심판 청구건수는 어림해 보더라도 1,200건에 미치지 못하는데, 2020년은 이의 2배인 2,400건을 훨씬 넘는다.
ㄴ. 직접 계산해 보지 않더라도 청구인이 내국인이면서 피청구인이 내국인인 건수가 외국인인 건수의 3배를 넘으며, 청구인이 외국인인 경우도 이와 같으므로 전체 합은 3배 이상이 될 것이다.
ㄷ. 전자는 270건이고 후자는 230건이므로 전자가 더 많다.

21 정답 ④

ㄱ. 경영상 이유에 의하여 근로자를 해고하는 경우 근로자의 과반수로 조직된 노동조합이 있는 경우에는 그 노동조합에 해고를 하려는 날의 50일 전까지 통보하고 성실하게 협의하여야 하므로 선택지의 사례는 정당한 이유가 있는 해고에 해당하지 않는다.
ㄴ. 사용자는 근로자를 해고하려면 해고사유와 해고시기를 서면으로 통지하여야 한다고 하였으므로 구두로 통지한 해고는 효력이 없는 해고이다.
ㄷ. 해고 30일 전에 예고하지 않았지만 30일분 이상의 통상임금을 지급하지 않아도 되는 경우는 근로자가 고의로 사업에 막대한 지장을 초래하거나 재산상 손해를 끼친 경우이다. 하지만 주어진 사례에서는 고의는 없었다고 하였으므로 30일분 이상의 통상임금을 지불해야 한다.

오답분석

ㄹ. 어떠한 경우라도 근로자를 해고하려면 해고사유와 해고시기를 서면으로 통지해야 한다. 고의로 사업에 막대한 지장을 초래한 것은 30일분 이상의 통상임금을 지급하지 않아도 되는 사유에 해당할 뿐이다.

22 정답 ②

㉠ 당구장은 유치원 및 대학교의 정화구역에 설치하는 것이 아닌 한 설치가 금지되나 심의를 거치는 경우에 한해 가능하다. 여기서 주의할 것은 다른 시설과 달리 당구장의 경우는 심의만 통과한다면 대통령령에 의해 상대·절대정화구역을 따지지 않고 모든 정화구역에서 설치가 가능하다는 사실이다.
㉡ 만화가게는 상대정화구역에 설치하는 경우에 한해 심의를 거쳐 설치할 수 있는 시설이다.
㉢ 유치원 및 대학교의 정화구역에 설치하는 당구장은 금지시설이 아니므로 절대정화구역이라 하더라도 설치 가능하다.
㉣ 호텔은 상대정화구역에 설치하는 경우에 한해 심의를 거쳐 설치할 수 있는 시설이다.

23 정답 ③

ㄱ. 갑국의 1일 통관 물량은 1,000건이며, 모조품은 이 중 1%의 확률로 존재한다고 하였고, 현재 검수율은 10%인 상태이다. 따라서 현재 적발될 수 있는 모조품은 1건(=1,000×0.1×0.01)이므로 하루에 벌금으로 얻는 금액은 1,000만 원이다. 그리고 현재 전문 조사 인력 10명에 대한 인건비가 300만 원(=30만×10명)이므로 1일 평균 수입은 700만 원(=1,000만-300만)이다.
ㄴ. 모든 통관 물량에 대해 전수조사를 한다는 것은 검수율이 100%가 된다는 것인데, 이 경우 모조품은 1%의 확률인 10건이 존재하게 되어 하루에 벌금으로 얻는 금액은 1억 원(=1,000만×10건)이 된다. 그리고 전문 조사 인력은 180명이 충원되어 총 190명이 되어야 하는데 이 경우 인건비는 5,700만 원(=30만×190명)이 되어 1일 평균 수입은 4,300만 원(=1억-5,700만)이 된다. 따라서 수입(4,300만 원)보다 인건비(5,700만 원)가 더 크다.
ㄹ. 검수율을 30%로 올릴 경우 하루에 벌금으로 얻는 금액은 3,000만 원이고, 인건비는 1,500만 원이 되어 총 수입은 1,500만 원이 된다. 한편 검수율을 10%로 유지한 채 벌금을 2배로 인상하는 경우 벌금으로 얻는 금액은 2,000만 원이고, 인건비는 300만 원 그대로이므로 총 수입은 1,700만 원이 되어 후자가 더 크다.

오답분석

ㄷ. 검수율을 40%로 올릴 경우 하루에 벌금으로 얻는 금액은 4,000만 원이고, 인건비는 2,100만 원(=70명×30만)이 되어 수입은 1,900만 원이 된다. 하지만 이는 현재(700만 원)의 4배에는 미치지 못한다.

24 정답 ④

- 갑 : 의료법인 근로자에 해당하므로 참여 가능하다.
- 병 : 대표는 참여 대상에서 제외되지만 사회복지법인의 대표이므로 참여 가능하다.
- 무 : 임원은 참여 대상에서 제외되지만 비영리민간단체의 임원이므로 참여 가능하다.

오답분석

- 을 : 회계법인 소속 노무사에 해당하므로 참여 불가능하다.
- 정 : 대기업 근로자에 해당하므로 참여 불가능하다.

25 정답 ③

ㄱ. 해당 상임위원회 소속 의원들과 접촉하는 것이므로 A형 로비에 해당한다.
ㄴ·ㄹ. 언론을 통하여 여론을 조성하는 것이므로 B형 로비에 해당한다.
ㄷ. 기자회견을 통하여 여론을 유도하려는 것이므로 B형 로비에 해당한다.
ㅁ. 법률 제정에 찬성하는 의원과 접촉하는 것이므로 A형 로비에 해당한다.

26
정답 ②

팀 점수로 150점을 받았으며 5명의 학생 간에 2.5점의 차이를 둔다고 하였으므로 각 학생이 받게 되는 점수는 25, 27.5, 30, 32.5, 35점이다.
을의 기말고사 점수는 50점이고 과제 점수는 25 ~ 35점을 받을 수 있으므로 총점은 75 ~ 85점을 받을 수 있다. 따라서 최고 B+에서 최저 C+ 등급까지의 성적을 받을 수 있으므로 적절하지 않은 내용이다.

오답분석

① 갑의 기말고사 점수는 53점이고 과제 점수는 25 ~ 35점을 받을 수 있으므로 총점은 78 ~ 88점을 받을 수 있다. 따라서 최고 B+에서 최저 C+ 등급까지의 성적을 받을 수 있으므로 적절한 내용이다.
③ 병의 기말고사 점수는 46점이고 과제 점수는 25 ~ 35점을 받을 수 있으므로 총점은 71 ~ 81점을 받을 수 있다. 따라서 최고 B에서 최저 C 등급까지의 성적을 받을 수 있으므로 적절한 내용이다.
④ 을의 기여도가 1위이고 갑이 5위, 병이 2위라면 갑은 78점(=53+25), 병은 78.5점(=46+32.5)이므로 둘 다 C+를 받을 수 있다. 따라서 적절한 내용이다.
⑤ 갑의 기여도가 1위이고 을이 5위, 병이 2위라면 을은 75점(=50+25), 병은 78.5점(=46+32.5)이므로 둘 다 C+를 받을 수 있다. 따라서 적절한 내용이다.

27
정답 ③

K부서 과장 5명이 오늘 해야 하는 일의 양은 모두 같으므로 이를 1로 두고 현재까지 한 일과 남겨 놓고 있는 일의 양을 구하면 다음과 같다. 병만 현재까지 한 일과 남겨 놓고 있는 일을 자신을 기준으로 제시했기 때문에 병의 일의 양을 가장 먼저 판단한다.

구분	현재까지 한 일	남겨 놓고 있는 일
갑	$\frac{1}{6}$	$\frac{5}{6}$
을	$\frac{1}{3}$	$\frac{2}{3}$
병	$\frac{2}{3}$	$\frac{1}{3}$
정	$\frac{5}{6}$	$\frac{1}{6}$
무	$\frac{1}{3}$	$\frac{2}{3}$

따라서 현재 시점에서 두 번째로 많은 양의 일을 한 사람은 병이다.

28
정답 ⑤

ⅰ) 갑과장의 첫 번째 발언에 의하면 성과등급이 세 단계 오른 과장은 을과장 1명이다.
ⅱ) 을과장의 첫 번째 발언에 의하면 작년과 동일한 성과등급을 받은 과장은 1명이다.
ⅲ) 갑과장의 두 번째 발언에 의하면 작년에 비해 성과등급이 두 단계 변한 과장 수를 n명이라고 할 때 성과등급이 한 단계 변한 과장 수는 2n명이다.
따라서 이를 식으로 정리하면 20=1+1+n+2n이며, n=6이다.
그러므로 성과등급이 한 단계 변한 과장은 2n=12명이다.

29
정답 ④

플래터의 회전속도가 7,200rpm이라는 것은 분당 7,200번 회전한다는 것을 의미한다. 따라서 60초에 7,200번 회전하므로 1초당 120번을 회전한다. 즉, 1회전에 $\frac{1}{120}$초가 걸리므로 ㉠은 $\frac{1}{120}$이다.
헤드의 이동속도가 5Hz라는 것은 1초에 헤드가 5번 왕복한다는 것을 의미한다. 표면당 트랙이 20개가 있으므로, 1번 왕복에 트랙을 40번 지나게 된다. 이를 비례식으로 나타내면 '1초 : 트랙(40×5개)=㉡초 : 트랙 1개'가 되므로 ㉡은 $\frac{1}{200}$이다.

30
정답 ③

- 갑은 출원한 특허가 등록결정되었으므로 착수금과 동일한 금액을 사례금으로 지급받는다. 따라서 갑의 보수는 착수금의 2배이다.
 (갑의 보수)=(1,200,000+35,000×2+15,000×3)×2
 =2,630,000원
- 을은 출원한 특허가 거절결정되었으므로 착수금만 받는다.
 (을의 보수)=(1,200,000+100,000×4+35,000×16+9,000×30+15,000×12)이지만 140만 원을 초과하므로 140만 원만 받는다.

따라서 갑과 을이 지급받는 보수의 차이는 263-140=123만 원이다.

코레일 한국철도공사 신입사원 필기시험
제15회 고난도 모의고사 정답 및 해설

01	02	03	04	05	06	07	08	09	10
②	②	④	④	③	③	③	⑤	⑤	②
11	12	13	14	15	16	17	18	19	20
③	③	④	④	③	①	③	⑤	④	①
21	22	23	24	25	26	27	28	29	30
④	②	②	⑤	③	⑤	②	⑤	②	③

01 정답 ②
A기술은 '다중 경로'를 통해 수신된 '신호'들 중 '가장 큰 것'을 선택하여 안정적인 송수신을 이루고자 하는 것이다. 이를 제시문의 비유와 연결시키면 액체는 '신호'에 해당하고 배수관은 '경로'에 해당한다.

02 정답 ②
첫 번째 문단에 따르면 철학은 지적 작업에 포함되고 두 번째 문단에 따르면 귀추법은 귀납적 방법이다. 따라서 철학의 일부 논증에서 귀추법의 사용이 불가피하다는 주장은 모든 지적 작업에서 귀납적 방법의 필요성을 부정하는 견해를 반박한다.

오답분석
ㄱ. ㉠은 귀납적 방법이 철학에서 불필요하다는 견해이므로 과학의 탐구가 귀납적 방법에 의해 진행된다는 주장은 이를 반박한다고 볼 수 없다.
ㄷ. ㉠은 철학이라는 지적 작업에서 귀납적 방법의 필요성을, ㉡은 모든 지적 작업에서 귀납적 방법의 필요성을 부정하는 견해이다. 따라서 연역 논리와 경험적 가설 모두에 의존하는 지적 작업이 있다는 주장은 ㉡을 반박할 수는 있지만 ㉠은 철학에 한정된 주장이므로 이를 반박한다고 볼 수 없다.

03 정답 ④
4괘가 상징하는 바는 처음 만들어질 때부터 오늘날까지 변함이 없다. 오늘날 태극기의 우측 하단에 있는 괘와 고종이 조선 국기로 채택한 기의 우측 하단에 있는 괘는 모두 곤괘로써 땅을 상징한다.

오답분석
① 미국 해군부가 『해상 국가들의 깃발들』이라는 책을 만든 것은 1882년 6월이고 통리교섭사무아문이 각국 공사관에 국기를 배포한 것은 1883년 이후이다.
② 태극 문양을 그린 기는 개항 이전에도 조선 수군이 사용한 깃발 등 여러 개가 있다.
③ 통리교섭사무아문이 배포한 기의 우측 상단에 있는 괘와 조선의 기 좌측 상단에 있는 괘가 상징하는 것은 같다.
⑤ 박영효가 그린 기의 좌측 상단의 있는 괘는 건괘로써 하늘을 상징하고, 이응준이 그린 기는 감괘로써 물을 상징한다.

04 정답 ④
㉣의 바로 다음 문장의 저임금 구조의 고착화로 농장주와 농장 노동자 간의 소득 격차가 갈수록 벌어졌다는 내용을 통해 '중간 계급으로의 수렴'이 아닌 '계급의 양극화'가 들어가야 함을 알 수 있다. 따라서 ④와 같이 수정해야 한다.

05 정답 ③
ㄱ. 티코 브라헤는 천체의 운동을 설명하는 유일한 이론이었던 아리스토텔레스의 자연학을 통해 연주시차가 관찰되지 않을 가능성을 부정하였다.
ㄷ. 티코 브라헤는 코페르니쿠스 체계가 옳다면, 연주시차가 관찰된다는 점에 주목했다. 그리고 오랜 시간에 걸쳐 연주시차가 관찰되는지 조사했으나 그렇지 않았다. 결국 티코 브라헤는 이를 토대로 코페르니쿠스 체계는 옳지 않다는 결론을 내렸다.

오답분석
ㄴ. 티코 브라헤는 연주시차와 아리스토텔레스의 자연학이라는 최선의 이론적 설명을 통해 코페르니쿠스의 이론을 반증했다. 종교적 편견은 당시 천문학자들이 코페르니쿠스 체계에 대해 가지고 있었다고 생각되는 것이다.

06   정답 ③

A와 D는 상태 오그라듦 가설을 받아들이기 때문에 세 번째와 네 번째 정보에 따라 코펜하겐 해석이나 보른 해석을 받아들인다. 이미 B가 코펜하겐 해석을 받아들이므로 만약 A와 D가 받아들이는 해석이 다르다면 둘 중 한 명은 코펜하겐 해석을, 다른 한 명은 보른 해석을 받아들인다는 것이므로 코펜하겐 해석을 받아들이는 사람은 적어도 두 명이다.

오답분석

① 주어진 정보에 따르면 학회에 참가한 8명 중 코펜하겐 해석, 보른 해석, 아인슈타인 해석을 받아들이는 이가 있음은 알 수 있지만 많은 세계 해석을 받아들이는 사람이 있는지는 알 수 없다.
② 주어진 정보에 따라 상태 오그라듦 가설과 코펜하겐 해석 또는 보른 해석은 필요충분관계에 있다는 것을 알 수 있다. 상태 오그라듦 가설을 받아들이는 이는 5명이고 알려진 A, B, C, D 이외에도 한 명이 더 존재한다. B는 코펜하겐 해석을, C는 보른 해석을 받아들이므로 만약 A, D가 같이 코펜하겐 해석을 받아들인다고 해도 남은 한 명이 보른 해석을 받아들인다면 보른 해석을 받아들이는 이는 두 명이 되므로 반드시 참이 되지는 않는다.
④ 학회에 참석한 8명 중 5명이 상태 오그라듦 가설을 받아들이고 이들은 코펜하겐 해석 또는 보른 해석을 받아들인다. 따라서 남은 3명 중에 아인슈타인 해석을 받아들이는 이가 존재한다. 만약 오직 한 명만이 많은 세계 해석을 받아들인다고 해도 첫 번째 정보에 따라 아인슈타인 해석, 많은 세계 해석, 코펜하겐 해석, 보른 해석 말고도 다른 해석들이 존재하므로 아인슈타인 해석을 받아들이는 이는 한 명일 수 있다.
⑤ 상태 오그라듦 가설을 받아들이는 5명 중에서 B는 코펜하겐 해석을, C는 보른 해석을 받아들이므로 남은 3명은 코펜하겐 해석 또는 보른 해석을 받아들인다. 만약 코펜하겐 해석을 받아들이는 이가 세 명이라면 B와 C를 제외한 3명 중에 2명이 존재해야 하고 이 경우 A와 D가 함께 코펜하겐 해석을 받아들일 수도 있으므로 반드시 참이 되지는 않는다.

07   정답 ③

제시문의 논증을 기호화하면 다음과 같이 정리할 수 있다.
ⅰ) C×
ⅱ) (EO∧DO) → BO
ⅲ) EO
∴ DO

이와 같은 논증이 성립하기 위해서는 반드시 D가 성립할 수밖에 없는 추가적인 조건이 있어야 하는데 이를 만족하는 것은 ③뿐이다. C전략과 D전략밖에 방법이 없는 상황에서 이미 C전략이 현실적으로 실행 불가능하다고 하였기 때문이다.

08   정답 ⑤

ㄱ. '10만 원을 돌려준다.'를 A, '10억 원을 지불한다.'를 B로 두면 (1)은 'A이거나 B'의 형식을 가진 문장이 된다. (1)이 거짓일 때 추가 조건에 따라 10만 원을 돌려주는 동시에 A가 거짓인 10만 원을 돌려주지 않는다가 모두 성립한다.
ㄴ. 제시문에 따르면 (1)이 거짓인 경우 10만 원을 돌려주는 동시에 10만 원을 돌려주지 않는다가 모두 성립하게 되어 (1)이 거짓인 경우는 가능하지 않고 (1)은 참일 수밖에 없다.
ㄷ. 제시문에 따르면 (1)은 참일 수밖에 없고 이 경우 10만 원을 돌려주지 않으므로 10억 원을 지불하는 것이 반드시 참이어야 한다. (1)을 구성하는 A인 10만 원을 돌려준다가 거짓이므로 B인 10억 원을 지불한다가 반드시 참이어야 한다.

09   정답 ⑤

ㄱ. 제시문에서 이 열이 실제로 온도계에 변화를 주지 않았다고 하였으므로 A의 온도계로는 잠열을 직접 측정할 수 없었다.
ㄴ. 얼음이 녹는점에 있다 해도 이를 완전히 물로 녹이려면 상당히 많은 열이 필요한데, 이 열을 잠열이라고 하였다.
ㄷ. A에서는 얼음이 녹으면서 생긴 물과 녹고 있는 얼음의 온도가 녹는점에서 일정하게 유지되었고 이 상태는 얼음이 완전히 녹을 때까지 지속되었다고 하였다.

10   정답 ②

제시문에서는 돼지를 먹기 위해 먼저 그 돼지를 죽여야 하는 모순된 함축을 부정적으로 바라보고 있으며 이것이 제시문 전체를 관통하는 핵심 논지라고 할 수 있다. 따라서 제시문의 핵심 논지로 가장 적절한 것은 ②이다.

11   정답 ③

ⅰ) 첫 번째 조건에 따라 연강수량이 세계평균의 2배 이상인 국가는 B와 G이므로 일본과 뉴질랜드가 B 또는 G이다.
ⅱ) 두 번째 조건에 따라 연강수량이 세계평균보다 많은 국가 중 1인당 이용가능한 연수자원총량이 가장 적은 국가는 대한민국이므로 A가 대한민국이다.
ⅲ) 세 번째 조건에 따라 1인당 연강수총량이 세계평균의 5배 이상인 국가를 연강수량이 많은 국가부터 나열하면 G, E, F이다. 따라서 뉴질랜드가 G, 캐나다가 E, 호주가 F가 되고 B가 일본이 된다.
ⅳ) 네 번째 조건에 따라 1인당 이용가능한 연수자원총량이 영국보다 적은 국가 중 1인당 연강수총량이 세계평균의 25% 이상인 국가는 중국이므로 C가 중국이다.
ⅴ) 마지막 조건에 따라 1인당 이용가능한 연수자원총량이 6번째로 많은 국가는 프랑스이므로 H가 프랑스이다.

따라서 국가명을 알 수 없는 것은 D이다.

12 정답 ③

보도자료 마지막 문장에 의하면 간접광고(PPL) 취급액 중 지상파 TV와 케이블TV 간 비중의 격차는 5%p 이하이다. 하지만 2023년 기준 매체별 PPL 취급액 현황에서 지상파TV와 케이블TV 취급액 차이는 573−498=75억 원이고 전체 간접광고 취급액에서 그 비중은 약 6%이므로 5% 이상이다.

13 정답 ④

ㄱ. 2023년 와인 생산량 상위 8개국 중 와인 소비량이 생산량보다 많은 국가는 미국 1개이다.
ㄴ. 2023년 와인 생산량 상위 8개 국가의 생산량 비율이 74.9%이므로 2023년 전체 와인 생산량은 28,845천 L이고 나머지 국가의 와인 생산량은 28,845−21,355=7,150천 L이다. 2022년 대비 2023년 와인 생산량 상위 8개 국가의 생산량 증가율이 −3.8%이므로 상위 8개 국가의 2022년 생산량은 22,178천 L이다. 2022년 전체 와인 생산량과 2023년 전체 와인 생산량이 같다면 2022년 나머지 국가의 와인 생산량은 28,845−22,178=6,307천 L이다. 따라서 2023년 와인 생산량 상위 8개 국가를 제외한 나머지 국가의 와인 생산량 증가율은 $\frac{7,150-6,307}{6,307} ≒ 13.7\%$이므로 10% 이상이다.
ㄷ. 2023년 중국 와인 소비량은 1,600천 L이다. 2023년 미국의 와인 생산량은 2,975천 L였고 이는 전체 생산량의 10.4%이다. 따라서 약 297이 전체 생산량의 1% 정도이다. 1,600을 297로 나눈 값은 $5.x$이므로 1,600은 전체 생산량의 약 $5.x\%$이므로 6% 미만이다.

오답분석

ㄹ. 2022년 스페인 와인 생산량을 어림하여 구하면 약 4,500천 L이고, 2022년 영국 와인 소비량은 약 1,300천 L이다.

14 정답 ④

ㄱ. 2024년 오리 생산액 전망치는 $1,327×(1-0.0558) ≒ 1,253$ 십억 원이다.
ㄷ. 축산업 중 전년 대비 생산액 변화율 전망치가 2025년보다 2026년이 낮은 세부항목은 우유와 오리로 2개이다.
ㄹ. 재배업과 축산업의 2023년 생산액 대비 2025년 생산액 전망치의 증감폭을 구하면 다음과 같다.
• 재배업 : $\{30,270×(1+0.015)×(1-0.0042)\}-30,270$
• 축산업 : $\{19,782×(1-0.0034)×(1+0.0070)\}-19,782$
정확한 값을 계산하지 않아도 재배업의 증감폭은 천억 단위로, 축산업의 증감폭은 백억 단위임을 알 수 있으므로 재배업의 증감폭이 더 크다.

오답분석

ㄴ. 2024년 돼지와 농업 생산액 전망치를 구하면 다음과 같다.
• 돼지 : $7,119×(1-0.0391)≒6,841$십억 원
• 농업 : $50,052×(1+0.0077)≒50,437$십억 원
농업 생산액 전망치의 15%는 약 7,566십억 원이므로 돼지 생산액 전망치는 그 이하이다.

15 정답 ③

오답분석

(라)・(마) 아동수당 제도 첫 도입에 따라 초기에 아동수당 신청이 한꺼번에 몰릴 것으로 예상되어 연령별 신청기간을 운영한다. 따라서 만 5세 아동은 7월 1~5일 사이에 접수를 하거나 연령에 관계없이 7월 6일 이후에 신청하는 것으로 안내하는 것이 적절하다. 또한 아동수당 관련 신청서 작성요령이나 수급 가능성 등 자세한 내용은 아동수당 홈페이지에서 확인 가능한데, 어떤 홈페이지로 접속해야 하는지 안내를 하지 않았다. 따라서 적절하지 않다.

16 정답 ①

제시된 자료의 빈칸을 채우면 다음과 같다.

이사 전 이사 후	소형	중형	대형	합계
소형	15	10	(5)	30
중형	(0)	30	10	(40)
대형	5	10	15	(30)
합계	(20)	(50)	(30)	100

ㄱ. 주택규모가 이사 전 소형에서 이사 후 중형으로 달라진 가구는 없다.
ㄴ. 이사 전후 주택규모가 달라진 가구 수는 전체 가구 수에서 이사 전후 주택규모가 동일한 가구 수를 빼서 구할 수 있다. 따라서 100−15−30−15=40가구의 주택규모가 달라졌다.

오답분석

ㄷ. 주택규모가 대형인 가구 수는 이사 전과 이사 후 모두 30가구로 같다.
ㄹ. 이사 후 주택규모가 커진 가구 수는 소형에서 중형, 대형으로 간 5가구, 중형에서 대형으로 간 10가구로 총 15가구이다. 이사 후 주택규모가 작아진 가구 수는 중형에서 소형으로 간 10가구, 대형에서 소형, 중형으로 간 15가구로 총 25가구이다.

17 정답 ③

청소년의 영화 티켓 가격은 $12,000×0.7=8,400$원이다.
청소년과 성인을 각각 x명, $(9-x)$명이라고 하면 다음과 같다.
$12,000×(9-x)+8,400×x=90,000$
$→ -3,600x=-18,000$
$∴ x=5$

18 정답 ⑤

전체 유출량이 가장 적은 연도는 2020년인데, 2020년의 경우 기타를 제외하고 사고 건수에 대한 유출량 비율이 가장 낮은 선박종류는 어선(약 0.67)이다.

오답분석

① 2020년의 경우 전체 사고 건수는 증가한 반면 유출량은 감소하였다.
② 2022년의 경우 전체 사고 건수는 감소한 반면, 유조선 사고 건수는 증가하였다.
③ 풀이의 편의를 위해 선택지를 변형하여 '유출량에 대한 사고 건수의 비율이 가장 높은 선박종류'를 찾아 구할 수 있다. 따라서 2021년의 경우 유조선의 비율이 가장 크다.
④ 2023년의 경우 유조선 사고의 유출량이 가장 크다.

19 정답 ④

ㄱ. 학과당 교원 수는 공립대학은 $\frac{354}{40}$=8.85로 9명에 조금 못 미치지만 사립대학은 $\frac{49,770}{8,353}$≒5.96으로 6명에 조금 못 미친다.
ㄴ. 전체 대학 입학생 수 355,772명의 20%는 약 71,154명이지만 국립대학 입학생 수는 78,888명이므로 20%를 넘는다.
ㄷ. 공립대학은 100%를 넘지만 국립대학은 100%에 미치지 못한다.

오답분석

ㄹ. 공립대학의 여성 직원 수는 공립대학 전체 직원 수의 절반을 넘는다.

20 정답 ①

2023년 1월 대비 15세 이상 인구가 1만 5천 명 감소하였는데, 경제활동인구는 3만 명 증가하였으므로 또 다른 구성요소인 비경제활동인구는 4만 5천 명 감소하였을 것이다. 또한 2024년 1월의 경제활동인구가 175만 7천 명인데, 실업자 수가 6만 1천 명이므로 또 다른 구성요소인 취업자는 169만 6천 명일 것이다.

21 정답 ④

폐기처리 공정으로 투입되는 경로는 재작업을 통한 경로, 검사를 통한 경로 총 두 가지이며, 각각의 경로를 통해 투입되는 재료의 총량은 다음과 같다.
ⅰ) 재작업을 통한 경로 : 1,000×0.1×0.5=50kg
ⅱ) 검사를 통한 경로 : {(1,000×1.0×0.9)+(1,000×0.1×0.5)}×1.0×0.2=190kg
따라서 폐기처리 공정에 투입되는 재료의 총량은 50+190=240kg이다.

22 정답 ②

먼저 1인당 워크숍 비용을 구하면 렌터카 비용은 10km당 1,500원이므로 1km는 150원이다.
A는 100×150=15,000원이고 편도이므로 왕복은 30,000원이다. B는 150×150=22,500원, 왕복은 45,000원이고, C=200×150=30,000원, 왕복은 60,000원이다.
이를 토대로 펜션별 총비용을 정리하면 다음과 같다.

구분	A펜션	B펜션	C펜션
펜션까지의 거리(km)	100	150	200
1박당 숙박요금(원)	100,000	150,000	120,000
1인당 워크숍 비용	3만 원 +10만 원 =13만 원	4만 5천 원 +15만 원 =19만 5천 원	6만 원 +12만 원 =18만 원
숙박기준인원(인)	4	6	8
추가인원(인당 1만 원/1일)	4	2	0
총비용	17만 원	21만 5천 원	18만 원

따라서 갑은 총비용이 가장 낮은 A펜션을 예약할 것이다.

23 정답 ②

지역개발 신청 동의를 받기 위해서는 개발하고자 하는 지역의 총 토지면적의 3분의 2 이상에 해당하는 토지 소유자의 동의 및 지역개발을 하고자 하는 지역 토지의 소유자 총수의 2분의 1 이상의 동의를 얻어야 한다.
K지역은 100개의 토지로 이뤄져 있고 면적합계가 총 $6km^2$이므로 $4km^2$ 이상의 토지소유자의 동의와 82인의 2분의 1인 41인 이상의 동의를 얻어야 한다. 갑이 소유한 면적은 K지역 전체면적의 4분의 1이므로 6×0.25=$1.5km^2$, 을은 $2km^2$, 병, 정, 무, 기는 공동소유하며 소유면적은 $1km^2$이므로 갑~기의 소유면적은 1.5+2+1=$4.5km^2$이 되며, 이는 전체의 3분의 2인 $4km^2$ 이상이다.
갑이 두 개의 토지를 소유해도 동의를 필요로 하는 소유자 수 산정에는 1인으로 평가되므로 갑과 을은 모두 1명으로 평가되고 토지의 공동소유자 간에는 대표 공동소유자 1인만이 소유자로 평가된다. 따라서 갑, 을, (병~기_1인)은 총 3인에 해당하는 평가를 받으며 38명의 동의를 추가로 얻으면 동의를 얻은 수가 41명이므로 전체 소유자 2분의 1에 해당한다.

오답분석

① 을이 10개의 토지를 갖고 있어도 1인이 여러 개의 토지를 소유하는 경우 소유하는 토지의 수와 무관하게 1인으로 본다.
③·④·⑤ 주어진 조건만으로 단정 지을 수 없다.

24 정답 ⑤

합병 등에 의하여 인증받은 요건이 변경된 경우에는 인증을 취소할 수 있을 뿐 반드시 취소해야 하는 것은 아니다.

오답분석
① 재해경감활동 비용 조건은 최초 평가에 한하여 3개월 내에 충족할 것을 조건으로 인증할 수 있다.
② 우수기업에 대한 재평가는 의무적으로 실시해야 하는 것이 아니다.
③ 평가 및 인증에 소요되는 비용은 신청하는 자가 부담한다.
④ 거짓으로 인증을 받은 경우 K부 장관은 인증을 취소하여야 한다.

25 정답 ③

ㄴ. K은행의 전력차단 프로젝트로 인해 절감되는 총 전력량은 연간 35만 kWh이다. 컴퓨터는 총 22,000대이므로 절감되는 컴퓨터 1대당 전력량은 연간 약 16kWh/대이다.
ㄹ. 4명이 자동차 한 대로 출장을 가는 경우 이산화탄소 배출량은 200kg이다. 그리고 같은 거리를 1명이 비행기로 출장하는 경우 400kg가 배출된다. 따라서 1인당 이산화탄소 평균 배출량은 전자가 50kg이고, 후자가 400kg이므로 전자는 후자의 1/8에 해당한다.

오답분석
ㄱ. K은행이 수행하는 전력차단프로젝트는 컴퓨터가 일정시간 사용되지 않으면 언제라도 컴퓨터와 모니터의 전원이 자동으로 꺼지며, 전력 소비를 절감할 수 있다.
ㄷ. K은행이 연간 배출하는 이산화탄소 배출량을 계산하면, 매년 연인원 1,000명이 항공 출장을 가고 있다고 하고, 항공 출장으로 배출하는 이산화탄소 양은 K은행의 연간 전체 이산화탄소 배출량의 1/5에 해당하는 수준이라고 하였으므로 전체 이산화탄소 배출량은 1,000명×400kg×5=2,000,000kg이다.
- 화상회의시스템으로 절감할 수 있는 이산화탄소 양 : 1,000명×30%×9/10=108,000kg
- 전력차단프로그램으로 절감할 수 있는 이산화탄소 양 : 652,000kg

따라서 절감량이 전체 이산화탄소 배출량과 같지 않으므로 넷제로가 실현되지 않는다.

26 정답 ⑤

- 도입 전 전체 이산화탄소 배출량
  : 1,000명×400kg×5=2,000,000kg(2,000t)
- 화상회의시스템으로 절감하는 양
  : 1,000명×30%×9/10=108,000kg(108t)
- 전력차단프로그램으로 절감하는 이산화탄소 양
  : 652,000kg(652t)

따라서 절감되는 양은 760t으로 도입 전과 비교하면 38%가 감소한다.

27 정답 ②

대화에 따라 성과점수는 을>갑>병>정 순으로 배분되어야 한다. 또한 정의 점수는 4점이다. 이를 근거로 성과점수를 갑~정에게 최소로 배분하면 다음과 같다.

(단위 : 점)

을	갑	병	정	합계
7	6	5	4	22

남은 8점을 본인의 상급자보다는 낮게 받아야 한다는 병의 말에 따라 정을 제외한 3명에게 분배하면 다음과 같다.

(단위 : 점)

을	갑	병	정	합계
10	9	7	4	30
11	8	7	4	30

따라서 병이 받을 수 있는 최대 성과점수는 7점이다.

28 정답 ⑤

정책팀이 요구한 인원은 2명이나 1지망에서 정책팀을 지원한 F가 먼저 배치된 상태이므로 남은 자리는 한 자리뿐임을 알 수 있다. 그런데 D보다 점수가 높은 A와 G가 모두 2지망으로 정책팀을 지원한 상황이므로 어느 상황에서도 D가 정책팀에 배치될 수는 없다.

오답분석
① A의 입사성적이 90점이라면 국제팀을 1지망으로 선택한 또 다른 직원인 G(93점)보다 점수가 낮으므로 국제팀에는 배치될 수 없다. 그러나 G를 제외한 나머지 직원만을 놓고 볼 때 정책팀에 지원한 직원 A, C, D, F 중 A의 성적이 가장 높으므로 A는 2지망인 정책팀에 배치된다.
② A의 입사성적이 95점이라면 G(93점)보다 점수가 높으므로 1지망인 국제팀에 배치된다.
③ B의 점수가 81점에 불과하여 1지망인 국제팀에는 배치될 수 없으나 재정팀의 요구인원과 지원인원이 4명으로 모두 동일하므로 어떤 상황이든 B는 재정팀에 배치된다.
④ 재정팀의 요구인원은 4명인데 반해 1지망에 재정팀을 지원한 직원은 2명(C와 E)뿐이므로 C는 재정팀에 배치된다.

29

정답 ②

곶감이 소쿠리에 있다면 갑과 무는 거짓말을 한 것이므로 나쁜 호랑이이고, 병은 참말을 하였으므로 착한 호랑이가 된다. 을과 정의 경우는 둘 중 하나는 참말이고, 하나는 거짓말인 반대 관계만 성립하면 된다. 따라서 곶감과 호랑이의 조합이 바르게 짝지어진 것은 ②이다.

오답분석

① 곶감이 꿀단지에 있다면 갑은 거짓말을 한 것이므로 나쁜 호랑이가 되고, 병과 무는 참말을 하였으므로 착한 호랑이가 된다. 착한 호랑이는 2마리라고 하였으므로, 을과 정은 나쁜 호랑이가 된다.
③ 곶감이 소쿠리에 있다면 을은 정과 반대이기만 하면 되지만, 병은 참말을 하였으므로 착한 호랑이가 된다.
④ 곶감이 아궁이에 있다면 갑은 참말을 한 것이므로 착한 호랑이이고, 병과 무는 거짓말을 하였으므로 나쁜 호랑이가 된다.
⑤ 곶감이 아궁이에 있다면 갑은 착한 호랑이인데, 을은 자신만 곶감의 위치를 안다고 하였으므로 을은 거짓말을 하고 있는 것이므로 나쁜 호랑이가 되며, 정은 을과 반대가 되어야 하므로 착한 호랑이가 된다.

30

정답 ③

㉠ 1936년 제11회 베를린 올림픽 이후로 1940년, 1944년 두 번은 올림픽이 개최되지 못했으나 개최 차수에는 들어가므로 1948년은 제14회 대회가 된다.
㉡ 1948년은 제5회 동계 대회이고 1992년까지는 총 44년이 흘렀으므로 총 11회의 동계 올림픽이 개최되었음을 알 수 있다. 따라서 1992년 대회는 제16회가 된다.

코레일 한국철도공사 필기시험 답안카드

코레일 한국철도공사 필기시험 답안카드

※ 본 답안카드는 마킹연습용 답안카드입니다.

코레일 한국철도공사 필기시험 답안카드

성명		
지원분야		
문제지 형별기재란	( )형 Ⓐ Ⓑ	

수험번호: ⓪①②③④⑤⑥⑦⑧⑨ (7자리)

감독위원 확인: (인)

1	① ② ③ ④ ⑤	21	① ② ③ ④ ⑤
2	① ② ③ ④ ⑤	22	① ② ③ ④ ⑤
3	① ② ③ ④ ⑤	23	① ② ③ ④ ⑤
4	① ② ③ ④ ⑤	24	① ② ③ ④ ⑤
5	① ② ③ ④ ⑤	25	① ② ③ ④ ⑤
6	① ② ③ ④ ⑤	26	① ② ③ ④ ⑤
7	① ② ③ ④ ⑤	27	① ② ③ ④ ⑤
8	① ② ③ ④ ⑤	28	① ② ③ ④ ⑤
9	① ② ③ ④ ⑤	29	① ② ③ ④ ⑤
10	① ② ③ ④ ⑤	30	① ② ③ ④ ⑤
11	① ② ③ ④ ⑤		
12	① ② ③ ④ ⑤		
13	① ② ③ ④ ⑤		
14	① ② ③ ④ ⑤		
15	① ② ③ ④ ⑤		
16	① ② ③ ④ ⑤		
17	① ② ③ ④ ⑤		
18	① ② ③ ④ ⑤		
19	① ② ③ ④ ⑤		
20	① ② ③ ④ ⑤		

〈절취선〉

※ 본 답안카드는 마킹연습용 모의 답안카드입니다.

코레일 한국철도공사 필기시험 답안카드

코레일 한국철도공사 필기시험 답안카드

성 명	
지원 분야	
문제지 형별기재란 ( )형	Ⓐ Ⓑ

수험번호: ⓪①②③④⑤⑥⑦⑧⑨ (×7)

감독위원 확인: (인)

1	①	②	③	④	⑤
2	①	②	③	④	⑤
3	①	②	③	④	⑤
4	①	②	③	④	⑤
5	①	②	③	④	⑤
6	①	②	③	④	⑤
7	①	②	③	④	⑤
8	①	②	③	④	⑤
9	①	②	③	④	⑤
10	①	②	③	④	⑤
11	①	②	③	④	⑤
12	①	②	③	④	⑤
13	①	②	③	④	⑤
14	①	②	③	④	⑤
15	①	②	③	④	⑤
16	①	②	③	④	⑤
17	①	②	③	④	⑤
18	①	②	③	④	⑤
19	①	②	③	④	⑤
20	①	②	③	④	⑤
21	①	②	③	④	⑤
22	①	②	③	④	⑤
23	①	②	③	④	⑤
24	①	②	③	④	⑤
25	①	②	③	④	⑤
26	①	②	③	④	⑤
27	①	②	③	④	⑤
28	①	②	③	④	⑤
29	①	②	③	④	⑤
30	①	②	③	④	⑤

〈절취선〉

※ 본 답안카드는 마킹연습용 모의 답안카드입니다.

코레일 한국철도공사 필기시험 답안카드

※ 답안카드는 마킹연습용 모의답안카드입니다.

성 명	
지원 분야	
문제지 형별기재란	( )형 Ⓐ Ⓑ

수 험 번 호

감독위원 확인	(인)

**2025 최신판 시대에듀 코레일 한국철도공사 NCS
기출복원 & 고난도 모의고사 15회 + 무료코레일특강**

개정6판2쇄 발행	2025년 02월 20일 (인쇄 2025년 02월 07일)
초 판 발 행	2020년 03월 10일 (인쇄 2020년 02월 03일)
발 행 인	박영일
책 임 편 집	이해욱
편 저	SDC(Sidae Data Center)
편 집 진 행	김재희 · 김미진
표지디자인	조혜령
편집디자인	김경원 · 채현주
발 행 처	(주)시대고시기획
출 판 등 록	제10-1521호
주 소	서울시 마포구 큰우물로 75 [도화동 538 성지 B/D] 9F
전 화	1600-3600
팩 스	02-701-8823
홈 페 이 지	www.sdedu.co.kr
I S B N	979-11-383-8327-1 (13320)
정 가	25,000원

※ 이 책은 저작권법의 보호를 받는 저작물이므로 동영상 제작 및 무단전재와 배포를 금합니다.
※ 잘못된 책은 구입하신 서점에서 바꾸어 드립니다.